浙江省普通高校“十三五”新形态教材
高等院校化学化工类专业系列教材

WUJI JI FENXI HUAXUE

# 无机及分析化学

## (第二版)

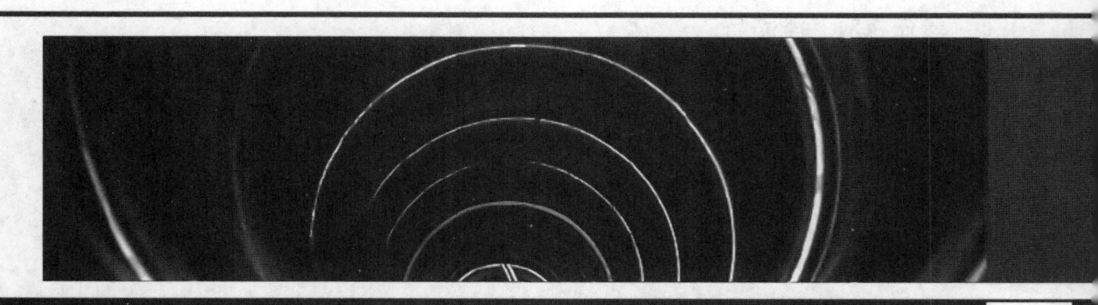

主编 陈素清 梁华定 副主编 王桂仙 李 芳 陈剑君 唐培松 余彬彬

ZHEJIANG UNIVERSITY PRESS
浙江大学出版社 | 全国百佳图书出版单位

**图书在版编目(CIP)数据**

无机及分析化学/陈素清，梁华定主编. — 2 版. —杭州：浙江大学出版社，2022.8(2024.8 重印)
ISBN 978-7-308-22598-4

Ⅰ.①无… Ⅱ.①陈… ②梁… Ⅲ.①无机化学－高等学校－教材②分析化学－高等学校－教材 Ⅳ.①O61②O65

中国版本图书馆 CIP 数据核字（2022）第 077742 号

**无机及分析化学（第二版）**
陈素清　梁华定　主编

---

**丛书策划**　季　峥
**责任编辑**　季　峥(really@zju.edu.cn)
**责任校对**　潘晶晶
**封面设计**　BBL 品牌实验室
**出版发行**　浙江大学出版社
（杭州市天目山路 148 号　邮政编码 310007）
（网址：http://www.zjupress.com）
**排　　版**　杭州晨特广告有限公司
**印　　刷**　杭州高腾印务有限公司
**开　　本**　787mm×1092mm　1/16
**印　　张**　22
**插　　页**　1
**字　　数**　586 千
**版 印 次**　2022 年 8 月第 2 版　2024 年 8 月第 3 次印刷
**书　　号**　ISBN 978-7-308-22598-4
**定　　价**　86.00 元

---

# 第二版前言

《无机及分析化学》是浙江大学出版社组织编写的高等院校化学化工类专业系列教材之一，是适合应用型本科院校近化学化工类、材料类专业（化学工程与工艺、制药工程、环境工程、生物工程、材料化学、高分子材料与工程、应用化学等专业）使用的专业基础教材。由台州学院、湖州师范学院、丽水学院、衢州学院等四所浙江省本科院校的教师联合编写。自2010年9月出版以来，得到了广泛的关注，已连续印刷11次，并取得良好的教学效果。

近年来，高等教育形势及学科发展发生了很大的变化。为此，在浙江大学出版社的支持下，我们根据党的二十大精神进教材的工作要求，结合近年来应用型大学建设、新工科建设、"产教融合""互联网＋"等教育改革的时代背景和学科最新进展，对本书第一版进行修订，使之成为适合应用型本科院校使用的新形态教材。

这次修订，按第一版教材的课程教学体系结构，继续保留元素化学的组织编写模式及教学内容选择、元素化学与化学定性分析的衔接和整合、无机化学"四大平衡"理论与分析化学"四大滴定分析"的有机融合等原有的特色。在此基础上，结合近年来MOOC课程建设，将教材与数字化资源深度融合，打造线上线下教育资源有机衔接的新形态教材，读者通过扫描知识点对应的二维码实现线上学习，满足个性化学习、差异化学习、延伸学习、深度学习的需要。一是编制了课程知识点微课(51个，时长570min)，有助于读者理解相关知识；二是注重知识点与专业生产实践、与生活实践、与学科新成果的"三结合"，以"知识点延伸""知识拓展""化学与社会""应用案例"为主题呈现在课程内容中，强化"实践与应用"，增加课程教学的实效性；三是对教学中的"思政元素"进行挖掘和分类，以"化学与哲学""中国化学家及成就"为主题进行渗透，实现科学性和思想性的有机结合，体现了习近平总书记在二十大报告提出的"推进大中小学思政教育一体化建设"的要求。此外，各章的学习要求以及例题、课后习题的答案均以二维码的形式呈现，读者可通过扫码检查教学目标达成度。

本教材自第一版出版后，各章执笔人台州学院梁华定（绪论和第4章）、陈素清（第5章）、杨敏文（第6章）、李芳（第7章）、赵松林（第12章），湖州师范学院杨金田（第2章）、唐培松（第8章）和陈海锋（第9章），丽水学院王桂仙（第3章），衢州学院王玉林（第10章）、陈剑君（第11章）提出了修改意见和建议。本次修订全书由陈素清修改、统稿，由梁华定复核定稿，余彬彬参与了部分章节的修改及微课的编制。

本教材作为浙江省普通高校"十三五"新形态教材建设项目，在立项再版过程中得到了浙江大学出版社、台州学院教务处、台州学院医药化工学院的指导和支持。使用教材第一版的老师和学生，对本教材的建设和修订提出了许多意见和建议，在此表示诚挚的谢意。

此外，本教材的作者团队又精心编写了配套的《无机及分析化学学习指导(第二版)》。该学习指导的章节顺序与教材完全一致，每一章由知识结构(以思维导图的形式梳理)、重点知识剖析及例解、课后习题选解、自测题四部分组成，并采用二维码的形式立体化呈现每章的课件及自测题答案、附录等，力求帮助学生更好地学习无机及分析化学这一重要的基础课程。

由于编者水平所限，书中难免会有纰漏之处，敬请读者不吝赐教，以便重印或再版时改正。

编　者

**2023 年 5 月**

《无机及分析化学学习指导(第二版)》购买链接

# 第一版前言

近年来，随着我国高等教育改革的日益深入，许多普通本科院校把培养应用型人才作为办学目标。但与此不相应的是，作为知识传承载体的教材建设往往滞后于应用型人才培养的步伐。虽然有很多可选的高校教材，但大多数教材是偏重研究型的教材，这些教材往往过分强调知识的系统性和完整性，理论性太强，不适合应用型本科院校的教学实际。这也使得许多普通本科院校的教师在选择教材组织教学时很难找到一本合适的教材。为此，在浙江大学出版社的支持下，我们邀请了部分普通本科院校的教师，组织编写了这本适用于包括独立学院在内的普通高校应用型人才培养，针对化学工程与工艺、制药工程、环境工程、生物工程、材料化学、高分子材料与工程等近化学类专业使用的《无机及分析化学》教材。

本教材以教育部高等学校化学和化工类专业教学指导委员会提出的"化学化工类无机及分析化学课程教学基本要求"为依据，按照应用型本科院校对人才素质和能力的培养要求，以培养应用型人才为目标，遵循素质、知识、能力并重和少而精的原则，在不削弱基本原理、基本理论的前提下，充分考虑普通本科院校（包括独立学院）学生的可接受性，力图将基础化学的基本理论和基础知识进行系统的整合，构建全面、系统、完整、精炼的课程教学体系和内容。

本教材包含无机化学及分析化学的主要内容，以"绪论→化学反应基本原理→物质结构基础→元素化学（含常见离子的鉴定）→定量分析基础→溶液中的四大平衡和滴定分析→光度分析→分离和富集基础"构成教材体系结构。这种采用"合"与"分"结合，将无机化学和分析化学内容分段编写的教学体系，既能较全面、系统地反映无机化学及分析化学课程的教学内容，又能适合仍以"无机化学""分析化学"两门课程设课或者分两学期组织教学的部分高校选用。考虑到仪器分析内容需要前期相关课程的基础知识，且近化学类专业大多在后续开设仪器分析课程，因此我们在本教材中除光度分析独立设章外，对其他仪器分析方法只在"定量分析基础"一章中作概述性介绍。

在编写本教材时，我们参照现行教材的通用做法，将无机化学中的化学平衡原理和分析化学中的滴定分析方法有机结合，以原理说明应用，以应用支持原理，使教学内容更加紧凑合理、前后连贯，更具操作性。如何在教材和教学中更好地体现元素化学和定性分析的内容，一直以来都是教材编写者和教师遇到的一个棘手的问题。我们认为，元素化学是无机化学的主体和核心，如果抽掉元素化学内容，那么无机化学原理就成了空壳；定性分析是分析化学的重要组成部分，也是物质进行定量分析的基础，在教材中应有充分体现；此外，元素化学的重要性还在于，按照课程设置，学生在大学阶段再也不会遇到系统地介绍元素化学的课程，倘若一个近化学专业的毕业生欠缺元素化学方面的知识，对于他的专业知识而言，将是一个缺陷；大学元素化学不仅是中学元素化学在深广度上的推进，更应注重元素化学知识的系统化，以使学生学会应用理论知识来分析、总结、归纳各类元素和化合物的性质及其变化规律，同时强化实践与应用。基于上述认识，元素化学内容应包括元素周期表中一些常见元素及其化合物的存在、制备、性质、用途及分离鉴定等知识。我们经过教学实践发现,如果仍按"s区元素、p区元素、ds区元素、d区元素、f区元素"分区组织教学,其内容重复性很多,势必导致在有限授课时数内难以完成教学任务,如果采用删减相关内容来保证教学时数,那么又将导致教学内容的深广度难以把握。为了优化组合元素化学和定性分析内容,使两者较好"融合",本教材中将元素化合物分为金属及其化合物、非金属及其化合物,分两章按通性、单质、各类化合物(氢化物、氧化物、氢氧化物、盐)分节介绍物质的存在、制备、性质、用途;增加两节介绍常见阳离子、阴离子的基本反应与鉴定;特设《分离和富集基础》一章,介绍常见的分离与富集方法。通过这样的衔接和整合,既简洁明了地介绍了定性分析的基本内容,避免了内容重复,又体现了教学内容的系统性和规律性,增加了元素化学教学的实用性,也便于教师根据教学时数对教材内容进行适当的取舍。

本教材在编写过程中注意突出应用,学以致用,渗透与化学密切相关的能源、材料、信息、环境等社会热点内容。在课后习题编写方面体现了习题的多样性、新颖性,充分发挥其在复习、巩固知识和开发智力等方面的作用。

参加本书编写工作的有台州学院梁华定(绪论和第4章)、陈素清(第5章)、杨敏文(第6章)、李芳(第7章)和赵松林(第12章),湖州师范学院杨金田(第2章)、唐培松(第8章)和陈海锋(第9章),丽水学院王桂仙(第3章),衢州学院王玉林(第10章)和陈剑君(第11章)。全书由梁华定统稿并担任主编。

由于编者水平有限,书中难免会有不当之处,敬请读者指正。本教材参考了国内外一些资料,在这里一并表示感谢。

**编　者**

**2010年5月**

# 目　　录

# 第 1 章

# 绪　论

# (Introduction)

1-1　学习要求

## 1.1　化学及其研究对象

1-2　微课:什么是化学

自从有了人类,化学便与人类结下了不解之缘。钻木取火、用火烧煮食物、烧制陶器、冶炼青铜器和铁器,都是化学技术的应用。正是这些应用,极大地促进了当时社会生产力的发展,成为人类进步的标志。

什么是化学? 化学的英文词为“chemistry”。在我国,“化学”两字最早出现在英国传教士韦廉臣于 1856 年出版的《格物探原》一书中。自 1789 年拉瓦锡出版了《化学元素》,将化学定义为“研究元素性质的科学”以来,时至今日,对于“化学”一词的定义和化学研究的对象仍然没有达成共识。通常将化学定义为“研究物质的组成、结构、性质、变化和应用的科学”。为了进一步理解化学的定义,我们必须紧紧围绕化学学科的研究对象、研究内容、研究方法和研究目的四个维度反映学科的本质特征。

### 1.1.1　化学研究的对象

化学研究的对象是什么? 显然,化学的研究对象是“物质”。“物质”的种类是极其繁多的,“物质”并不是化学学科所独有的研究对象,而是所有自然科学共有的研究对象。从总的方面来说,“物质”包括实物和场,场主要是物理学的研究对象,而非化学的研究对象。对于实物来说,则包含了一切具有特定静止质量的物质形态,诸如电子、超子、层子、核子、夸克、质子、中子、原子核、原子、分子、物体(具体实物)、岩石、地球、太阳系、宇宙,以及细胞、器官、动植物等不同的物质层次。显然,这些实物既包括化学研究的对象,也包括物理学、生命科学、地球科学、天文学研究的对象。化学研究的范畴主要是在分子、原子或离子等层次上,研究物质的性质、组成、结构、变化和应用。因此,有人把化学定义为"主要是在分子、原子或离子等层次上研究物质的组成、结构、性能、相互变化(指化学变化)以及变化过程中能量关系的科学"或"主要研究物质的分子转变规律的科学"。

人类进入21世纪,化学的发展在深度、广度、速度上都发生了根本变化。现代化学研究的对象不仅仅是"分子"层次,因其纵向拓展而显得丰富,既研究分子以下层次的元素原子或组成原子的基本粒子,又研究分子以上层次的凝聚态、生物大分子及超分子等实物。为此,上述关于化学的定义已不能很好地反映现代化学的内涵与特色。我国学者徐光宪曾建议将化学定义为"研究原子,分子片,分子,原子分子团簇,原子分子的激发态、过渡态、吸附态,超分子,生物大分子,分子和原子的各种不同尺度和不同复杂程度的聚集态和组装态,直到分子材料,分子器件和分子机器的合成和反应,分离和分析,结构和形态,物理性能和生物活性及其规律和应用的自然科学"。

根据徐光宪对化学的定义,化学的研究对象可划分为以下十个层次。① 原子层次。② 分子片层次。分子片是指组成分子的碎片,例如 $CH_3$、OH、$Mn(CO)_5$ 等一价分子片,$CH_2$、NH、$Fe(CO)_5$ 等二价分子片,等等。③ 结构单元层次,如芳香化合物的母核,高分子化学中的单体,蛋白质中的氨基酸,DNA中的4种碱基等。④ 分子层次。研究分子层次的内容有分子周期律,单分子光谱,单分子监测和控制,分子的激发态、吸附态等。如金属有机化合物、元素有机化合物、原子簇化合物、金属酶、金属硫蛋白、富勒烯、团簇、配位高分子等都属于分子的范畴。⑤ 超分子层次。超分子是两个或两个以上分子通过非共价键的分子间作用力结合起来的物质微粒。这种分子间的作用力包括范德华力、氢键、疏水-疏水基团相互作用、疏水-亲水基团相互作用、亲水-亲水基团相互作用、静电吸引力、极化作用、电荷迁移、分子的堆积和组装、位阻和空间效应等。如通常的液态水是聚合体$(H_2O)_n$,它是超分子,由 $H_2O$ 与 $H_2O$ 以氢键结合;环糊精(γ-CD)是一个分子,形似花盆,它的尺度略大于 $C_{60}$ 的直径,可以把 $C_{60}$ 包进去,生成1∶1和2∶1的超分子;环糊精分子还可作为主体,把其他小分子包在里面,又可作为客体,插入 $Zr(HPO_4)_2(H_2O)$ 晶体的结构层之间,组装成复杂的超分子体系;艾滋病病毒是一个生物大分子,其活性部位形似环糊精,大小与 $C_{60}$ 十分接近,它们可以形成超分子,达到抑制艾滋病病毒的目的。⑥ 高分子层次。⑦ 生物分子层次。⑧ 纳米分子和纳米聚集体层次,例如碳纳米管、纳米金属、微乳、胶束、反胶束、气溶胶、纳米微孔结构、纳米厚度的膜、固体表面的有序膜、单分子分散膜等。⑨ 原子和分子的宏观聚集体层次,如固体、液体、气体、等离子体、溶液、熔融体、胶体、表面、界面等。⑩ 复杂分子体系及其组装体的层次,包括复合和杂化分子材料,分子导线、分子开关、分子探针、分子芯片、分子晶体管等分子器件,分子机器,宏观组装器件。

### 1.1.2 化学研究的内容

化学研究的内容是什么?化学主要研究物质(严格来说是化学中讨论到的具体实物)的组成、结构、性质、变化。这里所说的变化通常是指物质的一种运动形式。物质运动的具体形式是多种多样的,按其发展的顺序和复杂的程度划分为机械运动(物体在空间位置的移动)、物理运动(分子、电子、基本粒子的运动)、化学运动(元素的化合和分解)、生物运动(新陈代谢、遗传变异、同化异化)和社会运动(生产力和生产关系、经济基础和上层建筑的矛盾运动)五种基本运动形式。显然,化学学科研究的主体内容是物质的化学运动,也就是化学变化。

化学变化是原子发生相对运动而产生的一种运动形式，即从原子到分子、从分子到原子、从这种分子到那种分子的运动，一般表现为化合运动、分解运动、氧化运动、还原运动以及各种各样的复合运动。显然，化学变化的特点是在原子核组成不变的情况下，发生了分子或原子、离子结合方式的质变，即分子、原子、离子等核外电子运动状态的改变而引起物质组成的质变。

归纳起来，化学变化有三大基本特征。① 化学变化是“质变”。化学变化是旧化学键破坏和新化学键形成的过程，其实质是化学键的重新改组。因而，原子结构、分子结构、晶体结构是化学学科的基础。② 化学变化是“定量”变化。在化学变化过程中原子核并不发生变化，只涉及原子核外电子的重新组合，化学变化服从质量守恒定律，而且参与反应的各种物质之间有确定的计量关系。因而，定量计算是化学学科的基本内容之一。③ 化学变化必伴随着能量变化。各种化学键具有不同的键能，因此，在化学键重组时，能量必然发生改变，即化学变化伴随着体系与环境的能量交换。因而，化学热力学数据是判断化学反应方向和程度的重要依据。此外，对于一个化学变化，还需考虑变化的快慢及影响变化快慢的因素，化学动力学专门研究化学反应进程的快慢及反应机制。热力学、动力学是化学基础理论的两个重要方面。与此同时，化学在研究物质化学性质的同时，还要研究物质的物理性能、生理活性、生物活性及其运输和调控的作用机制。

合成和制备是化学的核心，这是化学区别于其他学科的特色。在 19 世纪和 20 世纪上半叶，发现新元素及其化合物是化学研究的前沿之一；从 20 世纪下半叶起，化学的主要任务不再是发现新元素，而是合成新分子。1900 年在《化学文摘》(*Chemical Abstracts*，CA)上登录的从天然产物中分离出来或人工合成的已知化合物只有 55 万种，到 1970 年达到 236.7 万种；之后，为满足日益增长的对各种功能分子和材料的需求，新化合物增长的速度大大加快，到 20 世纪末已知化合物达 2340 万种。进入 21 世纪，为满足人类生活和高新技术发展的需要，合成化学在研究内容、目标和思路上也有了较大的改变。合成化学工作者根据需要设计、构思一系列新型结构，建立方法去合成，将化合物的经典合成方法扩展到包含自组装等在内的广义合成，开拓了若干合成化学的新领域。在合成化学领域已基本形成了以下新的发展趋势：① 从合成天然有机化合物到设计合成合乎人类需要的功能分子；② 计算机辅助合成的方法被广泛使用；③ 以可更换的分子片(合成子)为基础，从合成单个化合物到合成数以千百计的类似化合物的组合，从中筛选出我们需要的化合物或药物；④ 利用生物工程技术来进行化学合成，例如用大肠杆菌来生产胰岛素等药物；⑤ 发现和寻找新合成方法，如手性合成、自组装合成、相转移合成、模板合成、原子经济合成、环境友好合成、极端条件下的合成、太空无重力条件下的晶体生长等。

分离和分析一直以来是化学研究的主要内容和方法之一。化合物在合成以后，一定要和反应物及副产品进行分离。而分析是人们获得各种物质的化学组成和结构信息(结构和构象，粒度和形貌)的必要手段。分离和分析渗透到化学的各个领域。分离和分析学科的主要任务是大力发展现代分析方法和检测技术，以便对种类繁多、形态复杂、性质各异、含量极微的化学物质和活性化合物的组成和含量进行分析和检测，对其复杂的结构或形态、生物活性及其动态变化过程等进行有效和灵敏的追踪或监测。在现代分离和分析领域形成了以下发展趋势：① 提高现有各种分离方法(萃取化学、离子交换、色谱分离、电泳、离心分离、扩散分离、电磁分离、重力分离等)的效率，并发展新的分离方法，以实现高效高选择性的分离；② 把合成、分离和性能测定三者结合起来，变成一个过程，实现从静态分析到原位(in situ)、在体(in vivo)、实时(real time)、在线(on line)和高灵敏度、高选择性的新型动态分析，以实现高效高选择性的分离、高灵敏度分析鉴定和结构分析与功能筛选一体化;③ 发展研究各层次结构和各个尺度的物质的物理化学特性的测试技术;④ 为了适应各种复杂混合物(如中药复方、天然水、食物、生物材料等)成分分析的需要,要研究分离-活性检测联机技术,把化学分析拓宽到生命科学领域,实现活体分析、单细胞分析、单原子和单分子检测和分析等;⑤ 实现化学分析仪器的小型化、微型化、智能化。

### 1.1.3 化学研究的方法

化学研究的方法是什么?在 19 世纪,化学主要是实验科学,主要采用宏观的实验研究方法。

到了 20 世纪下半叶,随着量子力学在化学中的应用,微观方法开始和宏观方法相互结合,相互渗透。1998 年,诺贝尔化学奖被授予量子化学家科恩和玻普,宣告了"化学的两大支柱是实验和形式理论"的时代已经来临。正如瑞典皇家科学院 1998 年诺贝尔化学奖颁奖公报所说:"量子化学已经发展成为广大化学家所使用的工具,将化学带入一个新时代,在这个新时代里实验和理论能够共同协力探讨分子体系的性质。化学不再是纯实验科学了。"

现在,随着计算机技术突飞猛进的发展,计算机技术已经深入化学的各个领域,化学又将增加第三种方法,即计算机模拟的方法。化学家们在研究中所需的各种信息也逐渐通过计算机来获得。如分子结构的测定可以通过计算机计算分子体系的能量和过渡态来判断;未知化合物的性能可通过计算机按结构和性能的关系进行预测,如药物设计、材料设计等;可在计算机上根据现有化学数据库的信息和量子化学理论来计算和预测实验的结果,用计算机记录实验现象和数据、处理数据、得出结论。

### 1.1.4 化学研究的目的

化学研究的目的是什么?化学研究的目的和其他科学技术一样,是认识世界、改造世界和保护世界,以满足人类生存、生存质量和生存安全三方面的要求。化学作为一门与粮食、能源、信息、材料、国防、环境保护、医药卫生、资源利用等都有密切关系的学科,在满足人们衣食住行需求、提高人民生活水平和健康状态等方面都起了重大作用,为推动人类进步和科技发展起了核心的作用,被誉为"中心的、实用的、创造性的学科"。

20 世纪初,为满足人类生存及迅速增长的衣食住行的基本需求,化学提供了肥料、合成纤维和其他高分子材料、石油化工产品等。其后,为满足不断提高生存质量的需要,化学又创造了许多种饲料和肥料的添加剂、食品添加剂,生产了更多更可口的食物;化学还创造了许多功能材料,以制造各种服装材料、高速交通工具、高效计算机和通信设备以及生活用具;化学创造了药物和诊断方法,使人类战胜和消灭某些疾病。

展望未来,人口、环境、资源和能源问题更趋严峻,虽然这些难题的解决要依赖各个学科,但无论如何,总是需要依靠以物质为基础的化学学科的支撑。未来化学将以新的思路、观念和方式在人类生存、生存质量和生存安全方面继续发挥核心科学的作用。① 从分子层次进一步阐明光合作用和动植物生长的生物过程作用机制,为研制开发出更高效安全的复合肥料(包括生物肥料)、饲料和肥料添加剂、新农药(包括生物农药)、植物激素及生长调节剂、农用材料,从而解决食物短缺和食品安全问题。② 研究既能保护环境又能降低成本的高效洁净的转化技术和控制低品位燃料的化学反应,开发满足高效、洁净、经济、安全要求的新能源，如太阳能、化学电源与燃料电池等，从而解决能源合理开发和高效安全利用问题。③ 研究重要矿产资源的分离和深加工技术（如研究稀土的分离和深加工、稀土的精细利用、稀土化合物的特种功能和应用等的拓展），以合理使用矿产资源。

化学不仅要设计和合成分子，而且要把这些分子组装、构筑成具有特定功能的材料，通过总结结构—性质—功能关系设计和寻找新材料（如微电子材料和器件、超导材料、新型纳米陶瓷、光纤通信材料、聚合物结构材料、生物医用材料）来继续推动材料科学的发展。研究各种物质和能的生物效应（正面的和负面的）的化学基础，有利于开发对环境无害的化学品、生活用品和生产方式；研究大环境和小环境（如室内环境）中不利因素的产生、转化、与人体的相互作用，从分子水平了解病理过程，提出预警生物标志物的检测方法等，为提高人类生存质量和生存安全提供有效保障。

## 1.2　化学的主要分支学科

化学作为自然科学中的基础学科，一般被称为一级学科，其分支学科被称为二级学科。化学发展至今，从“波义耳时代”算起已有300多年历史，渐渐形成无机化学、有机化学、分析化学和物理化学四个传统的二级学科；自20世纪50年代合成尼龙以来，通过小分子加聚或缩聚形成的高分子化合物越来越多，又从有机化学中分离出来一门新的二级学科——高分子化学。

### 1.2.1　无机化学

无机化学是研究无机物的组成、结构、性质和反应的化学。它是最古老的一门化学分支学科。无机物种类繁多，包括在元素周期表上除碳以外的所有元素及由这些元素生成的各种不同类型的化合物。因此，无机化学的研究范围极其广阔，早期的化学研究基本属于无机化学范畴。当前无机化学主要形成了包括元素化学、配位化学、同位素化学、无机固体化学、无机合成化学、无机分离化学、物理无机化学、生物无机化学等分支学科。

### 1.2.2　有机化学

有机化学是研究碳氢化合物及其衍生物的化学，也有人称之为“碳化学”。世界上每年合成的近百万种新化合物中70%以上是有机化合物。20世纪的有机化学，从实验方法到基础理论都有了巨大的进展，显示出其强劲的势头和活力。有机化学发展产生了元素有机化学（包括金属有机化学）、天然产物有机化学、有机合成化学、有机固体化学、有机光化学、物理有机化学（包括理论有机化学、有机立体化学）、生物有机化学及金属有机光化学等分支学科。

### 1.2.3　分析化学

分析化学是测量和表征物质的组成和结构的化学，主要包括成分分析和结构分析。结构分析更多地涉及物理内容，故往往划归为物理化学的研究范畴。以化学反应为基础的分析方法称为化学分析法,是分析化学的基础;利用特定仪器并以物质的物理化学性质为基础的分析方法称为仪器分析法。现代仪器分析化学正向快速、准确、灵敏、微量、微区、表面、自动等方向发展。分析化学的主要分支学科包括化学分析、电化学分析、光谱分析、波谱分析、质谱分析、热化学分析、色谱分析、光度分析、放射分析、状态分析与物相分析、化学计量学等。

### 1.2.4 物理化学

物理化学是研究所有物质体系的化学行为的原理、规律和方法的化学,涵盖从微观到宏观对结构与性质的关系规律、化学过程机制及其控制的研究。它从物质的物理现象和化学现象的联系入手,用物理学的原理和方法研究化学变化的基本规律,是化学学科的理论基础。物理化学在发展过程中逐渐形成了若干分支学科,包括化学热力学、化学动力学、结构化学、量子化学、热化学、光化学、电化学、磁化学、高能化学、催化化学、胶体与界面化学、计算化学等。

### 1.2.5 高分子化学

高分子化学研究链状大分子的合成、大分子的链结构和聚集态结构,以及大分子聚合物作为高分子材料的应用。20 世纪,该学科极大地推动了高分子材料工业的发展,其发展速度十分快速,以三大高分子合成材料(合成橡胶、合成塑料、合成纤维)为代表的高分子材料已成为人类社会文明的标志之一。高分子化学的分支学科包括无机高分子化学、天然高分子化学、功能高分子化学、高分子合成化学、高分子物理化学、高分子光化学等。

1-3 知识点延伸:化学的交叉学科

1-4 知识拓展:化学工业一级学科——化学工程与技术

## 1.3 无机化学的发展动向

1-5 微课:无机化学发展动向

早期的无机化学的研究重点是分门别类地耕耘元素周期表。而当前无机化学的发展则有两个明显趋势:一个是在广度上的拓宽,另一个是在深度上的推进。在广度上的拓宽适应当前科学技术发展高度综合的大趋势,表现在学科之间的交叉渗透并形成新的学科生长点,这种交叉与渗透既表现在化学学科范围之内又表现在化学学科范围之外。例如,在化学学科范围内,无机化学与有机化学相互渗透形成元素有机化学(包括金属有机化学),无机化学与物理化学交叉形成物理无机化学;在化学学科范围之外,无机化学与材料科学相结合形成固体无机化学和固体材料化学,无机化学向生物化学渗透形成了生物无机化学。因此,与20世纪上半叶相比,无机化学学科已有了较大发展,研究的范围极其广阔。下面简要从无机化学的九个领域的研究动向来展望现代无机化学的发展趋势。

### 1.3.1 现代无机合成化学

无机化合物种类甚多,而且各种无机物的合成方法差别较大,故无机合成化学的研究领域很多。新型无机物合成有很宽广的前途,发现一种新的合成方法或一种新型结构,就会有一系列新的无机化合物出现,如夹心式、笼状、簇状、穴状化合物等。

现代无机合成化学首先要创造新型结构,寻求分子多样性。同时,应注意发展新合成反应、新合成路线和方法、新制备技术及与此相关的反应机制研究;注意复杂和特殊结构无机物的高难度合成,如团簇、层状化合物及其特定的多型体、各类层间的嵌插结构及多维结构的无机物;研究特殊聚集态的合成,如超微粒、纳米态、微乳与胶束、无机膜、非晶态、玻璃态、陶瓷、单晶、晶须、微孔晶体等。在极端条件下(如超高压、超高温、超高真空、超低温、强磁场、电场、激光、等离子体等),可能得到多种多样的在一般条件下无法得到的新化合物、新物相和新物态,如在高真空、无重力的宇宙空间条件下可能合成没有位错的高纯度晶体。

### 1.3.2 配位化学

自1893年维尔纳(Werner)提出配位理论以来,配位化学就成为无机化学研究的一个主要方向。有人研究配合物形成和它们参与的反应,有人则研究配位结合和配合物结构的本质。配位化学经过100多年的发展,已远远超出无机化学的范围,成为无机化学与物理化学、有机化学、生物化学、固体物理和环境科学相互渗透、交叉的一个新的二级化学学科,并且处于现代化学的中心地位。

近年来,配合物的类型迅速增加。从最初的简单配合物和螯合物发展到多核配合物、聚合配合物、大环配合物;从单一配体配合物发展到混合配体配合物;从研究配合物分子发展到研究由多个配合物分子构筑成的配合物聚集体。在20世纪中叶,欧文(Irvig)等创立了溶液配位化学,西伦(Sillen)等由此发展出水化学、环境配位化学,而后,佩林(Perrin)等又建立了多金属多配体计算机模型。在对配位结构的微观研究中产生了配位场理论,丰富了量子化学理论,扩大了结构化学的领域。配位化学从20世纪60年代起就与生命科学结合,形成了生物无机化学领域。配合物的良好催化作用在有机合成、高分子合成中发挥了极大作用。配位化学另一个具有发展前景的领域是对具有特殊功能(如光、电、磁、超导、信息存储等)配合物的研究。

### 1.3.3 金属原子簇化学

20世纪70年代后,由于化学模拟生物固氮、金属原子簇化合物的催化功能、生物金属原子簇、超导及新型材料等方面的研究需要,促使金属原子簇化学得到了快速发展。金属原子簇化合物的发现开拓了一个新领域,其后逐渐形成了一门新兴的化学分支学科——金属原子簇化学。

目前,已建立了一些金属原子簇化合物的合成方法,用结构化学和谱学等实验手段了解了一些金属原子簇化合物结构与性能的关联,并在此基础上探求成簇机制,从理论上研究其成键能力和结构规律;已有多种学说,如硼烷三中心键模型、有效原子数(EAN)规则、多面体骨架成键电子对理论、金属—金属多重键理论、金属原子簇的簇价轨道(CVMO)理论、多面体簇骼电子对理论、金属原子簇拓扑电子计算理论、成键与非键轨道数的($9n-l$)规则、类立方烷结构规则、$n\times c$ π结构和成键规则及多面体分子轨道理论等,从不同角度论述了金属原子簇的内在结构规律。但这些规律均存在一定的局限性,尚没有一个较为完善的理论来概括和解释金属原子簇化合物的实验结果。

### 1.3.4 超导材料

1911 年,昂尼斯(Onnes)发现,当 Hg 冷却到 4.2 K 时,其电阻突然消失,这称为超导现象。这种超导现象提供了十分诱惑的工业前景,但 4.2 K 的低温让人们失去了应用的信心。直到 1986 年 IBM 公司瑞士苏黎世研究实验室的贝德诺尔茨(Bednorz)和米勒(Müeller)报道了一种 Cu、O、Ba 和镧(La)组成的陶瓷材料具有超导性能,转变温度为 30 K,证实这是一种完全与过去已知超导体不同的新型材料,激起了当时世界的超导热。世界各国不少科学家相继投入研制超导材料的热潮中,而后,美国休斯敦大学的朱经武等很快研制成功一种含钇(Y)和 Ba 的铜氧化物(Ba-Y-Cu-O),其转变温度在 90 K,进入了液氮温度区($N_2$ 在 77 K 变为液体,所以可用液氮作为制冷剂使材料呈现超导性能)。1988 年又研制出了转变温度为 125 K 的新型超导材料(Tl-Ba-Ca-Cu-O)。但时至今日,与化学家期望得到的室温超导材料尚有很大距离,这是对化学家和物理学家提出的挑战。

问题的关键在于这些混合氧化物的超导机制至今尚未被科学家们认识和理解。混合氧化物的超导性一直是物理学家研究的课题,目前人们的一些认识和规律没有充分注意到化学结构基础。因而人们不能解释混合氧化物超导体为什么离不开 Cu、Ba、Y 和 Bi 这些元素,不能解释它们的组成为什么和超导性有关,也不能解释电子在这类材料结构中的运动和超导性的关系。

### 1.3.5 无机晶体材料

20 世纪 60 年代出现了激光技术,由于其在方向性、相干性、单色性和高贮能性等方面的突出优点,引起了工业、农业、信息、军事等领域的极大兴趣。然而激光技术本身需要对激光光源进行变频、调幅、调相、调偏等处理后才能起到信息传递的媒介作用。这与晶体的非线性光学效应有关,要依靠非线性光学晶体来完成这一处理过程。这就给无机化学提供了一个研究具有非线性光学性质的无机晶体的极好机遇。目前已有优质紫外倍频材料低温偏硼酸钡(BBO)晶体,其空间群为 $R_{3c}$,这是目前输出相干光波长短、倍频效应大、抗光损伤能力高、调谐温度半宽度较宽的紫外非线性光学晶体。类似性能的晶体还有三硼酸锂(LBO)、三硼酸锂铯(CLBO)等。

另一类无机晶体是闪烁晶体,可作为高能粒子(如电子、γ射线等)的探测器。如 BGO(锗酸铋,$Bi_4Ge_3O_{12}$)晶体具有发光性,当一定能量的电子、γ射线、重带电粒子进入 BGO 时,它能发出蓝绿色的荧光。记录荧光的强度和位置,就能计算出入射粒子的能量和位置。该类无机晶体现已被广泛应用于高能物理、核物理、核医学、核工业、地质勘探等领域。

具有特殊功能的无机晶体的合成和生长是固体无机化学研究的一个生长点。其他如人造水晶、金刚石、氟金云母晶体等各种无机功能晶体也是目前的研究重点。

### 1.3.6 稀土化学

稀土是我国的特色优势资源，我国稀土储量约占世界稀土总储量的23%。稀土包括原子序数57～71的15个元素和元素周期表同属ⅢB族的钪(Sc)和钇(Y)，共计17个元素。稀土元素外层电子结构基本相同，而内层电子结构的4f电子能级相近。经过大量的研究工作，人们发现稀土在光、电、磁、催化、敏化、活化等方面具有独特的功能。如含稀土的分子筛在石油催化裂化中可使汽油产率大大提高；稀土材料硫氧钇铕在电子轰击下产生鲜艳的红色荧光，可使彩色电视机的亮度提高1倍；稀土永磁材料用于电机制造，可缩小体积，做到微型化和高效化；在高温超导材料中也缺不了稀土元素；稀土元素在农业生产上有使粮食增产的作用等。因此，研究稀土元素的性质和功能具有重大的科学意义和应用前景。

稀土元素由于外层电子结构基本相同，要分离获得单一稀土元素相当困难。目前虽有离子交换法、溶剂萃取法等分离方法，但生产单一稀土元素的成本还是很高，因此，对稀土元素本身的化学研究还需深入，有待获得单一稀土元素的快速简易方法。此外，以稀土元素作为材料的研究，将会成为激光、发光、信息、永磁、超导、能源、催化、传感、生物等领域的主攻方向。

### 1.3.7 生物无机化学

生物无机化学酝酿于20世纪50年代，诞生于60年代，在短短的半个世纪中有了很大发展。生物化学研究的对象是各种生物功能分子。生物学家更多关注其功能，但当化学进入这个领域之后，开始注意结构与功能的关系。当佩鲁茨(Perutz)因对肌红蛋白和血红蛋白的结构和作用机制研究而获得1962年诺贝尔化学奖时，生物无机化学就开始萌芽。于是生物化学和结构化学开始结合，产生了一个以测定生物功能分子结构和阐明作用机制为内容的新领域。与此同时，在生物化学深入涉及金属离子的生物过程时，必然与当时正在迅速发展起来的配位化学结合，研究生物配体和金属离子的溶液化学，探索含金属的生物大分子结构与功能的关系，使之成为生物无机化学的另外一个分支。生物无机化学还有一个分支是通过合成模型化合物或结构修饰研究结构-机制关系，它是合成化学介入生物无机化学的结果。这三个分支构成了延续近40年的生物无机化学的主流。虽然研究思路和方法有所改变，但是这些研究都以认识含无机元素的生物功能分子的结构和功能关系为目的，大多采取分离出单一生物分子、测定其结构、研究有关反应机制以及结构与功能关系的研究模式。显然这样的研究取得了许多重要成果，使人们对必需元素和含它们的生物分子的认识更加深入。

近年来，这种传统生物无机化学研究模式受到了一系列实际问题的挑战。这些实际问题主要涉及无机物的生物效应，或者说生物体对无机物的应答问题，如无机药物的作用机制、无机物中毒机制等。对这类问题的研究的核心是要从分子、细胞到整体三个层次回答构成药理、毒理作用的基本化学反应和这些化学反应引起的生物事件。这类研究促使人们把生物无机化学提高到细胞层次，去研究细胞和无机物作用时细胞内外发生的化学变化，这些化学变化也是生物效应的基础。

### 1.3.8　无机药物化学

古代医药大都取材于自然界,不仅取自植物,动物、矿物也常被药用。但重金属As、Hg、Sb等无机化合物由于毒性较大,逐渐被合成有机药物所替代。近年来,随着科技发展、认识深化,以金属为基础的无机药物成为药物化学的一个重要研究领域。1965年,美国罗森堡(Rosenberg)在研究电场对大肠杆菌生长速度的影响时,发现所用的铂电极与营养液中的成分所形成的六氯合铂等一些顺式的含铂配合物能够抑制大肠杆菌的细胞分裂,但对细菌生长的影响却很小。这一偶然发现引起了广泛的关注。美国国家癌症研究所立即组织对这些配合物进行广泛的研究和临床试验。结果表明,含铂配合物对抑制癌细胞的分裂有显著疗效。现已证实多种顺铂[$Pt(NH_3)_2Cl_2$]及其类似物对子宫内膜癌、肺癌、睾丸癌有明显疗效。

在中医药领域,中药复方中有使用金属Au的经验,但不知其机制,最近发现Au化合物的代谢产物[$Au(CN)_2$]$^-$有抗病毒作用,而且含Au化合物可以抑制还原型辅酶Ⅱ(NADPH)氧化酶,从而阻断自由基链传递,有助于终止炎症反应。另外,中药复方中常使用砒霜($As_2O_3$)和雄黄($As_2S_2$),最近发现的$As_2O_3$可促进细胞凋亡,使现代医学接受了将含As化合物用于治疗的可能性。目前,用含V化合物治疗糖尿病,用含Zn化合物治疗流感,都已成功在临床上试用。

这些金属化合物被发现具有药物的治疗作用,说明人们对无机金属及其化合物的药理作用的认识正在逐步深化。特别是我国含矿物的中药复方,其治疗效果是肯定的,但其中的药理作用和化学问题尚需不断研究,这一领域在未来将会成为医药研究的一个重要发展方向。

### 1.3.9　核化学和放射化学

20世纪上半叶,从发现放射性元素、核裂变、人工放射性,到核反应堆的建立、核爆炸的毁灭性破坏等,核化学和放射化学一直是十分活跃和开创性的前沿领域。但从20世纪下半叶起,由于核电站和核武器发展的需要,核化学和放射化学转向以生产和处理核燃料为中心,自身的科学研究和新的发现相对减少。放射性同位素和核技术与分析化学、生命科学、环境科学、医学等方面的紧密结合,使其应用和交叉研究得以蓬勃发展。从目前的动向看,核化学和放射化学的发展主线大体有如下几方面。

20世纪60年代,迈尔斯(Myers)和尼尔森(Nilsson)等核物理学家从核内存在着核子壳层和幻数的理论模型出发,提出了超重元素存在“稳定岛”的学说,即在核质子数$Z=114$和中子数$N=186$的幻数附近,有一些超重原子核特别稳定,其寿命甚至可长达$10^{15}$年,这些长寿命的超重元素构成了一个“稳定岛”。在这一学说的吸引下,无数的核科学家通过各种方法从自然界和核反应中去寻找这个“稳定岛”。至1999年6月,美国的劳伦斯伯克利实验室(LBL)、德国的达姆斯塔特重离子研究中心(GSI)和俄罗斯的杜布纳联合核子研究所(JINR)分别用重粒子轰击的方法合成了重元素114、116和118,但由于加速器流强不够,所以只获得了几个原子,但这意味着超重元素“稳定岛”有可能存在。可以设想,随着重粒子加速器的流强增大,超重元素的原子数目将大增,再加上分离、探测仪器的改进,未来超重元素的化学研究将有望获得更大进展。

现代核医学的重要支柱是放射性药物,主要用于多种疾病的体外诊断和体内治疗,还可在分子水平研究体内的功能和代谢。未来将在单光子发射计算机断层显像(SPECT)药物方面有新的突破；将会用放射性标记的放免活性和专一性极强的"人抗人"单克隆抗体作为"生物导弹"，定向杀死癌细胞；同时，中枢神经系统显像技术的发展将推动脑化学和脑科学的突破。

放射性示踪技术和核分析技术因其灵敏度高的优点在各个领域得到了广泛的应用。未来，核分析方法将不断向纵深拓展，在分析化学中大有作为，如物种分析、分子活化分析、生物加速器质谱学、粒子激发 X 射线发射等各种新型结构和功能的分析仪器将为人类认识大自然提供有力的武器。

1－6　我国化学家及其成就：我国无机化学发展概况

1－7　知识拓展：分析化学发展动向——分析方法的"十化"

## 1.4　无机及分析化学课程的任务和内容

无机及分析化学课程是制药化工、材料类等相关近化学专业开设的第一门学科基础课程，它使学生不仅获得一定广度和深度的化学学科基础知识、基本理论、基本技能，而且能运用学科基本理论综合分析工程专业领域的具体化学问题，为后续课程的学习打下坚实的化学基础。本课程作为大学化学学科的入门课程，同时承担着培养学生探索未知、开拓创新等科学精神，辩证思维、系统思维等科学思维方法，认同马克思主义的立场观点方法，树立社会主义核心价值观的任务。

课程内容包括无机化学和化学分析两部分。第一部分主要是无机化学内容，包括化学反应的基本原理、物质结构基础和元素化学三大模块。学生通过该部分知识的学习，系统习得物质结构基本理论、化学反应基本原理、元素及其化合物性质和规律，学会运用化学反应原理来分析化学反应的可能性和现实性，学会用物质结构的观点解释元素及其化合物的性质和应用。第二部分主要是化学分析内容，包括定量分析基础、酸碱平衡与酸碱滴定、沉淀溶解平衡与沉淀滴定、氧化还原平衡与氧化还原滴定、配位平衡与配位滴定、光度分析、分离与富集基础等模块。学生通过该部分知识的学习，系统地习得四大平衡理论和定量分析的基本原理、方法，学会用定量分析的基本方法测定物质的含量，从而解决生产、科研中的一些实际问题。课程中介绍的许多化学基础原理，本质上属于物理化学范畴。学习这些物理化学基础，不仅为学习无机及分析化学所必需，也有助于后续课程的学习。

### ➤➤➤ 习　题 ◀◀◀

1. 以化学的定义为关键词，通过网络或期刊查阅相关内容，进行对比并讨论。

2. 阅读《化学的今天和明天》等课外读物，撰写一份化学在日常生活、工农业生产中的应用的读书报告。

3. 阅读《展望 21 世纪化学》等课外读物，讨论未来化学的作用、地位和发展趋势。

4. 讨论学习化学的目的、态度和方法。

# 第 2 章

# 化学反应的基本原理
# (The Basic Principle of Chemical Reaction)

2-1 学习要求

人们在研究化学反应时,经常会遇到这样一些问题:① 当将两种或多种物质放在一起时,能否发生化学反应?② 如果反应能进行,那么反应过程中伴随多少能量变化?③ 如果反应能进行,那么进行到什么程度,即反应物的转化率如何?④ 如果反应能进行,那么反应速率如何?⑤ 发生反应的机制是什么?解决这些问题需要一些化学热力学和化学动力学基础知识,这就是本章的主要内容。

## 2.1 物质的聚集状态和重要的气体定律

2-2 微课:气体及气体定律

### 2.1.1 物质的聚集状态

物质存在的状态称为物质的聚集状态。物质有三种常见的聚集状态,即气态、液态和固态。在一定的温度和压强下,这三种状态可以相互转化。构成物质各种聚集状态的粒子之间的相互作用,以固体为最强,液体次之,气体较弱。构成固体的粒子只能在其平衡位置上做振动;液体内部的粒子可以任意移动;气体内部的粒子则可以自由运动。固体具有一定形状以及一定程度的刚性(坚实性),它的体积几乎与温度和压强的变化无关;液体具有流动性(有一定体积,无形状),压缩性小;气体具有扩散性和压缩性。

2-3 知识拓展:物质的第4种聚集态——等离子体

在一定的条件下,物质总是以一定的聚集状态参与化学反应。当物质处于不同聚集状态时,会呈现不同的物理和化学性质。对于某一特定的反应,由于物质的聚集状态不同，其反应的速率和能量关系通常也不同。

此外，物质还可以等离子体形式存在。气体分子在高能量（强热、辐射放电）作用下分解成气态原子，进一步电离为阳离子和自由电子，高度电离的气体即为等离子体，在等离子体中起主要作用的是电磁力。

## 2.1.2　重要的气体定律

1. 理想气体状态方程

气体的压强 $p$、体积 $V$、物质的量 $n$ 和温度 $T$ 是描述一定量气体状态的四个参数。对理想气体来说，只要其中三个参数确定，理想气体就处于一种“状态”，而且遵从如下关系式：

$$pV=nRT \tag{2-1}$$

式中，$R$ 为摩尔气体常数。

式(2-1)只适用于理想气体，因而称为理想气体状态方程(ideal gas equation of state)。所谓理想气体，是指分子本身没有体积、分子间没有相互作用力的气体。显然，理想气体是一种假想模型。对于实际气体而言，由于分子本身有体积，分子之间也存在着相互作用，因而都是非理想气体。只有当实际气体处于高温、低压状态，分子间距离很大，相互之间作用力极微弱，分子本身的大小相对于整个气体的体积可以忽略不计时，实际气体的行为才十分接近理想气体，可以近似地视为理想气体来处理。

采用式(2-1)进行计算时，务必注意各物理量的单位，其中温度 $T$ 为热力学温度，单位为K；压强 $p$ 的单位为Pa(帕)或kPa；物质的量 $n$ 的单位为mol；体积 $V$ 的单位为 $dm^3$ 或 $m^3$。

已知在标准状况($p=101.325$ kPa，$T=273.15$ K)下，1 mol气体的标准摩尔体积为 $22.414\times10^{-3}$ $m^3$，据此可以确定摩尔气体常数 $R$ 的数值及单位。

$$R=\frac{pV}{nT}=8.314\ \mathrm{kPa\cdot dm^3\cdot mol^{-1}\cdot K^{-1}}=8.314\ \mathrm{Pa\cdot m^3\cdot mol^{-1}\cdot K^{-1}}=8.314\ \mathrm{J\cdot mol^{-1}\cdot K^{-1}}$$

根据理想气体状态方程可以计算气体的相对分子质量及一定温度和压强下的气体密度等。

2-4　知识拓展：实际气体的状态方程

**【例题 2-1】**　一玻璃烧瓶可以耐压 $3.04\times10^5$ Pa，在温度为300 K和压强为 $1.013\times10^5$ Pa时，使其充满气体。请问在什么温度时，烧瓶将炸裂？

**【例题 2-2】**　27℃和101 kPa下，1.0 $dm^3$ 某气体质量为0.65 g。求它的相对分子质量。

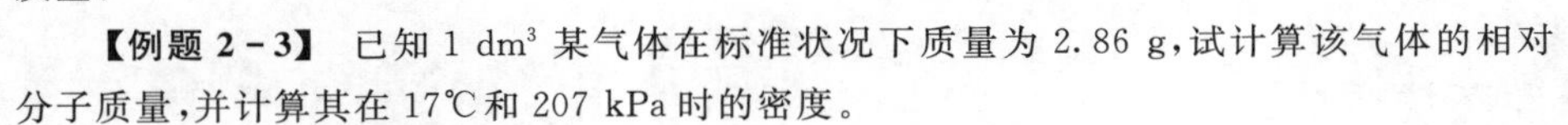

**【例题 2-3】**　已知1 $dm^3$ 某气体在标准状况下质量为2.86 g，试计算该气体的相对分子质量，并计算其在17℃和207 kPa时的密度。

2-5　例题解答

2. 分压定律

若体系是由几种互不发生化学反应的气体混合而成的，则各组分气体对器壁所施的压强即为各组分气体的分压 $p_i$。

若各组分气体均为理想气体，则某组分气体 $i$ 对器壁所施的压强不会因为有其他组分气体的存在而有所改变，它等于相同温度下该组分气体 $i$ 单独占有与混合气体相同体积时所产生的压强，因而也遵从理想气体状态方程。

$$p_i=\frac{n_iRT}{V} \tag{2-2}$$

1801年，道尔顿(Dalton)通过实验发现：混合气体的总压等于混合气体中各组分气体的分压之和。此经验定律被称为道尔顿分压定律(Dalton's law of partial pressure),其数学表达式为

$$p = p_1 + p_2 + \cdots \text{ 或 } p = \sum p_i \tag{2-3}$$

根据分压定律可知

$$p=\frac{n_1RT}{V}+\frac{n_2RT}{V}+\cdots=(n_1+n_2+\cdots)\frac{RT}{V}=\frac{nRT}{V} \tag{2-4}$$

将式(2-2)与式(2-4)相除得

$$\frac{p_i}{p}=\frac{n_i}{n} \tag{2-5}$$

即组分 $i$ 的分压与总压之比等于组分 $i$ 的物质的量与总摩尔比。

令
$$x_i=\frac{n_i}{n}$$

则
$$p_i=x_ip \tag{2-6}$$

式中,$x_i$ 为气体组分 $i$ 的摩尔分数。

式(2-6)表明,混合气体中某组分气体的分压等于该组分的摩尔分数与总压的乘积。

**【例题 2-4】** 某容器中含有 $NH_3$、$O_2$、$N_2$ 3 种气体的混合物。取样分析后,其中 $n(NH_3)=0.320$ mol,$n(O_2)=0.180$ mol,$n(N_2)=0.700$ mol。混合气体的总压 $p=133.0$ kPa。试计算各组分气体的分压。

在实验室中制备有关气体时,常会涉及气体混合物中各组分的分压问题。例如,用金属 Zn 与 HCl 反应制取 $H_2$,若采用排水集气法,则所收集到的 $H_2$ 是含有水蒸气的混合物;若采用排空气集气法,则所收集到的 $H_2$ 是含有空气的混合物,故在计算有关气体的压强或物质的量时必须考虑水蒸气和空气的存在。

2-6 知识拓展:气体扩散定律

**【例题 2-5】** 在 290 K、101 kPa 条件下,采用排水集气法收集到 0.15 $dm^3$ 某气体,干燥后称重为0.172 g。求该气体的摩尔质量及干燥后的体积。(在 290 K 时水的饱和蒸气压为 1.93 kPa。)

## 2.2 热力学基本概念和热化学

化学反应伴随着能量的变化,研究化学反应的热量变化问题的学科,称为热化学。

### 2.2.1 热力学基本概念

1. 体系和环境

在研究化学反应的能量变化关系时,通常把研究的对象与周围部分区分开来进行讨论。习惯上把我们所研究的对象称为体系(system),体系以外并与体系密切相关的周围部分(与体系有相互作用的部分)称为环境(surrounding)。例如,如果要研究 NaCl 溶液和 $AgNO_3$ 溶液之间的反应,则把溶液看作体系,而溶液周围的其他东西,如盛溶液的容器、溶液上方的空气等相关部分就是环境。根据体系与环境之间物质和能量的交换不同,体系可以分为三类。

① 敞开体系(open system):体系与环境之间既有物质交换,又有能量交换。

② 封闭体系(close system):体系与环境之间没有物质交换,只有能量交换。

③ 孤立体系(isolated system):体系与环境之间既没有物质交换,也没有能量交换。

例如,一个敞开瓶口、盛满热水的广口瓶,是敞开体系;若在广口瓶上盖上瓶塞,则成为

封闭体系；若将瓶子换成带盖的杜瓦瓶（绝热），则构成孤立体系。

由于自然界并不存在绝对不传热的物质，显然真正的孤立体系是不存在的。热力学中常常把体系与环境合并在一起视为孤立体系，即：体系＋环境＝孤立体系。

2. 状态和状态函数

由一系列表征体系性质的物理量所决定的体系的存在形式，称为体系的状态（state）。若某一体系中物质的化学成分、数量、形态，以及体系的温度、压强、体积等物理量都有确定的值且不随时间而变化，则体系就处于某一宏观的热力学状态，简称状态。反之，当体系处于一定状态时，则描述体系状态的各种宏观物理量也必定有确定值与之相对应。若确定体系状态的某物理量的值发生变化，则体系的状态就发生变化，即由一种状态变化到另一种状态。

用来确定体系状态的各种宏观物理量，称为状态函数（state function）。例如，某气体的状态可由压强、体积、温度、物质的量四个物理量表示，这四个物理量都是体系的状态函数。此外，质量、浓度、密度及下面介绍的热力学能、焓、熵、自由能等也是状态函数。

对于状态函数的认识要注意以下几点。

① 体系的状态确定后，每一个状态函数都具有单一的确定值，而与体系如何形成和将来如何变化无关。例如，研究一杯水，这杯水就是体系，当其化学组成确定后，体系的状态可由其体积、温度等状态函数来确定。若水的温度是 300 K，则 300 K 就是该体系目前的一个状态函数。不管这杯水是由 273 K 的水加热而来，还是由沸水冷却而来，或将来的温度是多少。

② 当体系从某一状态变化到另一状态时，体系状态函数的变化只取决于体系的初始状态（始态）和最终状态（终态），与体系变化的途径无关。例如，在标准压强下，将 273 K 的水加热到 323 K 可以有多种途径：先将 273 K 的水加热到 373 K，再降温到 323 K；直接将 273 K 的水加热到 323 K；等等。显然变化的途径不同，但由于始态与终态相同，因而其状态函数 $T$ 的变化量相同，即：$\Delta T = T_{终} - T_{始} = 50$ K。

③ 体系的状态函数按其性质可分为容量性质和强度性质两大类。体积、物质的量、热力学能和焓等状态函数具有加和性，其数值与体系的数量成正比，即表现为体系“量”的特征，这类状态函数称为体系的容量性质（capacity property）。温度、压强以及组成等状态函数不具加和性，其数值与体系的数量无关，即表现为体系“质”的特征，这类状态函数称为体系的强度性质（intensive property）。

3. 过程和途径

体系从始态到终态发生了变化，经历了一个热力学过程，简称过程（process）。如固体的溶解、化学反应等，体系的状态都经历了从始态到终态的过程。根据状态变化的条件不同，热力学过程常有下列几种。

① 等压过程（isobaric process）：状态变化过程中体系压强始终恒定不变（$\Delta p = 0$）。在敞口容器中进行的反应，可看作等压过程，因为体系始终经受相同的大气压强。绝大多数化学反应是在敞口容器中进行的，所以等压过程是化学反应的主要过程。

② 等容过程（isochoric process）：状态变化过程中体系的体积始终恒定不变（$\Delta V = 0$）。在密闭容器中进行的反应就是等容过程。

③ 等温过程（isothermal process）：状态变化过程中体系温度始终恒定不变（$\Delta T = 0$）。当化学反应发生后，由于反应的热效应，体系的温度会升高或降低。如果把过程设计成让反

应后生成物的温度冷却或升温至与反应前的温度相同,则该反应就可以按等温过程处理。

此外,若状态变化过程中体系与环境之间没有热交接,则为绝热过程。若体系由起始状态经一系列变化又回复到起始状态,则此过程称为循环过程。

体系完成从始态变到终态的过程,可以采取多种不同的方式来实现,完成这个过程的具体步骤则称为途径(path)。显然一个过程可以有不同的途径。图 2-1 所示为某理想气体经历的途径与过程。

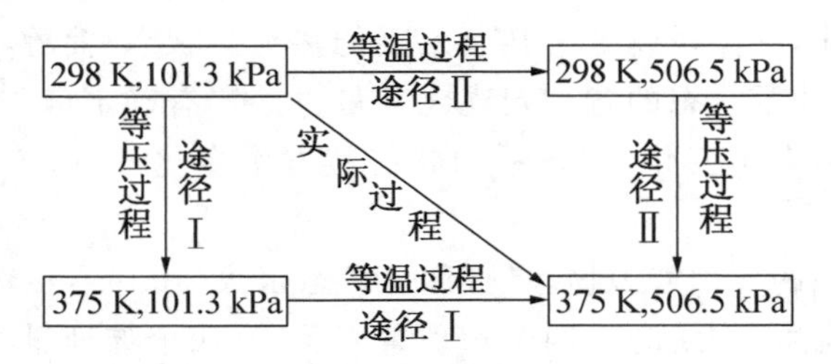


**图 2-1 理想气体经历的途径与过程**

不管过程是按途径Ⅰ完成还是按途径Ⅱ完成,只要始态和终态一定,其状态函数 $p$ 和 $T$ 的改变量 $\Delta p$ 和 $\Delta T$ 是定值。也就是说,状态函数的改变量取决于过程的始、终态,与采取哪种途径来实现这个过程无关。

从上述分析可知,过程的着眼点是始、终态,而途径的着眼点则是具体方式。

4. 热和功

体系与环境进行能量交换的形式有两种,即热(heat)与功(work)。它们均具有能量的单位,为 J 或 kJ。

体系与环境之间因温差而传递的能量称为热(或热量),通常以 $Q$ 表示。热力学规定体系从环境吸热时,$Q$ 取正值($Q>0$);体系向环境放热时,$Q$ 取负值($Q<0$)。

体系状态发生变化时,除热的传递以外,其他与环境之间的各种形式的能量传递都称为功,通常以 $W$ 表示。热力学规定环境对体系做功时,$W$ 为正值($W>0$);体系对环境做功时,$W$ 为负值($W<0$)。

功有多种形式,通常分为体积功和非体积功两大类。由体积变化产生的功称为体积功(膨胀功),用 $-p\Delta V$ 表示;除体积功以外的所有其他功称为非体积功(有用功、其他功),用 $W_f$ 表示。

$$W=-p\Delta V+W_f \tag{2-7}$$

在化学反应中,体系一般只做体积功(因为非体积功需一些特殊装置,如电功需电池装置),所以在本章的讨论中,除特别指明外,体系做功一般均指体积功。

需要指出的是,功和热不是体系自身的性质,而是在体系和环境之间传递的能量,它们只有在体系发生变化时才表现出来。在给定体系的始态和终态后,热和功的数值与体系发生变化时所经历的途径有关,因此,功和热不是状态函数。

5. 热力学能

物质之间可以有热和功两种形式的能量传递,这表明任何物质内部都贮藏着一定的能量。我们把体系内部所包含的总能量称为热力学能(thermodynamic energy),用 $U$ 表示。它包括体系内分子的振动能、转动能、平动能、电子运动的能量,原子核内的能量以及体系内部分子与分子间的相互作用的位能等。

热力学能是体系本身的一种性质,在一定状态下应有一定的数值,因此,热力学能是状态函数。其改变量 $\Delta U$ 只取决于体系的始、终态，而与变化的具体途径无关。显然，热力学能与体系的物质的量成正比，即热力学能是体系的容量性质，具有加和性。

由于组成体系的物质结构的复杂性和内部相互作用的多样性，我们至今还无法测定一个体系的热力学能的绝对值。而当体系状态发生改变时，体系与环境有能量的交换，即有功和热的传递，据此可确定体系热力学能的变化值 $\Delta U$。

6. 热力学温度

热力学温度以 $T$ 表示，单位为 K(开尔文，简称开)。以 0 K(绝对零度)为最低温度，规定水的三相点(水、水蒸气和冰共存的状态)的温度为 273.16 K。在标准压强下，水的冰点实际上是水、冰、空气的一种混合状态，水的冰点的温度是 273.15 K，即冰点比水的三相点的温度低 0.01 K。摄氏温度以水的冰点为 0 ℃。因此，热力学温度 $T$ 与人们惯用的摄氏温度 $t$ 的关系是

$$T = t + 273.15 \tag{2-8}$$

7. 热力学标准状态

同一体系在不同的状态下，其性质不同。在热力学中，为了研究方便，对物质规定了标准状态，简称标准态。

在化学热力学中，将 $1\times10^5$ Pa 规定为标准压强，用符号 $p^{\ominus}$ 表示。右上角标“$\ominus$”是表示标准状态的符号。物质的标准状态是指在标准压强和某一指定温度下物质的物理状态。热力学对物质的标准状态规定如下：

① 气态物质的标准状态是指该物质的物理状态为气态，并且气体的压强(或在混合气体中的分压)为 100 kPa。

② 溶液的标准状态是指在标准压强($p=p^{\ominus}$)下溶质的质量摩尔浓度为 1.0 mol · kg$^{-1}$ 时的状态。热力学用 $b^{\ominus}$ 表示标准浓度，即 $b^{\ominus}=1.0$ mol · kg$^{-1}$。

在基础化学计算和稀溶液计算中，通常做近似处理，用物质的量浓度 $c$ 代替质量摩尔浓度 $b$，这样溶质的标准状态近似地看成是溶质的物质的量浓度为 1.0 mol · dm$^{-3}$，符号为 $c^{\ominus}$。

③ 纯液体或纯固体的标准状态是指处于标准压强下纯物质的物理状态。

需要注意的是，物质标准状态对热力学温度 $T$ 未作具体规定，即在任何温度下都有热力学标准状态。不过，许多物质的热力学数据多是在 $T=298.15$ K 下得到的。

8. 反应进度

反应进度(extent of reaction)是一个衡量化学反应进行程度的物理量，其符号为 $\xi$(读 ksai)，单位为 mol。反应进度的定义式为

$$\xi = \frac{\Delta n_B}{\nu_B} = \frac{n_B(\xi) - n_B(0)}{\nu_B} \tag{2-9}$$

式中，$n_B(0)$ 和 $n_B(\xi)$ 分别表示反应进度 $\xi=0$(反应未开始)和 $\xi=\xi$ 时反应物或产物 B 的物质的量(mol)；$\nu_B$ 表示在化学反应计量式中反应物或产物 B 的计量数，对于反应物，$\nu_B$ 取负值，对于产物 B，$\nu_B$ 取正值。

| 例如： | $N_2(g)$ | + | $3H_2(g)$ | $\longrightarrow$ | $2NH_3(g)$ |
|---|---|---|---|---|---|
| $t=0$ 时 | 3.0 mol | | 10.0 mol | | 0 mol |
| $t=t$ 时 | 2.0 mol | | 7.0 mol | | 2.0 mol |

$$\xi=\frac{\Delta n(N_2)}{\nu(N_2)}=\frac{\Delta n(H_2)}{\nu(H_2)}=\frac{\Delta n(NH_3)}{\nu(NH_3)}=\frac{2.0-3.0}{-1}=\frac{7.0-10.0}{-3}=\frac{2.0-0}{2}=1.0$$

$\xi=1.0$ mol,表明按该化学反应计量式所表示的计量关系进行了1.0 mol反应。即 1.0 mol ($N_2+3H_2\longrightarrow 2NH_3$)反应,也就是说 1 mol $N_2$ 和 3 mol $H_2$ 完全反应生成 2 mol $NH_3$ 时,$\xi=1.0$ mol。

若将该化学反应计量式写成$\frac{1}{2}N_2+\frac{3}{2}H_2\longrightarrow NH_3$,当 $\Delta n(NH_3)$仍为 2.0 mol 时,反应进度 $\xi=2.0$ mol。

从上面的简单计算可以看出,反应进度 $\xi$ 与化学反应计量方程式相匹配。同一化学反应,计量方程式的写法不同,消耗同样量的反应物,$\xi$ 的数值不同。对于同一计量方程式,用反应体系中的任何一种物质的变化量 $\Delta n_B$ 来计算反应进度,所得 $\xi$ 的值都相同,即 $\xi$ 与物质的选择无关。

## 2.2.2　热力学第一定律

2-7　微课:热力学第一定律

热力学第一定律的主要内容就是众所周知的能量守恒定律。假设有一个封闭体系,在状态 1 时,体系的热力学能为 $U_1$,当体系过渡到一个新的状态 2 时,体系的热力学能就变为 $U_2$。$Q$ 是变化过程中体系与环境间传递的热,$W$ 是过程中体系与环境间传递的功。

$$U_1 \xrightarrow[W]{Q} U_2$$

体系的热力学能变化为

$$\Delta U=U_2-U_1=Q+W \tag{2-10}$$

即体系的热力学能变化等于变化过程中环境与体系传递的热和功的总和,这就是热力学第一定律,式(2-10)为热力学第一定律的数学表达式。

热力学第一定律用文字叙述如下:自然界中一切物质都具有能量,能量有各种不同的形式,能够从一种形式转化为另一种形式,从一个物体传递给另一个物体,而在转化和传递过程中能量的总数量不变。

例如,某一热力学过程,当由状态 1 到状态 2 时,体系吸收了 50 J 热量,对环境做了 30 J 的功,则体系的热力学能变化为

$$\Delta U_{体系}=Q+W=50+(-30)=20\ \text{J}\quad 体系热力学能净增\ 20\ \text{J}$$

这时对环境来说,由于体系吸热 50 J,环境就失热 50 J,体系对环境做功即是环境以功的形式得到能量 30 J,所以环境的热力学能变化为

$$\Delta U_{环境}=Q+W=(-50)+30=-20\ \text{J}\quad 环境热力学能净减\ 20\ \text{J}$$

由此可见,体系热力学能的增加是由于环境热力学能的减少。因此,对于任意过程,体系的总能量与环境的总能量之和保持不变。这符合热力学第一定律。

### 2.2.3　化学变化过程的热效应

2-8　微课:焓和焓变

对于只做体积功的化学反应体系,在反应物和产物的温度相等的条件下,体系所吸收或放出的热量称为该反应的反应热(reaction heat),又称反应的热效应(heat effect)。

对于一个化学反应,可将反应物看成体系的始态,产物看成体系的终态。当反应发生后,体系的热力学能变化量 $\Delta U$ 与反应物的总热力学能、产物的总热力学能就有如下关系 。

$$\Delta U = U_{产物} - U_{反应物} \tag{2-11}$$

结合式(2-10),则有

$$U_{产物} - U_{反应物} = Q + W \tag{2-12}$$

式(2-12)就是热力学第一定律在化学反应中的具体体现。式中,$Q$ 为反应热,因化学反应的具体方式不同,通常可分为等容热效应和等压热效应两种。

1. 等容热效应

在等容过程中完成的化学反应称为等容反应,其反应热称为等容热效应,通常用 $Q_V$ 表示。

由热力学第一定律可得

$$\Delta U = Q_V + W$$

因为是等容过程,$\Delta V=0$,所以体积功 $-p\Delta V=0$。

如果体系不做非体积功,那么此过程的总功 $W=-p\Delta V+W_f=0$。由此可得出

$$Q_V = \Delta U - W = \Delta U \tag{2-13}$$

式(2-13)表明,化学反应在等温等容条件下发生,且不做非体积功时,体系吸收或放出的热量 $Q_V$ 等于体系热力学能的变化量 $\Delta U$(简称内能变)。虽然热不是状态函数,但在这种特定条件下,由于热力学能 $U$ 是状态函数,所以等容热效应的值也只与始、终态有关,而与途径无关。

$Q_V$ 可通过实验直接测定,从而可间接得到体系在变化过程中的 $\Delta U$。

2. 等压热效应

在等压过程中完成的化学反应称为等压反应,其反应热称为等压热效应,通常用 $Q_p$ 表示。

由热力学第一定律可得

$$\Delta U = Q_p + W$$

如果体系不做非体积功,只做等压体积膨胀功,那么 $W=-p\Delta V$,则式(2-10)可改写成

$$\Delta U = Q_p - p\Delta V \tag{2-14}$$

$$Q_p = \Delta U + p\Delta V = U_2 - U_1 + p(V_2 - V_1) = (U_2 + pV_2) - (U_1 + pV_1)$$

$U$、$p$、$V$ 都是体系的状态函数,它的组合$(U+pV)$一定也具有状态函数的性质,在热力学上将$(U+pV)$定义为新的状态函数,称为焓(enthalpy),用符号 $H$ 表示。

$$H=U+pV \tag{2-15}$$

则

$$Q_p=H_2-H_1=\Delta H \tag{2-16}$$

式(2－16)表明,化学反应在等温等压条件下发生,且不做非体积功时,体系吸收或放出的热量 $Q_p$ 等于体系焓的变化量 $\Delta H$(简称焓变)。等压热效应的值也只与始、终态有关,与途径无关。由于热力学能是体系的容量性质,所以焓也是体系的容量性质,具有加和性。

由于 $U$ 不能直接测定,因此也不能直接测定 $H$。但在实际应用中,涉及的都是焓变 $\Delta H$。与 $Q_V$ 一样,$Q_p$ 也可以直接测定,从而可得知 $\Delta H$。用杯式量热计可测量得到一些反应的等压热效应。

将式(2－16)代入式(2－14),得出在等压条件下,体系的焓变与内能变之间的关系为

2－9　知识拓展:等压热效应的测量

$$\Delta U=\Delta H-p\Delta V \tag{2-17}$$

对于只有液体或固体参加的化学反应,$\Delta V$ 的变化很小,$p\Delta V\approx0$,因此

$$\Delta H\approx\Delta U$$

对于有气体参加的化学反应,$\Delta V$ 值较大,假定把气体看成是理想气体,可得

$$p\Delta V=\Delta nRT \qquad \Delta n=\sum n_{产}(g)-\sum n_{反}(g)$$

式(2－17)可转化为

$$\Delta U=\Delta H-\Delta nRT$$

**【例题 2－6】**　在 298.15 K 和 1000 kPa 下,燃烧 2 mol $H_2$ 放出 483.6 kJ 的热量,求该反应的 $\Delta H$ 和 $\Delta U$。[$2H_2(g)+O_2(g)\longrightarrow 2H_2O(g)$。]

2－10　化学与社会:人体的能量

从以上例题得出,即使有气体参与的反应,$p\Delta V$ 与 $\Delta H$ 相比也只是一个较小的值。因此,在一般情况下,可认为 $\Delta H$ 近似等于 $\Delta U$,在缺少 $\Delta U$ 的数据的情况下可用 $\Delta H$ 的数据做近似处理。

## 2.2.4　焓和焓变

1. 摩尔焓变 $\Delta_r H_m$ 和标准摩尔焓变 $\Delta_r H_m^{\ominus}$

如果某一反应在反应进度为 $\xi$ 时的焓变为 $\Delta_r H$,那么当反应进度为 1.0 mol 时,焓变则为 $\Delta_r H_m$

$$\Delta_r H_m=\frac{\Delta_r H}{\xi}$$

式中,$\Delta_r H_m$ 为摩尔焓变,即表示某反应按所给定的化学反应计量方程式进行 1.0mol 反应时的焓变($J\cdot mol^{-1}$ 或 $kJ\cdot mol^{-1}$);角标 r 表示反应(reaction);角标 m 表示反应进度为1.0 mol。

若化学反应在热力学标准状态和某一温度下进行,则此时的摩尔焓变称为标准摩尔焓变,符号为 $\Delta_r H_m^{\ominus}(T)$。$T$ 是热力学温度,若是 298.15 K,则可不注明。

2. 热化学反应方程式

表示化学反应与热效应关系的化学反应方程式称为热化学反应方程式。例如:

$$2H_2(g)+O_2(g)\longrightarrow 2H_2O(g) \quad \Delta_r H_m^{\ominus}(298.15\ K)=-483.6\ kJ\cdot mol^{-1}$$

式中,$\Delta_r H_m^{\ominus}$ 为等压热效应,它表明在等温(298.15 K)、等压(100 kPa)条件下,当 2 mol $H_2(g)$和 1 mol $O_2(g)$反应生成 2 mol $H_2O(g)$,即 $\xi=1.0$ mol 时,放出的热量为 483.6 kJ。

$$2H_2(g)+O_2(g)\longrightarrow 2H_2O(g)\quad \Delta_r U_m^{\ominus}(298.15K)=-481.1\ \text{kJ}\cdot\text{mol}^{-1}$$

式中，$\Delta_r U_m^{\ominus}$ 为等容热效应，它表明在等温(298.15 K)、等容条件下，当 2 mol $H_2(g)$ 和 1 mol $O_2(g)$ 反应生成 2 mol $H_2O(g)$，即 $\xi=1.0$ mol 时，放出的热量为 481.1 kJ。

2－11　知识点延伸：书写热化学反应方程式的注意点

大多数化学反应是在恒压条件下进行的，通常所讲的反应热，如果不注明，都是指等压热效应。

## 2.2.5　反应焓变的计算

1. 应用盖斯定律来计算反应焓变

热效应的测定并不困难，但由于许多反应常常伴有副反应，因而很难通过实验准确测定出其反应的热效应。例如：

$$C(s)+\frac{1}{2}O_2(g)\longrightarrow CO(g)$$

反应过程中不可避免地生成 $CO_2$，反应热就不能直接测定。为此，许多人对相关反应之间的热效应关系进行了研究。

1840 年，瑞士化学家盖斯(Hess)研究了大量的反应热的实验数据后，总结出一条定律：一个化学反应，不管是一步完成还是分几步完成，其热效应总是相同的。换一种说法则是，如果一个反应可以分为几步进行，则各分步反应的热效应总和与反应一次发生时的热效应相同。这就是盖斯定律。

盖斯定律实质上是热力学第一定律应用于化学反应过程的必然结果。因为 $\Delta H=Q_p$，$\Delta U=Q_V$，而 $U$、$H$ 都是状态函数，根据状态函数的特性，反应的热效应 $\Delta H$ 和 $\Delta U$ 只取决于反应的始、终态，而与采用什么具体途径来实现这一反应无关。例如，C(石墨)反应生成 $CO_2$，可由以下两条途径来完成。

$$C(s)+O_2(g)\xrightarrow{\Delta_r H_m^{\ominus}} CO_2(g)$$

$$C(s)+O_2(g)\xrightarrow{\Delta_r H_{m,1}^{\ominus}} CO(g)+\frac{1}{2}O_2(g)\xrightarrow{\Delta_r H_{m,2}^{\ominus}} CO_2(g)$$

根据盖斯定律，这两条途径的等压热效应相等。即

$$\Delta_r H_m^{\ominus}=\Delta_r H_{m,1}^{\ominus}+\Delta_r H_{m,2}^{\ominus}$$

盖斯定律的提出奠定了热化学的基础。它的重要意义在于可根据一些已经准确测定的反应热效应来计算未知反应的热效应，使热化学反应方程式像普通代数方程一样进行运算，从而减少了大量实验测定工作，而且可以计算出难以或无法用实验测定的某些反应的热效应。

**【例题 2－7】**　已知 298.15 K 下，

(1) $Cu_2O(s)+\frac{1}{2}O_2(g)\longrightarrow 2CuO(s)\quad \Delta_r H_{m,1}^{\ominus}=-146.0\ \text{kJ}\cdot\text{mol}^{-1}$

(2) $CuO(s)+Cu(s)\longrightarrow Cu_2O(s)\quad \Delta_r H_{m,2}^{\ominus}=-11.3\ \text{kJ}\cdot\text{mol}^{-1}$

计算 298.15 K 下，反应(3) $CuO(s)\longrightarrow Cu(s)+\frac{1}{2}O_2(g)$ 的 $\Delta_r H_m^{\ominus}$。

采用盖斯定律来计算一个反应的热效应，需要将反应分解成几个同一反应条件下已

知热效应的反应。显然,通过已知热效应的一些反应来计算大量未知反应的热效应很难实现。

从热力学观点来讲,任何化学反应的热效应 $\Delta_r H$ 等于产物的总焓与反应物的总焓之差,即

$$\Delta_r H = \sum H(\text{产物}) - \sum H(\text{反应物})$$

因此,从理论上讲,只要知道各种物质的焓值,就可以很方便地计算出任何反应的热效应,但遗憾的是焓值无法测定。为此,需要人们重新思考新的方法来计算一个反应的热效应。结合盖斯定律,于是就产生了采用一种相对标准来简化反应热效应的计算,生成焓和燃烧焓就是常用的两种相对的焓变。

2. 应用标准摩尔生成焓来计算反应焓变

在温度 $T$ 下,由指定单质生成的物质 $i(\nu_i=+1)$ 的标准摩尔焓变,称为物质 $i$ 的标准摩尔生成焓,用符号 $\Delta_f H_m^{\ominus}(i,\text{相态},T)$ 表示,单位是 $kJ \cdot mol^{-1}$ 或 $J \cdot mol^{-1}$,角标 f 表示生成(formation)。

指定单质一般是指每种单质在所讨论的温度 $T$ 及标准压强 $p^{\ominus}$ 时最稳定的状态。例如 $H_2$、$O_2$ 的最稳定态是气态,$Br_2$、$H_2O$ 的最稳定态是液态,而碳的最稳定态是石墨。但也有少数例外,如磷的指定单质是最不稳定的白磷而不是红磷或黑磷,这是因为白磷比较常见,结构简单,易制得纯净物。

例如:在 298.15 K 及标准压强下

$$C(\text{石墨})+O_2(g) \longrightarrow CO_2(g) \qquad \Delta_r H_m^{\ominus}=-393.5\ kJ \cdot mol^{-1}$$

则

$$\Delta_f H_m^{\ominus}(CO_2,g,298.15\ K)=-393.5\ kJ \cdot mol^{-1}$$

根据标准摩尔生成焓的定义,在任意温度下,各种指定单质的标准摩尔生成焓均为零,例如 $\Delta_f H_m^{\ominus}(\text{石墨},s,T)=0$,$\Delta_f H_m^{\ominus}(O_2,g,T)=0$。

附录 1

显然,物质的标准摩尔生成焓是以指定单质的焓为零的相对焓值,通过附录 1 可查得各种物质在 298.15 K 下的 $\Delta_f H_m^{\ominus}$,根据这组数据结合盖斯定律可以很容易求出各种反应的热效应 $\Delta_r H_m^{\ominus}$。例如在 298.15 K 下

(1) $6C(\text{石墨})+3H_2(g) \longrightarrow 3C_2H_2(g) \quad \Delta_r H_m^{\ominus}(1)=3\times\Delta_f H_m^{\ominus}(C_2H_2,g)$

(2) $6C(\text{石墨})+3H_2(g) \longrightarrow C_6H_6(l) \quad \Delta_r H_m^{\ominus}(2)=\Delta_f H_m^{\ominus}(C_6H_6,l)$

将(2)减去(1)可得反应(3):$3C_2H_2(g) \longrightarrow C_6H_6(l)$

按盖斯定律

$$\Delta_r H_m^{\ominus}(3)=\Delta_r H_m^{\ominus}(2)-\Delta_r H_m^{\ominus}(1)=\Delta_f H_m^{\ominus}(C_6H_6,l)-3\times\Delta_f H_m^{\ominus}(C_2H_2,g)$$

由此可以得出这样一条重要规则:化学反应的标准摩尔焓变 $\Delta_r H_m^{\ominus}$ 等于生成物的标准摩尔生成焓之和减去反应物的标准摩尔生成焓之和。

对于一般的化学反应

$$aA+bB \longrightarrow yY+zZ$$

$$\Delta_r H_m^{\ominus}=[y\Delta_f H_m^{\ominus}(Y)+z\Delta_f H_m^{\ominus}(Z)]-[a\Delta_f H_m^{\ominus}(A)+b\Delta_f H_m^{\ominus}(B)]$$

或表示为

$$\Delta_r H_m^{\ominus}=\sum \nu_i \Delta_f H_m^{\ominus}(i,\text{相态},T) \qquad (2-18)$$

式中,$\nu_i$ 表示反应式中物质 $i$ 的化学计量数。对于反应物,$\nu_i$ 取负值;对于生成物,$\nu_i$ 取正值。应用式(2-18)可通过查阅标准摩尔生成焓数据来计算反应热。

2-12 知识点延伸:应用标准摩尔燃烧焓 $\Delta_c H_m^{\ominus}$ 计算反应焓变

**【例题 2-8】** 计算反应 $4NH_3(g)+5O_2(g) \longrightarrow 4NO(g)+6H_2O(g)$ 的 $\Delta_r H_m^{\ominus}$。

有些化合物(如有机物)的生成热难以测定,而其燃烧热却比较容易

通过实验测得，因此，经常用燃烧热来计算这类化合物的反应热。

# 2.3 化学反应方向的判据

## 2.3.1 化学反应方向与焓变

1. 自发过程

自然界中发生的过程都具有一定的方向性。例如，水总是从高处自动流向低处，直至高度一致；热总是从高温物体传向低温物体，直至温度平衡；气体总是从高压处自动流向低压处，直至各处压强相等；铁器暴露于潮湿的空气中会慢慢生锈；Zn 能置换出 $CuSO_4$ 溶液中的 Cu；等等。这种在一定条件下不需要外力作用就能自动进行的过程，叫作自发过程(spontaneous process)；对化学反应则称为自发反应(spontaneous reaction)。

2-13 知识点延伸：自发过程的特征

显然，可用一定的物理量来判断过程的方向和限度，如用 $\Delta h$ 来判断水流的方向；用 $\Delta T$ 来判断热传递方向；用 $\Delta p$ 来判断气体传递方向。那么化学反应的自发过程的方向由哪些因素决定呢？热力学将帮助我们预测某一过程能否自发地进行。

2. 反应自发性与焓变

人们在探索影响反应自发性因素时，首先注意到化学反应的热效应。发现许多放热反应在室温和常压下是自发的，同时许多吸热过程是非自发的。例如，下列放热反应都是自发的。

$$CH_4(g)+2O_2(g)\longrightarrow CO_2(g)+2H_2O(g) \qquad \Delta_r H_m^{\ominus}=-802.5\ kJ\cdot mol^{-1}$$

$$2Fe(s)+\frac{3}{2}O_2(g)\longrightarrow Fe_2O_3(s) \qquad \Delta_r H_m^{\ominus}=-824.2\ kJ\cdot mol^{-1}$$

$$H_2(g)+\frac{1}{2}O_2(g)\longrightarrow H_2O(l) \qquad \Delta_r H_m^{\ominus}=-285.8\ kJ\cdot mol^{-1}$$

$$H_2(g)+Cl_2(g)\longrightarrow 2HCl(g) \qquad \Delta_r H_m^{\ominus}=-184.6\ kJ\cdot mol^{-1}$$

$$H^+(aq)+OH^-(aq)\longrightarrow H_2O(l) \qquad \Delta_r H_m^{\ominus}=-55.8\ kJ\cdot mol^{-1}$$

而上述反应的逆过程是吸热的，亦是非自发的。

19 世纪中叶，贝塞罗(Berthelot)和汤姆森(Thomson)等人曾主张用焓变($\Delta H$)来判断反应发生的方向。他们提出，自发的化学反应趋向于使体系释放出最多的热。即体系的焓减少($\Delta H<0$)，反应将能自发进行。这种以反应焓变作为判断反应方向的依据，简称焓变判据。

然而，有研究发现，不少焓增大($\Delta H>0$)反应在一定条件下也能自发进行。例如：

$$NH_4Cl(s)\xrightarrow{H_2O}NH_4^+(aq)+Cl^-(aq) \qquad \Delta_r H_m^{\ominus}=9.76\ kJ\cdot mol^{-1}$$

$$CaCO_3(s)\xrightarrow{\text{高温}}CaO(s)+CO_2(g) \qquad \Delta_r H_m^{\ominus}=179.2\ kJ\cdot mol^{-1}$$

$$H_2O(l)\longrightarrow H_2O(g) \qquad \Delta_r H_m^{\ominus}=44.0\ kJ\cdot mol^{-1}$$

由此可见，焓变只是决定反应自发性的因素之一，把焓变作为判断反应自发性的依据是不准确、不全面的。影响化学反应自发性的因素除了反应焓变外，体系的混乱度和温度也是重要因素。

### 2.3.2 熵变——反应自发性的一种判据

2-14 微课:熵和熵变

1. 混乱度与熵

假如一密闭容器,用隔板将其从中间隔开,两边各盛放一种气体,若将隔板除去,这两种气体就会混合在一起,这个过程是自发进行的。又如,往一瓶水中滴入几滴紫红色的 $KMnO_4$ 溶液,$KMnO_4$ 就会自发地逐渐扩散到整瓶水中。

上述体系在自发变化过程中的共同点是过程的终态比始态处于更不规则或无序的状态。大量事实表明,自然界中的物理和化学的自发过程一般都朝着混乱程度(简称混乱度)增大的方向进行。$NH_4Cl$ 的溶解、高温下 $CaCO_3$ 的分解、$H_2O$ 的蒸发等吸热过程能自发进行,也正是由于其体系混乱度增加。

与焓一样,混乱度是物质的一个重要属性。热力学中用熵 $S$ 来表示体系的混乱度,即熵是体系混乱度的量度。体系的混乱度越大,熵值就越大。

混乱度与体系中可能存在的微观状态数 $\Omega$ 有关。玻尔兹曼(Boltzmann)认为熵是体系内微观状态数目的量度,并用统计热力学的方法证明了 $S$ 与 $\Omega$ 的关系。

$$S=k\ln\Omega \tag{2-19}$$

式中,$k$ 是比例常数,称为 Boltzmann 常数,$k=R/N_A=1.38\times10^{-23}\ J\cdot K^{-1}$;$R$ 是理想气体常数;$N_A$ 是阿伏伽德罗常数。

可见,体系的微观状态数越大,混乱度越大,熵值就越大;当体系的状态一定,则体系的微观状态数一定,熵值也一定。因此,熵是状态函数,并具有加和性。

因为体系混乱度增大有利于反应自发地进行,故可认为熵增过程($\Delta_r S>0$)有利于化学反应的自发进行。

2. 物质的绝对熵与热力学第三定律

在 0 K 时,对于一个纯净物质的完整晶体,其组分粒子(原子、分子、离子)都处于完全有序的排列状态,分子热运动也停止了,可认为体系的微观状态数 $\Omega=1$,根据式(2-19)可知

$$S(\text{完整晶体},0\ K)=0 \tag{2-20}$$

由此可见,纯物质完整有序晶体在 0 K 时的熵值为零,这就是热力学第三定律。根据热力学第三定律,可求得其他温度下熵的绝对值。

如果将某纯物质从 0 K 升高至温度 $T$,该过程的熵变 $\Delta S$ 为

$$\Delta S=S_T-S_0=S_T$$

式中,$S_T$ 为该物质在温度 $T$ 时的绝对熵(规定熵)。

通常把 1 mol 纯物质 $i$ 在标准状态时的绝对熵称为标准摩尔熵,用符号 $S_m^{\ominus}(i,\text{相态},T)$ 表示,单位是 $J\cdot mol^{-1}\cdot K^{-1}$。原则上通过实验和计算能求得各种物质的标准摩尔熵。附录 1 中列出了一些物质在 298.15 K 时的标准摩尔熵。显然,单质在 298.15 K 时的标准摩尔熵不为零。

对于水溶液体系，其中的物质均是水合物，而不是纯物质，其熵值不是前面所指的标准摩尔熵，而是水合物的熵，无法从标准摩尔熵进行计算得出。热力学规定：水合氢离子的标准摩尔熵为零。

2－15　知识点延伸：物质标准摩尔熵的大小变化规律

$$S_m^{\ominus}(H^+, aq, 298.15\ K)=0$$

以此为基准计算出水溶液中其他离子的标准摩尔熵，这样的规定并不影响有关的计算结果。

3. 反应自发性与熵变

和焓一样，熵也是一种状态函数，具有容量性质，因此，化学反应的熵变 $\Delta_r S_m^{\ominus}$ 与焓变 $\Delta_r H_m^{\ominus}$ 的计算原则相同，只取决于反应的始、终态，而与变化的途径无关。盖斯定律同样适用于熵变计算，应用各种物质的标准摩尔熵 $S_m^{\ominus}$ 的数值可以计算化学反应的标准摩尔熵变 $\Delta_r S_m^{\ominus}$。

对于一般的化学反应

$$aA+bB \longrightarrow yY+zZ$$

$$\Delta_r S_m^{\ominus}=[yS_m^{\ominus}(Y)+zS_m^{\ominus}(Z)]-[aS_m^{\ominus}(A)+bS_m^{\ominus}(B)]$$

或表示为

$$\Delta_r S_m^{\ominus}=\sum \nu_i S_m^{\ominus}(i,\text{相态},T) \qquad (2-21)$$

式中，$\nu_i$ 为 $i$ 物质在反应式中的计量数。对于反应物，$\nu_i$ 取负值；对于产物，$\nu_i$ 取正值。

**【例题 2－9】**　求下列四个反应的标准摩尔熵变 $\Delta_r S_m^{\ominus}$。

(1) $NH_4Cl(s) \xrightarrow{H_2O} NH_4^+(aq)+Cl^-(aq)$

(2) $CaCO_3(s) \xrightarrow{\text{高温}} CaO(s)+CO_2(g)$

(3) $H_2O(l) \longrightarrow H_2O(g)$

(4) $3H_2(g)+N_2(g) \longrightarrow 2NH_3(g)$

虽然熵增大($\Delta_r S_m^{\ominus}>0$)有利于反应的自发进行，但实际上我们也可列举体系熵减时仍能自发反应的例证。例如，263 K 的液态水会自动结冰变成固态，是熵减过程；在一定温度与压强下，水溶液中的 $K^+(aq)$和 $NO_3^-(aq)$能自发结晶生成 $KNO_3$ 晶体，也是熵减过程；$SO_2$ 氧化为 $SO_3$ 的反应在 298.15 K 及标准压强下是一个自发反应，但其 $\Delta_r S_m^{\ominus}<0$。

2－16　化学与社会：生物熵及对生命认识的意义

由此可知，仅根据熵变也不能对反应的自发性作出正确判断。化学反应的 $\Delta H$ 和 $\Delta S$ 都是与反应自发性有关的因素，但都不能独立作为反应自发性的判据，只有把这两种因素综合考虑，才能得出正确的结论。

## 2.3.3　吉布斯自由能——反应自发性的最终判据

2－17　微课：吉布斯自由能与反应自发性的最终判据

1. 热力学第二定律

自然界一条普遍适用的法则是，孤立体系有自发向混乱度增大(即熵增)的方向变化的趋势。这就是热力学第二定律。热力学第二定律虽然是一个经验定律，但至今还没有发现违反该定律的事实。由于体系与环境合并在一起可视为孤立体系,因此,在任何自发过程中,体系和环境的熵变的总和是增加的,可表示为

$$\Delta S_{总}=\Delta S_{体系}+\Delta S_{环境}>0 \tag{2-22}$$

即:

$\Delta S_{总}>0$　　自发变化

$\Delta S_{总}<0$　　非自发变化

$\Delta S_{总}=0$　　体系处于平衡状态

如果某一变化过程中,体系的熵变 $\Delta S_{体系}$ 和环境的熵变 $\Delta S_{环境}$ 都已知,则可用上式判断该变化过程是否自发。

2. 吉布斯自由能——反应自发性的最终判据

采用式(2-22)来判断变化的自发性,应同时考虑体系和环境的熵变,使其在应用时比较麻烦。

热力学研究表明,在等温等压下,环境的熵变 $\Delta S_{环境}$ 正比于体系的焓变 $\Delta H_{体系}$ 的负值,反比于环境的热力学温度 $T$。

$$\Delta S_{环境}=-\frac{\Delta H_{体系}}{T}$$

将上式代入式(2-22)得

$$\Delta S_{总}=\Delta S_{体系}-\frac{\Delta H_{体系}}{T} \tag{2-23}$$

式(2-23)表明由体系的焓变和熵变能得到总的熵变,即综合考虑体系的焓变和熵变就能判断化学反应进行的方向,而不再需要考虑环境的变化。

以热力学温度 $T$ 乘以上式的两边得

$$T\Delta S_{总}=T\Delta S_{体系}-\Delta H_{体系}$$

令

$$\Delta G=-T\Delta S_{总}$$

则

$$\Delta G=\Delta H-T\Delta S \tag{2-24}$$

式(2-24)称为吉布斯-赫姆霍兹(Gibbs-Helmholtz)方程。把焓和熵归并在一起的热力学函数 $G$ 被称为吉布斯(Gibbs)自由能,也称 Gibbs 函数,其定义为

$$G=H-TS \tag{2-25}$$

$\Delta G$ 为 Gibbs 自由能变或 Gibbs 函变。由于 $H$、$T$、$S$ 都是状态函数,$G$ 也是状态函数,即其改变值 $\Delta G$ 只取决于体系的始、终态,与变化的途径无关。并且 $G$ 与 $H$ 有相同的单位。

将 $\Delta G=-T\Delta S_{总}$ 代入熵判据,可得到 Gibbs 自由能变判据:在不做非体积功和等温等压下,任何自发变化总是体系的 Gibbs 自由能减少。

$\Delta G<0$　　反应为自发过程,化学反应可正向进行

$\Delta G>0$　　反应为非自发过程,化学反应可逆向进行

$\Delta G=0$　　体系处于平衡状态

显然 Gibbs 自由能变判据的实质仍然是热力学第二定律。

根据式(2-24)可知,温度对 $\Delta G$ 有明显影响。相对来说,温度对化学反应的熵变 $\Delta S$ 和焓变 $\Delta H$ 的影响却不大。这是因为温度升高时,物质的熵 $S$ 增大,但对一个反应来说,生成物和反应物的 $S$ 都随之增大,且增加量大致相等,因此,整个反应的 $\Delta S$ 随温度的变化很小;化学反应的 $\Delta H$ 主要来源于化学键的改组,一个反应只要生成物和反应物固定,不管在较高温度或较低温度下进行,其化学键改组的情况是相同的,因此,整个反应的 $\Delta H$ 随温度的变化很小。

因此,通常情况下,在一定温度范围内可忽略温度对反应 $\Delta S$ 和 $\Delta H$ 的影响,即可认为

$$\Delta_r H_m^{\ominus}(T) \approx \Delta_r H_m^{\ominus}(298.15\ \text{K}) \quad \Delta_r S_m^{\ominus}(T) \approx \Delta_r S_m^{\ominus}(298.15\ \text{K})$$

Gibbs-Helmholtz 方程表明,反应进行的方向取决于 $\Delta H$ 和 $T\Delta S$ 值的相对大小。按照反应的焓变 $\Delta H$ 和熵变 $\Delta S$ 数值的正、负号可以把化学反应分成以下四类。

① $\Delta H<0, \Delta S>0$,是放热熵增的反应,$\Delta G<0$,在任何温度下均为自发反应。

② $\Delta H>0, \Delta S<0$,是吸热熵减的反应,$\Delta G>0$,在任何温度下均为非自发反应。

③ $\Delta H>0, \Delta S>0$,是吸热熵增的反应,两者对 $\Delta G$ 的影响是相反的。反应能否自发进行取决于 $\Delta H$ 和 $T\Delta S$ 的相对大小。显然,只有 $T$ 值大(高温)时才可能使 $\Delta G<0$,故反应在高温时为自发反应,低温时为非自发反应。

④ $\Delta H<0, \Delta S<0$,是放热熵减的反应,因而两者对 $\Delta G$ 的影响也是相反的。只有 $T$ 值小(低温)时才可能使 $\Delta G<0$,故反应在低温时为自发反应,高温时为非自发反应。

类型③和④的反应中,$\Delta H$、$\Delta S$ 的正、负号相同,所以温度决定了反应进行的方向。改变反应温度,反应将可能在自发与非自发过程之间相互转变,这个温度称为转变温度 $T_{转}$。在转变温度时,体系处于平衡态,由式(2-24)可得

$$\Delta_r G_m^{\ominus}(T) \approx \Delta_r H_m^{\ominus}(298.15\text{K}) - T\Delta_r S_m^{\ominus}(298.15\text{K}) = 0$$

即

$$T_{转} = \frac{\Delta_r H_m^{\ominus}(298.15\text{K})}{\Delta_r S_m^{\ominus}(298.15\text{K})} \tag{2-26}$$

对于 $\Delta H>0$、$\Delta S>0$ 的反应,当温度高于 $T_{转}$ 时,反应自发进行。

对于 $\Delta H<0$、$\Delta S<0$ 的反应,当温度低于 $T_{转}$ 时,反应自发进行。

**【例题 2-10】** 计算在标准状态下,反应 $CaCO_3(s) \longrightarrow CaO(s) + CO_2(g)$ 能自发进行的最低温度。

3. 标准摩尔吉布斯自由能变的计算

在给定温度和标准状态下,某化学反应按照反应计量式进行 1.0 mol 反应,相应的 Gibbs 自由能的改变量被称为反应的标准摩尔 Gibbs 自由能变,用 $\Delta_r G_m^{\ominus}$ 表示。此时的 Gibbs-Helmholtz 方程可表示为

$$\Delta_r G_m^{\ominus}(T) = \Delta_r H_m^{\ominus}(T) - T\Delta_r S_m^{\ominus}(T)$$

由于在一定温度范围内可忽略温度对反应熵变和焓变的影响。因此,可利用 298.15K 时的 $\Delta_r H_m^{\ominus}$ 和 $\Delta_r S_m^{\ominus}$ 代替其他温度下的 $\Delta_r H_m^{\ominus}(T)$ 和 $\Delta_r S_m^{\ominus}(T)$,计算任意温度下的 $\Delta_r G_m^{\ominus}(T)$。

$$\Delta_r G_m^{\ominus}(T) \approx \Delta_r H_m^{\ominus}(298.15\text{K}) - T\Delta_r S_m^{\ominus}(298.15\ \text{K}) \tag{2-27}$$

和焓一样,Gibbs 自由能也是状态函数,具有容量性质,因此,化学反应的 $\Delta_r G_m^{\ominus}$ 只取决于反应的始、终态,而与变化的途径无关,盖斯定律同样适用于 $\Delta_r G_m^{\ominus}$ 计算。

如同标准摩尔生成焓一样,热力学规定:在温度 $T$ 和标准状态下,由指定单质生成 1 mol某物质 $i$ 时的标准摩尔 Gibbs 自由能变,称为物质 $i$ 的标准摩尔生成 Gibbs 自由能变,用符号 $\Delta_f G_m^{\ominus}(i, 相态, T)$ 表示,单位为 $\text{kJ} \cdot \text{mol}^{-1}$。

例如:在 298.15 K 及标准状态下

$$C(石墨) + O_2(g) \longrightarrow CO_2(g) \quad \Delta_r G_m^{\ominus} = -394.4\ \text{kJ} \cdot \text{mol}^{-1}$$

则

$$\Delta_f G_m^{\ominus}(CO_2, g, 298.15\ \text{K}) = -394.4\ \text{kJ} \cdot \text{mol}^{-1}$$

在这一规定中,实际上已经令 $\Delta_f G_m^{\ominus}(指定单质, 相态, T) = 0$。

附录 1 列出了常见物质在 298.15 K 下的 $\Delta_f G_m^{\ominus}$ 的数据。由于 $\Delta_f G_m^{\ominus}$ 与物质所处的状态有关,因而查表时应注意物质的聚集状态。同样,通过查阅在 298.15K 下的 $\Delta_f G_m^{\ominus}$ 的数据可计算反应的标准摩尔 Gibbs 自由能变 $\Delta_r G_m^{\ominus}$。

对于一般的化学反应

$$aA + bB \longrightarrow yY + zZ$$

$$\Delta_r G_m^{\ominus} = [y\Delta_f G_m^{\ominus}(Y) + z\Delta_f G_m^{\ominus}(Z)] - [a\Delta_f G_m^{\ominus}(A) + b\Delta_f G_m^{\ominus}(B)]$$

或表示为
$$\Delta_r G_m^{\ominus} = \sum \nu_i \Delta_f G_m^{\ominus}(i,\text{相态},298.15\ \text{K}) \tag{2-28}$$

由于一般热力学数据表中，只能查到 298.15 K 时的 $\Delta_f G_m^{\ominus}$，所以根据上式只能计算 298.15 K 下的 $\Delta_r G_m^{\ominus}$。

【例题 2-11】 计算反应 $3H_2(g) + N_2(g) \longrightarrow 2NH_3(g)$ 在 298.15 K 和 673.15 K 时的 $\Delta_r G_m^{\ominus}$。

2-18　应用案例：联系生产、生活实际的化学反应可能性推断

由上例可以看出，合成氨反应是一个放热熵减反应，故升高温度，$\Delta_r G_m^{\ominus}$ 增大，不利于氨的合成。

值得注意的是，对恒温恒压下的化学反应，$\Delta_r G_m^{\ominus}$ 只能判断在标准状态下反应的方向。若反应处于任意状态，不能用 $\Delta_r G_m^{\ominus}$ 判断，必须用 $\Delta_r G_m$ 才能判断反应方向，对于任意状态下的 $\Delta_r G_m$ 的讨论，将在下一节中进行。

## 2.4　化学平衡和平衡常数

2-19　微课：标准平衡常数

化学热力学要解决的另一个重要问题是化学反应的限度问题，即如果反应能进行，则进行到什么程度，即反应物的转化率如何？怎样才能提高转化率以便获得更多的产物？这就是本节将要讨论的化学平衡问题。

### 2.4.1　化学平衡状态

化学反应有可逆反应与不可逆反应之分，但大多数化学反应都是可逆的。在一定条件下，既能向正反应方向进行又能向逆反应方向进行的反应称可逆反应(reversible reaction)。

对于可逆反应：

$$H_2(g) + I_2(g) \rightleftharpoons 2HI(g)$$

若反应开始时，体系中只有 $H_2(g)$ 和 $I_2(g)$，只能发生正向反应，这时 $H_2(g)$ 和 $I_2(g)$ 的浓度最大，正反应的速率最大，随着反应的进行，$H_2(g)$ 和 $I_2(g)$ 的浓度降低，正反应速率逐渐减小。另一方面，一旦体系中出现 HI(g)，就开始出现逆反应，随着反应的进行，HI(g) 的浓度增大，逆反应速率增大。反应最终会达到正反应速率等于逆反应速率的一种状态，此时体系中各物质的浓度也不再随时间变化而改变，体系所处的这种状态叫化学平衡状态。

2-20　知识点延伸：化学平衡的特征

原则上讲，几乎所有的化学反应都有可逆性，但各种反应的可逆程度有很大的不同。例如，$3H_2(g) + N_2(g) \rightleftharpoons 2NH_3(g)$ 的可逆程度很大；而 $Ag^+ + Cl^- \rightleftharpoons AgCl$ 的逆反应程度很小。

化学反应可逆性的不同，可以用平衡常数进行描述。

## 2.4.2　平衡常数

1. 实验平衡常数

当反应达到平衡时，反应体系中各物质的浓度相对恒定，那么是否能找到各物质浓度在平衡状态时的定量关系呢？

$H_2$—$I_2$—HI 体系中的平衡问题是研究化学平衡的典型实例，其典型的一组实验数据见表2-1。

**表 2-1　425.4 ℃下 $H_2(g)+I_2(g)\rightleftharpoons 2HI(g)$ 体系的组成**

| 反应开始时各组分分压 $p_0$/kPa | | | 平衡时各组分分压 $p$/kPa | | | $\frac{p(HI)^2}{p(H_2)p(I_2)}$ |
|---|---|---|---|---|---|---|
| $p_0(H_2)$ | $p_0(I_2)$ | $p_0(HI)$ | $p(H_2)$ | $p(I_2)$ | $p(HI)$ | |
| 64.74 | 57.78 | 0 | 16.88 | 9.914 | 95.73 | 54.76 |
| 65.95 | 52.53 | 0 | 20.68 | 7.260 | 90.54 | 54.60 |
| 62.02 | 62.50 | 0 | 13.08 | 13.57 | 97.87 | 53.96 |
| 61.96 | 69.49 | 0 | 10.64 | 18.17 | 102.64 | 54.49 |
| 0 | 0 | 62.10 | 6.627 | 6.627 | 48.85 | 54.34 |
| 0 | 0 | 26.98 | 2.877 | 2.877 | 21.23 | 54.45 |

分析这组实验数据，可以看出：

① 平衡组成取决于反应开始时的体系组成，反应开始时的不同组成可以得到不同的平衡组成。

② 尽管不同平衡状态的平衡组成不同，但$\frac{p(HI)^2}{p(H_2)p(I_2)}$是一常量。425.4 ℃下，其平均值为 54.43。该常量称为实验平衡常数或经验平衡常数。

对于任一可逆反应

$$mA+nB\longrightarrow pC+qD$$

研究结果表明，在一定温度下，达到平衡时，体系中各物质的浓度间有如下关系。

$$\frac{c(C)^p c(D)^q}{c(A)^m c(B)^n}=K_c \tag{2-29}$$

式中，各组分的浓度为平衡浓度；$K_c$ 是常数，称为该反应在温度 $T$ 时的浓度平衡常数。上述结论可以归结为，在一定温度下，可逆反应达到平衡时，生成物的浓度以其化学计量数为指数幂的乘积与反应物的浓度以其化学计量数为指数幂的乘积之比是一个常数。

对于气相反应，书写平衡常数表达式时，其平衡浓度除可以用物质的量浓度表示外，还可以用平衡时各气体的分压来代替浓度。例如：

$$mA(g)+nB(g)\rightleftharpoons pC(g)+qD(g)$$

达到平衡时，不仅各种物质的浓度不再改变，而且其分压也不再改变。于是有如下关系：

$$K_p=\frac{p(C)^p p(D)^q}{p(A)^m p(B)^n}$$

式中，$K_p$ 为压强平衡常数；$p(A)$、$p(B)$、$p(C)$、$p(D)$ 分别代表反应物 A、B 和产物 C、D 在混合气体中的平衡分压。

由于平衡常数表达式中各组分的浓度或分压都是有单位的数值，因此，实验平衡常数的量纲常常也不为 1，或者说可能有单位，其单位取决于化学反应方程式中生成物与反应物的单位及相应的化学计量数。

$K_p$ 和 $K_c$ 均属于实验平衡常数,同一个反应的 $K_p$ 和 $K_c$ 数值不相等,但它们所表示的却是同一种平衡状态,而且两种常数可以相互换算。

因为
$$p_i = c_i RT$$

所以
$$K_p = K_c (RT)^{\sum \nu_i}$$

**【例题 2-12】** 合成氨反应 $3H_2(g) + N_2(g) \rightleftharpoons 2NH_3(g)$ 在 500℃ 的平衡浓度分别为:$c(H_2) = 1.15\ mol \cdot dm^{-3}$,$c(N_2) = 0.75\ mol \cdot dm^{-3}$,$c(NH_3) = 0.261\ mol \cdot dm^{-3}$,求此温度下的 $K_c$ 和 $K_p$。

2. 标准平衡常数

2-21 知识点延伸:书写实验平衡常数表达式的注意点

如果将反应达平衡时的平衡浓度或平衡分压分别除以标准浓度 $c^{\ominus}$ 或标准压强 $p^{\ominus}$,则得到平衡时的相对浓度 $c(B)/c^{\ominus}$ 和相对分压 $p(B)/p^{\ominus}$。

将平衡时的相对浓度和相对分压代入平衡常数表达式,得到的平衡常数称标准平衡常数,用 $K^{\ominus}$ 表示。

对于气相反应

$$H_2(g) + I_2(g) \rightleftharpoons 2HI(g)$$

$$K^{\ominus} = \frac{[p(HI)/p^{\ominus}]^2}{[p(H_2)/p^{\ominus}][p(I_2)/p^{\ominus}]}$$

对于溶液中的反应

$$Sn^{2+}(aq) + 2Fe^{3+}(aq) \rightleftharpoons Sn^{4+}(aq) + 2Fe^{2+}(aq)$$

$$K^{\ominus} = \frac{[c(Sn^{4+})/c^{\ominus}][c(Fe^{2+})/c^{\ominus}]^2}{[c(Sn^{2+})/c^{\ominus}][c(Fe^{3+})/c^{\ominus}]^2}$$

对于一般化学反应

$$aA(g) + bB(aq) + cC(s) \rightleftharpoons xX(g) + yY(aq) + zZ(l)$$

$$K^{\ominus} = \frac{[p(X)/p^{\ominus}]^x [c(Y)/c^{\ominus}]^y}{[p(A)/p^{\ominus}]^a [c(B)/c^{\ominus}]^b} \tag{2-30}$$

液体、固体以及稀溶液中的 $H_2O$ 的浓度仍不出现在标准平衡常数表达式中。因为若是液体、固体或 $H_2O$,其标准状态为相应的纯液体、纯固体或 $H_2O$,其相对浓度为 1,故在标准平衡常数表达式中不必出现。

显然,不论是溶液中的反应、气相反应还是复相反应,其标准平衡常数 $K^{\ominus}$ 的量纲均为 1。由于 $c^{\ominus} = 1.0\ mol \cdot dm^{-3}$,为简便起见,式(2-30)中 $c^{\ominus}$ 在进行与 $K^{\ominus}$ 有关的计算时常予以省略。

$K^{\ominus}$ 定量表达了化学反应的平衡状态。$K^{\ominus}$ 值越大,平衡体系中生成物越多而反应物越少;反之亦然。

根据 $K^{\ominus}$ 的大小可以判断反应进行的程度,估计反应的可能性。平衡体系的 $K^{\ominus}$ 很大,说明平衡时生成物的浓度比反应物的浓度要大得多,即大部分反应物转化为产物,反应进行得比较完全。相反,如果 $K^{\ominus}$ 很小,说明反应正向进行的程度很小,而逆反应进行的程度大。$K^{\ominus}$ 不太大也不太小的反应,如前面讨论过的反应 $H_2(g) + I_2(g) \rightleftharpoons 2HI(g)$($K^{\ominus} = 54.43$),说明平衡体系中,反应物和产物的浓度不会太悬殊,两者都不可忽略,不论反应从哪边开始,正向反应和逆向反应都进行得不完全。

反应进行的程度也常用平衡转化率 $\alpha$ 来表示。某一反应物 $i$ 的平衡转化率是指化学反应达到平衡后,该反应物转化为生成物的量占反应前该反应物总量的百分数。

$$\alpha(i)=\frac{n_0(i)-n_{eq}(i)}{n_0(i)} \tag{2-31}$$

式中，$n_0(i)$为反应开始时 $i$ 的物质的量；$n_{eq}(i)$为平衡时 $i$ 的物质的量。

平衡常数 $K^\ominus$越大，表示正反应进行程度越大，往往转化率 $\alpha$ 也越大。但转化率 $\alpha$ 与平衡常数$K^\ominus$有所不同，转化率与反应体系的起始状态有关，反应的起始浓度不同，物质的转化率可以不同，而一个反应在某一温度下只有一个特征的平衡常数。

**【例题 2-13】** 523 K 时，反应 $C_6H_5CH_2OH(g) \rightleftharpoons C_6H_5CHO(g)+H_2(g)$ 的 $K^\ominus=0.558$。若将 1.20 g苯甲醇放在 2.00 $dm^3$ 容器中并加热至 523 K，计算反应达平衡时苯甲醛的分压和苯甲醇的分解率。

## 2.4.3 多重平衡规则

如果某化学反应是由多个相同条件下的化学反应相加(或相减)而成，则总反应的平衡常数等于各反应平衡常数之积(或商)，此规则称为多重平衡规则。应用多重平衡规则，可以由若干个已知反应平衡常数求得某个反应的平衡常数，而无须通过实验。

**【例题 2-14】** 已知下列反应在 1123 K 时的平衡常数：

(1) $C(石墨)+CO_2(g) \rightleftharpoons 2CO(g)$　　$K_1^\ominus=1.3\times10^{14}$

(2) $CO(g)+Cl_2(g) \rightleftharpoons COCl_2(g)$　　$K_2^\ominus=6.0\times10^{-3}$

计算反应(3) $C(石墨)+CO_2(g)+2Cl_2(g) \rightleftharpoons 2COCl_2(g)$ 在 1123 K 的平衡常数。

## 2.4.4 标准平衡常数与标准摩尔吉布斯自由能变的关系

在前面已指出，$\Delta_rG_m^\ominus$ 只能判断各物质均处于标准状态时反应进行的方向。若体系中各物质处于任意状态，则必须用 $\Delta_rG_m$ 才能判断反应的方向。那么某一反应在温度 $T$ 时，任意状态下化学反应的 $\Delta_rG_m$ 和 $\Delta_rG_m^\ominus$ 之间有什么关系？它们和标准平衡常数 $K^\ominus$ 又是什么关系？

根据热力学推导，在恒温恒压、任意状态下化学反应的 $\Delta_rG_m$ 和 $\Delta_rG_m^\ominus$ 之间存在如下关系：

$$\Delta_rG_m(T)=\Delta_rG_m^\ominus(T)+RT\ln Q \tag{2-32}$$

式(2-32)称为化学反应等温式，也称范特霍夫(van't Hoff)等温式。式中，$Q$ 为反应商。反应商 $Q$ 的表达式与标准平衡常数 $K^\ominus$ 的表达式在形式上是相同的，不同之处在于 $Q$ 表达式中各物质的浓度或分压为任意状态下的数值，其商值是任意的；而 $K^\ominus$ 的表达式中各物质的浓度或分压是平衡态下的数值，其商值在一定温度下为一常数。

当反应达到化学平衡时，反应的 $\Delta_rG_m(T)=0$，体系中各物质的浓度或分压均为平衡时的浓度或分压，即 $Q=K^\ominus$，式(2-32)可改写为

$$\Delta_rG_m^\ominus(T)=-RT\ln K^\ominus(T) \tag{2-33}$$

式(2-33)给出了重要的热力学参数 $\Delta_rG_m^\ominus$ 和 $K^\ominus$之间的关系，为求算一些化学反应的标准平衡常数提供了可行的方法。

将式(2-33)代入式(2-32)中得

$$\Delta_rG_m(T)=-RT\ln K^\ominus+RT\ln Q$$

上式可变为

$$\Delta_rG_m(T)=RT\ln\frac{Q}{K^\ominus} \tag{2-34}$$

式(2-34)表明了反应商 $Q$ 与平衡常数 $K^\ominus$ 的相对大小与反应方向的关系。将 $Q$ 和 $K^\ominus$ 进行比较，也可以得出反应商判据，从而判断化学反应进行的方向。

$Q<K^\ominus$，$\Delta_rG_m<0$　　反应正向自发进行

$Q=K^{\ominus}, \Delta_r G_m=0$　　反应处于平衡状态

$Q>K^{\ominus}, \Delta_r G_m>0$　　反应逆向自发进行

**【例题 2-15】** 合成氨反应 $3H_2(g)+N_2(g) \rightleftharpoons 2NH_3(g)$ 在 $1.2\times10^4$ kPa、673 K 的条件下进行。反应混合物的组成为：$\varphi(H_2)=72.0\%$，$\varphi(N_2)=24.0\%$，$\varphi(NH_3)=3.00\%$，$\varphi(Ar)=1.00\%$，估算 $K^{\ominus}(673\ K)$，并判断此条件下反应能否自发进行。($\varphi$ 为体积分数。)

上述例子表明，在标准状态不能自发进行的反应，在非标准状态下可能会自发进行。

## 2.4.5 化学平衡的移动

化学平衡是一种动态平衡，并不意味着反应停止，它是一种相对的、有条件的平衡。如果反应条件发生变化，平衡状态就被破坏，可逆反应从暂时的平衡变为不平衡，经过一定的时间，在新的条件下又建立了新的平衡状态。此时的反应物和生成物的浓度与原来平衡状态时的浓度不同。这种可逆反应从一种条件下的平衡状态转变到另一条件下的平衡状态的过程叫作化学平衡的移动。

从反应商判据来看，一个可逆反应在一定温度下的反应方向由 $Q$ 和 $K^{\ominus}$ 的相对大小来决定，当 $Q=K^{\ominus}$ 时反应达到平衡状态，如果要使平衡发生移动，只要改变条件，使 $Q\neq K^{\ominus}$。而实现 $Q\neq K^{\ominus}$ 可以采取下列两个途径：

① 改变反应物或产物的分压(或浓度)，使 $Q$ 的值小于或大于 $K^{\ominus}$；

② 改变温度，使 $K^{\ominus}$ 的数值增加或减少，从而大于或小于 $Q$。

可见，浓度、压强和温度等因素都可以引起平衡移动。下面分别讨论浓度、压强、温度对化学平衡的影响。

1. 浓度对化学平衡的影响

一定条件下，反应 $mA(aq)+nB(aq) \rightleftharpoons pC(aq)+qD(aq)$ 达到平衡时，$Q=K^{\ominus}$。

当增加 $c$(反应物)或减小 $c$(生成物)时，反应商 $Q$ 值变小，则 $Q<K^{\ominus}$，体系不再处于平衡状态，平衡向正反应方向移动；随着反应的进行，当 $Q$ 重新等于 $K^{\ominus}$ 时，体系达到一个新的平衡状态，此时 $c'$(反应物)和 $c'$(生成物)已不同于原平衡时各自的浓度。

反之，若在已平衡体系中降低 $c$(反应物)或增加 $c$(生成物)时，则 $Q>K^{\ominus}$，此时平衡将向逆反应方向移动，直到建立新的平衡。

2. 压强对化学平衡的影响

因为压强对固体、液体的体积影响极小，因此，压强的变化对固相或液相反应的化学平衡几乎没有影响。

对于有气体参与的化学反应来说，改变压强往往对化学平衡有影响。对平衡移动影响的具体情况随改变体系压强的方式不同而不同。

(1) 部分物质分压的变化

以合成氨反应为例：$3H_2(g)+N_2(g) \rightleftharpoons 2NH_3(g)$

如果反应在恒温恒容下进行，平衡后，只是增大 $H_2$ 或 $N_2$ 的分压(即增加 $H_2$ 或 $N_2$ 的物质的量)，则 $Q$ 减小，导致 $Q<K^{\ominus}$，平衡向正反应方向移动。相反，平衡后若是增大 $NH_3$ 的分压，则平衡向逆反应方向移动。同理可得出分别减小 $H_2$、$N_2$、$NH_3$ 的分压时平衡移动的方向。

显然，部分物质的分压的变化对平衡的影响与浓度变化对平衡移动的影响是一致的。

(2) 体积改变引起压强的变化

仍以合成氨反应为例：$3H_2(g)+N_2(g) \rightleftharpoons 2NH_3(g)$

该反应的反应物总分子数为 4，生成物总分子数为 2，反应前后气体分子总数有变化。一定温度下，反应达到平衡时

$$\frac{[p(NH_3)/p^{\ominus}]^2}{[p(H_2)/p^{\ominus}]^3[p(N_2)/p^{\ominus}]}=K^{\ominus}$$

如果将反应体系压缩至原来的$\frac{1}{2}$，体系的总压强将增加到原来的 2 倍，这时各组分的分压也增加 2 倍，分别为 $2p(NH_3)$、$2p(H_2)$、$2p(N_2)$，于是得

$$Q=\frac{[2p(NH_3)/p^{\ominus}]^2}{[2p(H_2)/p^{\ominus}]^3[2p(N_2)/p^{\ominus}]}=\frac{1}{4}K^{\ominus}$$

即 $Q<K^{\ominus}$，平衡向合成氨方向移动，也就是向气体分子数减少的方向移动。相反，若是减少上述平衡体系的总压强，则 $Q>K^{\ominus}$，平衡向氨分解方向移动，也就是向气体分子数增大的方向移动。

对于反应 $CO(g)+H_2O(g)\rightleftharpoons CO_2(g)+H_2(g)$

由于其反应前后气体分子数不变，在一定温度下反应达到平衡，此时若增大或减小体系压强对生成物和反应物的分压产生的影响是等效的，其 $Q=K^{\ominus}$，所以平衡不发生移动。

显然，压强变化只是对那些反应前后气体分子数目有变化的反应有影响。在恒温下，增大压强，平衡向气体分子数减少的方向移动；减小压强，平衡向气体分子数增大的方向移动。

(3) 惰性气体的影响

向平衡体系中加入不参与化学反应的气态物质（称惰性气体），其对化学平衡的影响可分为两种情况：① 若是恒容体系，引入惰性气体，体系的总压增大，但各反应物和生成物的分压不变，所以 $Q=K^{\ominus}$，平衡不发生移动。② 若是恒压体系，引入惰性气体，体系的总体积增大，则各组分气体的分压将相应减小，即平衡将向气体分子数增多的方向移动。

综上所述，压强对平衡移动的影响，关键在于各反应物和生成物的分压是否改变，同时要考虑反应前后气体分子数是否改变。基本判据仍然是 $Q\neq K^{\ominus}$。

**【例题 2-16】** 在 323 K、101.3 kPa 时，$N_2O_4(g)$的分解率为 50.0%。问当温度保持不变，压强变为 1013 kPa 时，$N_2O_4(g)$的分解率为多少？

### 3. 温度对化学平衡的影响

温度对化学平衡的影响与浓度、压强对化学平衡的影响有着本质的区别。改变浓度或压强只能使平衡点改变，但不能改变标准平衡常数 $K^{\ominus}$ 的数值；而温度的变化，却导致了 $K^{\ominus}$ 值的改变，从而使平衡发生移动。

温度的变化对 $K^{\ominus}$ 的影响，可通过热力学函数的基本关系来推导。

由

$$\Delta_r G_m^{\ominus}(T)=\Delta_r H_m^{\ominus}(T)-T\Delta_r S_m^{\ominus}(T)$$

$$\Delta_r G_m^{\ominus}(T)=-RT\ln K^{\ominus}(T)$$

得

$$-RT\ln K^{\ominus}(T)=\Delta_r H_m^{\ominus}(T)-T\Delta_r S_m^{\ominus}(T)$$

$$\ln K^{\ominus}(T)=\frac{-\Delta_r H_m^{\ominus}(T)}{RT}+\frac{\Delta_r S_m^{\ominus}(T)}{R}$$

在温度变化范围不大时，可认为 $\Delta_r H_m^{\ominus}$ 和 $\Delta_r S_m^{\ominus}$ 均不受温度影响，得

$$\ln K^{\ominus}(T)=\frac{-\Delta_r H_m^{\ominus}(298.15\ \text{K})}{RT}+\frac{\Delta_r S_m^{\ominus}(298.15\ \text{K})}{R}$$

当温度为 $T_1$ 时

$$\ln K^{\ominus}(T_1)=\frac{-\Delta_r H_m^{\ominus}(298.15\ \text{K})}{RT_1}+\frac{\Delta_r S_m^{\ominus}(298.15\ \text{K})}{R}$$

当温度为 $T_2$ 时

$$\ln K^{\ominus}(T_2)=\frac{-\Delta_r H_m^{\ominus}(298.15\ \mathrm{K})}{RT_2}+\frac{\Delta_r S_m^{\ominus}(298.15\ \mathrm{K})}{R}$$

两式相减,得

$$\ln\frac{K^{\ominus}(T_2)}{K^{\ominus}(T_1)}=\frac{\Delta_r H_m^{\ominus}(298.15\ \mathrm{K})}{R}\left(\frac{1}{T_1}-\frac{1}{T_2}\right)\tag{2-35}$$

式(2-35)为 van't Hoff 方程式,表明了温度变化对平衡常数的影响。利用式(2-35),当已知化学反应的 $\Delta_r H_m^{\ominus}$ 值,只要已知某一温度 $T_1$ 时的 $K_1^{\ominus}$,可求另一温度 $T_2$ 时的 $K_2^{\ominus}$;当已知在不同温度的 $K^{\ominus}$ 值时,还可得求反应的 $\Delta_r H_m^{\ominus}$。

对于放热反应,$\Delta_r H_m^{\ominus}<0$,升高温度,$K^{\ominus}$ 减小,$Q>K^{\ominus}$,平衡向逆反应方向移动;反之,降低温度,$K^{\ominus}$ 增大,$Q<K^{\ominus}$,平衡向正反应方向移动。

2-22 应用案例:化学蒸气转移法制备 $TaS_2$ 晶体

对于吸热反应,$\Delta_r H_m^{\ominus}>0$,升高温度,$K^{\ominus}$ 增大,$Q<K^{\ominus}$,平衡向正反应方向移动;反之,降低温度,$K^{\ominus}$ 减小,$Q>K^{\ominus}$,平衡向逆反应方向移动。

总之,在平衡体系中,温度升高,平衡总是向吸热反应方向移动;温度降低,平衡则向放热反应方向移动。

**【例题 2-17】** 反应 $2NaHCO_3(s) \rightleftharpoons Na_2CO_3(s)+CO_2(g)+H_2O(g)$ 的标准摩尔焓变 $\Delta_r H_m^{\ominus}=135.6\ \mathrm{kJ\cdot mol^{-1}}$。若 303 K 时 $K^{\ominus}=1.66\times10^{-5}$,试计算 393 K 时的 $K^{\ominus}$。

4. 勒沙特里(Le Chatelier)原理

通过浓度、压强和温度对化学平衡的影响讨论,可以总结出平衡移动的总规律:当体系达到平衡后,假如改变平衡体系的条件之一(浓度、压强和温度),平衡就向能减弱这个改变的方向移动。这一定性判断平衡移动方向的规则由法国化学家勒沙特里(Le Chatelier's )在 1884 年提出,称为勒沙特里原理。

该原理适用于所有动态平衡(包括物理平衡)。但必须注意的是,它只适用于已达平衡的体系,而不适用于非平衡体系。

2-23 化学与哲学:化学平衡中蕴含着的马克思主义的哲学原理

## 2.5 化学反应速率

2-24 微课:影响化学反应速率的因素

化学热力学已经解决了化学反应热效应以及化学反应的方向和限度等问题。但对于一个化学反应,常涉及另一个问题——如果反应能进行,反应速率如何?发生反应的机制如何?例如:

$$N_2(g)+3H_2(g)\rightleftharpoons 2NH_3(g) \qquad \Delta_r G_m^{\ominus}(298.15\ K)=-32.8\ kJ\cdot mol^{-1}$$

$$K^{\ominus}=5.62\times 10^5$$

由于 $\Delta_r G_m^{\ominus}$ 远小于零,故常温常压下正反应进行的程度很大,达平衡时反应的转化率很高,无奈的是它的反应速率太小,以致此反应在常温常压下毫无工业价值。至今尚未找到一种合适的催化剂,使合成氨反应能在常温常压条件下顺利进行。又如:

$$NO(g)+CO(g)\longrightarrow \frac{1}{2}N_2(g)+CO_2(g) \qquad \Delta_r G_m^{\ominus}(298.15\ K)=-344.8\ kJ\cdot mol^{-1}$$

$$K^{\ominus}=2.57\times 10^{60}$$

此反应是解决汽车尾气污染的一个主要反应,理论上在常温常压下反应进行趋势很大,但由于反应速率极慢而不能付诸实用,因此,提高此反应的速率是当今环保最感兴趣的一个课题。

反应速率问题属于化学动力学范畴。化学动力学是研究化学反应速率与反应机制的学科。它的基本任务是研究各种因素对反应速率的影响,揭示化学反应进行的机制。

只有化学热力学和动力学相互配合,才能解决化学化工中一些实际问题。

## 2.5.1　化学反应速率的表示法

化学反应有快有慢,如酸碱中和反应几乎瞬间完成,而煤和石油在地壳内的形成需要几十万年的时间。为了比较化学反应的快慢,需要明确化学反应速率的概念。

化学反应速率指在一定条件下,反应物转变为生成物的速率,可用单位时间内某种反应物减少的量或生成物增加的量来表示,一般表示为

$$\bar{v}_i=\left|\frac{\Delta n_i}{\Delta t}\right| \tag{2-36}$$

式中,$\Delta t$ 表示时间的变化量;$\Delta n_i$ 表示在 $\Delta t$ 内,反应物或生成物 $i$ 的物质的量的变化量。

对于定容化学反应,可用单位时间内反应物浓度的减少或生成物浓度的增加来表示。

$$\bar{v}_i=\left|\frac{\Delta c_i}{\Delta t}\right| \tag{2-37}$$

式中,$\Delta c_i$ 表示反应物或生成物 $i$ 在 $\Delta t$ 内浓度的变化量;速率 $\bar{v}_i$ 的单位常用 $mol\cdot dm^{-3}\cdot s^{-1}$($mol\cdot dm^{-3}\cdot min^{-1}$,$mol\cdot dm^{-3}\cdot h^{-1}$)表示。例如:

对于反应　　$3H_2+N_2\rightleftharpoons 2NH_3$

反应速率可分别表示为

$$\bar{v}(H_2)=-\frac{\Delta c(H_2)}{\Delta t}$$

$$\bar{v}(N_2)=-\frac{\Delta c(N_2)}{\Delta t}$$

$$\bar{v}(NH_3)=\frac{\Delta c(NH_3)}{\Delta t}$$

由于反应方程式中反应物和产物的化学计量数不同,故用不同的物质表示同一反应的反应速率,其速率值不同。以上述反应为例,用不同物质表示的反应速率之间存在如下关系:

$$-\frac{1}{3}\frac{\Delta c(H_2)}{\Delta t}=-\frac{\Delta c(N_2)}{\Delta t}=\frac{1}{2}\frac{\Delta c(NH_3)}{\Delta t}$$

前面所表示的反应速率实际上是指在 $\Delta t$ 时间间隔内的平均速率 $\bar{v}$,表示的是某一时间间隔内浓度变化的平均值。

绝大多数化学反应的速率随着反应的进行而越来越慢,每一时刻有每一时刻的反应速率。我们把某一时刻的化学反应速率称为瞬时反应速率,简称瞬时速率。显然,如果平均速率中的时间间隔 $\Delta t$ 越小,就越能反映出该时间间隔内某一时刻的反应速率,此时的平均速率就越趋近于瞬时速率。

当 $\Delta t$ 趋近于零时,平均速率的极限值即为瞬时速率。

$$v_i=\lim_{\Delta t\to 0}\left|\frac{\Delta c_i}{\Delta t}\right|=\left|\frac{\mathrm{d}c_i}{\mathrm{d}t}\right| \tag{2-38}$$

反应速率通过实验测定。实验中,用化学方法或物理方法测定在不同时刻反应物或生成物的浓度,然后通过作图法来求得反应的瞬时速率(因为式中的$\frac{\mathrm{d}c_i}{\mathrm{d}t}$为导数,它的几何意义是 $c-t$ 曲线上某点切线的斜率)。

**【例题 2-18】** 在 $CCl_4$ 溶液中,$N_2O_5$ 的分解反应如下:

$$2N_2O_5(CCl_4)\longrightarrow 2N_2O_4(CCl_4)+O_2(g)$$

在 40.00℃、5.00 $cm^3$ $CCl_4$ 中 $N_2O_5$ 的分解实验数据如下:

| $t$/s | 0 | 600 | 1200 | 1800 | 2400 | 3000 | 4200 | 5400 |
|---|---|---|---|---|---|---|---|---|
| $c(N_2O_5)/(mol\cdot dm^{-3})$ | 0.200 | 0.161 | 0.130 | 0.104 | 0.084 | 0.068 | 0.044 | 0.028 |

试计算反应在 600 s 之内的平均速率和 2700 s 时的瞬时速率。

目前国际上普遍采用反应进度随时间的变化量来表示化学反应的速率,称为转化速率。例如,某反应在时间 $t_1$ 时反应进度为 $\xi_1$,在时间 $t_2$ 时反应进度为 $\xi_2$,则在 $t_1$ 和 $t_2$ 的时间间隔内平均转化速率$\bar{j}$为

$$\bar{j}=\frac{\xi_2-\xi_1}{t_2-t_1}=\frac{\Delta\xi}{\Delta t}$$

将 $\Delta\xi=\frac{\Delta n}{\nu}$代入,可得

$$\bar{j}=\frac{1}{\nu}\frac{\Delta n}{\Delta t}$$

对于等容反应,则可用单位体积内的转化速率来描述反应的快慢,称为基于浓度的反应速率,也称为反应速率,用符号 $v$ 表示。

$$v=\frac{j}{V}=\frac{1}{\nu}\frac{\mathrm{d}c}{\mathrm{d}t} \tag{2-39}$$

例如,对于反应 $3H_2+N_2\rightleftharpoons 2NH_3$

反应速率可表示为

$$v=-\frac{1}{3}\frac{\mathrm{d}c(H_2)}{\mathrm{d}t}=-\frac{\mathrm{d}c(N_2)}{\mathrm{d}t}=\frac{1}{2}\frac{\mathrm{d}c(NH_3)}{\mathrm{d}t}$$

显然,这样定义的反应速率与所选取的物质无关,但与化学反应计量方程式的写法有关,所以在表示反应速率时,必须写明相应的化学反应计量方程式。

## 2.5.2 反应速率理论简介

对于不同的化学反应,反应速率的差别很大,这与反应物质本身的性质有关。碰撞理论和过渡态理论对此做了理论上的阐述。

1. 碰撞理论

碰撞理论于20世纪初提出，以气体分子运动论为基础，主要适用于气体双分子反应。该理论的要点如下：

① 反应物分子必须相互碰撞才有可能发生反应，反应速率与碰撞频率 $Z$ 成正比。

单位时间、单位体积内的碰撞次数称为碰撞频率 $Z$。$Z$ 与反应物的浓度、分子的大小与质量、温度等有关。显然，反应物浓度越大，温度越高，$Z$ 越高。

气体分子运动论的理论计算表明，气体分子间的碰撞频率很大，可高达 $10^{32}$ 次 · $dm^{-3}$ · $s^{-1}$。如果反应物分子之间的任意一次碰撞都能发生反应的话，那么，反应就会瞬间完成。但事实并非如此，大多数的碰撞并没有导致反应的发生，只有少数分子间的碰撞才是有效的，这种能发生反应的碰撞称为有效碰撞。

② 能发生有效碰撞的分子应有足够高的能量。

化学反应过程是分子内原子重新组合的过程，即“破”旧键“立”新键的过程，这一过程需要一定的能量。因此，相互碰撞的分子必须具有足够的最低能量 $E_c$（称为临界能），碰撞才有可能引发反应。我们把这些具有足够的最低能量、能够发生有效碰撞的反应物分子称为活化分子。显然，一定浓度内达到或超过 $E_c$ 的分子数越多，其反应速率越快。

从气体分子的能量分布图（见图 2-2）来看，气体分子的能量有高有低，是参差不齐的。图中的横坐标为分子的动能 $E$；纵坐标是 $\Delta N/(N\Delta E)$，代表在能量 $E$ 和 $E+\Delta E$ 范围内单位能量区间的分子数 $\Delta N$ 与分子总数 $N$ 的比值；$E_k$ 为气体分子的平均能量；$E_c$ 为活化分子的最低能量。从能量曲线来看，曲线下的总面积表示分子百分数的总和为100%；阴影面积表示能量大于 $E_c$ 的分子百分数，为活化分子百分数 $f$，也称能量因子，理论计算表明：$f=e^{-E_c/(RT)}<1$。图中阴影面积越大，表明活化分子在总分子数中所占的份额越大，其反应速率越快。

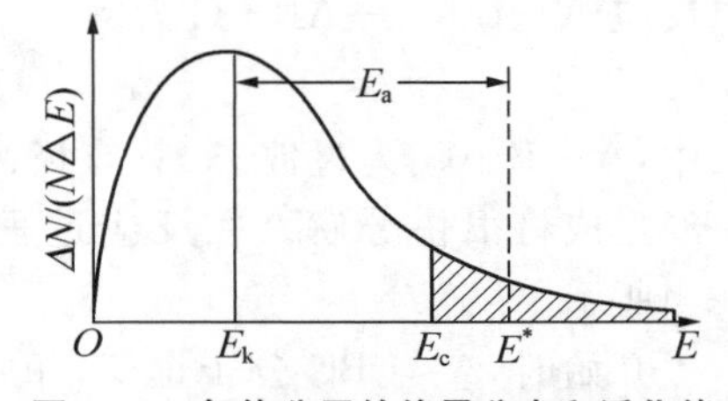

**图 2-2　气体分子的能量分布和活化能**

通常把普通分子转化为活化分子所需的能量称为活化能，用 $E_a$ 表示，单位为 kJ · $mol^{-1}$。由于反应物分子的能量各不相同，活化分子的能量彼此也不同，只能从统计平均的角度来比较反应物分子和活化分子的能量。因此，活化能定义为活化分子的平均能量 $E^*$ 与反应物分子的平均能量 $E_k$ 之差。

$$E_a=E^*-E_k \tag{2-40}$$

对于简单的气体双分子反应来说，碰撞理论已推算出

$$E_a=E_c+\frac{1}{2}RT$$

$E_c$ 是与温度无关的量，当温度不高时，$E_c\gg\frac{1}{2}RT$，可认为 $E_a\approx E_c$，所以，常把 $E_a$ 看作在一定的温度范围内不受温度的影响。

显然，在一定温度下，反应的活化能越大，其活化分子百分数越小，反应越慢；反之，反应的活化能越小，其活化分子百分数就越大，反应则越快。

③ 活化分子必须处于有利的方位才能发生有效碰撞。

由于反应物分子由原子组成，分子有一定的几何构型，分子内原子的排列有一定的方位，碰撞的分子只有几何方位适宜，才可能导致反应的发生。

例如，对于反应 $NO(g)+O_3(g)\longrightarrow NO_2(g)+O_2(g)$，如图 2-3(a)、(b)所示，若 NO 与

$O_3$ 沿着 O 和 O 原子的方向相撞是无效的;如图 2-3(c)所示,沿 N 和 O 原子方向的相撞则是有效的,才会发生 O 原子的转移。

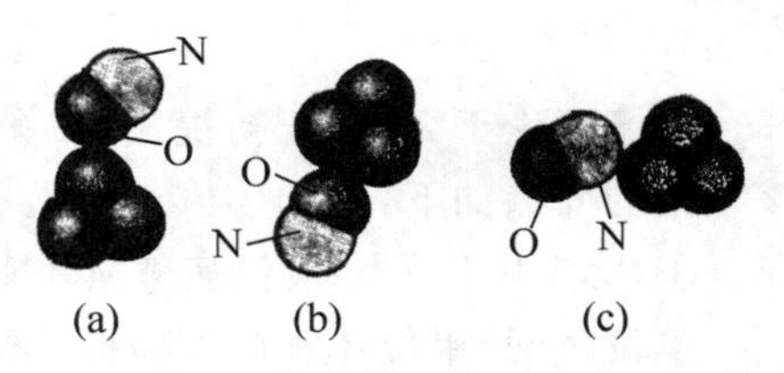


图 2-3 反应物分子间的碰撞取向

若用 $P$ 表示反应速率的方位因子(取向因子),则 $P$ 越大,碰撞的方位越有利。

总之,根据碰撞理论,反应物分子必须有足够的最低能量,并以适宜的方位相互碰撞,才能发生有效碰撞。碰撞频率高,活化分子百分数大,方位因子大,才可能有较大的反应速率。

碰撞理论直观,对于简单的双分子反应,理论计算的结果与实验结果吻合良好;但对于涉及结构复杂分子的反应,适用性较差。

2. 过渡态理论

随着人们对原子、分子内部结构认识的深入,20 世纪 30 年代出现了反应速率的过渡态理论。它用量子力学方法对简单反应进行处理,计算反应物分子相互作用过程中的势能变化。

过渡态理论认为,当两个具有足够动能的反应物分子充分接近到一定程度时,分子所具有的动能将转变为分子间和分子内相互作用的势能,使反应物分子中原有的旧化学键被削弱,新的化学键逐步形成,形成一个高势能的过渡态(也称活化配合物),然后转化成产物。以反应 $A+BC \longrightarrow AB+C$ 为例:

$$A+BC \longrightarrow A\cdots B\cdots C \longrightarrow AB+C$$

式中,A…B…C 为过渡态,具有极高的势能,极不稳定,一经生成将很快分解。在反应过程中势能的变化如图 2-4所示。

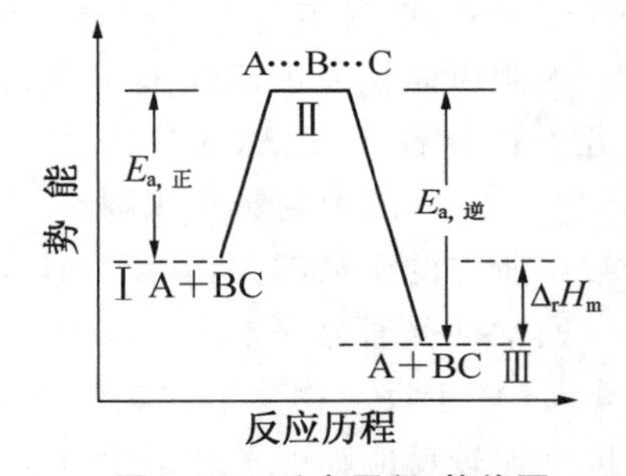


图 2-4 反应历程-势能图

开始时,A 与 BC 分子远离,相互作用弱,势能较低,平均势能如图中的Ⅰ点所示,在这样的能量条件下并不能发生反应。

随着具有较高能量的 A 与 BC 分子以适当的取向靠近到一定程度,相互作用增强,分子中原子的价电子发生重排,形成一种活化配合物 A…B…C。此时前一个键尚未完全断开,后一个键又未完全形成,是一种很不稳定的状态,具有极高的平均势能,如图中的Ⅱ点所示。

过渡态很快分解为产物分子 AB 与 C,使势能降低,如图中的Ⅲ点所示。当然也可能仍分解成反应物分子 A+BC,使平均势能仍回到图中的Ⅰ点。

显然,过渡态的势能高于始态,也高于终态,由此形成一个能垒。反应物分子必须越过能垒才能经由活化配合物生成产物分子。

按照过渡态理论,反应的活化能就是翻过能垒所需的能量,它等于过渡态和反应物的势能差,即

$$E_{a,正}=E_{过渡态}-E_{始态}$$

由于正、逆反应有相同的活化配合物,同样的,过渡态与产物的势能差称为逆反应的活化能,即

$$E_{a,逆}=E_{过渡态}-E_{终态}$$

显然,反应活化能越大,能垒就越高,反应速率就越小。实践表明:当$E_a>400\ kJ\cdot mol^{-1}$时,反应极慢,难以观测出来;当 $E_a<40\ kJ\cdot mol^{-1}$时,反应很快实现。

若把反应物看成始态，产物看成终态，那么体系的终态与始态的能量之差就等于化学反应的摩尔焓变 $\Delta_r H_m$，即

$$\Delta_r H_m = E_{终态} - E_{始态} = (E_{过渡态} - E_{a,逆}) - (E_{过渡态} - E_{a,正}) = E_{a,正} - E_{a,逆}$$

当 $E_{a,正} < E_{a,逆}$ 时，$\Delta_r H_m < 0$，为放热反应。

当 $E_{a,正} > E_{a,逆}$ 时，$\Delta_r H_m > 0$，为吸热反应。

可见，过渡态理论还提供了反应动力学参数活化能和热力学参数反应焓之间的联系。

## 2.5.3 影响化学反应速率的因素

化学反应速率首先取决于反应物的内部因素，每一个反应都有自己的活化能，在相同条件下，活化能 $E_a$ 越大，活化分子百分数 $f$ 越小，有效碰撞次数越少，反应速率 $v$ 越小。对于某一指定的化学反应，其反应速率则与浓度、压强、温度、催化剂等外部因素有关。

1. 浓度(或压强)对反应速率的影响

大量实验事实表明，在一定温度下，增加反应物的浓度可以增大反应速率。根据碰撞理论，对于一确定的化学反应，在一定温度下，当反应物浓度增大时，单位体积内分子总数增加，活化分子的数目相应也增多，单位体积和单位时间内分子有效碰撞的总次数也就增多，使反应速率加快。反应速率与反应物浓度的定量关系由反应速率方程确定。

(1) 反应速率方程和速率常数

对于反应

$$aA + bB \longrightarrow yY + zZ$$

某一时刻的瞬时速率 $v$ 与反应物浓度之间通常具有如下关系：

$$v = kc(A)^{\alpha}c(B)^{\beta} \tag{2-41}$$

式(2-41)定量地描述了反应速率与反应物浓度之间的关系，称为反应速率方程。式中，$k$ 为速率常数，是温度的函数，不同的反应有不同的 $k$ 值；$\alpha$、$\beta$ 分别为反应物 A、B 的浓度的幂指数，均可由实验测得。

由于气体反应物的分压与其浓度成正比($p=cRT$)，因而对气相反应和有气体参与的反应而言，反应速率方程中的浓度项可用分压代替。

**【例题 2-19】** 在 1073 K 时，反应 $2NO(g) + 2H_2(g) \longrightarrow N_2(g) + 2H_2O(g)$ 的有关实验数据如下：

| 实验编号 | $c_0(H_2)/(mol \cdot dm^{-3})$ | $c_0(NO)/(mol \cdot dm^{-3})$ | $v_0/(mol \cdot dm^{-3} \cdot s^{-1})$ |
|---|---|---|---|
| 1 | 0.0060 | 0.0010 | $7.9\times10^{-7}$ |
| 2 | 0.0060 | 0.0020 | $3.2\times10^{-6}$ |
| 3 | 0.0060 | 0.0040 | $1.3\times10^{-5}$ |
| 4 | 0.0030 | 0.0040 | $6.4\times10^{-6}$ |
| 5 | 0.0015 | 0.0040 | $3.2\times10^{-6}$ |

试建立反应速率方程，并计算此温度下的速率常数 $k$。

(2) 反应级数

式(2-41)中，幂指数 $\alpha$、$\beta$ 分别称为反应物 A 和 B 的反应级数，幂指数之和称为该反应的总反应级数。

$$总反应级数 = \alpha + \beta$$

例如:

$$2NO(g)+2H_2(g) \longrightarrow N_2(g)+2H_2O(g)$$

其反应速率方程为

$$v=kc(NO)^2c(H_2)$$

这说明该反应对 NO 是 2 级反应,对 $H_2$ 是 1 级反应,总反应级数为 3。

反应级数可以是分数或整数。表 2-2 给出了实验测得的一些常见反应的反应速率方程。

**表 2-2 常见化学反应的速率方程与反应级数**

| 化学反应方程式 | 速率方程 | 反应级数 |
|---|---|---|
| $2H_2O_2(aq) \longrightarrow 2H_2O(l)+O_2(g)$ | $v=kc(H_2O_2)$ | 1 |
| $2Na(s)+2H_2O(l) \longrightarrow 2NaOH(aq)+H_2(g)$ | $v=k$ | 0 |
| $S_2O_8^{2-}(aq)+3I^-(aq) \longrightarrow 2SO_4^{2-}(aq)+I_3^-(aq)$ | $v=kc(S_2O_8^{2-})c(I^-)$ | 2 |
| $H_2(g)+I_2(g) \longrightarrow 2HI(g)$ | $v=kc(H_2)c(I_2)$ | 2 |
| $2NO(g)+2H_2(g) \longrightarrow N_2(g)+2H_2O(g)$ | $v=kc(NO)^2c(H_2)$ | 3 |
| $CO(g)+Cl_2(g) \longrightarrow COCl_2(g)$ | $v=kc(CO)c(Cl_2)^{3/2}$ | 2.5 |

反应级数的大小反映浓度对反应速率的影响程度。反应级数越大,速率受浓度的影响越大。从反应速率方程还可看出,速率常数 $k$ 的单位与反应级数有关,当反应速率以 $mol \cdot dm^{-3} \cdot s^{-1}$ 为单位,则一级反应 $k$ 的单位为 $s^{-1}$;二级反应 $k$ 的单位为 $mol^{-1} \cdot dm^3 \cdot s^{-1}$,因此,在相关计算中,也可根据给出的速率常数 $k$ 的单位来判断反应级数。

2-25 知识点延伸:各类反应浓度与时间的定量关系

2. 温度对反应速率的影响

一般来说,温度升高,反应速率加快。当温度升高时,分子的运动速率加快,单位时间内的碰撞频率增加,使反应速率加快;更主要的是,温度升高,体系的平均能量增加,从而使更多的分子获得能量成为活化分子,导致活化分子百分数增大,单位时间内有效碰撞次数显著增加,反应速率加快。

从反应速率方程 $v=kc(A)^{\alpha}c(B)^{\beta}$ 可知,反应速率不仅与浓度有关,还与速率常数 $k$ 有关,$k$ 值越大,$v$ 越快。而 $k$ 与反应物本性及温度有关,所以对于同一反应来说,$k$ 值仅与温度有关。因此,温度对反应速率的影响主要体现在温度对反应速率常数 $k$ 的影响上。

1889 年,瑞典化学家阿伦尼乌斯(Arrhenius)在总结了大量实验事实的基础上,给出了反应速率常数与反应温度之间的定量关系,称阿伦尼乌斯方程,其形式如下:

$$k=Ae^{-\frac{E_a}{RT}} \tag{2-42}$$

式中,$k$ 是速率常数;$T$ 为热力学温度;e 为自然对数的底(e=2.718);$R$ 为气体常数;$A$ 为指前因子或频率因子,单位与 $k$ 相同;$E_a$ 是活化能($kJ \cdot mol^{-1}$)。对于某一指定的化学反应,当温度变化范围不大时,$A$ 和 $E_a$ 被视为与温度无关的常数。

对式(2-42)两端取对数,得阿伦尼乌斯方程的另一种表达形式。

$$\ln k=\ln A-\frac{E_a}{RT} \tag{2-43}$$

式(2-43)是一个直线方程，若将实验测得不同温度下的 $\ln k$ 对 $\frac{1}{T}$ 作图可得一直线，直线的斜率是 $-\frac{E_a}{R}$，截距是 $\ln A$，从而可求得 $A$ 和 $E_a$。

若已知反应的活化能 $E_a$，则有

$$T_1\ 时，\ln k_1 = \ln A - \frac{E_a}{RT_1}$$

$$T_2\ 时，\ln k_2 = \ln A - \frac{E_a}{RT_2}$$

两式相减，得

$$\ln\frac{k_2}{k_1} = \frac{E_a}{R}\left(\frac{1}{T_1} - \frac{1}{T_2}\right) \tag{2-44}$$

利用阿伦尼乌斯方程可计算反应的活化能及一定温度下反应的速率常数 $k$。

**【例题 2-20】** 实验测得反应 $S_2O_8^{2-} + 3I^- \longrightarrow 2SO_4^{2-} + I_3^-$ 在不同温度下的速率常数如下：

| ***T*/K** | 273 | 283 | 293 | 303 |
|---|---|---|---|---|
| ***k*/(mol⁻¹ · dm³ · s⁻¹)** | $8.2\times10^{-4}$ | $2.0\times10^{-3}$ | $4.1\times10^{-3}$ | $8.3\times10^{-3}$ |

(1) 试用作图法求此反应的活化能 $E_a$。

(2) 求 300K 时反应的速率常数 $k$。

**【例题 2-21】** 反应 $2N_2O_5(g) \longrightarrow 2N_2O_4(g) + O_2(g)$ 在 298.15 K 时的 $k$ 为 $0.469\times10^{-4}\ s^{-1}$，在 318.15 K 时的 $k$ 为 $6.29\times10^{-4}\ s^{-1}$。求此反应的 $E_a$ 及 338.15 K 时的速率常数 $k$。

从上述例子中可以看出，用作图的方法和计算的方法均可以得到活化能的数值。计算法简单明了；但作图法具有实验意义，涉及的数据多，得到的是实验的平均值。

从阿伦尼乌斯方程可见，反应速率常数不仅与温度有关，而且与反应活化能有关。

① $k$ 和 $T$ 成指数关系。因此，温度 $T$ 的微小改变将会使速率常数 $k$ 发生相对较大的变化。即对于同一化学反应，$E_a$ 一定，则温度 $T$ 升高，速率常数 $k$ 增大，速率 $v$ 加快。

② $k$ 和 $E_a$ 也成指数关系。同一温度下，活化能 $E_a$ 大的反应，其速率常数 $k$ 小，反应速率 $v$ 慢；反之，速率常数 $k$ 大，反应速率 $v$ 快。

③ 升高温度对慢反应($E_a$ 较大的反应)将起到明显的加速作用。这是因为升高温度，对于活化能 $E_a$ 大的反应，速率常数 $k$ 增大的倍数大；而对于活化能 $E_a$ 小的反应，速率常数 $k$ 增大的倍数小。

④ 对一些在较低温度下进行的反应，采用加热的方法来提高反应速率更有效。这是因为对于同一反应，升高相同温度，在高温区速率常数 $k$ 增大的倍数小；在低温度区速率常数 $k$ 增大的倍数相对较大。

3. 催化剂对反应速率的影响

催化剂是一种能显著改变化学反应速率、而本身的组成和质量在反应前后保持不变的物质。通常将能加快反应速率的催化剂称为正催化剂(简称催化剂)；而把能减慢反应速率的催化剂称为负催化剂，或抑制剂。把催化剂能改变反应速率的作用称为催化作用。

过渡态理论认为，催化剂加快反应速率的原因是改变了反应的途径。对大多数反应而言，主要是通过改变活化配合物而降低活化能，从而使活化分子百分数增多，反应速率加快。

例如，$H_2O_2$ 的分解反应在没有催化剂存在时，其分解反应为

$$2H_2O_2(aq) \rightleftharpoons O_2(g) + 2H_2O(l) \quad E_a = 76\ kJ\cdot mol^{-1}$$

当在 $H_2O_2$ 水溶液中加入 KI 溶液，其分解反应分两步进行：

① $H_2O_2(aq)+I^-(aq)\longrightarrow IO^-(aq)+H_2O(l)$ $E_{a_1}=57\ kJ\cdot mol^{-1}$

② $H_2O_2(aq)+IO^-(aq)\longrightarrow I^-(aq)+H_2O(l)+O_2(g)$ $E_{a_2}<57\ kJ\cdot mol^{-1}$

总反应：$2H_2O_2(aq)\longrightarrow O_2(g)+2H_2O(l)$

实验结果表明，催化剂 $I^-$ 参与了分解反应，改变了反应机制，降低了反应的活化能(即 $E_{a_2}$ 和 $E_{a_1}$ 均小于 $E_a$)，增大了活化分子百分数，加快了反应速率。这一效应可用图 2-5 表示。

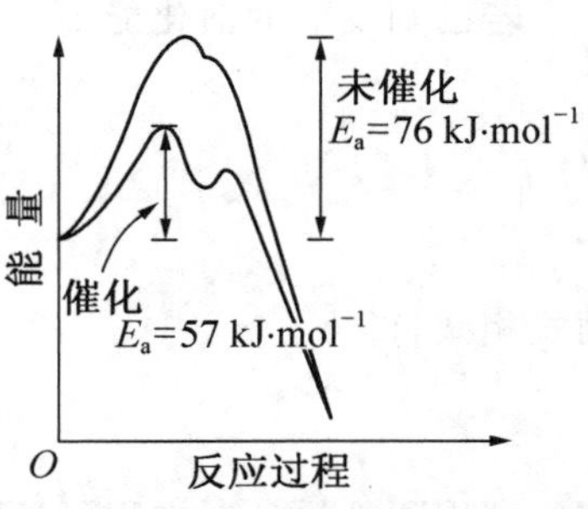

**图 2-5 $H_2O_2$ 分解反应与活化能**

**【例题 2-22】** 已知反应 $2H_2O_2(aq)\longrightarrow O_2(g)+2H_2O(l)$ 的活化能 $E_a$ 为 $76\ kJ\cdot mol^{-1}$，采用 KI 催化，$E_a$ 降低至 $57\ kJ\cdot mol^{-1}$。试计算 298.15 K 时在 $I^-$ 的催化下，$H_2O_2$ 的分解速率为原来的多少倍？(假设催化剂的存在不影响指前因子。)

2-26 知识点延伸：催化作用的特征

2-27 知识拓展：均相催化与多相催化、酶催化

## 2.5.4 化学反应机制及其研究方法

对于化学反应

$$aA+bB\longrightarrow yY+zZ$$

其速率方程通过实验确定，一般可表示为

$$v=kc(A)^{\alpha}c(B)^{\beta}$$

其中，反应级数 $\alpha$ 和 $\beta$ 与反应物的计量数 $a$ 和 $b$ 并不一定相同，这与反应所经历的途径有关。事实上，有些化学反应所经历的途径很简单，一步完成；而有些化学反应所经历的途径很复杂，分多步完成。我们把化学反应所经历的途径叫作反应机制(或反应历程)。

1. 基元反应(元反应)

研究发现，有些反应物分子在碰撞中一步直接转化为产物，这类反应称为基元反应。例如：

$$NO(g)+O_3(g)\longrightarrow NO_2(g)+O_2(g)$$

该反应就是基元反应。在反应中，反应物 NO 与 $O_3$ 直接碰撞，转化成产物 $NO_2$ 和 $O_2$。由于反应过程中没有任何中间产物，所以基元反应是动力学研究中最简单的反应。

按参与碰撞时的微粒数(反应的分子数)的多少，基元反应又可以分为单分子反应、双分子反应和三分子反应。如 $SO_2Cl_2$ 的分解反应为单分子反应。

$$SO_2Cl_2(g)\longrightarrow SO_2(g)+Cl_2(g)$$

上述 NO 与 $O_3$ 的反应为双分子反应。而 $H_2$ 与 I 的反应则为三分子反应。

$$H_2+2I\longrightarrow 2HI$$

由于基元反应是通过反应物分子的直接碰撞转化为产物，因此，基元反应的反应速率方程可直接由反应方程式导出。上述几个基元反应的反应速率方程分别可分别表示为

$SO_2Cl_2(g) \longrightarrow SO_2(g) + Cl_2(g)$　　$v = kc(NO)c(O_3)$

$NO(g) + O_3(g) \longrightarrow NO_2(g) + O_2(g)$　　$v = kc(SO_2Cl_2)$

$H_2 + 2I \longrightarrow 2HI$　　$v = kc(H_2)c(I)^2$

即基元反应的反应物级数与反应方程式中反应物的计量数一致。

对一般的基元反应

$$aA + bB \longrightarrow yY + zZ$$

其速率方程可表示为

$$v = kc_A{}^a c_B{}^b$$

这个规律称基元反应的质量作用定律，可表述为，基元反应的反应速率与反应物浓度以其化学计量数为指数的幂的乘积成正比。

2. 复杂反应

大多数化学反应尽管其反应方程式很简单，但却不是基元反应，而是由两个或两个以上基元反应构成的化学反应，我们称其为复杂反应。例如：

$$2H_2(g) + 2NO(g) \longrightarrow 2H_2O(g) + N_2(g)$$

根据实验测定，其反应速率方程为

$$v = kc(NO)^2 c(H_2)$$

这说明该反应不是基元反应，因为按基元反应写出的质量作用定律表示式与实验测得的速率方程不一致。当然，如果由实验测得的反应速率方程与质量作用定律给出的相一致，仅据此也并不能得出该反应一定是基元反应的结论。例如：

$$H_2(g) + I_2(g) \longrightarrow 2HI(g)$$

实验测得其反应速率方程为

$$v = kc(H_2)c(I_2)$$

即 $\alpha = a$，$\beta = b$。但无论从实验上或理论上都证明，它并不是一步完成的基元反应，它的反应机制可能是由如下两个基元反应构成的：

$$① \ I_2 \rightleftharpoons I + I \quad (快)$$

$$② \ H_2 + 2I \longrightarrow 2HI \quad (慢)$$

3. 反应机制的探讨

对于一个化学反应，如果要确定其反应机制，首先是通过实验确定该反应的反应速率方程，然后采用分子光谱等研究手段检测反应过程中是否有中间产物，据此拟出合理的反应历程，再以实验获得的反应速率方程验证。

由于反应机制是用设想的某种模式来解释已知的实验事实，有时同一实验事实可用几种模式来解释，也就是可能有多种反应机制，只有深入并充分地使用实验验证，才能确定比较合理的反应机制。例如：

$$2NO(g) + O_2(g) \longrightarrow 2NO_2(g)$$

实验测得其反应速率方程为

$$v = kc(NO)^2 c(O_2)$$

由于实验测得的速率方程与质量作用定律给出的相一致，此反应似乎是基元反应，若是基元反应，则是三分子反应，而三个分子在某一瞬间刚好碰撞在一起的概率是很小的。如果此机制成立，速率常数应该较小。但实验测定该反应的 $k$ 值较大。此外，光谱实验证实，在此反应体系中存在着 $NO_3$（结构为 O—O—N═O）的吸收光谱，因此，该反应不可能是基元反应。

根据光谱学研究提出的可能的反应机制是

$$① \ NO+O_2 \rightleftharpoons NO_3 \quad (快)$$

$$② NO_3+NO \longrightarrow 2NO_2 \quad (慢)$$

该机制首先进行了速控步假设,假设步骤②为慢反应,也即假设步骤②控制了总反应速率。故有

$$v=v_2=k_2c(NO_3)c(NO)$$

$NO_3$ 是中间产物,如果要将其转换成反应式中的反应物的浓度,可用平衡假设的方法进行处理。因为基元反应①是互逆的快反应,可假设在反应过程中快速达到平衡。根据这一假设,得

$$v_{正}=v_{逆}$$

即

$$k_{正}c(NO)c(O_2)=k_{逆}c(NO_3)$$

因此

$$c(NO_3)=\frac{k_{正}}{k_{逆}}c(NO)c(O_2)$$

将上式代入速控步的速率方程 $v=k_2c(NO_3)c(NO)$,得

$$v=\frac{k_2k_{正}}{k_{逆}}c(NO)^2c(O_2)$$

令$\frac{k_2k_{正}}{k_{逆}}=k$,可得总反应的反应速率方程为

$$v=kc(NO)^2c(O_2)$$

2-28 知识拓展:同位素标记法研究反应机制

由此可见,由反应机制推出的反应速率方程与由实验得到的反应速率方程完全一致。这表明上述机制可能是正确的。

## 2.6 化学反应基本原理在实际生产中的应用

2-29 微课:化学反应基本原理在实际生产中的应用

化学热力学告诉我们一个化学反应在给定条件下能否自发进行,进行的程度有多大,反应物的转化率是多少;而化学动力学则告诉我们一个能够发生的反应在给定条件下反应进行的快慢,以及如何通过改变条件能动地控制反应速率。

在实际应用中,需要控制化学反应,使有利的反应顺利进行,不利的反应尽可能不发生或少发生,而且越慢越好。为此,必须同时兼顾化学平衡和反应速率两方面的问题,综合考虑浓度、压强、温度、催化剂等主要因素,选择最合理的生产工艺条件。

### 2.6.1 确定生产条件的一般原则

1. 浓度的确定

为了提高反应速率和产量,应尽可能提高反应物的浓度。如果反应物是气体,通常采用

压缩气体;如果有固体参与反应,则常将其粉碎,以增大它的表面积,并配合搅拌。

当有几种反应物参与反应时,往往使其中某一种廉价易得或易从产物中分离出来再循环使用的反应物适当过量,以提高另一反应物的转化率。例如,CO 和 $H_2O$ 转换反应,生产中让高压水汽过量约 4 倍,以提高 CO 的转化率。但应特别注意,反应物的过量应适当,过量太多会使另一种浓度变得太小,影响反应的速率和产量。

如果可能,最好把产物从反应体系中及时分离出来,再循环使用,以提高转化率。例如煅烧石灰石制取 CaO,在煅烧过程中不断将 $CO_2$ 抽出,平衡就可以不断右移,直至 $CaCO_3$ 全部分解为止。

2. 压强的确定

对于有气体参加的反应,加大压强会使反应速率加快。特别是气体分子数减少的反应,增加压强的同时能提高转化率。但高压反应对设备的要求很高,同时能耗较大。例如,合成氨反应,若在 $10^5$ kPa 的高压下,可以不使用催化剂就能得到很高的转化率,然而这种高压设备价格昂贵。我国目前大多数工厂仍采用中压(30MPa)法合成。又如,合成尿素反应的反应压强一般为$2\times10^5$ kPa,油脂氢化制取硬化油通常在 $4\times10^4$～$1.0\times10^5$ kPa 下进行。

对于气体分子数不变的反应,有时也采用加压法。例如,CO 和 $H_2O$ 转换反应通常在 2530 kPa 下进行,是为了加快反应速率和提高设备利用率。

生产上常通过高压泵和压缩机来减少气体体积,从而提高压强。

3. 温度的确定

升高温度能增加反应速率,对于吸热反应,同时能提高转化率,因此,宜采用高温。但高温会加大能源的消耗,有时温度过高会使反应物和生成物分解。

对于放热反应,低温有利于提高其转化率,但温度太低,反应速率太慢,单位时间的产量降低。兼顾速率和转化率,一般不宜采用低温。生产中通常采用先高温,使反应速率加快,接近平衡时,再适当降低温度,以提高转化率。例如 CO 和 $H_2O$ 转换反应,先在 773～793 K 下反应(反应的转化率达 80%),再冷却至 683～703 K 以提高反应的转化率(>96%)。

4. 选用高活性催化剂

采用催化剂可加快反应速率,缩短达到平衡的时间,但并不改变转化率,因此,宜尽可能选用催化剂催化反应。但选用时须注意催化剂的活性温度、催化剂中毒纯化的成本及催化剂的价格,选用的基本原则是“活性高、价廉、不易中毒、易再生”。

## 2.6.2　工业生产实例

1. 硫酸工业中 $SO_2$ 转化的生产条件确定

硫酸工业中的 $SO_2$ 的转化反应为

$$SO_2(g)+\frac{1}{2}O_2(g)\rightleftharpoons SO_3(g)\quad \Delta_r H_m^{\ominus}=-98.9\ \text{kJ}\cdot\text{mol}^{-1}$$

这是一个可逆的气体分子数减少($\Delta_r S_m^{\ominus}<0$)的放热反应($\Delta_r H_m^{\ominus}<0$)。根据化学平衡原理可以看出,降低温度和增加压强对提高 $SO_3$ 的产率有利。

① 从温度考虑。为了加快 $SO_2$ 的转化速率,本应采取升高温度的办法,但升高温度又会降低 $SO_2$ 的转化率。综合考虑,宜先在 850 K 左右反应,然后使转化反应控制在 700～

720 K,保证取得足够高的转化率。

② 从压强考虑。增加压强有利于提高反应速率和转化率,但 $SO_2$、$SO_3$ 均为酸性物质,高压会使仪器设备更容易被腐蚀,增加成本。由于在常压下操作已能达到较高的转化率,因此,工业生产中采取常压操作。

③ 从催化剂考虑。利用催化剂能显著增加反应速率,已经知道有许多物质,如 Pt、$V_2O_5$、$Cr_2O_3$、CuO、$Fe_2O_3$ 等,都能加速 $SO_2$ 的转化。应用 Pt 催化剂可以在较低温度下得到很高的转化率,但 Pt 价格昂贵,而且容易引起中毒;$V_2O_5$ 不管是从反应速率或是从化学平衡来说都是一种较好的催化剂,因此,工业生产中大多采用 $V_2O_5$ 作为催化剂。

④ 从浓度考虑。工业生产中为了使 $SO_2$ 达到较高的转化率,一般采取以下几个措施。一是加大反应物中 $O_2$ 的配比。从反应可以看出,$SO_2$ 和 $O_2$ 分子数比为 2∶1,但在实际配比时采用 7%的 $SO_2$ 和 11%的 $O_2$(82%的 $N_2$)为原料气,这样 $SO_2$ 和 $O_2$ 分子数比达到 1.0∶1.6,空气过量了 2~3 倍。二是进行二次转化、二次吸收。即令 $SO_2$ 通过转化炉,进入吸收塔,将其中 $SO_3$ 吸收掉,余下气体(含未转化的 $SO_2$)再次进入转化炉内。这时,由于从平衡体系中将反应产物 $SO_3$ 取走了,因此有利于反应继续向生成 $SO_3$ 的方向进行,使未转化的 $SO_2$ 继续得到转化,这样大大提高 $SO_2$ 的转化率。经过二次转化、二次吸收,$SO_2$ 的转化率可从 90%提高到 99.7%。

综合化学平衡和反应速率两方面的考虑,目前我国硫酸工业中的 $SO_2$ 的转化所采用的条件和方法是:① 采用 $V_2O_5$ 为催化剂;② 先在 850 K 左右反应,然后控制温度在 700~720 K;③ 采用常压;④ 采用 7%的 $SO_2$ 和 11%的 $O_2$(82%的 $N_2$)为原料气,并进行二次转化、二次吸收。

2. 合成氨工业的生产条件确定

合成氨工业的基本反应为

$$3H_2(g)+N_2(g)\rightleftharpoons 2NH_3(g) \quad \Delta_r H_m^\ominus=-91.8\ kJ\cdot mol^{-1}$$

这是一个可逆的气体分子数减少($\Delta_r S_m^\ominus<0$)的放热反应($\Delta_r H_m^\ominus<0$)。

根据平衡移动原理,低温,高压,不断加入 $N_2$、$H_2$,及时分离 $NH_3$ 等措施将有利于平衡转化率的提高。但从反应动力学角度看,该反应有较高的活化能($E_a=326\ kJ\cdot mol^{-1}$),若温度太低,反应速率太慢,虽然达平衡时 $NH_3$ 的含量较高,可是达平衡所需时间太长,从而导致生产率下降,在实际生产中失去意义;如果升高温度,则有利于加快反应速率,使体系能较快达到平衡,但由于是放热反应,温度升高,$K^\ominus$ 迅速变小,平衡时 $NH_3$ 的含量又大大减少。

为了解决这一矛盾,最好的办法是使用催化剂,使 $E_a$ 下降,从而使该反应在适中的温度下也能很快达到平衡,平衡时 $NH_3$ 的含量也不低。工业上采用的是铁系催化剂。

增加压强,有利于提高反应速率和 $NH_3$ 的产率,例如,在 $10^8$ Pa 下,不用催化剂就可以合成氨,但高压对设备要求高,动力消耗也大。此外,$H_2$ 在这样的高压下能穿透用特种钢制作的反应器的器壁。考虑到设备的耐压能力,工业上只能采取有限的高压。目前合成氨所采用的压强最高一般可达 $6\times10^7$~$7\times10^7$ Pa。

综合化学平衡和反应速率两方面的考虑,目前我国的中压合成氨所采用的条件和方法是:① 采用铁系催化剂;② 温度为 460~550℃;③ 压强为 30 MPa 左右;④ 过量成本相对较低的 $N_2$,及时将 $NH_3$ 液化并分离等。

## ➤➤➤ 习　题 ◀◀◀

### 2-1　是非题

1. 在混合气体中,气体 A 的分压 $p_A=\frac{n_A RT}{V}$。　(　)

2. 功和焓都属于状态函数。　(　)

3. 通常同类型化合物的 $\Delta_f H_m^\ominus$ 越小,该化合物越不易分解为单质　(　)

4. 任何单质、化合物,298 K 时的标准熵均大于零。　(　)

5. $\Delta_r S>0$ 的反应不一定是自发反应。　(　)

6. 一个反应达到平衡的标志是各物质浓度不随时间改变而改变或者正、逆反应速率相等。　(　)

7. 在一定条件下,给定反应的平衡常数越大,反应速率越快。　(　)

8. 活化能可以通过实验来测定,通常活化能大的反应受温度的影响大。　(　)

9. 催化剂只能改变反应的活化能,不能改变反应的热效应。　(　)

10. 加入催化剂使 $E_{a,正}$ 和 $E_{a,逆}$ 减少相同的比例。　(　)

### 2-2　选择题

1. 常压下将 1.0 $dm^3$ 气体的温度从 0℃变到 273 ℃,其体积将变为　(　)

A. 0.5 $dm^3$　B. 1.0 $dm^3$　C. 1.5 $dm^3$　D. 2.0 $dm^3$

2. 某温度下,一容器中含有 2.0 mol $O_2$、3.0 mol $N_2$、1.0 mol Ar。如果混合气体的总压为 $a$ kPa,则 $p(O_2)$等于　(　)

A. $\frac{a}{3}$ kPa　B. $\frac{a}{6}$ kPa　C. $\frac{a}{4}$ kPa　D. $\frac{a}{2}$ kPa

3. 下列物理量中,属于状态函数的是　(　)

A. $\Delta_r H_m^\ominus$　B. $Q$　C. $\Delta_r G_m^\ominus$　D. $S_m^\ominus$

4. 298.15 K 时,$C(s)+CO_2(g) \longrightarrow 2CO(g)$ 的 $\Delta_r H_m^\ominus$ 为 $a$ $kJ \cdot mol^{-1}$,则在定温定压下,该反应的 $\Delta_r U_m^\ominus$ 等于　(　)

A. $a$ $kJ \cdot mol^{-1}$　B. $(a-2.48)$ $kJ \cdot mol^{-1}$

C. $(a+2.48)$ $kJ \cdot mol^{-1}$　D. $-a$ $kJ \cdot mol^{-1}$

5. 温度为 25℃时,1mol 液态的苯完全燃烧,生成 $CO_2(g)$和 $H_2O(l)$,则该反应的 $\Delta_r H_m^\ominus$ 与 $\Delta_r U_m^\ominus$ 的差值为　(　)

A. 3.72 $kJ \cdot mol^{-1}$　B. 7.44 $kJ \cdot mol^{-1}$

C. $-3.72$ $kJ \cdot mol^{-1}$　D. $-7.44$ $kJ \cdot mol^{-1}$

6. 下列反应中,反应的 $\Delta_r H_m^\ominus$ 等于产物的 $\Delta_f H_m^\ominus$ 的是　(　)

A. $2H_2(g)+O_2(g) \longrightarrow 2H_2O(l)$　B. $NO(g)+\frac{1}{2}O_2(g) \longrightarrow NO_2(g)$

C. C(金刚石)⟶C(石墨)　D. $H_2(g)+\frac{1}{2}O_2(g) \longrightarrow H_2O(l)$

7. 下列叙述中错误的是　(　)

A. 所有物质的燃烧焓 $\Delta_c H_m^\ominus<0$

B. $\Delta_c H_m^\ominus(H_2,g,T)=\Delta_f H_m^\ominus(H_2O,l,T)$

C. 所有单质的生成焓 $\Delta_f H_m^\ominus=0$

D. 通常同类型化合物的 $\Delta_f H_m^\ominus$ 越小,该化合物越不易分解为单质

8. 下列热力学函数的数值等于零的是　(　)

A. $S_m^\ominus(O_2,g,298.15\ K)$　B. $\Delta_f G_m^\ominus(I_2,g,298.15\ K)$

C. $\Delta_f G_m^\ominus(P_4,s,298.15\ K)$　D. $\Delta_f H_m^\ominus$(金刚石,s,298.15 K)

9. 将固体 $NH_4NO_3$ 溶于水中，溶液变冷，则该过程的 $\Delta G$、$\Delta H$、$\Delta S$ 的符号依次是 ( )

A. +、-、- B. +、+、- C. -、+、- D. -、+、+

10. 恒压下，某化学反应在任意温度下均能自发进行，该反应满足的条件是 ( )

A. $\Delta_r H_m > 0, \Delta_r S_m < 0$ B. $\Delta_r H_m < 0, \Delta_r S_m < 0$

C. $\Delta_r H_m > 0, \Delta_r S_m > 0$ D. $\Delta_r H_m < 0, \Delta_r S_m > 0$

11. 反应 $MgCO_3(s) \rightleftharpoons MgO(s) + CO_2(g)$ 在高温下正向自发进行，其逆反应在 298.15 K 时为自发的，则逆反应的 $\Delta_r H_m^\ominus$ 与 $\Delta_r S_m^\ominus$ 是 ( )

A. $\Delta_r H_m^\ominus > 0, \Delta_r S_m^\ominus > 0$ B. $\Delta_r H_m^\ominus < 0, \Delta_r S_m^\ominus > 0$

C. $\Delta_r H_m^\ominus > 0, \Delta_r S_m^\ominus < 0$ D. $\Delta_r H_m^\ominus < 0, \Delta_r S_m^\ominus < 0$

12. 反应 $N_2(g) + 3H_2(g) \rightleftharpoons 2NH_3(g)$ 的 $\Delta_r H_m^\ominus = -92\ kJ \cdot mol^{-1}$，从热力学观点看，要使 $H_2$ 达到最大转化率，反应的条件应该是 ( )

A. 低温高压 B. 低温低压 C. 高温高压 D. 高温低压

13. 温度升高，反应速率加快的主要原因是 ( )

A. 分子运动速率加快 B. 活化分子百分数增大

C. 反应是吸热的 D. 活化能减小

14. 反应 $2\ NO(g) + 2\ H_2(g) \longrightarrow N_2(g) + 2\ H_2O(g)$ 的速率常数 $k$ 的单位是 $dm^3 \cdot mol^{-1} \cdot s^{-1}$，则此反应级数是 ( )

A. 0 B. 1

C. 2 D. 3

15. $H_2(g) + Cl_2(g) \longrightarrow 2\ HCl(g)$ 的反应机制是：$Cl_2 \rightleftharpoons 2\ Cl$(快)，$Cl + H_2 \longrightarrow HCl + H$(慢)。则该反应的速率方程是 ( )

A. $v = kc(H_2)c(Cl_2)$ B. $v = kc(Cl_2)^{\frac{1}{2}}c(H_2)$

C. $v = kc(H_2)c(Cl_2)$ D. $v = kc(Cl_2)^2 c(H_2)$

16. 下列叙述中正确的是 ( )

A. 在复合反应中，反应级数与反应分子数必定相等

B. 通常，反应活化能越小，反应速率常数越大，反应越快

C. 加入催化剂，使 $E_{a,正}$ 和 $E_{a,逆}$ 减小相同倍数

D. 反应温度升高，活化分子百分数降低，反应加快

## 2-3 填空题

1. 某混合气体的压强为 100 kPa，其中水蒸气的分压为 20 kPa，则 100 mol 该混合气体中所含水蒸气的质量为________ kg。

2. 已知 298.15 K 时：

① $4NH_3(g) + 5O_2(g) \longrightarrow 4NO(g) + 6H_2O(g)$ $\Delta_r H_m^\ominus = -905.6\ kJ \cdot mol^{-1}$

② $H_2(g) + \frac{1}{2}O_2(g) \longrightarrow H_2O(g)$ $\Delta_r H_m^\ominus = -241.8\ kJ \cdot mol^{-1}$

③ $2NH_3(g) \longrightarrow N_2(g) + 2H_2(g)$ $\Delta_r H_m^\ominus = 92.2\ kJ \cdot mol^{-1}$

则 $\Delta_f H_m^\ominus(NH_3, g, 298.15\ K) =$ ________ $kJ \cdot mol^{-1}$；$\Delta_f H_m^\ominus(H_2O, g, 298.15\ K) =$ ________ $kJ \cdot mol^{-1}$；$\Delta_f H_m^\ominus(NO, g, 298.15\ K) =$ ________ $kJ \cdot mol^{-1}$；由 $NH_3(g)$ 生产 1.00 kg NO(g)，则放出热量为________ kJ。

3. 反应 ① $C(s) + O_2(g) \longrightarrow CO_2(g)$，② $2CO(g) + O_2(g) \longrightarrow 2CO_2(g)$，③ $NH_4Cl(s) \longrightarrow NH_3(g) + HCl(g)$，④ $CaCO_3(s) \longrightarrow CaO(s) + CO_2(g)$，按 $\Delta_r S_m^\ominus$ 减小的顺序依次为________________。

4. 已知在一定温度下下列反应及其标准平衡常数：

① $4HCl(g) + O_2(g) \rightleftharpoons 2Cl_2(g) + 2H_2O(g)$ $K_1^\ominus$

② $2HCl(g) + \frac{1}{2}O_2(g) \rightleftharpoons Cl_2(g) + H_2O(g)$ $K_2^\ominus$

③ $\frac{1}{2}Cl_2(g)+\frac{1}{2}H_2O(g) \rightleftharpoons HCl(g)+\frac{1}{4}O_2(g)$　$K_3^{\ominus}$

则 $K_1^{\ominus}$、$K_2^{\ominus}$、$K_3^{\ominus}$ 之间的关系是________。

5. 某可逆反应 $A(g)+B(g) \rightleftharpoons 2C(g)$ 的 $\Delta_r H_m^{\ominus}<0$，平衡时，若改变下述各项条件，试将其他各项发生的变化填入下表：

| 改变条件 | $v_{正}$ | $k_{正}$ | $K^{\ominus}$ | $E_{a,正}$ | 平衡移动方向 |
|---|---|---|---|---|---|
| 增加 B 的分压 | | | | | |
| 增加 C 的浓度 | | | | | |
| 升高温度 | | | | | |
| 使用催化剂 | | | | | |

6. 已知反应 $CO(g)+2H_2(g) \rightleftharpoons CH_3OH(g)$ 的 $K^{\ominus}(523\ K)=2.33\times10^{-3}$，$K^{\ominus}(548\ K)=5.42\times10^{-4}$，则该反应是________热反应。平衡后，将体系容积压缩，增大压强，平衡向________反应方向移动；加入催化剂后平衡将________移动。

7. CO 被 $NO_2$ 氧化的推荐机制是：① $NO_2+NO_2 \longrightarrow NO_3+NO$(慢)，② $NO_3+CO \longrightarrow NO_2+CO_2$(快)，则此反应的反应速率方程为________。

8. 对于吸热可逆反应来说，温度升高时，其反应速率常数 $k_{正}$ 将________，$k_{逆}$ 将________，标准平衡常数 $K^{\ominus}$ 将________，该反应的 $\Delta_r G_m^{\ominus}$ 将________。

9. 催化剂能加快反应速率的主要原因是________反应活化能，使活化分子百分数________。

10. 在常温常压下，HCl(g)的生成热为 $-92.3\ kJ\cdot mol^{-1}$，生成反应的活化能为 $113\ kJ\cdot mol^{-1}$，则其逆反应的活化能为________ $kJ\cdot mol^{-1}$。

## 2-4　计算题

1. 已知下列数据：

① $2Zn(s)+O_2(g) \longrightarrow 2ZnO(s)$　$\Delta_r H_m^{\ominus}(1)=-696.0\ kJ\cdot mol^{-1}$

② S(斜方) $+O_2(g) \longrightarrow SO_2(g)$　$\Delta_r H_m^{\ominus}(2)=-296.9\ kJ\cdot mol^{-1}$

③ $2SO_2(g)+O_2(g) \longrightarrow 2SO_3(g)$　$\Delta_r H_m^{\ominus}(3)=-196.6\ kJ\cdot mol^{-1}$

④ $ZnSO_4(s) \longrightarrow ZnO(s)+SO_3(g)$　$\Delta_r H_m^{\ominus}(4)=235.4\ kJ\cdot mol^{-1}$

求 $ZnSO_4(s)$的标准生成焓。

2. 通常采用的制高纯镍的方法是将粗镍在 323 K 下与 CO 反应，生成的 $Ni(CO)_4$ 经提纯后在约 473 K 分解得到高纯镍。

$$Ni(s)+4CO(g) \underset{473\ K}{\overset{323\ K}{\rightleftharpoons}} Ni(CO)_4(l)$$

已知反应的 $\Delta_r H_m^{\ominus}=-161\ kJ\cdot mol^{-1}$，$\Delta_r S_m^{\ominus}=-420\ J\cdot mol^{-1}\cdot K^{-1}$。试分析该方法提纯镍的合理性。

3. 计算 298.15 K 时反应 $2NO(g)+Br(g) \rightleftharpoons 2NOBr(g)$ 的 $\Delta_r G_m^{\ominus}$，并判断反应进行的方向。若各组分的分压分别为 $p(NO)=4\ kPa$，$p(Br_2)=100\ kPa$，$p(NOBr)=80\ kPa$，计算 $\Delta_r G_m$，并判断反应进行的方向。

4. 碘钨灯内会发生可逆反应 $W(s)+I_2(g) \rightleftharpoons WI_2(g)$。$I_2$ 蒸气与扩散到玻璃内壁的 W 会反应生成 $WI_2$ 气体，后者扩散到钨丝附近，会因钨丝的高温而分解出 W，重新沉积到钨丝上去，从而可延长灯丝的使用寿命。已知在 298K 时：

| 物质 | W(s) | $I_2(g)$ | $WI_2(g)$ |
|---|---|---|---|
| $\Delta_f G_m^{\ominus}/(kJ\cdot mol^{-1})$ | 0 | 19.327 | −8.37 |
| $S_m^{\ominus}/(J\cdot mol^{-1}\cdot K^{-1})$ | 33.5 | 260.69 | 251 |

(1) 计算上述反应在 623K 时的 $\Delta_r G_m^{\ominus}$ 及 $K^{\ominus}$。

(2) 估算 $WI_2(g)$分解所需的最低温度。

5. 光气分解反应 $COCl_2(g) \rightleftharpoons CO(g) + Cl_2(g)$在 373 K 时，$K^{\ominus} = 8.0 \times 10^{-9}$，$\Delta_r H_m^{\ominus} = 104.6\ kJ \cdot mol^{-1}$，试求：

(1)373 K、达平衡后总压为 202.6 kPa 时，$COCl_2$ 的转化率

(2)反应的 $\Delta_r S_m^{\ominus}$。

6. 已知下列反应在 1362K 时的标准平衡常数：

① $H_2(g) + \frac{1}{2}S_2(g) \rightleftharpoons H_2S(g)$　$K_1^{\ominus} = 0.80$

② $3H_2(g) + SO_2(g) \rightleftharpoons H_2S(g) + 2H_2O(g)$　$K_2^{\ominus} = 1.8 \times 10^4$

计算反应③$4H_2(g) + 2SO_2(g) \rightleftharpoons S_2(g) + 4H_2O(g)$在相同温度时的 $K^{\ominus}$。

7. 某温度下，将 2.00 mol $PCl_5$ 与 1.00 mol $PCl_3$ 相混合，发生反应 $PCl_5(g) \rightleftharpoons PCl_3(g) + Cl_2(g)$，平衡时总压为 202 kPa，$PCl_5(g)$转化率为 91%。求该温度下反应的 $K^{\ominus}$。

8. 反应 $3H_2(g) + N_2(g) \rightleftharpoons 2NH_3(g)$在 200 ℃时的 $K_1^{\ominus} = 0.64$，400 ℃时的 $K_2^{\ominus} = 6.0 \times 10^{-4}$。求该反应的 $\Delta_r H_m^{\ominus}$ 和 $NH_3(g)$的 $\Delta_f H_m^{\ominus}$。

9. 在 25℃时，反应 $2NO(g) + O_2(g) \longrightarrow 2NO_2(g)$的动力学实验数据如下：

| **实验编号** | **$c_0(NO)/(mol \cdot dm^{-3})$** | **$c_0(O_2)/(mol \cdot dm^{-3})$** | **$v_0/(mol \cdot dm^{-3} \cdot s^{-1})$** |
|---|---|---|---|
| 1 | 0.0020 | 0.0010 | $2.8 \times 10^{-5}$ |
| 2 | 0.0040 | 0.0010 | $1.1 \times 10^{-4}$ |
| 3 | 0.0020 | 0.0020 | $5.6 \times 10^{-5}$ |

写出该反应的反应速率方程，并计算速率常数。

10. 实验测得反应 $CO(g) + NO_2(g) \longrightarrow CO_2(g) + NO(g)$在不同温度下的速率常数如下：

| **$T/K$** | 600 | 650 | 700 | 750 | 800 | 850 |
|---|---|---|---|---|---|---|
| **$k/(mol^{-1} \cdot dm^3 \cdot s^{-1})$** | 0.0280 | 0.220 | 1.30 | 6.00 | 23.0 | 74.6 |

试用两种方法来求此反应的活化能 $E_a$。

2-30　课后习题解答

# 第 3 章

# 物质结构基础

# (The Basic of Substantial Structure)

3-1 学习要求

世界是由物质构成的。从微观角度分析,物质由分子、原子或离子构成。构成世界的物质千姿百态、千差万别,这主要是由于物质的微观结构不同。要想深入了解物质的宏观性质,必须探究物质的微观结构。本章首先介绍原子结构基础和元素周期表,然后依次介绍化学键理论和分子结构、晶体结构基础知识。掌握这些知识对于学习和理解物质的结构与性能很有用处。

## 3.1 原子核外电子运动状态

3-2 微课:核外电子运动状态的特征及描述

原子(atom)是物质发生化学反应的基本微粒,物质的许多宏观化学和物理性质很大程度上由原子内部结构决定。原子结构的研究回答了诸如"原子由哪些微粒组成""这些微粒在原子内部的排布方式以及微粒之间的结合力的性质怎样"等问题。

### 3.1.1 原子的组成

原子的概念是由英国科学家道尔顿(Dalton)于 1808 年首先提出,至今已有 200 多年的历史。1897 年,英国物理学家汤姆森(Thomson)通过气体放电实验发现了电子,并测定了电子的荷质比为 $1.76\times10^{11}$ C·kg$^{-1}$。1900 年,德国物理学家普朗克(Planck)提出了量子论。1905 年,瑞士物理学家爱因斯坦(Einstein)提出了光子学说。1909 年,美国物理学家密立根(Millikan)通过著名的油滴实验,测出电子的电量为 $1.602\times10^{-19}$ C,电子的质量为 $9.109\times10^{-28}$ g。

1911 年,英国物理学家卢瑟福(Rutherford)基于 α 粒子对物质散射的研究提出了原子核式结构模型,因此,卢瑟福被誉为“原子物理学之父”。按照卢瑟福的原子核式模型,电中性的原子由带正电荷的原子核与带负电荷的电子组成,如图 3-1 所示。原子核由带正电荷的质子和不带电荷的中子组成。电子、质子、中子等称为基本粒子。原子很小,基本粒子更小,但是它们都有确定的质量和电荷,如表 3-1 所示。

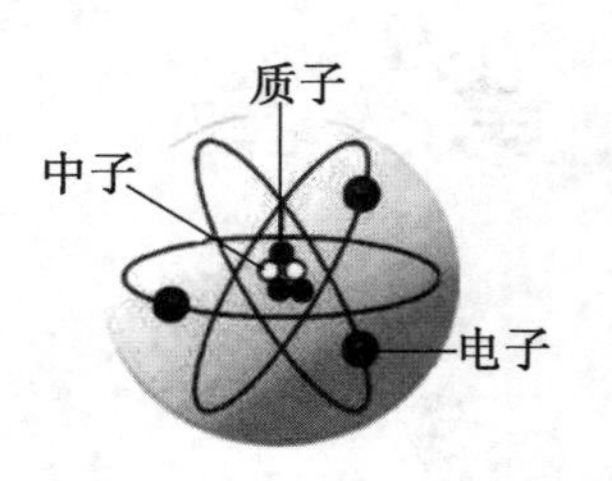


**图 3-1 经典的原子结构图**

**表 3-1 原子中三种基本粒子的质量与电荷**

| 基本粒子 | $m$/kg | $m$/u* | $Q$/C | $Q$/e |
|---|---|---|---|---|
| 质子 | $1.67252\times10^{-27}$ | 1.007 277 | $+1.602\times10^{-19}$ | +1 |
| 中子 | $1.67482\times10^{-27}$ | 1.008 665 | / | / |
| 电子 | $9.1091\times10^{-31}$ | 0.000 548 | $-1.602\times10^{-19}$ | −1 |

* u 为原子质量单位,1 u≈$1.66\times10^{-27}$ kg。

如果忽略电子的质量不计,则原子相对质量的整数部分就等于质子相对质量(取整数)与中子相对质量(取整数)之和,此值叫作质量数。若将质量数、中子数和质子数分别用符号 $A$、$N$ 和 $Z$ 表示,则一个质量数 $A$、质子数 $Z$ 的原子可用 ${}_{Z}^{A}\mathrm{X}$ 表示。

质量数($A$)=质子数($Z$)+中子数($N$)

核电荷数=质子数=核外电子数

$$\text{原子}({}_{Z}^{A}\mathrm{X})\begin{cases}\text{原子核}\begin{cases}\text{质子}(Z\text{ 个})\\ \text{中子}(A-Z\text{ 个})\end{cases}\\ \text{核外电子}(Z\text{ 个})\end{cases}$$

拥有一定数目质子和中子的原子称为核素,即具有一定的原子核的元素。具有相同质子数的同一类原子总称为元素。同一元素的不同核素互称同位素。例如,H 元素有 ${}_{1}^{1}\mathrm{H}$(氕)、${}_{1}^{2}\mathrm{H}$(氘)、${}_{1}^{3}\mathrm{H}$(氚)三种核素,其中氘、氚是制造氢弹的核聚变原料。铀(U)元素有 ${}_{92}^{234}\mathrm{U}$、${}_{92}^{235}\mathrm{U}$ 和 ${}_{92}^{238}\mathrm{U}$ 三种核素,其中 ${}_{92}^{235}\mathrm{U}$ 是制造原子弹和核反应堆的核裂变原料。

1913 年,丹麦物理学家玻尔(Bohr)在卢瑟福原子核式模型的基础上提出了新的原子结构理论,称为玻尔理论。该理论认为,电子是在核外不同轨道上运动,这种不同的轨道分别具有不同的能量(能级),其能量数值遵循量子化规则。在正常情况下,原子核外的电子处于离核最近的轨道,称为基态。当原子受到辐射、加热或通电时,获得能量后的电子就会激发到离核较远、能量较高的轨道,称为激发态。处于激发态的电子是不稳定的,倾向于跳回到离核较近的轨道,并释放出光子,从而产生光谱。光子的频率 $\nu$ 和波长 $\lambda$ 取决于两个轨道间的能量差 $\Delta E$。

$$h\nu=\frac{hc}{\lambda}=E_2-E_1=\Delta E \tag{3-1}$$

式中,$h$ 为普朗克常数,$h=6.626\times10^{-34}$ J·s;$c$ 为光速,$c=2.998\times10^{8}$ m·s$^{-1}$。处于不同能级的能量可由下式计算而得。

$$E_n=-R_{\mathrm{H}}\left(\frac{1}{n}\right)^2 \tag{3-2}$$

式中,$n$ 代表不同的能级,按离核由近至远依次为 $n=1,2,3,4,5,6,\cdots,\infty$;$R_{\mathrm{H}}$ 为 Rydberg 常数,其值为 $2.179\times10^{-18}$ J。由于 $n$ 的取值是依次增大的整数,所以轨道能量是量子化的,产生的光谱是不连续的线状光谱,而不是连续的带状光谱。玻尔对光谱的解释如图 3-2 所示。

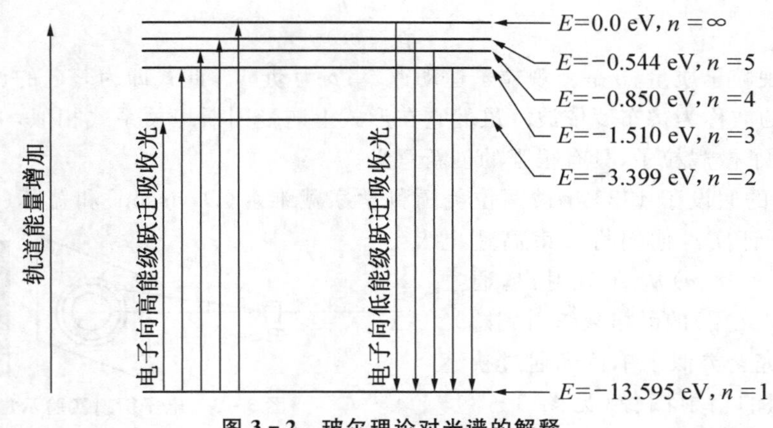


图 3-2　玻尔理论对光谱的解释

玻尔理论能够成功地解释原子的稳定性、氢原子及类氢离子($He^{+}$、$Li^{2+}$ 等)光谱的不连续性等实验事实,但无法解释多电子原子光谱和氢原子光谱的精细结构,因而被后人称为"旧量子论"(沿用了经典力学研究宏观物体运动规律的方法)。用现代原子结构理论来看,玻尔理论中核外电子运动具有固定轨道(类似于行星绕太阳运动)这一基本假设是与核外电子运动的基本特征不相符合的。旧量子论势必逐渐被现代物质结构理论(即新量子论)所取代。那么,原子中电子的运动究竟遵循怎样的规律呢?

## 3.1.2　核外电子运动状态的特征

3-3　知识拓展:反原子和反物质

分子、原子、电子等粒子属于微观粒子,它们的运动有别于宏观物质,有其自身的运动特征和规律。

1. 光的波粒二象性

围绕着光是波还是粒子的问题,科学界曾于十七八世纪争论了 200 多年,最后达成共识,认为光具有波粒二象性(wave-particle dualism)。在光的干涉、衍射现象中以波动性为主;而在光压、光电效应中又以粒子性为主。光的能量 $E$、质量 $m$ 和光速 $c$ 之间服从爱因斯坦质能定律。

$$E=mc^2 \tag{3-3}$$

光子的能量 $E$ 又与光波的频率 $\nu$ 成正比。

$$E=h\nu \tag{3-4}$$

式中,$h$ 普朗克常数;$c$ 为光速。

引入 $c=\lambda\nu$,则光的波粒二象性可表示为

$$mc=\frac{E}{c}=\frac{h\nu}{c}$$

$$p=\frac{h}{\lambda} \tag{3-5}$$

式中,$p$ 为光子的动量;$\lambda$ 为波长。

2. 电子的德布罗依波

1924 年,法国物理学家德布罗依(Louis de Broglie)在光的波粒二象性启发下,大胆地提出了所有微观粒子都具有波粒二象性的假设,并预言高速运动的微观粒子(如电子等)的波长可用下式计算:

$$\lambda=\frac{h}{p}=\frac{h}{mv} \tag{3-6}$$

式中,$m$ 是微观粒子质量;$v$ 是微观粒子运动速率;$p$ 为动量。此式即为著名的德布罗依关系式,服从此式的波称为德布罗依波。虽然它在形式上与爱因斯坦关系式相似,但应用范围却从光子拓展到了微观粒子,具有很强的创新意义。

德布罗依的假设于1927年被两位美国科学家戴维森(Davisson)和盖革(Geoger)的电子衍射实验所证实。他们将一束高速电子流(质量 $m$、速率 $v$)从A处射出,通过薄的镍单晶B(光栅)的晶格狭缝射到感光片C上,得到完全类似于单色光通过狭缝那样明暗相间的衍射图像(见图3-3)。此后,人们还通过实验进一步证明质子、中子和原子等其他微观粒子也具有波动性,都服从德布罗依关系式。因此,我们说电子、质子、中子和原子等微观粒子具有波粒二象性特征。波粒二象性是现代原子结构的基础,能较好地解决原子结构问题。

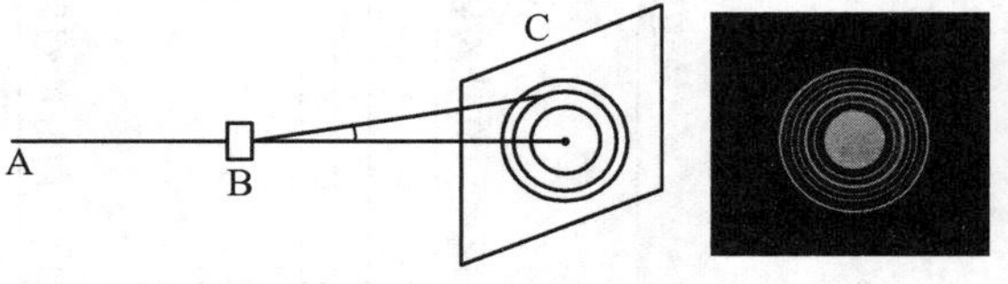

图3-3 电子衍射实验示意图

【例题3-1】 电子的质量为 $9.1091\times10^{-31}$ kg,当在电势差为1.0 V的电场中运动速率达 $6.00\times10^{5}$ $m\cdot s^{-1}$ 时,其波长为多少?当2.5 g的乒乓球移动速率为56 $km\cdot h^{-1}$ 时,其波长又为多少?

3-4 例题解答

从上例可知,微观粒子电子的波长为 $1.21\times10^{-9}$ m,与X射线的波长0.1~10nm相当,可由实验测定;而宏观物体乒乓球的波长为 $1.79\times10^{-32}$ m,相对于乒乓球本身的粒径来说,如此小的波动性完全可以忽略。

## 3.1.3 描述核外电子运动状态的四个量子数

3-5 知识点延伸:微观粒子运动的"量子化"和"统计性"特征

由于电子表现出波粒二象性,核外电子运动完全不同于宏观物体,不遵守经典力学规律,表现出量子化(能量量子化和"半径"量子化)和统计性(电子的波动性是大量电子行为的统计结果)两大特征。因此,电子核外运动状态显得比较复杂,需要从四个方面(四个量子数)来描述,即电子层、电子亚层、电子云伸展方向和电子自旋状态。所谓量子数(quantum number),其实就是表示核外电子运动状态的一些特定的不连续的数字。

1. 主量子数

根据电子的能量差异和运动区域离核的远近不同,可以将核外电子分成不同的电子层,常用主量子数(principal quantum number)$n$ 表示。$n=1,2,3,4,5,6,7,\cdots$,其中每一个 $n$ 值代表一个电子层。

电子层按离核由近到远的顺序,依次称为第1电子层、第2电子层……习惯上,常依次用K、L、M、N、O、P等字母来表示(见表3-2)。离核最近的电子层称为第1电子层($n$=1)或K层,其次是第2电子层($n$=2)或L层,以此类推。现在已知的最复杂的原子的电子层不超过7层。

表3-2 主量子数与电子层符号的关系

| 主量子数 $n$ | 1 | 2 | 3 | 4 | 5 | 6 | 7 |
|---|---|---|---|---|---|---|---|
| 电子层符号 | K | L | M | N | O | P | Q |

$n$ 的数值越小，表示电子离核越近，受核的引力越大，电子的能量越低；当 $n$ 增大时，表示电子离核较远，受核的引力减小，电子的能量较大。显然，$n$ 不仅表示电子离核的远近，也是电子能量高低的主要因素。

2. 角量子数

在同一电子层中，电子的能量还稍有差别。根据这个差别，可以把一个电子层分成一个或几个亚层，常用角量子数(angular momentum quantum number)$l$ 表示。$l=0,1,2,3,\cdots,n-1$($l$ 的取值受制于 $n$ 值)，其中每一个 $l$ 值代表一个电子亚层，其光谱符号分别记为 s、p、d、f、g 等(见表 3-3)。

**表 3-3　角量子数与电子亚层符号的关系**

| 角量子数 $l$ | 0 | 1 | 2 | 3 | 4 |
|---|---|---|---|---|---|
| 电子亚层符号 | s | p | d | f | g |

可见，K 层只包含 1 个 s 亚层($l=0$)；L 层包含 2 个亚层，即 s 亚层和 p 亚层($l=0,1$)；M 层包含 3 个亚层，即 s、p、d 亚层($l=0,1,2$)；N 层包括 4 个亚层，即 s、p、d、f 亚层($l=0,1,2,3$)。

$l$ 决定"轨道"的形状，即 $l$ 不同，"轨道"的形状不同。对于多电子原子来说，在同一电子层里，同一亚层中的电子能量按 s、p、d、f 的次序递增。为了清楚地表示某个电子处于核外哪个电子层和亚层，可将电子层的序数 $n$ 标在亚层符号的前面。如处于 K 层 s 亚层的电子表示为 1s；处于 L 层的 s 亚层和 p 亚层的电子分别表示为 2s 和 2p；处于 M 层的 d 亚层的电子表示为 3d；处于 N 层的 f 亚层的电子表示为 4f 等。

3. 磁量子数

3-6　知识点延伸：原子轨道与波函数

电子运动的"轨道"不仅有确定的形状，而且有一定的伸展方向。"轨道"的伸展方向常用磁量子数(magnetic quantum number)$m$ 表示。$m=0,\pm1,\pm2,\pm3,\cdots,\pm l$($m$ 的取值受制于 $l$)，共($2l+1$)个值，其中每一个 $m$ 值代表一种具体的空间伸展方向。

s 亚层的 $l=0$，只有 $m=0$ 一个值，s 轨道是球形对称的；p 亚层的 $l=1$，$m=0,\pm1$，共 3 个值，可有 3 种互相垂直的伸展方向，即 3 个 p"轨道"，分别标记为 $p_x$、$p_y$、$p_z$；d 亚层 $m=0,\pm1,\pm2$，共 5 个值，可有 5 种伸展方向，即 5 个 d"轨道"，分别标记为 $d_{xy}$、$d_{xz}$、$d_{yz}$、$d_{x^2-y^2}$、$d_{z^2}$；f 亚层 $m=0,\pm1,\pm2,\pm3$，共 7 个值，可有 7 种伸展方向，即 7 个 f"轨道"。可见，s、p、d、f 亚层分别有 1、3、5、7 个原子轨道。每个电子层可能有的最多原子轨道数为 $n^2$。

不同的原子轨道，其形状和伸展方向不同。如 s 轨道为球形；p 轨道呈哑铃形(分别沿 $x$、$y$、$z$ 轴伸展)；d 轨道为花瓣形(见图 3-4)，其中的+、-号表示描述电子运动的波函数的值在该区域的正、负；f 亚层的形状较复杂，暂不介绍(请参见《结构化学》)。

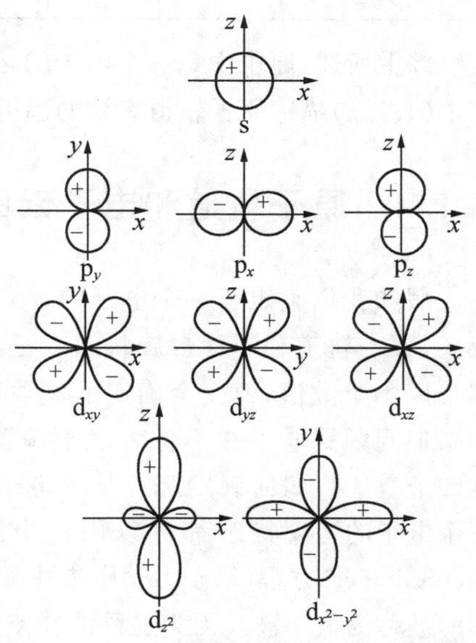


**图 3-4　s、p、d 轨道的角度分布图(剖面图)**

**【例题 3-2】**　写出量子数 $n=3$、$l=2$、$m=0$ 的原子轨道名称。

4. 自旋量子数

电子不仅在核外空间高速运动,而且还做自旋运动。电子自旋状态用自旋量子数(spin quantum number)$m_s$ 表示。$m_s$ 的取值只有 2 种,即 $m_s=\pm\frac{1}{2}$。每一个 $m_s$ 值代表电子的一种自旋方向,如图3-5所示。

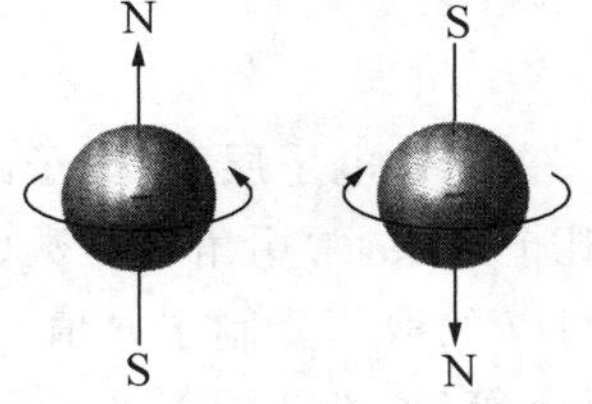

图 3-5 电子的两种自旋方式

由此可知,电子自旋有两种状态,类似于顺时针和逆时针两种方向。一般用上箭头(↑)和下箭头(↓)来表示不同的自旋状态。实验证明,电子自旋方向相同的两个电子相互排斥,不能共存于同一个原子轨道内;而电子自旋方向相反的两个电子相互吸引,能在同一个原子轨道内运动。因此,在同一轨道中,最多只能容纳 2 个自旋方向相反的电子。也就是说,在同一电子层中,最多可容纳 $2n^2$ 个电子。

主量子数 $n$、角量子数 $l$、磁量子数 $m$ 与各层电子数的关系如表 3-4 所示。

表 3-4 $n$、$l$、$m$ 和各层电子数之间的关系

| 电子层($n$ 值) | 电子层符号 | $l$ 值 | 亚层符号 | $m$ 值 | 电子云伸展方向数 | 原子轨道($n^2$) | 最多可容纳的电子数($2n^2$) |
|---|---|---|---|---|---|---|---|
| 1 | K | 0 | 1s | 0 | 1 | 1 | 2 |
| 2 | L | 0 | 2s | 0 | 1 | 1+3=4 | 8 |
| | | 1 | 2p | 0,±1 | 3 | | |
| 3 | M | 0 | 3s | 0 | 1 | 1+3+5=9 | 18 |
| | | 1 | 3p | 0,±1 | 3 | | |
| | | 2 | 3d | 0,±1,±2 | 5 | | |
| 4 | N | 0 | 4s | 0 | 1 | 1+3+5+7=16 | 32 |
| | | 1 | 4p | 0,±1 | 3 | | |
| | | 2 | 4d | 0,±1,±2 | 5 | | |
| | | 3 | 4f | 0,±1,±2,±3 | 7 | | |

综上所述,原子中每一个电子的运动状态必须用 $n$、$l$、$m$ 和 $m_s$ 四个量子数来确定,其中前三个($n$、$l$、$m$)描述原子轨道离核的远近、形状及伸展方向,第四个($m_s$)描述电子的自旋状态。

## 3.1.4 原子轨道和电子云图像

假如我们确定了一个电子的 $n$、$l$、$m$ 和 $m_s$ 值,那么就知道了这个电子处于哪一层、哪一亚层、哪一轨道和哪种自旋状态。正如确定了一个学生晚上睡在哪一幢、哪一层、哪间房和哪个床 4 个数值,就完全确定了该学生的位置。

但问题是电子并不像人晚上睡觉那样固定在床上,而是在核外做不规则的高速运动。这四个量子数如何确定呢?某个电子在某瞬间的运动状态如何描述呢?从理论上讲,任何一个电子的运动状态都可以用一个波函数 $\psi$ 来描述。而波函数 $\psi$ 可以通过求解薛定谔(Schrödinger)方程(量子力学中描述微观粒子运动状态的基本方程)得到。服从 Schrödinger 方程的波称为概率波。因为这种波在空间某点的强度(可能性)与波函数绝对值的平方 $|\psi|^2$ 成正比,所以可用 $\psi^2$ 表示核外某处电子出现的概率密度。

由于核电荷对电子的吸引力大小有差异，导致电子在核外不同区域出现的概率不同，往往是在离核较近的区域出现概率较大，离核较远的区域出现概率较小。为了形象地描述电子在核外空间出现的概率分布情况，可用小黑点的疏密程度来表示电子在核外空间各处的概率密度 $\psi^2$。小黑点密集的地方表示电子出现的概率大，稀疏的地方表示电子出现概率小。这种图形就称为电子云图，即 $\psi^2$ 的图像。由此可见，"电子云"就是电子在空间出现的概率密度分布的一个形象化描述。

如 H 原子核外只有 1 个电子，这个电子在核外一定范围内的各处出现的概率不同。H 原子的电子云是一个随着离核距离增大而小黑点由密变稀的球体，其横切面图如图 3 - 6 所示。在 H 原子中，离核 53 pm 的球壳区域内电子出现的概率最大。而在该球壳以外的地方，电子云的密度很小。

若在电子出现的概率为 90%处画一个界面，就能得到电子云界面图。这个界面所包括的空间范围就称为"原子轨道"。因此，人们把 H 原子 1s 原子轨道近似地看作半径为 53 pm 的球体，画在平面上就是一个半径为 53 pm的圆。图 3 - 7 为 s、p、d 轨道的电子云界面图。因为电子云图反映的是波函数平方值 $\psi^2$ 在空间各处的数值分布，其值全部是正的(>0)，所以在图像中就省略了+、-号。

3 - 7　知识点延伸：波函数和薛定谔方程

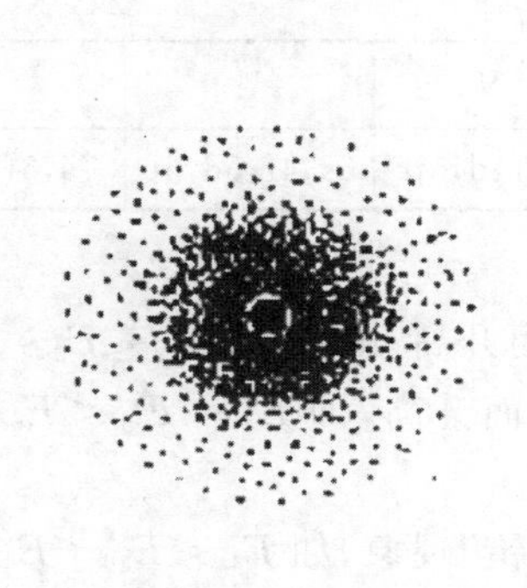

图 3 - 6　氢原子 1s 电子云

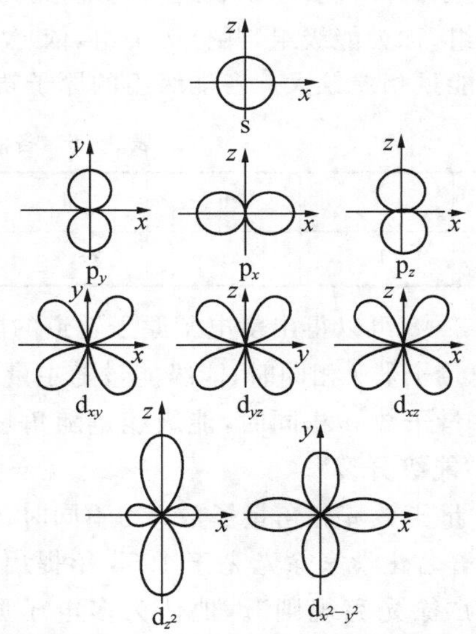


图 3 - 7　s、p、d 轨道的电子云角度分布图

## 3.2　基态原子核外电子的排布

3 - 8　微课：原子中核外电子的分布

### 3.2.1　多电子原子轨道的能级

研究表明，单电子能量仅与 $n$ 有关；而多电子能量与 $n$、$l$ 有关。

通常情况下，多电子系统的总能量可以看作是各单个电子在某个原子轨道上运动对原子系统能量贡献的总和，它可以借助于实验数据或物理模型而求得。历史上已有多人研究了多电子原子轨道能级的高低问题并取得成果。其中最著名和最通俗的是Pauling近似能级图。

1939年,美国化学家鲍林(Pauling)从大量光谱实验数据出发,通过理论计算总结出多电子原子的近似能级图(见图3-8)。

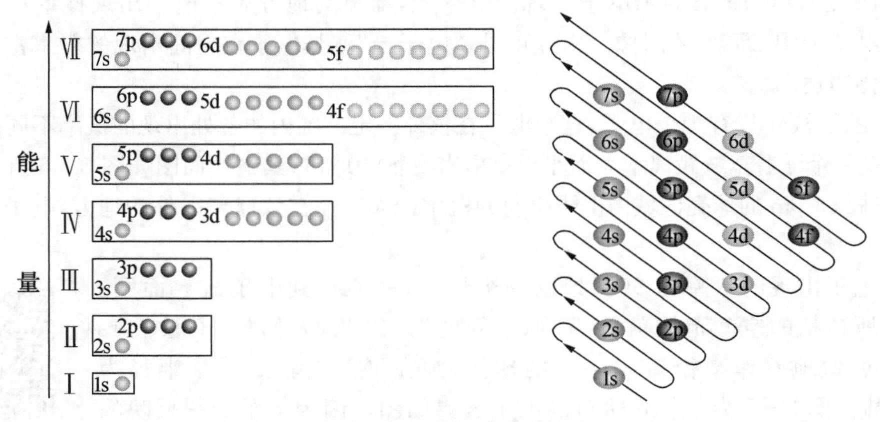


**图3-8　Pauling近似能级图**

图中,小圆圈代表原子轨道;箭头所指为轨道能量升高的方向。鲍林将能量接近的能级归为同一组,称为能级组,共分7个组,依1,2,3,…能级组的顺序,能量依次增高。不同能级组之间的能量相差较大。各能级组的原子轨道见表3-5。

**表3-5　各能级组的原子轨道**

| 能级组 | Ⅰ | Ⅱ | Ⅲ | Ⅳ | Ⅴ | Ⅵ | Ⅶ |
|---|---|---|---|---|---|---|---|
| 原子轨道 | 1s | 2s,2p | 3s,3p | 4s,3d,4p | 5s,4d,5p | 6s,4f,5d,6p | 7s,5f,6d,7p |

由图3-8可以得出多电子原子轨道的能级规律。

① 角量子数 $l$ 相同时,能级能量随主量子数 $n$ 的增大而升高,即 $E_{1s}<E_{2s}<E_{3s}<E_{4s}$。

② 主量子数 $n$ 相同时,能级能量随角量子数 $l$ 的增大而升高,即 $E_{ns}<E_{np}<E_{nd}<E_{nf}$。此现象称“能级分裂”。

③ 主量子数 $n$ 和角量子数 $l$ 均不同时,会出现“能级交错”现象,如 $E_{4s}<E_{3d}<E_{4p}$。

我国著名化学家徐光宪于1953年提出了关于判断轨道能量大小的近似规律,称为“徐光宪规则”。他认为多电子原子体系外层电子的能级与 $(n+0.7l)$ 值有关,$(n+0.7l)$ 值越大,能级越高,$(n+0.7l)$ 值的整数部分相同者为同一能级组;基态阳离子的外层电子的能级与 $(n+0.4l)$ 有关,$(n+0.4l)$ 值越大,能级越高。

**3-9　我国化学家及其成就:“国家最高科学技术奖”获得者徐光宪**

## 3.2.2　基态原子核外电子的排布

前人根据原子光谱实验和量子力学理论,总结出原子核外电子排布需遵循的3个规则,即构造原理(building up principle)。

1. Pauli不相容原理

同一原子中不能存在运动状态完全相同的电子,或者说同一原子中不能存在4个量子数完全相同的电子。即在 $n$、$l$、$m$ 相同的 1 个原子轨道中可容纳 2 个电子，其自旋状态必定不同，分别为 $+\frac{1}{2}$、$-\frac{1}{2}$。例如，Li 原子共有 3 个电子，其电子排布应为 Li($1s^2 2s^1$)。其中 1s 轨道上可容纳 2 个自旋方向相反的电子，2s 轨道上容纳 1 个电子。其他元素的原子核外电子排布由此类推。

根据此规则，显然，每个原子轨道最多可容纳 2 个自旋相反的电子。因为每个电子层最多的原子轨道数为 $n^2$，而每个原子轨道又只能容纳 2 个电子，因此，各电子层最多可容纳的电子总数为 $2n^2$。

2. 最低能量原理

在不违背 Pauli 不相容原理的前提下，电子总是优先占据可供占据的能量最低的轨道，占满能量较低的轨道后才进入能量较高的轨道。根据图 3-8 所示，电子填入轨道时遵循下列次序：

1s;2s 2p;3s 3p;4s 3d 4p;5s 4d 5p;6s 4f 5d 6p;7s 5f 6d

3. Hund 规则

$n$ 和 $l$ 值相同的条件下，$m$ 值不同的轨道具有相同的能级，这种能级相同的轨道互为等价轨道或简并轨道。电子分布到等价轨道时，总是先以相同的自旋状态分占轨道，这种排布有利于整个原子的能量最低，此规则即为洪特(Hund)规则。由此可见，电子在同一亚层中的各个轨道(如 3 个 p 轨道，或 5 个 d 轨道，或 7 个 f 轨道)上排布时，将尽可能单独分占不同的轨道，且自旋方向相同。例如，N 原子中有 3 个自旋方向相同的 3p 电子；Fe 原子中 3d 亚层有 4 个自旋方向相同的成单电子。

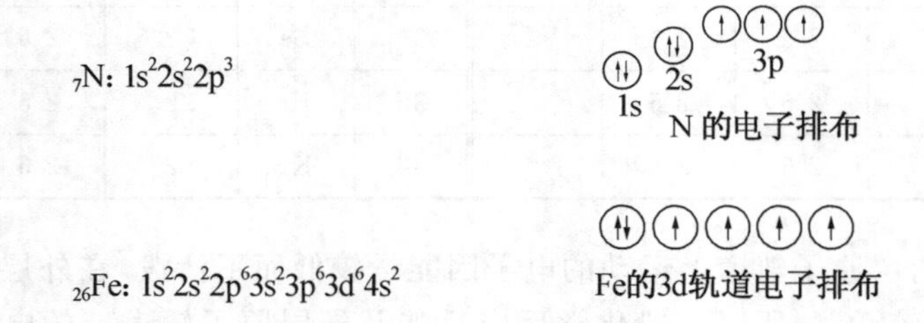


此外，简并轨道处于全充满($p^6$、$d^{10}$、$f^{14}$)、半充满($p^3$、$d^5$、$f^7$)或全空($p^0$、$d^0$、$f^0$)状态时能量较低，体系相对稳定，此规则也称洪特规则特例。例如 Cr($Z=24$)原子的外层电子组态为 $3d^5 4s^1$，而不是 $3d^4 4s^2$，因为前一种组态因 3d 轨道处于半充满状态而相对稳定些。属于这种情况的例子还有 Mo($4d^5 5s^1$)、Cu($3d^{10} 4s^1$)、Ag($4d^{10} 5s^1$)、Au($5d^{10} 6s^1$)等。

根据上述三个规则和多电子原子的能级，可以写出元素基态原子的核外电子排布(又称"电子构型"或"电子组态")。电子构型或电子组态是指将原子中全部电子填入亚层轨道而得出的序列。例如，基态 Cs($Z=55$)原子的电子组态为：

$$1s^2 2s^2 2p^6 3s^2 3p^6 3d^{10} 4s^2 4p^6 4d^{10} 5s^2 5p^6 6s^1$$

表 3-6 列出了 1～36 号元素原子的核外电子排布情况，体现了基态原子核外电子排布的一般规律。每一个亚层上最多能够排布的电子数分别为：s 亚层 2 个，p 亚层 6 个，d 亚层 10 个，f 亚层 14 个。

**表 3-6　1～36 号元素原子的电子层排布**

| 原子序数 | 元素符号 | 电子层 K | 电子层 L | 电子层 M | 电子层 N | 原子序数 | 元素符号 | 电子层 K | 电子层 L | 电子层 M | 电子层 N |
|---|---|---|---|---|---|---|---|---|---|---|---|
| | | 1s | 2s2p | 3s3p3d | 4s4p | | | 1s | 2s2p | 3s3p3d | 4s4p |
| 1 | H | 1 | | | | 19 | K | 2 | 2 6 | 2 6 | 1 |
| 2 | He | 2 | | | | 20 | Ca | 2 | 2 6 | 2 6 | 2 |
| 3 | Li | 2 | 1 | | | 21 | Sc | 2 | 2 6 | 2 6 1 | 2 |
| 4 | Be | 2 | 2 | | | 22 | Ti | 2 | 2 6 | 2 6 2 | 2 |
| 5 | B | 2 | 2 1 | | | 23 | V | 2 | 2 6 | 2 6 3 | 2 |
| 6 | C | 2 | 2 2 | | | 24 | Cr | 2 | 2 6 | 2 6 5 | 1 |
| 7 | N | 2 | 2 3 | | | 25 | Mn | 2 | 2 6 | 2 6 5 | 2 |
| 8 | O | 2 | 2 4 | | | 26 | Fe | 2 | 2 6 | 2 6 6 | 2 |
| 9 | F | 2 | 2 5 | | | 27 | Co | 2 | 2 6 | 2 6 7 | 2 |
| 10 | Ne | 2 | 2 6 | | | 28 | Ni | 2 | 2 6 | 2 6 8 | 2 |
| 11 | Na | 2 | 2 6 | 1 | | 29 | Cu | 2 | 2 6 | 2 6 10 | 1 |
| 12 | Mg | 2 | 2 6 | 2 | | 30 | Zn | 2 | 2 6 | 2 6 10 | 2 |
| 13 | Al | 2 | 2 6 | 2 1 | | 31 | Ga | 2 | 2 6 | 2 6 10 | 2 1 |
| 14 | Si | 2 | 2 6 | 2 2 | | 32 | Ge | 2 | 2 6 | 2 6 10 | 2 2 |
| 15 | P | 2 | 2 6 | 2 3 | | 33 | As | 2 | 2 6 | 2 6 10 | 2 3 |
| 16 | S | 2 | 2 6 | 2 4 | | 34 | Se | 2 | 2 6 | 2 6 10 | 2 4 |
| 17 | Cl | 2 | 2 6 | 2 5 | | 35 | Br | 2 | 2 6 | 2 6 10 | 2 5 |
| 18 | Ar | 2 | 2 6 | 2 6 | | 36 | Kr | 2 | 2 6 | 2 6 10 | 2 6 |

相对而言，在内层原子轨道上运动的电子因能量较低而不活泼，在外层轨道上运动的电子因能量较高而比较活泼，所以一般化学反应只涉及外层原子轨道上的电子。人们将这些比较活泼的外层轨道上的电子称为价电子(valence electron)。元素的化学性质与价电子的性质与数目密切相关。因此，化学工作者特别关注价电子的排布，在书写基态原子的电子排布时通常只表示出价电子结构即可。如基态 Cr 原子的电子排布式为 $1s^2 2s^2 2p^6 3s^2 3p^6 3d^5 4s^1$，其价电子构型为 $3d^5 4s^1$。

书写原子的核外电子排布式时应注意以下几点：

① 电子排布是按近似能级图由能级低向能级高的轨道排布的，但书写核外电子排布式时应把同一电子层($n$ 相同)的轨道写在一起，确保 $n$ 大的轨道在右侧。如 Cr 原子的电子填充顺序为 $1s^2 2s^2 2p^6 3s^2 3p^6 4s^1 3d^5$，而核外电子排布式通常写为 $1s^2 2s^2 2p^6 3s^2 3p^6 3d^5 4s^1$。

② 内层电子达到上一周期稀有气体原子结构的部分，可以用该稀有气体元素符号外加"[ ]"作为原子实来简化核外电子排布式。如 Cu 的核外电子排布式 $1s^2 2s^2 2p^6 3s^2 3p^6 3d^{10} 4s^1$，可以简化为[Ar]$3d^{10} 4s^1$。

③ 有些副族元素的电子层构型出现不符合前述三原则的"反常"现象，需要特别注意。如 Pd 是[Kr]$4d^{10} 5s^0$，而不是[Kr]$4d^8 5s^2$；Pt 是[Xe]$5d^9 6s^1$，而不是[Xe]$5d^8 6s^2$ 等。

## 3.2.3　原子的电子层结构与元素周期表

3-10　微课:原子的电子层结构与元素周期表

### 1. 元素周期表

19世纪前期,化学的迅速发展导致单质与化合物的数量急剧增加。面对这一现实,人们对它们进行归纳分类,以探索内在规律性。1869年3月,俄国化学家门捷列夫将当时已发现的63种乍看起来似乎互不相关的元素按照相对原子质量递增的顺序制作成第一张具有里程碑意义的元素周期表。元素周期表的发明,是近代化学史上的一个创举,对于促进化学的发展发挥了巨大的作用。随着人们对原子结构研究的不断深入,人们逐渐认识到元素周期律的内在决定因素是原子核外电子排布,特别是与外层电子分布密切相关,于是提出了各种形式的元素周期表。

目前最通用的元素周期表是瑞士化学家维尔纳(Werner)倡导的长式周期表(见图3-9)。该表分为主表和副表。主表包含7行18列;副表包含2行,分别为镧系和锕系元素,置于主表下方。

| 1 | 2 | 3 | 4 | 5 | 6 | 7 | 8 | 9 | 10 | 11 | 12 | 13 | 14 | 15 | 16 | 17 | 18 |
|---|---|---|---|---|---|---|---|---|---|---|---|---|---|---|---|---|---|
| | | | | | | | 1 H 1.008 | | | | | | | | | | 2 He 4.003 |
| 3 Li 6.94 | 4 Be 9.01 | | | | | | | | | | | 5 B 10.81 | 6 C 12.01 | 7 N 14.01 | 8 O 16.00 | 9 F 19.00 | 10 Ne 20.18 |
| 11 Na 22.99 | 12 Mg 24.31 | | | | | | | | | | | 13 Al 26.98 | 14 Si 28.09 | 15 P 30.97 | 16 S 32.07 | 17 Cl 35.45 | 18 Ar 39.95 |
| 19 K 39.10 | 20 Ca 40.08 | 21 Sc 44.96 | 22 Ti 47.87 | 23 V 50.94 | 24 Cr 52.00 | 25 Mn 54.94 | 26 Fe 55.85 | 27 Co 58.93 | 28 Ni 58.69 | 29 Cu 63.55 | 30 Zn 65.39 | 31 Ga 69.72 | 32 Ge 72.61 | 33 As 74.92 | 34 Se 78.96 | 35 Br 79.90 | 36 Kr 83.80 |
| 37 Rb 85.47 | 38 Sr 87.62 | 39 Y 88.91 | 40 Zr 91.22 | 41 Nb 92.91 | 42 Mo 95.94 | 43 Tc 98.91 | 44 Ru 101.07 | 45 Rh 102.91 | 46 Pd 106.4 | 47 Ag 107.87 | 48 Cd 112.40 | 49 In 114.82 | 50 Sn 118.69 | 51 Sb 121.75 | 52 Te 127.60 | 53 I 126.90 | 54 Xe 131.30 |
| 55 Cs 132.91 | 56 Ba 137.34 | Lu (La) | 72 Hf 178.49 | 73 Ta 180.95 | 74 W 183.85 | 75 Re 186.2 | 76 Os 190.2 | 77 Ir 192.2 | 78 Pt 195.09 | 79 Au 196.97 | 80 Hg 200.59 | 81 Tl 204.37 | 82 Pb 207.19 | 83 Bi 208.98 | 84 Po 210 | 85 At 210 | 86 Rn 222 |
| 87 Fr 223 | 88 Ra 226.03 | Lr (Ac) | 104 Rf | 105 Db | 106 Sg | 107 Bh | 108 Hs | 109 Mt | 110 | 111 | 112 | | | | | | |
| 57 La 138.91 | 58 Ce 140.12 | 59 Pr 140.91 | 60 Nd 144.24 | 61 Pm 146.92 | 62 Sm 150.35 | 63 Eu 151.96 | 64 Gd 157.25 | 65 Tb 158.92 | 66 Dy 162.50 | 67 Ho 164.93 | 68 Er 167.26 | 69 Tm 168.93 | 70 Yb 173.04 | 71 Lu 174.97 | | | |
| 89 Ac 227.03 | 90 Th 232.04 | 91 Pa 231.04 | 92 U 238.03 | 93 Np 237.05 | 94 Pu 239.05 | 95 Am 241.06 | 96 Cm 247.07 | 97 Bk 249.08 | 98 Cf 251.08 | 99 Es 254.09 | 100 Fm 257.10 | 101 Md 258.10 | 102 No 255 | 103 Lr 257 | | | |

图3-9　元素周期表(长式)

元素周期表的成功和巧妙之处在于其揭示了元素的原子核外电子排布与周期和族的划分之间的内在联系,反映了元素具有的周期性。

### 2. 元素的周期

周期表中包含的7个横行,称为元素的周期。周期序号与Pauling近似能级图序号相对应,也与基态原子排列电子的电子层数一致。因此,不难推出如下关系:

周期序数＝能级组数＝电子层数＝原子最外层电子的主量子数

由于周期序数等于能级组数,故可得每个周期的元素数目等于相应能级组中全部原子轨道所能容纳的电子总数。例如,第二周期的能级组为第 2 能级,相应能级为 2s2p,能容纳 8 个电子,所以第二周期有 8 种元素,称为短周期。同理,第七周期应有 32 种元素,但至今才发现到 118 号元素,因此称为不完全周期,有待人们去发现新的元素。表 3-7 列出了各周期的元素数目与能级组和周期之间的对应关系。

**表 3-7　元素数目与能级组及周期的对应关系**

| 周期 | 特点 | 元素数目 | 相应的轨道 | 原子轨道数 | 容纳电子总数 |
|---|---|---|---|---|---|
| 1 | 特短周期 | 2 | 1s | 1 | 2 |
| 2 | 短周期 | 8 | 2s,2p | 4 | 8 |
| 3 | 短周期 | 8 | 3s,3p | 4 | 8 |
| 4 | 长周期 | 18 | 4s,3d,4p | 9 | 18 |
| 5 | 长周期 | 18 | 5s,4d,5p | 9 | 18 |
| 6 | 特长周期 | 32 | 6s,4f,5d,6p | 16 | 32 |
| 7 | 不完全周期 | 应有 32 | 7s,5f,6d,7p | 16 | 应有 32 |

3. 元素的族

周期表中从左到右 18 列称为元素的族。族的划分与基态原子的价电子数目和排布方式密切相关。虽然同族元素的电子层数从上到下逐渐增加,但它们的价电子数目相等,价电子排布相同。

周期表中第 1、2 列和第 13～18 列共 8 列,包含特短周期、短周期、长周期各元素,称为主族元素,分别以符号ⅠA,ⅡA,…,ⅦA,ⅧA 表示。

主族元素的族序数等于基态原子最外层电子(价电子)总数。例如,$_{11}Na$ 的价电子构型为 $3s^1$,有 1 个价电子为ⅠA 族;$_{35}Br$ 的价电子构型为 $4s^24p^5$,有 7 个价电子为ⅦA 族。ⅧA 族元素的基态原子最外层电子(价电子)构型均为 $ns^2np^6$,最外层有 8 个电子,呈现稳定结构,因此,也称零族元素。

周期表中第 3～12 列共 10 列,只包含有长周期各元素,称为副族元素,依次以符号ⅢB、ⅣB、ⅤB、ⅥB、ⅦB、ⅧB(也称Ⅷ族)、ⅠB 和ⅡB 表示。

ⅢB～ⅦB 族元素的价电子数为 3～7 个,其族序号数等于基态原子的价电子总数。例如,$_{22}Ti$ 的价电子构型为 $3d^24s^2$,有 4 个价电子为ⅣB 族。Ⅷ族元素包括第 8、9、10 列,其价电子数分别为 8、9 和 10。ⅠB 和ⅡB 族元素的价电子数分别为 11 和 12,其族序号数等于基态原子的最外层 $ns$ 电子总数,例如,$_{30}Zn$ 的价电子构型为 $3d^{10}4s^2$,有 2 个 4s 电子为ⅡB 族。

各国关于族编号的表示至今还不统一。1986 年 IUPAC(国际纯粹与应用化学联合会)推荐的族编号系统,是自左至右依次编为第 1 至第 18 族。

4. 元素的分区

根据元素价电子构型不同,可以把周期表中元素所在位置分成 s 区、p 区、d 区、ds 区和 f 区(见图 3-10),其中 d 区、ds 区和 f 区为过渡元素。

s 区包括ⅠA、ⅡA 族元素,其价电子构型为 $ns^{1\sim2}$,最后 1 个电子填在 s 轨道上,属于活泼金属。

p 区包括ⅢA～ⅧA 元素,其价电子构型为 $ns^2np^{1\sim6}$,最后 1 个电子填在 p 轨道上,随最外层电子数目的依次增加,原子失去电子的倾向越来越弱,得到电子的趋势越来越强。

| ⅠA | ⅡA | ⅢB | ⅣB | ⅤB | ⅥB | ⅦB | Ⅷ | ⅠB | ⅡB | ⅢA | ⅣA | ⅤA | ⅥA | ⅦA | 0 |
|---|---|---|---|---|---|---|---|---|---|---|---|---|---|---|---|
| s区 | | d区 | | | | | | ds区 | | p区 | | | | | |

| 镧系 | f区 |
|---|---|
| 锕系 | |

**图 3-10　元素周期表元素的分区**

d区包括ⅢB～ⅦB及Ⅷ元素(除镧系、锕系外),其价电子构型为$(n-1)d^{1\sim10}ns^{0\sim2}$(Pd无s电子),它们的主要差异在于次外层的d轨道电子数。由于这些d轨道电子能不同程度地参与化学键的形成,所以d区元素表现出不同的化合价。

ds区包括ⅠB和ⅡB族元素,价电子构型为$(n-1)d^{10}ns^{1\sim2}$,主要差别在s轨道电子数,常见化合价为+1或+2。

f区包括镧系元素和锕系元素,价电子构型为$(n-2)f^{1\sim14}(n-1)d^{0\sim2}ns^{2}$,最后1个电子填在倒数第3层的f轨道上,性质比较相似,分离比较困难。

**【例题 3-3】** 请填充下表。

| 原子序数 | 元素符号 | 电子排布式 | 价电子型构 | 周期 | 族 | 区 |
|---|---|---|---|---|---|---|
| 37 | Rb | | | | | |
| | | $1s^2 2s^2 2p^6 3s^2 3p^5$ | | | | |
| | | | $3d^5 4s^1$ | | | |
| | | | $5s^2 5p^6$ | | | |
| | | | | 5 | ⅡB | |

# 3.3 元素性质的周期性

3-11　微课:元素周期律

元素性质随着核电荷数的递增而呈现周期性的变化,这个规律叫作元素周期律。元素周期律的本质是原子结构呈现周期性变化。

## 3.3.1 原子半径

尽管实际上原子没有固定的界面,而不存在经典意义上的半径,但是人们还是假定原子为球形,并习惯于借助与相邻原子的核间距来表示原子半径(atomic radius)。根据原子的不同存在形式可将原子半径分为金属半径(metallic radius)、共价半径(covalent radius)和范德华(van der Waals)半径。金属半径是指金属单质晶体中两个最邻近金属原子核间距的一半(见图 3-11)。共价半径是指同种元素的两个原子以共价单键结合时,其原子核间距的一半。范德华半径是以分子间作用力结合的两个同种原子核间距的一半,如稀有气体形成的单原子分子晶体中两个同一种原子核间距的一半即为范德华半径。

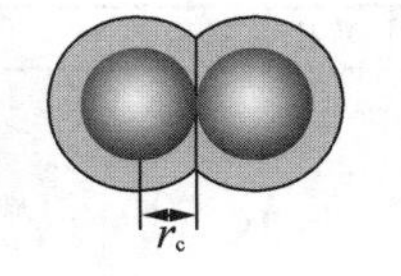


(a)共价半径

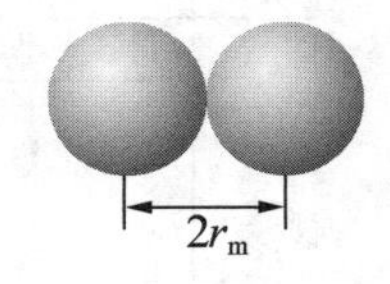


(b)金属半径

**图 3-11　共价半径和金属半径示意图**

表 3-8 列出了各元素原子半径数据,其中金属为金属半径(配位数为 12),稀有气体为范德华半径,其余为共价半径。

**表 3-8　元素的原子半径 $r$(pm)**

| H 37 | | | | | | | | | | | | | | | | | He 122 |
|---|---|---|---|---|---|---|---|---|---|---|---|---|---|---|---|---|---|
| Li 152 | Be 111 | | | | | | | | | | | B 88 | C 77 | N 70 | O 66 | F 64 | Ne 160 |
| Na 186 | Mg 160 | | | | | | | | | | | Al 143 | Si 117 | P 110 | S 104 | Cl 99 | Ar 191 |
| K 227 | Ca 197 | Sc 161 | Ti 145 | V 132 | Cr 125 | Mn 124 | Fe 124 | Co 125 | Ni 125 | Cu 128 | Zn 133 | Ga 122 | Ge 122 | As 121 | Se 117 | Br 114 | Kr 198 |
| Rb 248 | Sr 215 | Y 181 | Zr 160 | Nb 143 | Mo 136 | Tc 136 | Ru 133 | Rh 135 | Pd 138 | Ag 144 | Cd 149 | In 163 | Sn 141 | Sb 141 | Te 137 | I 133 | Xe 217 |
| Cs 265 | Ba 217 | Lu 173 | Hf 159 | Ta 143 | W 137 | Re 137 | Os 134 | Ir 136 | Pt 136 | Au 144 | Hg 160 | Tl 170 | Pb 175 | Bi 155 | Po 153 | At 2.2 | |

| La | Ce | Pr | Nd | Pm | Sm | Eu | Gd | Tb | Dy | Ho | Er | Tm | Yb |
|---|---|---|---|---|---|---|---|---|---|---|---|---|---|
| 188 | 183 | 183 | 182 | 181 | 180 | 204 | 180 | 178 | 177 | 177 | 176 | 175 | 194 |

原子半径随原子序数的增加而呈现周期性的变化。图 3-12 为原子半径随原子序数的周期性变化曲线。

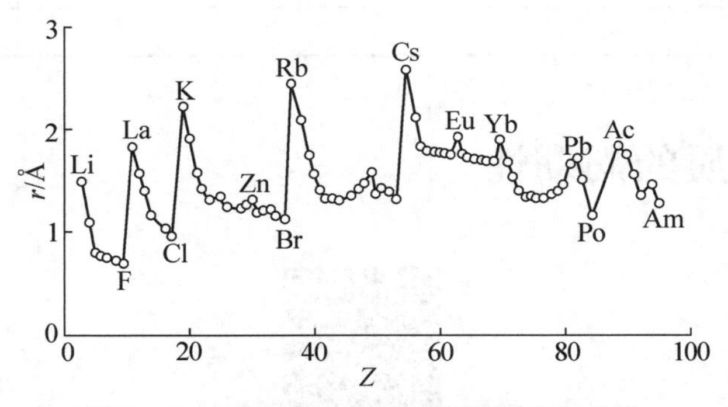


**图 3-12　元素的原子半径的周期性变化曲线**

从图 3-12 可以看出,同周期元素原子半径表现出自左向右减小的总趋势。但主族元素、过渡元素和内过渡元素减小的快慢不同。主族元素减小最快。过渡元素原子半径表现得不规则,但总体上还是减小了,而且减小得较慢。

同族元素的原子半径自上而下增大,例外的只是极少数。这是因为自上而下逐次增加一个电子层。

从镧(La)到镥(Lu),原子半径自左至右缓慢减小,此现象称为镧系收缩。镧系收缩导致过渡元素第五、六周期的同族元素的原子(或离子)半径接近,性质相似。从表 3-8 给出的有关数据可以清楚地看出第六周期的铪(Hf)、钽(Ta)等的原子半径分别与第五周期的锆(Zr)、铌(Nb)等相近(Hf 与 Zr 相比,其金属半径非但未增大,反而减小了)。镧系收缩导致第五、六周期的同族过渡元素性质极为相近，在自然界往往共生在一起，而且相互不易分离。

### 3.3.2　电离能

基态气体原子失去 1 个电子成为带 1 个正电荷的气态阳离子所吸收的能量称为第一电离能(ionization energy),用 $I_1$ 表示;由 +1 价气态阳离子再失去 1 个电子成为 +2 价气态阳离子所吸收的能量称为第二电离能,用 $I_2$ 表示;以此类推。

$$E(g) - e^- \longrightarrow E^+(g) \qquad I_1$$

$$E^+(g) - e^- \longrightarrow E^{2+}(g) \qquad I_2$$

显然,原子失去电子所形成的离子所带正电荷越多,再失去电子将越困难。因此,同一元素原子的各级电离能依次增大,即 $I_1 < I_2 < I_3 < \cdots$。如:

$$Li(g) - e^- \longrightarrow Li^+(g) \qquad I_1 = 520.2\ kJ \cdot mol^{-1}$$

$$Li^+(g) - e^- \longrightarrow Li^{2+}(g) \qquad I_2 = 7298.1\ kJ \cdot mol^{-1}$$

$$Li^{2+}(g) - e^- \longrightarrow Li^{3+}(g) \qquad I_3 = 11815\ kJ \cdot mol^{-1}$$

表 3 - 9 给出各元素的第一电离能 $I_1$。电离能是原子失电子难易程度的量度,元素第一电离能 $I_1$ 越小，原子失电子的能力就越强,即金属性越强。

**表 3 - 9　元素的第一电离能 $I_1$ ($kJ \cdot mol^{-1}$)**

| | | | | | | | | | | | | | | | | | |
|---|---|---|---|---|---|---|---|---|---|---|---|---|---|---|---|---|---|
| H<br>1312.0 | | | | | | | | | | | | | | | | | He<br>2372.3 |
| Li<br>520.2 | Be<br>899.5 | | | | | | | | | | | B<br>800.6 | C<br>1086.5 | N<br>1402.3 | O<br>1313.9 | F<br>1681.0 | Ne<br>2080.7 |
| Na<br>495.8 | Mg<br>737.7 | | | | | | | | | | | Al<br>577.5 | Si<br>786.5 | P<br>1011.8 | S<br>999.6 | Cl<br>1251.2 | Ar<br>1520.6 |
| K<br>418.8 | Ca<br>589.8 | Sc<br>633.0 | Ti<br>658.8 | V<br>650.9 | Cr<br>652.9 | Mn<br>717.3 | Fe<br>762.5 | Co<br>760.4 | Ni<br>737.1 | Cu<br>745.5 | Zn<br>906.4 | Ga<br>578.8 | Ge<br>762.2 | As<br>944.4 | Se<br>941.0 | Br<br>1139.9 | Kr<br>1350.8 |
| Rb<br>403.0 | Sr<br>549.5 | Y<br>599.9 | Zr<br>640.1 | Nb<br>652.1 | Mo<br>684.3 | Tc<br>702.4 | Ru<br>710.2 | Rh<br>719.7 | Pd<br>804.4 | Ag<br>731.0 | Cd<br>867.8 | In<br>558.3 | Sn<br>708.6 | Sb<br>830.6 | Te<br>869.3 | I<br>1008.4 | Xe<br>1170.4 |
| Cs<br>375.7 | Ba<br>502.9 | Lu<br>523.5 | Hf<br>659.0 | Ta<br>728.4 | W<br>758.8 | Re<br>755.8 | Os<br>814.2 | Ir<br>865.2 | Pt<br>864.4 | Au<br>890.1 | Hg<br>1007.1 | Tl<br>589.4 | Pb<br>715.6 | Bi<br>703.0 | Po<br>812.1 | At<br>950.0 | Rn<br>1037.1 |
| Fr<br>392.0 | Ra<br>509.3 | Lr<br>470 | | | | | | | | | | | | | | | |

| | | | | | | | | | | | | | |
|---|---|---|---|---|---|---|---|---|---|---|---|---|---|
| La<br>538.1 | Ce<br>534.4 | Pr<br>527.2 | Nd<br>533.1 | Pm<br>538.4 | Sm<br>544.5 | Eu<br>547.1 | Gd<br>593.4 | Tb<br>565.8 | Dy<br>573.0 | Ho<br>581.0 | Er<br>589.3 | Tm<br>596.7 | Yb<br>603.4 |
| Ac<br>498.8 | Th<br>608.5 | Pa<br>568.3 | U<br>597.6 | Np<br>604.5 | Pu<br>581.4 | Am<br>576.4 | Cm<br>580.8 | Bk<br>601.1 | Cf<br>607.9 | Es<br>619.4 | Fm<br>627.1 | Md<br>634.9 | No<br>641.6 |

电离能随原子序数的增加呈现周期性的变化。图 3 - 13 为元素的第一电离能随原子序数的周期性变化曲线。

从图 3 - 13 可以看出,同周期元素的电离能变化的总趋势是自左向右逐渐增大。各周期元素的电离能均以ⅠA碱金属元素最小,0 族稀有气体元素最大。正是这种趋势造成金属活泼性自左向右逐渐降低。

ⅡA 族元素(Be、Mg)、ⅤA 族元素(N、P、As)、ⅡB 族元素(Zn、Cd、Hg)的第一电离能 $I_1$

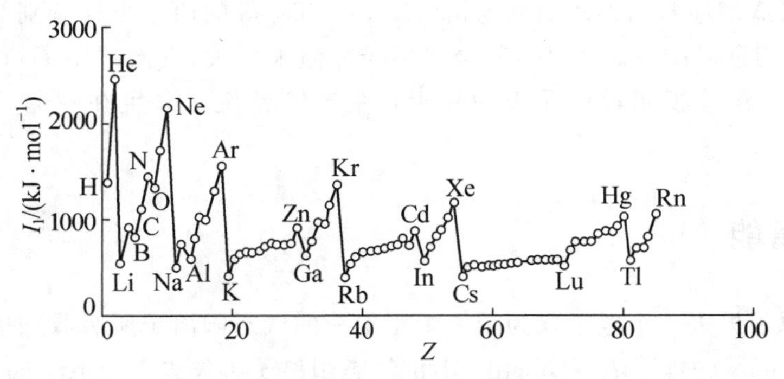


**图 3-13 元素的第一电离能 $I_1$ 的周期性变化**

高于各自左右的两种元素。这是由于电子结构处于半充满或全充满状态,体系相对稳定。

同族元素的电离能变化的总趋势是由上向下逐渐减小，这种趋势造成金属活泼性由上向下增强。这就是说,Fr 在所有元素中金属活泼性最强。

## 3.3.3 电子亲和能

元素的气态原子在基态时获得 1 个电子成为−1 价气态离子所放出的能量称为第一电子亲和能(electron affinity),用 $A_1$ 表示。当−1 价离子再获得电子时要克服负电荷之间的排斥力,因此要吸收能量。如:

$$O(g)+e^- \longrightarrow O^-(g) \qquad A_1=-141.0\ kJ \cdot mol^{-1}$$

$$O^-(g)+e^- \longrightarrow O^{2-}(g) \qquad A_2=+844.2\ kJ \cdot mol^{-1}$$

表 3-10 列出了主族元素的电子亲和能,负值表示放出能量,正值表示吸收能量。电子亲和能是原子得电子难易程度的量度,元素的电子亲和能越大，原子获取电子的能力就越强,即非金属性越强。

**表 3-10 主族元素的第一电子亲和能 $A_1$(kJ · mol$^{-1}$)**

| | | | | | | | |
|---|---|---|---|---|---|---|---|
| H<br>−72.7 | | | | | | | He<br>+48.2 |
| Li<br>−59.6 | Be<br>+48.2 | B<br>−26.7 | C<br>−121.9 | N<br>+6.75 | O<br>−141.0<br>(844.2) | F<br>−328.0 | Ne<br>+115.8 |
| Na<br>−52.9 | Mg<br>+38.6 | Al<br>−42.5 | Si<br>−133.6 | P<br>−72.1 | S<br>−200.4<br>(531.6) | Cl<br>−349.0 | Ar<br>+96.5 |
| K<br>−48.4 | Ca<br>+28.9 | Ga<br>−28.9 | Ge<br>−115.8 | As<br>−78.2 | Se<br>−195.0 | Br<br>−324.7 | Kr<br>+96.5 |
| Rb<br>−46.9 | Sr<br>+28.9 | In<br>−28.9 | Sn<br>−115.8 | Sb<br>−103.2 | Te<br>−190.2 | I<br>−295.1 | Xe<br>+77.2 |

注：括号中数据为 $A_2$。

电子亲和能随原子序数的增加呈现周期性的变化。图 3-14 为主族元素的第一电子亲和能随原子序数的周期性变化曲线。

从图 3-14 可以看出,同周期元素的第一电子亲和能以卤素呈现最大负值,ⅡA 族元素为正值,稀有气体为最大正值。ⅡA 族元素为正值,是由于外来电子进入 $n$p 轨道,以致获得电子的过程成为吸热过程。

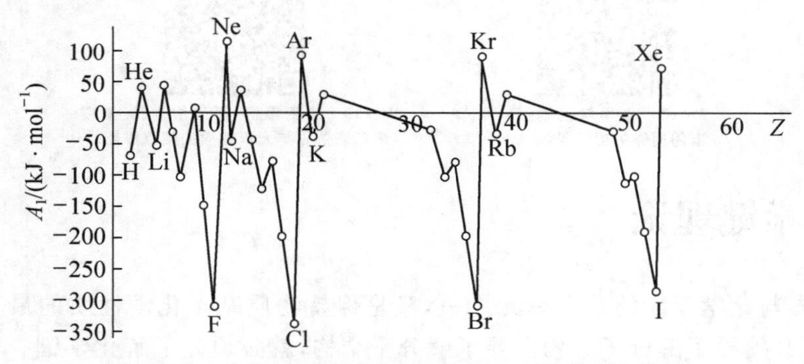


**图 3-14　主族元素第一电子亲和能 $A_1$ 的周期性变化**

同族元素的电子亲和能的变化规律不很明显，大部分的 *A* 负值变小。第二周期从 B 到 F 的电子亲和能均低于第三周期同族元素。这并不意味着第二周期元素的非金属性相对比较弱。造成这种现象的原因是第二周期元素原子半径很小，更大程度的电子云密集导致电子间更强的排斥力。正是这种排斥力使外来的一个电子进入原子变得更加困难。

## 3.3.4　电负性

原子在分子中吸引电子的能力称为元素的电负性(electron negativity)，用 $\chi$ 表示。电负性概念和第一个电负性标度由美国化学家鲍林提出，表 3-11 给出的鲍林电负性 $\chi_p$ 是经过后人修改的数据。

**表 3-11　元素的电负性 $\chi_p$**

| H<br>2.18 | | | | | | | | | | | | | | | | |
|---|---|---|---|---|---|---|---|---|---|---|---|---|---|---|---|---|
| Li<br>0.98 | Be<br>1.57 | | | | | | | | | | | B<br>2.04 | C<br>2.55 | N<br>3.04 | O<br>3.44 | F<br>3.98 |
| Na<br>0.93 | Mg<br>1.31 | | | | | | | | | | | Al<br>1.61 | Si<br>1.90 | P<br>2.19 | S<br>2.58 | Cl<br>3.16 |
| K<br>0.82 | Ca<br>1.00 | Sc<br>1.36 | Ti<br>1.54 | V<br>1.63 | Cr<br>1.66 | Mn<br>1.55 | Fe<br>1.8 | Co<br>1.88 | Ni<br>1.91 | Cu<br>1.90 | Zn<br>1.65 | Ga<br>1.81 | Ge<br>2.01 | As<br>2.18 | Se<br>2.55 | Br<br>2.96 |
| Rb<br>0.82 | Sr<br>0.95 | Y<br>1.22 | Zr<br>1.33 | Nb<br>1.60 | Mo<br>2.16 | Te<br>1.9 | Ru<br>2.28 | Rh<br>2.2 | Pd<br>2.20 | Ag<br>1.93 | Cd<br>1.69 | In<br>1.78 | Sn<br>1.96 | Sb<br>2.05 | Te<br>2.10 | I<br>2.66 |
| Cs<br>0.79 | Ba<br>0.89 | Lu<br>1.2 | Hf<br>1.3 | Ta<br>1.5 | W<br>2.36 | Re<br>1.9 | Os<br>2.2 | Ir<br>2.2 | Pt<br>2.28 | Au<br>2.54 | Hg<br>2.00 | Tl<br>2.04 | Pb<br>2.33 | Bi<br>2.02 | Po<br>2.0 | At<br>2.2 |

电负性的标度还有 Mulliken 标度($\chi_M$)、Allred-Rochow 标度($\chi_{AR}$)等。电负性标度不同，数据不同，但在周期表中的变化规律是一致的。

电负性随原子序数的增加呈现周期性的变化。同周期元素从左到右电负性依次增大；同主族元素从上到下电负性依次变小。电负性可以综合衡量各种元素的金属性和非金属性的相对强弱。非金属与金属元素电负性的分界值大体为 2.0。在所有元素中，处于周期表右上角的 F 元素为最活泼的非金属，$\chi_p$ 为 3.98。周期表左下角的 Cs 元素为最活泼的金属，$\chi_p$ 为 0.79。

3－12 化学与哲学:元素周期律的哲学问题

3－13 应用案例:原子结构、元素在周期表位置与元素性质的相互推断

# 3.4 化学键理论

分子是参与化学反应的基本单元之一,又是保持物质基本化学性质的最小微粒。研究物质的性质,必须要了解分子结构。要了解分子结构,就必须先了解化学键。下面以化学键理论知识为重点,讨论各类化学键理论和分子空间构型等问题。

## 3.4.1 化学键的定义

我们知道 Na 与 $Cl_2$ 生成 NaCl 的反应:

$$2Na(s)+Cl_2(g) \longrightarrow 2NaCl(s)$$

反应中涉及的三种物质显示出截然不同的物理和化学性质,显然,不同的外在性质反映了不同的内部结构。这就给人们提出这么一些问题:是什么样的结合力使 Na 原子组成金属 Na?是什么样的结合力使 Cl 原子组成单质 $Cl_2$?又是什么样的结合力将 Na 原子和 Cl 原子结合成晶体 NaCl?化学上把分子或晶体内相邻原子(或离子)间强烈的相互作用称为化学键(chemical bond)。

化学键理论主要解释为什么有些原子(例如 Na 与 Cl)能够相互结合而有些原子则不能相互结合,为什么由原子构成的单质(例如 Na、$Cl_2$)和化合物(例如 NaCl、HI)具有不同的稳定性,结合在一起的原子为什么在空间呈现出一定的几何形状(即几何构型)等问题。

上述反应中的三种物质涉及三种不同的结合力,即金属键、共价键和离子键三种基本化学键类型,分别要用金属键理论、共价键理论和离子键理论作解释。除此以外,还有一些过渡类型的化学键。

## 3.4.2 离子键理论

3－14 微课:离子键理论

1916 年,德国科学家科塞尔(Kössel)首先提出离子键理论。他认为金属原子和非金属原子在相互化合时,通过电子转移形成稳定的阳、阴离子,然后阳、阴离子依靠静电作用结合形成离子型化合物。这种阳、阴离子间的静电作用力叫离子键(ionic bond)。离子键可存在于气体"分子"(如 $Na^+Cl^-$ 离子型分子)内,但大量存在于离子晶体中。

1. 离子键的本质

Na 与 Cl 在形成化合物时,首先发生电子转移,形成具有 Ne 和 Ar 稀有气体稳定电子结

构的阳离子 $Na^+$ 和阴离子 $Cl^-$ 。

$$n\text{Na}\ [\text{Ne}]3s^1 \xrightarrow{-ne^-} n\text{Na}^+ (2s^2 2p^6)$$

$$n\text{Cl}\ [\text{Ne}]3s^2 3p^5 \xrightarrow{+ne^-} n\text{Cl}^- (3s^2 3p^6)$$

然后，$Na^+$ 和 $Cl^-$ 相互接近形成稳定的"$Na^+ Cl^-$ 分子"。体系的势能与核间距之间的关系如图 3 - 15 所示。

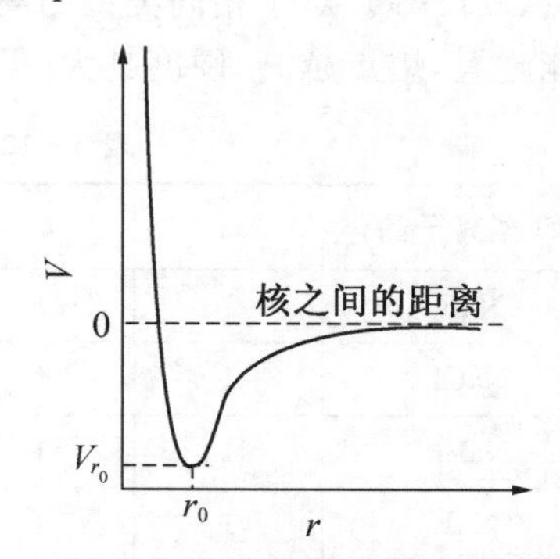


**图 3 - 15　阳、阴离子靠近时的势能曲线**

由图 3 - 15 可见，当 $r$ 无穷大，即 $Na^+$、$Cl^-$ 两核之间无限远时，势能 $V$ 为零；当 $r$ 减小时，$Na^+$、$Cl^-$ 靠静电相互吸引，势能 $V$ 减小，体系走向稳定；当 $r=r_0$ 时，势能 $V$ 达到极小值，此时体系最稳定，表明形成了"$Na^+ Cl^-$ 分子"；$r<r_0$ 时，势能 $V$ 急剧上升，这是因为 $Na^+$、$Cl^-$ 彼此再接近时，相互之间斥力急剧增加，导致势能 $V$ 骤然上升。因此，离子间相互吸引到一定距离时，体系最稳定，即形成离子键。该状态下两核间的平衡距离 $r_0$ 叫作核间距(符号为 $d$)，与核间距 $d$ 对应的势能 $V_{r_0}$ 则是由气态阳、阴离子形成离子键过程中放出的能量。因此，离子键的本质是静电作用，包括离子间静电引力和电子间静电斥力等。

2. 离子键的特点

离子键的特点是既没有方向性，也不具饱和性。所谓没有方向性，是由于离子电场具有球形对称性，因此，阳、阴离子在空间任何方向上均可吸引相反电荷离子而形成离子键。所谓不具饱和性是指在空间条件许可的情况下，每一个离子均可吸引尽可能多的相反电荷离子，即阳、阴离子周围邻近的异电荷离子数主要取决于阳、阴离子的相对大小，与各自所带电荷的多少无直接关系。

3. 离子键的离子性

活泼金属与活泼非金属成键时，成键电子有可能完全转移到非金属原子上，从而形成离子键。显然，离子键可视为强极性共价键的一个极限，理想中的纯粹的离子键可看作为100%的离子键。从键型过渡的角度看，任何离子键都不可能是100%的离子键，也就是说具有共价键成分，即使是 NaF 中的化学键，也有部分共价键成分。离子键的极性强弱可用离子性大小来衡量，通常所说的离子键只是离子性占优势而已。

键的离子性大小与元素的电负性有关。通常，两原子间电负性差 $\Delta\chi>1.7$ 时，其离子性百分数将大于 50%，我们将此化学键归为离子键范畴；当 $\Delta\chi<1.7$ 时，即形成共价键。

4. 离子键的强度

离子键的强度通常用晶格能(lattice energy)的大小来度量。所谓晶格能是指在标准状态下使 1 mol 离子晶体变为气态阳离子和气态阴离子时所吸收的能量，符号为 $U$，单位为 $kJ \cdot mol^{-1}$。晶格能 $U$ 越大，离子键强度越大。

$$M_a X_b(s) \longrightarrow aM^{b+}(g) + bX^{a-}(g) \qquad \Delta_r H_m^\ominus = U$$

例如：$NaCl(s) \longrightarrow Na^+(g) + Cl^-(g) \quad \Delta_r H_m^\ominus = 786\ kJ \cdot mol^{-1} \quad U = 786\ kJ \cdot mol^{-1}$

由于离子键的本质是静电作用，其作用力的大小与阳、阴离子所带的电荷成正比，与离子之间的距离的平方成反比。

$$f = \frac{q^+ q^-}{r^2}$$

由此可以得出,晶体类型相同时,晶格能大小与阳、阴离子电荷数成正比,与它们之间的距离 $r$ 成反比。

根据晶格能的大小,可以预测和解释离子化合物的一些性质,如离子化合物的稳定性、熔点、硬度等。对于相同类型的离子晶体来说,离子电荷数越大,阳、阴离子半径越小,则晶格能越大,熔点越高,硬度越大(见表 3-12)。

**表 3-12 晶格能对离子晶体物理性质的影响**

| NaCl 型离子晶体 | $z_1$ | $z_2$ | $r_+$/pm | $r_-$/pm | $U/(\mathrm{kJ\cdot mol^{-1}})$ | 熔点/℃ | 硬度 |
|---|---|---|---|---|---|---|---|
| NaF | 1 | 1 | 95 | 136 | 920 | 992 | 3.2 |
| NaCl | 1 | 1 | 95 | 181 | 770 | 801 | 2.5 |
| NaBr | 1 | 1 | 95 | 195 | 773 | 747 | <2.5 |
| NaI | 1 | 1 | 95 | 216 | 683 | 662 | <2.5 |
| MgO | 2 | 2 | 65 | 140 | 4147 | 2800 | 5.5 |
| CaO | 2 | 2 | 99 | 140 | 3557 | 2576 | 4.5 |
| SrO | 2 | 2 | 113 | 140 | 3360 | 2430 | 3.5 |
| BaO | 2 | 2 | 135 | 140 | 3091 | 1923 | 3.3 |

5. 离子的特征

离子化合物的性质与离子键的强度有关,而离子键的强度又与离子电荷、离子构型和离子半径等离子的特征有密切关系。

(1) 离子电荷(charge)

阳离子通常由金属原子形成,其电荷等于中性原子失去电子的数目。阴离子通常由非金属原子组成,其电荷等于中性原子获得电子的数目。离子还可以是多原子离子,如 $NH_4^-$、$SO_4^{2-}$ 等。

(2) 离子半径(radius)

严格地说,离子没有确定的半径。由于离子晶体中相邻阳、阴离子的核间距可由 X 射线衍射法测定,通常把此核间距当作阳、阴离子半径之和,并按一定的规则确定各离子的半径。离子半径的大小一般遵循以下规律。

① 同元素,阳离子半径<原子半径,阴离子半径>原子半径。阳离子半径通常较小,为 10~170 pm;阴离子半径通常较大,为 130~250 pm。

② 同周期不同元素的离子半径随原子序数的增大而减小。例如:

$$Na^+(95\ \mathrm{pm}) > Mg^{2+}(65\ \mathrm{pm}) > Al^{3+}(50\ \mathrm{pm})$$

③ 同主族具有相同电荷离子的半径自上而下增大。例如:

$$Li^+(68\ \mathrm{pm}) < Na^+(95\ \mathrm{pm}) < K^+(133\ \mathrm{pm}) < Rb^+(148\ \mathrm{pm}) < Cs^+(169\ \mathrm{pm})$$

$$F^-(136\ \mathrm{pm}) < Cl^-(181\ \mathrm{pm}) < Br^-(196\ \mathrm{pm}) < I^-(216\ \mathrm{pm})$$

④ 同元素阳离子的半径随离子电荷升高而减小。例如:

$$Fe^{3+}(64\ \mathrm{pm}) < Fe^{2+}(76\ \mathrm{pm})$$

⑤ 等电子离子的半径随负电荷的降低和正电荷的升高而减小。例如:

$$O^{2-}(140\ \mathrm{pm}) > F^-(136\ \mathrm{pm}) > Na^+(95\ \mathrm{pm}) > Mg^{2+}(65\ \mathrm{pm}) > Al^{3+}(50\ \mathrm{pm})$$

⑥ 元素周期表中处于相邻右下角与左上角的阳离子半径近似相等。例如：

$$Li^{+}(68\ pm) \approx Mg^{2+}(65\ pm)$$

$$Na^{+}(95\ pm) \approx Ca^{2+}(99\ pm)$$

(3) 离子的电子构型(electronic configuration)

简单阴离子大都具有稀有气体元素的电子组态，而阳离子则随元素在周期表中位置的不同，显示出不同的电子组态。阳离子电子组态大体可分为四大类。

① 稀有气体组态(2电子和8电子构型)。其电子组态为 $1s^2$ 或 $ns^2np^6$，如 $Li^+$、$Be^{2+}$ 为2电子组态；$Na^+$、$Mg^{2+}$、$Al^{3+}$、$Sc^{3+}$ 为8电子组态。

② 拟稀有气体组态(18电子构型)。其电子组态为 $ns^2np^6nd^{10}$，如 $Cu^+$、$Zn^{2+}$、$Cd^{2+}$、$Hg^{2+}$。

③ 含惰性电子对的组态(18+2电子构型)。其电子组态为 $(n-1)s^2(n-1)p^6(n-1)d^{10}ns^2$，如 $Sn^{2+}$、$Pb^{2+}$、$Sb^{3+}$、$Bi^{3+}$。

④ 不规则组态(9～17电子构型)。其电子组态为 $ns^2np^6nd^{1\sim9}$，如 $Cr^{3+}$、$Mn^{2+}$、$Fe^{2+}$、$Fe^{3+}$、$Cu^{2+}$。

6. 离子极化

当一个离子被放在外电场中时，正、负电荷重心发生位移，产生诱导偶极，本身会变形，称为离子极化(见图3-16)。离子极化的后果是使化学键由离子键向共价键过渡。

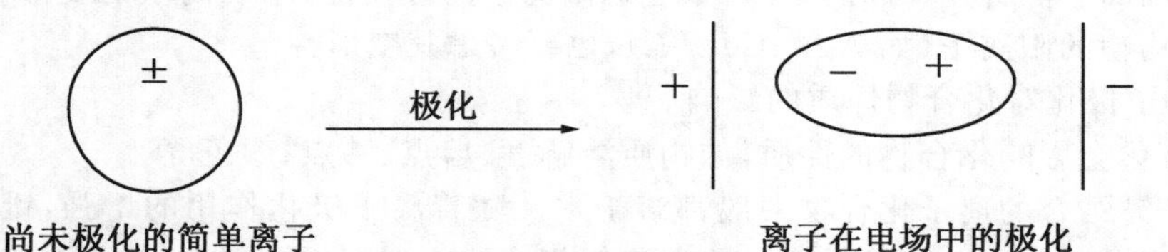


图3-16　离子极化示意图

(1) 影响离子极化的因素

影响离子极化的因素包括离子的极化能力和变形性。

离子的极化能力与离子的电荷、离子的半径以及离子的电子构型等因素有关。离子的电荷越多，离子的半径越小，离子的极化能力越强；当离子的电荷相同，离子的半径相近时，离子的电子构型对离子的极化能力就起着决定性的作用。通常阳离子的极化能力有如下规律。

18或18+2电子构型的离子>9～17电子构型的离子>2或8电子构型的离子

离子半径越大，变形性越大，通常用极化率 $\alpha$ 表示离子变形性大小。极化率越大，离子本身越易变形而被极化。表3-13列出了一些常见离子的极化率大小。

表3-13　一些常见离子的极化率

| 离子 | 半径 $r$/pm | 极化率 $\alpha/(10^{-40}C\cdot m^2\cdot V^{-1})$ | 离子 | 半径 $r$/pm | 极化率 $\alpha/(10^{-40}C\cdot m^2\cdot V^{-1})$ |
|---|---|---|---|---|---|
| $Li^+$ | 68 | 0.034 | $Y^{3+}$ | 93 | 0.61 |
| $Na^+$ | 95 | 0.199 | $La^{3+}$ | 104 | 1.16 |
| $K^+$ | 133 | 0.923 | $C^{4+}$ | 15 | 0.0014 |
| $Rb^+$ | 149 | 1.56 | $Si^{4+}$ | 41 | 0.0184 |
| $Cs^+$ | 169 | 2.69 | $Ti^{4+}$ | 68 | 0.206 |
| $Ag^+$ | 121 | 1.91 | $Ce^{4+}$ | 101 | 0.81 |
| $Be^{2+}$ | 31 | 0.009 | $F^-$ | 136 | 1.16 |

续　表

| 离子 | 半径 $r$/pm | 极化率 $\alpha/(10^{-40}C\cdot m^2\cdot V^{-1})$ | 离子 | 半径 $r$/pm | 极化率 $\alpha/(10^{-40}C\cdot m^2\cdot V^{-1})$ |
|---|---|---|---|---|---|
| $Mg^{2+}$ | 65 | 0.105 | $Cl^-$ | 181 | 4.07 |
| $Ca^{2+}$ | 99 | 0.52 | Br | 196 | 5.31 |
| $Sr^{2+}$ | 113 | 0.96 | $I^-$ | 216 | 7.90 |
| $Ba^{2+}$ | 135 | 1.72 | $O^{2-}$ | 140 | 4.32 |
| $Hg^{2+}$ | 110 | 1.39 | $S^{2-}$ | 184 | 11.3 |
| $B^{3+}$ | 20 | 0.0033 | $Se^{2-}$ | 198 | 11.7 |
| $Al^{3+}$ | 50 | 0.058 | $OH^-$ | / | 1.95 |
| $Zn^{2+}$ | 81 | 0.318 | $NO_3^-$ | 165 | 4.47 |

离子的变形性也与离子的电子构型有关，通常有下列规律。

18 或 18+2 电子构型的离子＞9～17 电子构型的离子＞2 或 8 电子构型的离子

因为阴离子的半径一般比较大，所以阴离子的极化率一般比阳离子大；阳离子的电荷数越高，极化率越小；阴离子的电荷数越高，极化率越大。常见离子中 $S^{2-}$ 和 $I^-$ 很容易被极化而变形。

当阳、阴离子混合在一起时，应着重考虑阳离子的极化能力，阴离子的变形性。但是，对于 18 电子构型的阳离子(如 $Ag^+$、$Cd^{2+}$ 等)，也要考虑其变形性。

(2) 离子极化对化合物性质的影响

离子极化会影响化合物的性质，如物质溶解度、熔点、沸点、颜色等。

以离子键结合的离子化合物一般都溶于水。随着离子极化作用的增强，键的共价成分增强，使离子键逐步向共价键过渡。根据相似相溶的原理，离子极化的结果必然导致化合物在水中的溶解度降低。在 AgX 中，由于 $F^-$ 离子半径很小，不易发生变形，所以 AgF 是离子化合物，可溶于水。而对于 AgCl、AgBr、AgI，随着 $Cl^-$、$Br^-$、$I^-$ 离子半径依次增大，变形性也随之增大，$Ag^+$ 的极化能力又很强(18 电子构型)，化学键型从离子键过渡到共价键，所以 AgCl、AgBr、AgI 的溶解度依次降低。

在 NaCl、$MgCl_2$、$AlCl_3$ 化合物中，$Al^{3+}$、$Mg^{2+}$ $Na^+$ 的极化能力依次减小。NaCl 是典型的离子化合物，而 $AlCl_3$ 接近于共价化合物，所以 NaCl、$MgCl_2$、$AlCl_3$ 的熔点分别为 801、714、192 ℃。

在一般情况下，如果组成化合物的阳、阴离子都无色，该化合物也无色，如 NaCl、$AgNO_3$。如果其中一种离子无色，则另一种离子的颜色就是该化合物的颜色，如 $K_2MnO_4$。但 AgBr、AgI 有颜色，这显然和 $Ag^+$ 具有较强的极化作用有关，即离子的极化会影响化合物的颜色，而且极化程度越大，化合物的颜色越深，例如 AgBr 为浅黄色，而 AgI 为黄色。

## 3.4.3　现代价键理论

3－15　微课：现代价键理论

1916 年，美国化学家路易斯(Lewis)提出了电子对理论。他认为分子是通过原子之间共享(用)电子对形成。原子通过共用电子对而形成的化学键叫共价键(covalent bond)。两原子间共用一对电子的共价键叫共价单键,共用两对、三对电子的共价键分别叫共价双键和共价三键,简称单键、双键和三键。在分子中,每一个原子都倾向于形成稀有气体原子的 8 电子外层电子结构(除 He 外),这习惯上称为八隅体规则(octet rule)。

路易斯电子对理论提出了一些很有价值的概念,能较好地解释一些简单的非金属单质和化合物分子的形成过程(如 $H_2$、$CCl_4$ 等),但有关共价键的许多疑问因无法得到回答而存在一定的局限性。例如,此理论不能阐明共价键的本质及特征,如电子均带负电,同性相斥,为什么还能形成电子对?为什么共价键有方向性?为什么许多化合物中原子最外层电子数超过或不足 8 个,如 $BF_3$、$PCl_5$、$SF_6$ 中,B、P 和 S 周围的电子数分别为 6、10、12,并不满足 8 电子结构,却能稳定存在?此理论也不能解释 $O_2$、$B_2$ 等分子的顺磁性及分子的几何形状,等等。

1927 年,德国化学家海特勒(Heitler)和伦敦(London)首次根据量子力学基本原理,采用电子配对成键概念成功解释了 $H_2$ 的结构。后来,斯莱脱(Slater)和鲍林(Pauling)把这一概念推广到其他双原子分子中,并提出用轨道杂化概念阐明一些多原子分子的结构,从而建立了现代价键理论(valence bond theory,简称 VB 法,又叫电子配对法)。

1. 共价键的形成

两个中性原子[包括相同原子(如 A 与 A)和不同原子(如 A 和 B)]相互接近形成共价键时,以 $H_2$ 的形成为例,体系的势能与核间距之间的关系如图 3－17 所示。从图 3－17 可以看出,当两个电子自旋相同的 H 原子彼此接近时,两个原子轨道异号叠加(即波函数相减),核间电子概率密度减小,两核间的斥力增加,系统能量升高,处于不稳定态,为排斥态;当两个电子自旋相反的 H 原子彼此接近时,两个原子轨道发生重叠(即波函数相加),核间电子概率密度增大,两个 H 原子核都被核间概率密度较大的电子云所吸引,系统能量降低,当核间距 $R_0$＝74 pm时,能量达到最低点,形成稳定分子 $H_2$。两核间的平衡距离 $R_0$ 又叫键长(bond length),与 $R_0$ 对应的势能则近似等于相关共价分子的键能。因此,轨道重叠意味着两核之间的重叠部分具有较大的电子密度,共价作用力的实质为核间较大的电子密度对两核的吸引力。轨道重叠程度越大,核间的电子密度越大,形成的共价键越强,由共价键结合的分子越稳定。

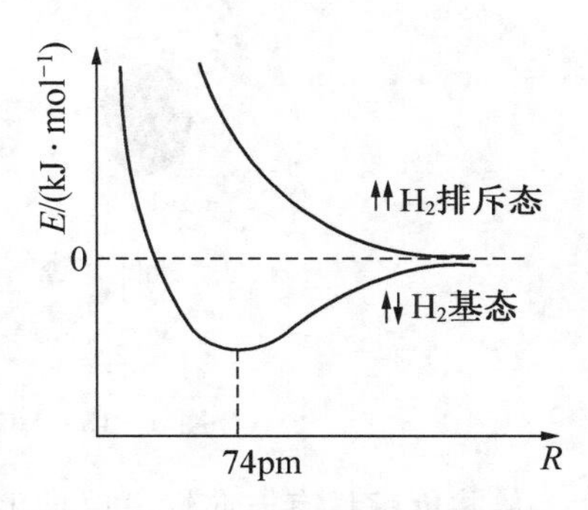


**图 3－17　$H_2$ 分子形成过程中能量随核间距的变化**

2. 共价键形成的条件

从共价键的形成机制可以看出,形成共价键必须具备以下两个条件:

① 两原子相互接近时,自旋相反的成单电子可以配对形成共价键。这称为电子配对原理。

② 成键电子的原子轨道重叠程度越大,两核间电子密度越大,形成的共价键就越牢固。这称为最大重叠原理。

3. 共价键的特点

根据形成共价键的两个条件,可以推知共价键具有饱和性和方向性。

(1) 共价键的饱和性

根据电子配对原理,两原子中自旋相反的电子配对后,不能再与第三个原子配对形成共价键。一个原子有几个未成对的价电子,就能与几个自旋相反的电子配对成键。例如,O 原子有 2 个未成对电子,而 H 原子只有 1 个,则形成 $H_2O$;N 原子有 3 个未成对电子,它可以和另一个 N 原子的 3 个未成对电子配对形成 $N_2$,也可以和 3 个 H 原子(而不是 4 个)的电子配对形成 $NH_3$ 分子。

从共价键的饱和性可以推出,每种元素的原子能提供用于形成共价键的轨道数是一定的,其结果是共价分子中每个原子最大的成键数也一定。第二周期元素原子的价层只有 4 条轨道,形成共价分子时最多只能有 4 个共价键。第四周期元素原子的价层有 9 条轨道,这一事实被用来解释相关的某些化合物为什么不服从八隅体规则。

(2) 共价键的方向性

根据最大重叠原理,两原子的价轨道发生重叠越多,体系能量降低越多,所形成的共价键越稳固。为了达到最大程度的重叠,共价键形成时将尽可能采用电子云密度重叠最大的方向。如 HCl 分子形成时,H 的 1s 电子云沿着 Cl 的 $3p_x$ 正方向"迎头"重叠时才发生最大有效重叠而成键;当"拦腰"重叠时,则不能成键。又如 $F_2$ 形成分子时,2 个 F 原子分别以 $2p_x$ 的正方向"头碰头"重叠而成键(见图 3-18)。

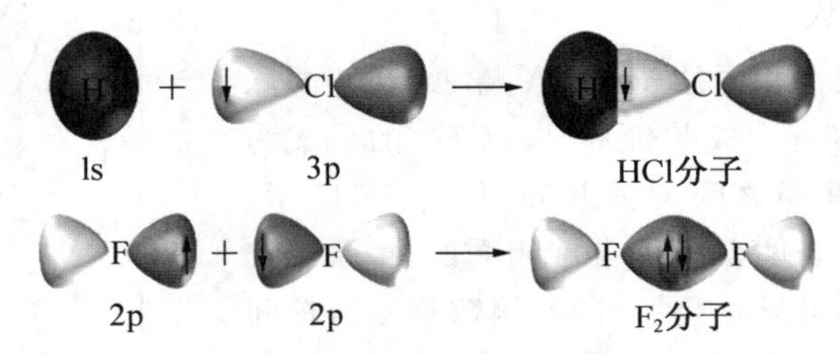


**图 3-18　HCl、$F_2$ 分子形成过程中的轨道重叠与取向**

从共价键具有方向性可以推出,键和键之间存在一定的键角,整个分子形成一定的空间构型。

4. 共价键的类型

按原子轨道重叠方式不同,共价键可分为 σ 键、π 键及 δ 键。

由两个相同或不相同的原子轨道沿轨道对称轴联线方向以"头碰头"方式进行同号重叠而形成的共价键,叫作 σ 键(σ bond)。σ 键具有的共同特点是:① 两个成键原子轨道"头碰头"沿着对称轴方向重叠,重叠程度大,则键能大;②重叠部分集中在两核之间,成键电子云沿键轴对称分布,两端的原子可以沿键轴自由旋转而不改变电子云密度分布,也不影响键的强度和键角。图 3-19(a)给出几种不同组合形成的 σ 键。

由两个成键原子的原子轨道沿垂直核间联线并相互平行以"肩并肩"方式进行侧面重叠而形成的共价键,叫作 π 键(π bond)。由两个 p 轨道重叠形成的键叫 p-p π 键;由 p 轨道与 d 轨道重叠形成的键叫 p-d π 键。两个 p 轨道"肩并肩"形成的 π 键如图 3-19(b)所示。π 键的特点有:①两个成键原子轨道"肩并肩"地达到最大重叠,重叠程度比 σ 键小,因此,π 键不如 σ 键稳定;②重叠部分集中在键轴的上方和下方,对通过键轴的平面呈镜面反对称(轨道改变正、负号),当形成 π 键的两个原子以键轴为轴做相对旋转时,会减少 p 轨道的重叠程度,而最终导致 π 键断裂。

σ 键和 π 键的特征比较见表 3-14。

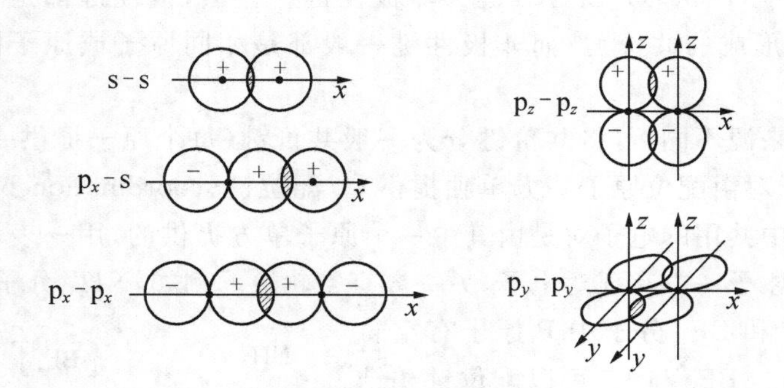


(a)“头碰头”重叠形成σ键　(b)“肩并肩”重叠形成π键

**图 3-19　σ键和π键示意图**

**表 3-14　σ键和π键的特征比较**

| | σ键 | π键 |
|---|---|---|
| 原子轨道重叠方式 | 沿键轴方向“头碰头”重叠 | 沿键轴方向“肩并肩”重叠 |
| 原子轨道重叠部位 | 集中在两核之间键轴处，可绕键轴旋转 | 分布在通过键轴的一平面的上下方，键轴处为零，不可绕轴旋转 |
| 原子轨道重叠程度 | 大 | 小 |
| 键的强度 | 较大 | 较小 |
| 化学活泼性 | 不活泼 | 活泼 |

一个原子的d轨道与另一个原子的d轨道以“面对面”方式重叠而形成的共价键，叫作δ键(δ bond)。

一般地，共价单键是σ键；共价双键中必有1个σ键，另1个为π键；共价三键由1个σ键、2个π键组成。例如，N原子3个p轨道上分别有1个未成对电子，2个N原子的p轨道优先以“头碰头”方式重叠形成1个σ键，而其余2对p轨道只能“肩并肩”重叠了，因此，$N_2$分子中2个N原子间形成1个σ键和2个π键。

按共用电子对是否定域，可将共价键分为定域键和离域键(如离域π键)。上述π键是由2个成键原子轨道“肩并肩”重叠而来，其π电子属2个原子共用，称为定域π键。由3个或3个以上原子形成的π键，称离域π键，用符号$\Pi_n^m$来表示(其中$n$为组成大π键的原子数，$m$为组成大π键的电子数)。已经用σ键联结起来的3个或3个以上原子之间形成离域π键的条件是：① 这些原子在同一平面上；② 每一原子均有一互相平行的p轨道；③ p电子数目小于p轨道数的2倍。例如，在$O_3$分子中，O原子之间除形成2个σ键外，3个O原子各有1个2p轨道，它们相互平行，彼此以“肩并肩”方式重叠形成了三中心四电子的大π键，用$\Pi_3^4$表示(见图3-20)。

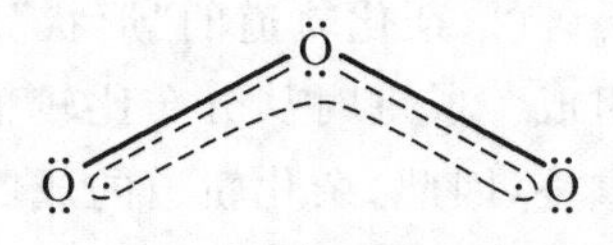

**图 3-20　$O_3$的结构**

按共用电子对是否偏向某一原子，可将共价键分为极性键和非极性键。极性键就是共用的电子对发生偏移的共价键；非极性键就是共用的电子对不发生偏移的共价键。如HCl、$NH_3$、$H_2O$中的H—Cl、H—N、H—O等就是极性键，因为它们中的Cl、N和O具有较大的电负性和较强的吸引电子能力，导致成键电子对偏向Cl、N和O原子。而$H_2$、$O_2$

和 $Cl_2$ 分子中的 H—H、O═O、Cl—Cl 键为非极性键。显然,极性键都是 2 个或 2 个以上不同原子或原子团形成的共价键;而非极性键一般都是相同原子或原子团之间形成的共价键。

按共用电子对来源不同,可将共价键分为一般共价键(每个原子提供一个未成对电子)和配位键(共用电子对由配位原子一方单独提供)。配位键(coordination bond)是一种特殊的共价键。配位键中共用的电子对是由其中一个原子单方提供的,用→表示(见图 3-21)。其形成条件是成键原子一方有孤对电子,另一方有空轨道。例如,$NH_3$ 分子中 N 原子和 $F^-$ 有孤对电子,而 $H^+$ 和 $BF_3$ 分子中 B 原子有空轨道,因此,$NH_3$ 与 $H^+$、$BF_3$ 与 $F^-$ 可以配位键相结合。又如,在 CO 分子中,C 与 O 原子除形成 1 个 σ 键和 1 个 π 键外,O 原子有孤对电子,C 原子有空轨道,因此,O 与 C 之间还形成 1 个配位键。

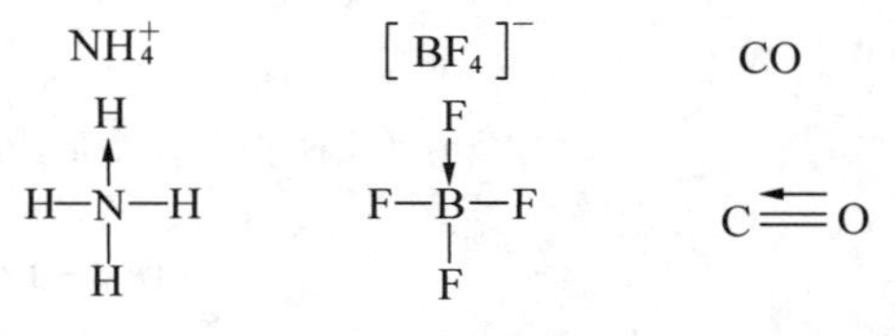


图 3-21 配位键的形成

## 3.4.4 杂化轨道理论

3-16 微课:杂化轨道理论

s 轨道与 p 轨道的重叠方式不能解释大多数多原子分子中的空间结构。例如,如果 $H_2O$、$NH_3$ 分子中的 O—H 键、N—H 键是由 H 原子的 1s 轨道与 O 原子、N 原子中单电子占据的 2p 轨道重叠形成的,HOH 和 HNH 键角应为 90°,事实上,上述两个键角各自都远大于 90°。1931 年,鲍林等人在价键理论的基础上引入了轨道杂化的概念,并发展为杂化轨道理论(hybrid orbital theory),较成功地解释了分子的成键能力和几何构型,丰富和发展了现代价键理论。

1. 杂化轨道理论的要点

① 原子轨道在成键时并不是其原型,在成键过程中,由于原子的相互影响,同一原子中几个能量相近的不同类型的原子轨道(即波函数),可以进行线性组合,重新分配能量和确定空间方向,组合成数目相等的新的原子轨道,这种轨道重新组合(混杂)的过程称为杂化(hybridization),杂化后形成的新轨道称为杂化轨道(hybrid orbital)。

② 杂化轨道的"形状"均为葫芦形(一头大,一头小),由分布在原子核两侧的大、小叶瓣组成。成键时从分布比较集中的一方(大的一头)与别的原子轨道重叠,能得到最大程度的重叠,因此,杂化轨道的成键能力比原轨道强,形成的化学键更稳定。

③ 杂化轨道之间在空间上倾向于采取最大夹角的分布,使相互间的排斥能最小,形成的键较稳定。不同类型的杂化轨道之间的夹角不同,成键后所形成的分子就具有不同的空间构型。

2. 杂化类型与分子几何构型

按参加杂化的原子轨道种类分,轨道的杂化主要有 s-p 型和 d-s-p 两种类型。按杂化后形成的几个杂化轨道的能量相同与否分,轨道的杂化可分为等性杂化和不等性杂化两种类型。

(1) s-p 型杂化

能量相近的 $ns$ 轨道和 $np$ 轨道之间的杂化称为 sp 型杂化。按参加杂化的 s 轨道、p 轨道数目不同,sp 型杂化又可分为 sp、$sp^2$、$sp^3$ 三种杂化。

① sp 杂化

由 1 个 s 轨道和 1 个 p 轨道组合成 2 个 sp 杂化轨道的过程称为 sp 杂化,所形成的轨道称为 sp 杂化轨道。每个 sp 杂化轨道均含有$\frac{1}{2}$的 s 轨道成分和$\frac{1}{2}$的 p 轨道成分。为使相互间的排斥能最小,轨道间的夹角为 180°(见图 3-22)。当 2 个 sp 杂化轨道与其他原子轨道重叠成键后就形成直线形分子。

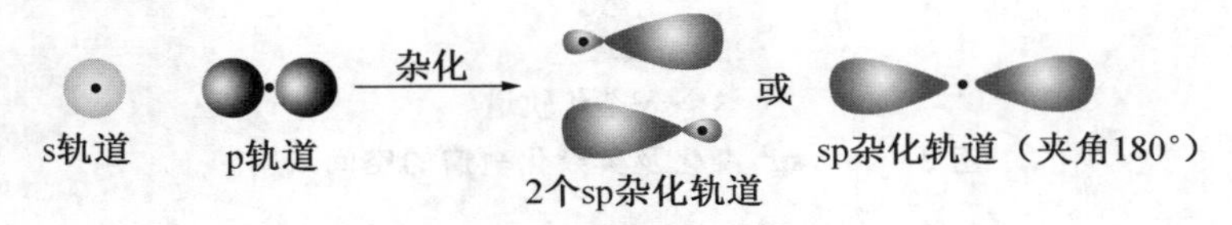


**图 3-22 sp 杂化过程及 sp 杂化轨道的形状**

例如,$BeCl_2$ 分子中有 2 个完全等同的 Be—Cl 键,键角为 180°,分子的空间构型为直线形。图 3-23 描述了 Be 原子的轨道杂化过程。Be 原子的价层电子组态为 $2s^2$,在形成 $BeCl_2$ 分子的过程中,Be 原子的 1 个 2s 电子被激发到 2p 空轨道,价层电子组态为 $2s^12p_x^1$,这 2 个含有单电子的 2s 轨道和 $2p_x$ 轨道(能量和形状都不相同)进行 sp 杂化,形成夹角为 180°的 2 个能量相同的 sp 杂化轨道,2 个 Cl 原子各以 1 个 3p 轨道与之重叠形成直线形 $BeCl_2$ 分子,所以 $BeCl_2$ 分子的空间构型为直线形(Cl—Be—Cl)。

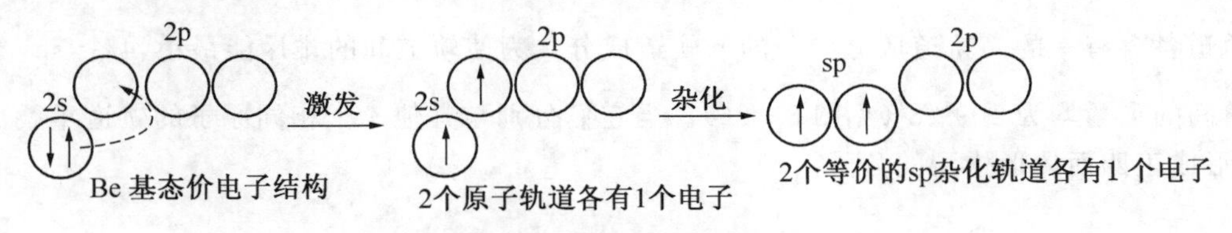


**图 3-23 Be 原子轨道 sp 杂化过程**

此外,周期表ⅡB 族的 Zn、Cd、Hg 元素的某些共价化合物,其中心原子也多采取 sp 杂化。

② $sp^2$ 杂化

由 1 个 s 轨道与 2 个 p 轨道组合成 3 个 $sp^2$ 杂化轨道的过程称为 $sp^2$ 杂化。每个 $sp^2$ 杂化轨道各含有$\frac{1}{3}$的 s 轨道成分和$\frac{2}{3}$的 p 轨道成分。为使轨道间的排斥能最小,3 个 $sp^2$ 杂化轨道呈正三角形分布,夹角为 120°(见图 3-24)。当 3 个 $sp^2$ 杂化轨道分别与其他 3 个相同原子的轨道重叠成键后,就形成正三角形构型的分子。

例如,$BF_3$ 分子中有 3 个完全等同的 B—F 键,键角为 120°,分子的空间构型为正三角形。

图 3-25 描述了 B 原子轨道杂化过程。$BF_3$ 分子的中心原子是 B,其价层电子组态为 $2s^22p_x^{\ 1}$。在形成 $BF_3$ 分子的过程中,B 原子的 2s 轨道上的 1 个电子被激发到 2p 空轨道,价层电子组态为 $2s^12p_x^{\ 1}2p_y^{\ 1}$,1 个 2s 轨道和 2 个 2p 轨道进行 $sp^2$ 杂化,形成夹角均为 120°的 3 个完全等同的 $sp^2$ 杂化轨道,当它们各与 1 个 F 原子的含有单电子的 2p 轨道重叠时,就形成 3 个 $sp^2$-p 的 $\sigma$ 键。故 $BF_3$ 分子的空间构型为平面正三角形。

除 $BF_3$ 外,其他卤化硼分子中,B 原子也是采取 $sp^2$ 杂化方式成键。

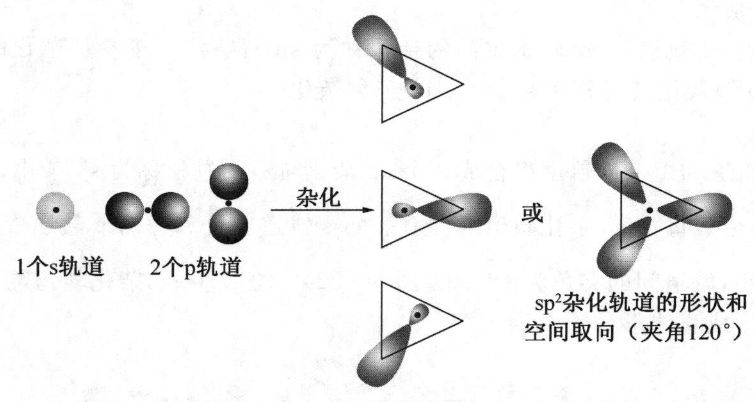


图 3-24　$sp^2$ 杂化及其杂化轨道的空间取向

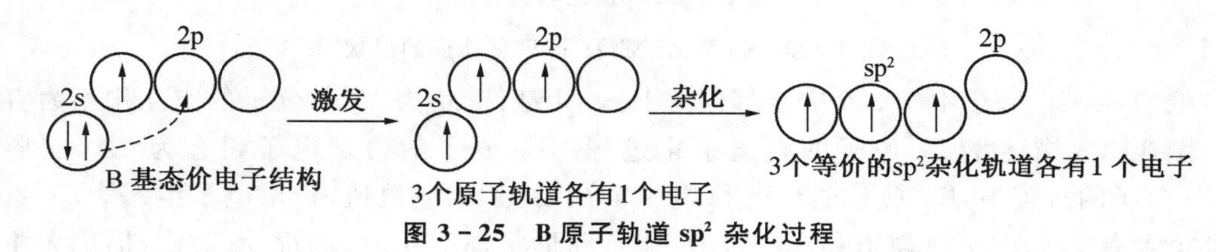


图 3-25　B 原子轨道 $sp^2$ 杂化过程

③ $sp^3$ 杂化

由 1 个 s 轨道和 3 个 p 轨道组合成 4 个 $sp^3$ 杂化轨道的过程称为 $sp^3$ 杂化。每个 $sp^3$ 杂化轨道各含有$\frac{1}{4}$的 s 轨道成分和$\frac{3}{4}$的 p 轨道成分。为使轨道间的排斥能最小，4 个 $sp^3$ 杂化轨道间的夹角均为 109°28′(见图 3-26)。当它们分别与其他 4 个相同原子的轨道重叠成键后，形成正四面体形构型的分子。

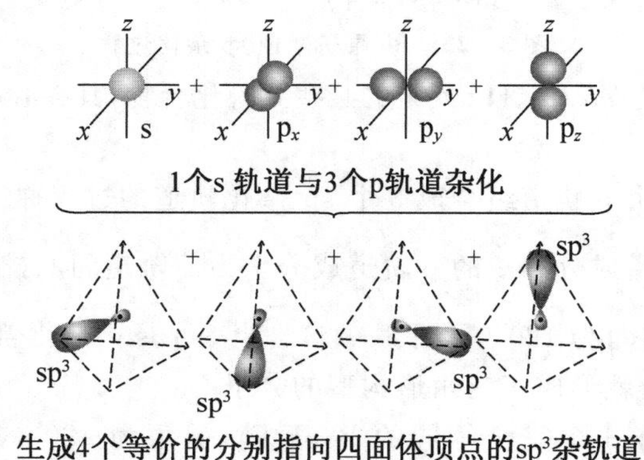


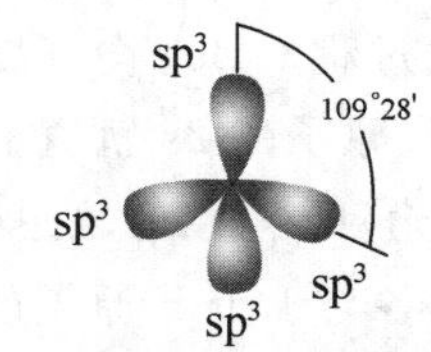


图 3-26　$sp^3$ 杂化轨道示意图

例如，$CH_4$ 分子中有4个完全等同的C—H键，键角为109°28′，分子的空间构型为正四面体形；$CCl_4$ 分子的中心原子C以夹角均为109°28′的4个完全等价的 $sp^3$ 杂化轨道分别与4个Cl原子的3p轨道重叠后，形成4个 $sp^3$-p的σ键，故 $CCl_4$ 分子的空间构型也为正四面体形。此外，$CF_4$、$SiH_4$、$SiCl_4$、$CeCl_4$ 等分子的中心原子也采取 $sp^3$ 杂化的方式成键。图3-27描述了C原子轨道杂化过程。图3-28为 $CCl_4$ 分子的空间构型。

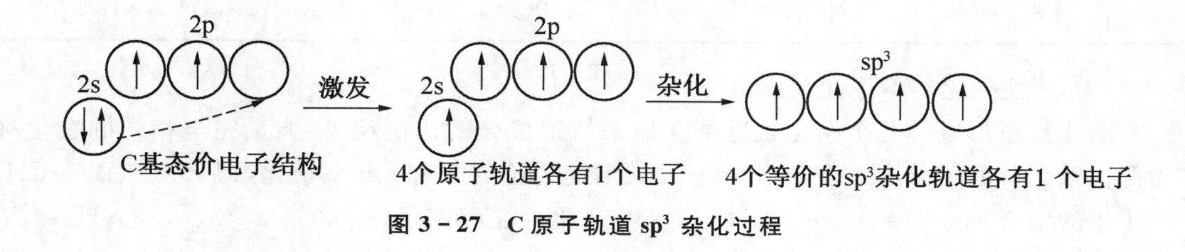


图3-27　C原子轨道 $sp^3$ 杂化过程

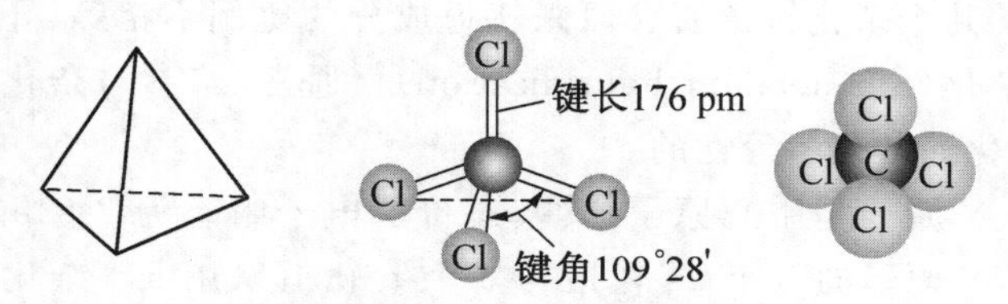


图3-28　$CCl_4$ 分子的空间构型

以上介绍了三种s-p型杂化形式，归纳于表3-15中。

表3-15　s-p型杂化的类型及分子构型

| 杂化类型 | sp | $sp^2$ | $sp^3$ |
|---|---|---|---|
| 参与杂化的原子轨道 | 1个s，1个p | 1个s，2个p | 1个s，3个p |
| 杂化轨道数 | 2个sp | 3个 $sp^2$ | 4个 $sp^3$ |
| 杂化轨道成分 | $\frac{1}{2}s,\frac{1}{2}p$ | $\frac{1}{3}s,\frac{2}{3}p$ | $\frac{1}{4}s,\frac{3}{4}p$ |
| 杂化轨道间夹角 | 180° | 120° | 109°28′ |
| 空间构型 | 直线形 | 正三角形 | 正四面体形 |
| 实例 | $BeCl_2$、$HgCl_2$、$C_2H_2$、$CO_2$ | $BF_3$、$BCl_3$、$C_2H_4$ | $CH_4$、$CCl_4$、$SiCl_4$ |

(2) d-s-p型杂化

第三周期及其以后的元素原子，价层有d轨道，能量相近的$(n-1)$d与$n$s、$n$p轨道或$n$s、$n$p与$n$d轨道之间的杂化统称为d-s-p型杂化。例如，$PCl_5$、$SF_6$ 分子通过P原子、S原子的这类杂化轨道分别与Cl原子、F原子的p轨道重叠生成。$PCl_5$ 分子中P原子采取 $sp^3d$ 杂化轨道，具有三角双锥形的空间取向；而 $SF_6$ 分子中S原子的6个 $sp^3d^2$ 杂化轨道具有正八面体形的空间取向。因此，$PCl_5$ 和 $SF_6$ 分子的几何形状分别为三角双锥形和正八面体形。常见的d-s-p型杂化如表3-16所示。

表 3-16　常见的 d-s-p 型杂化及分子构型

| 杂化类型 | $dsp^2$ | $dsp^3$ | $d^2sp^3$ 或 $sp^3d^2$ |
|---|---|---|---|
| 杂化轨道数 | 4 | 5 | 6 |
| 空间构型 | 平面四方形 | 三角双锥形 | 八面体形 |
| 实例 | $[Ni(CN)_4]^{2-}$ | $PCl_5$ | $[Fe(CN)_6]^{3-}$、$[Co(NH_3)_6]^{2+}$ |

(3) 等性杂化与不等性杂化

杂化后所形成的几个杂化轨道所含原来轨道成分的比例相等、能量完全相同的杂化称为等性杂化(equivalent hybridization)。如上述讨论的 3 种 s-p 型杂化,即 $BeCl_2$、$BF_3$、$CH_4$ 分子中的中心原子分别为 sp、$sp^2$、$sp^3$ 等性杂化。在配离子$[Fe(CN)_6]^{3-}$、$[Co(NH_3)_6]^{2+}$中,中心原子分别采取 $d^2sp^3$、$sp^3d^2$ 等性杂化。

杂化后所形成的几个杂化轨道所含原来轨道成分的比例不相等,导致能量不完全相同的杂化称为不等性杂化(inequivalent hybridization)。通常,若参与杂化的原子轨道中占据的电子数不同,其杂化通常是不等性的。

如 $NH_3$ 分子中 N 原子是中心原子,其基态价层电子组态为 $2s^22p_x^{\ 1}2p_y^{\ 1}2p_z^{\ 1}$。在形成 $NH_3$ 分子的过程中,N 原子的 1 个 2s 轨道与 3 个 p 轨道采用 $sp^3$ 杂化。但在形成的 4 个 $sp^3$ 杂化轨道中,其中有 1 个 $sp^3$ 杂化轨道占据孤对电子,其余 3 个 $sp^3$ 杂化轨道各占据单电子,故 N 原子的 $sp^3$ 杂化是不等性杂化。3 个含有单电子的 $sp^3$ 杂化轨道各与 1 个 H 原子的 1s 轨道重叠,就形成 3 个 $sp^3$-s 的 σ 键。由于 N 原子中有 1 对孤对电子不参与成键,其电子云密集于 N 原子周围,它对成键电子对产生排斥作用,使 N—H 键的夹角被压缩至 107°(小于 109°28′),所以 $NH_3$ 分子的空间构型呈三角锥形。图 3-29 为 N 原子轨道的杂化过程和 $NH_3$ 分子的空间结构示意图。

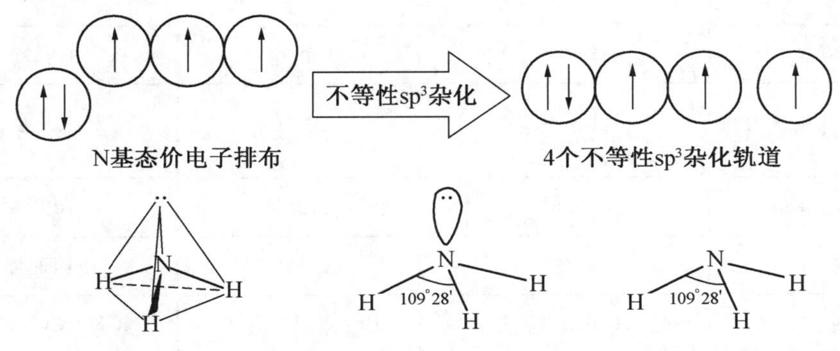


图 3-29　N 原子的不等性 $sp^3$ 杂化和 $NH_3$ 分子的三角锥形结构

$H_2O$ 分子的中心原子 O 的价层电子组态为 $2s^22p_x^{\ 2}2p_y^{\ 1}2p_z^{\ 1}$。在形成 $H_2O$ 分子的过程中,O 原子以 $sp^3$ 不等性杂化形成 4 个 $sp^3$ 不等性杂化轨道,其中有单电子的 2 个 $sp^3$ 杂化轨道各与 1 个 H 原子的 1s 轨道重叠,形成 2 个 $sp^3$-s 的 σ 键,而余下的 2 个 $sp^3$ 杂化轨道各被 1 对孤对电子占据,它们对成键电子对的排斥作用比 $NH_3$ 分子更大,使 O—H 键夹角被压缩至 104°45′(比 $NH_3$ 分子的键角小),故 $H_2O$ 分子具有 V 字形空间构型。图 3-30 为 O 原子轨道的杂化过程和 $H_2O$ 分子的空间结构示意图。

3-17　知识点延伸:分子空间构型的判断(价层电子对互斥理论)

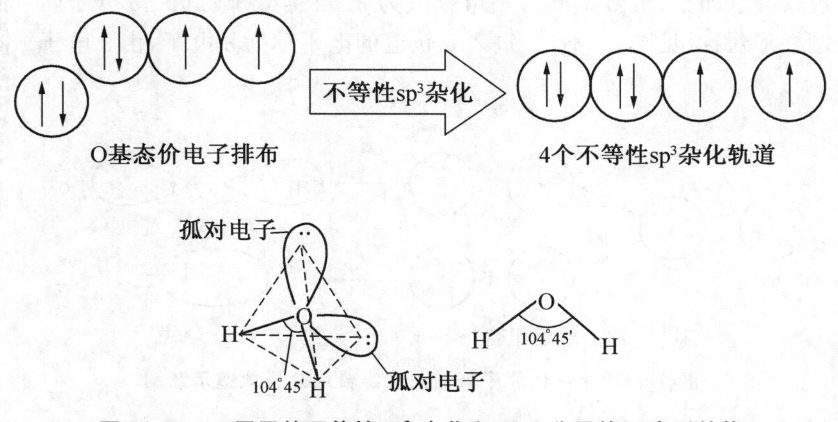


**图 3-30　O 原子的不等性 $sp^3$ 杂化和 $H_2O$ 分子的 V 字形结构**

## 3.4.5　分子轨道理论

3-18　微课：分子轨道理论

1932 年，美国物理学家密立根（Mulliken）和德国化学家洪特（Hund）用量子力学处理分子结构，提出了分子轨道理论（molecular orbital theory，简称 MO 法）。该理论关注了分子的整体性，在说明多原子分子结构等方面优于现代价键理论，在共价键理论中占有很重要的地位。

1. 分子轨道的基本概念

原子在形成分子时，所有电子都有贡献。分子中的电子不再从属于某个原子，而是在整个分子空间范围内运动。分子中电子的空间运动状态可用相应的分子轨道波函数 $\psi$（称为分子轨道）来描述。分子轨道和原子轨道的主要区别在于：原子轨道是单核系统，原子中的电子运动只受 1 个原子核的作用，常用 s、p、d 等符号表示；而分子轨道是多核系统，分子中的电子在所有原子核势场作用下运动，相应地用 $\sigma$、$\pi$、$\delta$ 等符号表示。

2. 分子轨道的形成及形状

量子化学认为，分子轨道是由组成分子的各原子轨道线性组合而成。几个原子轨道可组合成数目相等的几个分子轨道，其中一部分分子轨道是由正、负符号相同的两个原子轨道叠加而成，两核间电子的概率密度增大，其能量较原来的原子轨道能量低，称为成键分子轨道（bonding molecular orbital），如 $\sigma$、$\pi$ 轨道；另一部分分子轨道是由正、负符号不同的两个原子轨道叠加而成，两核间电子的概率密度很小，其能量较原来的原子轨道能量高，称为反键分子轨道（antibonding molecular orbital），如 $\sigma^*$、$\pi^*$ 轨道。

原子轨道在线性组合成分子轨道时，需遵循能量近似原则、对称性匹配原则和轨道最大重叠原则（称为成键三原则）。

分子轨道的形状可以通过原子轨道的重叠分别近似地描述。

一个原子的 $ns$ 原子轨道与另一个原子的 $ns$ 原子轨道相加（即正、负号相同）组合成为 $\sigma_{ns}$

成键分子轨道；相减(即正、负号不同)，则组合成为 $\sigma_{ns}^{*}$ 反键分子轨道。σ 分子轨道对键轴呈圆柱形对称(见图 3-31)。进入 σ 轨道的电子称为 σ 电子，由 σ 电子构成的键称为 σ 键。

3-19 知识点延伸：组成分子轨道三原则

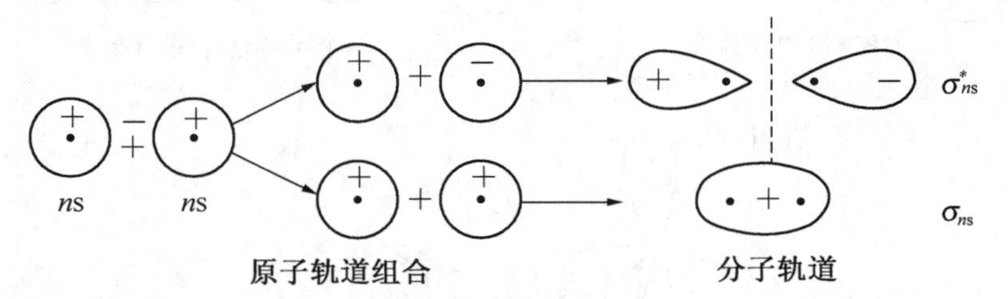


**图 3-31 ns-ns 原子轨道线性组合成分子轨道示意图**

一个原子的 p 原子轨道与另一个原子的 p 原子轨道线性组合成分子轨道，可以有"头碰头"和"肩并肩"两种组合方式。采取"头碰头"组成 σ 分子轨道的，其中成键轨道用 $\sigma_{np}$ 表示，反键轨道用 $\sigma_{np}^{*}$ 表示；采取"肩并肩"重叠组成 π 分子轨道的，其中成键轨道用 $\pi_{np}$ 表示，反键轨道用 $\pi_{np}^{*}$ 表示。图 3-32 为一个原子的 2p 原子轨道与另一个原子的 2p 原子轨道线性组合成分子轨道示意图。

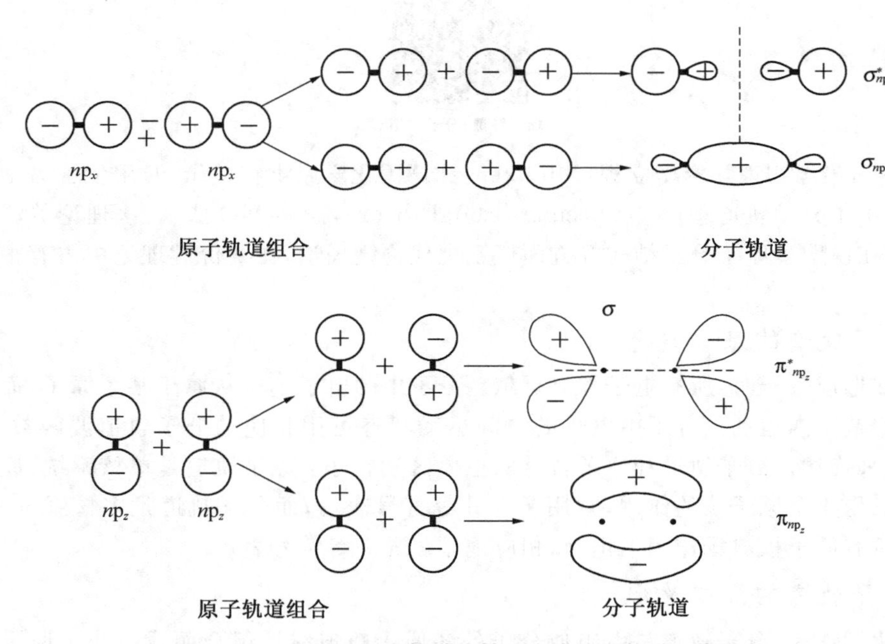


**图 3-32 np-np 原子轨道线性组合成分子轨道示意图**

3. 分子轨道的能级

每个分子轨道都有相应的能量，把分子中各分子轨道按能级高低顺序排列起来，可得到分子轨道能级图，目前这个顺序主要借助分子光谱实验来确定。现以第二周期元素形成的同核双原子分子为例加以说明。

在第二周期元素中，因各自的 2s、2p 轨道能量差不同，所形成的同核双原子分子的分子轨道能级顺序有两种(见图 3-33)。

① 对于 $O_2$、$F_2$ 分子，其分子轨道能级顺序可以排列为

$$\sigma_{1s}<\sigma_{1s}^{*}<\sigma_{2s}<\sigma_{2s}^{*}<\sigma_{2p_z}<\pi_{2p_y}=\pi_{2p_x}<\pi_{2p_y}^{*}=\pi_{2p_x}^{*}<\sigma_{2p_z}^{*}$$

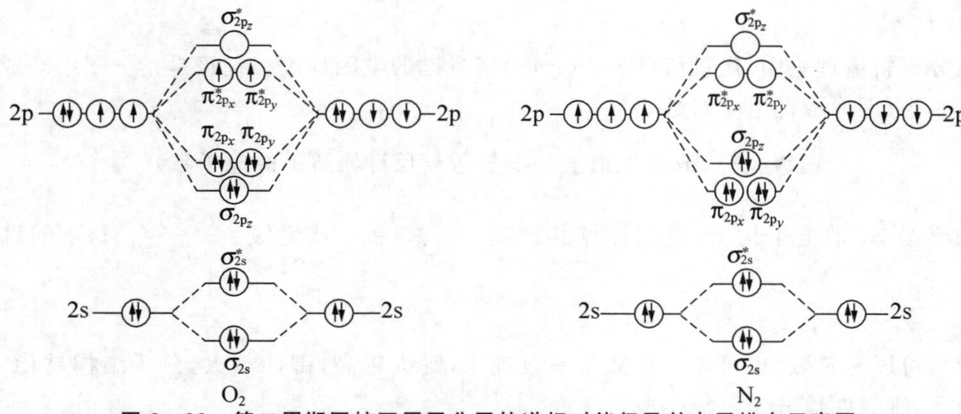


**图 3-33　第二周期同核双原子分子轨道相对能级及其电子排布示意图**

② 除 $O_2$、$F_2$ 外，$Li_2$、$Be_2$、$B_2$、$C_2$、$N_2$ 等分子的分子轨道能级排列顺序为

$$\sigma_{1s}<\sigma^*_{1s}<\sigma_{2s}<\sigma^*_{2s}<\pi_{2p_y}=\pi_{2p_x}<\sigma_{2p_z}<\pi^*_{2p_y}=\pi^*_{2p_x}<\sigma^*_{2p_z}$$

4. 分子轨道的电子排布式及分子结构

电子在分子轨道中的排布仍遵循原子轨道中电子排布的三原则，即最低能量原理、Pauli 不相容原理和 Hund 规则。

分子中电子的排布可以用分子轨道电子排布式(或称电子构型)表示。如 N 原子基态电子排布为 $1s^22s^22p^3$。$N_2$ 分子共有 $7\times2=14$ 个电子，其电子构型为

$$N_2[(\sigma_{1s})^2(\sigma^*_{1s})^2(\sigma_{2s})^2(\sigma^*_{2s})^2(\pi_{2p})^2(\pi_{2p})^2(\sigma_{2p})^2]$$

在 $N_2$ 分子中，$(\sigma_{2s})^2$ 和 $(\sigma^*_{2s})^2$ 对分子成键没有实质贡献，对成键起作用的是 $(\pi_{2p})^2(\pi_{2p})^2$ 和 $(\sigma_{2p})^2$，即 $N_2$ 分子中 2 个 N 原子间形成 2 个 $\pi$ 键和 1 个 $\sigma$ 键。$N_2$ 分子的价键结构可以用下面两种形式表示。

**路易斯结构式　　价键结构式**

右式中，横线表示 $\sigma_z$ 键；长方框分别表示 $\pi_x$ 和 $\pi_y$ 键；框内电子为 $\pi$ 电子；N 元素符号侧旁的电子表示 2s 轨道上未参与成键的孤对电子(lone pair electrons)。

O 原子基态电子排布为 $1s^22s^22p^4$。$O_2$ 分子共有 $8\times2=16$ 个电子，其电子构型为

$$O_2[(\sigma_{1s})^2(\sigma^*_{1s})^2(\sigma_{2s})^2(\sigma^*_{2s})^2(\sigma_{2p})^2(\pi_{2p})^2(\pi_{2p})^2(\pi^*_{2p})^1(\pi^*_{2p})^1]$$

在 $O_2$ 分子中，$n=1$ 时，成键分子轨道和反键分子轨道上的电子都已排满，对分子成键没有实质性贡献。可以用组成分子的原子的相应电子层符号表示。因此，其电子构型也可表示为

$$O_2[KK(\sigma_{2s})^2(\sigma^*_{2s})^2(\sigma_{2p})^2(\pi_{2p})^2(\pi_{2p})^2(\pi^*_{2p})^1(\pi^*_{2p})^1]$$

从 $O_2$ 电子构型可见，$O_2$ 分子中除了 $\sigma_{1s}$ 与 $\sigma^*_{1s}$、$\sigma_{2s}$ 与 $\sigma^*_{2s}$ 相互抵消外，实际成键共有 $(\sigma_{2p})^2$、$(\pi_{2p})^2(\pi_{2p})^2$ 和 $(\pi^*_{2p})^1(\pi^*_{2p})^1$。由于有 2 个等价的 $\pi^*_{2p}$ 反键轨道，根据 Hund 规则，2 个电子应该各占 1 个 $\pi^*_{2p}$ 反键轨道。因此，$O_2$ 分子由 1 个 $(\sigma_{2p_z})^2$ 构成的 $\sigma$ 键，2 个分别由 $(\pi_{2p_y})^2$ 和 $(\pi^*_{2p})^1$ 及 $(\pi_{2p_x})^2$ 和 $(\pi^*_{2p_x})^1$ 构成的含有 3 个电子的 $\pi$ 键(称三电子 $\pi$ 键)。通常表示为

:O$\overset{\cdots}{\underset{\cdots}{—}}$O:

5. 键级

在分子轨道理论中,用键级(bond order)衡量键的牢固程度。键级是指分子中净成键电子数的一半(即净成键电子对数)。

$$键级=\frac{1}{2}(成键轨道上的电子数-反键轨道上的电子数)$$

如根据 $N_2$ 的电子构型,可以计算其键级$=\frac{10-4}{2}=3$ 或键级$=\frac{6-0}{2}=3$;$O_2$ 的键级$=\frac{10-6}{2}=\frac{8-4}{2}=2$。

键级可以是整数,也可以是分数。一般说来,键级越高,键能越大,分子结构越稳定;若键级为零,则表明该分子不能生成。

表 3-17 列出了第一、二周期几个同核双原子分子的电子构型及相关性能。

**表 3-17 第一、二周期同核双原子分子或离子的电子构型及相关性能**

| 物质 | 电子总数 | 电子构型 | 键级 | 键长/pm | 键的解离能/($kJ \cdot mol^{-1}$) |
|---|---|---|---|---|---|
| $H_2$ | 2 | $\sigma_{1s}^2$ | 1 | 74 | 436 |
| $He_2$ | 4 | $\sigma_{1s}^2\sigma_{1s}^{*2}$ | 0 | / | / |
| $Li_2$ | 6 | $\sigma_{1s}^2\sigma_{1s}^{*2}\sigma_{2s}^2$ | 1 | 267 | 111 |
| $Be_2$ | 8 | $\sigma_{1s}^2\sigma_{1s}^{*2}\sigma_{2s}^2\sigma_{2s}^{*2}$ | 0 | / | / |
| $B_2$ | 10 | $KK\sigma_{2s}^2\sigma_{2s}^{*2}\pi_{2p}^2$ | 1 | 159 | 295 |
| $C_2$ | 12 | $KK\sigma_{2s}^2\sigma_{2s}^{*2}\pi_{2p}^4$ | 2 | 124 | 593 |
| $N_2$ | 14 | $KK\sigma_{2s}^2\sigma_{2s}^{*2}\pi_{2p}^4\sigma_{2p}^2$ | 3 | 109 | 946 |
| $O_2^+$ | 15 | $KK\sigma_{2s}^2\sigma_{2s}^{*2}\sigma_{2p}^2\pi_{2p}^4\pi_{2p}^{*1}$ | 2.5 | 112 | 641 |
| $O_2$ | 16 | $KK\sigma_{2s}^2\sigma_{2s}^{*2}\sigma_{2p}^2\pi_{2p}^4\pi_{2p}^{*2}$ | 2 | 121 | 498 |
| $O_2^-$ | 17 | $KK\sigma_{2s}^2\sigma_{2s}^{*2}\sigma_{2p}^2\pi_{2p}^4\pi_{2p}^{*3}$ | 1.5 | 130 | 398 |
| $F_2$ | 18 | $KK\sigma_{2s}^2\sigma_{2s}^{*2}\sigma_{2p}^2\pi_{2p}^4\pi_{2p}^{*4}$ | 1 | 141 | 158 |

6. 分子轨道理论的应用

(1) 推测分子的存在和稳定性

分子轨道理论认为,分子中的全部电子属于整个分子,电子进入成键分子轨道使体系能量降低,有利于成键;电子进入反键分子轨道使体系能量升高,对成键起削弱或抵消作用。成键轨道中的电子越多,分子越稳定;反键轨道中的电子越多,分子越不稳定。一般而言,键级越大,分子越稳定。

例如,He 原子基态电子排布为 $1s^2$,2 个 He 原子各以 1 个 1s 原子轨道组合成 1 个成键分子轨道 $\sigma_{1s}$和反键分子轨道 $\sigma_{1s}^*$,2 个 He 原子各有 2 个电子。$He_2$ 分子共有 4 个电子,其电子构型为 $He_2[(\sigma_{1s})^2(\sigma_{1s}^*)^2]$,键级$=\frac{2-2}{2}=0$。因此,$He_2$ 分子是不存在的。

而 $He_2^+$ 中有 3 个电子,其电子构型为 $He_2^+[(\sigma_{1s})^2(\sigma_{1s}^*)^1]$,键级$=\frac{2-1}{2}=0.5$,表示 $He_2^+$ 在一定条件下能生成。$He_2^+$ 是由$(\sigma_{1s})^2$ 和$(\sigma_{1s}^*)^1$ 构成的含有 3 个电子的 σ 键,称为三电子 σ

键。$He_2^+$ 的存在已经为光谱实验所证实，但稳定性差。

又如 $O_2^+$、$O_2$、$O_2^-$ 的电子构型及键级分别为

$O_2^+[KK(\sigma_{2s})^2(\sigma_{2s}^*)^2(\sigma_{2p})^2(\pi_{2p})^2(\pi_{2p})^2(\pi_{2p}^*)^1(\pi_{2p}^*)^0]$ 键级＝2.5

$O_2[KK(\sigma_{2s})^2(\sigma_{2s}^*)^2(\sigma_{2p})^2(\pi_{2p})^2(\pi_{2p})^2(\pi_{2p}^*)^1(\pi_{2p}^*)^1]$ 键级＝2.0

$O_2^-[KK(\sigma_{2s})^2(\sigma_{2s}^*)^2(\sigma_{2p})^2(\pi_{2p})^2(\pi_{2p})^2(\pi_{2p}^*)^2(\pi_{2p}^*)^1]$ 键级＝1.5

显然，它们的稳定性由强到弱依次为：$O_2^+ > O_2 > O_2^-$。

(2) 预言分子的磁性

物质的磁性实验发现，凡有未成对（成单）电子的分子呈顺磁性，否则呈反磁性。因此，从分子的电子构型可以断定分子的磁性。

从 $O_2$ 电子构型可见，$O_2$ 分子的 $\pi_{2p}^*$ 上有 2 个自旋方向相同的成单电子，所以 $O_2$ 有顺磁性。分子轨道理论能较成功地解释 $O_2$ 的顺磁性，而价键理论无法解释 $O_2$ 的顺磁性。

3-20 应用案例：分子空间结构的判断

3-21 知识点延伸：共价键参数

## 3.4.6 金属键理论

3-22 微课：金属键理论

元素周期表中五分之四的元素为金属元素。金属是由金属原子通过金属键（metallic bond）结合而成，所谓金属键是指金属晶体中金属原子间的作用力。金属键理论主要有自由电子理论和能带理论。

1. 自由电子理论

金属键的自由电子理论（free-electron theory）由荷兰理论物理学家洛伦兹（Lorentz）于 1916 年提出。该理论认为，相对于非金属原子而言，金属原子价电子数较少，核对价电子吸引力较弱。因此，有些价电子容易摆脱金属原子的束缚，成为自由电子。自由电子可在整个晶体范围内的金属阳离子堆积的空隙中高速地运动，从而将晶体中所有的金属阳离子紧紧地“胶合”在一起。形象说法是“失去电子的金属离子浸泡在自由电子的海洋中”或“金属阳离子被一群带有负电荷的自由电子所包围”。因此，有人将自由电子理论称为“电子海模型”。从价键理论角度分析，金属键是一种特殊的共价键，是许多金属原子或离子共用许多自由电子，因此，金属键没有饱和性和方向性。

自由电子理论虽然简单，但可用来定性解释金属的大多数特征，如金属具有光泽、良好的延展性和导电、导热性等。

2. 能带理论

能带（energy band）理论是分子轨道理论的扩展，处理金属成键作用时，将金属晶体看作

一个巨大分子,然后采用分子轨道理论来描述金属晶体内电子的运动状态。

根据分子轨道理论,2 个 Li 原子的 2 个 2s 轨道组合成 1 个成键 $\sigma_{2s}$ 轨道和 1 个反键 $\sigma_{2s}^*$ 轨道。既然分子轨道数等于参与组合的原子轨道数,则 $n$ 个锂原子就应组合成 $\frac{n}{2}$ 个 $\sigma_{2s}$ 轨道和 $\frac{n}{2}$ 个 $\sigma_{2s}^*$ 轨道。由于金属晶体包含数目巨大的原子,这些原子的原子轨道可组成数目巨大的分子轨道。由于分子轨道数目巨大,这些轨道处于许多不同的能级,成键轨道间的能量差和反键轨道间的能量差随着原子数的增多都变得越来越小(见图 3 - 34)。这些轨道能级如此接近,以至于可将其看成连续状态。这样一组连续状态的分子轨道被称为一个能带。由 2s 原子轨道构成的能带称为 2s 能带。

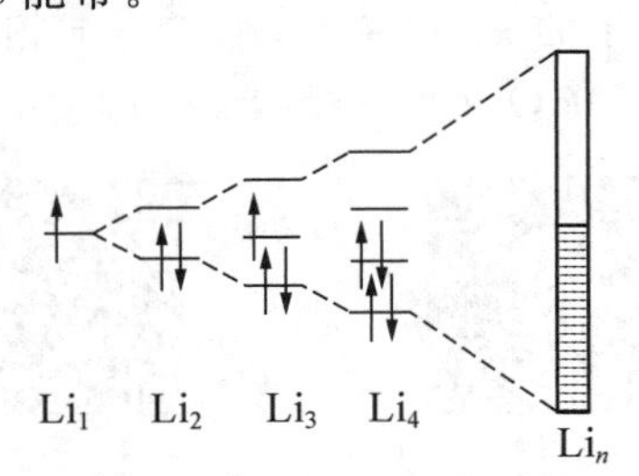


**图 3 - 34　金属晶体中的能带模型**

按照电子排布原则,每个 Li 原子 2s 轨道只有 1 个价电子,电子成对地处于能带内部能级最低的轨道上,使能级较高的一半轨道空置。因此,按填充电子的情况不同,可把能带分为满带、空带和导带三类。满带中的所有分子轨道都充满电子;空带中的所有分子轨道全没有电子;导带中的部分分子轨道充满电子。例如,金属 Li 中的 1s 能带是满带,2s 能带是导带,2p 能带是空带。换言之,金属键在本质上是一种离域键,形成金属键的电子遍布整个金属,但其能量不是任意的,因而它们并非完全自由,而是处在具有一定能量宽度的能带中。

能带与能带之间存在能量的间隙,简称带隙,又称禁带宽度。带隙有三类: 带隙很大;带隙不大;没有带隙(即相邻两能带在能量上重叠)。

应用能带理论可以较满意地解释金属的导电性。当金属具有部分充满电子的能带,即导带时,在外电场作用下,导带中的电子受激,能量升高,进入同一能带的空轨道,沿电场的正极方向移动,同时,导带中原先充满电子的分子轨道因失去电子形成带正电的空穴,沿电场的负极方向移动,引起导电。如金属 Li 的导电便属于此类情况,因为它的 2s 能带是半充满的导带。当金属的满带与空带或者满带与导带之间没有带隙,即重叠,电子受激可以从满带进入重叠着的空带或者导带,引起导电。如金属 Mg,它最高能量的满带是 3s 能带,最低能量的空带是 3p 能带,它们是重叠的,没有间隔。3s 能带(满带)的电子受激,可以进入 3p 能带(空带),向正极方向移动。同时满带因失去电子形成带正电的空穴,向负极方向移动,引起导电。又如,Cu、Ag、Au 的导电性特别强,是由于它们的充满电子的 $(n-1)$d 能带(满带)与半充满的 $n$s 能带(导带)重叠,其间没有间隙,$(n-1)$d 满带的电子受激可以进入 $n$s 导带而导电。

由上讨论可知,金属能带之间的能量差和能带中电子填充的状况决定了物质是导体、非导体还是半导体(即金属、非金属或准金属)。如果电子都在满带上,导带是空的,而且满带与导带间的带隙很大($>8.0\times10^{-19}$ J),这个物质将是一个绝缘体[见图 3 - 35(d)]。如果带隙很窄($<4.8\times10^{-19}$ J),在一定条件下,满带上的电子容易跃迁到导带上去,使原来空的导带也充填部分电子,而原来满带上也腾出空位(空穴),形成导带与原来的满带均未充满电子,所以能导电[见图 3 - 35(c)]。如果一种物质的导带部分被电子充满[见图 3 - 35(a)],或者满带与空带带隙很小,甚至重叠[见图 3 - 35(b)],它是一种导体。

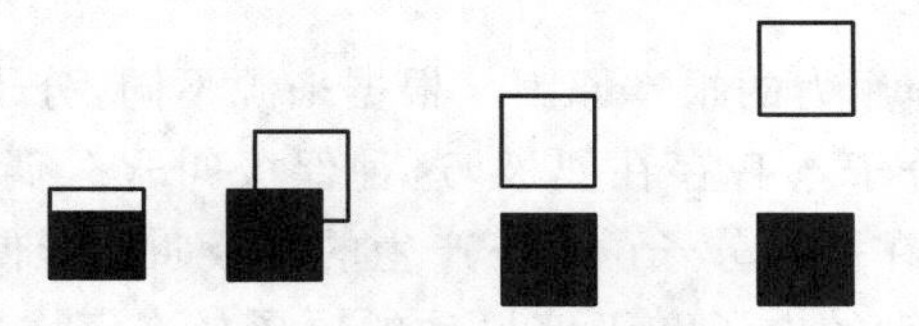

(a)导体 (b)导体 (c)本征半导体 (d)绝缘体

(图中涂黑的部分充满电子)

图 3-35　能带的带隙示意图

用能带理论还可以说明金属的光泽、导热性、延展性和金属键的强度等性质；而对某些过渡金属具有高硬度、高熔点等性质尚难以解释。这一理论仍在进一步发展之中。

## 3.5　分子间作用力和氢键

### 3.5.1　分子间作用力(范德华力)

3-23　微课:分子间作用力

人们将分子内部成键原子之间强烈的相互作用力称为化学键。而分子与分子之间也存在着相互作用，这种力叫作分子间作用力，简称分子间力，又称范德华力。

1. 产生分子间作用力的原因

一个分子是否有极性，取决于分子中正、负电荷中心是否重合。正电荷中心和负电荷中心不相互重合的分子叫极性分子；正电荷中心与负电荷中心相互重合的分子叫非极性分子。对双原子分子而言，分子极性取决于键的极性；对多原子分子而言，分子极性不仅取决于键的极性，而且取决于分子的几何形状。例如，C—O 和 C—Cl 键都是极性键，而分子几何形状的对称性导致 $CO_2$ 和 $CCl_4$ 都是非极性分子。

分子极性的大小可用偶极矩 $\boldsymbol{\mu}$(dipole moment)来量度。偶极矩定义为

$$\boldsymbol{\mu}=d\times q \tag{3-7}$$

式中，$q$ 为电荷中心所带电量；$d$ 为正、负电荷中心间的距离；$\boldsymbol{\mu}$ 为矢量，其单位为库仑·米(C·m)，其方向规定为从正电荷中心指向负电荷中心。非极性分子的 $\mu=0$；极性分子的 $\mu>0$，$\mu$ 越大，分子的极性越强。分子偶极矩等于各个键的偶极矩的矢量和。表 3-18 列出几种常见物质分子的偶极矩。

表 3-18　常见物质分子的偶极矩

| 分子 | $\boldsymbol{\mu}/(10^{-30}$ C·m) | 分子 | $\boldsymbol{\mu}/(10^{-30}$ C·m) | 分子 | $\boldsymbol{\mu}/(10^{-30}$ C·m) | 分子 | $\boldsymbol{\mu}/(10^{-30}$ C·m) |
|---|---|---|---|---|---|---|---|
| $N_2$ | 0 | $CCl_4$ | 0 | $SO_2$ | 5.33 | HF | 6.37 |
| $CO_2$ | 0 | CO | 0.4 | $H_2O$ | 6.17 | HCl | 3.57 |
| $CS_2$ | 0 | $CHCl_3$ | 3.5 | $NH_3$ | 4.90 | HBr | 2.67 |
| $CH_4$ | 0 | $H_2S$ | 3.67 | HCN | 9.85 | HI | 1.40 |

“偶极”是产生分子间作用力的根本原因。根据来源不同,分子的偶极分为永久偶极、诱导偶极和瞬间偶极。极性分子本身存在偶极,这种偶极叫永久偶极(permanent dipole);非极性分子本身没有偶极,但在极性分子诱导下产生的偶极叫诱导偶极(induced dipole);分子是不断运动的,由于不断运动的电子和不停振动的原子核在某一瞬间的相对位移造成分子正、负电荷中心分离引起的偶极叫瞬间偶极(instanteneous dipole)。

2. 分子间作用力的类型

(1) 取向力

极性分子具有永久偶极,两个极性分子相互靠近时,由于同极相斥,异极相吸,分子发生转动,并按异极相邻状态取向排列,使体系处于一种比较稳定的状态(见图 3-36)。这种由极性分子之间的永久偶极产生的静电吸引力称为取向力(orientational force)。取向力只存在于极性分子之间。取向力的大小与温度、分子的极性强弱有关。分子的极性越大,取向力越大;温度越高,取向力越小。

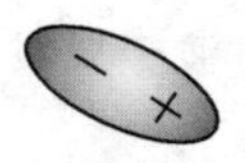


图 3-36 固有偶极之间同极相斥,异极相吸

(2) 诱导力

非极性分子(或极性分子)在极性分子作用下产生诱导偶极,这时诱导偶极与永久偶极之间会产生静电吸引力(见图 3-37)。这种诱导偶极同极性分子的永久偶极之间的静电吸引力称诱导力(inductive force)。诱导力存在于极性分子与非极性分子之间,也存在于极性分子与极性分子之间。诱导力的大小与极性分子的极性强弱和被诱导分子的变形性大小有关。一般来说,极性分子的极性越大,诱导力也越大。分子的变形性越大,诱导力也越大。诱导力与温度无关。

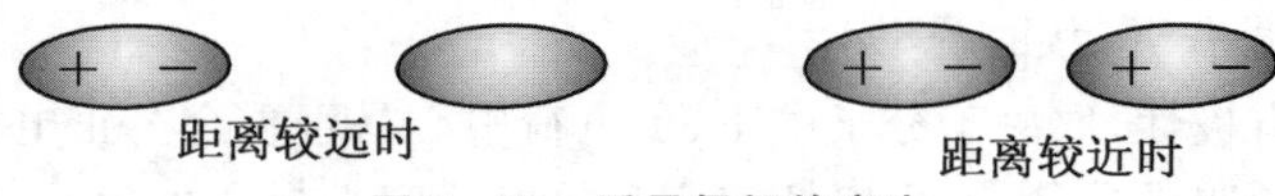


图 3-37 诱导偶极的产生

(3) 色散力

由于各种分子均能产生瞬间偶极,由“瞬间偶极”之间产生的静电吸引力称为色散力(dispersion force)(见图 3-38)。色散力存在于所有分子之中。色散力的大小主要与分子的变形性有关。分子变形性越大,色散力越大。

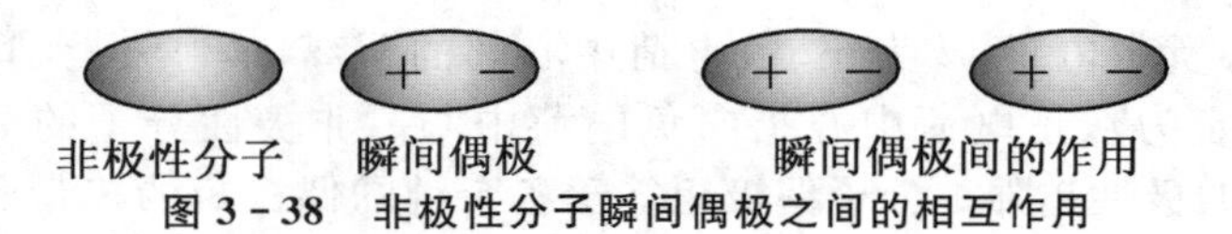


图 3-38 非极性分子瞬间偶极之间的相互作用

3. 分子间作用力的特点

① 分子间作用力本质上是一种静电吸引力,永远存在于分子之间。

② 分子间作用力的强度较弱,一般只有 2～20 $kJ \cdot mol^{-1}$,比化学键键能小 1～2 个数量级。

③ 分子间作用力无方向性和饱和性。

④ 分子间作用力是短程力,作用范围一般是 300～500 pm,当分子间距离为分子本身直径的 4～5 倍时,作用力迅速减弱。

⑤ 对大多数分子而言,色散力是主要的。一些物质的分子间作用力见表3-19。三种力的相对大小一般为:色散力≫取向力>诱导力。

表3-19　一些物质的分子间作用力

| 分子 | 取向力/($10^{-22}$ J) | 诱导力/($10^{-22}$ J) | 色散力/($10^{-22}$ J) | 总分子间作用力/($10^{-22}$ J) |
|---|---|---|---|---|
| He | 0 | 0 | 0.05 | 0.05 |
| Ar | 0 | 0 | 2.9 | 2.9 |
| Xe | 0 | 0 | 18 | 18 |
| CO | 0.00021 | 0.00037 | 4.6 | 4.6 |
| $CCl_4$ | 0 | 0 | 116 | 116 |
| HCl | 1.2 | 0.36 | 7.8 | 9.4 |
| HBr | 0.39 | 0.28 | 15 | 16 |
| HI | 0.021 | 0.10 | 33 | 33 |
| $H_2O$ | 11.9 | 0.65 | 2.6 | 15 |
| $NH_3$ | 5.2 | 0.63 | 5.6 | 11 |

4. 分子间作用力对物质性质的影响

分子间作用力的强弱对物质的熔点、沸点、溶解度、硬度等性质具有显著影响。结构相似的同系列物质,相对分子质量越大,分子变形性也越大,分子间作用力越强,物质的熔、沸点就越高。例如,HX的熔、沸点大小顺序是HI>HBr>HCl;卤素单质的熔、沸点大小为$F_2$<$Cl_2$<$Br_2$<$I_2$;丙烷、正丁烷和正戊烷均为直链化合物,色散力随相对分子的量的增大而增大,熔、沸点按同一顺序升高。相对分子质量相等或相近而体积大的分子有较大变形性,其熔、沸点相对较高。例如正戊烷、异戊烷和新戊烷三种异构体的相对分子质量相同,色散力随分子结构对称程度的增大而减小,导致沸点按同一顺序下降。

此外,分子间作用力越大,它的气体分子越容易被吸附。例如,防毒面具中的活性炭容易吸附空气中比$O_2$重的毒气(如$COCl_2$、$Cl_2$等)。近年来广泛使用的气相色谱,也是利用各种气体的极性与变形性不同而被吸附的情况不同,从而达到分离、鉴定气体混合物中各组分的目的。

## 3.5.2　氢键

3-24　微课:氢键

根据上面讨论可知,p区氢化物的熔、沸点从上到下随相对分子质量的增大而升高,但HF、$H_2O$、$NH_3$的熔、沸点反常地高(见图3-39),这是因为这些分子之间除了一般分子间作用力外,还存在氢键。

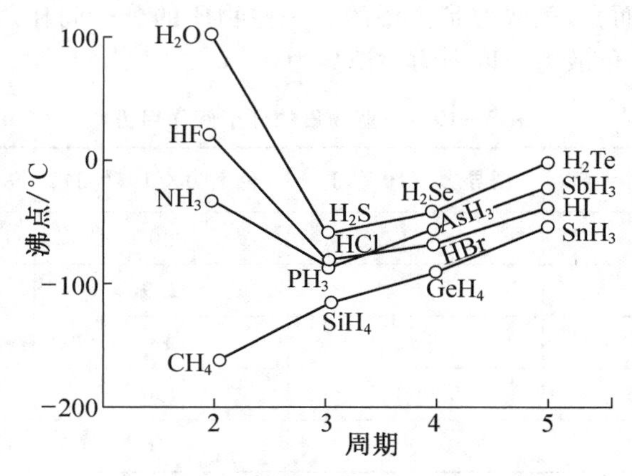


图 3-39 p 区氢化物的沸点递变情况

1. 氢键的本质及形成条件

当 H 原子与电负性很大的 F、O、N 原子结合时,由于极性效应,使 H—F、H—O、H—N 键间的电荷分布严重偏向电负性大的一边,使 H 原子变成几乎裸露的质子状态。这种几乎裸露的质子与另一电负性较大的原子相遇时,就会发生分子间静电吸引。这种吸引是以 H 原子为桥梁而形成,故称为氢键。例如,HF 分子间的氢键(见图 3-40)。

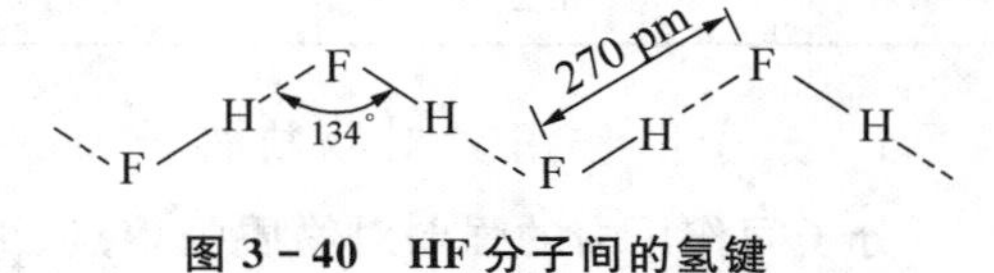


图 3-40 HF 分子间的氢键

氢键通常表示为 X—H…Y,式中的 X—H 为正常共价键,Y 代表含孤对电子的电负性很大的原子,Y 与 X 可以是同一种原子,也可以是不同种原子。因此,氢键的本质仍然是偶极与偶极之间的静电作用。形成氢键的条件有:① H 原子与电负性很大的原子 X 形成共价键;② 存在另一个电负性很大且含孤对电子的原子 Y 或 X。

2. 氢键的特点

氢键与范德华力不同,它具有方向性和饱和性,但与共价键的方向性和饱和性本质上不同。

氢键的方向性是指 Y 原子与 X—H 形成氢键时,其方向尽可能与 X—H 键轴在同一方向,即 X—H…Y 三个原子在同一方向上(保持 180°)。原因是三个原子在一条直线上,可使 X 与 Y 的距离最远,斥力最小,形成的氢键最强,体系更稳定。氢键的饱和性是指对每一个 X—H 来说,一般只能与一个 Y 原子形成氢键。原因是 H 的原子半径很小,当另一个原子接近时,会受到 X、Y 原子电子云的排斥。

3. 氢键的强度

氢键的强度也可以用键能来表示。氢键的键能一般在 40 $kJ \cdot mol^{-1}$ 以下,远小于化学键能,但大于范德华力。从氢键的形成条件可知,氢键的强弱与原子 X、Y 的电负性大小有关,X、Y 的电负性越大,则氢键越强;同时,与原子 Y 的半径大小有关,原子 Y 的半径越小,越容易接近 H—X 中的氢原子,氢键越强。例如,F 原子的电负性最大且半径很小,所以,氢键以 F—H…F 最强。在 F—H、O—H、N—H、C—H 系列中,形成氢键的能力随着与 H 原子相结合的原子的电负性的降低而降低。C 原子的电负性很小,C—H 一般不能形成氢键,但在 H—C≡N、$HCCl_3$ 中,由于受 N 原子、Cl 原子的影响,C 原子的电负性增大,这时也可以形成氢键。表 3-20 列出了一些常见氢键的键能。

表 3-20　一些无机物中常见氢键的键能

| 氢键的类型 | F—H…F | O—H…O | N—H…F | N—H…N | N≡C—H…N |
|---|---|---|---|---|---|
| 键能/($kJ \cdot mol^{-1}$) | 28.8 | 18.8 | 20.9 | 5.4 | 13.7 |

4. 氢键的类型

氢键可以分为分子内氢键和分子间氢键两大类。例如，甲酸靠分子间氢键形成二聚体(见图 3-41)；$HNO_3$ 可以形成分子内氢键(见图 3-42)。

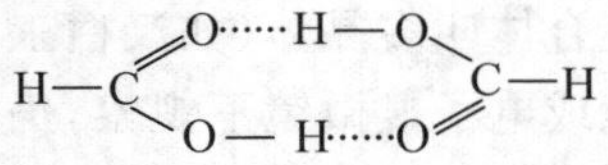

图 3-41　甲酸的分子间氢键

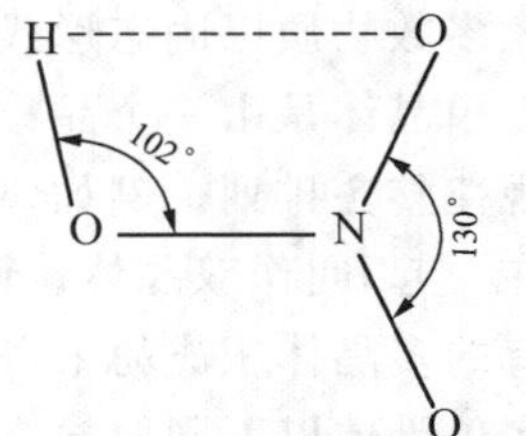


图 3-42　$HNO_3$ 的分子内氢键

5. 氢键对物质性质的影响

氢键的形成对物质的物理性质有很大的影响。分子间氢键的形成，使分子间结合力增强，导致化合物的熔点、沸点、熔化热、汽化热、黏度等增大。例如，HF、$H_2O$、$NH_3$ 的熔、沸点反常地高就是因为形成了分子间氢键；甘油、$H_3PO_4$、浓 $H_2SO_4$ 等多羟基化合物，由于分子间氢键的形成，黏度一般较大。分子内氢键形成，一般使化合物的熔点、沸点、熔化热、汽化热等减小。例如，邻硝基苯酚形成分子内氢键(见图 3-43)，其熔点(45℃)比有分子间氢键的间硝基苯酚的熔点(96℃)、对硝基苯酚的熔点(114℃)都低。

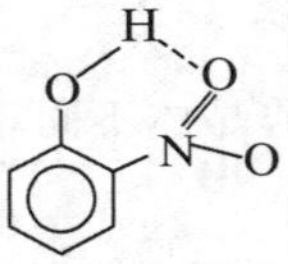

图 3-43　邻硝基苯酚中的分子内氢键

氢键的形成还会影响物质的溶解性。当溶质和溶剂分子间形成氢键时，溶质的溶解度增大。例如，HF、$NH_3$ 在 $H_2O$ 中溶解度都较大；甲醇能与 $H_2O$ 以任意比互溶。当溶质形成分子间或分子内氢键时，在极性溶剂中的溶解度下降，而在非极性溶剂中的溶解度增大。例如，邻硝基苯酚在 $H_2O$ 中的溶解度比间硝基苯酚、对硝基苯酚更小，更易溶于苯中。

氢键的形成对生命体系具有极其重要的作用。一个最有代表性的例子是，脱氧核糖核酸(deoxyribonucleic acid, DNA)的双螺旋结构是由于互补碱基之间的氢键而形成(见图 3-44)。如果碱基对之间没有形成氢键，就不可能组装成 DNA 双螺旋链。

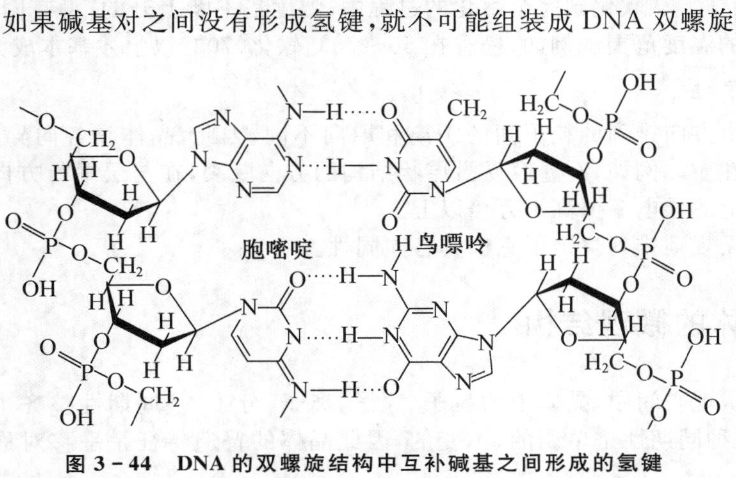

胞嘧啶　鸟嘌呤

图 3-44　DNA 的双螺旋结构中互补碱基之间形成的氢键

# 3.6 晶体结构基础

3-25　微课:晶体的特征及其结构类型

自然界大多数物质以固态形式存在。固态可分为晶态和非晶态两大类。晶体又分单晶体和多晶体。单晶体是由一个晶核(微小的晶体)各向均匀生长而成,其晶体内部的粒子基本按照某种规律整齐排列。例如,单晶硅是单晶体。有时两个体积大致相当的单晶体按一定规则生长在一起,叫作双晶体。许多小晶体的集合体叫多晶体(如汉白玉),外形上看不到规则外形。有的多晶体压成粉末,放到光学显微镜或电子显微镜下观察,仍可看到整齐规则的外形。许多单晶体以不同取向连在一起,叫作晶簇。

## 3.6.1 晶体的特征

与非晶体不同,晶体具有规则的几何外形、固定的熔点、各向异性以及对称性等宏观基本特征。

1. 规则的几何外形

晶体内部的粒子(分子、原子或离子)在空间有规律地重复排列,从外观上看,晶体具有一定的几何外形。例如,NaCl 晶体是立方体;石英($SiO_2$)晶体是六角柱体;方解石($CaCO_3$)晶体是棱面体。

非晶体(无定形物质)内部原子或分子的排列没有规律,从外观上看,没有一定的结晶外形。如玻璃、石蜡都是无定形物质。无定形固体通常是在温度突然下降到凝固点以下,成为过冷液体时,物质的质点来不及进行有规则的排列而形成。

2. 固定的熔点

晶体在一定温度开始熔化;继续加热时,在晶体完全熔化以前,温度保持恒定;待晶体完全熔化后,温度才开始上升。

而非晶体没有固定的熔点。当加热非晶体时,升高到某一温度时开始软化,流动性增加,最后变成液体。从软化到完全熔化的过程中,温度是不断上升的,没有固定的熔点,只能说有一段软化的温度范围。例如,松香在 50～70℃软化,70℃以上才基本成为熔融体。

3. 各向异性

晶体中各个方向排列的粒子间的距离和取向不同,因此,晶体具各向异性,即在不同方向上有不同的性质。例如,石墨容易沿层状结构的方向断裂,在与层平行方向上的导电率比与层垂直方向上的导电率要高 1 万倍以上。

非晶体的无规则排列决定了它们具各向同性。

## 3.6.2 晶体的微观结构

在晶体的微观空间中,晶体中的粒子(原子、离子、分子)呈周期性整齐排列。对于理想的完美晶体,这种同期性是单调的,不变的,因此晶体的普遍特征是平移对称性。晶体具有一定的几何形状正是晶体的平移对称性这一微观特征的表象。

把晶体中的粒子(原子、离子或分子)抽象地看成一个点(称为结点),沿着一定方向,按照某种规则把结点联结起来,则可以得到描述各种晶体内部结构的空间图像,称为晶格。

在晶格中含有晶体结构中具有代表性的最小重复单位,称为单元晶胞(简称晶胞)。整个晶体由晶胞在空间平移无隙地堆砌而成。晶胞的内容包括粒子的种类(离子、原子、分子)、数目及它在晶胞中的相对位置,晶胞的大小与形状由 $a$、$b$、$c$、$\alpha$、$\beta$、$\gamma$ 六个参数决定,称为晶胞参数或点阵参数(lattice parameters),$a$、$b$、$c$ 为六面体边长,$\alpha$、$\beta$、$\gamma$ 分别是 $bc$、$ca$、$ab$ 所组成的夹角(见图 3-45)。

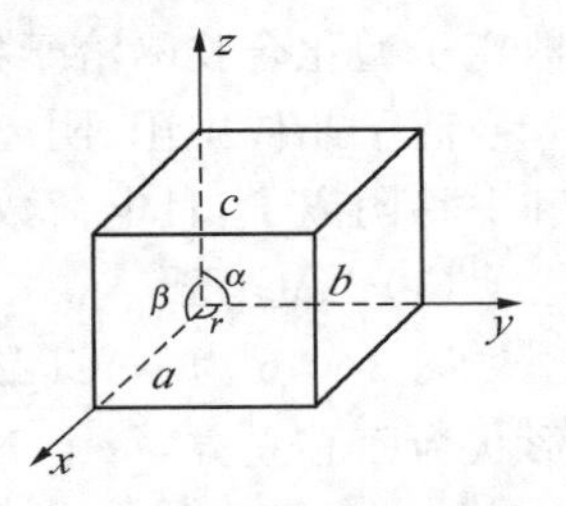

**图 3-45 晶胞参数**

按照晶胞形状和晶胞参数的差异可将晶体分成七大晶系。表 3-21 列出了七种晶系的名称、晶胞参数的特征和实例。

**表 3-21 七种晶系的名称、晶胞参数的特征和实例**

| 晶系 | 边长 | 夹角 | 晶体实例 |
|---|---|---|---|
| 立方晶系 | $a=b=c$ | $\alpha=\beta=\gamma=90°$ | NaCl |
| 三方晶系 | $a=b=c$ | $\alpha=\beta=\gamma\neq90°$ | $Al_2O_3$ |
| 四方晶系 | $a=b\neq c$ | $\alpha=\beta=\gamma=90°$ | $SnO_2$ |
| 立方晶系 | $a=b\neq c$ | $\alpha=\beta=90°,\gamma=1200$ | AgI |
| 正交晶系 | $a\neq b\neq c$ | $\alpha=\beta=\gamma=90°$ | $HgCl_2$ |
| 单斜晶系 | $a\neq b\neq c$ | $\alpha=\beta=90°,\gamma\neq90°$ | $KClO_3$ |
| 三斜晶系 | $a\neq b\neq c$ | $\alpha\neq\beta\neq\gamma\neq90°$ | $CuSO_4\cdot5H_2O$ |

## 3.6.3 晶体的类型及宏观结构

根据组成晶体的粒子的种类及作用力不同,晶体可分为离子晶体、原子晶体、金属晶体和分子晶体四大基本类型。表 3-22 归纳了四类晶体的结构和特性。

**表 3-22 四类晶体的组成结构和特性**

| 晶体类型 | 组成粒子 | 粒子作用力 | 晶体的特性 | 晶体实例 |
|---|---|---|---|---|
| 离子晶体 | 阳、阴离子 | 离子键 | 熔、沸点高,硬而脆,大多溶于极性溶剂中,熔融状态和水溶液能导电 | NaCl、CsCl、ZnS |
| 原子晶体 | 原子 | 共价键 | 熔、沸点很高,硬度大,在大多数溶剂中不溶,导电性差 | 金刚石、SiC |
| 分子晶体 | 极性分子 | 分子间作用力 | 熔、沸点低,能溶于极性溶剂中,溶于水时能导电 | HCl、HF、$NH_3$、$H_2O$ |
|  | 非极性分子 |  | 熔、沸点低,能溶于非极性或极性弱的溶剂中,易升华 | $H_2$、$Cl_2$ |
| 金属晶体 | 原子、离子 | 金属键 | 有金属光泽,电和热的良导体,有延展性,熔、沸点高 | Na、W、Ag、Au |

1. 离子晶体

通过离子键结合而成的晶体称为离子晶体。在离子晶体中,晶胞中的粒子为阳离子和阴离子,粒子间靠离子键相结合。

离子晶体的最显著特点是具有较高的熔、沸点。它们在熔融状态下能导电,但在固体状态下几乎不导电,因为晶态时离子被局限在特定的晶格位置上振动,而不能定向流动。大多数离子型化合物易溶于极性溶剂中。

离子晶体中阳、阴离子在空间的排列是多种多样的。最简单的 AB 型(含有一种阳离子和一种阴离子,且电荷数相等)离子晶体的结构类型主要有 NaCl 型、CsCl 型和 ZnS 型三种。

(1) NaCl 型

图 3-46 为 NaCl 晶胞的阳、阴离子分布情况。它的晶胞形状为面心立方,每个 $Na^+$ 被 6 个 $Cl^-$ 所包围,每个 $Cl^-$ 被 6 个 $Na^+$ 所包围。1 个离子周围邻接的异号离子数叫作该离子的配位数,所以 $Na^+$ 的配位数是 6,$Cl^-$ 的配位数也是 6,配位比为 6∶6。

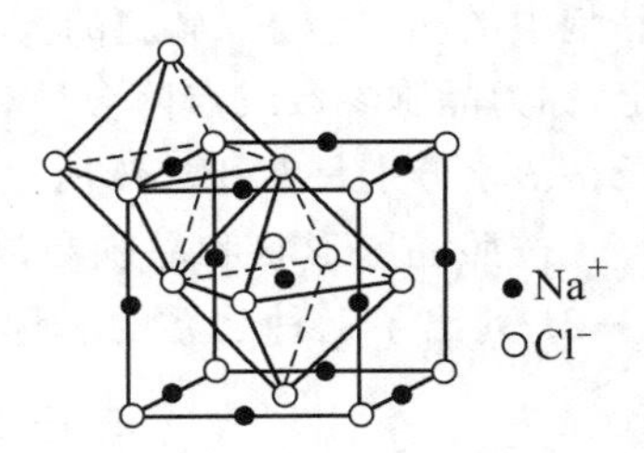


**图 3-46　NaCl 晶胞中阴、阳离子的分布**

NaCl 型的离子化合物主要有 $Li^+$、$Na^+$、$K^+$、$Rb^+$ 的卤化物,AgF,$Mg^{2+}$、$Ca^{2+}$、$Sr^{2+}$、$Ba^{2+}$ 的氧化物、硫化物、硒化物等。

(2) CsCl 型

$Cs^+$ 形成简单立方点阵,$Cl^-$ 形成另一个简单立方点阵,两个简单立方点阵平行交错,交错的方式是一个简单立方格子的结点位于另一个简单立方格子的体心(见图 3-47)。每个阳离子被 8 个阴离子包围,同时每个阴离子也被 8 个阳离子所包围,配位比为 8∶8。

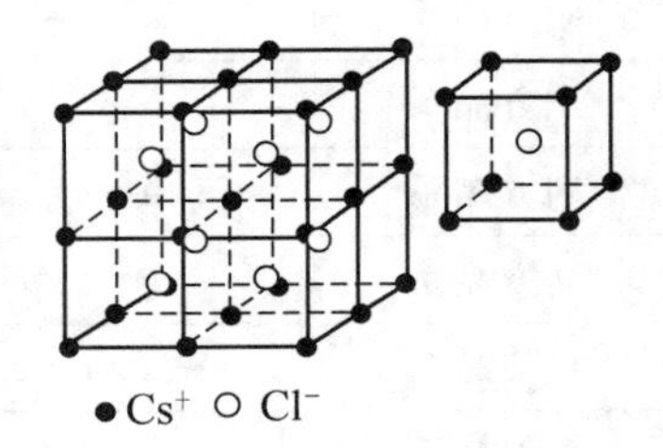


**图 3-47　CsCl 晶胞中阴、阳离子的分布**

CsCl 型的离子化合物主要有 CsCl、CsBr、CsI、TlCl、TlBr、$NH_4Cl$ 等。

(3) ZnS 型

Zn 原子形成面心立方点阵,S 原子也形成面心立方点阵。平行交错的方式比较复杂,是一个面心立方格子的结点位于另一个面心立方格子的体对角线的 1/4 处(见图 3-48),配位比为4∶4。

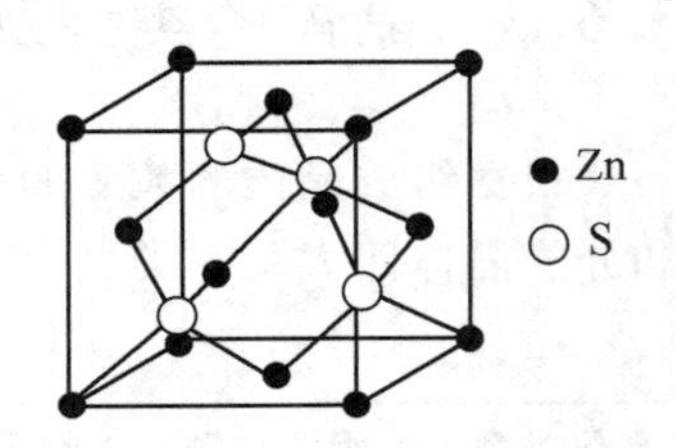


**图 3-48　ZnS 晶胞中阴、阳离子的分布**

ZnS 型的离子化合物主要有 BeO、BeS、BeSe、BeTe、MgTe 等。

不同的阳、阴离子结合成离子晶体时,为什么会形成配位数不同的空间结构呢?首先,在配位时,必须满足电中性和能量最低原则。其次,要满足空间几何条件的要求。离子键没有饱和性和方向性,只要空间允许,每个离子周围将尽可能多地排列异电荷的离子,而趋向于采取紧密堆积方式,一般阴离子半径较大,可把阴离子看作等径圆球密堆积,而阳离子有序地填在由阴离子构成的四面体空隙或八面体空隙之中。但因离子的半径不同,受几何因素的影响,其配位数不是任意的,它取决于阳、阴离子半径比值($r_+/r_-$)的大小。根据理论计算与推理,阳、阴离子半径比值与配位数的关系见表 3-23。

值得强调的是,离子半径比经验规则只能应用于离子型晶体,而不适用于共价化合物。如果阳、阴离子间有强烈的相互极化,晶体的构型就会偏离上表中的一般规则。例如,AgI 按离子半径比的理论计算值 $r_+/r_-=0.583$,应为 NaCl 型晶体,但实际上为 ZnS 型晶体,这是因为离子极化的缘故。离子极化对化合物的性质有很大的影响。

**表3-23　阳、阴离子半径比值与配位数的关系**

| $r_+/r_-$ | 配位数 | 结构类型 |
| --- | --- | --- |
| 0.225～0.414 | 4 | ZnS型 |
| 0.414～0.732 | 6 | NaCl型 |
| 0.732～1.00 | 8 | CsCl型 |

2. 原子晶体

通过共价键结合而成的晶体统称为原子晶体。金刚石是典型的原子晶体。在金刚石晶体中，每个C原子都被相邻的4个C原子包围(配位数为4)，处在4个C原子的中心，以$sp^3$杂化形式与相邻4个C原子以σ键结合，无数个C原子构成三维空间网状结构(见图3-49)。所有的C—C键键长均为$1.55\times10^{-10}$ m，键角为109°28′，键能也都相等。

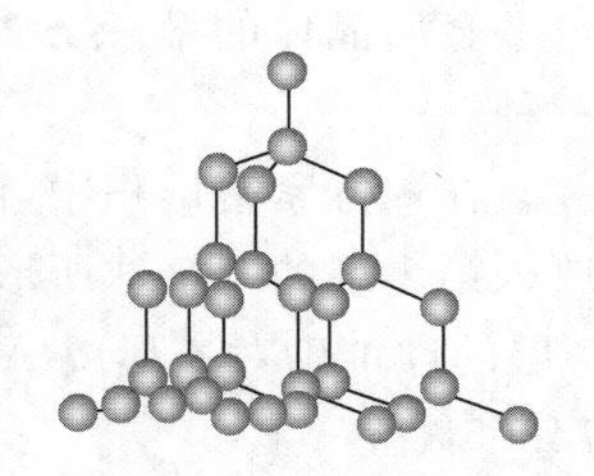

**图3-49　金刚石的四面体形结构**

在原子晶体中，组成晶体的微粒是原子，原子间的相互作用是共价键。由于共价键结合牢固，因此，原子晶体的熔、沸点高，硬度大。例如，金刚石熔点高达3550℃，莫氏硬度为10，是自然界硬度最大的单质。多数原子晶体为绝缘体；有些晶体，如硅、锗等是优良的半导体材料。

常见的原子晶体是周期表第ⅣA族元素的一些单质和某些化合物。除金刚石外，单晶硅(Si)、石英($SiO_2$)、碳化硅(SiC)、单晶硼(B)、氮化硼(BN)、氮化铝(AlN)等都是原子晶体。对于不同的原子晶体，组成晶体的原子半径越小，共价键的键长越短，则共价键越牢固，晶体的熔、沸点越高。如金刚石、$SiO_2$、SiC、Si晶体的熔、沸点依次降低。

3. 分子晶体

凡通过分子间作用力或氢键结合而成的晶体称为分子晶体。干冰是典型的分子晶体，其晶体结构如图3-50所示。在$CO_2$分子内原子之间以共价键结合成$CO_2$分子，然后以$CO_2$分子为单位，占据晶格结点位置，分子之间以范德华力结合构成1个面心立方体。20世纪80年代中期发现的$C_{60}$(又称足球烯)也是分子晶体，它是由60个C原子构成的1个球型分子，其晶体结构如图3-51所示。

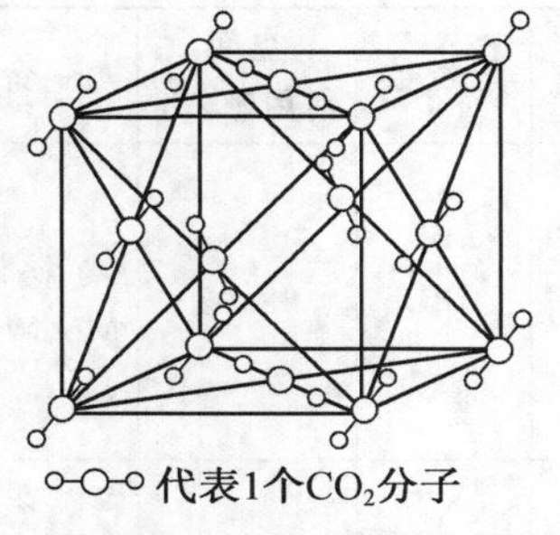


**图3-50　干冰晶体结构**

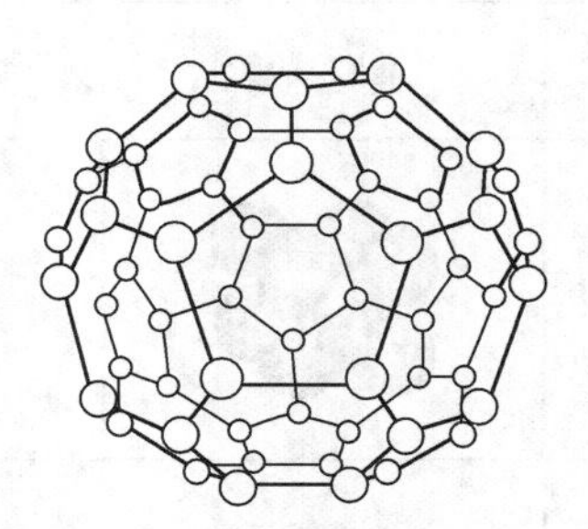

**图3-51　$C_{60}$晶体结构**

由于分子间的作用力很弱，所以分子晶体的熔、沸点较低，硬度小，易挥发。许多物质在常温下呈气态或液态。例如，$O_2$、$CO_2$是气体；乙醇、冰醋酸是液体。

大多数非金属单质(如$I_2$、$O_2$等)、非金属氢化物(如HF、$H_2O$、$NH_3$等)、非金属氧化物(如$CO_2$、$SO_2$等)，几乎所有的酸和绝大多数有机化合物都形成分子晶体。

4. 金属晶体

由金属原子或离子彼此通过金属键结合而成的晶体叫金属晶体。金属晶体的共同特点是具有金属光泽以及良好的导电、导热性和延展性。大多金属具有较高的熔、沸点和较高的硬度。熔点最高的是金属 W(3410℃);熔点最低的是金属 Hg(−38.87℃)。

金属晶体中晶格结点上排列着的是中性原子或金属阳离子。金属原子中只有少数价电子能用于成键。这样少的价电子不足以使金属原子间形成正规的离子键或共价键。因此,金属在形成晶体时倾向于形成组成极为紧密的结构,使每个原子拥有尽可能多的相邻原子。X 射线衍射分析证明大多数金属单质都是具有较简单的等径圆球紧密堆积结构。

金属晶体的堆积方式主要有六方紧密堆积、面心立方紧密堆积、体心立方紧密堆积三种。

在六方紧密堆积中,同一层中的每个球周围可排 6 个球,构成密堆积。第 2 层的每个球放入第 1 层的 3 个球所形成的空隙上。第 1 层用 A 表示,第 2 层用 B 表示,第 3 层的球与第 1 层的球堆砌对齐形成 ABAB…方式,如图 3-52(a)所示。配位数为 12,原子空间利用率为 74.05%。

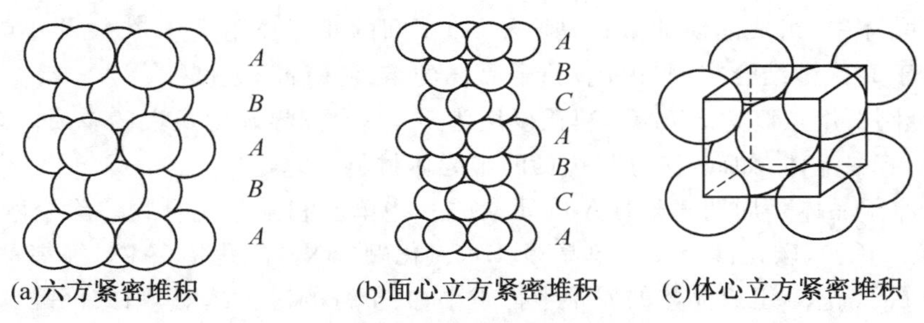

(a)六方紧密堆积　(b)面心立方紧密堆积　(c)体心立方紧密堆积

**图 3-52　金属晶体的三种堆积方式**

面心立方紧密堆积与六方密堆积的区别在于第 3 层与第 1 层有错位,以 ABCABC…方式排列,如图 3-52(b)所示。配位数也是 12,空间利用率也是 74.05%。

体心立方紧密堆积中,立方体的中心和 8 个角上各有 1 个金属原子,如图 3-52(c)所示。配位数为 8,空间利用率为 68.02%。

表 3-24 所示为金属晶体的三种堆积方式与空间利用率情况。

**表 3-24　金属晶体的三种堆积方式与空间利用率**

| 堆积方式 | 堆积模型 | 晶胞图形 | 配位数 | 空间利用率/% | 金属举例 |
|---|---|---|---|---|---|
| 体心立方 | | | 8 | 68.02 | 碱金属、Ba、Cr、Mo、W、Fe |
| 面心立方 | 1 2 3 4 5 6 7 8 9 10 11 12 | | 12 | 74.05 | Al、Pb、Cu、Ag、Au、Ni、Pd、Pt |

续 表

| 堆积方式 | 堆积模型 | 晶胞图形 | 配位数 | 空间利用率/% | 金属举例 |
|---|---|---|---|---|---|
| 六方 | | | 12 | 74.05 | Be、Mg、Ti、Co、Zn、Cd |

除了上述离子晶体、原子晶体、金属晶体和分子晶体外，还有过渡型晶体。如石墨称为层状晶体(见图 3-53)。石墨晶体的层内靠共价键结合，而层与层之间以分子间作用力结合，所以称为混合键型晶体，它的结构介于原子晶体和分子晶体之间。石墨晶体的同一层中，C—C 键长为 142 pm，C 原子采用 $sp^2$ 杂化轨道，与周围 3 个 C 原子形成 3 个 σ 键，键角为 120°。层与层间靠分子间作用力结合起来，距离为 335 pm。每个 C 原子还有 1 个垂直于 $sp^2$ 杂化轨道平面的 2p 轨道，许多同层 C 原子的 2p 轨道彼此“肩并肩”重叠而形成遍布整个层面的大 π 键。

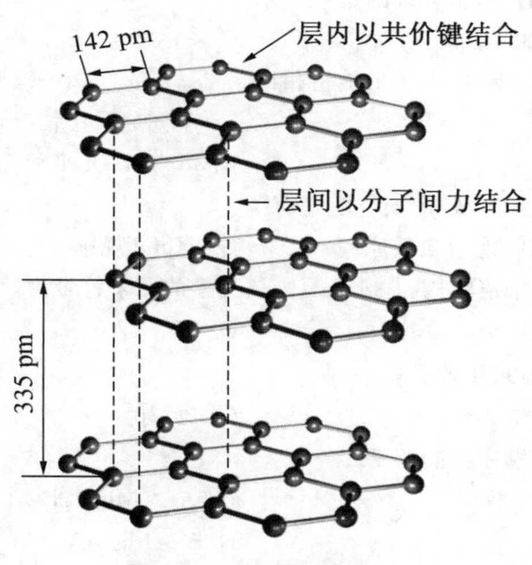


图 3-53 石墨晶体结构

石墨晶体的特殊结构赋予它优良的耐高温性(熔点为 3580 ℃)、润滑性、导电性和化学稳定性，可以用作坩埚、耐火砖、润滑剂、电极、电刷、碳管的原料和油漆、油墨、橡胶、塑料填料等。

3-26 应用案例:化合物性质(熔、沸点)的判断

除石墨外，滑石、云母、黑磷等也都属于过渡型晶体。

## 习 题

### 3-1 是非题

1. 当主量子数为 4 时，共有 4s、4p、4d、4f 四个轨道。 ( )
2. 一个原子中，量子数 $n=3$、$l=2$、$m=0$ 的轨道中允许的电子数最多可达 6 个。 ( )

3. 第一过渡系(即第四周期)元素的原子填充电子时,先填充 3d 轨道后填充 4s 轨道,所以失去电子时也是按这个次序先失去 3d 电子。( )

4. 价电子层排布为 $ns^1$ 的元素都是碱金属元素。( )

5. 在 $CCl_4$、$CHCl_3$ 和 $CH_2Cl_2$ 分子中,C 原子都是采用 $sp^3$ 杂化,因此,这些分子都呈正四面体形。( )

6. 形成离子晶体的化合物中不可能有共价键。( )

7. 原子在基态时没有未成对电子,就肯定不能形成共价键。( )

8. 全由共价键结合形成的化合物只能形成分子晶体。( )

9. 由于 $CO_2$、$H_2O$、$H_2S$、$CH_4$ 分子中都含有极性键,因此都是极性分子。( )

10. 色散力只存在于非极性分子之间。( )

## 3-2 选择题

1. 在电子云示意图中,小黑点是 ( )

A. 其疏密表示电子出现的概率密度的大小　B. 表示电子在该处出现
C. 其疏密表示电子出现的概率的大小　D. 表示电子

2. 量子数组合 $4,2,0,-\frac{1}{2}$ 表示下列哪种轨道上的 1 个电子 ( )

A. 4s　B. 4p　C. 4d　D. 4f

3. 下列各组量子数($n,l,m$)中,不合理的是 ( )

A. 3, 2, 2　B. 3, 1, −1　C. 3, 3, 0　D. 3, 2, 0

4. 在各种不同的原子中,3d 和 4s 电子的能量相比是 ( )

A. 3d >4s　B. 不同原子中情况可能不同
C. 3d <4s　D. 3d 与 4s 几乎相等

5. 若把某原子核外电子排布写成 $ns^2np^7$,它违背了 ( )

A. Pauli 不相容原理　B. 能量最低原理　C. Hund 规则　D. Hund 规则特例

6. 已知某元素原子的价电子层结构为 $3d^34s^2$,则该元素的元素符号为 ( )

A. Cr　B. Zn　C. V　D. Cu

7. 下列元素中,第一电离能最小的是 ( )

A. $2s^22p^3$　B. $2s^22p^2$　C. $2s^22p^5$　D. $2s^22p^6$

8. 下列元素原子半径排列顺序正确的是 ( )

A. Mg>B>Si>Ar　B. Ar>Mg>Si>B
C. Si>Mg>B>Ar　D. B >Mg>Ar>Si

9. O、S、As 三种元素比较,正确的是 ( )

A. 电负性 O>S>As,原子半径 O<S<As　B. 电负性 O<S<As,原子半径 O<S<As
C. 电负性 O<S<As, 原子半径 O>S>As　D. 电负性 O>S>As,原子半径 O>S>As

10. NaF、MgO、CaO 的晶格能大小的次序正确的是 ( )

A. MgO>CaO>NaF　B. CaO>MgO>NaF
C. NaF>MgO>CaO　D. NaF>CaO>MgO

11. 下列物质中,共价成分最大的是 ( )

A. $AlF_3$　B. $FeCl_3$　C. $FeCl_2$　D. $SnCl_2$

12. 应用离子极化理论比较下列几种物质的性质,溶解度最大的是 ( )

A. AgF　B. AgCl　C. AgBr　D. AgI

13. 主要是以原子轨道重叠的是 ( )

A. 共价键　B. 范德华力　C. 离子键　D. 金属键

14. 下列各化学键中,极性最小的是 ( )

A. O—F　B. H—F　C. C—F　D. Na—F

15. 下列分子中，偶极矩最大的是　(　　)

A. HCl　B. HBr　C. HF　D. HI

16. 在 SiC、$SiCl_4$、$AlCl_3$、$MgF_2$ 四种物质中，熔点最高的是　(　　)

A. SiC　B. $SiCl_4$　C. $AlCl_3$　D. $MgF_2$

17. 下列哪一种物质既有离子键又有共价键　(　　)

A. $H_2O$　B. HCl　C. NaOH　D. $SiO_2$

18. 下列物质中，熔点由低到高排列的顺序应该是　(　　)

A. $NH_3<PH_3<SiO_2<KCl$　B. $PH_3<NH_3<SiO_2<KCl$

C. $NH_3<KCl<PH_3<SiO_2$　D. $PH_3<NH_3<KCl<SiO_2$

19. 在苯和 $H_2O$ 分子间存在着　(　　)

A. 色散力和取向力　B. 色散力和诱导力

C. 取向力和诱导力　D. 色散力、取向力和诱导力

20. 下列物质中，沸点最高的是　(　　)

A. $H_2Se$　B. $H_2S$　C. $H_2Te$　D. $H_2O$

## 3-3　填空题

1. 某电子在原子核外的运动状态为主量子数为3，角量子数为1，则其所在的原子轨道可表示为________，在空间有________个伸展方向。

2. 原子中的电子在原子轨道上排布需遵循________________、______________和________________三条原则。

3. 某原子的相对原子质量为55，中子数为30，则此原子的原子序数为________，名称(符号)为________，核外电子排布式为________________________________________________。

4. 第三周期的稀有气体元素是________，其价电子层排布为________。

5. MgO、CaO、SrO、BaO 均为 NaCl 型晶体，它们的阳离子半径大小顺序为__________________，由此可推测出它们的晶格能大小顺序为__________________。

6. $SiF_4$ 中 Si 原子的轨道杂化方式为__________，该分子中的键角为__________ 109°28′；$SiF_6^{2-}$ 中 Si 原子的轨道杂化方式为______________，该分子中的键角为________。

7. $BCl_3$(平面三角形)中的 B 以________杂化；$NF_3$(三角锥形，键角102°)中的 N 以________杂化。

8. 分子轨道是由________线性组合而成的，这种组合必须遵守的三个原则是__________、________和________________。

9. σ 键可由 s－s、s－p 和 p－p 原子轨道"头碰头"重叠构建而成，则在 HF、HCl 分子里的 σ 键属于________。HCl 的沸点比 HF 要低得多，这是因为 HF 分子之间除了有____________________外，还存在________。

10. $CO_2$、MgO、CaO、Ca 的晶体类型分别为________、________、________和________。

## 3-4　简答题

1. 请解释：(1) H 原子的 3s 和 3p 轨道的能量相等，而在 Na 原子的 3s 和 3p 轨道的能量不相等。(2) 第一电子亲和能为 Cl＞F，S＞O，而不是 F＞Cl，O＞S。

2. 根据原子序数给出下列元素的基态原子的核外电子组态：

(1)K ($Z=19$)；(2)Al ($Z=13$)；(3) Cl ($Z=17$)；(4)Ti($Z=22$)；(5)Zn($Z=30$)。

3. 判断下列各对元素中，哪个元素的第一电离能大，并说明原因。

(1)S 和 P；(2)Al 和 Mg；(3)Sr 和 Rb；(4)Cu 和 Zn；(5)Cs 和 Au。

4. 判断半径大小并说明原因：

(1)Sr 与 Ba；(2)Ca 与 Sc；(3)$S^{2-}$ 与 S；(4)$Na^+$ 与 $Al^{3+}$；(5)$Sn^{2+}$ 与 $Pb^{2+}$；(6)$Fe^{2+}$ 与 $Fe^{3+}$。

5. 晶格能与离子键的键能有何差异？为什么比较离子晶体性质时要按晶格能的数据，而不能按键能的数据进行分析？

6. 试比较下列化合物中阳离子极化能力的大小：

(1) $ZnCl_2$、$FeCl_2$、$CaCl_2$、KCl;(2) $SiCl_4$、$AlCl_3$、$MgCl_2$、NaCl。

7. 试用杂化轨道理论分析:$PCl_3$ 的键角为 101°,$NH_3$ 的键角为 107°,$SiCl_4$ 的键角为 109°28′。

8. $NH_3$、$PH_3$ 均为三角锥形构型。据实验测得,$NH_3$ 中∠HNH=106.7°,$PH_3$ 中∠HPH=93.5°,为什么前者的角度较大?

9. 已知 $NO_2$、$CO_2$、$SO_2$ 分子中键角分别为 132°、180°、120°,判断它们的中心原子轨道的杂化类型,说明成键情况。

10. 试用分子轨道理论判断:$O_2^+$ 的键长与 $O_2$ 的键长哪个较短? $N_2^+$ 的键长与 $N_2$ 的键长哪个较短?为什么?

11. 请指出下列分子中,哪些是极性分子,哪些是非极性分子?

$CCl_4$;$CHCl_3$;$CO_2$;$BCl_3$;$H_2S$;HI。

12. 解释下列实验现象:

(1) 沸点 HF> HI> HCl; $BiH_3$> $NH_3$> $PH_3$。

(2) 熔点 BeO>LiF。

(3) $CCl_4$ 的沸点比 $CBr_4$ 低。

(4) $SiO_2$ 的熔点比 $CO_2$ 高。

(5) $O_3$ 比 $SO_2$ 的熔、沸点低。

(6) $SiCl_4$ 比 $CCl_4$ 易水解。

(7) 金刚石比石墨硬度大。

## 3-5 讨论分析题

1. 设子弹的质量为 0.01 kg,速率为 $1.0\times10^3$ m·$s^{-1}$。试通过计算说明宏观物体主要表现为粒子性,其运动服从经典力学规律。

2. 用下列数据求氧原子的电子亲和能

$Mg(s) \longrightarrow Mg(g)$ $\Delta H_1 = 141$ kJ·$mol^{-1}$

$Mg(g) \longrightarrow Mg^{2+}(g) + 2e$ $\Delta H_2 = 2201$ kJ·$mol^{-1}$

$\frac{1}{2}O_2 \longrightarrow O(g)$ $\Delta H_3 = 247$ kJ·$mol^{-1}$

$Mg^{2+}(g) + O^{2-}(g) \longrightarrow MgO(s)$ $\Delta H_4 = -3916$ kJ·$mol^{-1}$

$Mg(s) + \frac{1}{2}O_2(g) \longrightarrow MgO(s)$ $\Delta H_5 = -602$ kJ·$mol^{-1}$

3. 已知 NaF 晶体的晶格能为 −894 kJ·$mol^{-1}$,金属钠的升华热为 101 kJ·$mol^{-1}$,钠的电离能为 495.8 kJ·$mol^{-1}$,$F_2$ 分子的解离能为 160 kJ·$mol^{-1}$,NaF 的生成焓为 −571 kJ·$mol^{-1}$,试计算元素 F 的电子亲和能。

4. 某元素的基态价层电子构型为 $5d^26s^2$,给出比该元素的原子序数小 5 的元素的基态原子电子组态。

5. 已知某元素的原子序数为 17,试推测:(1)该元素原子的核外电子排布;(2)该元素最高氧化态;(3)该元素处在周期表的位置(区、族和周期);(4)该元素的最高价态含氧酸的化学式及名称。

6. 已知电中性的基态原子的价电子层电子组态分别为:(1)$3s^23p^5$,(2)$3d^64s^2$,(3)$5s^2$,(4)$4f^96s^2$,(5)$5d^{10}6s^1$。试确定它们在周期表中属于哪个区、哪个族、哪个周期。

7. 某元素基态原子最外层为 $5s^2$,最高氧化态为+4,它位于周期表哪个区?是第几周期第几族元素?写出它的+4 氧化态离子的电子构型。若用 A 代表它的元素符号,写出相应氧化物的化学式。

8. 一元素的价电子层构型为 $3d^54s^1$,指出其在周期表中的位置(区、周期和族)及该元素可呈现的最高氧化态。

9. 已知一元素在氪前,其原子失去 3 个电子后,在 $l=2$ 的轨道中恰好为半充满,试推出其在周期表中的位置,并指出该元素的名称。

10. 有 A、B、C、D 四种元素。其中 A 为第四周期元素,与 D 可形成 1∶1 和 1∶2 原子比的化合物。B 为第四周期 d 区元素,最高氧化数为+7。C 和 B 是同周期的元素,具有相同的最高氧化数。D 为所有元素中电负性第二大的元素。给出四种元素的元素符号，并按电负性由大到小排列之。

11. 不参考任何数据表，排出以下物质性质的顺序：(1) $Mg^{2+}$、Ar、$Br^-$、$Ca^{2+}$ 按半径增加的顺序；(2) Na、$Na^+$、O、Ne 按第一电离能增加的顺序；(3) H、F、Al、O 按电负性增加的顺序；(4) O、Cl、Al、F 按第一电子亲和能增加的顺序。

12. 今有下列双原子分子或离子：$Li_2$、$Be_2$、$B_2$、$N_2$、$CO^+$、$CN^-$。试回答：

(1)写出它们的分子轨道电子排布式；

(2) 通过键级计算判断哪种分子最稳定，哪种分子最不稳定；

(3) 判断哪些分子或离子是顺磁性的，哪些是反磁性的。

3－27　课后习题解答

第 4 章

# 元素化学(金属元素及其化合物)(Chemistry of Element—Metallic Element and Its Compound)

4-1 学习要求

## 4.1 元素与材料概述

4-2 微课:材料性能与组成、结构的关系

元素是指具有相同核电荷数的一类原子的总称。元素化学是研究由元素所组成的单质和化合物的制备、性质及其变化规律的一门学科,是无机化学的重要组成部分。本章主要对金属元素的单质与主要化合物的性质及变化规律做一概述,并结合材料的性质与用途简要介绍一些重要的金属元素及其化合物。

### 4.1.1 元素概述

1. 元素分类

自然界中的元素可按不同目的和方式分类,常见的分类方法有以下三种。

(1) 金属和非金属元素

根据元素的性质不同,元素分为金属元素(metallic element)和非金属元素(nonmetallic element)两大类,金属与非金属元素性质比较见表 4-1。

表 4-1 金属与非金属元素性质比较

| 性质 | 金属 | 非金属 |
| --- | --- | --- |
| 最外层电子数 | 一般为 1~2 个 | 一般为 4~8 个 |
| 得失电子能力 | 电离能小,易失去电子,表现还原性 | 电子亲和能大,易得电子,表现氧化性 |

续　表

| 性质 | 金属 | 非金属 |
|---|---|---|
| 存在氧化态形式 | 正氧化态 | 负氧化态或正氧化态 |
| 氢氧化物的酸碱性 | 一般呈碱性或两性，高氧化态时呈酸性 | 酸性 |
| 在形成配合物中的作用 | 作为中心原子 | 常作为配体，也可作为中心原子 |

在已发现的112种元素中，有22种非金属元素、90种金属元素；除H以外其余非金属元素都位于元素周期表的p区，金属元素则位于各区中。在周期表中，通常以B—Si—As—Te—At和Al—Ge—Sb—Po两条对角线为界(见图4-1)，处于对角线左下方的元素均为金属；处于对角线右上方的元素为非金属；处于对角线上的元素为准金属，其性质介于金属和非金属之间，大多数的准金属可用作半导体。根据核外电子构型的周期性变化，元素分为主族元素和副族元素，前者属于s区元素和p区元素，后者则为ds区、d区、f区元素，统称为过渡元素。

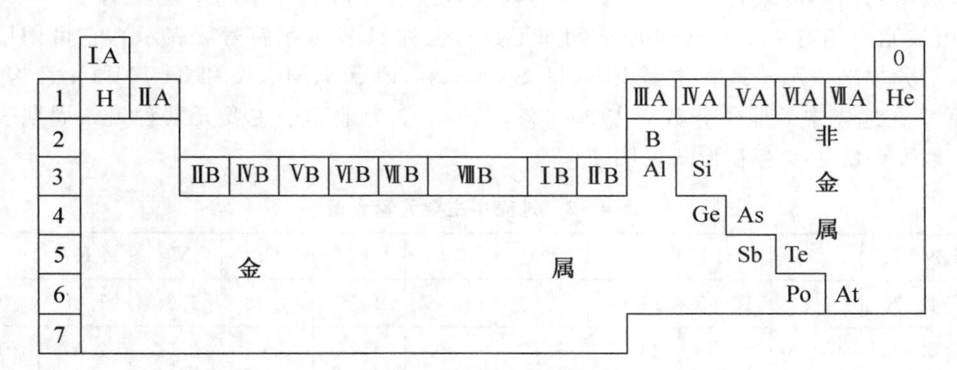


**图4-1　周期表中元素的分类**

(2) 普通元素和稀有元素

根据元素在自然界中的分布及应用情况，元素分为普通元素(common element)和稀有元素(rare element)。稀有元素一般指元素在自然界中含量少或分布稀散，或是难以从原料中提取，或是发现较晚、应用较晚的元素。前四周期(Li、Be、稀有气体除外)元素、ds区元素为普通元素，其余元素为稀有元素。

(3) 生命元素和非生命元素

根据元素在生物体中是否存在，元素分为生命元素(essential element)和非生命元素(nonessential element)。目前在生物体中已发现七十多种元素，其中有11种为常量元素，包括C、H、O、N、S、P、Cl、Ca、Mg、K、Na等，约占99.95%；Fe、Mn、Cu、Zn、B、Mo的含量较少，而Si、Al、Ni、Ga、F、Ta、Sr、Se的含量非常少，它们分别被称为微量元素和超微量元素。

存在于生物体(动物和植物)内的元素大致按其生化作用和生物效应可以分为必需元素、非必需元素、有毒(有害)元素。表4-2为各类微量元素的生物学效应和所包含的元素状况。

**表 4-2 微量元素的分类状况**

| 类别 | 生物效应 | 元素 |
|---|---|---|
| 必需元素 | 存在于酶和蛋白质之中,参与生物体内的新陈代谢过程,是生物组织不可缺少的组成部分 | V、Cr、Mn、Fe、Co、Ni、Cu、Zn、Mo、F、Si、Sn、Se、I 等 |
| 非必需元素 | 普遍存在于生物体内,但是否为机体所必需尚不清楚,其生物效应和作用未被发现 | Al、Ba、Rb、稀土、铂系等 |
| 有毒(有害)元素 | 妨碍各种代谢活动,抑制蛋白合成过程的酶系统,影响正常的生理功能 | Be、Cd、Hg、Pb、Tl、As |

此外,在工业上,也常根据密度、硬度、色泽、分布等性质对元素进行分类。

2. 元素资源

化学工业上用于生产无机物的原料主要有化学矿物、大气和天然含盐水等元素的自然资源,此外还有农副产品和工业废料等二次资源。

4-3 知识点延伸:元素存在形态

(1) 化学矿物

地壳中的化学矿物是生产无机物原料的主要来源。元素在自然界的分布情况一般用它的丰度来表示。一种元素的丰度是指它在自然界中的平均相对含量(指该元素相对于 $10^6$ 个 Si 原子的原子数),也称 clarke(用符号 $c$ 表示),它可用质量分数和原子分数来表示。地壳主要由 O、H、Si、Al、Na、Fe、Ca、Mg、K 和 Ti 10 种元素构成,这 10 种元素在地壳中的原子分数约占 99.1%。表 4-3 为地壳中主要元素含量。周期表中各元素在地壳中的主要存在形式见图 4-2。

**表 4-3 地壳中主要元素含量**

| 元素 | O | H | Si | Al | Na | Fe | Ca | Mg | K | Ti |
|---|---|---|---|---|---|---|---|---|---|---|
| 原子分数/% | 52.32 | 16.95 | 16.67 | 5.53 | 1.95 | 1.50 | 1.48 | 1.39 | 1.08 | 0.22 |
| 质量分数/% | 48.06 | 0.76 | 26.30 | 7.73 | 2.74 | 4.75 | 3.45 | 2.00 | 2.47 | 0.42 |

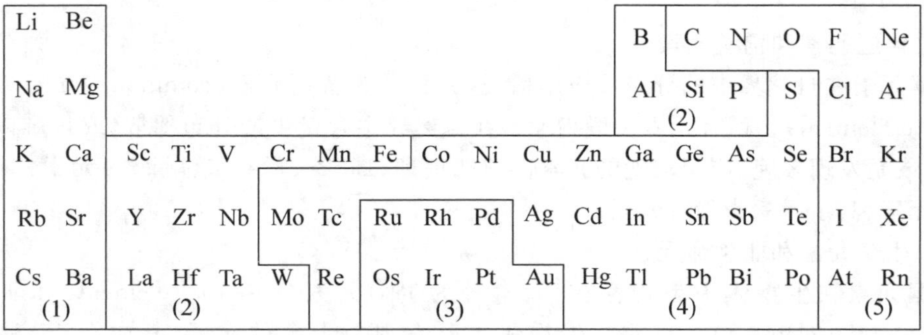

| | | | | | | | | | | | | | | | | | |
|---|---|---|---|---|---|---|---|---|---|---|---|---|---|---|---|---|---|
| Li | Be | | | | | | | | | | | B | C | N | O | F | Ne |
| Na | Mg | | | | | | | | | | | Al | Si (2) | P | S | Cl | Ar |
| K | Ca | Sc | Ti | V | Cr | Mn | Fe | Co | Ni | Cu | Zn | Ga | Ge | As | Se | Br | Kr |
| Rb | Sr | Y | Zr | Nb | Mo | Tc | Ru | Rh | Pd | Ag | Cd | In | Sn | Sb | Te | I | Xe |
| Cs | Ba | La | Hf | Ta | W | Re | Os | Ir | Pt | Au | Hg | Tl | Pb | Bi | Po | At | Rn |
| (1) | | (2) | | | | | (3) | | | | | (4) | | | | (5) | |

**图 4-2 元素在地壳中的主要存在形式**

注:(1) 以卤化物、含氧酸盐存在;(2) 以氧化物或含氧酸盐存在;(3) 主要以单质存在;(4) 主要以硫化物存在;(5) 以阴离子形式存在,有些也以单质存在。

(2) 大气

大气也是元素的重要自然资源,其成分见表 4-4。地球表面的大气层是游离 $N_2$、$O_2$ 和稀有气体的大本营。人类每年可通过液态空气分馏从大气中制取数亿万吨 $O_2$、$N_2$、稀有气体等物质。

**表 4-4　大气的成分(未计入水蒸气)**

| 气体 | 体积分数/% | 质量分数/% | 气体 | 体积分数/% | 质量分数/% |
| --- | --- | --- | --- | --- | --- |
| $N_2$ | 78.09 | 75.51 | $CH_4$ | 0.00022 | 0.00012 |
| $O_2$ | 20.95 | 23.15 | Kr | 0.00011 | 0.00029 |
| Ar | 0.934 | 1.28 | $N_2O$ | 0.0001 | 0.00015 |
| $CO_2$ | 0.0314 | 0.046 | $H_2$ | 0.00005 | 0.000003 |
| Ne | 0.00182 | 0.00125 | Xe | 0.0000087 | 0.000036 |
| He | 0.00052 | 0.000072 | $O_3$ | 0.000001 | 0.000036 |

(3) 天然含盐水

天然含盐水包括海水、盐湖水、地下卤水和气井水等。所有的天然含盐水,均已用来提取无机盐。

海洋是一个巨大的取之不尽的化工资源,人类一直在探索、开发海洋资源。海水里除组成水的 H、O 外,其他主要元素的含量见表 4-5。除表中所列元素外,海水中尚含有微量的 Zn、Cu、Mn、Ag、Au、U、Ra 等共约 50 种元素。这些元素大多与其他元素结合成无机盐的形式存在于海水中。由于海水的总体积(约 $1.4\times10^9$ $km^3$)巨大,虽然某些元素含量极低,但在海水中的总含量却十分惊人,如 I 元素总量达 $7.0\times10^9$ kg。此外,海底有沉积物,如太平洋海底存在大量的锰结核矿。采用有效的富集和特殊的提取方法是利用海水中微量元素的关键,许多国家在这方面进行了大量的工作,含量低的甚至微量的元素也正在开发利用中,充分利用海洋元素资源是化学家的长远责任。

**表 4-5　海水中主要元素含量**

| 元素 | 质量分数/% | 元素 | 质量分数/% |
| --- | --- | --- | --- |
| Cl | 1.8980 | Si | 约 0.0004 |
| Na | 1.0561 | C(有机) | 约 0.0003 |
| Mg | 0.1272 | Al | 约 0.00019 |
| S | 0.0884 | F | 0.00014 |
| Ca | 0.0400 | N(硝酸盐) | 约 0.00007 |
| K | 0.0380 | N(有机) | 约 0.00002 |
| Br | 0.0065 | Rb | 0.00002 |
| C(无机) | 0.0028 | Li | 0.00001 |
| Sr | 0.0013 | I | 0.000005 |
| B | 0.00046 | | |

盐湖有普通盐湖和碱湖之分。普通盐湖与海水、地下卤水、气井水的主要成分相近,即以 NaCl 为主,但其中 K、Li(以及 Rb、Cs)、B、Br、I 的含量相差甚大;碱湖的主要成分是 $Na_2CO_3$、$NaHCO_3$ 等,因这些物质也属盐类,故仍归为盐湖。

(4) 农副产品

某些农副产品也可以用来提取无机物,虽然产量不多,但可以因地制宜,综合利用。例如,从葵花籽壳、棉籽壳、甜菜制酒后的酒糟、羊毛洗涤废水中提取钾盐;从海带中提取 $I_2$;从兽骨中提取 $CaHPO_4$ 等。

4-4 应用案例:铜的资源和废铜的回收(印刷电路板中铜的回收)

(5) 工业废料

工业生产中排出的废水、废气和废渣(称“三废”),是污染环境的根源,但含有大量的可用之物,如果与三废治理相结合,可以化害为利,变废为宝。例如,用硫酸厂的含 $SO_2$ 废气制 $NH_4HSO_3$;用电镀厂的含 Cr(Ⅵ)废水制 Cr(Ⅲ)盐;用水泥厂的窑灰制钾盐等。

## 4.1.2 材料的性能与组成、结构的关系

材料与经济建设、国防建设、人民生活密切相关,是人类赖以生存和发展的物质基础,与信息、能源一起被誉为当代文明的三大支柱。

材料是人类用于制造物品、机器或其他产品的物质,化学是研究物质的性质、组成及性质变化的科学,因此,材料的基础是化学。材料的性能取决于材料的元素组成和结构。下面我们从材料的元素组成、化学键类型、晶体结构及晶体缺陷四个方面讨论材料的元素组成、结构与性能三者的关系。

1. 材料性能与元素组成

从化学观点看,所有材料由元素单质及化合物组成。组成不同,便会得到物理、化学性质迥异的材料。因此,材料组成对于控制、改变材料性能,起着重要作用。

以钢铁为例,钢铁的主要成分是 Fe,根据其组成不同,可分为碳素钢和合金钢。在碳素钢中,C 含量对钢铁的机械性能起着重要作用,随着 C 含量的升高,碳素钢的硬度增加、韧性下降。不含 C 或 C 含量少于 0.04%的 Fe 称熟铁,其质软,韧性好,可锻打成型,也称锻铁,但不能作为结构材料使用。C 含量在 0.25%%~1.7%的 Fe 称为钢,具较高的强度和韧性,在工程上应用广泛。C 含量在 1.7%~4.5%的 Fe 称为生铁,表现为硬而脆,可浇铸成型,也称铸铁,如制造机床车身、内燃机汽缸等。

钢中加入比例极小的合金,可以对钢的性能产生很大影响,从而得到具有一些特殊性能的合金钢。例如,钢中加 Cr,能提高耐腐蚀性、抗氧化性,显著提高钢的强度、硬度和耐磨性,当 Cr 含量在 13%以上时,就成为耐蚀性强的不锈钢。钢中加 Ni,可提高钢的耐热性,Ni 含量 36%的镍钢几乎不热胀冷缩,可制造精密仪器零件。在钢中加 Mn,可提高钢的强度及对低温冲击的韧性,当 Mn 含量在 0.70%以上时就为锰钢。

2. 材料性能与化学键类型

化学键类型是决定材料性能的主要依据。材料根据其组成及物理化学属性不同,分为金属材料、有机高分子材料、非金属材料,起主要作用的是化学键类型。

金属材料主要由金属元素组成,以金属键为其中的基本结合方式,并以固溶体和合金形式出现。因此,这种材料表现出与金属键有关的特性,如具金属光泽、良好的导电导热性,较高的强度及硬度、良好的机械加工性能。但此类材料存在易腐蚀、高温下强度差等缺点。

无机非金属材料大多由非金属元素与金属元素所组成,以离子键或共价键为结合方式,以氧化物、碳化物等非金属化合物为表现形式,因而具有硬度大、熔点高、耐热性好、是热和

电的良好绝缘体等许多独特的性能。但此类材料存在脆性大、成型加工困难等缺点。

有机高分子材料主要是由以共价键为结合方式的碳氢化合物以“大分子链”组成的聚合物。这些“大分子链”长而柔曲，相互间以范德华力结合，或以共价键“交联”产生网状结构，或以线型分子链整齐排列而成高聚物晶体。因而此类材料具质轻、有弹性、韧性好、耐磨、耐腐蚀、电绝缘性好、不易传热、成型性能好等优点。但它们存在结合力较弱、耐热性差、易产生老化现象等缺点。

3. 材料性能与晶体结构

固体材料可分为晶体和非晶体(玻璃体)两类，材料的晶体类型与物质的性能关系密切。

例如，金刚石和石墨都由C原子构成，但因为C原子排列方式不同，导致很多物理性质有很大差异。金刚石属立方晶型，由于金刚石中的C—C键很强，所以金刚石硬度大、熔点极高；又因为所有的价电子参与共价键形成，没有自由电子，因此，金刚石不导电。而石墨为六方层状晶型，具完整的层状结构，可作为固体润滑剂；又因为同一平面层上的C原子各与一个P电子形成大π键，在电场作用下可以定向移动，因此，石墨是电的良导体。

不少晶格类型相同的物质也具有相似或相近的性质。如氮化硼BN与C元素为等电子体，也有立方和六方两种晶型。立方BN性质与金刚石相似，硬度接近10，有很好的化学稳定性和抗氧化性，用作高级磨料和切割工具。六方BN性质与石墨相似，质软，高温下稳定性好，若作为高温固体润滑剂，比石墨效果还好，故有“白色石墨”之称。

非晶体由于原子或分子呈不规则排列，呈现特殊性能。如非晶态金属材料，指在原子尺度上结构无序的一种金属材料，其特点是由液态到固态没有突变现象，因而表现出强度高而韧性好、耐腐蚀性好、磁性好等三大优异性能。

4. 材料性能与晶体缺陷

在材料组成和基本结构相同的情况下，固体结构中的缺陷对材料的性能产生明显影响。

理想完美的晶体中，原子按一定的顺序严格、有规则、周期性地重复排列。而实际晶体或多或少都有缺陷，这种晶体内部结构完整性受到破坏的所在位置称为晶体缺陷(crystal defects)。晶体缺陷按其延展程度不同，可分为点缺陷、线缺陷、面缺陷、体缺陷等。

如实际晶体中，晶格位置上缺失正常应有的质点而造成的空位、由于额外的质点充填晶格空隙而产生的填隙、由杂质成分的质点替代了晶格中固有成分质点的位置而引起的替位等缺陷，叫点缺陷。它只涉及晶格中个别点的缺陷，是固体中最简单的结构不完整。

晶体缺陷有时赋予材料特殊性能，使材料显示出特殊的电、磁、热和光学性质，发展为功能材料。例如，ZnS晶体是白色的。如果往晶体中掺入AgCl，$Ag^{+}$和$Cl^{-}$分别占据晶体中$Zn^{2+}$和$S^{2-}$的位置，造成晶体缺陷，破坏了ZnS晶体的周期性结构，使得杂质原子周围的电子能级与$Zn^{2+}$和$S^{2-}$周围不同。这种掺杂的ZnS晶体，在阴极射线激发下，放出波长为450 nm的荧光，可作为彩色电视荧光屏中的蓝色荧光粉。

## 4.2 金属及金属材料

4-5　微课:金属及金属材料

### 4.2.1 金属的分类

金属元素位于周期表各区中，按周期表分区为s区金属、p区元素、ds区金属、d区金属和 f 区金属。

(1) s 区金属

s 区金属包括ⅠA 族碱金属(锂 Li、钠 Na、钾 K、铷 Rb、铯 Cs 和钫 Fr)和ⅡA 族碱土金属(铍 Be、镁 Mg、钙 Ca、锶 Sr、钡 Ba 和镭 Ra)共 12 种元素,其中 Fr 和 Ra 是放射性元素。s 区金属的价电子构型为 $ns^{1\sim2}$。在同一周期中,它们具有较大的原子半径和较小的电离能、电负性,易失去外层电子,因此,均为典型的金属元素。其稳定氧化态的氧化数分别为+1 和+2。它们的化合物除 Li、Be 外大多为离子型化合物。

(2) p 区金属

p 区金属位于ⅢA～ⅥA 族元素的左下角,包括铝 Al、镓 Ga、铟 In、铊 Tl、锗 Ge、锡 Sn、铅 Pb、锑 Sb、铋 Bi、钋 Po 10 种元素,其中 Po 是放射性元素。p 区金属的价电子构型为 $ns^2np^{1\sim4}$。p 区金属元素由于其电负性相对 s 区金属元素要大,所以其金属性比碱金属和碱土金属要弱,Tl、Pb 和 Bi 的金属性较强,其他金属的单质、氧化物及其水合物均表现出两性。p 区金属元素在发生化学反应时,可以只有 p 电子参与反应,或者是 s、p 电子都参与反应,因而,p 区金属元素常有多种氧化态,且其氧化值相差为 2;高价氧化态化合物多数为共价化合物,部分低价氧化态的化合物离子性较强。

(3) ds 区金属

ds 区金属包括ⅠB 族铜族元素(铜 Cu、银 Ag、金 Au、Uuu)和ⅡB 族锌族元素(锌 Zn、镉 Cd、汞 Hg、Uub)共 8 种元素。ds 区金属的价电子构型为 $(n-1)d^{10}ns^{1\sim2}$。ds 区元素与相应的 s 区元素相比,其次外层有 18 个电子,由于 18 电子结构对核的屏蔽效应比 8 电子结构小得多,因此,ds 区元素的原子有效核电荷较多,最外层电子受核吸引比 s 区元素要强得多,原子半径小而电离能大,其活泼性远小于碱金属和碱土金属。铜族元素具有多种氧化数,它们失去 $ns$ 电子后,还能继续失去 $(n-1)d$ 电子,如 $Cu^{2+}$、Au(Ⅲ)等。锌族元素的氧化数一般为+2,只有 Hg 有+1 氧化数的化合物,但以双聚离子 $Hg_2^{2+}$ 形式存在,如 $Hg_2Cl_2$。由于 18 电子结构的离子,具有很强的极化能力和明显的变形性,所以 ds 区金属元素一方面容易形成共价性化合物。另一方面元素离子的 d、s、p 轨道能量相差不大,能级较低的空轨道较多,所以形成配合物的倾向也很显著。

(4) d 区金属

d 区金属包括元素周期表中部的ⅢB～ⅦB 族、Ⅷ族所有 30 种元素,按周期表位置可分为 6 个分族,分别为钪分族、钛分族、钒分族、铬分族、锰分族、Ⅷ族。d 区金属价层电子构型为 $(n-1)d^{1\sim10}ns^{1\sim2}$。d 区元素的最外层 s 电子和次外层 d 电子都是价电子,故 d 区元素有可变氧化数,通常有小于它们族数的氧化态,相邻两个氧化数的差值大多为 1。d 区元素的原子或离子都具有空的价电子轨道,对配位原子有较大的极化作用和吸引力,除了钪分族和钛分族外,都有较强的形成配合物的倾向,形成稳定的配合物。

(5) f 区金属

f 区金属包括周期表中镧系元素(原子序数 57～71)和锕系元素(原子序数 89～103)共 30 个元素。镧系元素中只有钷 Pm 是人工合成的,具有放射性。锕系元素均有放射性,铀 U 后元素为人工合成元素,称超铀元素。f 区金属元素的价电子构型为 $(n-2)f^{0\sim14}(n-1)d^{0\sim2}ns^2$。镧系元素彼此之间的相似性远大于同一过渡系 d 区元素成员之间的相似性,但锕系元素却不尽然。+3 氧化态是所有镧系元素的特征氧化态。由于 4f 电子层接近或保持全空、半充满及全满时的状态较稳定,因此,铈 Ce、镨 Pr、钕 Nd、铽 Tb、镝 Dy 存在+4 氧化态,钐 Sm、铕 Eu、铥 Tm、镱 Yb 呈现+2 氧化态,但都不稳定。

ds区、d区、f区元素统称为过渡金属(见表4-6)。同一周期的ds区、d区元素有许多相似性,如金属性递变不明显,原子半径、电离能等随原子序数增加,虽有变化但不显著,都反映出各元素间从左到右的水平相似性,因此也可将这些元素按周期分为4个系列,即位于周期表中第四周期的Sc到Zn称为第一过渡系元素,位于周期表中第五周期的Y到Cd称为第二过渡系元素,位于周期表中第六周期的La到Hg称为第三过渡系元素,位于周期表中第七周期的Ac到112号元素称为第四过渡系元素。此外,f区元素由于随着核电荷数的增加,电子依次填入外数第三层$(n-2)$f轨道,人们将镧系元素和锕系元素总称为内过渡元素。周期表中ⅢB族的Sc、Y和镧系元素(共17种元素)性质非常相似,并在矿物中共生在一起,总称为稀土元素。

4-6　知识点延伸:金属分类(按金属性质分)

表4-6　过渡元素的分类

| 分类 | ⅢB 钪分族 | ⅣB 钛分族 | ⅤB 钒分族 | ⅥB 铬分族 | ⅦB 锰分族 | Ⅷ Ⅷ族 | | | ⅠB 铜族 | ⅡB 锌族 |
|---|---|---|---|---|---|---|---|---|---|---|
| 第一过渡系 | Sc | Ti | V | Cr | Mn | Fe | Co | Ni | Cu | Zn |
| 第二过渡系 | Y | Zr | Nb | Mo | Tc | Ru | Rh | Pd | Ag | Cd |
| 第三过渡系 | La～Lu | Hf | Ta | W | Re | Os | Ir | Pt | Au | Hg |
| 第四过渡系 | Ac～Lr | Rf | Db | Sg | Bh | Hs | Mt | Uun | Uuu | Uub |

## 4.2.2　金属的冶炼

金属元素通常以氧化物、硫化物、卤化物、碳酸盐、磷酸盐、硫酸盐、硅酸盐及硼酸盐等化合态形式存在。表4-7为金属在自然界中的存在情况。

表4-7　金属在自然界中的存在情况

| 元素类别 | 存在形式 | 举例 |
|---|---|---|
| 活泼金属元素(ⅠA族、ⅡA族中的Mg) | 离子型卤化物为主 | 钠盐(NaCl)、钾盐(KCl)、光卤石($KCl \cdot MgCl_2 \cdot 6H_2O$) |
| 碱土金属(ⅡA族) | 难溶碳酸盐、硫酸盐为主 | 石灰石($CaCO_3$)、菱镁石($MgCO_3$)、白云石($CaCO_3 \cdot MgCO_3$)、方解石($CaCO_3$)、石膏($CaSO_4$)、重晶石($BaSO_4$) |
| 准金属元素及ds元素(ⅠB、ⅡB族) | 难溶硫化物为主 | 辉锑矿($Sb_2S_3$)、辉铜矿($Cu_2S$)、闪锌矿(ZnS)、辰砂(HgS) |
| 过渡金属(ⅢB～ⅦB、Ⅷ族) | 稳定的氧化物为主 | 金红石($TiO_2$)、铬铁矿($FeO \cdot Cr_2O_3$)、软锰矿($MnO_2$)、磁铁矿($Fe_3O_4$)、赤铁矿($Fe_2O_3$) |
| Hg、Ag、Au及铂系元素单质 | 单质 | 岩脉金、冲积金、天然铂矿(铂系金属共生,以铂为主)、锇铱矿(同时含钌和铑) |

绝大多数矿石多少含有杂质,主要是石英、石灰石和长石等,这些物质也称为脉石。因此,从矿石中提炼金属一般经过三大步骤:

矿石的富集⟶金属的冶炼⟶金属的精炼

本节主要介绍金属的冶炼。

4-7　知识点延伸:矿石的富集

矿石经富集后提炼金属的方法很多,工业上把金属从化合态变为游离态的过程称为金属冶炼(metal smelting),即采用还原的方法,使金属化合物中的金属离子得到电子变成金属单质。按冶炼过程不同,金属冶炼分为湿法冶金和干法(火法)冶金。湿法冶金是将矿石置于溶液中溶解、浸出,分离其中的金属组分,再用沉积、净化、电解等方式获得纯金属。火法冶金是将矿石在高温(常在高炉和电炉中进行)下还原为金属的过程,这是目前最主要的冶炼方法。

根据金属的化学性质、矿石的类型和经济效果,常用的冶炼方法有电解法、热还原法和热分解法。

1. 电解法冶炼

在金属活动性顺序表中,排在 Al 前面的活泼金属不能用一般还原剂使它们从化合物中还原出来,这些金属最适宜用电解法制取。电解是最强的氧化还原手段,任何离子化合物都可以通过电解法得到相应的金属。排在 Al 前面的几种活泼金属,如金属 Li、Na、Ca、Al 和 Mg 通常采用熔盐电解法生产;Al 以后的金属可以电解其盐的水溶液来制取。这种方法可以得到很纯的产品,但要消耗大量的电能,成本较高,工业上不大使用。

工业上常利用电解熔融 NaCl 制金属 Na。电解槽外有钢壳,内衬耐火材料,两极用隔膜分开(见图 4－3)。$Cl_2$ 从阳极区上部管道排出,Na 从阴极区出口流出。电解用的原料是 40% NaCl 和 60% $CaCl_2$ 混合盐。$CaCl_2$ 的主要作用是降低电解质熔点(混合盐的熔点约 873 K,电解操作温度 900 K),防止金属 Na 的挥发(NaCl 的熔点为 1073 K,Na 的熔点为 1156 K);同时,减少金属 Na 的分散性(熔融盐密度比金属 Na 大,为 2.5 $g \cdot cm^{-3}$;Na 的密度为0.97 $g \cdot cm^{-3}$),使析出的 Na 易浮在液面上。电解得到的 Na 约含有 1%的 Ca。电解熔融 NaCl 的电极反应如下所示。

$$\text{阴极(铸钢)}: 2Na^+ + 2e^- \longrightarrow 2Na$$

$$\text{阳极(石墨)}: 2Cl^- \longrightarrow Cl_2 + 2e^-$$

$$\text{总反应}: 2NaCl \longrightarrow Cl_2 + 2Na$$

Al 最有工业价值的矿物是铝土矿,铝土矿是氧化铝的水合物($Al_2O_3 \cdot xH_2O$)。工业上从铝土矿出发制取金属 Al,一般要经过 $Al_2O_3$ 的纯制和 $Al_2O_3$ 的熔融电解两步。电解熔融 $Al_2O_3$ 的电解槽采用石墨材料作阳极,铁质槽壳为阴极。图 4－4 为电解槽示意图。$Al^{3+}$ 在阴极放电生成金属 Al 沉积于槽底,$O^{2-}$ 在阳极放电生成的 $O_2$ 使石墨燃烧放出 CO 或 $CO_2$。电解在 1213～1253 K 的温度下进行,电极反应如下所示。

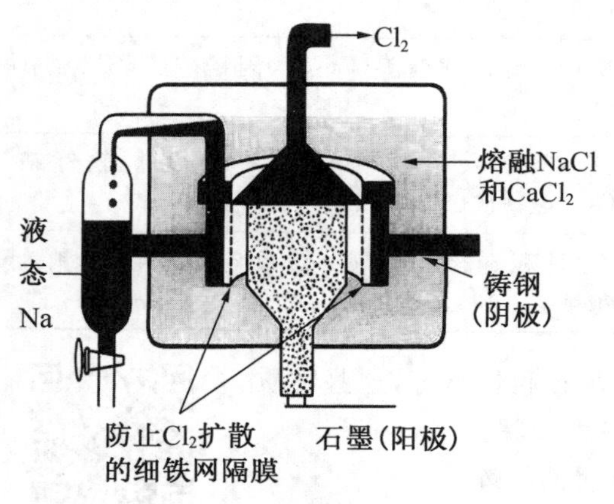


图 4－3　电解熔融氯化钠制钠

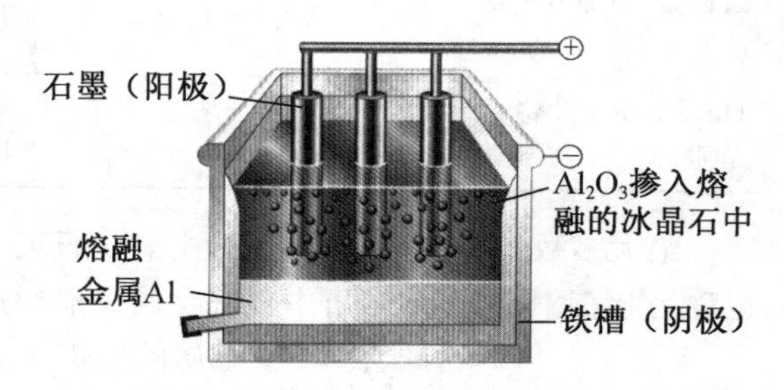


图 4－4　电解熔融氯化铝制铝电解槽

阴极：$Al^{3+}+3e^- \longrightarrow Al$

阳极：$C+2O^{2-} \longrightarrow CO_2+4e^-$

总反应：$2Al_2O_3 \longrightarrow 4Al+3O_2$

$Al_2O_3$ 的熔点很高(约 2273 K)，不宜直接用作电解质，需要合适的助熔剂才能减少在高温下电解的困难并降低能耗，通常是将提纯了的 $Al_2O_3$ 熔解在冰晶石($Na_3AlF_6$)中，使它的熔化温度降至 1173～1273 K。此外，还加入多种金属氟化物(如 $AlF_3$、$CaF_2$、LiF 和 $MgF_2$)以增加熔体的导电性、提高电流效率并减少氟向环境的飞逸。

2. 热还原法冶炼

大量的冶金过程属于这种方法。焦炭、CO、$H_2$ 和活泼金属(如 Al、Na)等都是良好的还原剂。

因焦炭资源丰富又价廉，焦炭热还原法是最经济的方法，Sn、Zn、Pb 和 Mn 等金属常用此法来制取。例如，Mn 主要用于生产含锰合金钢，作为合金成分时，主要以锰铁合金的形式加入，锰矿与铁矿一起投入高炉用焦炭还原得锰铁。

$$MnO_2+2C \longrightarrow Mn+2CO$$

如果矿石主要成分是碳酸盐，一般先将碳酸盐受热分解为氧化物，再用焦炭热还原法冶炼。例如，从碳酸锌矿石中提取 Zn。

$$ZnCO_3 \longrightarrow ZnO+CO_2$$

$$ZnO+C \longrightarrow Zn+CO$$

如果矿石以硫化物形式存在，通常要先将矿石在空气中焙烧，使之变成氧化物，再用焦炭还原。例如，从方铅矿中提取 Pb。

$$2PbS+3O_2 \longrightarrow 2PbO+2SO_2$$

$$PbO+C \longrightarrow Pb+CO$$

又如，Zn 主要矿物是闪锌矿(ZnS)，工业上通过焙烧锌的精矿(ZnS 含量 40%～60%)得到 ZnO，后者用碳高温还原得到金属 Zn。

$$2ZnS+3O_2 \longrightarrow 2ZnO+2SO_2$$

用焦炭作还原剂得到的金属往往混有焦炭和金属碳化物，得不到纯金属。工业上要制取不含焦炭的金属和某些稀有金属常用 $H_2$ 热还原法。生成热较小的氧化物，例如 CuO、$Fe_2O_3$、$Co_2O_3$ 等容易被 $H_2$ 还原成金属。如制备金属 W 和高纯度 Mo 时选用 $H_2$ 作还原剂。

$$WO_3+3H_2 \longrightarrow W+3H_2O$$

$$MoO_3+3H_2 \longrightarrow Mo+3H_2O$$

具有很大生成热的氧化物，例如 $Al_2O_3$、MgO、$ZrO_2$、$TiO_2$ 等，基本上不能被 $H_2$ 还原成金属，而通常采用金属热还原法。

Al、Ca、Mg、Na 等都是强还原剂，可用于冶炼金属。如何选择合适金属做还原剂，除采用 $\Delta_r G^{\ominus}$ 来判断反应可能性外，还要考虑还原能力强、容易处理、不和产品金属生成合金、可以得到高纯度的金属、其他产物容易和生成金属分离、成本尽可能低等几方面情况。

Al 是最常用的还原剂，这是由于 Al 是一种挥发性低和价廉的金属，生成 $Al_2O_3$ 的反应是强烈的放热反应。在 Al 和许多金属氧化物反应时，不必额外给反应混合物加热，只需将镁条等引燃剂点着，达到反应开始所需要温度即可。用 Al 与金属氧化物还原出金属的过程叫铝热法。例如，将 Al 粉和 $Fe_2O_3$、$Cr_2O_3$ 作用可得到 Fe、Cr。

$$Fe_2O_3+2Al \longrightarrow 2Fe+Al_2O_3$$

$$Cr_2O_3+2Al \longrightarrow 2Cr+Al_2O_3$$

Al 容易和许多金属生成合金，一般可采用调节反应物配比来尽量使 Al 完全反应而不残留在生成的金属中。Ca、Mg 一般不和各种金属生成合金，因此，可用作 Ti、Zr、Hf、V、Nb、Ta 等氧化物的还原剂。

有些金属氧化物很稳定，金属难被还原出来，可以用活泼金属还原金属卤化物来制备。例如，工业上生产金属 K 和金属 Ca 采用热还原法。K 沸点低易挥发，K 熔于熔融的 KCl 难以分离，在电解过程中产生的 $KO_2$ 与 K 会发生爆炸反应，因而熔盐电解法不能用于生产金属 K。K 的生产是将 Na 蒸气通入熔融 KCl 中(1033～1153 K)得到钾钠合金，再在一个分馏塔中加热钾钠合金，利用 K 在高温时较容易挥发(Na 的沸点为 1155.9 K，K 的沸点为 1032.9 K)经分级蒸馏法分离提纯得 K。

$$KCl + Na \longrightarrow NaCl + K$$

生产金属 Ca 的主要方法是在 1473 K 和真空条件下用金属铝还原 CaO，产生的 Ca 蒸气收集在冷凝装置中。这一方法能用来生产金属 Ca，是因为 Ca 蒸气挥发的同时，另一个反应产物 $Al_2O_3$ 形成没有挥发性的熔渣。

$$6CaO + 2Al \longrightarrow 3CaO \cdot Al_2O_3 + 3Ca$$

工业上生产 Ti 也采用热还原法。Ti 的化合物是第一过渡系中最难被还原为金属的化合物。例如 Cr、Mn、Fe 的氧化物均可被 C 还原，但在电化学法建立之前，还原 Ti 化合物只能采用价格昂贵的强还原剂(如金属 Na 和 Mg)。以金红石为原料制备金属 Ti 时，首先将 $TiO_2$ 和炭粉混合加热至 1000～1100 K，进行氯化处理，并使制得的 $TiCl_4$ 蒸气冷凝。

$$TiO_2 + 2C + 2Cl_2 \longrightarrow TiCl_4 + 2CO$$

然后，在 1070 K 下，用熔融的金属 Mg 在 Ar 气氛中还原 $TiCl_4$ 制得海绵 Ti，海绵 Ti 再经真空电弧熔炼得钛锭。

$$TiCl_4 + 2Mg \longrightarrow Ti + 2MgCl_2$$

此外，Ag 与 Au 等金属可用氰化法提炼。银矿和金矿中 Ag、Au 的含量往往较低，可采用氰化法提炼。用很稀的 NaCN 溶液(0.03%～0.2%)处理粉碎的矿石，使单质氧化形成 Ag(Ⅰ)和 Au(Ⅰ)配合物溶入水相。

$$4M + 8NaCN + 2H_2O + O_2 \longrightarrow 4Na[M(CN)_2] + 4NaOH \quad (M = Ag, Au)$$

$$Ag_2S + 4NaCN \longrightarrow 2Na[Ag(CN)_2] + Na_2S$$

然后，用金属 Zn 进行置换，使 Ag、Au 从溶液中析出。

$$2[M(CN)_2]^- + Zn \longrightarrow [Zn(CN)_4]^{2-} + 2M \quad (M = Ag, Au)$$

3. 热分解法冶炼

在金属活动性顺序表中，在 H 后面的某些金属(Au、Ag、Hg、铂系贵金属)，其氧化物热稳定性差，受热容易分解，加热矿石的方法就可以得到金属，因此可采用热分解法冶炼。如 HgO 和 $Ag_2O$ 加热发生下列分解反应：

$$2HgO \longrightarrow 2Hg + O_2$$

$$2Ag_2O \longrightarrow 4Ag + O_2$$

将辰砂(HgS)在空气中焙烧或与石灰共热，然后使 Hg 蒸馏出来：

$$HgS + O_2 \longrightarrow Hg + SO_2$$

$$4HgS + 4CaO \longrightarrow 4Hg + 3CaS + CaSO_4$$

碱金属的化合物，如亚铁氰化物、氰化物和叠氮化物，加热即能被分解成碱金属。

$$4KCN \longrightarrow 4K + 4C + 2N_2$$

$$2MN_3 \longrightarrow 2M + 3N_2 \quad (M = Na, K, Rb, Cs)$$

由于碱金属叠氮化物较易纯化，而且不易发生爆炸，因此，Rb、Cs 常用叠氮化物热分解法制备。

4-8　知识点延伸：金属的精炼

## 4.2.3　金属键的强度和物理性质

### 1. 金属的晶体结构

由 3.6.3 节可知，金属单质主要采取面心立方(fcc)、六方(hcp)和体心立方(bcc)这三种结构型式中的一种或几种。表 4-8 列出了金属单质的晶体结构。从表 4-8 可以看出，金属单质的晶体结构与该元素在周期表中的位置有一定的关系。例如，Na、Mg、Al 依次为 bcc、hcp 和 fcc 结构；ⅤB、ⅥB 副族单质是 bcc 结构，ⅦB 族的 Tc 和 Re 以及Ⅷ族的 Co、Ru 和 Os 都是 hcp 结构，Ⅷ族的 Rh、Ir、Ni、Pd 和 Pt 及ⅠB 族的 Cu、Ag、Au 都是 fcc 结构，这大体上重复了从 Na 到 Al 的变化。Engel-Brewer 金属价键理论认为，晶体结构与原子最外层的 s 与 p 电子有关系但与次外层 d 电子无关。例如，ⅤB 族、ⅥB 族单质在晶态时原子的电子层结构是 $d^4s^1$、$d^5s^1$，与碱金属一样在原子最外层只有 1 个 s 电子，所以都采用 bcc 结构；Tc 和 Re 的电子层结构是 $d^5s^2$，Co、Ru 和 Os 在固态时其原子最外层也是 2 个 s 电子，它们和 Mg 一样都采用 hcp 结构；晶态 Cu、Ag、Au 中，原子最外层有 2 个 s 电子和 1 个 p 电子而其 d 轨道并不是充满的，所以它们和 Al 一样都是 fcc 结构。

**表 4-8　金属单质的晶体结构**

| Li<br>bcc | Be<br>hcp | | | | | | | | | | | | | |
|---|---|---|---|---|---|---|---|---|---|---|---|---|---|---|
| Na<br>bcc | Mg<br>hcp | Al<br>fcc | | | | | | | | | | | | |
| K<br>bcc | Ca<br>bcc<br>fcc | Sc<br>bcc<br>hcp | Ti<br>bcc<br>hcp | V<br>bcc | Cr<br>bcc | Mn<br>bcc<br>fcc | Fe<br>bcc<br>fcc | Co<br>fcc<br>hcp | Ni<br>fcc | Cu<br>fcc | Zn<br>hcp | Ga<br>三方 | Ge<br>金刚石式 | |
| Rb<br>bcc | Sr<br>bcc<br>hcp<br>fcc | Y<br>bcc<br>hcp | Zr<br>bcc<br>hcp | Nb<br>bcc | Mo<br>bcc | Tc<br>hcp | Ru<br>hcp | Rh<br>fcc | Pd<br>fcc | Ag<br>fcc | Cd<br>hcp | In<br>四方 | Sn<br>四方<br>金刚石式 | Sb<br>三方 |
| Cs<br>bcc | Ba<br>bcc | La<br>bcc<br>fcc<br>hcp | Hf<br>bcc<br>hcp | Ta<br>bcc | W<br>bcc | Re<br>hcp | Os<br>hcp | It<br>fcc | Pt<br>fcc | Au<br>fcc | Hg<br>三方 | Tl<br>bcc<br>hcp | Pb<br>fcc | Bi<br>三方 |

许多金属在温度、压强变化时，可以发生结构形式的转变。如金属 Ca 室温下是 fcc 结构，但加热到 523 K 时即转变为 hcp 结构，在温度高于 737 K 时又以 bcc 结构型式存在。从能量方面看，bcc、hcp 和 fcc 三种结构方式差别不大，但 bcc 的堆积紧密程度稍小，使原子可以有较大的振幅，从而有较大的熵值，因此许多金属在高温时都采取 bcc 结构。

### 2. 金属键的强度

金属通过金属键(metallic bond)相结合。金属键就是物质内部质点间的相互作用力，即核和自由电子间的引力。金属键的强度源自金属的内聚力,可以用金属的升华热来衡量。升华热也称原子化热,是指单位物质的量的金属晶体转变为自由原子所需的能量,也就是拆散金属晶格所需的能量。

$$M(s) \longrightarrow M(g)$$

上述变化过程的反应热即为金属的升华热 $\Delta_r H^{\ominus}$(单位为 $kJ \cdot mol^{-1}$)。图 4-5 给出周期表中各金属在 298.15 K 时的升华热。

| s | | d | | | | | | | | | | p | | |
|---|---|---|---|---|---|---|---|---|---|---|---|---|---|---|
| Li 161 | Be 322 | | | | | | | | | | | | | |
| Na 108 | Mg 144 | | | | | | | | | | | Al 333 | | |
| K 90 | Ca 179 | Sc 381 | Ti 470 | V 515 | Cr 397 | Mn 285 | Fe 415 | Co 423 | Ni 422 | Cu 339 | Zn 131 | Ga 272 | | |
| Rb 80 | Sr 165 | Y 420 | Zr 593 | Nb 753 | Mo 659 | Tc 661 | Ru 650 | Rh 558 | Pd 373 | Ag 285 | Cd 112 | In 237 | Sn 301 | |
| Cs 79 | Ba 185 | La 431 | Hf 619 | Ta 782 | W 851 | Re 778 | Os 790 | Ir 669 | Pt 565 | Au 368 | Hg 61 | Tl 181 | Pb 195 | Bi 209 |

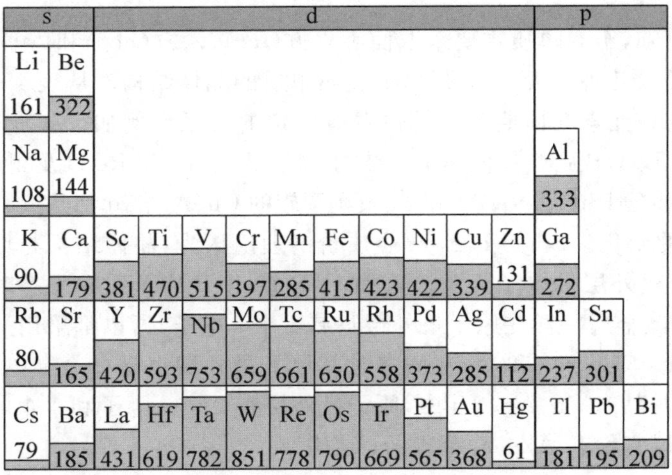

**图 4-5　周期表中各金属的升华热($kJ \cdot mol^{-1}$)**

影响金属的升华热的因素很多,主要包括:① 原子半径的大小。原子半径越大,则形成的金属键越弱,升华热越小。例如从 Li 到 Cs 金属键强度减弱,升华热递减。② 价电子数目。参与形成金属键的价电子数越多,则金属键越强,升华热越高。③ 过渡元素成单电子数。对过渡元素而言成单电子数越多,则金属键强度越大。许多过渡元素具有很高的升华热,就是因为它们有较多可供金属原子成键的 d 电子。

升华热是金属内部原子间结合力强弱的一种标志,集中地反映了单质的物理性质。金属单质的升华热越高,金属键越强,其熔点、沸点就越高,硬度也越大。由图 4-5 可见,过渡金属的升华热一般高于主族金属元素,升华热特高的那些元素处于第二、第三过渡系中部。因此,W 成为所有金属中升华热最高的(851 $kJ \cdot mol^{-1}$)。金属 W 由于在高温下挥发得极慢而被用作灯丝材料。Zn、Cd、Hg 明显不同于其他过渡元素,升华热接近于碱金属。Hg 和 Na 的蒸气被用于荧光灯(即日光灯)和路灯。常见金属在 298.15 K 时的升华热、熔点和沸点见表 4-9。

**表 4-9　常见金属的升华热、熔点和沸点**

| 金属 | $\Delta_r H^{\ominus}$ / ($kJ \cdot mol^{-1}$) | 熔点/ K | 沸点/ K |
|---|---|---|---|
| Li | 161 | 454 | 1620 |
| Na | 108 | 371 | 1156 |
| K | 90 | 337 | 1047 |
| Rb | 80 | 312 | 961 |
| Cs | 79 | 302 | 951 |
| Be | 322 | 1551 | 3243 |

续 表

| 金属 | $\Delta_r H^{\ominus}$/(kJ · mol$^{-1}$) | 熔点/K | 沸点/K |
|---|---|---|---|
| Mg | 144 | 922 | 1363 |
| Ca | 179 | 1112 | 1757 |
| Sr | 164 | 1042 | 1657 |
| Ba | 185 | 998 | 1913 |
| Al | 333 | 933 | 2740 |
| Ga | 272 | 303 | 2676 |
| Sc | 381 | 1812 | 3105 |
| Ti | 470 | 1941 | 3560 |
| V | 515 | 2173 | 3653 |
| Cr | 397 | 2148 | 2945 |
| Mn | 285 | 1518 | 2235 |
| Fe | 415 | 1808 | 3023 |
| Co | 423 | 1768 | 3143 |
| Ni | 422 | 1726 | 3005 |
| Cu | 339 | 1356 | 2840 |
| Zn | 131 | 693 | 1180 |

3. 金属的物理性质

4－9　知识点延伸：金属的物理性质

与非金属不同,金属内部原子间结合力的特殊性质决定金属具有某些共同的特征,例如,常温下都是固体(Hg 除外),具有金属光泽,大多数具优良的导电、导热性,富有延展性,密度较大,熔点较高。表 4－10 表明金属与非金属在物理性质上的不同。

**表 4－10　金属与非金属的比较**

| 性质 | 金属 | 非金属 |
|---|---|---|
| 延展性 | 大多具有展性和延性 | 大多不具有展性和延性 |
| 键型 | 固体金属大多属金属晶体 | 固体大多属分子型晶体 |
| 组成 | 蒸气分子大多是单原子的 | 分子大多是双原子或多原子的 |
| 状态 | 常温时,除了汞是液体外,其他金属都是固体 | 常温时,除了溴是液体外,有些是气体,有些是固体 |
| 密度 | 一般密度比较大 | 一般密度比较小 |
| 金属光泽 | 有金属光泽 | 大多没有金属光泽 |
| 导电、导热性 | 大多是热及电的良导体,电阻通常随着温度的增高而增大 | 大多不是热和电的良导体,电阻通常随温度的增高而减小 |

### 4.2.4　金属的化学性质

1. 与非金属反应

金属与非金属反应的难易程度,大致与金属活动性顺序相同。位于金属活动性顺序表前面的一些金属很容易与 $O_2$ 化合形成氧化物。碱金属在室温下能迅速地与空气中的 $O_2$ 反应,所以碱金属在空气中放置一段时,金属表面就生成一层氧化物;碱土金属活泼性略差,室温下这些金属表面缓慢生成氧化膜,它们在空气中加热才显著发生反应。Li、Ca 除生成氧化物外,还有氮化物生成。Na、K 在空气中稍微加热就燃烧起来;而 Rb 和 Cs 在室温下遇空气立即燃烧。

$$4M+O_2 \longrightarrow 2M_2O \quad (M=\text{碱金属})$$
$$2M+O_2 \longrightarrow 2MO \quad (M=\text{碱土金属})$$
$$6Li+N_2 \longrightarrow 2Li_3N$$
$$3Ca+N_2 \longrightarrow Ca_3N_2$$

因此,碱金属应存放在煤油中,因 Li 的密度最小,可以浮在煤油上,所以将其浸在液体石蜡或封存在固体石蜡中;在金属熔炼中常用 Li、Ca 等作为除气剂,除去熔融金属中的 $N_2$ 和 $O_2$。

位于金属活动性顺序表后面的一些金属在一定条件下能与 $O_2$ 化合形成氧化物。Cu 在常温下不与干燥空气中的氧化合,加热时能产生黑色的 CuO;在潮湿的空气中放久后,Cu 表面会慢慢生成一层铜绿。

$$2Cu+O_2+H_2O+CO_2 \longrightarrow Cu(OH)_2 \cdot CuCO_3$$

Zn 能在潮湿的空气中发生化学反应,形成致密保护膜。

$$2Zn+O_2+H_2O+CO_2 \longrightarrow Zn_2(OH)_2CO_3$$

Ag、Au 即使在炽热的情况下也很难与 $O_2$ 等非金属化合。空气中如含有 $H_2S$ 气体,跟 Ag 接触后,Ag 的表面上很快生成一层 $Ag_2S$ 的黑色薄膜,而使 Ag 失去白色光泽。

金属与 $O_2$ 反应的情况和金属表面生成的氧化膜的性质有很大的关系,有些金属如 Al、Cr 形成致密的氧化膜,阻止金属继续被氧化,这种氧化膜的保护作用叫钝化。在空气中 Fe 表面生成的氧化物结构疏松,因此,Fe 在空气中易被腐蚀形成铁锈。工业上常将 Fe 等金属表面镀 Cr、渗 Al,这样既美观,又能防腐。

$$4Fe+3O_2+2H_2O \longrightarrow 2(Fe_2O_3 \cdot H_2O)$$

2. 与水反应

在常温下纯水的 $c(H^+)=10^{-7}\ mol \cdot dm^{-3}$,其 $E^{\ominus}(H^+/H_2)=-0.41\ V$。因此,$E^{\ominus}<-0.41\ V$ 的金属都可能与 $H_2O$ 反应。

除 Li 外的碱金属元素与 $H_2O$ 的反应十分激烈。金属 Na 与 $H_2O$ 反应剧烈,反应放出的热使 Na 熔化成小球;K 与 $H_2O$ 的反应更激烈,并发生燃烧;Rb、Cs 与 $H_2O$ 剧烈反应并发生爆炸。反应剧烈的原因之一是金属的熔点低,反应中放出的热量足以使金属熔化,水分子容易通过熔体的表面与金属直接接触。

碱土金属也可以与 $H_2O$ 反应,但反应剧烈程度远不如碱金属。Be 能与水蒸气反应;Mg 只能与热水反应;而 Ca、Sr、Ba 与冷水就能比较剧烈地进行反应。

$$2M+2H_2O \longrightarrow 2M^++2OH^-+H_2 \quad (M=\text{碱金属})$$

$$M+2H_2O \longrightarrow M^{2+}+2OH^-+H_2 \quad (M=\text{碱土金属})$$

根据标准电极电势,Li 的活泼性应比 Na 更大,但实际上与 $H_2O$ 反应还不如 Na 剧烈。这是因为 Li 的熔点较高,反应时产生的热量不足以使它熔化,而 Na 与 $H_2O$ 反应时放出的热可以使 Na 熔化,固体 Li 与 $H_2O$ 接触的机会不如液态 Na;另外,反应产物 LiOH 的溶解度较小,它覆盖在 Li 的表面,阻碍了反应的进行。Mg 只能与热水反应也是因为 Mg 与 $H_2O$ 反应生成的 $Mg(OH)_2$ 不溶于 $H_2O$,覆盖在金属表面,在常温时使反应难以继续进行。

Fe 则须在炽热的状态下与水蒸气发生反应。

$$3Fe+4H_2O \longrightarrow Fe_3O_4+4H_2$$

3. 与酸反应

金属与酸的反应与金属的活泼性和酸的性质有关。一般 $E^\ominus<0$ 的金属都可以与非氧化性酸反应放出 $H_2$;$E^\ominus>0$ 的金属一般不容易被酸中的 $H^+$ 氧化,只能被具氧化性的酸氧化,或在氧化剂的存在下,与非氧化性酸反应。如 Cu 不和稀酸反应,但当有空气存在时,Cu 可缓慢溶解于 HCl、稀 $H_2SO_4$ 中;Cu 也易被 $HNO_3$、热浓 $H_2SO_4$ 等氧化性酸氧化而溶解。

$$2Cu+4HCl+O_2 \longrightarrow 2CuCl_2+2H_2O$$

$$2Cu+2H_2SO_4+O_2 \longrightarrow 2CuSO_4+2H_2O$$

$$Cu+4HNO_3(\text{浓}) \longrightarrow Cu(NO_3)_2+2NO_2+2H_2O$$

$$3Cu+8HNO_3(\text{稀}) \longrightarrow 3Cu(NO_3)_2+2NO+4H_2O$$

$$Cu+2H_2SO_4(\text{浓}) \longrightarrow CuSO_4+SO_2+2H_2O$$

Pt、Au 只能溶解在王水(浓 $HNO_3$ 与浓 HCl 体积比为 1∶3 的混合液)中。

$$3Pt+18HCl+4HNO_3 \longrightarrow 3H_2[PtCl_6]+4NO+8H_2O$$

$$Au+4HCl+HNO_3 \longrightarrow HAuCl_4+NO+2H_2O$$

金属与酸的反应还与生成物的性质有关。如 Pb 与 HCl、$H_2SO_4$ 因生成难溶物而不易发生反应。有些金属 Fe、Al、Cr 在浓 $HNO_3$、$H_2SO_4$ 中由于钝化而不发生作用。

$$Pb+2HCl \longrightarrow PbCl_2+H_2$$

$$Pb+H_2SO_4(\text{稀}) \longrightarrow PbSO_4+H_2$$

由上可知,Pb 并不是不与酸反应,而是由于产物难溶,使它不能继续与酸反应。因为 Pb 有此特性,所以化工厂或实验室常用它作耐酸反应器的衬里和贮存或输送酸液的管道设备。由于 Fe 的钝化作用,贮运浓 $HNO_3$ 的容器和管道也可用铁制品,并用铁桶盛放浓 $H_2SO_4$。

金属与酸的反应还与反应温度、酸的浓度有关。如浓 HCl 在加热时能与 Cu、Pb 反应,这是因为 $Cl^-$ 和 $Cu^+$、$Pb^{2+}$ 形成配离子$[CuCl_4]^{3-}$、$[PbCl_4]^{2-}$。

$$2Cu+8HCl(\text{浓}) \longrightarrow 2H_3[CuCl_4]+H_2$$

$$Pb+4HCl(\text{浓}) \longrightarrow H_2[PbCl_4]+H_2$$

金属 Ti 在室温下与稀 HCl、稀 $H_2SO_4$、稀 $HNO_3$ 都不作用,但能被浓 HCl、HF 侵蚀,Ti 更易溶于 $HF+HCl(H_2SO_4)$中,这是由于除浓酸与金属反应外,还利用了 $F^-$ 与 $Ti^{4+}$ 的配位反应,促进 Ti 的溶解。

$$2Ti+6HCl(\text{浓}) \longrightarrow 2TiCl_3+3H_2$$

$$Ti+6HF \longrightarrow 2TiF_6^{2-}+2H^++2H_2$$

对于有多种氧化态的金属,其产物取决于反应的温度和酸的浓度。

$$Sn+4HNO_3(\text{浓}) \longrightarrow H_2SnO_3+4NO_2+H_2O$$

$$4Sn(过量)+10HNO_3(冷稀) \longrightarrow 4Sn(NO_3)_2+NH_4NO_3+3H_2O$$

$$3Hg+8HNO_3(过量) \longrightarrow 3Hg(NO_3)_2+2NO+4H_2O$$

$$6Hg(过量)+8HNO_3 \longrightarrow 3Hg_2(NO_3)_2+2NO+4H_2O$$

4. 与碱反应

金属一般都不与碱起作用。Zn、Al、Ga、Sn 等两性金属能与强碱反应放出 $H_2$。

$$Zn+2NaOH+2H_2O \longrightarrow Na_2[Zn(OH)_4]+H_2$$

$$2Al+2NaOH+6H_2O \longrightarrow 2Na[Al(OH)_4]+3H_2$$

$$M+2OH^-+H_2O \longrightarrow MO_3^{2-}+2H_2 \quad (M=Ge,Sn)$$

Zn 也溶于 $NH_3 \cdot H_2O$；Al 不能与 $NH_3 \cdot H_2O$ 形成配离子，所以不溶于 $NH_3 \cdot H_2O$。此性质可用于区别金属 Al 和 Zn。

$$Zn+4NH_3+2H_2O \longrightarrow [Zn(NH_3)_4]^{2+}+H_2+2OH^-$$

在痕量杂质如过渡金属的盐类、氧化物和氢氧化物的存在下，碱金属和液氨之间能发生反应，生成氨基化物，并放出 $H_2$。

$$2Na+2NH_3 \longrightarrow 2NaNH_2+H_2$$

5. 与配位剂的作用

4－10 知识拓展：碱金属溶剂合电子

由于配合物的形成改变了金属的 $E^{\ominus}$ 值，从而影响元素的性质。在常温下，Cu 不能从 $H_2O$ 中置换出 $H_2$，但在适当配位剂存在时，反应就能够进行。

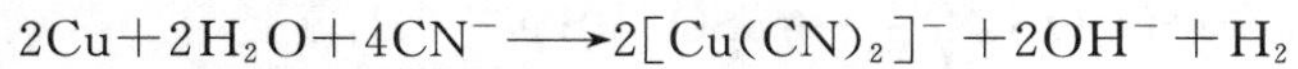

$$2Cu+2H_2O+4CN^- \longrightarrow 2[Cu(CN)_2]^-+2OH^-+H_2$$

如有 $O_2$ 参加，这类反应更易进行。

$$4M+2H_2O+8CN^-+O_2 \longrightarrow 4[M(CN)_2]^-+4OH^- \quad (M=Cu,Ag,Au)$$

这个反应是从矿石中提炼 Ag 和 Au 的基本反应。王水与 Au、Pt 的反应都与形成相应的配合物有关。

## 4.2.5 合金

合金(allay)是指两种或两种以上的金属(或若干种非金属)经熔合后，具有金属通性的一类物质，故可认为合金是具有金属特性的多种元素的混合物。我国是世界上最早研究和生产合金的国家之一，在商朝青铜(铜锡合金)工艺就已非常发达；公元前 6 世纪左右(春秋晚期)已锻打出锋利的剑(钢制品)。

合金比纯金属具有更多优良的性能。一般说来，许多合金的熔点低于其组分中任一种组成金属的熔点；合金的硬度比其组分中任一金属的硬度大；合金导电性和导热性低于任一组分金属。利用合金的这些特性，可以制造高电阻和高热阻材料，还可制造有特殊性能的材料，如在 Fe 中掺入 15% Cr 和 9% Ni 得到一种耐腐蚀的不锈钢，适用于化学工业。

合金一般有低共熔混合物、金属固溶体和金属互化物三种基本类型。

1. 低共熔混合物

两种或两种以上金属形成的非均匀混合物，它的熔点总比任一纯金属的熔点要低，这种合金称为低共熔混合物(eutectic mixture)。低共熔混合物的熔点称为低共熔温度或低共熔点。例如，Bi 的熔点为 544 K，Cd 的熔点为 594 K，铋镉合金的最低熔化温度是 413 K。

低共熔混合物并不限于二组分。例如，伍德合金是由 Bi(38%～50%)、Pb(25%～

31%)、Sn(12.5%～155%)和 Cd(12.5%～16%)四种金属形成的低共熔合金，它的熔点(333～343 K)比四个纯金属的熔点都低。

低共熔混合物并非化合物，原则上它可以被机械方法分离为纯组分。它具有比较特殊的致密结构，质量均匀，强度大，在冶金等方面有重要意义，如伍德合金常用于制造电路中的保险丝和防火帘的开关等。

2. 金属固溶体

金属固溶体(metallic solid solution)是指溶质原子溶入金属溶剂的晶格中所组成的晶体，即一种或者多种溶剂的固体溶液。两组分在液态下互溶，固态也相互溶解，且形成均匀一致的固溶体。固溶体中被溶组成物(溶质)可以有限地或无限地溶于基体组成物(溶剂)的晶格中，含量大者为溶剂，含量少者为溶质。

溶剂的晶格即为固溶体的晶格。按溶质原子在晶格中所处的位置不同，固溶体可分为置换固溶体、间隙固溶体和缺位固溶体。

当溶质元素含量很少时，固溶体性能与溶剂金属性能基本相同。但随溶质元素含量的增多，金属的强度和硬度升高，而塑性和韧性有所下降，这种现象称为固溶强化。适当控制溶质含量，可明显提高强度和硬度，同时仍能保证足够高的塑性和韧性，所以说固溶体一般具有较好的综合力学性能。因此，要求有综合力学性能的结构材料，几乎都以固溶体作为基本相，这就是固溶强化成为一种重要强化方法，在工业生产中得以广泛应用的原因。

4－11 知识点延伸：金属固溶体的类型

3. 金属互化物

当两种金属元素的电负性、电子构型和原子半径差别较大时则易形成金属互化物(intermetallic compound)。金属互化物有组成固定的“正常价”化合物和组成可变的电子化合物，它们的结构不同于单一金属。

碱金属在常温下能形成液态合金(77.2% K 和 22.8% Na，熔点 260.7 K)。它们由于具有较高的比热和较宽的液化范围而被用作核反应堆的冷却剂。

4－12 知识点延伸：金属互化物的类型

铜族金属之间以及和其他金属之间，都很容易形成合金。其中铜合金种类很多，如青铜(80% Cu、15% Sn、5% Zn)质坚韧、易铸造；黄铜(60% Cu、40% Zn)广泛用于制作仪器零件；白铜(50%～70% Cu、18%～20% Ni、13%～15% Zn)主要用于制作刀具等。

Zn、Cd、Hg 都能与其他金属形成合金。Hg 易与某些金属生成汞齐(金属溶解于 Hg 中形成的溶液)，当 Hg 的比例不同时可呈液态或糊状。Na 溶于 Hg 中即得液体合金钠汞齐(Na · $n$Hg)，钠汞齐既保持 Hg 的惰性，又保持 Na 的活性。Na 还原性强，反应猛烈，但钠汞齐却是平和的还原剂，反应不剧烈，容易控制。

$$2(Na \cdot nHg) + 2H_2O \longrightarrow 2NaOH + H_2 + 2nHg$$

Al 因形成一层致密的氧化膜，在空气中或水中稳定。如果在金属 Al 中滴加汞盐，即形成铝汞齐，在潮湿的空气中即长出胡须状的“白毛”，立即放出大量的热，若将铝汞齐投入水中，放出 $H_2$。这是因为 Hg 占据 Al 表面，使 Al 疏松。

$$3HgCl_2 + 2Al \longrightarrow 2AlCl_3 + 3Hg$$

$$Al + nHg \longrightarrow Al \cdot nHg$$

$$4Al \cdot nHg + 3O_2 + 2xH_2O \longrightarrow 2Al_2O_3 \cdot xH_2O(\text{白毛}) + 4nHg$$

$$2Al \cdot nHg + 6H_2O \longrightarrow 2Al(OH)_3 + 3H_2 + 2nHg$$

铁族金属不形成汞齐,因此可以用铁制容器盛水银。

液态的 Ti 几乎能溶解所有的金属,形成固溶体或金属互化物等各种合金。合金元素(如 Al、V、Zr、Sn、Si、Mo 和 Mn 等)的加入,可改善 Ti 的性能,以适应不同部门的需要。例如,Ti-Al-Sn合金有很高的热稳定性,可在相当高的温度下长时间工作。以 Ti-Al-V 合金为代表的超塑性合金,可以 50%~150%地伸长加工成型,其最大伸长可达到 2000%(而一般合金的塑性加工的伸长率最大不超过 30%)。最近合成的 Al-Ti 合金,比强度大,耐磨性好,耐蚀性比不锈钢高 100 倍,用于制造超音速飞机的机翼,不需氧化保护即可抵抗 1573 K 高温侵袭;用于制作叶轮和无冷却装置的喷口,可使发动机的拉力提高 25%,重量减轻 40%;用于制作气缸套、涡轮机部件,可使废气排出量减少一半,即便使用品质较低的燃料,发动机的使用寿命也将大大提高。

4-13 知识拓展:新型金属材料之形状记忆合金

金属合金与组成它的金属的性质常有较大差别。随着新技术、新工艺的发展,现已研制出多种新功能材料和结构材料,其中最典型的金属功能材料有非晶态金属、形状记忆合金、减振合金、超导材料、蓄氢合金、超微粉等;新型结构材料有超塑性合金、超高温合金等。这些金属材料性能优异,用途广泛,具有广阔的应用前景。

# 4.3 金属化合物

4-14 微课:金属氧化物及其水化物

## 4.3.1 氧化物

1. 晶体结构与物理性质

几乎所有金属能形成氧化物(oxide)。许多金属,特别是过渡元素金属,因为其有可变的氧化态而形成多种氧化物。如 Ge、Sn、Pb 有 $MO_2$ 和 MO 两类氧化物。Sb、Bi 的氧化物主要有两种形式,即+3 氧化态的 $Sb_4O_6$、$Bi_2O_3$ 和+5 氧化态的 $Sb_4O_{10}$、$Bi_2O_5$。Cu 的氧化物有+1 氧化态的 $Cu_2O$(砖红色)和+2 氧化态的 CuO(黑色);V 有+2、+3、+4、+5 氧化态的氧化物 VO(黑色)、$V_2O_3$(黑色)、$VO_2$(深蓝色)、$V_2O_5$(深红色)等。

Fe 有 FeO(黑色)、$Fe_3O_4$(红色)、$Fe_2O_3$(红色)三种氧化物。$Fe_3O_4$ 又称磁性氧化铁,$Fe_3O_4$ 中的 Fe 具有不同的氧化态,过去曾认为它是 FeO 和 $Fe_2O_3$ 的混合物。但经 X 衍射研究证明,$Fe_3O_4$ 是一种反式尖晶石结构,可写成$[Fe^{Ⅲ}(Fe^{Ⅱ}Fe^{Ⅲ})O_4]$。

Pb 有 PbO(橙黄色)、$Pb_2O_3$(橙色)、$Pb_3O_4$(鲜红色)、$PbO_2$(棕黑色)四种氧化物。$Pb_3O_4$ 俗称"铅丹"或"红丹",根据其结构它应属于铅酸盐,在它的晶体中既有 Pb(Ⅳ)又有 Pb(Ⅱ),化学式是$Pb_2[PbO_4]$。$Pb_3O_4$ 与 $HNO_3$ 反应得到 $PbO_2$。

$$Pb_3O_4 + 4HNO_3 \longrightarrow PbO_2 + 2Pb(NO_3)_2 + 2H_2O$$

这个反应说明了在 $Pb_3O_4$ 的晶体中有 $\frac{2}{3}$ 的 Pb(Ⅱ)和 $\frac{1}{3}$ 的 Pb(Ⅳ)。

绝大部分金属氧化物为离子化合物,固态是离子晶体。而离子晶体的熔点和沸点一般都很高,如 MgO 和 $\alpha-Al_2O_3$(俗称刚玉)具有高熔点,可作耐火材料。$Cr_2O_3$ 具有很高的硬度,可用作磨料和填充料。

$Al_2O_3$ 有多种变体,其中最为人们熟悉的是 $\alpha-Al_2O_3$、$\gamma-Al_2O_3$ 和 $\beta-Al_2O_3$,它们都是白色晶形粉末。自然界存在的刚玉为 $\alpha-Al_2O_3$,它可以由金属 Al 在空气中燃烧,或者灼烧氢氧化铝和某些铝盐(如硝酸铝、硫酸铝)而得到。$\alpha-Al_2O_3$ 晶体属六方紧密堆积构型,O 原子按六方紧密堆积方式排列,6 个 O 原子围成 1 个八面体,在整个晶体中有 $\frac{2}{3}$ 的八面体空隙为 Al 原子所占据。由于这种紧密堆积结构,加上晶体中 $Al^{3+}$ 与 $O^{2-}$ 之间的吸引力强,晶格能大,所以 $\alpha-Al_2O_3$ 的熔点[(2288±15) K]和硬度(8.8)都很高。它不溶于水,也不溶于酸或碱,耐腐蚀且电绝缘性好,常用作高硬度材料、研磨材料和耐火材料。$\gamma-Al_2O_3$ 又名活性氧化铝,不溶于水,可溶于酸、碱,具有强的吸附能力和催化活性,可作为吸附剂和催化剂载体。还有一种为 $\beta-Al_2O_3$,它有离子传导能力(允许 $Na^+$ 通过),以 β-铝矾土为电解质制成钠-硫蓄电池。这种蓄电池的单位质量的蓄电量大,能进行大电流放电,因而具有广阔的应用前景。

2. 酸碱性

根据氧化物对酸、碱反应的不同,可将金属氧化物分为碱性氧化物、两性氧化物及酸性氧化物。多数金属氧化物属于碱性氧化物;少数金属氧化物(如 $Al_2O_3$、ZnO、BeO、$Sb_2O_3$、$Sb_2O_5$、CuO、$Cr_2O_3$ 等)属于两性氧化物;个别氧化物(如 $Mn_2O_7$ 等)为酸性氧化物。金属氧化物的酸碱性一般有如下变化规律:

① 同周期元素氧化物从左到右碱性减弱。

| $Na_2O$ | MgO | $Al_2O_3$ |
|---|---|---|
| 强碱 | 中强碱 | 两性 |

② 同族、同价态元素氧化物从上到下碱性增强。以锗分族元素氧化物为例,其酸碱性见表 4-11。

**表 4-11　锗、锡、铅氧化物的酸碱性**

| 氧化物 | $GeO_2$ | $SnO_2$ | $PbO_2$ | GeO | SnO | PbO |
|---|---|---|---|---|---|---|
| 酸碱性 | 弱酸 | 两性偏酸 | 两性略偏酸 | 两性 | 两性略偏碱 | 两性偏碱 |
| 递变规律 | 从 Ge 到 Pb,氧化物的碱性递增,酸性递减;同一元素+4 氧化态化合物的酸性比+2 氧化态的强 | | | | | |

③ 同一元素多种价态的氧化物,随着氧化数的降低酸性减弱(或者碱性增强)。如不同氧化态的 Mn 的氧化物的酸碱性变化如表 4-12 所示。

**表 4-12　锰氧化物的酸碱性**

| 氧化态 | Ⅱ | Ⅲ | Ⅳ | Ⅵ | Ⅶ |
|---|---|---|---|---|---|
| 氧化物 | MnO | $Mn_2O_3$ | $MnO_2$ | $MnO_3$ | $Mn_2O_7$ |
| 酸碱性 | 碱性 | 碱性 | 两性 | 弱酸性 | 酸性 |

两性氧化物既能与酸反应又能与碱反应。如 $Cr_2O_3$ 是两性氧化物,溶于酸得 Cr(Ⅲ)盐,溶于强碱生成亚铬酸盐。

$$Cr_2O_3+3H_2SO_4 \longrightarrow Cr_2(SO_4)_3+3H_2O$$

$$Cr_2O_3+2NaOH+3H_2O \longrightarrow 2NaCr(OH)_4$$

3. 氧化还原性

具有多种氧化态的金属氧化物,高价态具有氧化性,低价态具有还原性。如铁系金属(Fe、Co、Ni)有+2 氧化态的 FeO、CoO、NiO 和+3 氧化态的 $Fe_2O_3$、$Co_2O_3$、$Ni_2O_3$。其+2 氧化态的氧化物具有还原性,因此,它们只能采用加热草酸盐在隔绝空气的条件下制得。由于 Co(Ⅲ)和 Ni(Ⅲ)具有强氧化性,除 $Fe_2O_3$ 外,$Co_2O_3$、$Ni_2O_3$ 被 HCl 溶解的同时还原为 Co(Ⅱ)和 Ni(Ⅱ)。

$$Fe_2O_3+6HCl \longrightarrow 2FeCl_3+3H_2O$$

$$Co_2O_3+6HCl \longrightarrow 2CoCl_2+Cl_2+3H_2O$$

$$Ni_2O_3+6HCl \longrightarrow 2NiCl_2+Cl_2+3H_2O$$

$PbO_2$ 呈褐色,是一种强氧化剂,在 $HNO_3$ 介质中能使 $Mn^{2+}$ 氧化为紫红色的 $MnO_4^-$,这个反应可用来鉴定 $Mn^{2+}$。在 HCl 介质中 $PbO_2$ 还可将 $Cl^-$ 氧化为单质 $Cl_2$。

$$2Mn^{2+}+5PbO_2+4H_3O^+ \longrightarrow 2MnO_4^-+5Pb^{2+}+6H_2O$$

$$PbO_2+4HCl(浓) \longrightarrow PbCl_2+Cl_2+2H_2O$$

$MnO_2$ 在中性介质中是稳定的,在酸性介质中是较强的氧化剂,本身被还原为 $Mn^{2+}$。例如 $MnO_2$ 与浓 HCl 共热可制备 $Cl_2$,而与浓 $H_2SO_4$ 共热能放出 $O_2$。因此,$MnO_2$ 常用作氧化剂和催化剂,被广泛用于干电池的制造,还常用于制造火柴、玻璃和其他锰的化合物。

$$MnO_2+4HCl(浓) \longrightarrow MnCl_2+Cl_2+2H_2O$$

$$2MnO_2+2H_2SO_4 \longrightarrow 2MnSO_4+O_2+2H_2O$$

$MnO_2$ 在碱性介质中可被一些强氧化剂氧化为 $MnO_4^{2-}$。$MnO_2$ 和 KOH 的混合物于空气中,或者与固体的 $KClO_3$、$KNO_3$ 一起共熔,可得到绿色的锰酸钾 $K_2MnO_4$。

$$2MnO_2+4KOH+O_2 \longrightarrow 2K_2MnO_4+2H_2O$$

$$3MnO_2+6KOH+KClO_3 \longrightarrow 3K_2MnO_4+KCl+3H_2O$$

碱金属与 O 可以组成多种氧化物,除普通氧化物 $M_2O$ 外,还有过氧化物 $M_2O_2$,超氧化物 $MO_2$ 和臭氧化物 $MO_3$。碱金属在过量的空气中燃烧时,生成不同类型的氧化物。如 Li 生成氧化锂 $Li_2O$;Na 生成过氧化钠 $Na_2O_2$;而 K、Rb、Cs 则生成超氧化物 $MO_2$。碱土金属一般只形成普通氧化物 MO;Ca、Sr、Ba 还可以形成过氧化物和超氧化物。干燥的 K、Rb、Cs 的氢氧化物固体与 $O_3$ 反应可生成臭氧化物 $KO_3$。

碱金属、碱土金属过氧化物中以 $Na_2O_2$ 最重要。将金属 Na 加热到 573 K,并通以不含 $CO_2$ 的干燥空气流,可以制得淡黄色的 $Na_2O_2$ 粉末。

$Na_2O_2$ 与 $H_2O$ 或稀酸反应生成 $H_2O_2$。

$$Na_2O_2+2H_2O \longrightarrow H_2O_2+2NaOH$$

$$Na_2O_2+H_2SO_4 \longrightarrow H_2O_2+Na_2SO_4$$

超氧化物与 $H_2O$ 反应,在生成 $H_2O_2$ 的同时放出 $O_2$。

$$2MO_2+2H_2O \longrightarrow H_2O_2+O_2+2MOH \quad (M=K,Rb,Cs)$$

臭氧化物则不同,与 $H_2O$ 反应不生成 $H_2O_2$。

$$4KO_3+2H_2O \longrightarrow 4KOH+5O_2$$

$Na_2O_2$、$KO_2$、$KO_3$ 可被用于高空飞行、潜水作业和地下采掘人员的 $CO_2$ 吸收剂和供氧剂，这一用途的依据是 $Na_2O_2$、$KO_2$ 与人体呼出的 $CO_2$ 之间发生如下反应。

$$2Na_2O_2 + 2CO_2 \longrightarrow O_2 + 2Na_2CO_3$$

$$4KO_2 + 2CO_2 \longrightarrow 3O_2 + 2K_2CO_3$$

在碱性介质中 $Na_2O_2$ 是强氧化剂，化学上常用 $Na_2O_2$ 与不溶于 $H_2O$ 和酸的矿石一起熔融使矿物氧化分解，例如 $Na_2O_2$ 与铬铁矿一起共熔，可将 Cr(Ⅲ)氧化为 Cr(Ⅵ)，用水浸取时，Cr(Ⅵ)便进入溶液。

$$2FeO \cdot Cr_2O_3 + 7Na_2O_2 \longrightarrow Fe_2O_3 + 4Na_2CrO_4 + 3Na_2O$$

$Na_2O_2$ 与软锰矿共熔时，将 $MnO_2$ 转化为可溶性的锰酸盐。

$$MnO_2 + Na_2O_2 \longrightarrow Na_2MnO_4$$

由于 $Na_2O_2$ 呈强碱性，熔矿时要使用铁制坩埚或镍制坩埚，因此，不能使用易被腐蚀的陶瓷、石英和铂制坩埚。熔融的 $Na_2O_2$ 遇到棉花、硫粉、铝粉等还原性物质会爆炸，使用时要特别小心。

## 4.3.2　氢氧化物

s 区金属氢氧化物(hydroxide)，除 $Be(OH)_2$ 为两性外，都是碱性氢氧化物。同族元素的氢氧化物由上而下碱性增大，碱金属氢氧化物的碱性强于同周期碱土金属氢氧化物。除 LiOH 外，其他碱金属氢氧化物在水中溶解度都较大，碱土金属氢氧化物在水中的溶解度比碱金属氢氧化物小得多，并且同族元素的氢氧化物的溶解度从上往下逐渐增大。碱土金属氢氧化物的酸碱性及在水中的溶解度见表 4-13。

**表 4-13　碱土金属氢氧化物的酸碱性及在水中的溶解度(293 K)**

| 氢氧化物 | $Be(OH)_2$ | $Mg(OH)_2$ | $Ca(OH)_2$ | $Sr(OH)_2$ | $Ba(OH)_2$ |
|---|---|---|---|---|---|
| 酸碱性 | 两性 | 中强碱 | 强碱 | 强碱 | 强碱 |
| 溶解度/($mol \cdot dm^{-3}$) | $8\times10^{-6}$ | $5\times10^{-4}$ | $2\times10^{-2}$ | $7\times10^{-2}$ | $2\times10^{-1}$ |

p 区元素主要氢氧化物的酸碱性见表 4-14。从表可知，其递变规律是同价态由上而下碱性增大，酸性减弱；同一元素氧化态越高，酸性越强，碱性越弱。

**表 4-14　p 区元素主要氢氧化物的酸碱性**

| 族号 | ⅢA | ⅣA | | ⅤA | | |
|---|---|---|---|---|---|---|
| 低价态氢氧化物<br>酸碱性 | $Al(OH)_3$<br>两性 | $Sn(OH)_2$<br>两性偏碱 | $Pb(OH)_2$<br>两性偏碱 | $H_3AsO_3$<br>两性偏酸 | $Sb(OH)_3$<br>两性略偏碱 | $Bi(OH)_3$<br>弱碱 |
| 高价态氢氧化物<br>酸碱性 | / | $Sn(OH)_4$<br>两性偏酸 | $Pb(OH)_4$<br>两性偏酸 | $H_3AsO_4$<br>中强酸 | $H[Sb(OH)_6]$<br>两性偏酸 | / |

具有两性的氢氧化物既溶于酸又溶于强碱。例如：

$$Al(OH)_3 + 3H^+ \longrightarrow Al^{3+} + 3H_2O$$

$$Al(OH)_3 + OH^- \longrightarrow [Al(OH)_4]^-$$

$$Sn(OH)_2 + 2HCl \longrightarrow SnCl_2 + 2H_2O$$

$$Sn(OH)_2 + 2NaOH \longrightarrow Na_2[Sn(OH)_4]$$

$$Pb(OH)_2 + 2HCl \longrightarrow PbCl_2 + 2H_2O$$
$$Pb(OH)_2 + NaOH \longrightarrow Na[Pb(OH)_3]$$

d区过渡元素的最高氧化态氢氧化物的酸碱性见表4-15。从表可知,同族由上而下碱性增大,酸性减弱;同周期从左到右,酸性越强,碱性越弱。其规律与主族相同。

**表4-15　d区过渡元素的最高氧化态氢氧化物的酸碱性**

| 族号 | ⅢB | ⅣB | ⅤB | ⅥB | ⅦB |
|---|---|---|---|---|---|
| 氢氧化物及其酸碱性 | $Sc(OH)_3$ 弱碱 | $Ti(OH)_4$ 两性 | $HVO_3$ 酸性 | $H_2CrO_4$ 强酸 | $HMnO_4$ 强酸 |
| | $Y(OH)_3$ 中强碱 | $Zr(OH)_4$ 两性偏碱 | $Nb(OH)_5$ 两性 | $H_2MoO_4$ 弱酸 | $HTcO_4$ 酸性 |
| | $La(OH)_3$ 强碱 | $Hf(OH)_4$ 两性偏碱 | $Ta(OH)_5$ 两性 | $H_2WO_4$ 弱酸 | $HReO_4$ 弱酸 |

低氧化态氢氧化物$M(OH)_2$、$M(OH)_3$一般呈碱性,规律性不强,碱性主要取决于其溶度积常数$K_{sp}^{\ominus}$。同一类型氢氧化物$K_{sp}^{\ominus}$越大,碱性越强;同一元素氧化态越高,酸性越强,碱性越弱。Cr、Mn各氧化态氢氧化物的酸碱性见表4-16。

**表4-16　铬、锰各氧化态氢氧化物的酸碱性**

| 族号 | Ⅱ | Ⅲ | Ⅵ | Ⅶ |
|---|---|---|---|---|
| 氢氧化物及其酸碱性 | $Cr(OH)_2$ 碱性 | $HCrO_2$ 两性 | $H_2CrO_4$ 酸性 | / |
| | $Mn(OH)_2$ 碱性 | $Mn(OH)_3$ 弱碱 | $H_2MnO_4$ 酸性 | $HMnO_4$ 强酸性 |

Fe、Co、Ni的氢氧化物有$M(OH)_2$、$M(OH)_3$两类(见表4-17)。

**表4-17　铁、钴、镍的氢氧化物**

| 元素 | Fe | Co | Ni |
|---|---|---|---|
| $\mathbf{M(OH)_2}$ | $Fe(OH)_2$ 白色 | $Co(OH)_2$ 粉红色 | $Ni(OH)_2$ 绿色 |
| $\mathbf{M(OH)_3}$ | $Fe(OH)_3$ 棕红色 | $Co(OH)_3$ 棕色 | $Ni(OH)_3$ 黑色 |

由于$Fe(OH)_2$易被空气中的$O_2$氧化,迅速由白色经灰绿色最终变为红棕色$Fe(OH)_3$。在同样条件下,$Co(OH)_2$的氧化缓慢得多。而使$Ni(OH)_2$氧化则需加入强氧化剂。由Fe、Co至Ni,$M(OH)_2$越来越不易被氧化的事实也符合同周期过渡元素氧化态稳定性变化的规律。

$$4Fe(OH)_2 + O_2 + 2H_2O \longrightarrow 4Fe(OH)_3$$
$$2Ni(OH)_2 + NaOCl + H_2O \longrightarrow 2Ni(OH)_3 + NaCl$$
$$2Ni(OH)_2 + Br_2 + 2NaOH \longrightarrow 2Ni(OH)_3 + 2NaBr$$

$Fe(OH)_3$溶于HCl的情况和$Co(OH)_3$、$Ni(OH)_3$不同。如$Fe(OH)_3$和HCl作用仅发生酸碱反应。而$Co(OH)_3$、$Ni(OH)_3$都是强氧化剂,它们与HCl反应时,能将$Cl^-$氧化成$Cl_2$。

$$Fe(OH)_3 + 3HCl \longrightarrow FeCl_3 + 3H_2O$$
$$2M(OH)_3 + 6HCl \longrightarrow 2CoCl_2 + Cl_2 + 6H_2O \quad (M=Co,Ni)$$

ds区元素主要氢氧化物有$Cu(OH)_2$、$Zn(OH)_2$、$Cd(OH)_2$,加热脱水得MO。AgOH、AuOH、$Hg(OH)_2$极不稳定,在常温下分解为氧化物。$Zn(OH)_2$具两性,$Cu(OH)_2$为两性偏碱性,而$Cd(OH)_2$显碱性。

$$M(OH)_2+2H^+ \longrightarrow M^{2+}+2H_2O \quad (M=Cu,Zn)$$

$$M(OH)_2+2OH^- \longrightarrow [M(OH)_4]^{2-} \quad (M=Cu,Zn)$$

4-15　应用案例:化学工业中"三酸二碱"之烧碱

$Cu(OH)_2$、$Zn(OH)_2$ 和 $Cd(OH)_2$ 都可溶于 $NH_3 \cdot H_2O$,形成 $[M(NH_3)_4](OH)_2$ 化合物。

$$M(OH)_2+4NH_3 \longrightarrow [M(NH_3)_4](OH)_2 \quad (M=Cu,Zn,Cd)$$

### 4.3.3　氢化物

4-16　微课:金属氢化物

元素与氢形成的二元化合物统称为氢化物(hidride)。氢化物按其结构与性质的不同大致可分为离子型(似盐型)氢化物、金属型氢化物、共价型(分子型)氢化物三类。各类氢化物在周期表中的分布见表4-18。氢化物分类的界线也不十分明确。例如,很难严格地将Be、Mg和Al的氢化物归入离子型氢化物或共价型氢化物的任一类。本节简要介绍离子型氢化物、金属型氢化物的性质,共价型氢化物将在5.2节中介绍。

表4-18　氢化物的分类

| | | | | | | | | | | | | | | | | | |
|---|---|---|---|---|---|---|---|---|---|---|---|---|---|---|---|---|---|
| Li | Be | | | | | | | | | | | B | C | N | O | F | Ne |
| Na | Mg | | | | | | | | | | | Al | Si | P | S | Cl | Ar |
| K | Ca | Sc | Ti | V | Cr | Mn | Fe | Co | Ni | Cu | Zn | Ga | Ge | As | Se | Br | Kr |
| Rb | Sr | Y | Zr | Nb | Mo | Tc | Ru | Rh | Pd | Ag | Cd | In | Sn | Sb | Te | I | Xe |
| Cs | Ba | La | Hf | Ta | W | Re | Os | Ir | Pt | Au | Hg | Tl | Pb | Bi | Po | At | Rn |
| 离子型氢化物 | 金属型氢化物 | | | | | | | | | | | | 共价型氢化物 | | | | / |

1. 离子型(似盐型)氢化物

碱金属和碱土金属(除Be、Mg外)在加热时能与 $H_2$ 直接化合,生成离子型氢化物。

$$2M+H_2 \longrightarrow 2MH \quad (M=碱金属)$$

$$M+H_2 \longrightarrow 2MH_2 \quad (M=Ca、Sr、Ba)$$

离子型氢化物中氢以 $H^-$ 形式存在,具有离子化合物特征。像典型的无机盐一样,离子型氢化物是具非挥发性、不导电并有明确结构的晶形固体化合物。

离子型氢化物有很高的反应活性,与 $H_2O$ 发生激烈的反应,生成金属氢氧化物,并同时放出 $H_2$。其反应的实质是 $H^-$ 与 $H_2O$ 电离出的 $H^+$ 结合成 $H_2$。

$$NaH+H_2O \longrightarrow H_2+NaOH$$

$$CaH_2+2H_2O \longrightarrow 2H_2+Ca(OH)_2$$

离子型氢化物都是极强的还原剂,尤其在高温之下可还原金属氯化物、氧化物和含氧酸盐。

$$TiCl_4+4NaH \longrightarrow Ti+4NaCl+2H_2$$

$$UO_2+CaH_2 \longrightarrow U+Ca(OH)_2$$

$$PbSO_4 + 2CaH_2 \longrightarrow PbS + 2Ca(OH)_2$$

离子型氢化物能与一些缺电子化合物(如 $AlCl_3$、$B_2H_6$ 等)结合成广泛用于有机合成和无机合成的复合氢化物。

$$4LiH + AlCl_3 \longrightarrow Li[AlH_4] + 3LiCl$$

离子型氢化物除用作还原剂外,在工业上还用作氢气源。例如,1 kg LiH 在标准状态下与 $H_2O$ 反应可以产生 2.8 $m^3$ 的 $H_2$。在实验室,LiH 还用来除去有机溶剂和惰性气体(如 $N_2$、Ar)中的微量 $H_2O$。目前最廉价且有实用价值的离子型氢化物是 $CaH_2$,市场上出售颗粒状商品,使用起来十分方便。

2. 金属型氢化物

周期表中 d 区和 f 区金属元素几乎都能形成金属型氢化物。金属型氢化物基本上保留着金属的外观特征,有金属光泽,具有导电性,它们的导电性随氢含量的改变而改变。这些氢化物还表现出其他金属性,如磁性等。在大多数情况下,金属型氢化物的性质与母体金属的性质非常相似,例如,它们都具有强还原性等。

从组成上看,金属型氢化物有的是整比化合物(如 $CrH_2$、NiH),有的是非整比化合物(如 $VH_{0.56}$、$TaH_{0.76}$、$ZrH_{1.75}$ 等)。

金属型氢化物的密度比母体金属的密度低。某些过渡金属能够可逆地吸收和释放 $H_2$。例如,室温下 1 体积钯(Pd)可吸收高达 700 体积的 $H_2$;在稍高温度下钯的氢化物又分解释放出 $H_2$。加热条件下能重新释放 $H_2$ 的性质使某些过渡金属或它们的合金成为有前途的贮氢材料。如 $LaNi_5$ 能形成氢化物 $LaNi_5H_6$,其含氢量大于同体积液氢的含氢量,因此,$LaNi_5$ 是较为理想的贮氢材料。市场上可以购得一种价格较低的低压贮氢材料 $FeTiH_x$($x<1.95$),该材料已代替油箱用作试验性机动车的能源。

**4-17　知识拓展:新型金属材料之贮氢合金**

## 4.3.4　硫化物

金属元素与硫形成的化合物称为硫化物(sulfide)。在金属硫化物中,碱金属(包括 $NH_4^+$)的硫化物和 BaS 易溶于水,其余大多数硫化物都难溶于水,并具有特征的颜色。这是由于 $S^{2-}$ 的半径比较大,因此变形性较大,使金属硫化物更具共价性。显然,金属离子的极化作用越强,其硫化物溶解度越小。根据金属硫化物溶解情况的不同,可以把它们分为四类,见表 4-19。

**表 4-19　硫化物的分类**

| 类别 | 溶于稀 HCl | | 难溶于稀 HCl | | | | |
|---|---|---|---|---|---|---|---|
| | | | 溶于浓 HCl | | 难溶于浓 HCl | | |
| | | | | | 溶于浓 $HNO_3$ | | 仅溶于王水 |
| 硫化物及其颜色 | MnS 肉色 | CoS 黑色 | SnS 褐色 | $Sb_2S_3$ 橙色 | CuS 黑色 | $As_2S_3$ 黄色 | HgS 黑色 |
| | ZnS 白色 | NiS 黑色 | $SnS_2$ 黄色 | $Sb_2S_5$ 橙色 | $Cu_2S$ 黑色 | $As_2S_5$ 黄色 | $Hg_2S$ 黑色 |
| | FeS 黑色 | | PbS 黑色 | CdS 黄色 | $Ag_2S$ 黑色 | | |
| | | | $Bi_2S_3$ 暗棕色 | | | | |

难溶金属硫化物在酸中的溶解情况与溶度积常数的大小有一定关系。若使它们溶解，必须使金属硫化物的离子积 $Q$ 小于该金属硫化物的 $K_{sp}^{\ominus}$，而离子积 $Q$ 随着金属离子浓度、硫离子浓度的减少而降低，可用控制溶液酸度的方法使一些金属硫化物溶解。

$K_{sp}^{\ominus}>10^{-24}$ 的硫化物，如 MnS、CoS、NiS、FeS 及 ZnS 等可溶于稀 HCl。

$$ZnS+2H^{+}\longrightarrow Zn^{2+}+H_2S$$

$K_{sp}^{\ominus}=10^{-25}\sim10^{-30}$ 的硫化物，如 SnS、PbS、CdS 等不溶于稀 HCl，但与浓 HCl 作用除产生 $H_2S$ 气体外，还生成配合物，降低了金属离子浓度，从而降低了离子积 $Q$。

$$PbS+4HCl\longrightarrow H_2[PbCl_4]+H_2S$$

$K_{sp}^{\ominus}<10^{-30}$ 的硫化物，如 CuS、$Ag_2S$、$As_2S_3$ 等不溶于 HCl，但与浓 $HNO_3$ 发生氧化还原反应，溶液中的 $S^{2-}$ 被氧化为 S，导致 $S^{2-}$ 浓度大为降低而溶解。

$$3CuS+8HNO_3\longrightarrow 3Cu(NO_3)_2+3S+2NO+4H_2O$$

$K_{sp}^{\ominus}$非常小的 HgS 只能溶于王水，在王水中不仅 $S^{2-}$ 被氧化为 S，还能使 $Hg^{2+}$ 与 $Cl^-$ 结合，同时降低 $S^{2-}$ 和 $Hg^{2+}$，从而使硫化物溶解。

$$3HgS+2HNO_3+12HCl\longrightarrow 3H_2[HgCl_4]+3S+2NO+4H_2O$$

由于 $S^{2-}$ 是弱酸根，所以无论是易溶硫化物还是难溶硫化物，都有不同程度的水解作用。高价金属硫化物几乎完全水解。

$$Al_2S_3+6H_2O\longrightarrow 2Al(OH)_3+3H_2S$$

因此，$Al_2S_3$、$Cr_2S_3$ 等硫化物在水溶液中是不存在的，制备这些硫化物必须用干法，如用金属铝粉与硫粉直接化合生成 $Al_2S_3$。

根据金属硫化物溶解情况，在分析化学定性分析金属离子时建立了“硫化氢系统分析法”。当多种离子共存时，阳离子的定性分析多采用系统分析法，即首先利用它们的某些共性，按照一定顺序加入若干种试剂，将离子一组一组地分批沉淀出来，分成若干组，然后在各组内根据它们的差异进一步分离和鉴定。

4-18　应用案例：化学定性分析之硫化氢系统分析法

## 4.3.5　卤化物

卤化物(halide)是指卤素与电负性比它低的元素形成的二元化合物。所有金属元素和绝大多数非金属元素都能与卤素形成卤化物。按组成的元素不同，卤化物可分为金属卤化物和非金属卤化物；按组成卤化物的键型不同，卤化物可分为离子型卤化物和共价型卤化物。为讨论方便，本节在介绍金属卤化物的同时将非金属卤化物(氢的卤化物除外)一并列入，介绍卤化物的键型规律和性质共性，同时介绍无水金属卤化物的制备方法。

1. 卤化物的键型

所有金属都能形成卤化物。一般说来，碱金属、碱土金属(Be 除外)以及镧系、锕系元素的卤化物大多属于离子型或接近离子型卤化物，如 NaX、$CaCl_2$、$BaCl_2$、$LaCl_3$ 等。低氧化态的过渡元素与卤素形成离子型卤化物，如 $FeCl_2$ 等。离子型卤化物在常温下是固态，具有较高的熔点和沸点，能溶于极性溶剂，在溶液及熔融状态下均导电。

B、C、Si、N、H、S、P 等非金属卤化物均为共价型。此外，部分金属(特别是高氧化态的金属)卤化物也为共价型卤化物，如 AgCl、$FeCl_3$、$SnCl_4$、$TiCl_4$ 等。三氯化铝溶于有机溶剂或处于熔融状态时都以共价的双聚 $Al_2Cl_6$ 分子形式存在，因为 $AlCl_3$ 中的 Al 是缺电子原子，

Cl 原子有孤对电子，Al 倾向于接受电子对形成 $sp^3$ 杂化轨道，两个 $AlCl_3$ 分子间发生 Cl→Al 的电子对给予而配位，形成具有桥式结构的双聚 $Al_2Cl_6$ 分子(见图 4-6)。氯化铜是共价化合物，其结构为由 $CuCl_4$ 平面组成的长链(见图 4-7)。共价型卤化物在常温时是气体或易挥发的固体，具有较低的熔、沸点，易溶于有机溶剂，难溶于水，熔融时不导电。

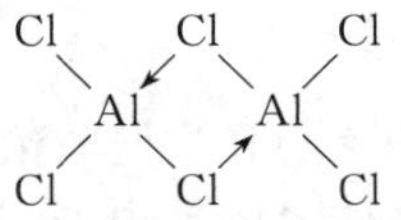

**图 4-6　$Al_2Cl_6$ 分子的结构**

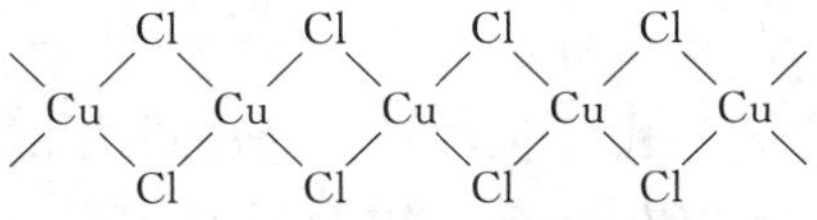

**图 4-7　$CuCl_2$ 分子的结构**

金属卤化物属离子型还是属共价型与阳、阴离子极化作用有关。如极化作用较强的 $Ag^+$ 形成的 AgF，由于 $F^-$ 几乎不变形，表现为离子化合物。$Cl^-$、$Br^-$ 尤其是 $I^-$ 在极化作用强的 $Ag^+$ 作用下，可发生不同程度的变形，因而化合物具有相应的共价性质。又如 $FeCl_2$ 为离子型，$FeCl_3$ 为共价型。

2. 卤化物的性质

卤化物的性质主要表现在其水解性，卤化物与 $H_2O$ 的作用存在以下三种情况。

① 金属卤化物中碱金属、碱土金属卤化物多数为离子型，易溶于水，对应氢氧化物是强碱，因而不发生水解。

② 其他金属卤化物对应氢氧化物不是强碱的都易水解，产物为氢氧化物或碱式盐，所以，配制这类溶液时必须用相应酸溶解，防止发生水解。

$$SnCl_2 + H_2O \longrightarrow Sn(OH)Cl + HCl$$

$$SbCl_3 + H_2O \longrightarrow SbOCl + 2HCl$$

$$BiCl_3 + H_2O \longrightarrow BiOCl + 2HCl$$

③ 溶于水的非金属卤化物往往发生强烈水解，大多生成非金属含氧酸和卤化氢。$NCl_3$ 水解产物与同族的 $PCl_3$ 不同，是由于亲核体(水中的氧)进攻 $PCl_3$ 中的 P 形成中间产物，而进攻 $NCl_3$ 时只能进攻 $NCl_3$ 中的 Cl。

$$NCl_3 + 3H_2O \longrightarrow NH_3 + 3HOCl$$

$$PCl_3 + 3H_2O \longrightarrow H_3PO_3 + 3HCl$$

$ZnCl_2$ 水解呈酸性，其浓溶液称为“熟镪水”，被用于金属焊接中消除表面氧化物。这不仅仅是因为 $ZnCl_2$ 水解而呈酸性，且 $ZnCl_2$ 在浓溶液中以配酸 $H[ZnCl_2(OH)]$ 形式存在，其酸性较强，足以溶解金属氧化物来消除金属表面氧化物。

$$ZnCl_2 + H_2O \longrightarrow H[ZnCl_2(OH)]$$

$$FeO + 2H[ZnCl_2(OH)] \longrightarrow Fe[ZnCl_2(OH)]_2 + H_2O$$

焊接时，$ZnCl_2$ 浓溶液不损害金属表面，而且水分蒸发后，熔化的盐覆盖在金属表面，使之不再氧化，能保证焊接金属的直接接触。

卤化物的性质随元素在周期表中的位置呈现某种规律性变化，这种变化是成键状况和结构的一种反映。卤化物的键型和性质的递变规律如下：

① 同周期卤化物的键型，从左到右，阳离子电荷数增大，离子半径减小，由离子型向共价型过渡。例如，第三周期元素的氟化物性质和键型见表 4-20。

表 4-20 第三周期元素的氟化物的性质和键型

| 氟化物 | $NaF$ | $MgF_2$ | $AlF_3$ | $SiF_4$ | $PF_5$ | $SF_6$ | $ClF_5$ |
| --- | --- | --- | --- | --- | --- | --- | --- |
| 熔点/℃ | 993 | 1250 | 1040 | −90 | −83 | −51 | −103 |
| 沸点/℃ | 1695 | 2260 | 1260 | −86 | −75 | −64(升华) | −13 |
| 熔融态导电性 | 易 | 易 | 易 | 不能 | 不能 | 不能 | 不能 |
| 键型 | 离子型 | 离子型 | 离子型 | 共价型 | 共价型 | 共价型 | 共价型 |

② 同一金属不同卤化物的键型,随着卤素半径的增大,极化率增大,共价成分增多。表4-21为 $AlX_3$ 的性质和键型。

表 4-21 $AlX_3$ 的性质和键型

| 卤化物 | $AlF_3$ | $AlCl_3$ | $AlBr_3$ | $AlI_3$ |
| --- | --- | --- | --- | --- |
| 熔点/℃ | 1040 | 190(加压) | 98 | 191 |
| 沸点/℃ | 1260 | 178(升华) | 263 | 360 |
| 熔融态导电性 | 易 | 难 | 难 | 难 |
| 键型 | 离子型 | 共价型 | 共价型 | 共价型 |

③ 同族元素卤化物的键型,自上而下,由共价型向离子型过渡。如氮族元素氟化物的性质和键型见表4-22。

表 4-22 氮族元素的氟化物性质和键型

| 氟化物 | $NF_5$ | $PF_5$ | $AsF_5$ | $SbF_5$ | $BiF_5$ |
| --- | --- | --- | --- | --- | --- |
| 熔点/℃ | −207 | −152 | −85 | 292 | 727 |
| 沸点/℃ | −129 | −102 | −63 | 319(升华) | 103(升华) |
| 熔融态导电性 | 不能 | 不能 | 不能 | 难 | 易 |
| 键型 | 共价型 | 共价型 | 共价型 | 过渡型 | 离子型 |

④ 不同氧化态的同一金属卤化物,低氧化态卤化物比高氧化态卤化物有较多的离子性。表4-23为不同氧化态卤化物的性质和键型。

表 4-23 不同氧化态卤化物的性质和键型

| 卤化物 | $SnCl_2$ | $SnCl_4$ | $PbCl_2$ | $PbCl_4$ |
| --- | --- | --- | --- | --- |
| 熔点/℃ | 247 | −33 | 501 | −15 |
| 沸点/℃ | 652 | 114 | 950 | 105 |
| 键型 | 离子型 | 共价型 | 离子型 | 共价型 |

3. 无水金属卤化物的制备

无水金属卤化物(特别是氯化物)不仅具有重要的工业用途,而且也是实验室合成许多重要无机化合物的起始物。无水金属氯化物制备的基本途径有以下几种。

① 以金属为起始物的反应,例如:

$$2Al + 3Cl_2 \longrightarrow 2AlCl_3$$

② 以金属氧化物为起始物的反应,例如:

$$TiO_2 + 2C + 2Cl_2 \longrightarrow TiCl_4 + 2CO$$

$$ZrO_2 + 2CCl_4 \longrightarrow ZrCl_4 + 2COCl_2$$

在制备无水 $TiCl_4$ 的反应中,C 的加入能大大降低反应温度。通常是将氧化物与煤粉制成团球,然后在高温下通入 $Cl_2$ 反应,反应中生成的 $TiCl_4$ 蒸气经冷凝成为液体,从而与杂质得到分离。

③ 以水合金属氯化物为起始物的脱水反应。在空气中或干燥空气流中,因金属卤化物水解通常只能得到氯氧化物或氧化物,例如 $FeCl_3 \cdot 6H_2O$ 完全水解得到 $Fe_2O_3$。

$$2FeCl_3 \cdot 6H_2O \longrightarrow Fe_2O_3 + 6HCl + 3H_2O$$

用干燥 HCl 气流代替干燥空气流,或加入亚硫酰氯都能抑制水解,从而生成无水卤化物。

$$FeCl_3 \cdot 6H_2O \xrightarrow{HCl} FeCl_3 + 6H_2O$$

$$FeCl_3 \cdot 6H_2O + 6SOCl_2 \longrightarrow FeCl_3 + 6SO_2 + 12HCl$$

## 4.3.6 盐类

s 区、p 区金属通常以简单阳离子形式与酸根形成硝酸盐、硫酸盐、碳酸盐和磷酸盐等;但有些 d 区金属(如ⅤB、ⅥB、ⅦB 金属)也能形成含氧酸盐。

1. 晶型和溶解性

绝大多数金属的盐类是离子晶体,它们的熔点均较高。由于 $Li^+$、$Be^{2+}$、d 区金属、p 区高价金属极化作用较强,使得它们的某些盐(如卤化物)具有较明显的共价性。

绝大部分钠盐、钾盐、铵盐以及酸式盐都溶于水。其他含氧酸盐因其共价性或因其晶格能大而难溶于水,在水中的溶解性可归纳如下。

① 硝酸盐:都易溶于水,且溶解度随温度的升高而迅速地增加。

② 硫酸盐:大部分溶于水,但 $SrSO_4$、$BaSO_4$ 和 $PbSO_4$ 难溶于水,$CaSO_4$、$Ag_2SO_4$ 和 $Hg_2SO_4$ 微溶于水。

③ 碳酸盐:大多数都不溶于水,其中又以 $Ca^{2+}$、$Sr^{2+}$、$Ba^{2+}$、$Pb^{2+}$ 的碳酸盐最难溶。

④ 卤化物:大部分溶于水,但 AgX、$Hg_2Cl_2$ 难溶于水,$PbCl_2$、$HgCl_2$ 微溶于水。

⑤ 磷酸盐:大多数都不溶于水。

少数碱金属盐也是难溶盐,它们的难溶盐一般都是由大的阴离子组成。常见的难溶钠盐有白色粒状的六羟基锑酸钠 $Na[Sb(OH)_6]$,黄绿色结晶醋酸双氧铀酰锌钠 $NaZn(UO_2)_3(CH_3COO)_9 \cdot 9H_2O$。常见的难溶钾盐有高氯酸钾 $KClO_4$(白色)、酒石酸氢钾 $KHC_4H_4O_6$(白色)、六氯合铂(Ⅱ)酸钾 $K_4[PtCl_6]$(淡黄色)、钴亚硝酸钠钾 $K_2Na[Co(NO_2)_6]$(亮黄色)、四苯硼酸钾 $K[B(C_6H_5)_4]$(白色)。Na、K 的一些难溶盐常用于鉴定 $Na^+$、$K^+$。

2. 形成结晶水及复盐的倾向

一般来说,离子越小,所带的电荷越多,则作用于水分子的电场越强,它的水合热越大。碱金属离子具有最大的半径、最少的离子电荷,故它的水合热常小于其他离子。碱金属离子

的水合能力从 $Li^+$ 到 $Cs^+$ 是降低的,这也反映在盐类形成结晶水合物的倾向上。例如,钠盐的吸湿性比钾盐强,容易形成结晶水合物,如 $Na_2SO_4 \cdot 10H_2O$、$Na_2HPO_4 \cdot 12H_2O$、$Na_2S_2O_3 \cdot 5H_2O$ 等。因此,化学分析工作中常用的标准试剂许多是钾盐,如用邻苯二甲酸氢钾标定碱液浓度,用 $K_2Cr_2O_3$ 标定还原剂溶液的浓度。在配制炸药时用 $KNO_3$ 或 $KClO_3$,而不用相应的钠盐。但化学工业上,因钠的化合物价格比钾的化合物要便宜得多,一般都使用钠的化合物,而不是钾的化合物。

硫酸铜的五水合物 $CuSO_4 \cdot 5H_2O$ 俗名胆矾,为蓝色斜方晶体,其水溶液也呈蓝色,故也称蓝矾。它可由热浓 $H_2SO_4$ 与金属 Cu 反应制得。

$$Cu + 2H_2SO_4 \longrightarrow CuSO_4 + SO_2 + 2H_2O$$

在 $CuSO_4 \cdot 5H_2O$ 中,5 个 $H_2O$ 分子具有 2 种不同的化学环境:4 个 $H_2O$ 分子配位于 $Cu^{2+}$,第 5 个 $H_2O$分子以氢键形成与 2 个配位 $H_2O$ 分子和 $SO_4^{2-}$ 结合(见图 4-8)。

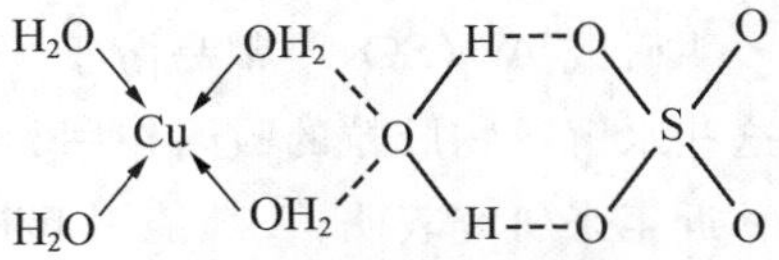

**图 4-8 $CuSO_4 \cdot 5H_2O$ 的结构**

$CuSO_4 \cdot 5H_2O$ 在不同温度下可逐步失水,在 375 K 时得 $CuSO_4 \cdot 3H_2O$,在 386 K 时得 $CuSO_4 \cdot H_2O$,在 531 K 时得到 $CuSO_4$。无水 $CuSO_4$ 为白色粉末,不溶于乙醇和乙醚,其吸水性很强,吸水后显出特征的蓝色。可利用这一性质来检验乙醇、乙醚等有机溶剂中的微量水分,也可以用无水 $CuSO_4$ 除去这些有机物中少量的水分(作干燥剂)。

$CuSO_4$ 是制备其他含铜化合物的重要原料,大量用于电镀、电池、染色和颜料等工业。在农业上(尤其在果园中)同石灰乳混合而得的"波尔多液"杀菌剂,可以消灭果树害虫。常用的配方是

$$m_{CuSO_4 \cdot 5H_2O} : m_{CaO} : m_{H_2O} = 1 : 1 : 100$$

$FeSO_4$ 的七水合物 $FeSO_4 \cdot 7H_2O$ 俗称绿矾,因呈绿色而得名。工业上随原料不同可用多种不同方法制备 $FeSO_4$,例如,采用废铁屑与废稀 $H_2SO_4$ 之间的反应,由钛铁矿制取钛白产生的副产品。

绿矾易溶于水并发生水解,使溶液显酸性,在空气中可逐渐风化失去一部分结晶水,并且表面缓慢氧化为棕黄色碱式硫酸铁,因此,绿矾在空气中放置时绿色晶体表面出现铁锈色斑点。

$$Fe^{2+} + 2H_2O \longrightarrow Fe(OH)^+ + H_3O^+$$

$$4FeSO_4 + O_2 + 2H_2O \longrightarrow 4Fe(OH)SO_4 \quad (棕黄色)$$

为防止水溶液中的 $FeSO_4$ 被氧化,首先需将溶液保持足够的酸度,必要时再加入少量纯铁屑。组成为 $FeSO_4 \cdot (NH_4)_2SO_4 \cdot 6H_2O$ 的复盐叫摩尔盐,与 $FeSO_4 \cdot 7H_2O$ 相比较,摩尔盐对氧稳定得多,容量分析中用于标定 $KMnO_4$ 和 $K_2Cr_2O_7$ 溶液的浓度。

$FeSO_4$ 在农业上用作杀虫剂、除草剂和农药(主治小麦黑穗病),工业上用作鞣革剂、媒染剂和木材防腐剂,医药上用作补血剂和局部收剑剂。$FeSO_4$ 用于制造蓝黑墨水是基于它与鞣酸反应的产物在空气中被氧化为黑色鞣酸铁。$FeSO_4$ 还是制备氧化铁颜料 $\alpha-Fe_2O_3$(红色)、$\alpha-FeO(OH)$(黄色)和 $Fe_3O_4$(黑色)的起始物。

由两种或两种以上的简单盐类组成的同晶型化合物,叫作复盐。复盐中含有大小相近、适合相同晶格的一些离子。复盐在溶液中仍能电离为简单的离子。金属能形成一系列复盐,常见复盐有以下几种类型:

① 通式为 $M^I Cl \cdot MgCl_2 \cdot 6H_2O$ 的光卤石类,其中 $M^I = K^+$、$Rb^+$、$Cs^+$,如光卤石 $KCl \cdot MgCl_2 \cdot 6H_2O$。

② 通式为 $M_2^I SO_4 \cdot MgSO_4 \cdot 6H_2O$ 的矾类,其中 $M^I = K^+$、$Rb^+$、$Cs^+$,如软钾镁矾

$K_2SO_4 \cdot MgSO_4 \cdot 6H_2O$。

③ 通式为 $M^{I}M^{III}(SO_4)_2 \cdot 12H_2O$ 或写为 $M_2^{I}SO_4 \cdot M_2^{III}(SO_4)_3 \cdot 24H_2O$ 的矾类，其中 $M^{I}=Na^+$、$NH_4^+$、$K^+$、$Rb^+$、$Cs^+$，$M^{III}=Al^{3+}$、$Cr^{3+}$、$Fe^{3+}$、$Co^{3+}$、$Ga^{3+}$、$V^{3+}$ 等离子，如明矾 $KAl(SO_4)_2 \cdot 12H_2O$，铁钾矾 $KFe(SO_4)_2 \cdot 12H_2O$。

使两种简单盐的混合饱和溶液结晶，可以制得复盐。例如，使 $CuSO_4$ 和 $(NH_4)_2SO_4$ 的溶液混合结晶，能制得六水硫酸铜铵 $(NH_4)_2SO_4 \cdot CuSO_4 \cdot 6H_2O$。

硫酸铝钾 $KAl(SO_4)_2 \cdot 12H_2O$ 叫作铝钾矾，俗称明矾，它是无色晶体。在明矾的分子结构中，有 6 个 $H_2O$ 与 $Al^{3+}$ 配位，形成水合铝离子 $Al(H_2O)_6^{3+}$，余下的为晶格中的水分子，它们在水合铝离子与阴离子 $SO_4^{2-}$ 之间形成氢键。

明矾或 $Al_2(SO_4)_3$ 都易溶于 $H_2O$ 并且水解，产物为碱式盐或 $Al(OH)_3$ 胶状沉淀。由于这些水解产物胶粒的吸附作用和 $Al^{3+}$ 的凝聚作用，明矾或 $Al_2(SO_4)_3$ 曾被广泛用作净水剂。近年来研究表明，$Al^{3+}$ 能引起神经元退化，若人脑组织中 $Al^{3+}$ 浓度过大会出现早衰性痴呆症，近来自来水厂常用 $FeSO_4$ 来替代明矾作净水剂。此外，明矾或 $Al_2(SO_4)_3$ 还用作纺织织物的媒染剂和泡沫灭火器中的常用药剂。

3. 离子的颜色

s 区和 p 区金属水合离子或化合物大多是无色的，过渡元素的离子在水溶液中常显出一定的颜色，这也是过渡元素区别于 s 区、p 区金属的一个重要特征。

关于离子颜色的成因很复杂，其中，过渡元素的水合离子之所以具有颜色，与它们的离子存在未成对的 d 电子发生 d－d 跃迁有关。第一过渡元素低氧化数水合离子的颜色如表 4－24所示。

**表 4－24　第一过渡元素低氧化数水合离子的颜色**

| $M^{2+}$ | $Sc^{2+}$ | $Ti^{2+}$ | $V^{2+}$ | $Cr^{2+}$ | $Mn^{2+}$ | $Fe^{2+}$ | $Co^{2+}$ | $Ni^{2+}$ | $Cu^{2+}$ | $Zn^{2+}$ |
|---|---|---|---|---|---|---|---|---|---|---|
| d 电子数 | / | 2 | 3 | 4 | 5 | 6 | 7 | 8 | 9 | 10 |
| 颜色 | / | 褐色 | 紫色 | 天蓝 | 粉色 | 浅绿色 | 酒红色 | 绿色 | 蓝色 | 无色 |
| $M^{3+}$ | $Sc^{3+}$ | $Ti^{3+}$ | $V^{3+}$ | $Cr^{3+}$ | $Mn^{3+}$ | $Fe^{3+}$ | $Co^{3+}$ | $Ni^{3+}$ | / | / |
| d 电子数 | 0 | 1 | 2 | 3 | 4 | 5 | 6 | 7 | / | / |
| 颜色 | 无色 | 紫红色 | 绿色 | 蓝紫色 | 红色 | 浅紫色 | 绿色 | 粉红色 | / | / |

电子在 d－d 跃迁过程中吸收了某种波长的可见光，人们看到的是被吸收光的互补色，因此，显示不同的颜色。具有 $d^0$ 和 $d^{10}$ 构型的离子，在可见光照射下不发生 d－d 跃迁而显示无色。如 $Zn^{2+}$ 由于 3d 亚层全满，不发生 d－d 跃迁，其水溶液为无色；$Mn^{2+}$ 的颜色较浅，反映了半充满 3d 亚层的相对稳定性。

某些含氧酸根，如 $MnO_4^-$（紫色）、$CrO_4^{2-}$（黄色）、$VO_4^{3-}$（淡黄色），它们中的金属元素均处在最高氧化态，为 $d^0$ 电子构型，似乎应为无色，之所以有颜色，是由于电荷迁移。这些金属阳离子具有较强的夺取电子的能力，酸根吸收了一部分可见光的能量后，氧阴离子的电荷会向金属离子迁移。例如，$MnO_4^-$ 的紫色是伴随着 O(Ⅱ)向 Mn(Ⅶ)电荷跃迁出现。

颜料是指不溶解于黏合剂，而只能以微粒状态分散于其中的着色剂。可溶于黏合剂的着色剂则叫染料。形成有色化合物是 d 区元素的一个重要特征。这一特征使 d 区元素化合物成为最重要的无机颜料。更准确地说，那些最重要的无机颜料大多都是 d 区元素化合物。

如 ZnS 是荧光粉材料,也用作白色颜料;另一种含 ZnS 的优质白色颜料叫锌钡白(立德粉),它是 ZnS 与 $BaSO_4$ 共沉淀形成的混合晶体 $ZnS \cdot BaSO_4$;CdS 颜料又称镉黄。表 4-25 为一些重要的颜料和它们的化学组成。

**表 4-25　一些重要的颜料和组成**

| 颜色 | 名称与组成 | | | |
|---|---|---|---|---|
| 白色 | 钛白 $TiO_2$ | 锌白 ZnO | 锌钡白 $ZnS/BaSO_4$ | 硫化锌 ZnS |
| 红色 | 镉红 CdS/CdSe | 钼红 $Pb(Cr,Mo,S)O_4$ | 红铅粉 $Pb_3O_4$ | 红色氧化铁 $\alpha-Fe_2O_3$ |
| 黄色 | 镉黄 CdS | 铬黄 $PbCrO_4$ 或 $Pb(Cr,S)O_4$ | 铬锑钛黄 $(Ti,Cr,Sb)O_2$ | 黄色氧化铁 $\alpha-FeO(OH)$ |
| 绿色 | 氧化铬绿 $Cr_2O_3$ | 尖晶石绿 $(Co,Ni,Zn)_2O_4$ | | |

4. 焰色反应

焰色反应(flame reaction)是指某些金属或它们的挥发性化合物在无色火焰中灼烧时,使火焰呈现特征颜色的反应。例如,将蘸有 NaCl 的铂丝放在火焰中加热,NaCl 的离子对首先被转化为气态原子,基态 Na(g)原子($[Ne]3s^1$)的 3s 电子被激发至较高能级的激发态($[Ne]3p^1$),激发态回到基态的过程中,发射出波长为 589 nm 的黄光。

$$Na^+Cl^-(g) \longrightarrow Na(g) + Cl(g)$$

$$Na(g) \longrightarrow Na^*(g)$$

$$Na^*(g) \longrightarrow Na(g) + h\nu$$

原子的结构不同,会发出不同波长的光,所以光的颜色也不同,呈现出特征的颜色。碱金属和碱土金属等能产生可见光谱,而且每一种金属原子的光谱线比较简单,所以容易观察识别。表 4-26 为各种金属焰色反应时的火焰颜色。

**表 4-26　金属的焰色**

| 离子 | $Li^+$ | $Na^+$ | $K^+$ | $Rb^+$ | $Cs^+$ | $Ca^{2+}$ | $Sr^{2+}$ | $Ba^{2+}$ | $Cu^{2+}$ |
|---|---|---|---|---|---|---|---|---|---|
| 焰色 | 红 | 黄 | 紫 | 紫红 | 紫红 | 橙红 | 洋红 | 黄绿 | 绿 |

利用火焰颜色定性检出金属离子的方法叫焰色试验。其操作过程包括:

① 将铂丝蘸浓 HCl 在无色火焰上灼烧至无色。

② 蘸取试样在无色火焰上灼烧,观察火焰颜色(若检验 $K^+$ 要透过钴玻璃观察)。

③ 将铂丝再蘸浓 HCl 灼烧至无色。焰色反应可用于检验某些微量金属或它们的化合物存在与否,但一次只能鉴别一种离子。

同时利用碱金属和 $Ca^{2+}$、$Sr^{2+}$、$Ba^{2+}$ 在灼烧时产生不同焰色的原理,可以制造各色焰火。例如,红色焰火的简单配方(质量分数)为 $KClO_3$ 0.34、$Sr(NO_3)_2$ 0.45、炭粉 0.10、镁粉 0.04、松香 0.07。绿色焰火常见配方(质量分数)为 $Ba(ClO_3)_2$ 0.38、$Ba(NO_3)_2$ 0.40、S 0.22。

5. 金属的含氧酸盐

一些金属的氧化物及其水化物显酸性或两性,能溶于强碱溶液生成相应的含氧酸盐。p 区及过渡金属一些价态较高的金属元素可以形成含氧酸和含氧酸盐。铝有铝酸盐 $Al(OH)_4^-$;ⅣA 族的锡有Ⅱ价态的亚锡酸盐 $Sn(OH)_4^{2-}$ 和Ⅳ价态的锡酸盐$Sn(OH)_6^{2-}$($SnO_3^{2-}$);ⅤA 族的锑有Ⅲ价态的亚锑酸盐 $SbO_3^{3-}$ 和Ⅴ价态的锑酸盐$Sb(OH)_6^{2-}$；过渡金属钛有钛酸盐 $TiO_3^{2-}$；钒酸盐可分为偏钒酸盐 $M^IVO_3$、正钒酸盐 $M_3^IVO_4$、焦钒酸盐 $M_4^IV_2O_7$ 和多钒酸盐 $M_3^IV_3O_9$ 等；铬有亚铬酸盐 $Cr(OH)_4^-$($CrO_2^-$)、铬酸盐 $CrO_4^{2-}$ 和重铬酸盐 $Cr_2O_7^{2-}$；锰有锰酸盐 $MnO_4^{2-}$ 和高锰酸盐 $MnO_4^-$；铁有铁酸盐$Fe(OH)_6^{3-}$($FeO_2^-$)和高铁酸盐 $FeO_4^{2-}$；锌有锌酸盐 $Zn(OH)_4^{2-}$；等等。

重铬酸盐有 $K_2Cr_2O_7$(俗称红矾钾)和 $Na_2Cr_2O_7$(俗称红矾钠)。它们均为橙红色晶体。$Na_2Cr_2O_7$ 是制备铬的其他化学产品的起始物，工业上通过铬铁矿制备得到，主要涉及两个反应。首先，铬铁矿与 $Na_2CO_3$ 混合在空气中煅烧，使 Cr 氧化成可溶性的 $Na_2CrO_4$。

$$4FeCr_2O_4+8Na_2CO_3+7O_2 \longrightarrow 8Na_2CrO_4+2Fe_2O_3+8CO_2$$

用水浸取熔体，过滤以除去 $Fe_2O_3$ 等杂质，$Na_2CrO_4$ 的水溶液用适量的 $H_2SO_4$ 酸化，可转化成 $Na_2Cr_2O_7$。

$$2Na_2CrO_4+H_2SO_4 \longrightarrow Na_2Cr_2O_7+Na_2SO_4+H_2O$$

该反应利用了 Cr(Ⅵ)两种氧阴离子之间的平衡。平衡随介质酸度增高向生成 $Cr_2O_7^{2-}$ 离子方向移动，酸度降低则移向相反方向。这种移动可通过溶液颜色的变化观察出来。

$$2CrO_4^{2-}(\text{黄色})+2H_3O^+ \rightleftharpoons Cr_2O_7^{2-}(\text{橙红色})+3H_2O$$

由 $Na_2Cr_2O_7$ 制取 $K_2Cr_2O_7$ 采用重结晶法，只要在 $Na_2Cr_2O_7$ 溶液中，加入固体 KCl，利用 $K_2Cr_2O_7$ 在低温时溶解度较小[4.6 g/100 g $H_2O$(273 K)]，在高温时溶解度较大[94.1 g/100 g $H_2O$(373 K)]，而温度对食盐的溶解度影响不大的性质。

$Na_2Cr_2O_7$ 通常含 2 个结晶水，而 $K_2Cr_2O_7$ 不含结晶水，且容易通过重结晶法提纯，提纯后的 $K_2Cr_2O_7$ 用作基准试剂。$K_2Cr_2O_7$ 在酸性介质中是强氧化剂，还原产物为 $Cr^{3+}$。

$$Cr_2O_7^{2-}+6Fe^{2+}+14H_3O^+ \longrightarrow 6Fe^{3+}+2Cr^{3+}+21H_2O$$

此反应在分析化学中用来测定 Fe。

以下反应用于检验司机是否酒后开车。

$$3CH_3CH_2OH+2K_2Cr_2O_7+8H_2SO_4 \longrightarrow 3CH_3COOH+2K_2SO_4+2Cr_2(SO_4)_3+11H_2O$$

加热时 $K_2Cr_2O_7$ 与浓 HCl 反应使 $Cl^-$ 氧化，逸出 $Cl_2$。

$$K_2Cr_2O_7+14HCl \longrightarrow 2KCl+2CrCl_3+3Cl_2+7H_2O$$

实验室中常用的铬酸洗液是用热的饱和 $K_2Cr_2O_7$ 溶液与浓 $H_2SO_4$ 配制而成。

$$2H_2SO_4(\text{浓})+2K_2Cr_2O_7 \longrightarrow 4CrO_3+2K_2SO_4+2H_2O$$

橙红色的 $CrO_3$ 是强氧化剂，还可用于钝化金属。

4-19　应用案例：重要氧化剂高锰酸钾的性质及应用

4-20　知识拓展：金属形成配合物概况

# 4.4　常见阳离子的鉴定反应与定性分析

4-21　微课：阳离子的鉴定

化学反应在定性分析中的应用包括两大类型：一类用来分离(沉淀)或掩蔽(沉淀、氧化还原)离子,要求反应进行得完全,有足够的速度,用起来方便;另一类用来鉴定离子,要求不仅反应要完全,迅速地进行,而且要有外部特征(指人们感觉器官能直接觉察到的现象),否则我们就无从鉴定某离子的存在。这些外部特征通常包括沉淀的生成或溶解(特别是有色沉淀的生成)、溶液颜色的改变、气体的排出、特殊气味的产生等。

影响定性分析的化学反应因素很多,概括起来包括溶液的酸度、鉴定离子的浓度、反应的温度、反应所需要的溶剂和干扰物质的影响等。

定性分析包括系统分析和分别分析。系统分析是指按照一定的步骤和顺序,分别加入几种试剂,将溶液中离子分成若干组,然后进行分析的方法,如目前阳离子分析中应用比较普遍的硫化氢系统分析。在其他离子共存时,不需要过多的分离,利用特效反应直接检出任何一种待检离子的方法称分别分析。下面简要介绍常见阳离子的分别鉴定及其基本反应。

1. $Na^+$ 的鉴定

$Na^+$ 在中性或 HAc 酸性溶液中与醋酸铀酰锌 $Zn(UO_2)_3(Ac)_8$ 生成柠檬黄色结晶型沉淀,反应产物的溶度积不够小,且容易形成过饱和溶液,故应加入过量试剂并以玻棒摩擦,以促进沉淀的生成。$PO_4^{3-}$、$AsO_4^{3-}$ 等能与试剂生成锌盐沉淀,它们存在时应加以预先分离。

$$Na^+ + Zn^{2+} + 3UO_2^{2+} + 9Ac^- + 9H_2O \longrightarrow NaZn(UO_2)_3(Ac)_9 \cdot 9H_2O\text{(柠檬黄色)}$$

2. $K^+$ 的鉴定

$K^+$ 的鉴定常采用亚硝酸钴钠法和四苯硼化钠法。

$K^+$ 在中性或 HAc 酸性溶液中与亚硝酸钴钠 $Na_3[Co(NO_2)_6]$ 生成黄色结晶型沉淀。但由于 $NH_4^+$ 也能与亚硝酸钴钠生成 $(NH_4)_2Na[Co(NO_2)_6]$ 黄色沉淀,干扰严重,必须将 $NH_4^+$ 除净。其他强还原剂能使试剂中的 $Co^{3+}$ 还原为 $Co^{2+}$、$NO_2^-$ 还原为 NO 的强还原剂,也应除去。

$$Na^+ + 2K^+ + Co(NO_2)_6^{2-} \longrightarrow K_2Na[Co(NO_2)_6]\text{(黄色)}$$

$K^+$ 在中性、碱性或 HAc 酸性溶液中与四苯硼化钠生成溶解度很小的白色沉淀。$NH_4^+$ 会与四苯硼化钠生成类似的沉淀,必须事先以灼烧方法除去。其他重金属离子的干扰可在 pH=5 时加 EDTA 掩蔽。$Ag^+$ 的干扰可预先用 HCl 沉淀除去,或加 KCN 掩蔽。

$$K^+ + HC_4H_4O_6^- \longrightarrow KHC_4H_4O_6 \downarrow \text{(白色)}$$

3. $NH_4^+$ 的鉴定

$NH_4^+$ 与碱作用生成 $NH_3$,加热可促使其挥发,生成的 $NH_3$ 可在气室中用湿润的 pH 试纸检验。

$$NH_4^+ + OH^- \longrightarrow NH_3 + H_2O$$

$K_2[HgI_4]$ 的 KOH 溶液称为"奈斯勒试剂",与 $NH_3$ 反应生成红褐色沉淀,可用于检出微量 $NH_4^+$。

$$NH_4^+ + 2[HgI_4]^{2-} + 4OH^- \longrightarrow \left[\begin{array}{ccc} & Hg & \\ O & & NH_2 \\ & Hg & \end{array}\right]I\text{(红褐色)} + 7I^- + 3H_2O$$

4. $Mg^{2+}$ 的鉴定

$Mg^{2+}$ 在碱性溶液中与对硝基偶氮间苯二酚(镁试剂)的碱性试液生成天蓝色沉淀。此天蓝色沉淀是 $Mg(OH)_2$ 吸附存在于碱性溶液中的试剂(镁试剂)而生成的,此试剂在酸性溶液中显黄色,在碱性溶液中显紫红色,被 $Mg(OH)_2$ 吸附后显天蓝色。

很多重金属离子对其有干扰。一类是在碱性溶液中生成氢氧化物沉淀的离子,它们或者由于沉淀本身有颜色或者由于吸附试剂而显色;另一类是在碱性溶液中生成偏酸根的离子,如 $Al^{3+}$、$Cr^{3+}$、$Zn^{2+}$、$Pb^{2+}$ 等,这些阴离子易被 $Mg(OH)_2$ 吸附,从而妨碍 $Mg(OH)_2$ 吸附试剂。大量的 $NH_4^+$ 妨碍 $Mg(OH)_2$ 的生成,应事先除掉。

5. $Ca^{2+}$ 的鉴定

$Ca^{2+}$ 与 $(NH_4)_2C_2O_4$ 在 pH>4 时生成白色 $CaC_2O_4$ 结晶型沉淀。此沉淀是所有钙盐中溶解度最小的,因此重量分析中可用来测定 $Ca^{2+}$。当 $Ba^{2+}$ 存在时,可向溶液中加入饱和 $(NH_4)_2SO_4$ 数滴,使其生成沉淀,亦可使可能存在的 $CaSO_4$ 生成 $(NH_4)_2Ca(SO_4)_2$ 配合物,分出沉淀,吸取离心液后再进行 $Ca^{2+}$ 的鉴定。

$$Ca^{2+} + C_2O_4^{2-} \longrightarrow CaC_2O_4(\text{白色})$$

6. $Ba^{2+}$ 的鉴定

$Ba^{2+}$ 的鉴定常采用 $K_2CrO_4$ 法和玫瑰红酸钠试法。

$Ba^{2+}$ 与 $K_2CrO_4$ 能生成黄色 $BaCrO_4$ 沉淀,此沉淀溶于稀 HCl 或稀 $HNO_3$,但不溶于 HAc。该反应适宜酸度为 pH=4.4(使用 HAc-NaAc 缓冲体系)。

$$Ba^{2+} + CrO_4^{2-} \longrightarrow BaCrO_4(\text{黄色})$$

$Ba^{2+}$ 与玫瑰红酸钠试剂在中性溶液中生成红棕色沉淀,此沉淀不溶于稀 HCl。但经稀 HCl 处理后,沉淀的颗粒变得更细小,颜色更鲜红,这一反应宜在滤纸上进行。

7. $Al^{3+}$ 的鉴定

在 HAc-NaAc 缓冲体系(pH=4~5)中,$Al^{3+}$ 与铝试剂(金黄色三羧酸铵)生成红色螯合物,加 $NH_3 \cdot H_2O$ 加热生成鲜红色絮状沉淀。

$Pb^{2+}$、$Hg^{2+}$、$Cu^{2+}$、$Cr^{3+}$、$Ca^{2+}$ 等与试剂生成深浅不同的红色沉淀,$Fe^{3+}$ 与试剂生成深紫色螯合物,会对鉴定产生干扰。它们存在时,样品溶液应以 $Na_2CO_3$-$Na_2O_2$ 处理,上述离子中只有 $Cr^{3+}$ 以 $CrO_4^{2-}$ 的形式与 $AlO_2^-$ 一起留在溶液中,但已不干扰 $Al^{3+}$ 的鉴定。$Na_2O_2$ 的加入量要适当(pH=12),加得不足,$Al^{3+}$ 不能完全转化为 $AlO_2^-$;加得太多,又容易造成 $Cu(OH)_2$ 和 $Fe(OH)_3$ 的少量溶解。

8. $Cr^{3+}$ 的鉴定

$Cr^{3+}$ 在强碱性溶液中以亚铬酸根 $CrO_2^-$ 形式存在,此离子经氧化成为黄色铬酸根 $CrO_4^{2-}$。黄色的出现,可初步说明 $Cr^{3+}$ 的存在,但此反应不够灵敏,也易受有色离子的干扰。为进一步证实,可用 $H_2SO_4$ 把 $CrO_4^{2-}$ 酸化,使其转化为 $Cr_2O_7^{2-}$,然后加入戊醇,再加入 $H_2O_2$,此时在戊醇层中将有蓝色的过氧化铬 $CrO_5$ 生成。

$$Cr^{3+} + 4OH^- \longrightarrow CrO_2^- + 2H_2O$$

$$2CrO_2^- + 3H_2O_2 + 2OH^- \longrightarrow 2CrO_4^{2-} + 4H_2O$$

$$2CrO_4^{2-} + 2H^+ \longrightarrow Cr_2O_7^{2-} + H_2O$$

$$Cr_2O_7^{2-} + 4H_2O_2 + 2H^+ \longrightarrow 2CrO_5(\text{蓝色}) + 5H_2O$$

9. $Mn^{2+}$ 的鉴定

$Mn^{2+}$ 在强酸性溶液中可被强氧化剂[如 $NaBiO_3$、$(NH_4)_2S_2O_8$ 等]氧化为 $MnO_4^-$,使溶液显紫红色。一些有还原性的离子会有干扰,但多加一些试剂即可以消除。

$$2Mn^{2+}+5NaBiO_3+14H^+ \longrightarrow 2MnO_4^-+5Bi^{3+}+5Na^++7H_2O$$

10. $Fe^{2+}$的鉴定

$Fe^{2+}$的鉴定常采用$K_3[Fe(CN)_6]$法和邻二氮菲法。

$Fe^{2+}$与$K_3[Fe(CN)_6]$试剂生成深蓝色沉淀，称为滕氏蓝。此沉淀不溶于稀酸，但为碱所分解，因此，反应要在HCl(非氧化性酸)酸性溶液中进行。虽然很多离子也同试剂生成有色沉淀，但它们在一般含量情况下都不足以掩盖$Fe^{2+}$生成的深蓝色。

$$Fe^{2+}+K^++[Fe(CN)_6]^{3-} \longrightarrow KFe[Fe(CN)_6]\text{(蓝色)}$$

$Fe^{2+}$与邻二氮菲在酸性溶液中生成稳定的红色可溶性配合物。$Cu^{2+}$、$Co^{2+}$、$Zn^{2+}$、$Ni^{2+}$、$Cd^{2+}$、$Sb^{3+}$等也能与试剂生成配合物，但不是红色，不妨碍鉴定，它们存在时，仅需多加一些试剂就可消除干扰。另外，$Fe^{3+}$大量存在时亦无干扰。

11. $Fe^{3+}$的鉴定

$Fe^{3+}$的鉴定常采用$NH_4SCN$法和$K_4[Fe(CN)_6]$法。

$Fe^{3+}$与$NH_4SCN$或KSCN生成血红色的配离子$[Fe(SCN)_n]^{3-n}$($n=1\sim6$)。碱能破坏红色配合物，生成$Fe(OH)_3$沉淀，故反应要在酸性溶液中进行。由于$HNO_3$有氧化性，可使$SCN^-$受到破坏，故不能作为酸化试剂，合适的酸化试剂是稀HCl。与$SCN^-$产生有色化合物的离子虽然不少，但其颜色均不能掩盖由$Fe^{3+}$产生的红色，$Cu(SCN)_2$为黑色沉淀，也不影响溶液颜色的观察。阴离子中$F^-$、$PO_4^{3-}$、$C_2O_4^{2-}$等能与$Fe^{3+}$生成配离子，它们存在时会降低反应的灵敏度，$NO_2^-$与$SCN^-$产生红色化合物NOSCN，在这些情况下，可用$SnCl_2$将$Fe^{3+}$还原为$Fe^{2+}$，以邻二氮菲鉴定。

$$Fe^{3+}+nSCN^- \longrightarrow [Fe(SCN)_n]^{3-n}\ (n=1\sim6)\text{(血红色)}$$

$Fe^{3+}$在酸性溶液中与$K_4Fe(CN)_6$生成蓝色沉淀。强碱使反应产物分解，生成$Fe(OH)_3$沉淀，浓的强酸也能使沉淀溶解。因此，鉴定反应要在适当酸度的酸性溶液中进行。与$K_4[Fe(CN)_6]$生成沉淀的离子虽然很多，但它们生成的沉淀颜色都比较淡，在一般含量下不足以掩盖由$Fe^{3+}$生成的深蓝色。$Cu^{2+}$大量存在时，可事先加$NH_3 \cdot H_2O$将它分离。$Co^{2+}$、$Ni^{2+}$等能与试剂生成淡绿色至绿色沉淀，不要误认为$Fe^{3+}$。阴离子中$F^-$、$PO_4^{3-}$、$C_2O_4^{2-}$等能与$Fe^{3+}$生成配离子，会降低灵敏度或使鉴定失败，在这种情况下，可用$SnCl_2$将$Fe^{3+}$还原为$Fe^{2+}$，以邻二氮菲鉴定。

$$K_4[Fe(CN)_6]+Fe^{3+} \longrightarrow KFe[Fe(CN)_6]\text{(蓝色)}$$

12. $Co^{2+}$的鉴定

$Co^{2+}$在中性或酸性溶液中与$NH_4SCN$生成蓝色配合物$[Co(SCN)_4]^{2-}$。此配合物能溶于许多有机溶剂，如戊醇、丙酮等。$[Co(SCN)_4]^{2-}$在有机溶剂中比在水中解离度更小，所以反应也更灵敏。因此，在鉴定时，通常加入戊醇。$Fe^{3+}$和$Cu^{2+}$对鉴定有干扰，$Fe^{3+}$单独存在时，加入NaF即可掩蔽。如两者都存在，可加$SnCl_2$将它们还原为低价离子。

$$Co^{2+}+4\ SCN^- \longrightarrow [Co(SCN)_4]^{2-}\text{(蓝色)}$$

13. $Ni^{2+}$的鉴定

$Ni^{2+}$在中性、HAc酸性或氨性溶液中可与丁二酮肟(镍试剂，DMG)产生鲜红色螯合物沉淀。此沉淀溶于强酸、强碱和很浓的$NH_3 \cdot H_2O$，所以鉴定时溶液的pH值以5～10为宜。

$$Ni^{2+}+2\begin{matrix}CH_3-C=NOH\\ |\\ CH_3-C=NOH\end{matrix}+2H_2O \longrightarrow \begin{matrix}&O\cdots H\cdots O&\\ H_3C-C=N\rightarrow&Ni&\leftarrow N=C-CH_3\\ H_3C-C=N\rightarrow&&\leftarrow N=C-CH_3\\&O\cdots H\cdots O&\end{matrix}\text{(鲜红色)}+2H_3O^+$$

$Fe^{2+}$在氨性溶液中与试剂生成红色可溶性螯合物，同$Ni^{2+}$产生的红色沉淀有时不易区别，为消除干扰，可加$H_2O_2$将$Fe^{2+}$氧化为$Fe^{3+}$。$Fe^{3+}$、$Mn^{2+}$等能与$NH_3 \cdot H_2O$生成深色沉淀的离子，可加柠檬酸或酒石酸掩蔽。另外，可使用纸上分离法，即在滤纸上先滴加一滴$(NH_4)_2HPO_4$，使$Fe^{3+}$、$Mn^{2+}$等与之生成磷酸盐沉淀，留在斑点的中心；$Ni^{2+}$的磷酸盐溶解度大，$Ni^{2+}$可扩散到斑点的边缘，$Ni^{2+}$存在时，边缘变为鲜红色。

14. $Cu^{2+}$的鉴定

$Cu^{2+}$浓度大时溶液呈淡蓝色或蓝绿色，向含$Cu^{2+}$溶液中加入过量的$NH_3 \cdot H_2O$，生成深蓝色$[Cu(NH_3)_4]^{2+}$的配离子，可说明有$Cu^{2+}$存在。此时可用浓HCl酸化，使配离子颜色消失，然后加入KI溶液，溶液变黄色或棕色，证明$Cu^{2+}$的存在。或取HCl酸化后的样品溶液，加$K_4[Fe(CN)_6]$鉴定，红棕色$Cu_2[Fe(CN)_6]$沉淀的生成表示有$Cu^{2+}$。

$$Cu^{2+}+4NH_3 \cdot H_2O \longrightarrow [Cu(NH_3)_4]^{2+}+4H_2O$$

$$2Cu^{2+}+4I^- \longrightarrow 2CuI+I_2$$

$$2Cu^{2+}+[Fe(CN)_6]^{4-} \longrightarrow Cu_2[Fe(CN)_6]\text{(红棕色)}$$

15. $Zn^{2+}$的鉴定

$Zn^{2+}$在中性或酸性溶液中与$(NH_4)_2Hg(SCN)_4$生成白色结晶型$Zn[Hg(SCN)_4]$沉淀。但当$Zn^{2+}$和$Co^{2+}$两种离子共存时，它们与试剂生成天蓝色混晶型沉淀，可以较快沉淀。因此，向试剂及很稀的$Co^{2+}$的混合溶液(0.02%)中加入$Zn^{2+}$的样品溶液后，在不断摩擦器壁的条件下，如迅速得到天蓝色沉淀，则表示$Zn^{2+}$存在；如缓慢(超过2分钟)出现深蓝色沉淀，已不能作为$Zn^{2+}$存在的证明。$Fe^{3+}$、$Cu^{2+}$、$Ni^{2+}$和大量的$Co^{2+}$都能与试剂生成沉淀，可加入NaOH将这些离子沉淀为氢氧化物，然后吸取含有$Zn(OH)_4^{2-}$的离心液，以HCl酸化，使其转化为$Zn^{2+}$，再按上述方法鉴定。

$$Co^{2+}+Hg(SCN)_4^{2-} \longrightarrow Co[Hg(SCN)_4] \quad \text{(缓慢)}$$

$$Zn^{2+}+Hg(SCN)_4^{2-} \longrightarrow Zn[Hg(SCN)_4] \quad \text{(快)}$$

16. $Cd^{2+}$的鉴定

$Cd^{2+}$在氨性溶液中以$[Cd(NH_3)_4]^{2+}$配离子形式存在，将此溶液加在$Na_2S$溶液中(保证$Na_2S$过量，以防止可能共存的$As_2S_3$和$As_2S_5$)，可生成黄色CdS沉淀。能同时存在于$NH_3 \cdot H_2O$中的$Ag^+$、$Cu^{2+}$、$Ni^{2+}$、$Co^{2+}$、$Zn^{2+}$等也能与$Na_2S$生成硫化物沉淀，故对鉴定有不同程度干扰。$Ag^+$可在加$NH_3 \cdot H_2O$前以HCl除去，其余离子可在$NH_3 \cdot H_2O$中加入KCN掩蔽。

$$[Cd(NH_3)_4]^{2+}+S^{2-} \longrightarrow CdS+4NH_3$$

17. $Hg_2^{2+}$的鉴定

$Hg_2^{2+}$与HCl生成白色$Hg_2Cl_2$沉淀，加入$NH_3 \cdot H_2O$后，由于$Hg_2Cl_2$歧化产生的Hg单质夹杂在白色的氨基氯化汞沉淀中，从而使整个沉淀呈灰色。

$$Hg_2^{2+}+2Cl^- \longrightarrow Hg_2Cl_2(\text{白色})$$

$$Hg_2Cl_2+2NH_3\cdot H_2O \longrightarrow HgNH_2Cl(\text{白色})+Hg(\text{黑色})+NH_4Cl+2H_2O$$

18. $Hg^{2+}$的鉴定

将有微酸性的$Hg^{2+}$溶液滴在新磨光的铜片上，Cu将$Hg^{2+}$还原为金属Hg，并与Cu形成汞齐。用水冲洗样品溶液后，在铜片上留下一个擦不掉的白色斑点，加热时因Hg被蒸发，银白色斑点随即消失。$Ag^+$、$Hg_2^{2+}$对此鉴定有干扰，可事先加HCl除去。

$$Cu+Hg^{2+} \longrightarrow Cu^{2+}+Hg$$

$$Cu+Hg \longrightarrow Cu-Hg$$

19. $Ag^+$的鉴定

$Ag^+$与HCl生成白色凝乳状的AgCl沉淀，能溶于$NH_3\cdot H_2O$中，以$HNO_3$酸化，白色沉淀又重新析出。阳离子中$Hg_2^{2+}$和$Pb^{2+}$能与HCl生成白色沉淀，但前者不溶于$NH_3\cdot H_2O$，后者在水中溶解度大，少量存在时，加$NH_3\cdot H_2O$时可能溶解，但酸化后不复析出。

$$Ag^++Cl^- \longrightarrow AgCl$$

$$AgCl+2NH_3\cdot H_2O \longrightarrow [Ag(NH_3)_2]^++Cl^-+2H_2O$$

$$Ag(NH_3)_2^++Cl^-+2H^+ \longrightarrow AgCl+2NH_4^+$$

20. $Sn^{2+}$的鉴定

$Sn^{2+}$具有较强的还原性，$SnCl_2$在酸性溶液中可将$HgCl_2$还原为白色$Hg_2Cl_2$，$SnCl_2$过量时，$Hg_2Cl_2$进一步被还原为金属Hg，使沉淀变为黑色。如果被鉴定的锡为Sn(Ⅳ)，可用Fe、Al、Mg、Zn等金属将其还原为$Sn^{2+}$，但应避免使用过多的金属。

$$2HgCl_2+SnCl_2+2HCl \longrightarrow Hg_2Cl_2(\text{白色})+H_2SnCl_6$$

$$Hg_2Cl_2+SnCl_2+2HCl \longrightarrow 2Hg(\text{黑色})+H_2SnCl_6$$

21. $Pb^{2+}$的鉴定

$Pb^{2+}$与$H_2SO_4$生成白色$PbSO_4$沉淀，沉淀溶于热的浓$NH_4Ac$或NaOH溶液中，将此溶液以HAc酸化，并加入$K_2CrO_4$，则得黄色$PbCrO_4$沉淀。与$H_2SO_4$生成白色沉淀的还有$Hg_2^{2+}$、$Ba^{2+}$、$Sr^{2+}$和较浓的$Ca^{2+}$等，但它们都不溶于$NH_4Ac$或NaOH，故对此鉴定无干扰。

$$Pb^{2+}+CrO_4^{2-} \longrightarrow PbCrO_4$$

22. Sb(Ⅴ)、$Sb^{3+}$的鉴定

Sb(Ⅴ)在浓HCl中的存在形式为$SbCl_6^-$，它能与红色的罗丹明B溶液反应形成紫色或蓝色的微细沉淀。如果被鉴定的是$Sb^{3+}$，则应事先加入$NaNO_2$晶粒少许，将其氧化为Sb(Ⅴ)。常见阳离子$Hg^{2+}$、$Bi^{3+}$等对鉴定有干扰，可事先加入NaOH除去。

$$Sb^{3+}+4H^++6Cl^-+2NO_2^- \longrightarrow SbCl_6^-+2NO+2H_2O$$

23. $Bi^{3+}$的鉴定

4-22　应用案例：常见阳离子未知溶液的分离与鉴定

$Bi^{3+}$与硫脲$CS(NH_2)_2$在$0.4\sim1.2\ mol\cdot dm^{-3}$ $HNO_3$介质中反应形成鲜黄色配合物。$Sb^{3+}$能与试剂生成黄色配合物，可加$NH_4F$使其生成$SbF_5^{2-}$、$SbF_6^{3-}$来掩蔽。

$$Bi^{3+}+CS(NH_2)_2 \longrightarrow Bi[CS(NH_2)_2]^{3+}(\text{鲜黄色})$$

# 习　题

## 4-1　是非题

1. 凡是价层 p 轨道上全空的原子都是金属原子，部分或全部充填着电子的原子都是非金属原子。（　）

2. 真金不怕火炼，说明 Au 的熔点在金属中最高。（　）

3. 金属单质的升华热越大，说明该金属晶体的金属键的强度越大，内聚力也就越大；反之亦然。（　）

4. 在所有的金属中，熔点最高的是副族元素，熔点最低的也是副族元素。（　）

5. 元素的金属性越强，则其相应的氢氧化物的碱性就越强；元素的非金属性越强，则其相应的氢氧化物的酸性就越强。（　）

6. 所有主族金属元素中最稳定氧化态的氧化物都溶于 $HNO_3$。（　）

7. 在 $CuSO_4 \cdot 5H_2O$ 中有 4 个配位水，1 个结晶水。加热脱水时，先失去结晶水，而后才失去配位水。（　）

8. 氯化亚铜是反磁性的，其化学式用 CuCl 表示；氯化亚汞也是反磁性物质，其化学式用 $Hg_2Cl_2$ 表示。（　）

9. 铁系元素中，只有最少 d 电子的铁系元素可以写出 $FeO_4^{2-}$，而 CO、Ni 则不能形成类似的含氧酸根阴离子。（　）

10. 实验室所用的变色硅胶，当其颜色为红色时，即已失效。（　）

## 4-2　选择题

1. 金属 Li 应存放在（　）

A. 水中　　B. 煤油中　　C. 石蜡中　　D. 液氨中

2. 熔融电解是制备活泼金属的一种重要方法。下列四种化合物中，不能用作熔融电解原料的是（　）

A. $CaCl_2$　　B. NaCl

C. $CaSO_4 \cdot 2H_2O$　　D. $Al_2O_3$

3. 铝热法冶金的主要根据是（　）

A. Al 的亲氧能力很强，$Al_2O_3$ 有很高的生成焓　　B. Al 是两性元素

C. Al 和 $O_2$ 化合是放热反应　　D. Al 是活泼金属

4. Al 通常很稳定是因为（　）

A. 表面致密光滑　　B. 表面产生钝化层

C. 表面生成氧化膜　　D. 有较高的电极电势

5. 下列氧化物与浓 $H_2SO_4$ 共热，没有 $O_2$ 生成的是（　）

A. $CrO_3$　　B. $MnO_2$　　C. $PbO_2$　　D. $Fe_3O_4$

6. 盛 $Ba(OH)_2$ 溶液的瓶子在空气中放置一段时间后，其内壁常形成一层白膜，可用下列哪种物质洗去（　）

A. 水　　B. 稀 HCl

C. 稀 $H_2SO_4$　　D. 浓 NaOH 溶液

7. 下列氢氧化物中，既能溶于过量的 NaOH 溶液，又能溶于 $NH_3 \cdot H_2O$ 的是（　）

A. $Ni(OH)_2$　　B. $Zn(OH)_2$

C. $Fe(OH)_3$　　D. $Al(OH)_3$

8. Al 和 Be 的化学性质有许多相似之处，但并非所有性质都是相似，下列指出的各组相似性中何者是不恰当的（　）

A. 氧化物都具有高熔点　　B. 氯化物都为共价型化合物

C. 都形成六配位的配合物　　D. 既溶于酸又溶于碱

9. 可以与氢生成离子型氢化物的一类元素是　　(　　)

A. 绝大多数活泼金属　　B. 碱金属和Ca、Sr、Ba

C. 活泼非金属元素　　D. 过渡金属元素

10. 在含有0.1 mol·$dm^{-3}$的$Pb^{2+}$、$Cd^{2+}$、$Mn^{2+}$、$Cu^{2+}$的0.3 mol·$dm^{-3}$ HCl溶液中通入$H_2S$,全部沉淀的一组离子是　　(　　)

A. $Mn^{2+}$、$Cd^{2+}$、$Cu^{2+}$　　B. $Cd^{2+}$、$Mn^{2+}$

C. $Pb^{2+}$、$Mn^{2+}$、$Cu^{2+}$　　D. $Cd^{2+}$、$Cu^{2+}$、$Pb^{2+}$

11. 配制$SnCl_2$时,可采取的措施有　　(　　)

A. 加入还原剂$Na_2SO_3$　　B. 加入$H_2SO_4$

C. 加入金属Sn　　D. 通入$Cl_2$

12. 分离SnS和PbS,应加的试剂为　　(　　)

A. $NH_3·H_2O$　　B. $Na_2S$　　C. $Na_2SO_4$　　D. 多硫化铵

13. 下列物质遇$H_2O$后能放出气体并生成沉淀的是　　(　　)

A. $SnCl_2$　　B. $Bi(NO_3)_3$

C. $Mg_3N_2$　　D. $(NH_4)_2SO_4$

14. 根据价层电子的排布,下列化合物中为无色的是　　(　　)

A. CuCl　　B. $CuCl_2$　　C. $FeCl_3$　　D. $FeCl_2$

15. 能共存于溶液中的一对离子是　　(　　)

A. $Fe^{3+}$和$I^-$　　B. $Pb^{2+}$和$Sn^{2+}$

C. $Ag^+$和$PO_4^{3-}$　　D. $Fe^{3+}$和$SCN^-$

16. ⅣA族元素从Ge到Pb,下列性质随原子序数的增大而增加的是　　(　　)

A. +2氧化态的稳定性　　B. 二氧化物的酸性

C. 单质的熔点　　D. 氢化物的稳定性

17. 在酸性介质中,使$Mn^{2+}$氧化为$MnO_4^-$,不应选用的氧化剂有　　(　　)

A. $PbO_2$　　B. $NaBiO_3$

C. $Na_2S_2O_8$　　D. NaOCl

18. 为了保护环境,工业生产中产生的含$CN^-$废液通常采用$FeSO_4$法处理,处理后的毒性很小的配合物是　　(　　)

A. $[Fe(SCN)_6]^{3-}$　　B. $Fe(OH)_3$

C. $[Fe(CN)_6]^{3-}$　　D. $Fe_2[Fe(CN)_6]$

19. 处理含$Hg^{2+}$的废水时,可加入下列哪种试剂使其沉淀、过滤而净化　　(　　)

A. NaCl溶液　　B. $Na_2SO_4$溶液　　C. $Na_2S$　　D. 通入$Cl_2$

20. 在分别含有$Cu^{2+}$、$Sb^{3+}$、$Hg^{2+}$、$Cd^{2+}$的四种溶液中加入哪种试剂，即可将它们鉴别出来　　(　　)

A. $NH_3·H_2O$　　B. 稀HCl　　C. KI　　D. NaOH

## 4-3　填空题

1. 在元素周期表各区的金属单质中,熔点最低的是________;硬度最小的是________;密度最大的是________,最小的是________;导电性最好的是________;延性最好的是________;展性最好的是________;第一电离能最大的是________;电负性最小的是________,最大的是________。

2. 有10种金属:Ag、Au、Al、Cu、Fe、Hg、Na、Ni、Zn、Sn,根据下列性质和反应判断a至j各代表何种金属。

(1) 难溶于HCl但溶于热的浓$H_2SO_4$中,反应产生气体的是a、d;

(2) 与稀硫酸或氢氧化物溶液作用产生$H_2$的是b、e、j,其中离子化倾向最小的是j;

(3) 在常温下与$H_2O$激烈反应的是c;

(4) 密度最小的是c,最大的是h;

(5) 电阻最小的是i,最大的是d,在冷浓$HNO_3$中呈钝态的是f和g;

(6) 熔点最低的是d,最高的是g;

(7) $b^{n+}$、$e^{m+}$易和 $NH_3$ 生成配合物。

则 a ________;b ________;c ________;d ________;e ________;f ________;g ________;h ________;i ________;j ________。

3. 氨合电子和碱金属氨合阳离子是由________生成的,溶液具有________、________、________。

4. 有 $AlCl_3$、$FeCl_3$、$CuCl_2$、$BaCl_2$ 四种卤化物,在上述物质的溶液中加入 $Na_2CO_3$ 溶液均生成沉淀。试判断沉淀物的下列性质对应的卤化物。

(1) 能溶于 2 mol · $dm^{-3}$ NaOH 溶液的是________;

(2) 加热能部分溶于浓 NaOH 溶液的是________;

(3) 能溶于 $NH_3 \cdot H_2O$ 的是________;

(4) 在浓 NaOH 溶液中加液溴加热能生成紫色物质的是________;

(5) 能溶于 HAc 溶液的是________。

5. 人们很早发现了 Hg,其俗称为________,Hg 能溶解金属而形成________。在 Na、Al、Cu、Zn、Sn、Fe 等金属中,Hg 易与________等金属形成 Hg 齐,而不和________等金属形成汞齐。钠汞剂与 $H_2O$ 反应相比于钠与 $H_2O$ 反应的特点是________,这是因为________。金属 Hg,特别是它的蒸气,对人体______,如有少量 Hg 散落,应先尽量收集起来,再撒上________粉并摩擦,使之生成________而消除污染。

6. 周期表ⅠB 族元素的价电子结构为________,最外电子层只有________个电子,次外层为________个电子;在气态或固态情况下,Cu(Ⅰ)化合物的稳定性________Cu(Ⅱ)化合物,这是因为 Cu(Ⅰ)的电子构型为________,但在水溶液中,Cu(Ⅰ)不稳定,易发生________反应,其主要原因是________________。

7. $Fe_3O_4$ 是一种具有________性的________色氧化物,其中 Fe 的价态分别为________和________。$Pb_3O_4$ 是一种可作颜料的________色氧化物,其中 Pb 的价态分别为________和________。

8. 根据鲍林规则,粗略估计下列各酸属几元酸及其 $pK_{a_1}$ 值:

$H_3PO_2$________;$H_3PO_4$________;$HClO_4$________;$HClO_3$________。

9. 按要求排序(用“>”“<”“=”表示)。

(1) Li、Na、K、Rb、Cs 的熔点:________________________________。

(2) MnO、$Mn_2O_3$、$MnO_2$、$Mn_2O_7$ 的酸性:________________________________。

(3) $Ge(OH)_2$、$Sn(OH)_2$、$Pb(OH)_2$ 的碱性:________________________________。

(4) $PCl_3$、$AsCl_3$、$SbCl_3$、$BiCl_3$ 的水解能力:________________________________。

(5) $AlF_3$、$AlCl_3$、$AlBr_3$、$AlI_3$的沸点:________________________________。

(6) $Na_2CO_3$、$NaHCO_3$的溶解性:________________________________。

## 4-4 完成下列方程式

1. 写出工业上实现从砂金中提取 Au 的主要方程式。

2. $Pb_3O_4$ 分别溶于浓 HCl、浓 $HNO_3$ 中。

3. $PbO_2$ 分别与浓 HCl、浓 $H_2SO_4$ 作用。

4. $Sn(OH)_2$ 分别溶于 HCl、NaOH 溶液中。

5. $Cr(OH)_3$ 分别溶于 HCl、NaOH 溶液中。

6. ZnS 能溶于 HCl,而 HgS 仅溶于王水。

7. $Fe(OH)_3$、$Co(OH)_3$ 分别溶于浓 HCl 中。

8. 写出实现 $CrO_4^{2-} \longrightarrow Cr_2O_7^{2-} \longrightarrow Cr^{3+}$ 转化的方程式各一个。

9. 写出实现 $Mn^{2+} \longrightarrow MnO_4^-$ 转化的方程式两个。

10. 以重晶石为原料,制备 $BaCl_2$、$BaCO_3$、BaO、BaS 和 $BaO_2$。

## 4-5 简答题

1. 为什么不用 Na 在空气中燃烧制取 $Na_2O$,而通常采用 $2NaNO_2 + 6Na \longrightarrow 4Na_2O + N_2$ 的方法制取?

2. 气体状态和固体状态时,$BeCl_2$ 各为何种结构?为什么 $BeCl_2$ 溶于水时水溶液显酸性?

3. 为什么焊接铁皮时,常使用浓 $ZnCl_2$ 溶液处理铁皮表面?

4. (1) 用 $NH_4SCN$ 溶液检出 $Co^{2+}$ 时,如有少量 $Fe^{3+}$ 存在,需加入 $NH_4F$。

(2) 在 $Fe^{3+}$ 的溶液中加入 KSCN 溶液时出现了血红色，再加入少量的铁粉后，血红色立即消失。

5. 测得在蒸气状态时三溴化铝的相对分子质量为 534，熔化时几乎无导电性，但在水溶液中却有显著的导电性，且呈酸性。试评述这些事实。

6. 为什么 $AlF_3$ 的熔点高达 1290℃，而 $AlCl_3$ 却只有 190℃？

7. 金属铝不溶于水，为什么能溶于 $NH_4Cl$ 和 $Na_2CO_3$ 溶液中？

8. 从最外层电子来看，碱土金属和锌族元素一样，都只有 2 个 s 电子，为什么锌族元素金属活泼性比碱土金属弱得多，且其金属活泼性从上到下递减，与碱土金属相反？

### 4－6　推断题

1. 有一固体混合物 A，加入水以后部分溶解，得溶液 B 和不溶物 C。往溶液 B 中加入澄清的石灰水，出现白色沉淀 D，D 可溶于稀 HCl 或 HAc，放出可使石灰水变浑浊的气体 E，溶液 B 的焰色反应为黄色。不溶物 C 可溶于稀 HCl 得溶液 F，F 可以使酸化的 $KMnO_4$ 溶液褪色，F 可使淀粉－KI 溶液变蓝。在盛有 F 的试管中加入少量 $MnO_2$ 可产生气体 G，G 使带有余烬的火柴复燃。在 F 中加入 $Na_2SO_4$ 溶液，可产生不溶于 $HNO_3$ 的沉淀 H，F 的焰色反应为黄绿色。问 A、B、C、D、E、F、G、H 各是什么物质？写出有关反应的离子反应式。

2. 用冷水与单质 A 反应放出无色无味的气体 B 和溶液 C。金属钠同 B 反应生成固体产物 D。D 为离子型化合物，溶于水反应产生气体 B 和强碱性溶液 F。将二氧化碳通入溶液 C 时，生成白色沉淀 G。沉淀 G 在 1000℃加热时形成一种白色化合物 H，而 H 同碳一起加热至 2000 ℃以上时则形成一种有重要商品价值的固体 I。写出 A 到 I 的化学式及每一步反应的化学反应方程式。

3. Cr 的某化合物 A 是橙红色可溶于 $H_2O$ 的固体，将 A 用浓 HCl 处理，产生黄绿色刺激性气体 B 和暗绿色溶液 C。在 C 中加入 KOH 溶液，先生成灰蓝色沉淀 D，继续加入过量的 KOH 溶液则沉淀消失，变为绿色溶液 E。在 E 中加入 $H_2O_2$ 并加热，则生成黄色溶液 F。F 用稀酸酸化，又变为原来的化合物 A 的溶液。问 A 至 F 各是什么物质？写出有关反应的化学反应方程式。

4. 现有一种含结晶水的淡绿色晶体，将其配成溶液，若加入 $BaCl_2$ 溶液，则产生不溶于酸的白色沉淀；若加入 NaOH 溶液，则生成白色胶状沉淀并很快变成红棕色。再加入 HCl，此红棕色沉淀又溶解，滴入硫氰化钾溶液显深红色。问该晶体是什么物质？写出有关反应的化学反应方程式。

5. 有棕黑色粉末 A，不能溶于水。加入溶液 B 后加热生成气体 C 和溶液 D。将气体 C 通入 KI 溶液得棕色溶液 E。取少量溶液 D 以 $HNO_3$ 酸化后与 $NaBiO_3$ 粉末作用，得紫色溶液 F。往 F 中滴加 $Na_2SO_3$ 则紫色褪去，接着往该溶液中加入 $BaCl_2$ 溶液，则生成难溶于酸的白色沉淀 G。试推断 A、B、C、D、E、F、G 各为何物，并写出有关反应的化学反应方程式。

6. 将化合物 A 溶于水后加入 NaOH 溶液，有黄色沉淀 B 生成。B 不溶于 $NH_3 \cdot H_2O$ 和过量的 NaOH 溶液，B 溶于 HCl 溶液得无色溶液，向该溶液中滴加少量 $SnCl_2$ 溶液，有白色沉淀 C 生成。向 A 的水溶液中滴加 KI 溶液，得红色沉淀 D。D 溶于过量 KI 溶液，得无色溶液。向 A 的水溶液中加入 $AgNO_3$ 溶液，有白色沉淀 E 生成。E 不溶于 $HNO_3$ 溶液，但可溶于 $NH_3 \cdot H_2O$。请给出 A、B、C、D、E 的化学式，并写出有关反应的化学反应方程式。

7. 卤化物 A 溶于水，加 NaOH 溶液得蓝色絮状沉淀 B。B 溶于 $NH_3 \cdot H_2O$，生成深蓝色溶液 C。通 $H_2S$ 于 C 中有黑色沉淀 D 生成。D 溶于稀 $HNO_3$，得一蓝绿色溶液及乳白色沉淀。在另一份 A 溶液中加入 $AgNO_3$ 溶液，生成白色沉淀 E。E 与溶液分离后，可溶于 $NH_3 \cdot H_2O$ 得溶液 F。F 用 $HNO_3$ 酸化后又产生沉淀 E。试推断 A、B、C、D、E、F 各为何物，并写出有关反应的化学反应方程式。

8. 在一种含有配离子 A 的溶液中，加入稀 HCl，有刺激性气体 B、黄色沉淀 C 和白色沉淀 J 产生。气体 B 能使 $KMnO_4$ 溶液褪色。若通氯气于溶液 A 中，得到白色沉淀 J 和含有 D 的溶液。D 与 $BaCl_2$ 作用，有不溶于酸的白色沉淀 E 产生。若在溶液 A 中加入 KI 溶液，产生黄色沉淀 F，再加入 NaCN 溶液，黄色沉淀 F 溶解，形成无色溶液 G。向 G 中通入 $H_2S$ 气体，得到黑色沉淀 H。根据上述实验结果，确定 A、B、C、D、E、F、G、H 及 J 各为何物，并写出各步反应的化学反应方程式。

9. 某亮黄色溶液 A，加入稀 $H_2SO_4$ 转为橙红色溶液 B，加入浓 HCl 又转化为绿色溶液 C，同时放出能使淀粉－KI 试纸变色的气体 D。绿色溶液 C 中加入 NaOH 溶液，即生成蓝色沉淀 E。E 溶于过量 NaOH 溶液得 F。E 经灼烧后转为绿色固体 G。试推断 A、B、C、D、E、F、G 各是何物？写出 A→B、E→F 的化学反应方程式。

10. 一种纯的金属单质 A 不溶于 $H_2O$ 和 HCl,但溶于 $HNO_3$ 而得到溶液 B,溶解时有无色气体 C 放出。C 在空气中可以转变为另一种棕色气体 D。加 HCl 到溶液 B 中能生成白色沉淀 E。E 可溶于热水中,E 的热水溶液与 $H_2S$ 反应得黑色沉淀 F。F 用 60% $HNO_3$ 溶液处理可得淡黄色固体 G 同时又得溶液 B。根据上述现象,判断这七种物质各是什么,并写出有关反应的化学反应方程式。

## 4-7　分离鉴别题

1. 试用五种试剂,把含有 $BaCO_3$、AgCl、$SnS_2$、$PbSO_4$ 和 CuS 五种固体混合物一一溶解分离,每一种试剂只可溶解一种固体物质,请指明溶解次序。

2. 分离并检出溶液中的下列离子:$Zn^{2+}$,$Mg^{2+}$,$Ag^{+}$。

3. 试设计一种最佳的方案,分离 $Fe^{3+}$、$Al^{3+}$、$Cr^{3+}$ 和 $Ni^{2+}$。

4. 一种不锈钢是 Fe、Cr、Mn、Ni 的合金,试设计一种简单的定性分析方法。

4-23　课后习题解答

# 第 5 章

# 元素化学(非金属元素及其化合物)
# (Chemistry of Element—Nonmetallic Element and Its Compound)

5-1 学习要求

非金属元素是元素的一大类,在所有的一百多种化学元素中,非金属元素有 22 种,包括 H、B、C、N、O、F、Si、P、S、Cl、As、Se、Br、Te、I、At、He、Ne、Ar、Kr、Xe、Rn。在周期表中,除 H 以外,其他非金属元素都排在表的右侧和上侧,属于 p 区(见图 5-1)。

| | I A | | | | | | O |
|---|---|---|---|---|---|---|---|
| 1 | 1 H 氢 | ⅢA | ⅣA | VA | ⅥA | ⅦA | 2 He 氦 |
| 2 | | 5 B 硼 | 6 C 碳 | 7 N 氮 | 8 O 氧 | 9 F 氟 | 10 Ne 氖 |
| 3 | | 13 Al 铝 | 14 Si 硅 | 15 P 磷 | 16 S 硫 | 17 Cl 氯 | 18 Ar 氩 |
| 4 | | 31 Ga 镓 | 33 Ge 锗 | 33 As 砷 | 34 Se 硒 | 35 Br 溴 | 36 Kr 氪 |
| 5 | | 49 In 铟 | 50 Sn 锡 | 51 Sb 锑 | 52 Te 碲 | 53 I 碘 | 54 Xe 氙 |
| 6 | | 81 Tl 铊 | 82 Pb 铅 | 83 Bi 铋 | 84 Po 钋 | 85 At 砹 | 86 Rn 氡 |
| 7 | | | 114 | | 116 | | 118 |

图 5-1 非金属元素在周期表中的位置

## 5.1 非金属单质

### 5.1.1 结构

5-2 微课:非金属单质的结构

非金属单质大多是分子晶体,少部分为原子晶体和过渡型的层状晶体。

非金属元素的原子的最外层电子数一般大于4,很容易得电子形成稳定结构。非金属单质大多是由2个或2个以上的原子以共价键相结合。单质共价键数大部分符合$8-N$规则,即以$N$代表非金属元素在周期表中的族数,则该元素在单质分子中的共价键数等于$8-N$(对于H则为$2-N$)。少数分子由于形成π键、大π键或d轨道参与成键,而不遵守$8-N$规则,如硼单质和石墨。

非金属按其单质的结构和性质大致可以分成三类。

1. 小分子组成的单质

单原子分子的稀有气体及双原子分子的$X_2$(卤素)、$O_2$、$N_2$、$H_2$等属于此类。

稀有气体的最外层电子数为8,具有惰性电子层结构,因此其单质以单原子分子形式存在。

ⅦA族卤素原子和H原子都含有1个未成对电子,2个原子以1个σ键形成双原子分子$X_2$。

ⅥA族处于第二周期的O、ⅤA族处于第二周期的N,由于内层只有2个电子,原子之间除了形成σ键外,还可以形成p-pπ键,所以单质以双原子分子形成$O_2$、$N_2$。

在通常状况下,这些小分子借范德华力结合成分子晶体,熔点、沸点都很低。

2. 多原子分子组成的单质

$S_8$、$P_4$和$As_4$等属于此类。在通常情况下,它们是固体,为分子晶体,熔、沸点稍高于第一类单质,容易挥发。

ⅥA族的S、Se、Te等,因内层电子较多,原子半径较大,最外层的p电子云难重叠为p-pπ键,而倾向于形成尽可能多的σ单键。如每个S原子分别与另外2个S原子形成σ键,8个S原子彼此以σ键结合成呈"皇冠"形结构的$S_8$(见图5-2)。

ⅤA族的P、As,也因p电子云难重叠为p-pπ键,而倾向于每个原子以3个σ单键与另外3个原子形成$P_4$(见图5-3)、$As_4$的四面体形结构。

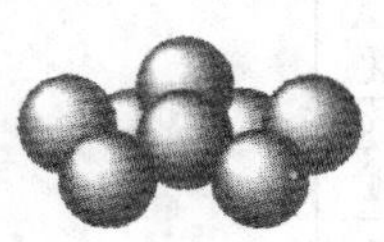

图5-2　$S_8$的结构

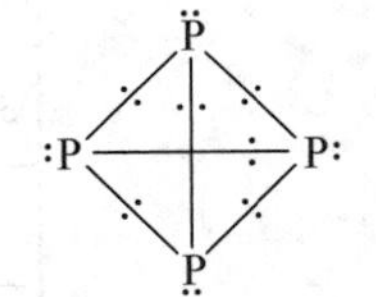


图5-3　$P_4$的结构

3. 大分子单质

金刚石、晶态Si和B等属于此类。其固体为原子晶体,熔、沸点极高,难挥发。

ⅣA族的C和Si原子由$sp^3$杂化轨道形成的共价单键结合成庞大的分子,其单质基本上属于原子晶体。

单质硼的基本结构单元是$B_{12}$二十面体(见图5-4),各种不同晶形硼的差别仅在于二十面体连接方式的不同。

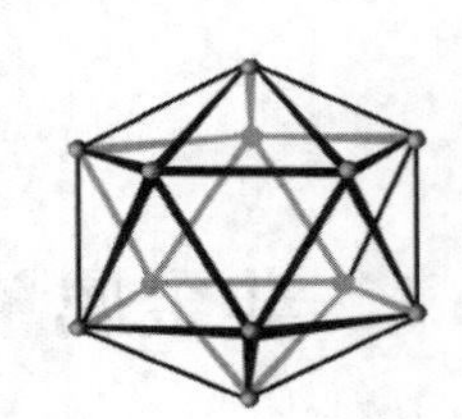

图5-4　$B_{12}$的二十面体结构

在大分子物质中还有一类过渡型晶体,其中微粒间的作用力不止一种,键型复杂。如石墨属于过渡型晶体,它是由无数的原子结合而成的层状结构固体。

周期表中各非金属单质的组成见表5-1。

表 5-1　非金属单质的组成

| 族号 | ⅠA | ⅢA | ⅣA | ⅤA | ⅥA | ⅦA | 0 |
|---|---|---|---|---|---|---|---|
| 单质结构 | $H_2$ | $B_{12}$ | C<br>Si | $N_2$<br>$P_4$<br>$As_4$ | $O_2$<br>$S_8$<br>$Se_8$<br>$Te_8$ | $F_2$<br>$Cl_2$<br>$Br_2$<br>$I_2$ | He<br>Ne<br>Ar<br>Kr<br>Xe<br>Rn |

## 5.1.2　同素异形体和物理性质

非金属单质除卤素、$H_2$、$N_2$ 及稀有气体外，大多存在同素异形体(allotrope)，其主要形成方式有三种：① 组成分子的原子数目不同，如氧气 $O_2$ 和臭氧 $O_3$；② 晶格中原子的排列方式不同，如金刚石和石墨；③ 晶格中分子排列的方式不同，如斜方硫和单斜硫。同素异形体由于结构不同，彼此间物理性质有显著差异。

1. 氧的同素异形体($O_2$ 和 $O_3$)

O 因组成分子的原子数目不同而有 $O_2$ 和 $O_3$ 两种同素异形体。$O_2$ 有一个 σ 键和两个三电子 π 键；在 $O_3$ 分子中，中心 O 原子以 $sp^2$ 杂化轨道与另外两个 O 的 $sp^2$ 杂化轨道形成两个 σ 键，中心 O 原子另一个 $sp^2$ 杂化轨道保留一对孤对电子，三个 O 原子各有一个未参与杂化的 p 轨道，它们相互平行，彼此以“肩并肩”方式重叠形成一个三中心四电子的 $\Pi_3^4$ 键(见图 5-5)。

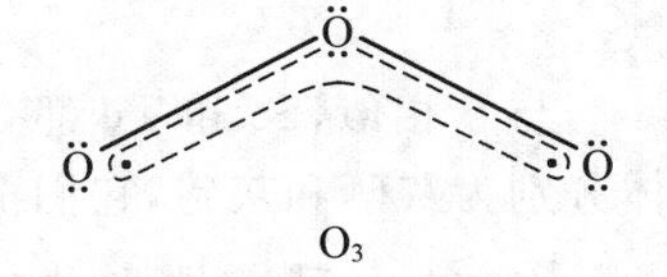

图 5-5　氧的同素异形体的结构

$O_3$ 是淡蓝色气体，具有特殊的鱼腥气味，由于分子有极性，在水中的溶解度比 $O_2$ 大。

$O_3$ 的氧化性比 $O_2$ 强，能氧化许多不活泼单质(如 Hg、Ag、S 等)，可氧化 KI 溶液中的 $I^-$，析出 $I_2$，此反应常作为 $O_3$ 的鉴定反应。

$$O_3 + 2H^+ + 2I^- \longrightarrow I_2 + O_2 + H_2O$$

$O_3$ 的氧化性常用于漂白、除臭、杀菌和处理含酚等的工业废水，也用于处理含 $CN^-$ 的电镀工业废液。

大气层中，离地表 20～40 km 处存在较多的 $O_3$，形成了薄薄的臭氧层，它可以吸收紫外光，对地面生物有重要的保护作用。还原性气体 $SO_2$、$H_2S$ 对臭氧层有破坏作用。研究表明，制冷剂氟利昂(一种氟氯代烃)放出的 Cl 原子等是 $O_3$ 分解的催化剂，对破坏臭氧层有长期的作用，此项研究获得了 1995 年度诺贝尔化学奖。

2. 硫的同素异形体(斜方硫和单斜硫)

S 原子以 σ 键形成 $S_8$ 分子，$S_8$ 环状分子在晶格中排列方式不同，形成斜方硫(又叫菱形硫、α-硫)和单斜硫(又叫 β-硫)2 种同素异形体。表 5-2 列出了斜方硫和单斜硫的性质比较。

表 5-2　斜方硫和单斜硫的性质

| 硫的同素异形体 | 斜方硫 | 单斜硫 |
|---|---|---|
| 密度/($g \cdot cm^{-3}$) | 2.06 | 1.99 |
| 颜色 | 黄色 | 浅黄色 |
| 存在条件 | <369 K | >369 K |
| 熔点/K | 386 | 392 |

单斜硫和斜方硫是单质 S 在不同温度下的变体,将单质 S 加热到 369 K,斜方硫不经熔化就转变成单斜硫,将其冷却,发生相反的转变过程。单质 S 加热到 433 K 以上,$S_8$ 环断裂成无限长的硫链,此时液态硫的颜色变深,黏度增加;加热到 563 K 以上,长硫链就会断裂成较小的短链分子,所以黏度下降;当温度达到 717.6 K 时,达到沸点,硫开始沸腾变成蒸气,蒸气中含有 $S_8$、$S_6$、$S_3$、$S_2$ 等分子。若把熔融硫急速倒入冷水中,纠缠在一起的长链状的硫被固定下来,成为可以拉伸的弹性硫(见图 5-6),但放置后,弹性硫会逐渐转变成晶状硫。晶状硫能溶解在 $CS_2$ 中,而弹性硫在 $CS_2$ 中只能部分溶解。

斜方硫

单斜硫

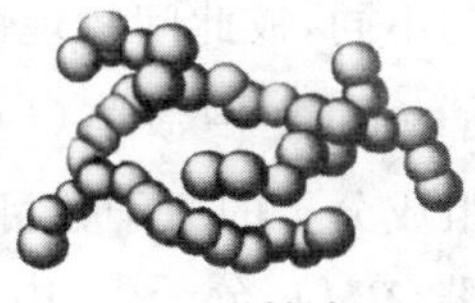
弹性硫

图 5-6　硫的同素异形体的晶形

与 S 相似,Se 和 Te 都有同素异形体,包括无定形体的同素异形体,较稳定的同素异形体分别为灰硒和灰碲,它们都是有金属光泽的类金属晶体,且都能形成长链状的分子。

3. 磷的同素异形体(白磷、红磷和黑磷)

P 的同素异形体有多种,主要有白磷、红磷和黑磷 3 种。

纯白磷是无色透明的晶体,遇光即逐渐变黄色,所以又叫黄磷。白磷晶体是由 $P_4$ 分子组成的分子晶体。$P_4$ 分子呈四面体形构型,其键角是 60°,因而 P—P 键易于断裂,使白磷有很高的化学活性。在惰性气体中,加热至 533 K 就转变为红磷。

红磷的结构还不清楚,有人认为,红磷的结构是 $P_4$ 四面体形的一个 P—P 键破裂后合起来的长链状结构,所以其性质较白磷稳定。

黑磷是磷的最稳定的同素异形体,其结构类似石墨的层状晶体,每个 P 原子以 3 个共价键与另外 3 个 P 原子相连。它能导电,故黑磷有"金属磷"之称。在 1200 MPa 压强下,白磷加热到 473 K 可转化为黑磷。磷的几种同素异形体的结构见图 5-7,其性质比较见表 5-3。

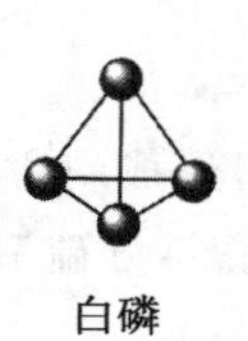
白磷

黑磷

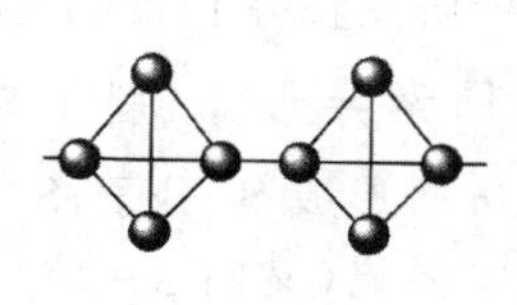
红磷

图 5-7　磷的同素异形体的结构

表 5-3　白磷、红磷和黑磷的性质

| 性质 | 白磷 | 红磷 | 黑磷 |
| --- | --- | --- | --- |
| 外观 | 白色至黄色蜡状固体 | 暗红色粉末 | 黑色有金属光泽晶体 |
| 密度/$(g \cdot cm^{-3})$ | 1.8 | 2.2 | 2.7 |
| 熔点/K | 317 | 863 | 883 |
| 毒性 | 剧毒(0.1 g 致死) | 无毒 | 无毒 |
| 溶解情况 | 不溶于水,易溶于 $CS_2$ | 不溶于水、碱和 $CS_2$ | 不溶于有机溶剂 |
| 燃点/K | 313 | 533 | 763 |
| 化学活性 | 有很高的化学活性,在氯气中能自燃,能与热的浓碱作用 | 在空气中慢慢吸潮,在氯气中加热方能自燃,不与热的浓碱作用 | 不易发生化学反应,但能导电 |

As 有黄砷、灰砷、黑砷三种同素异形体。黄砷的结构与黄磷相似,是以 $As_4$ 为基本结构单元组成的分子晶体,呈明显的非金属性。黄砷不稳定,在室温下即转变为层状晶体灰砷。用液态空气冷却砷蒸气可得到无定形体的黑砷。

4. 碳的同素异形体(金刚石、石墨)

C 的同素异形体最常见的有金刚石、石墨。它们的不同性质是由微观结构的不同所决定的。通常所说的无定形碳(如木炭、焦炭等)都是石墨的微晶体。图 5-8 给出金刚石、石墨的结构。

金刚石

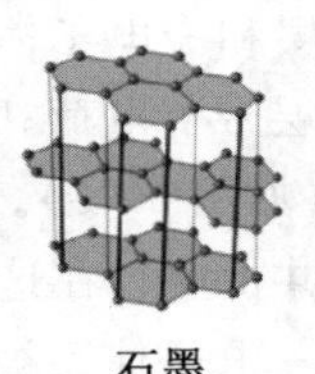

石墨

图 5-8　碳的同素异形体的结构

金刚石是由无限个 C 原子组成的大分子。C 原子采取 $sp^3$ 杂化,每个 C 原子与其周围处于四面体顶角的 4 个 C 原子形成键长等于 154 pm 的共价单键。金刚石是原子晶体,呈正四面体形空间网状立体结构。金刚石是自然界已经知道的物质中硬度最大(莫氏硬度为 10)的材料,熔点高(3823 K),无自由电子,不导电。金刚石在机械、电子、光学、传热、军事、航天航空、医学和化学领域有着广泛的应用前景。

石墨也是由无限个 C 原子组成的大分子,但它具有层状结构。层内每个 C 原子与最近的 3 个 C 原子相距 142 pm,相邻 C 原子间的 $\sigma$ 键产生于 $sp^2$ 杂化轨道重叠,未参与杂化的 p 轨道相互重叠形成面内离域的大 $\pi$ 键,离域电子可以在整层活动。层与层之间的 C 原子以分子间作用力相结合,距离比较大(335 pm)。

石墨是一种灰黑色、不透明、有金属光泽的晶体。天然石墨耐高温,热膨胀系数小,导热、导电性好,摩擦系数小。石墨导电显示各向异性,在平行于六边形平面的方向上,298.15 K的导电率为 $3\times10^4$ $S \cdot cm^{-1}$,并随温度升高而下降;垂直于该方向的导电率低得多($5\ S \cdot cm^{-1}$,298.15 K),且随温度升高而上升。石墨被大量用来做电极、坩埚、电刷、润滑剂、铅笔等。金刚石和石墨的有关性质见表 5-4。

表 5-4　金刚石和石墨的性质

| 性质 | 金刚石 | 石墨 |
|---|---|---|
| 外观 | 无色透明固体 | 灰色不透明固体 |
| 密度/($g \cdot cm^{-3}$) | 3.51 | 2.25 |
| 熔点/K | 3823 | 3925 |
| 沸点/K | 5100 | 5100 |
| 硬度 | 10 | 1 |
| 导电、导热性 | 不导电 | 导电、导热 |
| 在 $O_2$ 中的燃烧温度/K | 1050 | 960 |
| 化学活泼性 | 不活泼 | 比金刚石活泼 |

由于石墨层与层之间的作用力为范德华力，故片层间结合疏松，距离大，能容许一些小分子、原子或离子插入层内，形成插入化合物。这些插入化合物的性质基本上不改变石墨原有的层状结构，但片层间的距离增加，称为膨胀石墨，它具有天然石墨不具有的可绕性、回弹性等，可作为一种新型的工程材料，被广泛应用于石油化工、化肥、原子能、电子等领域。

石墨插入化合物按电学性质不同，分为导体和非导体两大类。导体石墨插入化合物(离子化合物)指碱金属、$Cl_2$ 等与石墨反应而形成的化合物，如 $C_8K$、$C_{24}K$、$C_{36}K$、$C_{48}K$、$C_{60}K$ 等。在这类化合物中，石墨片层和 π 电子体系不变，但片层由于插入物的渗入得到电子或失去电子(如 $K \rightarrow K^+ + e^-$，使片层带负电荷；$Cl_2 + 2e^- \rightarrow 2Cl^-$，在片层留下空穴，带正电荷)，其导电性增强，有的还有超导性(见图 5-9)。非导体石墨插入化合物(共价化合物)是 F、O 与石墨反应而形成的化合物，属共价型。在这些化合物中，F、O 与石墨平面中的 C 原子结合时，用到离域 π 键的电子，所以 π 电子体系被破坏，它们不导电，而且碳平面是曲折的，呈波浪起伏状。例如，石墨与 $F_2$ 反应得到聚一氟化碳 $(CF)_n$，它为灰色或白色固体，是一种能抗大气氧化的润滑剂。

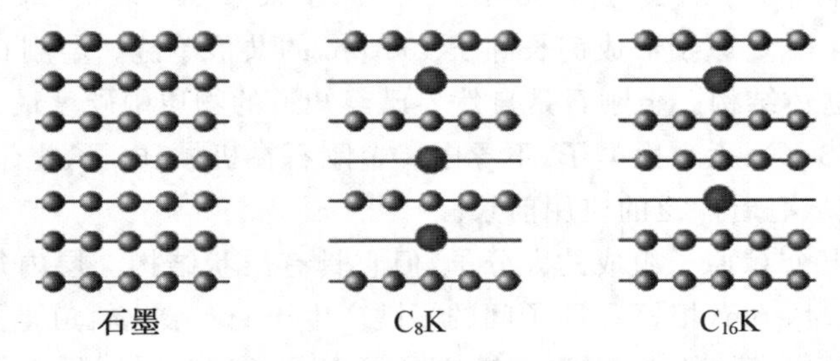


图 5-9　石墨及石墨插入化合物的结构

1985 年，科学家们在实验室中制备出了 $C_{60}$，使之成为碳的第 3 种同素异形体。此后，碳的同素异形体的合成、发现与应用成为研究领域的热点。科学家们先后合成了碳纳米管、石墨烯和石墨炔等一系列碳的同素异形体，其独特的结构造就了其在纳米材料领域的非凡用途。近年来，科学界还在不断开发碳的同素异形体，如碳气凝胶、T-碳等，所有这些发现都将对科学技术和人类的生活产生重要影响。

5-3　知识拓展：碳的一些新型同素异形体(富勒烯、碳纳米管和石墨烯)

### 5.1.3　化学性质

非金属元素和金属元素的区别，反映在生成化合物的性质上。例如，金属元素一般都易形成阳离子，而非金属元素容易形成阴离子或多原子阴离子。非金属的化学性质，有比较明显的变化规律。在同一周期中，从左到右，元素的非金属性依次增强，化学活泼性增强，F＞O＞N＞C＞B、Cl＞S＞P＞Si；同一主族元素的非金属性从上到下依次减弱，如 F＞Cl＞Br＞I、O＞S＞Se＞Te、N＞P＞As。在常见的非金属元素中，以 F 的化学性质最活泼，Cl、Br、I、O、P、S 比较活泼，而 N、B、C、Si 在常温下不活泼。

1. 与 $H_2$ 和金属反应

元素的非金属性越强，其氧化能力越强，它的单质与 $H_2$ 反应越剧烈，得到的气态氢化物的稳定性越强。例如，元素的非金属性 Cl＞S＞P＞Si，$Cl_2$ 与 $H_2$ 在光照或点燃时就可能发生爆炸而化合，S 与 $H_2$ 需加热才能化合，而 Si 与 $H_2$ 需在高温下才能化合，并且 $SiH_4$ 极不稳定。又如，随着卤素原子半径的增大，卤素氧化能力依次减弱，$F_2＞Cl_2＞Br_2＞I_2$。卤素单质都能与氢反应，其反应活泼性也随着卤素原子半径的增大而依次减弱。如表 5-5 所示为卤素与 $H_2$ 反应的反应条件及反应程度。

**表 5-5　卤素与 $H_2$ 反应的情况**

| 卤素 | $F_2$ | $Cl_2$ | | $Br_2$ | $I_2$ |
|---|---|---|---|---|---|
| 反应条件 | 阴暗 | 常温 | 强光照射 | 常温 | 高温 |
| 反应速率及程度 | 爆炸，放出大量热 | 缓慢 | 爆炸 | 需催化剂 | 缓慢，可逆 |

在常温下，活泼的非金属容易与金属形成各类化合物。例如，$F_2$、$Cl_2$、$Br_2$、$O_2$、S 等活泼非金属与金属分别形成相应的卤化物、氧化物、硫化物；C、Si 等不易与金属反应。非金属的活泼性表现在与金属反应的条件及产物。以卤素为例，$F_2$ 能氧化所有金属，而且非常激烈，常伴随着燃烧和爆炸；$Cl_2$ 也能发生类似反应，但反应比 $F_2$ 平稳得多；$Br_2$ 和 $I_2$ 在常温下可以与活泼金属直接作用，与其他金属的反应需要在加热条件下进行。又如，非金属与 Fe 的反应，Fe 的氧化物有＋2、＋3 两种氧化态，活泼的非金属（$F_2$、$Cl_2$、$Br_2$）可将其氧化为＋3 价氧化态，而不活泼的非金属（$I_2$、S）只能将其氧化为＋2 价氧化态。

$$2Fe + 3Cl_2 \longrightarrow 2FeCl_3$$

$$3Fe + 2O_2 \longrightarrow Fe_3O_4$$

$$Fe + I_2 \longrightarrow FeI_2$$

Hg(水银)与硫磺粉研磨即能形成 HgS，这是因为 Hg 是液态，研磨时 Hg 与 S 接触面积较大，反应容易进行，实验室利用此反应处理散落在桌上或地面上的 Hg。

$$Hg + S \longrightarrow HgS$$

2. 与 $O_2$ 和其他非金属反应

除卤素不与 $O_2$ 直接化合外，其他非金属都能与 $O_2$ 化合形成氧化物。单质与 $O_2$ 反应不仅与其非金属性有关，更重要的是与其结构有关。如 $N_2$ 的非金属性比 P 强，但 $N_2$ 很稳定，$N_2$ 与 $O_2$ 在高温(约 2273 K)或放电条件下才能直接化合。

$$N_2 + O_2 \xrightarrow{\text{高温或放电}} 2NO$$

由于 $N_2$ 在空气中特别稳定,因此,$N_2$ 被广泛用作电子、钢铁、玻璃工业反应的介质,灯泡和膨胀橡胶的填充物,工业上用 $N_2$ 保护油类、粮食,精密实验中用 $N_2$ 作保护气体。

白磷化学性质活泼,在空气中会缓慢氧化,表面聚积的热量使温度上升至燃点(308 K)时即自燃,空气充足条件下的燃烧产物为 $P_4O_{10}$;空气不足条件下的燃烧产物则为 $P_4O_6$。因此,白磷应保存在水面之下。

$$P_4 + 5O_2 \longrightarrow P_4O_{10}$$

$$P_4 + 3O_2 \longrightarrow P_4O_6$$

$N_2$ 与 P 单质性质的差异可用它们的结构解释。$N_2$ 分子是由 2 个 N 原子通过三重键键合而成,键能很大($946\ kJ \cdot mol^{-1}$),这就决定了 $N_2$ 的化学性质不活泼。P 是第三周期元素,半径较大,不易形成多重键。在 $P_4$ 中 4 个 P 原子通过单键相互键合而成四面体形结构。其中键角∠PPP 只能是 60°,比纯 p 轨道形成的键角(90°)小得多(实际上 $P_4$ 分子的 P—P 键还含有 2%的 s、d 轨道成分)。可见 P—P 键是受张力作用而弯曲的,张力能量是 $95.4\ kJ \cdot mol^{-1}$,使 P—P 键的键能只有 $201\ kJ \cdot mol^{-1}$,比 N≡N 的键能 $946\ kJ \cdot mol^{-1}$ 小得多,因此,$P_4$ 分子反应活性很高。

除了氧化物外,非金属元素之间也能形成卤化物、硫化物等。例如:

$$Si + 2F_2 \longrightarrow SiF_4$$

$$Si + 2Cl_2 \longrightarrow SiCl_4$$

$$2P + 3Cl_2 \longrightarrow 2PCl_3(l)$$

$$2P + 5Cl_2 \longrightarrow 2PCl_5(s)$$

3. 与水反应

大部分非金属单质不与 $H_2O$ 反应,卤素与 $H_2O$ 可发生两类反应。第一类反应是卤素对 $H_2O$ 的氧化作用。

$$2X_2 + 2H_2O \longrightarrow 4HX + O_2$$

$F_2$ 的氧化性强,与 $H_2O$ 剧烈反应并使之分解放出 $O_2$;$Cl_2$ 在光照下与 $H_2O$ 反应缓慢放出 $O_2$;$Br_2$ 在 pH>3 时与 $H_2O$ 反应非常缓慢地放出 $O_2$;$I_2$ 与 $H_2O$ 不存在第一类反应,相反,$O_2$ 可作用于 HI 溶液使 $I_2$ 析出。

$$O_2 + 4H^+ + 4I^- \longrightarrow 2I_2 + 2H_2O$$

第二类反应是卤素部分地与 $H_2O$ 发生歧化反应。

$$X_2 + H_2O \rightleftharpoons HXO + H^+ + X^-$$

表 5-6 列出了卤素与 $H_2O$ 歧化反应的标准平衡常数。可见,从 $Cl_2$ 到 $I_2$,反应进行的程度越来越小。此类反应是可逆的,从水解平衡可知,加碱有利于水解的进行。

**表 5-6 卤素与 $H_2O$ 歧化反应的标准平衡常数**

| 卤 素 | F* | Cl | Br | I |
|---|---|---|---|---|
| $K^{\ominus}$ | / | $4.2\times10^{-4}$ | $7.2\times10^{-9}$ | $2\times10^{-13}$ |

* 20 世纪 70 年代初,化学家控制 $F_2$ 和冰在 233K 条件下,反应离析出 HOF,产率接近 50%。

人们将 $Cl_2$ 和 $Br_2$ 的水溶液分别叫作"氯水"和"溴水"。氯水是一种高效而廉价的氧化剂,起氧化作用的物质除 $Cl_2$ 之外还有次氯酸 HOCl。

B、C、Si 只能在高温下与 $H_2O$ 蒸气作用。C 在高温下与 $H_2O$ 蒸气作用生成半水煤气,它是合成氨工业中 $H_2$ 的来源。

$$C+H_2O \longrightarrow CO+H_2$$

$N_2$、$P_4$、$O_2$、$S_8$ 在高温时也不与 $H_2O$ 反应。

4. 与酸反应

非金属一般不与非氧化性稀酸反应，但具有还原性的非金属(如 B、C、P、As、S、Se、Te、$I_2$ 等)通常能被浓 $HNO_3$、热浓 $H_2SO_4$ 等氧化性酸氧化为氧化物和含氧酸。

$$2B+3H_2SO_4 \longrightarrow 2H_3BO_3+3SO_2$$

$$B+HNO_3+H_2O \longrightarrow H_3BO_3+NO$$

$$C+2H_2SO_4 \longrightarrow 2SO_2+CO_2+2H_2O$$

$$C+4HNO_3(浓) \longrightarrow 4NO_2+CO_2+2H_2O$$

$$S+2H_2SO_4 \longrightarrow 3SO_2+2H_2O$$

$$S+6HNO_3(浓) \longrightarrow 6NO_2+H_2SO_4+2H_2O$$

$$2P+5H_2SO_4 \longrightarrow 2H_3PO_4+5SO_2+2H_2O$$

$$2As+3H_2SO_4(浓) \longrightarrow As_2O_3+3SO_2+3H_2O$$

Si 在含氧酸中被钝化，在有氧化剂存在的条件下，能与 HF 反应。

$$3Si+4HNO_3+18HF \longrightarrow 3H_2SiF_6+4NO+8H_2O$$

5. 与碱反应

不少非金属能与碱发生反应，非金属与碱可发生两类反应。第一类是在碱性水溶液中发生歧化反应。有变价的非金属元素主要发生歧化反应。

除 $F_2$ 以外的卤素在室温下均能与碱溶液发生歧化反应。

$$X_2+2OH^- \longrightarrow X^-+XO^-+H_2O \qquad (X=Cl,Br,I)$$

$$3XO^- \longrightarrow 2X^-+XO_3^-$$

例如，把 $Cl_2$ 通入冷碱溶液，可生成次氯酸盐。

$$Cl_2+2NaOH \longrightarrow NaClO+NaCl+H_2O$$

$$2Cl_2+3Ca(OH)_2 \longrightarrow Ca(ClO)_2+CaCl_2\cdot Ca(OH)_2\cdot H_2O+H_2O$$

ⅥA 族的 S、Se、Te 和ⅤA 族的 $P_4$、As 在较浓的强碱溶液中也能发生歧化反应。

$$3S+6NaOH \longrightarrow 2Na_2S+Na_2SO_3+3H_2O$$

$$P_4+3NaOH+3H_2O \longrightarrow PH_3+3NaH_2PO_2$$

第二类反应是非金属与强碱反应放出 $H_2$。Si、B 与较浓的强碱溶液作用放出 $H_2$。

$$Si+2NaOH+H_2O \longrightarrow Na_2SiO_3+2H_2$$

$$2B+2NaOH+6H_2O \longrightarrow 2Na[B(OH)_4]+3H_2$$

C、$N_2$、$O_2$、$F_2$ 无上述两类反应。

6. 与盐反应

非金属单质与盐的反应主要表现为氧化还原性。活泼非金属表现为强氧化性，它们的氧化能力顺序为 $F_2>Cl_2>Br_2>I_2>S$，氧化性较强的单质能把氧化性相对较弱的单质从它们的化合物中置换出来。例如，$F_2$ 能从其他卤化物中置换出其他卤素单质，$Cl_2$ 能从溴化物、碘化物、硫化物中置换出相应的单质。

$$2KBr+Cl_2 \longrightarrow 2KCl+Br_2$$

$$2KI+Cl_2 \longrightarrow 2KCl+I_2$$

$$Na_2S+Cl_2 \longrightarrow 2NaCl+S$$

此外，在酸性溶液中，$I_2$ 能把氯和溴从它们的卤酸盐中置换出来，$Cl_2$ 能把溴从溴酸盐中置换出来。

$$I_2+2XO_3^- \longrightarrow X_2+2IO_3^- \quad (X=Cl,Br)$$

$$Cl_2+2BrO_3^- \longrightarrow Br_2+2ClO_3^-$$

这是由于在酸性溶液中卤酸根的氧化能力不同于卤素单质，它们的氧化能力的顺序为 $BrO_3^- > ClO_3^- > IO_3^-$。

具有氧化性的非金属单质在与中强还原剂的盐反应时，因氧化能力不同而产生不同的产物。例如，$Na_2S_2O_3$ 为中强还原剂，与 $Cl_2$、$Br_2$ 等作用被氧化成 $Na_2SO_4$；而与 $I_2$ 作用则被氧化成 $Na_2S_4O_6$。这两个反应中，前者可用来生成漂白工业中的“去氯剂”；后者是分析化学中“碘量法”的基础。

$$4Cl_2+S_2O_3^{2-}+5H_2O \longrightarrow 8Cl^-+2SO_4^{2-}+10H^+$$

$$I_2+2S_2O_3^{2-} \longrightarrow S_4O_6^{2-}+2I^-$$

许多非金属具有还原性，如黄磷与铜盐反应析出 Cu，但与热的铜盐反应则生成磷化亚铜。如不慎将黄磷沾到皮肤上，可用 $CuSO_4$（0.2 mol·$dm^{-3}$）冲洗，就是利用磷的还原性来解毒。

$$2P+5CuSO_4+8H_2O \longrightarrow 5Cu+2H_3PO_4+5H_2SO_4$$

$$11P+15CuSO_4+24H_2O \longrightarrow 5Cu_3P+6H_3PO_4+15H_2SO_4$$

### 5.1.4　工业制法

非金属单质可根据其存在形态不同采用不同的方法制取。非金属元素中，除稀有气体外，只有个别元素能以游离态存在，如 $O_2$、$N_2$、C(少量)、S(少量)等。对于以游离态存在的非金属元素，一般采用物理方法制取。例如，工业上从空气中分离 $O_2$、$N_2$ 及稀有气体。对于以化合态存在的非金属元素，大多以氧化还原的方法制取，根据非金属的存在形态和活泼性，常采用电解法(如 $F_2$、$Cl_2$)、置换法(如 $Br_2$、$I_2$)、氧化还原反应法(如 $P_4$、Si、B)、加热氢化物法(如 As)。

1. 卤素的工业制法

对 $F^-$ 来说，用一般的氧化剂不能使其氧化，尽管 1986 年化学家克赖斯特(Christe)采用 $K_2MnF_6$ 和 $SbF_5$ 在 423 K 条件下成功制备出 $F_2$，但工业上一直采用电解法。

$$2K_2MnF_6+4SbF_5 \longrightarrow 4KSbF_6+2MnF_3+F_2$$

工业上电解法制 $F_2$，通常是电解 $KHF_2$ 和无水 HF 的熔融混合物，阳极和阴极分别生成 $F_2$ 和 $H_2$(见图 5-10)。电解过程中要加入 LiF 或 $AlF_3$ 作为助熔剂降低电解质熔点，减少 HF 挥发，减弱碳化电极极化作用。同时要不断补充 HF。

$$2KHF_2 \longrightarrow 2KF+H_2(阴极)+F_2(阳极)$$

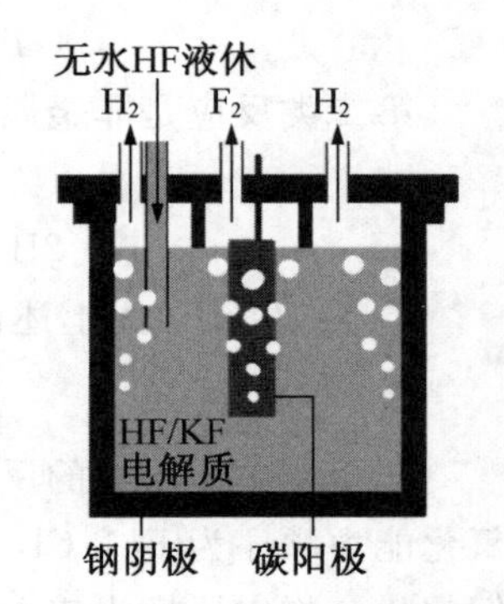


图 5-10　电解法制 $F_2$ 装置

工业上，$Cl_2$ 是电解饱和食盐水溶液制烧碱时的副产品，也是电解 $MgCl_2$ 熔盐制 Mg 和电解 NaCl 熔盐制 Na 时的副产品。电解饱和 NaCl 水溶液生产 $Cl_2$ 的方法叫氯碱法。根据电解槽的结构，氯碱法分为三种：历史最久的汞阴极法、当今使用最普遍的隔膜法和近些年发展起来的薄膜法。图 5-11 为薄膜氯碱槽示意图。

薄膜氯碱槽中发生在两极的反应如下所示。

阳极：$2Cl^- \longrightarrow Cl_2 + 2e^-$

阴极：$2H_2O + 2e^- \longrightarrow 2OH^- + H_2$

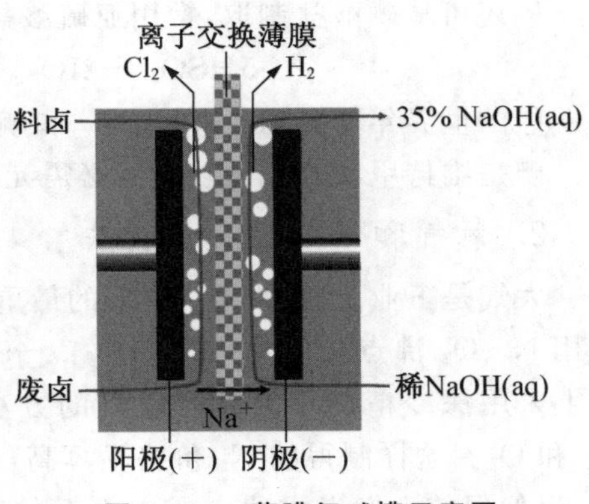


图5-11 薄膜氯碱槽示意图

目前最好的阳极材料是 $RuO_2$。这种材料对 $O_2$ 的超电压比较高，更有利于催化 $Cl^-$ 放电生成 $Cl_2$，而不利于 $H_2O$ 放电生成 $O_2$，从而阻止 $H_2O$ 的氧化。隔开阳极室和阴极室之间的薄膜是一种具有聚全氟乙烯骨架的高分子离子交换膜，这种阳离子交换膜允许 $Na^+$ 由阳极室迁移至阴极室，以保持电解过程中两室之间的电荷平衡，而不让 $OH^-$ 按相反方向流向阳极室。如果发生这种流动，流入阳极室的 $OH^-$ 则会与 $Cl_2$ 反应，从而破坏整个电解过程。

$Cl_2$ 是最重要的化学工业品之一，全世界年生产能力约为 $4\times10^{10}$ kg。几乎80%的产量用于制造各种有机氯化物，包括用于高分子工业的氯乙烯和二氯乙烯生产。$Cl_2$ 本身广泛用作漂白剂，其缺点是产生毒性排放物，将会被其他漂白剂所代替。$Cl_2$ 还是一种有效的消毒剂，例如处理饮用水源。

工业上采用氧化海水(盐卤)的方法从海水中制备 $Br_2$。其装置见图5-12。

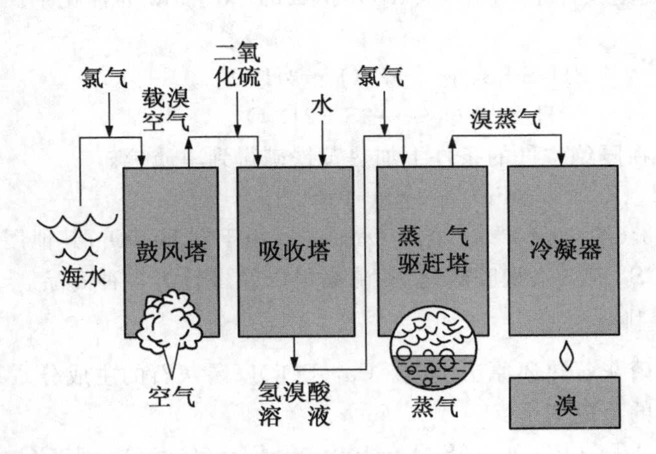


图5-12 氧化海水(盐卤)制 $Br_2$

制备 $Br_2$ 时，通常用 $Cl_2$ 作氧化剂，在pH约为3.5的条件下，于晒盐后留下的苦卤(富含 $Br^-$)中置换出 $Br_2$。得到的 $Br_2$ 用空气从溶液中驱出，空气驱出的 $Br_2$ 被 $Na_2CO_3$ 溶液吸收，歧化生成 NaBr 和 $NaBrO_3$。最后，用 $H_2SO_4$ 酸化时，发生逆歧化反应重新生成 $Br_2$。

$$2Br^- + Cl_2 \longrightarrow 2Cl^- + Br_2$$

$$3Br_2 + 3CO_3^{2-} \longrightarrow 5Br^- + BrO_3^- + 3CO_2$$

$$5Br^- + BrO_3^- + 6H^+ \longrightarrow 3Br_2 + 3H_2O$$

$Br_2$ 的世界年产量仅为 $Cl_2$ 的1%(约 $4\times10^8$ kg)。由 $Br_2$ 制造的有机化学产品用作燃料添加剂、阻燃剂、灭火剂、催泪毒剂、吸入性麻醉剂和染料。

$I_2$ 可以从海藻或富含碘的天然卤水中提取。从海水中制取 $I_2$ 的原理与制 $Br_2$ 相同。先用水浸取海藻灰，然后通 $Cl_2$，经浓缩的浸取液，$I_2$ 即被置换出来。

$$2I^- + Cl_2 \longrightarrow 2Cl^- + I_2$$

$I_2$ 还可从碘酸盐制取，常用亚硫酸盐作还原剂。

$$5HSO_3^- + 2IO_3^- \longrightarrow 3H^+ + 5SO_4^{2-} + H_2O + I_2$$

$I_2$ 的世界年产量约 $10^7$ kg。$I_2$ 和碘化物用于催化剂、消毒剂、药物、照相业、人工造雨等。碘是维持甲状腺正常功能的必需元素，碘化物可防止和治疗甲状腺肿大。

2. 氧气和氮气的工业制法

大气是工业上制取 $N_2$ 和 $O_2$ 的最重要的资源。大气中 $N_2$ 的总量估计约达 $4\times10^{18}$ kg，利用 $N_2$、$O_2$ 沸点($N_2$：$-77$ K；$O_2$：$-90$ K)不同，工业上采用深冷精馏分离液态空气的方法大规模制备 $N_2$ 和 $O_2$。这样制得的 $N_2$ 价格不算高，但因需求量太大，仍然促使人们谋求建立成本更低的制备工艺。目前正探寻具有实用价值的膜材料，其分离原理是基于这种材料对 $O_2$ 的渗透性大于 $N_2$。如果新工艺取得成功，将意味着 $N_2$ 与 $O_2$ 的分离不必再在深度冷冻的超低温条件下完成。图 5－13 给出这种工艺原理。

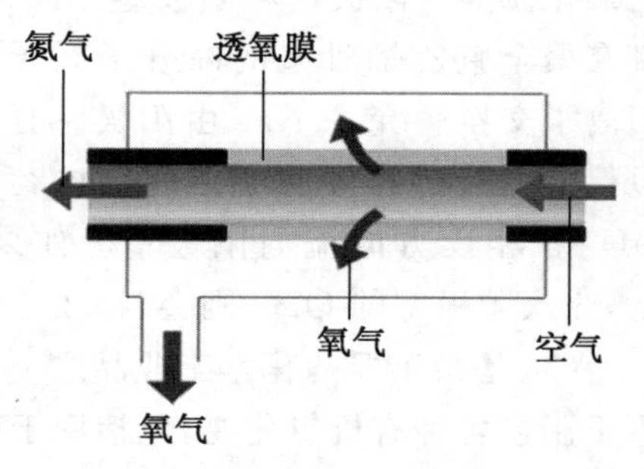


图 5－13　氮-氧膜分离器示意图

3. 硫的工业制法

工业上大规模生产单质 S 通常以天然气、石油炼气和炼焦炉气中的 $H_2S$ 为原料，在一定的温度条件下，使用以 $Al_2O_3$ 担载的 Co－Mo 为催化剂。其主要反应为：

$$2H_2S + 3O_2 \longrightarrow 2SO_2 + 2H_2O$$

$$2H_2S + SO_2 \longrightarrow 3S + 2H_2O$$

5－4　应用案例：深冷法空气精馏分离技术

工业上还可以在隔绝空气的条件下加热黄铁矿得到单质硫。

$$FeS_2 \longrightarrow S + FeS$$

S 的世界年产量(约 $6\times10^{10}$ kg)的 85%～90%用于制 $H_2SO_4$，其他用途包括制造 $SO_2$、$SO_3$、$CS_2$、$P_4S_{10}$、橡胶硫化剂、硫染料以及爆竹等多种商品。

4. 磷的工业制法

工业上白磷由磷灰石热还原法生产。$Ca_3(PO_4)_2$(磷灰石的主成分)、石英砂和炭的混合物在电弧炉中发生的反应如下：

$$2Ca_3(PO_4)_2 + 6SiO_2 + 10C \longrightarrow P_4 + 6CaSiO_3 + 10CO$$

反应温度控制在 1373～1673 K，生成的磷蒸气($P_4$ 和 $P_2$ 分子)通入 $H_2O$ 中，冷却得白磷。C 还原 $Ca_3(PO_4)_2$ 需要很高的反应温度，加入的 $SiO_2$ 与生成的 CaO 发生强放热反应生成 $CaSiO_3$，从而大大降低了反应的温度。

5. 硅的工业制法

Si 最有工业价值的矿物是石英砂($SiO_2$)。工业上在 2273K 以上的电弧炉中以焦炭还原石英砂制得粗硅(冶金级硅)。

$$SiO_2 + 2C \longrightarrow Si + 2CO$$

粗硅可通过下列反应转变为纯硅。

$$Si(粗) + 2Cl_2 \longrightarrow SiCl_4$$

$$Si(粗) + 3HCl \longrightarrow SiHCl_3 + H_2$$

用精馏方法将 $SiCl_4$ 和 $SiHCl_3$ 提纯后，再用 $H_2$ 还原得高纯硅。

$$SiCl_4 + 2H_2 \longrightarrow Si(纯) + 4HCl$$

$$SiHCl_3 + H_2 \longrightarrow Si(纯) + 3HCl$$

冶金级硅的世界年产量约 $5\times10^8$ kg,硅铁的年产量约为这个数字的 10 倍。冶金级硅的 65%用于制造合金,约 30%用于制造硅橡胶,约 4%用于制造半导体和高分散度的二氧化硅。大量硅铁被用作炼钢过程的除氧剂。

# 5.2　非金属氢化物

5-5　微课:非金属氢化物

## 5.2.1　结构与物理性质

除稀有气体外,非金属都能形成有正常氧化态的氢化物。最常见、最简单的氢化物见表 5-7。

表 5-7　常见非金属氢化物的组成和结构

| 族号 | ⅢA | ⅣA | ⅤA | ⅥA | ⅦA |
|---|---|---|---|---|---|
| 分子组成 | $B_2H_6$ | $CH_4$ | $NH_3$ | $H_2O$ | HF |
| | | $SiH_4$ | $PH_3$ | $H_2S$ | HCl |
| | | | $AsH_3$ | $H_2Se$ | HBr |
| | | | | $H_2Te$ | HI |
| 空间结构 | | 正四面体形 | 三角锥形 | 角形 | 直线形 |

这些氢化物中除卤化氢、$B_2H_6$ 外,分子由中心原子的 $sp^3$ 杂化轨道与 H 元素的 s 轨道以 σ 键形式结合而成。分子型氢化物的晶体均为分子晶体。

$B_2H_6$ 的分子结构见图 5-14。在 $B_2H_6$ 分子中,共有 14 个价轨道,但只有 12 个价电子(6 个来自 B 原子,6 个来自 H 原子),所以它是 1 个缺电子分子。在这个分子中,有 8 个价电子用于 2 个 B 原子各与 2 个 H 原子形成 4 个 B—H σ 端键,这 4 个 σ 端键处在同一平面。余下的 4 个电子在 2 个 B 原子和另 2 个 H 原子之间形成垂直于上述平面的 2 个三中心二电子键(3c-2e 键),分别位于平面上下。这种三中心二电子键是由 1 个 H 原子和 2 个 B 原子共用 2 个电子构成,由于 H 原子具有桥状结构,因此也称为氢桥键。$B_2H_6$ 的 3c-2e 键结构可用图 5-15 表示。

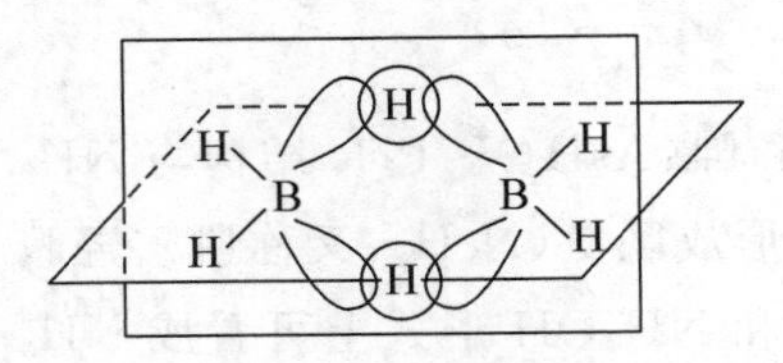

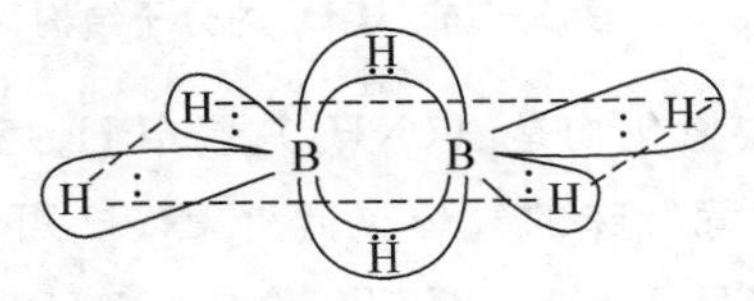

图 5-14　$B_2H_6$ 的分子结构

H　H　H
B　B
H　H　H

图 5-15　$B_2H_6$ 的 3c-2e 键

三中心二电子键(3c-2e 键)概念由利普斯克(Lipscomb)在 20 世纪 60 年代初首次提出。这种成键理论的提出,不仅使人们对乙硼烷的结构有了新的认识,而且补充了价键理论的不足,使硼化学研究成为近年来进展最快的领域之一。利普斯克因此成就荣获了 1976 年诺贝尔化学奖。

在通常情况下,非金属氢化物为无色气体或挥发性液体。除 $H_2O$ 外,其他呈气态的化合物都有不同程度的刺激性气味,并且大部分有毒,其中 $PH_3$、$AsH_3$ 被列为剧毒的无机化合物。它们的熔点、沸点、溶解性都按元素在周期表中所处的周期和族呈现周期性的变化。在同族中,沸点从上到下递增(见表 5-8)。但相比之下,第二周期的 $NH_3$、$H_2O$ 及 HF 的沸点异常地高,这是由于在这些分子间存在氢键,分子间的缔合作用特别强的缘故。

**表 5-8 常见非金属氢化物的沸点**

| 族号 | ⅢA | ⅣA | ⅤA | ⅥA | ⅦA |
|---|---|---|---|---|---|
| 沸点/K | 180.5($B_2H_6$) | 110.5($CH_4$) | 239.6($NH_3$) | 373.0($H_2O$) | 293.2(HF) |
| | | 161.2($SiH_4$) | 185.6($PH_3$) | 212.2($H_2S$) | 188.0(HCl) |
| | | | 210.5($AsH_3$) | 231.5($H_2Se$) | 206.4(HBr) |
| | | | 254.6($SbH_3$) | 271.7($H_2Te$) | 237.6(HI) |

除卤素外,其他非金属元素都能自相结合成链,因而它们都有一系列的氢化物。自相结合成链的能力与元素在周期表中所处的周期和族有关,一般地,同周期元素从左到右自相结合成链的能力减弱,同族元素从上到下自相结合成链的能力减弱。C 的成链能力最强,因而能形成一系列碳氢化合物,是组成生物界的主要元素。

ⅥA 族的 O、S 的氢化物除 $H_2O$、$H_2S$ 外还能形成 $H_2O_2$ 和多硫化氢($H_2S_n$, $n \leqslant 8$)。$H_2S$ 的分子结构与 $H_2O$ 分子的结构类似,但由于分子间形成氢键的能力极小,通常状态下以气体状态存在,吸入这种有恶臭的毒性气体会引起头痛、晕眩等不适,大量吸入可致命。多硫化氢都是黄色油状液体,性质极不稳定,容易分解为 $H_2S$ 和单质 S,因此,多硫化氢只能存在碱性溶液中形成多硫化物。

过氧化氢($H_2O_2$,俗称双氧水)分子中含有过氧键(—O—O—),每个 O 原子连着 1 个 H 原子。过氧键两端的 2 个 H 原子和 2 个 O 原子不在同一个平面上,2 个 H 原子位于以一定角度展开的书本的两页纸上,O 原子处在书本的夹缝上,位于同一平面上的 O—H 键与 O—O键间有一定的角度。图 5-16 为 $H_2O_2$ 的空间结构。$H_2O_2$ 展开角、键角以及键长等数据因 $H_2O_2$ 的状态不同而有较大的区别。

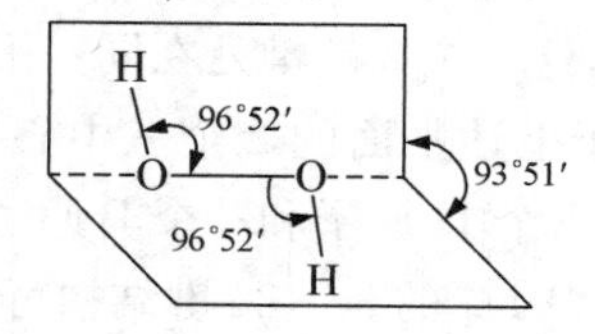


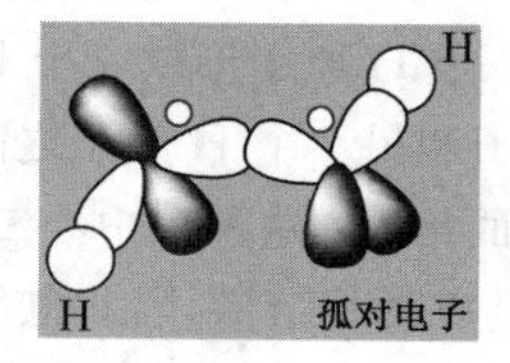


**图 5-16 $H_2O_2$ 的分子结构**

ⅤA 族的 N、P 的最重要氢化物是氨($NH_3$)、膦($PH_3$)和胂($AsH_3$)。$PH_3$ 结构与 $NH_3$ 相似,是无色剧毒、有类似大蒜气味的气体。此外,N、H 可形成联氨($N_2H_4$,又称肼)、羟胺($NH_2OH$,又称胲)、叠氮酸($HN_3$)等一系列化合物,$N_2H_4$ 和 $NH_2OH$ 形式上可看成 $NH_3$ 分子中的一个 H 原子被氨基(—$NH_2$)或羟基(—OH)所取代的衍生物,因孤电子对的排斥作用,使两对孤电子对处于反位,并使 N—N 键的稳定性降低。$HN_3$ 是无色有刺激性臭味的液体,沸点 310K,熔点 193K,极不稳定,受到撞击就立即爆炸而分解。P 形成的氢化物比 N 要多,且从其组成看,可有多种系列,如 $P_nH_{n+2}$。当 $n=2$ 时,该化合物为 $P_2H_4$,称为联膦,随着 $n$ 增大,热稳定性迅速降低。图 5-17 为一些常见 N、P 氢化物的分子结构。

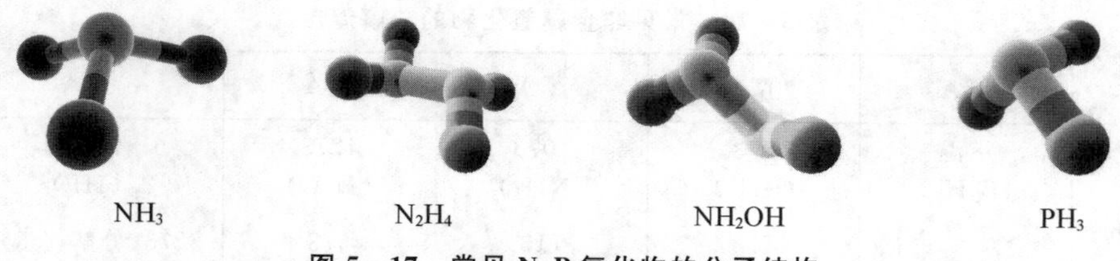


**图 5-17 常见 N、P 氢化物的分子结构**

ⅣA 族的 C、Si 的一个主要特性是自相结合成链。Si 与 C 类似,能形成一系列氢化物,由于 Si 原子相互间成链能力远不如 C 原子,Si—Si 键键能也比 C—C 键键能小得多,因此,生成的氢化物要少得多。Si 的饱和氢化物称为硅烷,用通式 $Si_nH_{2n+2}$ ($n$=1~7)表示,其结构与烷烃相似。最简单的为 $SiH_4$,称为甲硅烷。硅烷随 $n$ 越大,熔、沸点越高,常温下为气态的有 $SiH_4$、$Si_2H_6$,液态的有 $Si_3H_8$、$Si_4H_{10}$、$Si_5H_{12}$、$Si_6H_{14}$。

ⅢA 族的 B 也能形成一系列分子型氢化物,称为硼氢化合物或硼烷。从分子组成来看,可分为 $B_nH_{n+4}$ 和 $B_nH_{n+6}$ 两类,前一类较稳定,后一类多半不稳定,有些在室温下即分解。室温下,除 $B_2H_6$、$B_4H_{10}$ 呈气态外,其余随着 B 原子数增多,均呈液态或固态。表 5-9 列出一些常见硼烷的化学式和名称,名称中的“乙”“丁”等表示化合物中 B 原子的数目,括号中的数字表示 H 原子的数目。

**表 5-9 常见硼烷的化学式和名称**

| 化学式 | $B_2H_6$ | $B_4H_{10}$ | $B_5H_9$ | $B_5H_{11}$ | $B_6H_{10}$ | $B_{10}H_{14}$ |
|---|---|---|---|---|---|---|
| 名　称 | 乙硼烷(6) | 丁硼烷(10) | 戊硼烷(9) | 戊硼烷(11) | 己硼烷(10) | 癸硼烷(14) |

多硼原子硼烷的分子结构与 $B_2H_6$ 的分子结构相似,B 原子利用 $sp^3$ 杂化轨道,与 H 形成 B—H 键、氢桥键(3c-2e)外,还可能有 B—B 键、硼桥键(3c-2e)等。图 5-18 为硼烷 $B_5H_9$ 的分子结构。

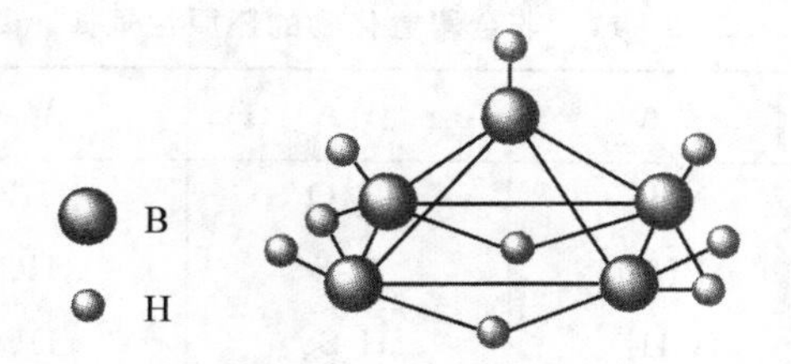


**图 5-18 硼烷 $B_5H_9$ 的分子结构**

## 5.2.2 化学性质

1. 热稳定性

非金属氢化物的热稳定性,与非金属元素的电负性有关,电负性越大,所形成的氢化物越稳定,反之则不稳定;此外,与氢化物的键能有关,键能越大,所形成的氢化物越稳定,反之则不稳定。在同一周期中,从左到右氢化物的稳定性逐渐增加,这个变化规律与非金属元素电负性的变化规律是一致的。在同一族中,自上而下氢化物的稳定性逐渐减小,这个变化规律与氢化物键能的变化规律是一致的。因此,在简单氢化物中,以 HF 最稳定。表 5-10 列出一些常见非金属氢化物的分解温度。

**表 5-10 常见非金属氢化物的分解温度**

| 族号 | ⅢA | ⅣA | ⅤA | ⅥA | ⅦA | 规律 |
|---|---|---|---|---|---|---|
| 分解温度/K | 室温 ($B_2H_6$) | 873 ($CH_4$) | 1073 ($NH_3$) | 1273 ($H_2O$) | 不分解 (HF) | 稳定性减弱↓ |
| | | 773 ($SiH_4$) | 713 ($PH_3$) | 673 ($H_2S$) | 3273(分解 1.3%) (HCl) | |
| | | | 573 ($AsH_3$) | 573 ($H_2Se$) | 1868(分解 1.1%) (HBr) | |
| | | | 加热或引入火花($SbH_3$) | 273 ($H_2Te$) | 1073(分解 24.9%) (HI) | |
| 规律 | 稳 定 性 增 强 → | | | | | |

由于过氧键(—O—O—)键能较小,因此 $H_2O_2$ 分子不稳定,易分解。

$$2H_2O_2 \longrightarrow 2H_2O + O_2$$

纯 $H_2O_2$ 在避光和低温下较稳定,常温下缓慢分解,426 K 时爆炸分解。碱金属离子、重金属离子($Fe^{3+}$、$Mn^{2+}$、$Cr^{3+}$、$Cu^{2+}$)、非均相催化剂(如 Pt、$MnO_2$)都能加快 $H_2O_2$ 分解。因此,$H_2O_2$ 应保存在阴凉条件下的棕色瓶或塑料容器内,为防止分解,也可加入微量的锡酸钠或尿素作为稳定剂。

2. 氧化还原性

除 HF 以外,非金属氢化物都有还原性。非金属氢化物还原性来自非金属阴离子失去电子的能力,与其半径和电负性的大小有关。在周期表中,从右向左,自上而下,非金属元素的半径增大,电负性减小,其阴离子失去电子的能力递增,因而,其氢化物还原性增强。表 5-11 为非金属氢化物的还原性规律。

**表 5-11 非金属氢化物的还原性规律**

| 族号 | ⅣA | ⅤA | ⅥA | ⅦA | 规律 |
|---|---|---|---|---|---|
| 化学式 | $CH_4$ | $NH_3$ | $H_2O$ | HF | 还原性增强↓ |
| | $SiH_4$ | $PH_3$ | $H_2S$ | HCl | |
| | | $AsH_3$ | $H_2Se$ | HBr | |
| | | $SbH_3$ | $H_2Te$ | HI | |
| 规律 | ← 还 原 性 增 强 | | | | |

常见氧化剂,如 $O_2$、卤素、高氧化态的金属离子、具有氧化性的含氧酸及其盐等均能氧化非金属氢化物。下面简要介绍一些重要的反应。

$O_2$ 是最常见的氧化剂,许多非金属氢化物能与 $O_2$ 反应表现出还原性,反应因非金属氢化物还原能力大小不同而需要不同的条件。

所有的硼烷都可燃,相对分子质量较小的硼烷在空气中自燃并发出绿色闪光,最终燃烧产物为 $B_2O_3$ 和 $H_2O$。由于硼烷燃烧时放出大量的热,且反应速率快,因此,人们曾希望将硼烷用作高能火箭燃料,但由于所有的硼烷都有很大的毒性,这一设想未能成为现实。

$$B_2H_6+3O_2 \longrightarrow B_2O_3+3H_2O \qquad \Delta_r H_m^{\ominus}=-2033.8\ \mathrm{kJ\cdot mol^{-1}}$$

硅烷能与 $O_2$ 剧烈反应,它们在空气中能自燃,燃烧放出大量的热,产物为 $SiO_2$。

$$SiH_4+2O_2 \longrightarrow SiO_2+2H_2O$$

尽管 $NH_3$ 中的 N 原子处于其最低氧化态,具有还原性,但 $NH_3$ 在空气中不能燃烧,在纯氧中燃烧生成 $N_2$。

$$4NH_3+3O_2 \longrightarrow 2N_2+6H_2O$$

工业上合成 $HNO_3$ 的一个重要步骤是在高温下将 $NH_3$ 氧化为 NO,该反应需要 Pt 催化。

$$4NH_3+5O_2 \longrightarrow 4NO+6H_2O$$

$N_2H_4$ 比 $NH_3$ 不稳定,在空气中能燃烧。将适量的 $N_2H_4$ 加入锅炉中可以除去 $H_2O$ 中的 $O_2$,从而阻滞腐蚀过程(高温锅炉将水转化为蒸汽,$H_2O$ 中溶存的 $O_2$ 会加快锅炉钢铁制件的腐蚀过程)。

$$N_2H_4+O_2 \longrightarrow N_2+2H_2O$$

由于上述反应放出大量的热,因此 $N_2H_4$ 及其衍生物被用作火箭推进剂,其基本反应为:

$$N_2H_4+2H_2O_2 \longrightarrow N_2+4H_2O$$

$PH_3$ 在空气中加热至 423 K 时燃烧生成 $H_3PO_4$,若 $PH_3$ 中含有少量 $P_2H_4$,在常温下即自燃。

$$PH_3+2O_2 \longrightarrow H_3PO_4$$

气体 $H_2S$ 在常温下不会被 $O_2$ 所氧化,但在充足的空气中点燃生成 $SO_2$ 和 $H_2O$。若在空气不足条件下燃烧或氢硫酸久置在空气中,$H_2S$ 则被氧化为 S。

$$2H_2S+3O_2 \longrightarrow 2SO_2+2H_2O$$

$$2H_2S+O_2 \longrightarrow 2S+2H_2O$$

$Cl_2$ 的氧化性较强,与非金属氢化物反应主要表现为置换反应。有时,因反应产物能与 $Cl_2$ 继续反应而产生不同的产物。

$$2HX+Cl_2 \longrightarrow 2HCl+X_2 \qquad (X=Br,I)$$

$$HI+3Cl_2(\text{过量})+3H_2O \longrightarrow 6HCl+HIO_3$$

$$H_2S+Cl_2 \longrightarrow 2HCl+S$$

$$8NH_3+3Cl_2 \longrightarrow 6NH_4Cl+N_2$$

$$NH_3+3Cl_2(\text{过量}) \longrightarrow NCl_3+3HCl$$

$$PH_3+4Cl_2 \longrightarrow PCl_5+3HCl$$

$$B_2H_6+6Cl_2 \longrightarrow 2BCl_3+6HCl$$

一些还原性较强的非金属氢化物,如 $PH_3$、$AsH_3$、$H_2S$、HI、羟胺等能与金属离子发生氧化还原反应。如 $PH_3$ 能从 $Cu^{2+}$、$Ag^+$、$Hg^{2+}$ 等盐的溶液中还原出金属。

$$PH_3+4Cu^{2+}+4H_2O \longrightarrow 4Cu+8H^++H_3PO_4$$

$AsH_3$ 与 $AgNO_3$ 反应便有黑色 Ag 析出。此反应是检出 As 的一种方法。

$$2AsH_3+12Ag^++3H_2O \longrightarrow As_2O_3+12Ag+12H^+$$

$H_2S$、HI、羟胺可使某些金属离子(如 $Fe^{3+}$)还原为低氧化态。

$$H_2S+2Fe^{3+} \longrightarrow 2Fe^{2+}+2H^++S$$

$$2HI+2Fe^{3+} \longrightarrow 2Fe^{2+}+2H^++I_2$$

$$4Fe^{3+}+2NH_3OH^+ +5H_2O \longrightarrow 4Fe^{2+}+N_2O+6H_3O^+$$

$$2AgBr+2NH_2OH \longrightarrow 2Ag+N_2+2HBr+2H_2O$$

肼和羟胺用作还原剂时,它们的氧化产物(如 $N_2$、$N_2O$)可以离开反应体系,不会给反应溶液中带入杂质。

$KMnO_4$、$K_2Cr_2O_7$、浓 $H_2SO_4$、$HNO_3$ 等含氧酸及其盐具有氧化性,能与具有还原性的非金属氢化物发生反应,因而实验室在制备 HBr、HI、$H_2S$ 时则要用非氧化性酸(如 $H_3PO_4$)代替浓 $H_2SO_4$,也不能用浓 $H_2SO_4$ 干燥 $H_2S$、HBr、HI、$NH_3$ 等气体。

$$5H_2S+2MnO_4^- +6H^+ \longrightarrow 2Mn^{2+}+5S+8H_2O$$

$$6HCl+Cr_2O_7^{2-}+8H^+ \longrightarrow 3Cl_2+2Cr^{3+}+7H_2O$$

$$H_2S+H_2SO_4(浓) \longrightarrow SO_2+2H_2O+S$$

$$2HBr+H_2SO_4(浓) \longrightarrow Br_2+SO_2+2H_2O$$

$$8HI+H_2SO_4(浓) \longrightarrow 4I_2+H_2S+4H_2O$$

一些氢化物既表现出还原性又具有氧化性。例如,$H_2O_2$ 中氧的氧化数为 −1,它既可降低到 −2,作为氧化剂,又可升高到 0,作为还原剂。$H_2O_2$ 用作氧化剂时,在酸性溶液中,能将 $I^-$、$Fe^{2+}$ 分别氧化为 $I_2$ 和 $Fe^{3+}$,在碱性溶液中,能将 $CrO_2^-$ 氧化为 $CrO_4^{2-}$。$H_2O_2$ 将黑色 PbS 氧化为白色的 $PbSO_4$,可用于修复日久变黑的油画。$H_2O_2$ 氧化 $I^-$ 的反应用于 $H_2O_2$ 和其他过氧化物的定性检出和定量测定。

$$4H_2O_2+PbS \longrightarrow PbSO_4+4H_2O$$

$$H_2O_2+2I^-+2H_3O^+ \longrightarrow I_2(s)+4H_2O$$

$$H_2O_2+2Fe^{2+}+2H_3O^+ \longrightarrow 2Fe^{3+}+4H_2O$$

$$3H_2O_2+2CrO_2^-+2OH^- \longrightarrow 2CrO_4^{2-}+4H_2O$$

$H_2O_2$ 在酸性介质中还原性不强,当遇到强氧化剂时显示还原性。

$$H_2O_2+Cl_2 \longrightarrow 2H^+ +2Cl^- +O_2$$

$$5H_2O_2+2MnO_4^- +6H^+ \longrightarrow 2Mn^{2+}+5O_2+8H_2O$$

工业上,利用上述前一反应,可将 $H_2O_2$ 用作除氯剂。上述后一反应能定量地完成,可用于 $H_2O_2$ 含量的测定。$H_2O_2$ 作为氧化剂使用时的还原产物为 $H_2O$(溶剂本身),作为还原剂使用时的氧化产物则为 $O_2$(离开体系),由于不会给反应体系带进杂质,因而是一种“清洁”的氧化剂和还原剂。

联氨($N_2H_4$)中 N 的氧化数为 −2,羟胺($NH_2OH$)中 N 的氧化数为 −1,因此,它们既有还原性又有氧化性,但主要表现为还原性。

### 3. 水溶液酸碱性和无氧酸的强度

非金属元素的氢化物,相对于 $H_2O$ 而言,大多数是酸(如 HX、$H_2S$ 等),少数是碱(如 $NH_3$、$PH_3$ 等)。$H_2O$ 本身既是酸又是碱,表现两性。

非金属元素氢化物在水溶液中的酸碱性与该氢化物在 $H_2O$ 中给出或接受质子能力的相对强弱有关。酸的强度取决于下列质子传递反应平衡常数的大小。

$$HA+H_2O \longrightarrow H_3O^+ +A^-$$

通常用电离常数 $K_a^\ominus$ 或 $pK_a^\ominus$ 来衡量。表 5-12 为常见非金属氢化物在水溶液中的 $pK_a^\ominus$。

$pK_a^\ominus$ 越小,酸的强度越大。如果氢化物的 $pK_a^\ominus$ 小于 $H_2O$ 的 $pK_a^\ominus$,它们给出质子,表现为酸;反之则表现为碱,如 $NH_3$。

表 5-12　常见非金属氢化物在水溶液中的 $pK_a^\ominus$(298.15 K)

| 族号 | ⅣA | ⅤA | ⅥA | ⅦA | 规律 |
|---|---|---|---|---|---|
| $pK_a^\ominus$ | 约 58($CH_4$) | 39($NH_3$) | 16($H_2O$) | 3(HF) | 酸性增强（↓） |
| | 约 35($SiH_4$) | 27($PH_3$) | 7($H_2S$) | −7(HCl) | |
| | | 约 19($AsH_3$) | 4($H_2Se$) | −9(HBr) | |
| | | 约 15($SbH_3$) | 3($H_2Te$) | −10(HI) | |
| 规律 | 酸性增强（→） | | | | |

影响氢化物 HA 在水中的酸碱性的主要因素有：① H—A 的键能，键能小，容易释放出 $H^+$，酸性强；② 非金属元素的电子亲和能，电子亲和能大，电负性大，分子极性大，容易释放出 $H^+$，酸性强；③ 非金属元素阴离子的水合能，半径小的阴离子，其水合能大，有利于在水溶液中释放出 $H^+$，酸性强。

上述因素往往是相互矛盾的，但总有一种因素在起主导作用。一般地，对同族元素而言，键能是其主要因素，从上到下，键能减少，酸性增强。对同周期元素而言，电子亲和能是其主要因素，从左到右，电负性增大，电子亲和能增大，元素吸电子能力增强，酸性增强。如酸性大小为：$HF>H_2O>NH_3>CH_4$，$HCl>H_2S>PH_3$。表 5-13 表明非金属氢化物的键能与酸性关系。

表 5-13　常见非金属氢化物的键能

| 族　号 | ⅣA | ⅤA | ⅥA | ⅦA | 规　律 |
|---|---|---|---|---|---|
| 键能/(kJ · mol⁻¹) | 435($CH_4$) | 431($NH_3$) | 498($H_2O$) | 569(HF) | 键能减少　酸性增强（↓） |
| | 381($SiH_4$) | 351($PH_3$) | 389($H_2S$) | 431(HCl) | |
| | | 305($AsH_3$) | 314($H_2Se$) | 368(HBr) | |
| | | | | 297(HI) | |

虽然 $NH_3$ 的酸性不如 $H_2O$，但 $NH_3$ 分子仍可被看作三元酸，其中的 H 原子依次被取代，生成含氨基(—$NH_2$)、亚氨基(═NH)的衍生物和氮化物。例如，$NH_3$ 与金属 Na 反应生成氨基钠。

$$2Na+2NH_3 \longrightarrow 2NaNH_2+H_2$$

也可将取代反应看作其他化合物中的原子(或原子团)被氨基或亚氨基所取代。例如，$HgCl_2$ 中的一个 Cl 原子被氨基取代得氨基氯化汞[$Hg(NH_2)Cl$]白色沉淀。该反应用于定性检查水溶液中存在的 $Hg^{2+}$。

$$HgCl_2+2NH_3 \longrightarrow Hg(NH_2)Cl+NH_4Cl$$

$NH_3$ 中的 N 原子上的孤对电子具有加和性，在水中能发生质子转移反应而显示碱性。不过 $NH_3$ 溶解于水主要形成水合分子 $NH_3 \cdot H_2O$，只有一小部分发生质子转移反应，所以 $NH_3$ 的水溶液显弱碱性。

$$NH_3+H_2O \rightleftharpoons NH_4^++OH^-$$

氮族元素其他氢化物(如 $N_2H_4$、$NH_2OH$、$PH_3$ 等)的水溶液也显示弱碱性，其碱性依次减弱。表 5-14 为氮族元素氢化物在水溶液中的 $K_b^\ominus$。

表 5-14　氮族元素氢化物在水溶液中的 $K_b^\ominus$

| 氢化物 | $NH_3$ | $N_2H_4$ | $NH_2OH$ | $PH_3$ |
|---|---|---|---|---|
| $K_b^\ominus$ | $1.8\times10^{-5}$ | $8.5\times10^{-7}$ | $6.6\times10^{-9}$ | 约 $10^{-25}$ |

## 5.2.3 工业制法

根据氢化物的性质不同,可以采用不同的方法制取。常见的有:直接合成法(由非金属与 $H_2$ 直接化合而成,如 HF、HCl、$NH_3$、$H_2S$ 等)、复分解法(如 HF、$H_2S$、$PH_3$ 等)、还原法(如 $AsH_3$)等。下面简要介绍一些重要氢化物的工业制法。

1. 卤化氢的工业制法

工业上制备卤化氢可采用直接合成反应。

$$H_2 + X_2 \longrightarrow 2HX \qquad (X=Cl,Br)$$

凡有氯碱工业的地方,就有来自电解食盐水而得到的廉价 $H_2$、$Cl_2$,因而采用此法生产 HCl。为使反应平稳进行,必须严格控制生产条件,反应在合成炉内进行,炉内有一燃烧器,开始时先把导入的 $H_2$ 点燃,然后通入 $Cl_2$,使之与 $H_2$ 发生燃烧反应,生成的 HCl 自炉内导出后,经冷却,用 $H_2O$ 和稀 HCl 吸收,得到浓 HCl。

直接合成法制备 HBr 时,因反应速率太慢,欲使该方法具有工业生产价值,需要铂石棉或铂黑作催化剂,并加热到 473 K。

一般不采用直接由单质合成 HF。一是因为反应太剧烈难以控制;二是因为单质 $F_2$ 太昂贵。制备 HF 最好方法是基于 $CaF_2$(萤石)与浓 $H_2SO_4$ 的反应。

$$CaF_2 + H_2SO_4 \longrightarrow CaSO_4 + 2HF$$

2. 过氧化氢的工业制法

工业上用电解法制取 $H_2O_2$,用金属 Pt 作电极,以 $NH_4HSO_4$ 与 $H_2SO_4$ 饱和溶液为电解液,先制取 $(NH_4)_2S_2O_8$ 溶液。电解时的电极反应如下所示。

$$\text{阳极(铂极)}:2HSO_4^- \longrightarrow S_2O_8^{2-} + 2H^+ + 2e^-$$

$$\text{阴极(石墨)}:2H^+ + 2e^- \longrightarrow H_2$$

将电解产物 $(NH_4)_2S_2O_8$ 在 $H_2SO_4$ 作用下进行水解,便得到 $H_2O_2$ 溶液。将水解液减压蒸馏可得到浓度为 30%~35%的 $H_2O_2$ 溶液。

$$S_2O_8^{2-} + 2H_2O \longrightarrow H_2O_2 + 2HSO_4^-$$

工业制取 $H_2O_2$ 较新的方法是 Pd 催化的蒽二酚氧化法,此方法生产的 $H_2O_2$ 已占世界年产量的 95%以上。这种方法以乙基蒽醌为原料,先以适当的有机溶剂将其溶解,再以 Pd 为催化剂,用 $H_2$ 将其还原为乙基蒽二酚。然后用空气流使乙基蒽二酚自动氧化,又生成乙基蒽醌,氧化过程中将 $O_2$ 转化为低浓度 $H_2O_2$,经减压蒸馏浓缩得到高浓度 $H_2O_2$。分离得到乙基蒽醌重新溶解返回使用,反应循环往复,净反应是由 $H_2$ 和 $O_2$ 生成 $H_2O_2$。图 5-19给出相关的催化循环。

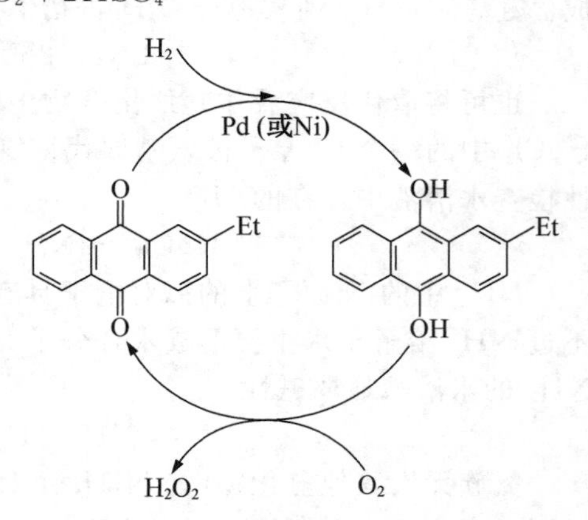


**图 5-19 蒽二酚氧化法催化循环**

$H_2O_2$ 是最重要的无机过氧化物,世界年产量估计超过 $1\times10^9$ kg(以纯 $H_2O_2$ 计)。纯 $H_2O_2$ 为淡蓝色接近无色的黏稠液体,通常以质量分数为 35%、50%和 70%的水溶液作为商品投入市场。$H_2O_2$ 的用途随地区不同而异。例如,欧洲国家将总产量的 40%用于制造过硼酸盐和过碳酸盐,50%用于纸张和纺织品漂白;美国则将总产量的25%用于净化水(杀菌和除氯)。

3. 氨气的工业制法

工业上大量$NH_3$是由$N_2$和$H_2$的混合气体在高温(773 K)、高压(30~70 MPa)和催化剂(铁触媒)存在的条件下直接合成。

$$N_2+3H_2 \longrightarrow 2NH_3$$

该反应由德国化学家哈伯(Haber)从1902年开始研究,于1908年申请专利,于1909年对反应条件进行了改进,使氨的含量达到6%以上,因此被称为"哈伯法"。哈伯因这项发明获1918年诺贝尔化学奖。反应过程中为解决$H_2$和$N_2$合成转化率低的问题,将$NH_3$产品从合成反应后的气体中分离出来,未反应气体和新鲜$H_2$、$N_2$气混合重新参与合成反应。

高温是为了使$N_2$分子活化。目前,正在进行利用等离子技术合成$NH_3$的研究。它采用微波等离子体使$N_2$、$H_2$激发,激发态的$N_2$有很高的活性,可在反应器壁(Fe、Pb、Al)发生解离、吸附,并与激发态$H_2$合成$NH_3$。据报道,此法与"哈伯法"相比,可节能20%,现有待尽快产业化。

合成氨是大宗化工产品之一,世界每年合成氨产量已达到1亿吨以上,其中约有80%的氨用来生产化学肥料,20%作为化工原料用于制备$HNO_3$等。

如何使空气中的$N_2$在常温、常压下直接转化为氮的化合物(称"固氮")是几十年来化学研究中的热门课题,也是长久以来化学家梦寐以求的目标。

科学家发现自然界中细菌和藻类在常温、常压下能将大气中的游离$N_2$转化为$NH_3$。如豆科植物,包括大豆、三叶草和紫花苜蓿等根瘤菌的固氮菌株具有这种固氮作用。固氮作用与固氮酶有关。研究常温、常压下固氮的一种思路是模拟根瘤菌中固氮酶的组成、结构和固氮过程(称"化学模拟生物固氮")。固氮原理是使分子活化,削弱N≡N分子中的三重键,使其易发生反应。经过近半个世纪的研究,人们发现,固氮酶由2种蛋白质组成。一种蛋白质(二氮酶)的相对分子质量约为22万,含2个Mo原子、32个Fe原子和32个活性S原子;另一种蛋白质(二氮还原酶)是由2个相对分子质量为29000的相同亚基构成,每个亚基含4个Fe原子和4个S原子。无机化学家根据固氮酶中Fe、Mo、S原子的比例并结合他们丰富的配位化学知识曾经合成了多种模型化合物,其中某些化合物已逼近固氮酶的真实结构。1992年,一项重大进展是科学家已从生物体中分离出了固氮酶,并给出了X射线结构(见图5-20)。但固氮过程或机制,即$N_2$分子是以何种方式配位于固氮酶中的金属原子,并进而被还原为$NH_3$的问题仍然是一个值得研究的问题。

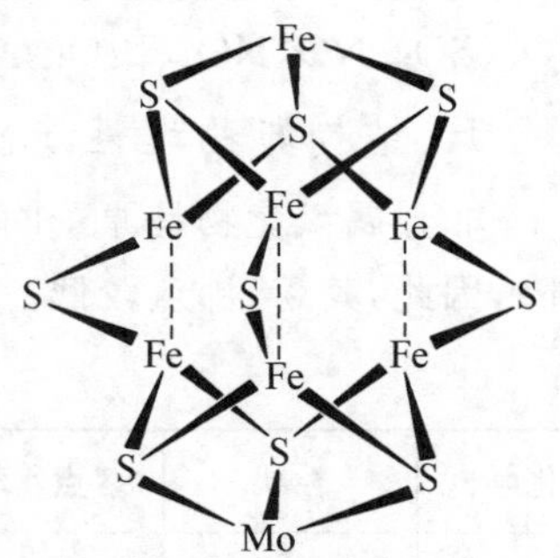

**图5-20　固氮酶中Fe-Mo中心结构示意图**

科学家发现,与金属原子配位的CO分子能够通过反馈成键作用被活化,$N_2$是CO的等电子体,两者的电子结构也相似,因此,人们期望通过过渡金属与$N_2$形成双氮配合物来活化N≡N键。1965年,化学家制得了Ru的一个氮分子配合物,此后合成了一系列双氮配合物。

$$[Ru(NH_3)_5(H_2O)]^{2+}+N_2 \longrightarrow [Ru(NH_3)_5(N_2)]^{2+}+H_2O$$

研究表明,双氮配合物中配位$N_2$分子中的N≡N键不同程度地被拉长,有些甚至大于肼分子($H_2N—NH_2$)中的N—N单键键长。1995年,化学家在常压和低于室温的条件下使$N_2$与Mo(Ⅲ)配位,在甲苯或乙醚溶液中得到$N^{3-}$阴离子配位的配合物。

$$2Mo(NRAr)_3 + N_2 \longrightarrow [(ArRN)_3Mo{-}N{=}N{-}Mo(NRAr)_3] \longrightarrow 2(ArRN)_3Mo{\equiv}N$$

式中,R 为 $C(CD_3)_2CH_3$;Ar 为 3,5 - $C_6H_3(CH_3)_2$;方括号中的式子是假定的反应中间体。这项研究为在温和条件下完成 $N_2$ 分子中三重键的断裂打开了一扇大门。需要突破的一个主要问题是如何设计另一个催化循环,将产物中的 $N^{3-}$ 配体转化为 $NH_3$。

5 - 6　应用案例:化学工业中"三酸二碱"之盐酸

1998 年报道的另一项进展更引人注目,在常压和 328K 的条件下,通过分子氮配合物与分子氢配合物的反应产生了 $NH_3$,产率达到 55%。这项研究在思路上的特点是,同时活化作为起始物的 $N_2$ 分子和 $H_2$ 分子。

## 5.3　非金属含氧化合物

5 - 7　微课:非金属含氧酸及其酸性规律

### 5.3.1　非金属氧化物结构与性质

除 F 及稀有气体外,非金属都能与 O 结合形成氧化物,非金属与 O 有不同的化合形式。如 Cl 的氧化物已知的有 $ClO_2$、$Cl_2O$、$Cl_2O_3$、$Cl_2O_4$、$Cl_2O_6$、$Cl_2O_7$ 等;在 N 的氧化物中 N 的氧化态可以从+1 到+5 形成 $N_2O$、NO、$N_2O_2$、$N_2O_3$、$NO_2$、$N_2O_4$、$N_2O_5$;C 的氧化物除 CO、$CO_2$ 外,已见报道的还有 $C_2O_3$、$C_4O_3$、$C_5O_2$、$C_{12}O_9$。这里我们只讨论其中最常见的氧化物 $SO_2$、$SO_3$、NO、$NO_2$、$P_4O_{10}$、CO、$CO_2$、$SiO_2$。

1. 结构与物理性质

非金属氧化物是原子间以共价键结合形成的小分子,在固体时形成分子晶体($SiO_2$ 除外),因此,其熔、沸点较低。常见氧化物的结构与物理性质见表 5 - 15。

表 5 - 15　常见氧化物的结构与物理性质

| 化学式 | 性状 | 熔点/K | 沸点/K | 成键情况 | 空间构型 |
|---|---|---|---|---|---|
| $SO_2$ | 无色有刺激性气体 | 197 | 263 | S 以 $sp^2$ 杂化轨道成键,2 个 σ 键,1 个 $\Pi_3^4$ 键 | V 字形 |
| $SO_3$ | 无色易挥发固体 | 290 | 318 | S 以 $sp^2$ 杂化轨道成键,3 个 σ 键,1 个 $\Pi_4^6$ 键 | 三角形 |
| NO | 无色气体 | 110 | 121 | N 以 sp 杂化轨道成键,1 个 σ 键,1 个 π 键,1 个三电子 $\Pi_3^3$ 键 | 直线形 |
| $NO_2$ | 红棕色气体 | 262 | 294 | N 以 $sp^2$ 杂化轨道成键,2 个 σ 键,1 个 $\Pi_3^3$ 键 | V 字形 |
| CO | 无色气体 | 74 | 82 | 1 个 σ 键,2 个 π 键(其中之一为配位键) | 直线形 |
| $CO_2$ | 无色气体 | 216 | 195(升华) | C 以 sp 杂化轨道成键,2 个 σ 键,2 个 $\Pi_3^4$ 键 | 直线形 |

续　表

| 化学式 | 性状 | 熔点/K | 沸点/K | 成键情况 | 空间构型 |
| --- | --- | --- | --- | --- | --- |
| $P_4O_{10}$ | 白色吸湿性蜡状固体 | 842 | 632(升华) | P 以 $sp^3$ 杂化轨道成键,3 个杂化轨道与 O 原子之间形成 3 个 σ 键,另一个 P—O 键是由 1 个从磷到氧的 σ 配位键和 2 个从氧到磷的 d←p π 配位键组成 | 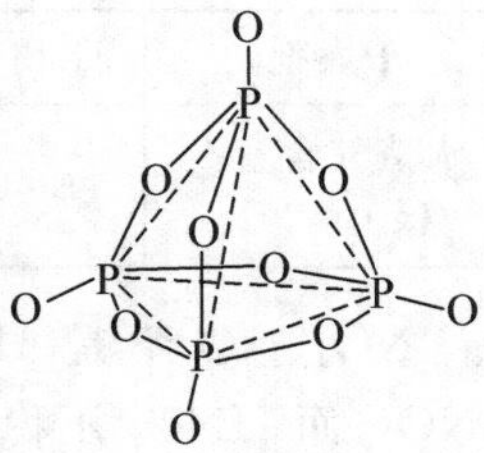 |

固体 $CO_2$ 叫"干冰",195 K 开始升华为气体。干冰是一种方便的制冷剂,将反应容器用干冰掩埋或置于干冰与甲醇(或丙酮)的混合体系中,可以获得 203 K 的低温。

科学界一直在关注的温室效应(greenhouse effect)是由包括 $CO_2$ 分子在内的某些多原子分子(如 $N_2O$、$CH_4$、氯氟烃)在大气中含量不断上升所致。在过去,大气中 $CO_2$ 浓度大体保持着平衡,随着工业化的进程,$CO_2$ 浓度上升的速度大于渗入海洋深处与 $Ca^{2+}$ 结合成 $CaCO_3$ 沉淀的速度。太阳的可见光和紫外光穿过大气层射至地球表面,在夜间,地球表面产生的红外辐射被这类多原子分子吸收而无法迅速逸散到外层空间去。

2. 化学性质

(1) 酸酐通性

$SO_2$、$SO_3$、$P_4O_{10}$、$CO_2$、$SiO_2$ 分别是 $H_2SO_3$、$H_2SO_4$、$H_3PO_4$、$H_2CO_3$、$H_2SiO_3$ 的酸酐,具有酸酐通性。它们能与 $H_2O$ 反应,生成相应的含氧酸($SiO_2$ 除外),如:

$$SO_3 + H_2O \longrightarrow H_2SO_4$$

它们能与碱性氧化物反应,生成含氧酸盐,如:

$$SO_3 + CaO \longrightarrow CaSO_4$$

它们能与碱反应,生成含氧酸盐和 $H_2O$,如:

$$SO_3 + 2NaOH \longrightarrow Na_2SO_4 + H_2O$$

$SO_3$ 与 $H_2O$ 反应生成 $H_2SO_4$ 的过程强烈放热。由于放出的热无法在反应塔中迅速被交换,$H_2SO_4$ 生产工艺中不能直接用 $H_2O$ 作为吸收剂。通常是用 98.3% 浓 $H_2SO_4$ 吸收 $SO_3$ 得到焦硫酸 $H_2S_2O_7$(又称发烟硫酸),再用 $H_2O$ 稀释得到浓 $H_2SO_4$。

$SiO_2$ 不溶于 $H_2O$,其酸性主要表现在与热的浓碱、熔融的碱或碱性氧化物的反应。工业上通过下述前两个反应制造水玻璃($Na_2SiO_3$ 的水溶液)。

$$SiO_2 + 2NaOH \longrightarrow Na_2SiO_3 + H_2O$$

$$SiO_2 + Na_2CO_3 \longrightarrow Na_2SiO_3 + CO_2$$

$$SiO_2 + CaO \longrightarrow CaSiO_3(s)$$

由于 $P_4O_{10}$ 对 $H_2O$ 有很强的亲和力,吸湿性强,因此,$P_4O_{10}$ 是一种高效率的干燥剂。$P_4O_{10}$ 甚至可以夺取化合物中的 $H_2O$。例如,使 $HNO_3$ 和 $H_2SO_4$ 脱水得到各自的酸酐。

$$P_4O_{10} + 12HNO_3 \longrightarrow 6N_2O_5 + 4H_3PO_4$$

$$P_4O_{10} + 6H_2SO_4 \longrightarrow 6SO_3 + 4H_3PO_4$$

为了比较各种干燥剂的干燥效率,可以把被水蒸气饱和的空气(在 298.15 K)通过相应的干燥剂,然后测定在 1 $m^3$ 被干燥了的空气中尚有的水蒸气含量(g)。水蒸气含量越少则该干燥剂的干燥效率越高。表 5－16 给出几种常用干燥剂的干燥效率，可见 $P_4O_{10}$ 的干燥效率很高。

**表 5－16　常用干燥剂的干燥效率**

| 干燥剂 | $CuSO_4$ | $CaCl_2$ | CaO | NaOH | 浓 $H_2SO_4$ | $Mg(ClO_4)_2$ | 硅胶 | $P_4O_{10}$ |
|---|---|---|---|---|---|---|---|---|
| 水蒸气含量/($g \cdot m^{-3}$) | 1.40 | 0.34 | 0.20 | 0.16 | $3\times10^{-3}$ | $2\times10^{-3}$ | $3\times10^{-3}$ | $1\times10^{-5}$ |

$NO_2$、NO 不是 $HNO_3$ 或 $HNO_2$ 的酸酐，但 $NO_2$ 易溶于 $H_2O$ 歧化生成 $HNO_3$ 和 $HNO_2$，而 $HNO_2$ 不稳定，受热立即分解。

$$2NO_2 + H_2O \longrightarrow HNO_3 + HNO_2$$

$$3HNO_2 \longrightarrow HNO_3 + 2NO + H_2O$$

因此，当 $NO_2$ 溶于热水时，其反应为上述两反应的合并。这是 $HNO_3$ 工业的一个重要反应。

$$3NO_2 + H_2O \longrightarrow 2HNO_3 + NO$$

将等物质的量的 NO 和 $NO_2$ 混合物溶解在冰水中，生成 $HNO_2$。

$$NO_2 + NO + H_2O \longrightarrow 2HNO_2$$

CO 显非常微弱的酸性，在 473 K 及 $1.01\times10^3$ kPa 压强下能与粉状的 NaOH 反应生成甲酸钠。

$$CO + NaOH \longrightarrow HCOONa$$

因此，也可以把 CO 看作是甲酸 HCOOH 的酸酐。实验室利用甲酸在浓 $H_2SO_4$ 条件下脱水制取 CO。

$$HCOOH \longrightarrow CO + H_2O$$

(2) 氧化还原性

常见氧化物中，$NO_2$、$SO_3$ 具有强氧化性。C、S、P 等在 $NO_2$ 中容易起火燃烧，$NO_2$ 和许多有机物的蒸气混合可形成爆炸性气体。$SO_3$ 可以使单质磷燃烧，将碘化物氧化为单质 $I_2$。

$$10SO_3 + P_4 \longrightarrow 10SO_2 + P_4O_{10}$$

$$SO_3 + 2KI \longrightarrow K_2SO_3 + I_2$$

$CO_2$、$SiO_2$ 具有氧化性，但不活泼。在高温下 $CO_2$ 能与活泼金属 Mg、Na 等反应，故 $CO_2$ 灭火器不可用于活泼金属 Mg、Na、K 等引起的火灾。$SiO_2$ 也只能在高温下被 Mg、Al 所还原，这些反应用于高温冶炼中的造渣。

$$CO_2 + 2Mg \longrightarrow C + 2MgO$$

$$2CO_2 + 2Na \longrightarrow Na_2CO_3 + CO$$

$$SiO_2 + 2Mg \longrightarrow Si + 2MgO$$

$SO_2$ 中 S 的氧化数为 +4，既有氧化性又有还原性，但还原性较为显著。例如，接触法制 $H_2SO_4$ 时，$SO_2$ 就被空气所氧化。$SO_2$ 只有在强还原剂作用下才表现出氧化性。例如 773 K 时，在铝矾土的催化作用下，$SO_2$ 可被 CO 还原，从而达到从焦炉气中回收单质 S 的目的。

$$S + O_2 \longrightarrow SO_2$$

$$SO_2 + 2CO \longrightarrow 2CO_2 + S$$

NO 中 N 的氧化数为 +2，既有氧化性又有还原性。NO 在空气中很容易被氧化为 $NO_2$，而 NO 的氧化性不明显。

CO 容易被氧化为 $CO_2$，其还原性主要表现在高温下，是冶金工业的重要还原剂。高炉

炼铁中 $Fe_2O_3$ 的分步还原都涉及 CO。

$$3Fe_2O_3+CO \longrightarrow 2Fe_3O_4+CO_2$$

$$Fe_3O_4+CO \longrightarrow 3FeO+CO_2$$

$$FeO+CO \longrightarrow Fe+CO_2$$

常温下 CO 可将溶液中的 $Pd^{2+}$ 还原为金属 Pd,灰色沉淀 Pd 的出现证明 CO 存在,该反应可用来检出微量 CO 的存在。

$$PdCl_2+CO+H_2O \longrightarrow CO_2+Pd+2HCl$$

(3) 配位性

CO 作为一种配体,能与一些有空轨道的金属原子或离子形成配合物。例如,CO 与ⅥB、ⅦB 和Ⅷ族的过渡金属形成羰基配合物 $Fe(CO)_5$、$Ni(CO)_4$、$Co_2(CO)_8$ 等,其中 C 是配位原子。在常温、常压条件下,CO 可与金属 Ni 反应生成 $Ni(CO)_4$。

$$Ni+4CO \longrightarrow Ni(CO)_4$$

CO 之所以对人体有毒,是因为它能与血液中携带 $O_2$ 的血红蛋白(Hb)形成稳定的配合物 COHb。血液中血红蛋白(Hb)的正常功能是在肺部结合 $O_2$ 形成氧合血红蛋白 $HbO_2$,$HbO_2$ 经血液循环至全身细胞并在那里放出 $O_2$,同时拣起 $CO_2$ 返回肺部后排至体外。CO 与 Hb 的亲和力为 $O_2$ 与 Hb 的 230～270 倍。COHb 配合物一旦形成,就使血红蛋白丧失了输送 $O_2$ 的能力,所以 CO 中毒将导致组织低氧症。如果血液中 50%的血红蛋白与 CO 结合,即可引起心肌坏死。

工业气体分析中常用亚铜盐的氨溶液或盐酸溶液来吸收混合气中的 CO,生成 $CuCl \cdot CO \cdot nH_2O$,该溶液经过处理放出 CO 后可重新使用。合成氨工业中用铜洗液吸收 CO 也是基于 CO 的加和性。

$$Cu(NH_3)_2CH_3COO+NH_3+CO \rightleftharpoons Cu(NH_3)_3 \cdot CO \cdot CH_3COO$$

NO 分子中有孤对电子,可以与金属离子形成配合物,例如,与 $Fe^{2+}$ 形成棕色可溶性的硫酸亚硝酰合铁(Ⅱ),称为棕色环反应。该反应是定性检出 $NO_3^-$ 的基本反应。

$$FeSO_4+NO \longrightarrow [Fe(NO)]SO_4$$

3. 工业制法

(1) CO 的工业制法

CO 作为良好的气体燃料,也是重要的化工原料,纯 CO 气体装在钢瓶中出售,其主要来源为炉煤气和水煤气。炉煤气是将空气通入红热碳层形成,其主要成分是 CO 25%(体积比),$CO_2$ 4%,$N_2$ 70%。水煤气是水蒸气与灼热(1273 K)的焦炭反应得到的 CO 和 $H_2$ 混合气体(含 CO 40%,$CO_2$ 5%,$H_2$ 50%)。CO 作为一种非常有用的原料,在工业上用来合成甲醇、醋酸和醛类等基本化工产品。同时,在许多情况下,CO 还是生产 $H_2$ 的中间产物。

$$C+O_2 \longrightarrow CO$$

$$C+H_2O \longrightarrow CO+H_2$$

(2) $SO_2$ 和 $SO_3$ 的工业制法

工业上用硫磺或黄铁矿在空气中燃烧的方法生产 $SO_2$。$SO_3$ 则是在 $V_2O_5$ 催化剂存在下,通过 $SO_2$ 的催化氧化得到。

$$S+O_2 \longrightarrow SO_2$$

$$3FeS_2+8O_2 \longrightarrow Fe_3O_4+6SO_2$$

$$2SO_2 + O_2 \longrightarrow 2SO_3$$

得到的 $SO_2$ 和 $SO_3$ 可直接用于制备 $H_2SO_3$(亚硫酸盐)和 $H_2SO_4$,也制成纯 $SO_2$ 和纯 $SO_3$ 供应市场。

## 5.3.2 非金属含氧酸结构与性质

1. 组成和结构

非金属元素氧化物的水合物,以含氧酸(oxoacid)的形式存在。各非金属元素最高价态的含氧酸见表 5-17。

**表 5-17　非金属元素最高价氧化物的含氧酸**

| 族号 | ⅢA | ⅣA | ⅤA | ⅥA | ⅦA |
|---|---|---|---|---|---|
| 化学式 | $H_3BO_3$ | $H_2CO_3$<br>$H_2SiO_3$ | $HNO_3$<br>$H_3PO_4$<br>$H_3AsO_4$ | $H_2SO_4$<br>$H_2SeO_4$<br>$H_6TeO_6$ | $HClO_4$<br>$HBrO_4$<br>$H_5IO_6$($HIO_4$) |

对于含氧酸组成来说,非金属含氧酸分子中,含有 1 个或多个—OH 基团及 O 原子(称非羟基氧原子)。作为这类化合物的中心原子 R,其周围能结合多少个—OH 基团及 O 原子,取决于 $R^{n+}$ 的电荷及半径。一般地,$R^{n+}$ 的电荷越高,半径越大,能结合—OH 基团数目越多。但是当 $R^{n+}$ 的电荷很高时,其半径往往很小,因而容纳不了太多—OH 基团,势必脱水,直到 R 周围保留的异电荷离子或基团数目既能满足 $R^{n+}$ 的氧化态又能满足它的配位数。例如,Cl(Ⅶ)能结合 7 个—OH 基团,由于半径较小,要失去 6 个—OH 基团,留下 1 个—OH 基团及 3 个 O 原子,形成高氯酸 $HClO_4$;而 I(Ⅶ)由于半径较大,可失去 2 个—OH 基团,留下 5 个—OH 基团及 1 个 O 原子,形成高碘酸 $H_5IO_6$;N(Ⅴ)能结合 5 个—OH 基团,由于半径较小,要失去 4 个—OH 基团,留下 1 个—OH 基团及 2 个 O 原子,形成 $HNO_3$;而P(Ⅴ)由于半径较大,只失去 2 个—OH 基团,留下 3 个—OH 基团及 1 个 O 原子,形成磷酸 $H_3PO_4$。由此可以看出,同周期元素分子中的非羟基氧原子数随中心原子的半径的减小而增加;同族元素的含氧酸随着中心原子半径增大,分子中的羟基数增加,而非羟基氧原子数减少。

除 B、C、Si 三种元素外,还存在低价态的含氧酸。表 5-18 列出已知的卤素含氧酸。S 的主要含氧酸列于表 5-19 中。此外,N 的含氧酸除 $HNO_3$ 外,还有 $HNO_2$(亚硝酸);P 的含氧酸除 $H_3PO_4$ 外,还有 $H_3PO_3$(亚磷酸)、$H_3PO_2$(次磷酸)。

**表 5-18　卤素的含氧酸**

| 名称 | 氟 | 氯 | 溴 | 碘 |
|---|---|---|---|---|
| 次卤酸 | HFO | HClO | HBrO | HIO |
| 亚卤酸 | / | $HClO_2$ | $HBrO_2$ | $HIO_2$ |
| 卤酸 | / | $HClO_3$ | $HBrO_3$ | $HIO_3$ |
| 高卤酸 | / | $HClO_4$ | $HBrO_4$ | $H_5IO_6$<br>$HIO_4$(偏高碘酸) |

**表 5-19　硫的含氧酸**

| 名称 | 化学式 | 硫的氧化数 | 存在形式 |
|---|---|---|---|
| 亚硫酸 | $H_2SO_3$ | +4 | 盐、酸式盐 |
| 连二亚硫酸 | $H_2S_2O_4$ | +3 | 盐 |
| 硫酸 | $H_2SO_4$ | +6 | 纯酸、盐、水溶液 |
| 硫代硫酸 | $H_2S_2O_3$ | +2 | 盐 |
| 焦硫酸 | $H_2S_2O_7$ | +6 | 纯酸、盐 |
| 连多硫酸 | $H_2S_xO_6$ | $+10/x$ | 盐和水溶液 |
| 过一硫酸 | $H_2SO_5$ | +8 | 酸、盐 |
| 过二硫酸 | $H_2S_2O_8$ | +7 | 酸、盐 |

对于含氧酸结构来说,非金属元素含氧酸及酸根属于多原子分子或离子。在这些分子或离子内,每两个相邻原子之间,除了形成 σ 键以外,还可以形成 π 键。不过由于中心原子的电子层构型不同,它们与 O 原子结合为多原子离子时,所形成的 π 键不完全一样,归纳起来主要有以下规律。

① 第二周期元素的含氧酸及酸根 $RO_3^{n-}$ 呈平面三角形结构(见表 5-20)。中心原子 R 没有 d 轨道,中心原子以 $sp^2$ 杂化轨道分别与 3 个 O 原子形成 3 个 σ 键,中心原子 R 的 1 个空 2p 轨道和 O 原子形成 π 键或离域 π 键。$RO_3^{n-}$ 都有 $\Pi_4^6$ 键。

**表 5-20　第二周期元素含氧酸及酸根的结构**

| 成酸元素 | B | C | N |
|---|---|---|---|
| 结构 | 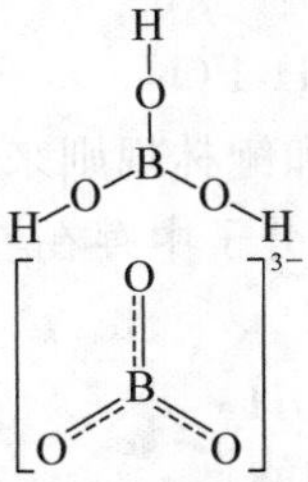 H—O—B(—O—H)—O—H<br>$[BO_3]^{3-}$ | 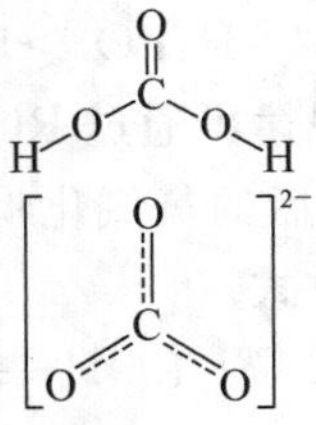 O=C(—O—H)—O—H<br>$[CO_3]^{2-}$ | 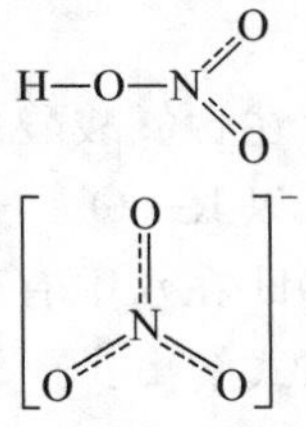 H—O—N(=O)=O<br>$[NO_3]^{-}$ |

② 第三周期元素的含氧酸的中心原子 R 以 $sp^3$ 杂化轨道与 4 个 O 原子形成 4 个 σ 键,同时,非羟氧原子中的 O 原子上的孤对电子与中心原子 R 的 d 轨道形成 d←p π 键(反馈键)。酸根 $RO_4^{n-}$ 具正四面体形结构(见表 5-21)。

**表 5-21　第三周期元素含氧酸及酸根的结构**

| 成酸元素 | Si | P | S | Cl |
|---|---|---|---|---|
| 结构 | 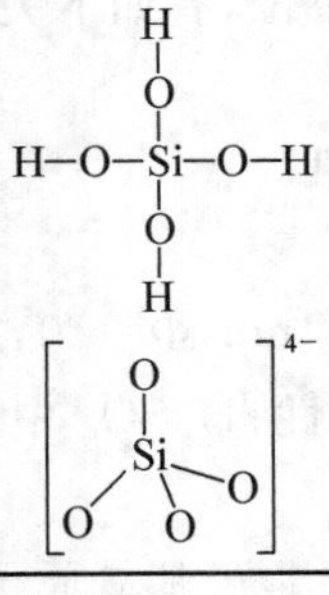 H—O—Si(—O—H)(—O—H)—O—H<br>$[SiO_4]^{4-}$ | 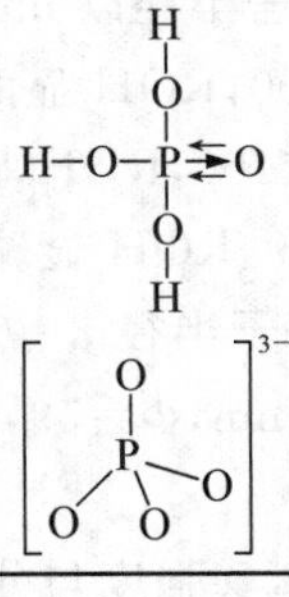 H—O—P(—O—H)(—O—H)⇄O<br>$[PO_4]^{3-}$ | 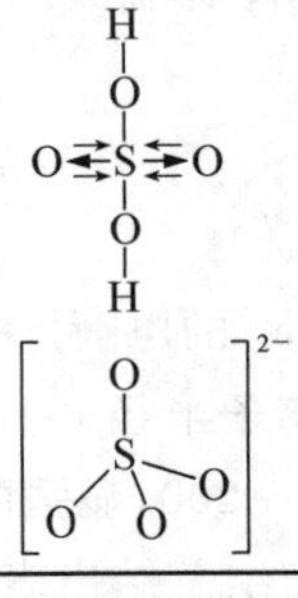 O⇄S(—O—H)(—O—H)⇄O<br>$[SO_4]^{2-}$ | 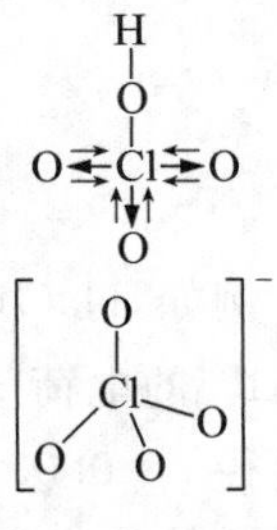 H—O—Cl(⇄O)(⇄O)⇅O<br>$[ClO_4]^{-}$ |

③ 第四周期元素的含氧酸与第三周期元素含氧酸的结构相似,价电子对为四面体形分布,元素的配位数为 4。

④ 至于第五周期元素,其中心原子 R 的半径比较大,5d 轨道成键的倾向又较强,它们能以激发态的 $sp^3d^2$ 杂化轨道形成八面体形结构,配位数为 6,也可以为 4。例如,I 有配位数为 6 的高碘酸 $H_5IO_6$,还有配位数为 4 的偏高碘酸 $HIO_4$。碲酸的组成为 $H_6TeO_6$(见图 5-21)。

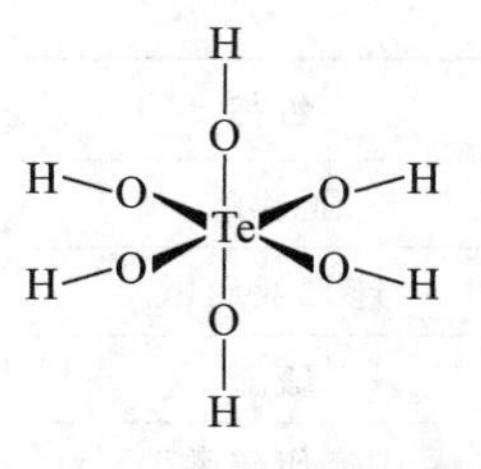


**图 5-21　$H_6TeO_6$ 的结构**

2. 酸性

非金属元素的含氧酸均具有酸性,但酸性的差别很大,归纳起来主要有下列规律。

① 对同类型的含氧酸,在同周期,酸性从左到右逐渐增强。

$$HNO_3 > H_2CO_3 > H_3BO_3$$

$$HClO_4 > H_2SO_4 > H_3PO_4 > H_2SiO_3$$

在同主族,酸性自上而下依次减弱。

$$HClO_4 > HBrO_4 > HIO_4$$

$$H_2SO_4 > H_2SeO_4 > H_6TeO_6$$

$$HNO_3 > H_3PO_4 > H_3AsO_4$$

$$H_2CO_3 > H_2SiO_3$$

② 对同一非金属元素,随着氧化数变小,其含氧酸的酸性变弱。

$$HClO_4 > HClO_3 > HClO_2 > HClO$$

$$H_2SO_4 > H_2SO_3$$

$$HNO_3 > HNO_2$$

$$H_3PO_4 > H_3PO_3 > H_3PO_2$$

上述含氧酸酸性的变化规律可通过 ROH 规则和鲍林规则来说明。

若以 R—O—H 表示脱水后的氢氧化物,则在这分子中存在着 R—O 及 O—H 两种极性键,ROH 在水中有两种解离方式。

碱式解离:　$ROH \longrightarrow R^+ + OH^-$

酸式解离:　$ROH \longrightarrow RO^- + H^+$

ROH 按碱式还是酸式解离,取决于阳离子 $R^{n+}$ 和 $H^+$ 对氧原子的吸引能力。在不同形式的 ROH 中,$O^{2-}$ 及 $H^+$ 均相同,不同的只是阳离子 $R^{n+}$。因此,ROH 以何种方式电离,$R^{n+}$ 起着决定作用,即取决于 $R^{n+}$ 的电荷和半径。阳离子 $R^{n+}$ 的电荷与半径之比 $z/r$,通常称为离子势,用符号 $\Phi$ 表示。显然 $\Phi$ 越大,$R^{n+}$ 与 $O^{2-}$ 的结合力越强,同时排斥质子的能力越强,相应物质越易发生酸式电离,即酸性越强。相反,$\Phi$ 越小,碱性越强。用 $\Phi$ 值判断 ROH 酸碱性的规则称为 ROH 规则。一般地,若半径以 nm 为单位,有如下关系:

$\Phi > 100$,ROH 显酸性

$49 < \Phi < 100$,ROH 显两性

$\Phi < 49$,ROH 显碱性

例如,NaOH 中 $Na^+$ 的电荷 $z=1$,离子半径 $r=0.097$ nm,$\Phi=10$,显强碱性;$Al(OH)_3$ 中 $Al^{3+}$ 的电荷 $z=3$,离子半径 $r=0.051$ nm,$\Phi=59$,显两性;$H_2SO_4$ 中 $S^{6+}$ 的电荷 $z=6$,离子半径 $r=0.03$ nm,$\Phi=200$,显强酸性。

鲍林从许多事实归纳总结出表示含氧酸强度与分子中非羟基氧原子数的关系的经验公

式,称为鲍林规则。此规则认为:① 多元含氧酸的逐级电离常数之比约为 $10^{-5}$,即 $K_1^{\ominus}$ : $K_2^{\ominus}$ : $K_3^{\ominus}\cdots\approx 1:10^{-5}:10^{-10}\cdots$,或 $\mathrm{p}K_a^{\ominus}$ 的差值为5。例如,$H_2SO_3$ 的 $K_1^{\ominus}=1.2\times10^{-2}$,$K_2^{\ominus}=1.0\times10^{-7}$。② 非金属元素含氧酸 $H_nRO_m$,可用 $RO_{m-n}(OH)_n$ 表示,分子中的非羟基氧原子数 $N=m-n$。含氧酸的 $K_1^{\ominus}$ 与非羟基氧原子数 $N$ 有如下关系:

$$K_1^{\ominus}\approx 10^{5N-7}, 即\ \mathrm{p}K_1^{\ominus}\approx 7-5N$$

例如,$H_2SO_3$ 的 $N=1$,$K_1^{\ominus}\approx10^{-2}$,$\mathrm{p}K_1^{\ominus}\approx2$。

根据鲍林规则,对于 $RO_{m-n}(OH)_n$ 类型的含氧酸,其 $K_1^{\ominus}$ 的数值都有一定的范围(见表5-22)。表5-23表示了一些含氧酸的 $\mathrm{p}K_1^{\ominus}$ 值和 $N$ 的关系。

**表5-22　各类型含氧酸的酸性**

| 化学式 | $N$ | $K_1^{\ominus}$ | $\mathrm{p}K_1^{\ominus}$ | 酸的相对强度 |
|---|---|---|---|---|
| $R(OH)_n$ | 0 | $10^{-14}\sim10^{-7}$ | 7～14 | 很弱 |
| $RO(OH)_n$ | 1 | 约 $10^{-2}$ | 约2 | 中强偏弱 |
| $RO_2(OH)_n$ | 2 | 约 $10^{3}$ | 约−3 | 强 |
| $RO_3(OH)_n$ | 3 | 约 $10^{8}$ | 约−8 | 极强 |

**表5-23　一些含氧酸的 $\mathrm{p}K_1^{\ominus}$ 值与 $N$ 值的关系**

| $N$ | 3 | | 2 | | 1 | | 0 | |
|---|---|---|---|---|---|---|---|---|
| 酸的相对强度 | 极强 | | 强 | | 中强偏弱 | | 很弱 | |
| 酸的 $\mathrm{p}K_1^{\ominus}$ 值 | $HClO_4$ | −7.0 | $HClO_3$ | −2.7 | $HClO_2$ | 1.9 | HClO | 7.5 |
| | $HMnO_4$ | −2.3 | $HNO_3$ | −1.3 | $HNO_2$ | 3.4 | HBrO | 8.7 |
| | $HReO_4$ | −1.3 | $H_2SO_4$ | −2.0 | $H_2SO_3$ | 1.8 | HIO | 10.6 |
| | | | $HIO_3$ | 0.8 | $H_3PO_4$ | 2.1 | $H_6TeO_6$ | 7.7 |
| | | | | | $H_3PO_3$ | 1.8 | $H_4SiO_4$ | 9.7 |
| | | | | | $H_3PO_2$ | 2.0 | $H_3BO_3$ | 9.0 |
| | | | | | $H_2CO_3$ | 3.7 | | |
| | | | | | $H_5IO_6$ | 1.6 | | |

表5-23中的 $H_3PO_3$ 和 $H_3PO_2$ 的 $N$ 值与酸强度的关系,似乎为例外,这是因为 $H_3PO_3$ 和 $H_3PO_2$ 的实际结构如图5-22所示,分子中各有一个O直接与P连接,$N=1$,所以 $\mathrm{p}K_1^{\ominus}\approx2$。

**图5-22　$H_3PO_3$ 和 $H_3PO_2$ 的结构**

与化学式 $H_3BO_3$ 所显示的羟基数目不同,硼酸在水中是一元酸。这是因为在 $H_3BO_3$ 分子中,未满8电子结构的B原子能接受 $H_2O$ 分子中O原子的孤对电子形成配位键,同时将这个 $H_2O$ 分子的一个质子转移给一个溶剂 $H_2O$ 分子,因此,$H_3BO_3$ 是路易斯酸。

$$B(OH)_3+2H_2O\longrightarrow[B(OH)_4]^-+H_3O^+\qquad \mathrm{p}K_a^{\ominus}=9.2$$

$\mathrm{p}K_a^{\ominus}$ 值表明 $H_3BO_3$ 的酸性极弱,用NaOH直接滴定时很难观察到滴定终点。如果滴定前加入多羟基化合物(如甘露醇、甘油)，$H_3BO_3$ 则与这类化合物反应生成稳定的配合物，并将 $H_3O^+$ 电离出来，从而使滴定法可用于测定 B 含量。

$$\begin{array}{c}OH\\|\\B{-}OH\\|\\OH\end{array} + 2\begin{array}{c}CH_2{-}OH\\|\\CH{-}OH\\|\\CH_2{-}OH\end{array} = \left[\begin{array}{ccccc}CH_2{-}O & & & & O{-}CH_2\\| & \diagdown & & \diagup & |\\HO{-}CH & & B & & CH{-}OH\\| & \diagup & & \diagdown & |\\CH_2{-}O & & & & O{-}CH_2\end{array}\right]^- + 3H_2O + H^+$$

3. 氧化还原性

原则上讲，处于最高氧化态的含氧酸表现为氧化性，如浓 $H_2SO_4$、$HNO_3$；处于低氧化态的含氧酸表现为还原性；而处于中间氧化态的含氧酸既有氧化性又有还原性，如 $HNO_2$。

各种含氧酸的氧化还原性强弱规律及其原因，比较复杂，归纳起来主要有下列规律。

① 同周期各元素最高氧化态含氧酸的氧化性从左至右依次递增。这是因为含氧酸的氧化过程就是高氧化态的中心原子转变为低氧化态的过程，在此过程中中心原子获得电子，这种能力与中心原子的电负性、原子半径及氧化态等有关。若中心原子的原子半径小、电负性大、获得电子的能力强，其含氧酸的氧化性也就强；反之，氧化性则弱。例如第二周期 $H_3BO_3$、$H_2CO_3$ 氧化性较弱，$HNO_3$ 是强氧化剂；第三周期 $H_4SiO_4$、$H_3PO_4$ 氧化性较弱，稀 $H_2SO_4$ 氧化性不强，热浓 $H_2SO_4$ 表现出强氧化性，而 $HClO_4$ 是强氧化剂。

② 同主族各元素的最高氧化态含氧酸的氧化性，从上到下大多呈锯齿形升高。从第二周期到第三周期，最高氧化态含氧酸的氧化性有下降的趋势。从第三周期到第四周期又有升高的趋势，第四周期含氧酸的氧化性很突出，有时在同族元素中居于最强地位。第六周期元素的含氧酸盐氧化性又比第五周期强得多。

$$HClO_4 < HBrO_4 > HIO_4$$

$$H_2SO_4 < H_2SeO_4 > H_6TeO_6$$

$$HNO_3 > H_3PO_4 < H_3AsO_4$$

不仅最高氧化态如此，有些中间氧化态的含氧酸的氧化性也呈现这种变化趋势。

$$HClO_3 < HBrO_3 > HIO_3$$

$$H_2SO_3 < H_2SeO_3 > H_2TeO_3$$

$$HNO_2 > H_3PO_3 < H_3AsO_3$$

低氧化态含氧酸的氧化性则自上而下有规律递增，如：

$$HClO < HBrO < HIO$$

③ 同种元素的不同氧化态的含氧酸，低氧化态的氧化性较强。

$$HClO > HClO_2 > HClO_3 > HClO_4$$

$$HNO_2 > HNO_3(\text{稀})$$

$$H_2SO_3 > H_2SO_4$$

$$H_2SeO_3 > H_2SeO_4$$

这是因为含氧酸的氧化性和分子稳定性有关。一般来说，如果含氧酸分子中的中心原子多变价，分子又不稳定，该含氧酸就有氧化性，而且分子越不稳定，其氧化性越强。

④ 含氧酸的氧化性，随着酸度升高而增强，含氧酸的氧化性一般比相应盐的氧化性强，同一种含氧酸盐在酸性介质中的氧化性比在碱性介质中强。这是因为在酸性介质中，有较高的标准电极电势。

⑤ 若最高氧化态含氧酸的氧化性较弱，则它们的低氧化态含氧酸还原性较强，例如

$H_2SO_3$、$H_3PO_3$ 便是较强的还原剂。

亚硝酸($HNO_2$)分子中的N原子处于中间氧化态(+3),因此,$HNO_2$ 既有氧化性又有还原性。在酸性溶液中以氧化性为主,反应速率比较快,其还原产物为NO、$N_2O$、$N_2$、$NH_3OH^+$ 或 $NH_4^+$,其中最常见的产物是NO。例如,$NO_2^-$ 在酸性溶液中能将 $I^-$ 氧化为 $I_2$,此反应可以定量进行,能用于测定亚硝酸盐的含量。

$$2HNO_2 + 2I^- + 2H_3O^+ \longrightarrow 2NO + I_2 + 4H_2O$$

当遇到强氧化剂如 $MnO_4^-$、$Cl_2$ 等,$HNO_2$ 是还原剂,被氧化为 $NO_3^-$。

$$5NO_2^- + 2MnO_4^- + 6H_3O^+ \longrightarrow 5NO_3^- + 2Mn^{2+} + 9H_2O$$

此反应中 $MnO_4^-$ 还原为 $Mn^{2+}$,分析化学中用以测定亚硝酸盐的含量。

过二硫酸($H_2S_2O_8$)具有极强的氧化性,但氧化过程的速率很慢,加入催化剂可使反应大大加速,例如,过二硫酸盐 $S_2O_8^{2-}$ 在酸性介质和 $Ag^+$ 催化的条件下,可将 $Mn^{2+}$、$Cr^{3+}$、$Ce^{3+}$ 等氧化至它们的高氧化态。

$$5S_2O_8^{2-} + 2Mn^{2+} + 24H_2O \longrightarrow 2MnO_4^- + 10SO_4^{2-} + 16H_3O^+$$

$$3S_2O_8^{2-} + 2Cr^{3+} + 21H_2O \longrightarrow Cr_2O_7^{2-} + 6SO_4^{2-} + 14H_3O^+$$

$$S_2O_8^{2-} + 2Ce^{3+} \longrightarrow 2Ce^{4+} + 2SO_4^{2-}$$

在钢铁分析中,常用$(NH_4)_2S_2O_8$(或$K_2S_2O_8$)氧化法测定钢中Mn的含量。

亚磷酸($H_3PO_3$)分子中有一个P—H键,容易被O原子进攻,显示还原性。$H_3PO_3$ 及其盐都是强还原剂,能将热浓 $H_2SO_4$ 还原为 $SO_2$,能将 $Ag^+$、$Cu^{2+}$ 等离子还原为金属。

$$H_3PO_3 + Cu^{2+} + H_2O \longrightarrow Cu + H_3PO_4 + 2H^+$$

次磷酸($H_3PO_2$)分子中有两个P—H键,还原性比 $H_3PO_3$ 更强,尤其在碱性溶液中 $H_2PO_2^-$ 是极强的还原剂,能使 $Ag^+$ 还原为Ag,使 $Cu^{2+}$ 还原为 $Cu^+$ 或Cu,使 $Hg^{2+}$ 还原为 $Hg_2^{2+}$ 或Hg,还可把冷的浓 $H_2SO_4$ 还原为S。

$$H_2PO_2^- + 2Cu^{2+} + 6OH^- \longrightarrow Cu + PO_4^{3-} + 4H_2O$$

4. 热稳定性

非金属元素的含氧酸的热稳定性差别较大,有的比较稳定,如 $H_3PO_4$、$H_2SO_4$、$HClO_4$ 等;有的不稳定,如 $H_2CO_3$、$H_2SO_3$、$HNO_3$、$H_3PO_3$、HClO等。造成含氧酸的稳定性小的原因是发生了以下几类反应。

① 分解为水和酸酐。$H_2CO_3$ 极不稳定,不能以游离态存在,因为 $CO_2$ 在水中溶解度很小,在碳酸盐中加酸时,$H_2CO_3$ 会立即分解为 $CO_2$ 气体逸出。$H_2SO_3$ 易分解为 $SO_2$ 和水,$SO_2$ 在水中溶解度随温度升高而降低。

② 加热时分解放出 $O_2$。浓 $HNO_3$ 不稳定,在加热或光照下,会发生分解反应,使溶液呈黄色。

$$4HNO_3 \longrightarrow 4NO_2 + O_2 + 2H_2O$$

质量浓度超过50%的溴酸溶液会发生下列反应。

$$4HBrO_3 \longrightarrow 2Br_2 + 5O_2 + 2H_2O$$

室温下次卤酸即可发生分解反应。

$$2HXO \longrightarrow 2HX + O_2$$

③ 发生歧化反应。处于中间态的含氧酸,加热时往往会发生歧化反应。

$$4H_3PO_3 \longrightarrow 3H_3PO_4 + PH_3$$

$$3HClO \longrightarrow 2HCl + HClO_3$$

5-8 应用案例:化学工业中“三酸二碱”之硝酸

5-9 应用案例:化学工业中“三酸二碱”之硫酸

### 5.3.3 非金属氧酸盐的性质

1. 溶解性

非金属含氧酸盐属于离子化合物,它们的绝大部分钠盐、钾盐、铵盐以及酸式盐都溶于水。其他含氧酸盐在水中的溶解性可归纳如下。

(1) 硝酸盐

硝酸盐都易溶于水,且溶解度随温度的升高而迅速地增加。

工业上常采用 $NaNO_3$ 和 KCl 制备 $KNO_3$ 晶体(称为转化法)是基于硝酸盐溶解度随温度的升高而迅速地增加的原理。

$$NaNO_3 + KCl \longrightarrow NaCl + KNO_3$$

表 5-24 列出转化法制备 $KNO_3$ 过程中各物质的溶解度。

**表 5-24 转化法制备 $KNO_3$ 过程中各物质的溶解度($g/100\ g\ H_2O$)**

| 温度/K | 273 | 283 | 293 | 303 | 313 | 333 | 353 | 373 |
|---|---|---|---|---|---|---|---|---|
| $KNO_3$ | 13.3 | 20.9 | 31.6 | 45.8 | 63.9 | 110.0 | 169 | 246 |
| KCl | 27.6 | 31.0 | 34.0 | 37.0 | 40.0 | 45.5 | 51.1 | 56.7 |
| $NaNO_3$ | 73 | 80 | 88 | 96 | 104 | 124 | 148 | 180 |
| NaCl | 35.7 | 35.8 | 36.0 | 36.3 | 36.6 | 37.3 | 38.4 | 39.8 |

从上述数据可以看出,在 293K 时除 $NaNO_3$ 外,其他三种盐的溶解度很接近,因此不能使 $KNO_3$ 晶体单独从溶液中析出。随着温度的升高 NaCl 的溶解度没有多大变化,而 $KNO_3$ 的溶解度却迅速增大。因此,将一定量的固体 $NaNO_3$ 和 KCl 在较高温度溶解后加热浓缩时,由于 $KNO_3$ 溶解度增加很多,它达不到饱和,不析出,而 NaCl 的溶解度增加甚少,随浓缩、溶剂水的减少,NaCl 以晶体形式析出。趁热滤去 NaCl 晶体,再将滤液冷却至室温,$KNO_3$ 溶解度急剧下降而析出晶体,NaCl 仅有少量析出,从而得到 $KNO_3$ 粗产品。再经过重结晶提纯,得到 $KNO_3$ 纯品。

(2) 硫酸盐

大多数硫酸盐易溶于水,常见的难溶盐有 $BaSO_4$(自然界的矿物叫重晶石),$SrSO_4$(天青石),$CaSO_4 \cdot 2H_2O$(石膏)和 $PbSO_4$,此外 $Ag_2SO_4$ 和 $Hg_2SO_4$ 微溶于水。可溶性硫酸盐从溶液中析出的晶体常常带有结晶水,如 $CuSO_4 \cdot 5H_2O$(胆矾)、$MgSO_4 \cdot 7H_2O$(泻盐)、$ZnSO_4 \cdot 7H_2O$(皓矾)、$FeSO_4 \cdot 7H_2O$(绿矾或黑矾)、$Al_2(SO)_3 \cdot 18H_2O$ 等。水合晶体中水分子大多与阳离子配位,有时也通过氢键与阴离子 $SO_4^{2-}$ 相结合。

(3) 碳酸盐

碳酸盐中只有铵盐和碱金属(除 Li)的盐溶于水,其他金属碳酸盐难溶于水,其中又以 $Ca^{2+}$、$Sr^{2+}$、$Ba^{2+}$、$Pb^{2+}$ 的碳酸盐最难溶。对难溶的碳酸盐,其相应的酸式盐溶解度大于正盐,例如,$CaCO_3$ 难溶,而 $Ca(HCO_3)_2$ 易溶,原因是 $CaCO_3$ 中阳、阴离子的电荷数高(+2,-2),引力大,不易溶解;但 $Ca(HCO_3)_2$ 中 $Ca^{2+}$ 和 $HCO_3^-$ 的离子电荷数是+2和-1,引力相对小些,易于溶解。

一些易溶的碳酸盐,如 $Na_2CO_3$、$K_2CO_3$、$(NH_4)_2CO_3$ 等,它们相应的酸式碳酸盐的溶解度比相应正盐的溶解度小(见表5-25),这种溶解度的反常与 $HCO_3^-$ 通过氢键形成二聚或多聚离子有关。工业上生产 $NH_4HCO_3$ 肥料就是向 $(NH_4)_2CO_3$ 的浓溶液中通入 $CO_2$ 至饱和而得到。工业上氨碱法生产 $Na_2CO_3$ 也是基于 $NaHCO_3$ 的难溶性,得到的 $NaHCO_3$ 经加热分解就生成 $Na_2CO_3$。

$$2NH_4^+ + CO_3^{2-} + CO_2 + H_2O \longrightarrow 2NH_4HCO_3$$

$$NaCl + NH_3 + CO_2 + H_2O \longrightarrow NaHCO_3 + NH_4Cl$$

**表5-25　易溶碳酸盐的溶解度(373 K)**

| **盐** | $Na_2CO_3$ | $NaHCO_3$ | $K_2CO_3$ | $KHCO_3$ |
|---|---|---|---|---|
| **溶解度**/(g/100 g $H_2O$) | 45 | 16 | 156 | 60 |

大理石、石灰石、方解石以及珍珠、珊瑚、贝壳等的主要成分都是 $CaCO_3$。白云石、菱镁石含有 $MgCO_3$。地表层的碳酸盐矿石在 $CO_2$ 和水的长期侵蚀下,可以部分地转变成酸式碳酸盐而溶解,酸式碳酸盐又可分解析出碳酸盐,这就是自然界中景观奇特的钟乳石和石笋形成的原因。

(4) 磷酸盐

磷酸二氢盐大多易溶于水,而磷酸氢盐和正盐除了 $K^+$、$Na^+$、$NH_4^+$ 的盐外,一般不溶于水。

天然磷酸盐都不溶于水,因而不能被植物吸收。作为重要无机肥料的磷酸盐需要经过化学处理,转变成易被植物吸收的可溶性磷酸二氢盐。如用适量 $H_2SO_4$ 处理 $Ca_3(PO_4)_2$ 生成 $CaSO_4$ 和 $Ca(H_2PO_4)_2$ 的混合物(称为过磷酸钙),可直接用作肥料,其中有效成分是可溶性的 $Ca(H_2PO_4)_2$,易被植物吸收。

$$Ca_3(PO_4)_2 + 2H_2SO_4(\text{适量}) \longrightarrow 2CaSO_4 + Ca(H_2PO_4)_2$$

若用过量 $H_2SO_4$ 处理 $Ca_3(PO_4)_2$,则生成 $CaSO_4$ 和 $H_3PO_4$。

工业上通常用76%左右的 $H_2SO_4$ 分解磷灰石(有效成分磷酸钙)以制取 $H_3PO_4$。这样制得的 $H_3PO_4$ 叫湿法磷酸。

$$Ca_3(PO_4)_2 + 3H_2SO_4 \longrightarrow 3CaSO_4 + 2H_3PO_4$$

湿法磷酸含杂质较高,主要用于生产磷肥。纯度较高的磷酸由白磷燃烧得到 $P_4O_{10}$,然后与 $H_2O$ 反应来制备,这样制得的 $H_3PO_4$ 叫炉法磷酸。

市售的磷酸为黏稠状浓溶液,密度为 $1.6\ g \cdot cm^{-3}$,质量分数为83%,物质的量的浓度为 $14\ mol \cdot dm^{-3}$。

若用 $H_3PO_4$ 分解天然磷酸盐,生成物中没有 $CaSO_4$,可得含量较高的 $Ca(H_2PO_4)_2$。

$$Ca_3(PO_4)_2 + 4H_3PO_4 \longrightarrow 3Ca(H_2PO_4)_2$$

$CaHPO_4$ 也是磷肥,它不溶于水,但撒入酸性土壤后可变成可溶性的 $Ca(H_2PO_4)_2$。

影响含氧酸盐溶解性的因素主要是晶格能和离子的水合能。离子化合物的溶解过程可以认为是离子晶体晶格中的阳、阴离子首先克服离子间的引力,从晶格中解离下来成为自由离子,这是一个吸收能量的过程;然后是离子进入水中并与极性水分子结合成水合离子的过程,此过程是放热过程。如果水合过程中放出的能量(水合能)足以抵偿和超过破坏晶格所需要的能量(晶格能),溶解过程能自发进行,盐类易溶;反之,溶解不能自发进行,盐类难溶。

含氧酸盐的晶格能和离子的水合能都与中心离子的离子势($z/r$)有关。离子势大(电荷高、半径小),则晶格能和水合能都大,前者不利于溶解,后者有利于溶解,它们对含氧酸的溶解性影响刚好相反,关键取决于何者影响更大。因此,当离子的离子势增大时,究竟是晶格能增加得多一些,还是离子水合能增加得多一些,主要看阳、阴离子大小匹配的情况。一般规律是阳、阴离子半径相差大的比相差小的易溶,因为当阳、阴离子大小相差悬殊时离子水合作用在溶解过程中居优势,所以在同类型盐中,阳离子的半径越小的盐越容易溶解,例如,室温下,碱金属的高氯酸盐的溶解度的相对大小是:

$$NaClO_4 > KClO_4 > RbClO_4$$

碱土金属硫酸盐溶解度的相对大小是:

$$MgSO_4 > CaSO_4 > SrSO_4 > BaSO_4$$

若阳、阴离子的半径相差不多时,晶格能的大小在溶解过程中有较大的影响。离子势大的离子所组成的盐较难溶解,如碱土金属及许多过渡金属的碳酸盐、磷酸盐等,而碱金属的硝酸盐、氯酸盐等易溶。

仅仅从溶解热来考虑离子化合物的溶解性是不全面的,溶解过程中的熵效应也不可忽视,对于某些盐来说,熵效应在溶解过程中甚至有显著的作用。当晶格被破坏,离子脱离晶格进入溶液时,体系的混乱度增加,熵值增大,离子的电荷越低、半径越大,熵增越多;另一方面,离子进入溶液并与水分子水合时,体系的混乱度降低,同时,极性水分子在离子周围作定向排列,对水来说其有序程度也增加,所以离子水合过程,熵值减少,离子的电荷越高,半径越小,熵减越大。在溶解过程中,总的熵效应为上述两项熵效应之和。一般来说,离子的电荷低、半径大,如碱金属离子及含氧阴离子 $NO_3^-$、$ClO_3^-$ 及 $ClO_4^-$ 都是熵增大过程,有利于溶解;电荷高、半径较小的离子,如 $Mg^{2+}$、$Fe^{3+}$、$Al^{3+}$ 及 $CO_3^{2-}$、$PO_4^{3-}$ 等都是熵减少过程,则不利于溶解。

影响含氧酸盐溶解性的因素较多且较复杂,综合考虑晶格能、离子的水合能及熵效应,需要从溶解过程的吉布斯自由能的变化 $\Delta_{sol}G_m^{\ominus}$ 来全面分析。含氧酸盐 MX 在水中建立下列溶解平衡

$$MA(s) \longrightarrow M^+(aq) + A^-(aq)$$

若 $\Delta_{sol}G_m^{\ominus}$ 为负值,溶解过程能自发进行,盐类易溶;如果 $\Delta_{sol}G_m^{\ominus}$ 为正值,则溶解不能自发进行,盐类难溶。

2. 水解性

含氧酸盐溶于水后,阳、阴离子发生水合作用(hydration),在它们的周围都配有一定数目的水分子。

$$M^+A^- + (x+y)H_2O \rightleftharpoons [M(H_2O)_x]^+ + [A(H_2O)_y]^-$$

当阳、阴离子的极化能力强到足以使 $H_2O$ 中的 O—H 键断裂,就能发生水解。如果阳离子发生水解,夺取水分子中的 $OH^-$ 而释出 $H^+$,则溶液显酸性;如果阴离子发生水解,夺取水分子中的 $H^+$ 而释出 $OH^-$,则溶液显碱性。含氧酸盐中的阳、阴离子不一定都发生水解,也可能两者都水解。

对含氧酸根水解而言,含氧酸根阴离子与 $H^+$ 结合后,会使溶液中 $OH^-$ 浓度大于 $H^+$ 浓度,溶液呈碱性。

$$XO_m^{n-} + H_2O \rightleftharpoons HXO_m^{(n-1)-} + OH^-$$

显然,水解规律与共轭酸的酸性规律密切联系,含氧酸根阴离子水解能力与它的共轭酸

的强度成反比。$HNO_3$、$H_2SO_4$、$HClO_4$、$HBrO_4$ 等属强酸,其阴离子 $NO_3^-$、$SO_4^{2-}$、$ClO_4^-$、$BrO_4^-$ 不水解,它们对水溶液的 pH 无影响;$H_2SO_3$、$H_3PO_4$、$H_2CO_3$、$H_2SiO_3$ 等属中强酸或弱酸,其阴离子 $SO_3^{2-}$、$PO_4^{3-}$、$CO_3^{2-}$、$SiO_3^{2-}$ 明显水解,而使溶液显碱性。例如,$H_2CO_3$ 是弱酸,$CO_3^{2-}$ 和 $HCO_3^-$ 均能发生水解。

$$CO_3^{2-} + H_2O \rightleftharpoons HCO_3^- + OH^-$$
$$HCO_3^- + H_2O \rightleftharpoons H_2CO_3 + OH^-$$

因此,碱金属碳酸盐溶于水后溶液显碱性。例如,0.1 mol·dm$^{-3}$的 $Na_2CO_3$ 溶液的 pH 为 11.63,为此,$Na_2CO_3$ 俗称纯碱或苏打,在实验室可当碱使用,以调节溶液的 pH 值。

$PO_4^{3-}$ 也能显著水解,$Na_3PO_4$ 水解呈较强的碱性,$Na_2HPO_4$ 水溶液呈弱碱性,而 $NaH_2PO_4$ 的水溶液呈弱酸性。

3. 热稳定性

含氧酸盐受热时一般会发生分解,按其分解反应的类型可分为两大类。

① 非氧化还原分解反应。这类反应的特点是有关元素的氧化态没有发生改变,在一定条件下,反应是可逆的。含结晶水的含氧酸盐受热时脱去结晶水,生成无水盐,如 $CuSO_4 \cdot 5H_2O$、$Na_2CO_3 \cdot 10H_2O$;无水盐分解成相应的氧化物和酸或碱,如 $CaCO_3$、$(NH_4)_3PO_4$;无水的酸式含氧酸盐受热时发生缩聚反应生成多酸盐,如 $NaHSO_4$、$Na_2HPO_4$。

$$CuSO_4 \cdot 5H_2O \longrightarrow CuSO_4 + 5H_2O$$
$$Na_2CO_3 \cdot 10H_2O \longrightarrow Na_2CO_3 + 10H_2O$$
$$CaCO_3 \longrightarrow CaO + CO_2$$
$$(NH_4)_3PO_4 \longrightarrow H_3PO_4 + 3NH_3$$
$$2NaHSO_4 \longrightarrow Na_2S_2O_7 + H_2O$$
$$2Na_2HPO_4 \longrightarrow Na_4P_2O_7 + H_2O$$

② 自氧化还原分解反应。这类反应的特点是在分子内部发生电子转移而导致有关元素的氧化态发生改变,反应是不可逆的。此类反应包括分子内氧化还原反应和歧化反应。

$$Mn(NO_3)_2 \longrightarrow MnO_2 + 2NO_2$$
$$(NH_4)_2Cr_2O_7 \longrightarrow Cr_2O_3 + N_2 + 4H_2O$$
$$4Na_2SO_3 \longrightarrow Na_2S + 3Na_2SO_4$$
$$Hg_2CO_3 \longrightarrow Hg + HgO + CO_2$$

含氧酸盐的热稳定性既和酸根有关,也和阳离子有关,含氧酸盐的热稳定性有如下规律。

① 在含氧酸盐中,酸式盐的稳定性往往比正盐小,在加热时酸式盐放出酸酐或者容易缩合生成多酸盐。例如,$H_2CO_3$ 及其盐的热稳定性有:$H_2CO_3 < MHCO_3 < M_2CO_3$。碳酸盐受热均产生 $CO_2$ 气体(见表 5-26)。

**表 5-26　碳酸及其盐的热稳定性**

| 类别 | 反应式 | 分解温度/K |
|---|---|---|
| 正盐 | $Na_2CO_3 \longrightarrow Na_2O + CO_2$ | 1123 |
| | $MgCO_3 \longrightarrow MgO + CO_2$ | 813 |
| 酸式盐 | $2NaHCO_3 \longrightarrow Na_2CO_3 + CO_2 + H_2O$ | 543 |
| 酸 | $H_2CO_3 \longrightarrow CO_2 + H_2O$ | 常温 |

② 当金属相同时，含氧酸盐的热稳定性和酸根有关。在常见的含氧酸盐中，磷酸盐、硅酸盐都比较稳定，它们在加热时不分解，但容易脱水结合为多酸盐。硝酸盐和及卤酸盐热稳定性差，加热时较易分解。碳酸盐和硫酸盐热稳定性居中。表 5-27 列出一些常见盐的分解温度。

**表 5-27 常见盐的分解温度**

| 盐 | $AgNO_3$ | $AgClO_3$ | $AgClO_4$ | $CaCO_3$ | $CaSO_4$ |
|---|---|---|---|---|---|
| 分解温度/K | 485 | 543 | 759 | 1170 | 1422 |

正磷酸盐稳定，磷酸一氢盐和磷酸二氢盐受热容易脱水生成焦磷酸盐或偏磷酸盐。

硫酸盐的分解温度一般在 1273K 以上，碱金属的硫酸盐在高温下挥发，但不分解，许多重金属的硫酸盐(如 $CdSO_4$ 和 $PbSO_4$)在一般加热条件下都很稳定，所以能用于定量分析。但是氧化态为 +3 的 $Al^{3+}$、$Cr^{3+}$ 和 $Fe^{3+}$ 的硫酸盐不稳定，加热时分解为 $SO_3$ 和金属氧化物。

碳酸盐的分解温度幅度较广，从总体上看碳酸盐比硫酸盐易于分解，产物为 $CO_2$ 和金属氧化物。

硝酸盐比碳酸盐更易于分解，产物随金属活泼性的不同而不同，碱金属、碱土金属的硝酸盐加热时生成相应的亚硝酸盐；金属活动性顺序在 Mg 和 Cu 之间的金属硝酸盐加热时生成相应的氧化物；金属活动性顺序在 Cu 以后的不活泼金属硝酸盐加热时生成相应的金属。

$$2NaNO_3 \longrightarrow 2NaNO_2 + O_2$$
$$2Pb(NO_3)_2 \longrightarrow 2PbO + 4NO_2 + O_2$$
$$2AgNO_3 \longrightarrow 2Ag + 2NO_2 + O_2$$

③ 含氧酸盐的稳定性与阳离子有关。同一酸根不同金属阳离子的盐，其热稳定性大小的大致顺序是：碱金属盐＞碱土金属盐＞副族元素和 p 区重金属的盐。在碱金属或碱土金属各族中，盐的稳定性从上到下增加。表 5-28 列出常见金属碳酸盐的分解温度，从数据可以看出，不同金属碳酸盐的热稳定性变化顺序是符合上述规律的。

**表 5-28 常见金属碳酸盐的分解温度**

| 碳酸盐 | $BeCO_3$ | $MgCO_3$ | $CaCO_3$ | $SrCO_3$ | $BaCO_3$ | $PbCO_3$ | $ZnCO_3$ | $Ag_2CO_3$ |
|---|---|---|---|---|---|---|---|---|
| $\Delta_r H_m^\ominus/(kJ \cdot mol^{-1})$ | / | 117 | 177 | 234 | 267 | 87 | 71 | 82 |
| 分解温度/K | 373 | 813 | 1170 | 1462 | 1633 | 588 | 573 | 491 |

含氧酸盐的稳定性可从离子极化的观点来解释。阳离子的极化能力越强，它越容易使含氧阴离子变形，含氧酸盐的稳定性越差。

从热力学角度分析，如用 $M_mRO_{n+1}$ 来表示含氧酸盐，它的分解反应方程式可表示为

$$M_mRO_{n+1} \longrightarrow M_mO + RO_n$$

该反应的 $\Delta_r S_m^\ominus$ 几乎为定值，同类含氧酸盐的稳定性可以用分解焓变 $\Delta_r H_m^\ominus$(即分解热)来衡量。一般来说，热分解温度与 $\Delta_r H_m^\ominus$ 成正比(见表 5-28)。$\Delta_r H_m^\ominus$ 越大，稳定性越大，分解温度高；反之，$\Delta_r H_m^\ominus$ 越小，稳定性越小，分解温度低。

4. 氧化还原性

含氧酸盐的氧化还原性与前节介绍的含氧酸的氧化还原性类似。一般地，无氧化性的

含氧酸(如 $H_3BO_3$、$H_2CO_3$、$H_3PO_4$、$H_4SiO_4$)的盐也无氧化性。具有氧化性的含氧酸(如浓 $H_2SO_4$、$HNO_3$)的盐在一定条件下也表现出氧化性。在中性或弱碱性条件下，具有氧化性的含氧酸盐不多，常见的是次氯酸盐，它能将 $CN^-$、$S^{2-}$ 等氧化。

$$Ca(ClO)_2+2NaCN+4H_2O \longrightarrow CaCl_2+2NaHCO_3+2NH_3$$

$$NaClO+Na_2S+H_2O \longrightarrow NaCl+2NaOH+S$$

漂白粉，商品名称为漂粉精，它是次氯酸钙和碱式氯化钙的混合物，有效成分是其中的 $Ca(ClO)_2$，有效氯含量为35%左右。高效漂白粉的有效氯含量可达70%，它比普通漂白粉易溶于水，其漂白能力接近纯氯。漂白粉是白色粉末，微溶于水，有 $Cl_2$ 的气味，在潮湿空气中，会逐渐分解，不易保存。

$Cl_2$ 作用于消石灰即得漂白粉。

$$2Cl_2+3Ca(OH)_2 \longrightarrow Ca(ClO)_2+CaCl_2 \cdot Ca(OH)_2 \cdot H_2O+H_2O$$

漂白粉的漂白作用主要是基于 HClO 的氧化性。漂白粉中的 $Ca(ClO)_2$ 可以说是潜在的强氧化剂，使用时必须加酸，使之转变成 HClO 后才能有强氧化性，发挥其漂白、消毒作用。例如棉织物的漂白是先将其浸入漂白粉液，然后用稀酸溶液处理。空气中的 $CO_2$ 从漂白粉中置换出 HClO，氧化有色有机物。

$$Ca(ClO)_2+CaCl_2 \cdot Ca(OH)_2 \cdot H_2O+CO_2 \longrightarrow 2CaCO_3+CaCl_2+2HClO+H_2O$$

呈低氧化态的含氧酸盐，往往比它们的游离酸表现出强的还原性。例如 $SO_2$ 在空气中比较稳定，需在高温和催化剂存在下氧化为 $SO_3$；$H_2SO_3$ 在空气中能缓慢氧化为 $H_2SO_4$；但 $Na_2SO_3$ 在潮湿空气中易氧化为 $Na_2SO_4$。

根据非金属含氧酸盐的组成，若非金属元素具有氧化性，在加热时就能将酸根中的O原子氧化为 $O_2$。硝酸盐在高温下显示氧化性，所有金属的硝酸盐加热分解都产生 $O_2$，加热或与有机物接触会引起燃烧和爆炸。许多硝酸盐(如 $KNO_3$)用于生产炸药，与固体硝酸盐加热时有强氧化性有关。

$$2KNO_3 \longrightarrow 2KNO_2+O_2$$

所有卤酸盐加热时都发生分解，$KClO_3$ 在有催化剂存在下分解为 KCl、$O_2$，若没有催化剂存在，在629K时熔化，668K时歧化为KCl和 $KClO_4$。

$$2KClO_3 \longrightarrow KCl+3O_2$$

$$4KClO_3 \longrightarrow KCl+3KClO_4$$

固体卤酸盐特别是氯酸盐，加热时表现出强的氧化性。氯酸盐与易燃物质C、S、P及有机物质相混合时，一经撞击即猛烈爆炸，因此，$KClO_3$ 是焰火、照明弹的主要组成，“安全火柴”头的组分为 $KClO_3$、S、$Sb_2S_3$、玻璃粉和糊精粉。

若含氧酸盐中非金属元素具有氧化性，而其组成的阳离子是低价的金属离子或 $NH_4^+$，则加热分解时，发生氧化还原反应，生成氧化态较高的金属氧化物或 $N_2O$。

$$4Fe(NO_3)_2 \longrightarrow 2Fe_2O_3+8NO_2+O_2$$

$$Mn(NO_3)_2 \longrightarrow MnO_2+2NO_2$$

$$NH_4NO_3 \longrightarrow N_2O+2H_2O$$

5-10　应用案例：化学工业中“三酸二碱”之纯碱

# 5.4 常见阴离子的鉴定反应与定性分析

5-11 微课:阴离子的鉴定

对阴离子来说,多数是由两种或两种以上元素构成的酸根或配离子,因此阴离子的总数很多。本教材主要讨论常见的 12 种阴离子: $SO_4^{2-}$、$SiO_3^{2-}$、$PO_4^{3-}$、$CO_3^{2-}$、$S^{2-}$、$SO_3^{2-}$、$S_2O_3^{2-}$、$Cl^-$、$Br^-$、$I^-$、$NO_3^-$、$NO_2^-$ 的鉴定。

在阴离子中,有的遇酸易分解,有的彼此因发生氧化还原反应而不能共存。故对于阴离子的分析有以下两个特点: ① 阴离子在分析过程中容易起变化,不易于进行手续繁多的系统分析;② 阴离子彼此共存的机会很少,且可利用的特效反应较多,有可能进行分别分析。因此,在阴离子的分析中,主要采用分别分析方法,只有在鉴定时,在某些阴离子发生相互干扰的情况下,才适当采取分离手段,将它们分离鉴定。但采用分别分析方法,并不是要针对所研究的全部离子逐一进行检验,而是先通过初步试验,排除肯定不存在的阴离子,然后对可能存在的阴离子逐个加以确定。

初步试验通常也称为消去试验,阴离子的初步试验一般包括分组试验、挥发性试验、氧化还原试验等项目。各项初步试验所采用的试剂及 12 种阴离子在初步试验中所得的结果见表 5-29。

**表 5-29 阴离子的初步试验**

| 试剂 | 稀 $H_2SO_4$ | $BaCl_2$(中性或弱碱性) | $AgNO_3$(稀 $HNO_3$) | KI-淀粉(稀 $H_2SO_4$) | $KMnO_4$(稀 $H_2SO_4$) | $I_2$-淀粉(稀 $H_2SO_4$) |
|---|---|---|---|---|---|---|
| $SO_4^{2-}$ | | ↓ | | | | |
| $SiO_3^{2-}$ | ↓ | ↓ | | | | |
| $PO_4^{3-}$ | | ↓ | | | | |
| $CO_3^{2-}$ | ↑ | ↓ | | | | |
| $S^{2-}$ | ↑ | | ↓ | | + | + |
| $SO_3^{2-}$ | ↑ | ↓ | | | + | + |
| $S_2O_3^{2-}$ | ↑ | ↓ | ↓ | | + | + |
| $Cl^-$ | | | ↓ | | + | |
| $Br^-$ | | | ↓ | | + | |
| $I^-$ | | | ↓ | | + | |
| $NO_3^-$ | | | | | | |
| $NO_2^-$ | ↑ | | | + | + | |

1. $SO_4^{2-}$ 的鉴定

$SO_4^{2-}$ 与 $Ba^{2+}$ 反应生成不溶于酸的 $BaSO_4$ 白色沉淀，这是鉴定 $SO_4^{2-}$ 很好的反应。$CO_3^{2-}$、$SO_3^{2-}$ 干扰鉴定，可先酸化，除去这些离子。但应注意 $S_2O_3^{2-}$ 在酸性溶液中有白色乳浊状的硫缓慢析出；大量 $SiO_3^{2-}$ 存在时与酸反应生成白色冻状胶体，但这两种产物与 $BaSO_4$ 的结晶形沉淀易于区别。

$$Ba^{2+} + SO_4^{2-} \longrightarrow BaSO_4$$

2. $SiO_3^{2-}$ 的鉴定

在含有 $SiO_3^{2-}$ 的样品溶液中加 $HNO_3$ 至微酸性，加热除去溶液中的 $CO_2$，然后冷却，加稀 $NH_3 \cdot H_2O$ 至碱性，再加饱和 $NH_4Cl$ 溶液并加热。$NH_4^+$ 与 $SiO_3^{2-}$ 作用生成白色胶状硅酸沉淀。其他阴离子对此反应无干扰；阳离子中两性元素可生成氢氧化物沉淀，但它们在以 $Na_2CO_3$ 处理样品溶液后被除去。

$$2NH_4^+ + SiO_3^{2-} \longrightarrow 2NH_3 + H_2SiO_3$$

3. $PO_4^{3-}$ 的鉴定

$PO_4^{3-}$ 与 $(NH_4)_2MoO_4$ 溶液在酸性介质中反应，生成黄色磷钼酸铵 $(NH_4)_3PO_4 \cdot 12MoO_3 \cdot 6H_2O$ 沉淀。$S^{2-}$、$SO_3^{2-}$、$S_2O_3^{2-}$ 等还原性离子干扰反应，加入 $HNO_3$ 并在水浴上加热，可除去这些干扰离子；$AsO_4^{3-}$、$SiO_3^{2-}$ 的干扰，可用酒石酸消除。

$$PO_4^{3-} + 3NH_4^+ + 12MoO_4^{2-} + 24H^+ \longrightarrow (NH_4)_3PO_4 \cdot 12MoO_3 \cdot 6H_2O + 6H_2O$$

4. $CO_3^{2-}$ 的鉴定

$CO_3^{2-}$ 与 HCl 作用生成 $CO_2$，它使澄清 $Ca(OH)_2$ 溶液变浑浊。$S^{2-}$ 和 $SO_3^{2-}$ 干扰鉴定，可在酸化前加 $H_2O_2$ 溶液，使 $S^{2-}$ 和 $SO_3^{2-}$ 转化为 $SO_4^{2-}$。

$$CO_3^{2-} + 2H^+ \longrightarrow CO_2 + H_2O$$

$$CO_2 + Ca(OH)_2 \longrightarrow CaCO_3 + H_2O$$

5. $S^{2-}$ 的鉴定

$S^{2-}$ 与 $Na_2[Fe(CN)_5NO]$ 在碱性介质中反应生成紫红色的 $[Fe(CN)_5NOS]^{4-}$。当 $SO_3^{2-}$ 存在时，能与该试剂生成淡红色配合物，但不至于掩盖由 $S^{2-}$ 所生成的紫红色，故无干扰。

$$S^{2-} + [Fe(CN)_5NO]^{2-} \longrightarrow [Fe(CN)_5NOS]^{4-}$$

6. $SO_3^{2-}$ 的鉴定

$SO_3^{2-}$ 与 $Na_2[Fe(CN)_5NO]$、$ZnSO_4$ 和 $K_4[Fe(CN)_6]$ 溶液在中性介质中反应生成红色沉淀。在酸性介质中，红色沉淀消失，如介质为酸性，必须先用 $NH_3 \cdot H_2O$ 中和后检验。$S^{2-}$ 干扰鉴定，加入 $PbCO_3$ 固体使 $S^{2-}$ 生成 PbS 沉淀。

取除 $S^{2-}$ 的样品溶液(此溶液为中性)，加品红 1 滴，若红色褪去，则表示有 $SO_3^{2-}$。

7. $S_2O_3^{2-}$ 的鉴定

$S_2O_3^{2-}$ 与 $Ag^+$ 反应生成白色沉淀，并迅速分解，颜色由白色变为黄色、棕色，最后变为黑色。$S^{2-}$ 干扰鉴定，必须先除掉。

$$Ag^+ + S_2O_3^{2-} \longrightarrow Ag_2S_2O_3$$

8. $Cl^-$ 的鉴定

$Cl^-$ 与 $AgNO_3$ 溶液反应生成白色沉淀，$S^{2-}$、$SO_3^{2-}$、$S_2O_3^{2-}$、$SCN^-$、$Cl^-$、$Br^-$、$I^-$ 的存在干扰鉴定。因此，首先要向样品溶液中加入稀 $HNO_3$，再加 $AgNO_3$ 溶液，使 $Cl^-$、$Br^-$、$I^-$ 等

沉淀为银盐,以便同 $S^{2-}$、$SO_3^{2-}$、$S_2O_3^{2-}$、$SCN^-$ 等离子分开。AgCl 能溶于 $NH_3 \cdot H_2O$,生成 $[Ag(NH_3)_2]^+$,而 AgBr、AgI 不能溶于 $NH_3 \cdot H_2O$,实验时以 12%$(NH_4)_2CO_3$ 处理银盐沉淀,只有 AgCl 能溶解,酸化后又重新出现 AgCl 沉淀。

$$Cl^- + Ag^+ \longrightarrow AgCl$$
$$AgCl + 2NH_3 \longrightarrow [Ag(NH_3)_2]Cl$$

9. $Br^-$ 的鉴定

$Br^-$ 在 $H_2SO_4$ 介质中加 $CCl_4$ 或 $CHCl_3$ 被氯水氧化后有机相显红棕色($Br_2$),水相无色,若氯水过量,则有机相显淡黄色(BrCl)。$I^-$ 存在干扰 $Br^-$ 鉴定,$I^-$ 先与氯水反应生成 $I_2$,在有机相显紫红色,继续加入氯水,$I_2$ 被氧化为 $IO_3^-$,紫色消失。

$$2Br^- + Cl_2 \longrightarrow Br_2 + 2Cl^-$$

10. $I^-$ 的鉴定

$I^-$ 在酸性介质中能被氯水氧化为 $I_2$,$I_2$ 在 $CCl_4$ 或 $CHCl_3$ 中显紫红色,氯水过量颜色消失。

$$6H_2O + I_2 + 5Cl_2 \longrightarrow 2IO_3^- + 10Cl^- + 12H^+$$

11. $NO_3^-$ 的鉴定

$NO_3^-$ 与 $FeSO_4$ 溶液在浓 $H_2SO_4$ 介质中反应,生成棕色配合物 $[Fe(NO)]^{2+}$。由于浓 $H_2SO_4$ 密度比水大,沉到样品溶液下面形成两层,在两层液体接触处(界面)形成棕色环。$Br^-$、$I^-$ 及 $NO_2^-$ 干扰鉴定,加稀 $H_2SO_4$ 和 $Ag_2SO_4$ 溶液,使 $Br^-$ 和 $I^-$ 生成沉淀后分离,加尿素并微热,可除去 $NO_2^-$。

$$NO_3^- + 3Fe^{2+} + 4H^+ \longrightarrow NO + 3Fe^{3+} + 2H_2O$$
$$Fe^{2+} + NO \longrightarrow [Fe(NO)]^{2+}\text{(棕色)}$$

12. $NO_2^-$ 的鉴定

$NO_2^-$ 与 $FeSO_4$ 溶液在 HAc 介质中反应,溶液即变棕色。鉴定时一般用 HAc 而不用浓 $H_2SO_4$,因为在弱酸性的 HAc 溶液中 $NO_2^-$ 即能被还原为 NO。反应式如下:

$$NO_2^- + Fe^{2+} + 2HAc \longrightarrow NO + Fe^{3+} + H_2O + 2Ac^-$$
$$Fe^{2+} + NO \longrightarrow [Fe(NO)]^{2+}\text{(棕色溶液)}$$

此反应不能形成棕色环,是由于 $NO_2^-$ 在酸性介质中形成 $HNO_2$,$HNO_2$ 是快速氧化剂,极不稳定,室温下易分解,因此,很快与 $FeSO_4$ 反应,立即形成大量棕色物的溶液,见不到棕色环的形成过程。$Br^-$ 和 $I^-$ 干扰鉴定,加 $Ag_2SO_4$ 溶液,使 $Br^-$ 和 $I^-$ 生成沉淀后预先分离出去。

5－12　应用案例:常见阴离子未知溶液的分离与鉴定

$$3NO_2^- + 2H^+ \longrightarrow 2NO + NO_3^- + H_2O$$

## 习　题

**5－1　是非题**

1. 钻石之所以那么坚硬是因为碳原子间都是以共价键结合起来的,但它的稳定性在热力学上比石墨要差一些。　(　　)

2. 歧化反应是指发生在同一分子内的同一元素上的氧化还原反应。　(　　)

3. 非金属单质不形成金属键的结构,所以熔点比较低,硬度比较小,都是绝缘体。　(　　)

4. 非金属单质与碱作用的反应都是歧化反应。　(　　)

5. S有6个价电子,每个原子需要2个共用电子对才能满足于八隅体结构,S与S之间又不易形成π键,所以硫分子总是链状结构。　(　　)

6. 所有的非金属卤化物水解的产物都有氢卤酸。　(　　)

7. 在 $B_2H_6$ 分子中有两类硼氢键,一类是通常的硼氢σ键,另一类是三中心二电子键,硼与硼之间不直接成键。　(　　)

8. $NO_2^-$ 和 $O_3$,$NO_3^-$ 和 $CO_3^{2-}$,$HSb(OH)_6$、$Te(OH)_6$、$IO(OH)_5$ 均互为等电子体。　(　　)

9. 各种高卤酸根的结构,除了 $IO_6^{5-}$ 中的I是 $sp^3d^2$ 杂化外,其他中心原子均为 $sp^3$ 杂化。　(　　)

10. 用棕色环反应鉴定 $NO_2^-$ 和 $NO_3^-$ 时,所需要的酸性介质都是浓 $H_2SO_4$。　(　　)

## 5-2　选择题

1. 石墨中的C原子层与层之间的作用力是　(　　)

A. 范德华力　　B. 共价键

C. 配位共价键　　D. 自由电子型金属键

2. 在碱性介质中能发生歧化反应的单质是　(　　)

A. S　　B. Si　　C. B　　D. C

3. 有关 $Cl_2$ 的用途,不正确的论述是　(　　)

A. 制备 $Br_2$　　B. 作为杀虫剂　　C. 饮用水的消毒　　D. 合成聚氯乙烯

4. 下列浓酸中,可以用来和KI固体反应制取较纯HI气体的是　(　　)

A. 浓HCl　　B. 浓 $H_2SO_4$　　C. 浓 $H_3PO_4$　　D. 浓 $HNO_3$

5. HF是弱酸,同其他弱酸一样,浓度越大,电离度越小,酸度越大;但浓度大于 $5\ mol \cdot dm^{-3}$ 时,则变成强酸。这不同于一般弱酸,原因是　(　　)

A. 浓度越大,$F^-$ 与HF的缔合作用越大

B. HF的浓度变化对HF的 $K_a^\ominus$ 有影响,而一般弱酸无此性质

C. $HF_2^-$ 的稳定性比水合 $F^-$ 强

D. 以上三者都是

6. $H_2O$ 的沸点是373 K,$H_2Se$ 的沸点是231 K,这可用下列哪一种理论来解释　(　　)

A. 范德华力　　B. 共价键　　C. 离子键　　D. 氢键

7. 在合成氨生产中,为吸收 $H_2$ 中杂质CO,可选用的试剂是　(　　)

A. $[Cu(NH_3)_4](AC)_2$　　B. $[Ag(NH_3)_2]^+$

C. $[Cu(NH_3)_2]Ac$　　D. $[Cu(NH_3)_4]^{2+}$

8. 下列物质在空气中不能自燃的是　(　　)

A. 红磷　　B. 白磷　　C. $P_2H_4$　　D. $B_2H_6$

9. 按硼氢化合物的多中心键理论,$B_5H_9$ 的表示如右图。此硼烷分子中不存在的键型是　(　　)

A. B—H键　　B. 氢桥键

C. 硼桥键　　D. B—B键

10. 下列分子中偶极矩最大的是　(　　)

A. HCl　　B. $H_2$

C. HI　　D. HF

11. 下列物质中不易水解的是　(　　)

A. $CCl_4$　　B. $NCl_3$　　C. $SiCl_4$　　D. $PCl_5$

12. 下列说法不正确的是　(　　)

A. $SiCl_4$ 在与潮湿的空气接触时会冒"白烟"　　B. $NF_3$ 因会水解,不能与水接触

C. $SF_6$ 在水中是稳定的　　D. $PCl_5$ 不完全水解生成 $POCl_3$

13. 下列关于 $BF_3$ 的叙述不正确的是　(　　)

A. 共价型化合物,空间构型为正三角形　　B. 分子中含有离域π键,符号为 $\Pi_4^6$

C. 遇水发生水解生成硼酸和HF　　D. 与 $NH_3$ 能形成配合物

14. 分子中含有$\Pi_3^4$键的有 ( )

A. $SO_2$ B. $O_3$ C. $NO_2$ D. $O_2$

15. 在下列各对物质中,互为等电子体的是 ( )

A. ${}^{65}_{30}Zn$,${}^{65}_{28}Cu$ B. $SiH_4$,$PH_4^+$ C. NO,$CN^-$ D. $O_2$,$NO^+$

16. 关于五氧化二磷,下列说法不正确的是 ( )

A. 分子式是$P_4O_{10}$ B. 易溶于水,最终生成$H_3PO_4$

C. 可用作高效脱水剂及干燥剂 D. 常压下不能升华

17. 欲使含氧酸变成对应的酸酐,除了利用加热分解外,可采用适当的脱水剂,例如要将$HClO_4$变成其酸酐($Cl_2O_7$),一般采用的脱水剂是 ( )

A. 发烟硝酸 B. 发烟硫酸

C. 五氧化二磷 D. 碱石灰

18. 下列化合物中不属于多元酸的有 ( )

A. $H_3PO_4$ B. $H_3PO_2$ C. $H_3PO_3$ D. $H_3BO_3$

19. 与$NO_3^-$离子结构相似的是 ( )

A. $PO_4^{3-}$、$SO_4^{2-}$、$ClO_4^-$ B. $CO_3^{2-}$、$SiO_3^{2-}$、$SO_3^{2-}$

C. $SO_3^{2-}$、$CO_3^{2-}$、$BO_3^{3-}$ D. $NO_2^-$、$SO_3^{2-}$、$PO_4^{3-}$

20. 硝酸盐热分解可以得到金属单质是 ( )

A. $AgNO_3$ B. $Pb(NO_3)_2$ C. $Zn(NO_3)_2$ D. $NaNO_3$

### 5-3 填空题

1. 在$Cl_2$、$I_2$、CO、$NH_3$、$H_2O_2$、$BF_3$、HF、Fe等物质中,________与$N_2$的性质十分相似,________能溶解$SiO_2$,________能与CO形成羰基配合物,________能溶于KI溶液,________能在NaOH溶液中发生歧化反应,________具有缺电子化合物特征,________既有氧化性,又有还原性,________是非水溶剂。

2. 指出下列分子中化学键类型及数目:

(1) $N_2O$ ________;(2) $H_3PO_3$ ________;(3) $B_2H_6$ ________;(4) $H_2CO_3$ ________;(5) $O_3$ ________;(6) $H_2SO_4$ ________。

3. $NO_3^-$是1种多原子离子,氮原子以________杂化,分子中有3个σ键,1个符号为________的离域π键,其空间构型为________;而$PO_4^{3-}$的空间构型为________,该离子中P—O键是由1个________键和2个________键组成的。

4. CO分子中有10个价电子,与$N_2$分子互为________体,其结构式可表示为________,C和O的电负性虽相差很大,但由于________的原因,致使CO分子的偶极矩几乎为零。CO可作为一种配体与许多过渡金属作用,形成一类称为________的配合物,如$Ni(CO)_4$。

5. 现有$NH_4Cl$、$(NH_4)_2SO_4$、$Na_2SO_4$、NaCl四种固体试剂,用________一种试剂就可以将它们一一鉴别。

6. 按要求排序(用">"或"<"表示)。

(1) $HClO_4$、$H_2SO_4$、$H_3PO_4$、$H_4SiO_4$的酸性________________。

(2) HF、HCl、HBr、HI的沸点________________。

(3) HClO、$HClO_2$、$HClO_3$、$HClO_4$的氧化能力________________。

(4) HF、HCl、HBr、HI的酸性________________。

(5) $NH_3$、$PH_3$的碱性________________。

(6) $ClO_3^-$、$BrO_3^-$、$IO_3^-$的氧化能力________________。

(7) NaClO、$NaClO_2$、$NaClO_3$、$NaClO_4$的碱性________________。

(8) $(NH_4)_2CO_3$、$NH_4HCO_3$、$H_2CO_3$、$Na_2CO_3$的热稳定性________________。

(9) $BeCO_3$、$MgCO_3$、$CaCO_3$、$BaCO_3$的热稳定性________________。

### 5-4 完成下列方程式

1. 氯水滴加到KI溶液中直至过量。

2. $Cl_2$、$I_2$在室温条件下分别与NaOH作用。

3. $H_2O_2$ 具氧化、还原作用,试各举一例。

4. 分别将 $H_2S$ 通入 $FeCl_3$ 溶液、$CuSO_4$ 溶液中。

5. 侯德榜 1942 年提出侯氏制碱法,以 NaCl、$NH_3$ 和 $CO_2$ 为原料生产 $Na_2CO_3$ 和 $NH_4Cl$。

6. 亚硫酸氢盐作还原剂,从碘酸盐中制取碘;化学分析中利用 $I_2$ 与 $Na_2SO_3$ 反应,作为"碘量法"的基础。

## 5-5　简答题

1. Cl 的电负性比 O 小,但为何很多金属都比较容易与 $Cl_2$ 作用,而与 $O_2$ 反应较困难?

2. N 和 P 同类且相邻。试从 $N_2$ 和磷的分子结构说明为什么常温下 $N_2$ 很不活泼,常可作为保护气体,而白磷非常活泼,在空气中会自燃。

3. $SiCl_4$ 能水解而 $CCl_4$ 不水解。

4. $H_3BO_3$ 是一元弱酸。

5. $HNO_3$ 是常见的氧化剂。它与金属反应的还原产物主要取决于哪些因素?最常见的还原产物有哪些?由 $E^{\ominus}(NO_3^-/N_2)=1.2\ V$ 可见,$HNO_3$ 被还原为单质 $N_2$ 的倾向很大,但事实上 $HNO_3$ 很少被还原为 $N_2$,为什么?

6. 单独用 $HNO_3$ 或 HCl 不能溶解金或铂等不活泼金属,但用王水能使之溶解。

## 5-6　推断题

1. 有一种白色固体 A,加入油状无色液体 B,可得紫黑色固体 C。C 微溶于水,加入 A 后 C 的溶解度增大,成棕色溶液 D。将 D 分成两份,一份中加一种无色溶液 E,另一份通入气体 F,都褪色成无色透明溶液。E 溶液遇酸有淡黄色沉淀,将气体 F 通入溶液 E,在所得的溶液中加入 $BaCl_2$ 溶液有白色沉淀,后者难溶于 $HNO_3$。问 A 至 F 各代表何物质?用化学反应方程式表示以上过程。

2. 今有白色的钠盐晶体 A 和 B。A 和 B 都溶于水,A 的水溶液呈中性,B 的水溶液呈碱性。A 溶液与 $FeCl_3$ 溶液作用,溶液呈棕色。A 溶液与 $AgNO_3$ 溶液作用,有黄色沉淀析出。晶体 B 与浓 HCl 反应,有黄绿色气体产生,此气体同冷 NaOH 溶液作用,可得到含 B 的溶液。在酸性介质中,向 A 溶液中开始滴加 B 溶液时,溶液呈红棕色;若继续滴加过量的 B 溶液,则溶液的红棕色消失。试判断白色晶体 A 和 B 各为何物?写出有关反应的化学反应方程式。

3. 14 mg 某黑色固体 A,与浓 NaOH 溶液共热时产生无色气体 B 22.4 $cm^{-3}$(标准状态下)。A 的燃烧产物为白色固体 C,C 与 HF 反应时,能产生一种无色气体 D。D 通入 $H_2O$ 中时产生白色沉淀 E 及溶液 F。E 用适量的 NaOH 溶液处理可得溶液 G。G 中加入 $NH_4Cl$ 溶液则 E 重新沉淀。溶液 F 加过量的 NaCl 时得一无色晶体 H。试判断各字母所代表的物质,用化学反应方程式表示以上过程。

4. 一种无色的钠盐晶体 A,易溶于水,向所得的水溶液中加入稀 HCl,有淡黄色沉淀 B 析出,同时放出刺激性气体 C。C 通入酸性 $KMnO_4$ 溶液,可使其褪色;C 通入 $H_2S$ 溶液又生成 B。若通 $Cl_2$ 于 A 溶液中,再加入 $Ba^{2+}$,则产生不溶于酸的白色沉淀 D。A 溶液遇碘液褪色。试根据以上反应的现象推断 A、B、C、D 各是何物,写出 A 分别与稀 HCl、$Cl_2$、$I_2$ 反应的化学反应方程式。

## 5-7　分离鉴别题

对含有三种硝酸盐的白色固体进行下列实验:① 取少量固体 A 加 $H_2O$ 水溶解后,再加 NaCl 溶液,有白色沉淀;② 将沉淀离心分离,取离心液二份,一份加入少量 $H_2SO_4$,有白色沉淀产生;一份加 $K_2Cr_2O_7$ 溶液,有柠檬黄色沉淀;③ 在 A 所得沉淀中加入过量的 $HH_3 \cdot H_2O$,白色沉淀转化为灰白色沉淀,部分沉淀溶解;将沉淀离心分离,得离心液 B;④ 在离心液 B 中加入过量 $HNO_3$,又有白色沉淀产生。试推断白色固体含有哪三种硝酸盐,并写出有关反应的化学反应方程式。

5-13　课后习题解答

# 第 6 章

# 定量分析基础
# (The Basic of Quantitative Analysis)

6-1 学习要求

分析化学(analytical chemistry)主要由定性分析、定量分析和结构分析组成。定性分析的任务是鉴定物质的化学组成;定量分析的任务是测量各组分的含量;结构分析的任务是测定物质的分子结构或晶体结构。在对物质进行分析时,通常先进行定性分析确定其组成,然后进行定量分析。定性分析在第 4、5 章已作了初步介绍,本章主要讨论定量分析的一些基础知识。

## 6.1 定量分析方法的分类

定量分析按分析对象不同可分为无机分析和有机分析;按照分析方法所用手段不同可分为化学分析和仪器分析;按照试样用量不同可分为常量分析、半微量分析、微量分析、超微量分析等。下面对化学分析与仪器分析作进一步的探讨。

### 6.1.1 化学分析法

化学分析法(chemical analysis)是以物质的化学反应为基础的分析方法。被分析的物质称为试样,与试样起反应的物质称为试剂。化学分析法包括化学定性分析和化学定量分析两部分。化学定量分析是利用试样中被测组分与试剂定量进行的化学反应来测定试样中组分的相对含量,主要有重量分析法(gravimetric analysis)和滴定分析法(titration analysis)。

例如,某定量分析反应为:

$$m\mathrm{A}+n\mathrm{B}\longrightarrow p\mathrm{C}+q\mathrm{D}$$

式中,A 为试样中被测组分;B 为试剂;C 或 D 为生成物。如果采用称量生成物 C 或 D 的质量来求得试样中被测组分 A 的含量,这种方法属于重量分析法;如果通过与试样中被测组分反应的试剂 B 的浓度和体积来求得被测组分 A 的含量,这种方法称为滴定分析或容量分析法(volumetric analysis)。

化学分析法所用仪器设备简单，测定结果准确，应用范围较为广泛。但是化学分析的应用也有一定的限制，例如，对于试样中极微量的杂质的定量分析往往不够灵敏，一般也不能满足快速分析的要求，常需用仪器分析法来解决。

### 6.1.2　仪器分析法

仪器分析法(instrumental analysis)是利用能直接或间接地表征物质的各种特性(如物理性质和物理化学性质等)的实验现象，通过探头或传感器、放大器、分析转化器等将其转变成人可直接感受的物质成分、含量、分布或结构等信息的分析方法。这些方法由于都需要使用精密的分析仪器，故称为仪器分析法。仪器分析除了可用于定性和定量分析外，还可用于结构、价态、状态分析，微区和薄层分析，微量及超痕量分析等。仪器分析法主要包括电化学分析法、光学分析法、色谱分析法等。

1. 电化学分析法

根据被分析物质的电学和电化学性质所建立的分析方法称电化学分析法(electrochemical analysis)，主要包括电位分析法、电导分析法、库仑分析法、极谱分析法等。

2. 光学分析法

根据被分析物质的光学性质所建立的分析方法称光学分析法(optical method of analysis)或光谱法，主要有分子光谱法[包括比色法、可见和紫外分光光度法(UV)、红外光谱法(IR)、分子荧光法(MFS)]、原子光谱法[包括原子发射光谱法(AES)、原子吸收光谱法(AAS)]、X射线荧光光谱法(XFS)、激光拉曼光谱法(RAMAN)、化学发光分析法(CL)等。

3. 色谱分析法

色谱分析法(chromatography)是将分离和分析结合在一起的一类高效分析方法，包括气相色谱法和液相色谱法。

随着科技的发展，一些新的仪器分析法得到发展成为分析的一种手段，如质谱分析法(MS)、热重分析法(TGA)、核磁共振波谱法(NMR)、电子显微镜分析法(SEM)、放射化学分析法(RCA)、流动注射分析法(FIA)、毛细管电泳分析法(CE)等。

仪器分析法具有灵敏度高、分析速度快、选择性高、易于自动化等优点，特别适用于微量(0.01%～1%)和痕量(<0.01%)组分的测定。在进行仪器分析之前常用化学方法对试样进行预处理(如溶解样品，除去干扰杂质等)，预处理过程是化学分析的基本步骤，需要采用化学分析法和相关的实验技能来实现。因此，化学分析法和仪器分析法需要互相配合。

6－2　知识拓展：仪器分析主要特点

## 6.2　定量分析的一般过程

在定量分析时，由于方法及试样的组成、含量、性质等的不同，具体分析流程会多种多样，有时相差甚远。但作为一类分析方法，化学定量分析的过程通常概括为试样的采取、试样的预处理、干扰物质的分离、测定、分析结果计算和数据处理等5个步骤。为了使读者对定量分析过程有一个全面的了解，本节对试样的采取、预处理及测定方法的选择分别加以讨论(干扰物质的分离见本教材第12章)。

### 6.2.1　试样的采取

在分析过程中,采样是第一步,也是关键的一步。采样,首先要保证有代表性,即试样的组成和整批物料的平均组成相一致。必须依采样原则或按规范进行采样。否则,即使分析做得再认真、准确,所得结果也毫无意义,因为该分析结果只能代表所取样品的局部组成,甚至错误地提供了不具代表性的分析数据,会给实际工作带来难以估计的后果。

实际分析对象多种多样,从其形态来分,不外乎是气体、液体和固体三类。对于性质、形态、均匀度、稳定性不同的试样,应采取不同的取样方法,并根据试样来源、分析目的不同制定严格的取样规则。

1. 气体试样的采取

虽然气体的组成比较均匀,气体试样的采取仍应根据被测组分在试样中存在的状态(气态、蒸气和气溶胶)、浓度以及所用测定方法的灵敏度,采用不同的采样方法。常用的方法有集气法和富集法。

集气法是用一容器收集气体,再测定被测物质的瞬时浓度或短时间内的平均浓度。根据所用收集器的不同,集气法有真空瓶法、置换法、采气袋法和注射器法等。此法适用于气样中被测物质的浓度较高,或测定方法的灵敏度较高,只需采集少量气样,或需要测定气样中被测组分的瞬时浓度。如对烟道气、工厂废气中某些有毒气体的分析常采用此法采样。

富集法是使大量气样通过各种收集器将被测组分吸收、吸附或阻留下来,从而使原来低浓度的组分得到浓缩,用此法测得的结果是采样时间内的平均浓度。如大气污染物的测定常用此法采样。根据所使用的收集器不同,富集法可分为流体吸收法、固体吸附法、冷冻浓缩法、静电沉降法等。

在环境监测和劳动卫生检验中经常要对大气、厂房空气进行采样分析,此时通常选择距地面 50～180cm,与人的呼吸位置相同的高度处采样。

2. 液体试样的采取

装在大容器中的液体试样,应混匀后取样,或在不同深度取样后混合均匀作为分析试样。对分装在小容器里的液体试样(如药液),应抽选一部分小容器样品,然后混匀作为分析试样。采取不稳定的液体样品(如工业废水),应每隔一定时间取样一次,然后将在整个生产过程中所取得的水样混合后作为分析试样。例如,采取自来水或具有抽水机设备的井水试样时,取样前应将水龙头或泵打开,先放水 10～15 min,使积留在水管中的杂质冲洗掉,然后用干净瓶子收集。又如,生物样品中血样的采取,因饮食、活动和药物等的影响使血液的组成发生变化,影响测定结果,而早上空腹时,因不受饮食等影响,各组分较恒定,故常空腹取样,使分析结果具有代表性。

3. 固体试样的采取

通常情况下固体样品的均匀性比气体、液体样品差,因此,更应注意试样的代表性。为了取得有代表性样品,采样时首先应在不同部位和深度或选取多个取样点采取,使其代表总体组成,此即原始试样。采集的原始试样需经过捣碎、过筛,混匀、缩分,以制得少量的分析试样,最后装入样品瓶中,贴上标签。

6-3　应用案例:固体试样采取的步骤

缩分时宜采用“四分法”,即将试样仔细混匀后,堆成圆锥形,略微压平,通过中心分为四等份,把任意对角的两份弃去,其余对角的两份收集在一起混匀,这样就将试样缩减一半，如此反复处理，根据样品多少可进行多次缩分，直到留下所需量为止。

### 6.2.2　试样的预处理

因化学分析通常是在溶液中进行的，故需要先将试样分解，使被测组分定量地转入溶液中，然后进行其他预处理和测定。在分解试样时必须注意以下几点：① 试样分解要完全，处理后的溶液中不得残留原试样的细粒或粉末；② 试样分解过程中被测组分不应有挥发损失；③ 不应引入被测组分或干扰物质；④ 应考虑对以后选择测定方法的影响。根据试样的性质不同，采用不同的分解方法。

1. 无机试样的分解

(1) 溶解分解法

采用适当的溶剂将试样溶解，制成溶液，即溶解分解法。此法比较简单，快速，大多数测定在水溶液中进行。凡能在水中溶解的试样，应尽可能用水作溶剂；对不溶于水的试样，可用酸或碱溶解。

酸溶法较常用。HCl 是分解试样的重要强酸之一，可以溶解金属活动性顺序表中 H 以前的金属及多数金属氧化物和碳酸盐；$HNO_3$ 兼有酸和氧化作用，除 Pt、Au 和某些稀有金属外，浓 $HNO_3$ 可溶解几乎所有金属试样；浓 $H_2SO_4$ 和 $HClO_4$ 具有强氧化性和脱水性，能溶解 Fe、多数非铁合金以及磷酸盐、硅酸盐；$H_3PO_4$ 和 HF 都具有较强配位能力，能溶解许多非铁合金及硅酸盐等。

混合酸具有比单一酸更强的溶解能力。王水可溶解几乎所有金属；HCl 和 $H_2SO_4$ 的混合酸具有配位性 $Cl^-$，能溶解铁合金、非铁合金、氧化物、硫化物和磷酸盐、硫酸盐等。

碱溶法的溶剂主要是 NaOH 和 KOH，常用来溶解两性金属 Al、Zn 及其氯化物、氢氧化物等。

(2) 熔融分解法

对于在酸、碱、有机溶剂中均不溶解的试样，可采用熔融分解法。熔融分解法是将试样与固体熔剂混合，在高温(300～1000 ℃)下熔融，试样与熔剂间发生反应，转化为易溶于水或酸的产物，再用 $H_2O$ 或酸浸取。根据所用熔剂不同，熔融分解法可分为酸熔法和碱熔法。

常用的酸性熔剂为 $K_2S_2O_7$ 或 $KHSO_4$，高温时(>300 ℃)生成可溶性硫酸盐，常用于分解 $A1_2O_3$、$Cr_2O_3$、$Fe_3O_4$ 等氧化物，中性或碱性耐火物质。

常用的碱性熔剂有 $Na_2CO_3$、NaOH、$Na_2O_2$ 等，常用于分解硅酸盐，含 As、Sb、Cr、Mo、V 和 Sn 的矿石等。要特别注意的是用熔融法分解试样时，由于在高温下进行，必须根据熔剂选择适宜材料的坩埚。

2. 有机试样的消化

动物的细胞组织、生物流体、食品和环境样品中的微量金属元素与大量有机物结合共存，因此测定这些元素时，先要消化有机物质，即在高温或强烈氧化条件下，使样品中的有机物分解，并在加热过程中成为气体逸出，而金属则转化为无机离子。

6－4　知识点延伸：常用有机试样消化方法

### 6.2.3　测定方法的选择

对一个分析检验工作者来说，面对繁多的分析试样和不同的检验标准，要综合各种情况,选出合适方法,以便达到各种分析目的。选择测定方法时要从以下几方面综合考虑。

1. 要符合分析目的和要求

当接受分析任务时,首先要明确分析的目的和要求。如果分析高纯度物质中的杂质,分析方法的灵敏度非常重要;对相对原子质量的测定、仲裁分析、成品检验等,准确度则是关键;对生产过程中的质量控制分析、各种生物试样的临床检验等,分析速度不容忽视。例如,钢样中硫的含量测定采用重量法,而在炼钢炉前控制硫含量的分析,则采用 1~2 min 即可完成的燃烧容量法。因此,必须根据分析的目的、要求,选择适宜的方法。

2. 要立足于被测组分的性质

各种分析方法都是基于被测组分的性质而建立,因此,对被测组分性质的了解,是选择合适方法的依据。例如,$Mn^{2+}$ 能与 EDTA 配位,可用 EDTA 配位滴定法;$MnO_4^-$ 呈紫色,可用分光光度法;$MnO_4^-$ 具有氧化性,也可采用氧化还原滴定法。

3. 要适应被测组分的含量

分析方法选择时要考虑被测组分的含量。如测定常量组分,要求测定具有较高的准确度,往往应考虑化学分析;测定微量组分时,要求方法具有较高的灵敏度,应采用高灵敏度的仪器分析,其准确度虽不如化学分析,但已能满足微量组分测定要求。例如,磷矿粉中磷含量的测定采用重量分析法或滴定分析法;而测定钢铁中磷的含量时则采用分光光度法。

4. 要考虑共存组分的影响

在选定方法时,必须考虑其他组分对测定的影响。一般来说,在测定前,常需将其他组分进行分离或掩蔽,以消除干扰。分离工作往往在分析过程中占有相当大的比重,有时组分的测定并不难,但分离工作很繁重。因此,尽量选择有足够好的选择性的分析方法以满足分析要求。

5. 应尽量与现有设备和技术相适应

选择方法时应考虑本单位现有仪器设备、试剂、技术条件。如果本单位实验不具备相应条件,则应找出切实可行的办法。

总之,我们要根据分析目的和要求,针对试样组成和被测组分性质和含量,结合现有设备与技术条件,选择适宜的分析方法。

### 6.2.4　分析结果的表达

测定结束后,要根据有关数据进行计算,以一定形式表示待测组分的含量。

1. 固体试样

固体样品通常以质量分数表示,记作 $w_i$。

$$w_i = \frac{m_i}{m} \tag{6-1}$$

式中,$m_i$ 为组分 $i$ 的质量;$m$ 为试样的质量;$w_i$ 的量纲为 1。

2. 液体试样

液体试样通常以物质的量浓度 $c_i$ 表示。

$$c_i = \frac{n_i}{V_i} \tag{6-2}$$

6-5　知识拓展:测量单位

式中,$n_i$ 为组分 $i$ 的物质的量;$V_i$ 为液体试样的体积;$c_i$ 的常用单位为$mol \cdot dm^{-3}$。

# 6.3　定量分析中的误差

6-6　微课:定量分析中的误差

定量分析目的是测定试样中的某种组分的含量,试样中各组分含量是客观存在的,即存在一个真实值。但由于受到分析方法、测量仪器、所用试剂和分析人员主观条件等方面的限制,测定的结果不可能和真实含量完全一致,这说明客观存在着难以避免的误差。因此,人们在进行定量分析时,不仅要得到被测组分的含量,而且必须对分析结果进行评价,判断分析结果的准确性(可靠程度),检查产生误差的原因,采取减小误差的有效措施,从而不断提高分析结果的准确程度。

## 6.3.1　误差及其产生的原因

分析结果与真实结果之间的差值称为误差。分析结果大于真实结果,为正误差;分析结果小于真实结果,为负误差。根据误差产生的原因与性质,可将误差区分为系统误差和偶然误差。

1. 系统误差

系统误差(systematic error)也叫可定误差(determinate error),它是由某种确定的原因引起的,对分析结果的影响比较固定。它具有单向性和重复性,即正负、大小都有一定的规律,当重复进行测定时会重复出现。

根据产生的原因不同,系统误差可分为方法误差、仪器误差、试剂误差及操作误差。

方法误差是由于分析方法本身缺陷或不够完善所引起的误差。例如,在重量分析法中,沉淀的溶解或非被测组分的共沉淀;在滴定分析法中,滴定反应进行不完全、干扰离子的存在、滴定终点和化学计量点不符合等。

仪器误差是由于所用仪器本身不够准确或未经校正所引起的误差。例如,天平两臂不等长、砝码长期使用后质量改变、容量仪器刻度不够准确等。

试剂误差是由于试剂不纯及实验用的蒸馏水中含有杂质引入的误差。

操作误差是在正常操作情况下,由于操作人员的习惯而引起的误差。例如,读取滴定管的读数时偏高或偏低,对终点颜色辨别不够敏锐等。

在一个测定中系统误差都可能存在。因为系统误差是重复地以固定方向(正负)和大小出现,所以能用对照实验、空白试验和校正仪器等方法加以校正。但不能用增加平行测定次数的方法来避免。

2. 偶然误差

偶然误差(random error)也叫随机误差(accidental error)、不可定误差(indeterminate error),它是某种偶然因素(实验时环境的温度、湿度和气压的微小波动,仪器性能的微小变化)所引起的,其影响时大时小,时正时负,具有不确定性。

偶然误差难以察觉,也难以控制。但在消除系统误差后,在同样条件下进行多次测定,则可发现偶然误差的分布完全服从一般的统计规律。因此,通过增加平行测定的次数,偶然误差可随着测定次数的增加而迅速减小至逐渐接近于零。一般情况下,平行测定 11 次,偶然误差已减小到不很显著的数值,满足分析结果要求。

偶然误差和系统误差两者常伴随出现,不能绝对分开。例如,观察滴定终点颜色,有人总是偏深,产生属于操作误差的系统误差。但他在多次测定中每次偏深的程度又不可能完全一致,因此也必有偶然误差。

3. 过失误差

除上述两类误差外,还可能出现由于操作人员的粗心大意,或操作不正确所引起的误差,如溶液溅失、沉淀穿滤、加错试剂、读错刻度、记录错误等。这些都是不应有的过失,称过失误差(gross error)。通常只要我们在操作中认真细心,严格遵守操作规程,这种错误是可以避免的。在分析工作中,当出现较大的误差时,应查明原因,也可以用统计方法检查测定值是否保留。如确有过失所引起的错误,则应将该次测定结果弃去不用。

## 6.3.2 误差的表示方法

1. 准确度与误差

准确度是表示测定值与真实值接近的程度。测量值 $x_i$ 与真实值 $x_T$ 越接近,就越准确。准确度(accuracy)的大小,用误差表示。

绝对误差(absolute error,$E$)是指测量值与真实值之差。

$$E=x_i- x_T \tag{6-3}$$

相对误差(relative error,$E_r$)是指绝对误差在真实值所中占的比例,常用百分率表示。

$$E_r=\frac{E}{x_T}\times 100\% \tag{6-4}$$

绝对误差和相对误差都有正、负值之分,正值表示分析结果偏高,负值表示分析结果偏低。分析结果的准确度通常用相对误差表示。

严格地说,真实值通常是不可能准确知道的,实际工作中往往用“标准值”代替真实值来检查分析结果的准确度。所谓“标准值”是指人们采用可靠的分析方法,经过不同的实验室、不同的人员的平行分析,用数理统计的方法,确定公认的数值。在定量分析中,人们常用纯度足够高、组成一定的稳定试剂作为标准试样,其中组分的理论含量被看作标准值。

2. 精密度与偏差

精密度(precision)是指在相同的条件下,多次平行测定结果相互接近的程度,它体现了测定结果的重现性。精密度用偏差来表示。偏差越小说明分析结果的精密度越高;偏差越大,精密度越低。偏差也分为绝对偏差和相对偏差。

绝对偏差(absolute deviation,$d_i$)是指测量值 $x_i$ 与平均值$\overline{x}$之差。

$$d_i=x_i-\overline{x} \tag{6-5}$$

相对偏差(relative deviation,$d_r$)是指绝对偏差在平均值所中占的比例,常用百分率表示。

$$d_r = \frac{d_i}{\bar{x}} \times 100\% \tag{6-6}$$

各单个偏差绝对值的平均值称为平均偏差(average deviation,$\bar{d}$)。

$$\bar{d} = \frac{\sum_{i=1}^{n} |x_i - \bar{x}|}{n} \tag{6-7}$$

式中,$n$ 为测量次数。由于各测定值的绝对偏差有正有负,取平均值时会相互抵消。只有取偏差的绝对值的平均值才能反映一组重复测定值间的符合程度。

相对平均偏差(relative average deviation, $\overline{d_r}$)是指平均偏差与平均值之比,常用百分率表示。

$$\overline{d_r} = \frac{\bar{d}}{\bar{x}} \times 100\% = \frac{\sum_{i=1}^{n} |x_i - \bar{x}|}{n\bar{x}} \times 100\% \tag{6-8}$$

在一组重复测定中,小偏差出现的机会多,大偏差出现的机会少,用平均偏差表示精密度时,对大偏差反映得不够充分。例如,下面两组数据为各次测定的偏差:

甲组 ＋0.4,＋0.2,＋0.1,0.0,－0.2,－0.2,－0.3,－0.3,－0.3,－0.4

$\overline{d_{甲}} = 0.24 \quad n = 10$

乙组 ＋0.9,＋0.1,＋0.1,0.1,0.0,0.0,－0.1,－0.2,－0.2,－0.7

$\overline{d_{乙}} = 0.24 \quad n = 10$

虽然两组数据具有相同的平均偏差,但乙组含有两个较大的偏差,两组的分散程度是有所差别的。为克服平均偏差的不足,分析化学中常用标准偏差来衡量测定值的分散程度。

3. 标准偏差与相对标准偏差

标准偏差(standard deviation,$\sigma$)为各测定值绝对偏差平方的平均值的平方根。

$$\sigma = \sqrt{\frac{\sum_{i=1}^{n} (x_i - \mu)^2}{n}} \tag{6-9}$$

式中,$\mu$ 为总体平均值;$\sigma$ 为总体标准偏差。$\mu$ 值由无限多次测量获得,若无系统误差存在就是真实值。由于对偏差加以平方,避免了正、负偏差相互抵消,而且又使大偏差能更显著地得到反映,所以标准偏差能更好地衡量测定值的分散程度。

由于实际工作中只做有限次测量,测定值的分散程度要用样本的标准偏差 $s$ 表示。样本为从总体中随机抽取的一部分。

$$s = \sqrt{\frac{\sum_{i=1}^{n} (x_i - \bar{x})^2}{n-1}} \tag{6-10}$$

式中,用样本平均值$\bar{x}$代替总体平均值$\mu$;$(n-1)$称为自由度,表示独立偏差的个数。当测定次数足够多时,$s$ 将趋近于 $\sigma$。$s$ 值越小,分散程度越小,精密度越高。

前述甲、乙两组数据的标准偏差分别是:

$$s_{甲} = \sqrt{\frac{0.4^2 + 0.2^2 + \cdots + (-0.4)^2}{10-1}} = 0.28$$

$$s_{乙} = \sqrt{\frac{0.9^2 + 0.1^2 + \cdots + (-0.7)^2}{10-1}} = 0.40$$

可见,甲组测定值精密度较好。

相对标准偏差(RSD)为标准偏差与平均值之比,用百分率表示。

$$\mathrm{RSD} = \frac{s}{\bar{x}} \times 100\% \tag{6-11}$$

相对标准偏差也称为变异系数(CV)。

6-7 例题解答

**【例题 6-1】** 用丁二酮肟重量法测定钢铁中 Ni 的质量百分含量,结果为 10.48%、10.37%、10.47%、10.43%、10.40%;计算单次分析结果的平均偏差$\bar{d}$、相对平均偏差$\bar{d}_r$、标准偏差 $s$ 和相对标准偏差 RSD。

4. 准确度与精密度的关系

准确度表示测量值与真实值的符合程度,其高低用误差大小来衡量。误差越小,准确度越高。精密度表示同一试样的重复测定值之间的符合程度,其高低用偏差的大小来衡量。精密度高说明测定结果的重现性好。

图 6-1 表示 A、B、C、D 四位分析人员测定同一试样中某成分含量的结果。从图中可以看到,A 每次的测量结果接近且与平均值相差不大,说明 A 测定的精密度高;同时 A 测定的平均值与真实值之间相差很小,说明 A 测定的准确度也高,结果可靠。B 测定的精密度虽高,但偏离真实值较大,准确度低。C 测定的精密度与准确度都很低。D 测定的精密度很低,其平均值虽很接近真实值,但这是由于绝对值较大的正误差与负误差相互抵消的偶然结果,D 若少测定一次或多测定一次,都会显著影响其平均值的大小,因此并不能说明 D 测定的准确度高。

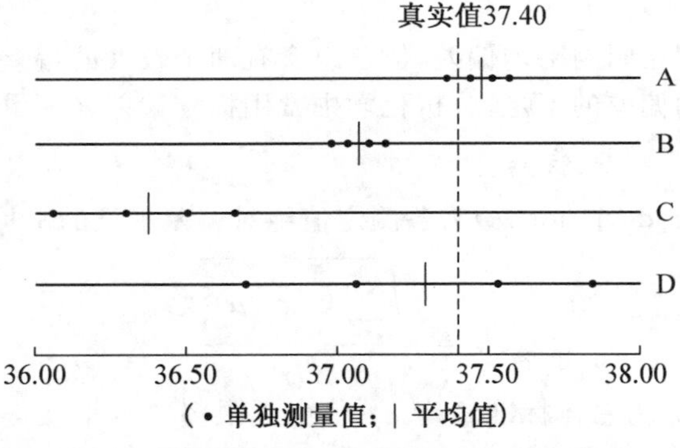


**图 6-1 不同分析者分析同一试样中某成分含量的结果**

从上述例子中我们可以得出这样的结论:精密度是保证准确度的先决条件,测定时应首先保证测定的精密度,精密度低的测定结果是不可靠的;高的精密度不一定能保证高的准确度,只有减小系统误差,才能得到准确度高的分析结果。因此,我们在评价分析结果的时候,要同时考虑到准确度和精密度。

## 6.3.3 误差的减免

误差产生的原因和特点不同,为了减小误差所采取的方法也不相同。下面我们从几个方面讨论减小误差、提高分析结果准确度的方法。

1. 选择合适的分析方法

为使测定结果可靠,首先要选择合适的分析方法。定量分析方法多种多样,各方法灵敏度和选择性不同,其测定的精密度和准确度也各异,应根据实际情况选择合适的方法。

滴定法或重量法等化学分析法的相对误差一般是千分之几，准确度较高，但灵敏度较低，适用于高含量组分的测定（常量分析）。仪器分析测定灵敏度较高，但准确度较差（相对误差较大），适用于低含量组分的测定（微量分析）。例如，对铁的质量分数为0.4的试样铁的测定，化学分析法测得的铁的质量分数可能为0.3996～0.4004（相对误差±0.1%），若采用分光光度法可能测得的结果是0.392～0.408（相对误差±2%），显然仪器分析法的误差大得多。如果铁的质量分数为0.00040的试样，因化学分析法灵敏度低，难以检测，若采用灵敏度高的分光光度法，测得的结果为0.000392～0.000408。可见，同样±2%的相对误差，因低含量组分的绝对误差小，所得结果仍可满足测定的要求。

需要注意的是，常规的分析工作，可以采用标准分析方法，因为标准分析方法可靠性高，并为权威机构认可。如果需选用其他方法，最好与相应的标准方法对照，结果一致方可使用。

2. 减小测量误差

为保证分析结果的准确度，应控制分析过程中各测量步骤的误差。取样量适当是保证准确度的一个重要因素，过小的取样量将影响测定结果的准确度。例如，在滴定分析中，常规滴定管的最小刻度只精确到0.1 $cm^3$，其单次读数估计误差为±0.01 $cm^3$。在一次滴定中，需要读数两次，这样可能造成±0.02 $cm^3$的误差。为了保证测量时的相对误差小于0.1%，消耗滴定剂的体积必须在20 $cm^3$以上。又如，一般分析天平的称量误差为±0.0001 g，用减重法称量二次，可能引起的误差为±0.0002 g，为了保证称量时的相对误差小于0.1%，分析天平称取试样质量应保证在0.2 g及以上。

不同的分析工作有不同的准确度要求，同时要特别注意测量准确度与分析方法本身的准确度相适应。如仪器分析法测微量组分时通常要求其相对误差在2%内，若称取试样0.5 g，只要试样的称量误差不大于0.5×2%＝0.01 g就可以达到分析要求，因而不需要用分析天平称准至±0.0001 g。

3. 检验并消除测量的系统误差

由于系统误差具有单向性，当重复进行测定时会重复出现，因此，若能找出原因，并设法通过测定加以校正，就可以消除。为了减少系统误差，通常根据具体情况，可以采用对照试验、加入回收、空白试验、仪器校准等方法来检验和消除系统误差。

对照试验(check test)是检查分析过程有无系统误差的最有效方法。可以选用与试样组成相近的标准试样的测定值作对照；也可以用标准方法（国家颁布的标准方法或公认可靠的“经典”分析方法）与选用方法同时测定某一样品作对照；还可以通过不同分析人员、不同的实验室测定同一样品进行对照（将试样重复安排在不同分析人员之间互相进行对照试验称为“内检”，将部分试样送交其他单位进行对照分析称为“外检”）。

对于组成不十分清楚的试样，常采用加入回收法检查方法的准确度。这种方法是向试样中加入已知量的被测组分与另一份试样平行进行分析，看看加入的被测组分能否定量回收，由回收率检查是否存在系统误差。

空白试验(blank test)是指在不加试样的情况下，按试样分析步骤和条件进行分析，所得结果称为“空白值”。从试样分析结果中扣除空白值，可以消除由试剂、水和容器等因素造成的误差。

在准确度要求较高的分析中，应按要求对分析仪器定期进行检查和校正。如对于滴定管、移液管、容量瓶等容量仪器，除注意其质量等级外，必要时要进行体积的校正，求出校正值，在计算结果时采用，以消除由仪器带来的误差。

4. 增加平行测定次数,减小偶然误差

在消除系统误差的前提下,平行测定次数越多,平均值越接近真实值。因此增加测定次数,可以减少偶然误差。在一般化学分析中,对于同一试样,通常要求平行测定 4～6 次,以获得较准确的分析结果。更多的增加测定次数不仅收效甚微,而且耗费太多的时间和试剂。

总之,通过多次测定,用统计学方法处理实验数据,可有效减少偶然误差的影响;而要减少系统误差的影响,则应设法从分析方法、仪器和试剂、实验操作等方面入手,减少或消除可能出现的系统误差。

好的方法和仪器要靠人去掌握,加强分析人员的基本训练和考核十分重要。在分析化学教材中所选的实验,大多为成熟的方法,可以不考虑方法误差,实验结果不准确,原因往往在于分析人员操作上的不足。对于初学者,首先要使测定的精密度达到要求。分析方法对所用试剂及实验用水的纯度有明确要求,没有特别指明的试剂,可用分析纯的试剂。为减少试剂中的杂质,有时要将试剂提纯。实验容器的材料对于微量分析常有影响,应根据不同情况,分别选用硬质玻璃、石英、聚乙烯或聚氟烃等不同材料制成的容器,以防杂质溶入溶液或待测组分被容器壁吸附造成误差。

## 6.3.4 可疑数据的取舍

在一组测定值中,常会出现个别数据与其他数据偏离较远,这些偏离数值称为可疑值。初学者往往随意舍弃可疑值以得到更好的精密度,这是不妥的也是不科学的。如果此可疑值是由于明显过失(例如配制溶液时溶液的溅失,滴定时滴定管出现渗漏)引起的,不论其值如何,应该舍去;否则,应根据一定的统计学方法决定其取舍。统计学处理可疑值取舍的方法有多种,常用的方法有 Q 检验法、G 检验法。

1. Q 检验法

当测定次数较少时(通常测量次数 $n=3\sim10$),通常采用 Q 检验法。Q 检验法是将测定值按大小顺序排列,由可疑值与其相邻值之差的绝对值除以极差,求得 $Q_{计}$ 值。

$$Q_{计}=\frac{|x_{疑}-x_{邻}|}{x_{最大}-x_{最小}} \tag{6-12}$$

$Q_{计}$ 值越大,表明可疑值离群越远,当 $Q_{计}$ 值超过一定界限时应舍去。表 6-1 为测定 $n$ 次、不同置信度 $p$ 时的 $Q_{p,n}$ 值。当计算值 $Q_{计}$ 大于或等于 $Q_{p,n}$ 时,该可疑值应舍去,否则应予保留。

**表 6-1　$Q_{p,n}$ 值表**

| $p$ | $n=3$ | $n=4$ | $n=5$ | $n=6$ | $n=7$ | $n=8$ | $n=9$ | $n=10$ |
|---|---|---|---|---|---|---|---|---|
| 0.90 | 0.94 | 0.76 | 0.64 | 0.56 | 0.51 | 0.47 | 0.44 | 0.41 |
| 0.95 | 0.97 | 0.84 | 0.73 | 0.64 | 0.59 | 0.54 | 0.51 | 0.49 |
| 0.99 | 0.99 | 0.93 | 0.82 | 0.74 | 0.68 | 0.63 | 0.60 | 0.57 |

**【例题 6-2】** 某一同学在用 $Na_2CO_3$ 作基准物质标定 HCl 溶液的浓度,平行标定了 6 次,其结果分别为:0.1014、0.1018、0.1015、0.1020、0.1016、0.1002 mol · dm$^{-3}$。0.1002 这一数据是否应该弃去?(置信度为 0.90。)

2. G 检验法(Grubbs 检验法)

目前用得最多的检验方法是 G 检验法,其计算公式如下:

$$G_{计} = \frac{|x_{疑} - \bar{x}|}{s} \qquad (6-13)$$

式中,$\bar{x}$为包括可疑值在内的平均值;$s$ 为包括可疑值在内的标准偏差。计算 $G_{计}$ 值与从表 6-2查得的 $G_{\alpha,n}$ 值进行比较决定取舍。$\alpha$ 为显著性水平;$n$ 为测定次数。若 $G_{计} \geqslant G_{\alpha,n}$,可疑值应弃去,否则应保留。

**表 6-2　$G_{\alpha,n}$ 值表**

| $\alpha$ | $n=3$ | $n=4$ | $n=5$ | $n=6$ | $n=7$ | $n=8$ | $n=9$ | $n=10$ | $n=11$ | $n=12$ | $n=13$ | $n=14$ | $n=15$ | $n=20$ |
|---|---|---|---|---|---|---|---|---|---|---|---|---|---|---|
| 0.05 | 1.15 | 1.46 | 1.67 | 1.82 | 1.94 | 2.03 | 2.11 | 2.18 | 2.23 | 2.29 | 2.33 | 2.37 | 2.41 | 2.56 |
| 0.01 | 1.15 | 1.49 | 1.75 | 1.94 | 2.10 | 2.22 | 2.32 | 2.41 | 2.48 | 2.55 | 2.61 | 2.66 | 2.71 | 2.88 |

**【例题 6-3】**　某试样中铝的质量分数 $w_{Al}$ 的平行测定值分别为 0.2172、0.2175、0.2174、0.2173、0.2177、0.2188。用 G 检验法判断,问在置信度 0.95 时,0.2188 这一数据是否应舍去?

由于采用平均值$\bar{x}$和标准偏差 $s$ 对可疑值取舍判断,故此方法的准确性较好,但计算不如 Q 检验法简便。

# 6.4　有效数字及运算规则

6-8　微课:有效数字及运算规则

## 6.4.1　定量分析中的有效数字

在分析工作中,任一物理量的测定,其准确度都有一定限度。例如,读取滴定管的刻度,甲得到 25.45 $cm^3$,乙得到 25.44 $cm^3$,丙得到 25.46 $cm^3$,丁得到 25.45 $cm^3$。这些数字中,前三位数字是从滴定管上直接读取的准确值,第四位数字因为没有刻度,是估计出来的,所以稍有差别,但并不是臆造的,因此记录时应予以保留。这四位数字都是有效数字(significant figure)。所谓有效数字,就是在分析工作中实际测量到的数字。除最后一位是可疑值外,其余的数字都是确定的。通常认为有效数字中末位数字的绝对误差是±1 个单位。

有效数字的位数由于与测量的精确程度直接相关联,所以不能任意增加或减少。例如,称得 NaCl 质量为 1.2000 g,表示该物质是在可测量到 0.0001 g 的分析天平上称量的,最后一位为估计数字,可能有±0.0001 g 的误差。若记为 1.2 g,则表示该物质是在只能测量到 0.1 g 的台秤上称量的,可能有±0.1 g 的误差。同样,如滴定管的初始读数为零时,应记为 0.00 $cm^3$,而不能记为 0 $cm^3$。因此,有效数字一方面反映了数量的大小,同时也反映了测量的精确程度。

在判断有效数字的位数时,应注意"0"的位置。如 1.2000 g 为五位有效数字,若写作 0.0012000 kg 仍为五位有效数字,数据中第一个非零数字之前的"0"只起定位作用,与所采用的单位有关,而与测量的精确程度无关,所以不是有效数字。而末尾的"0"关系到测量的精确程度,是有效数字,不能随意略去。

此外,若涉及非测量值(如自然数、分数等)以及常数(如 π、e 等)时,此类数字可视为准确值(可认为有无限多位有效数字),因此计算中考虑有效数字位数时与此类数字无关。

### 6.4.2 数字修约规则

在处理分析数据时,涉及的各测量值的有效数字位数可能不同,按计算规则,需要对有效数字的位数进行取舍。一旦应保留的有效数字位数确定,其余尾数部分一律舍弃,这个过程称为修约。修约应一次到位,不得连续多次修约。目前都采用"四舍六入五留双"规则对数字进行修约。即被修约的数字尾数≤4 时舍去;被修约的数字≥6 时进位;被修约的数字等于 5 时,当 5 后面的数字不全为 0 时进位,当 5 后面都是 0 时,则按奇进偶不进的原则进行修约,即修约后的末位数字为偶数。例如,将下列数据:7.549、7.3690、7.4500、7.350、7.4501 修约为两位有效数字,结果为 7.5、7.4、7.4、7.4、7.5。

### 6.4.3 有效数字的运算规则

在分析结果的计算中,为保证计算结果的准确度与实验数据相符合,防止误差迅速累积,必须运用有效数字的运算规则,做到合理取舍,既不能无原则地保留太多位数使计算复杂化,也不应随意舍弃尾数而影响测定的准确度。具体做法是:测定值先多保留一位有效数字(称为安全数),运算过程中再按下列规则将各数据进行修约,然后计算结果。

① 对数值进行加减时,其最后计算结果所保留的小数点后位数与小数点后位数最少的一个数字相同。如:

$$0.0121+12.56+7.8432=0.012+12.56+7.843=20.415=20.42$$

上述数据中 12.56 的小数点后位数最小,其绝对误差最大,即从小数点后第二位开始为不确定数字,所以计算结果的小数点后的位数取到小数点后第二位。

② 对数值进行乘除时,最后计算结果所保留的位数应与有效数字位数最少的一个数字相同。如:

$$\frac{0.0142\times24.43\times305.84}{28.67}=\frac{0.0142\times24.43\times305.8}{28.67}=3.70$$

上述数据中有效数字位数最小的是 0.0142,计算结果应保留三位有效数字。

③ 对数值进行乘方或开方时(相当于乘法或除法),其有效数字位数不变。如:

$$6.54^2=42.8$$

$$\sqrt{7.56}=2.75$$

④ 对数值进行对数计算时(如计算 pH、pM、lg$c$、lg$K$ 等),对数尾数的位数应与真数的有效数字位数相同。如:

$$c(\mathrm{H}^+)=6.3\times10^{-11}\,\mathrm{mol\cdot dm^{-3}}\quad \mathrm{pH}=10.20$$

尾数 0.20 与真数都是两位有效数字。pH=10.20 不应看作四位有效数字,应为两位有效数字,其整数部分仅与真数中 10 的指数对应。需要注意的是:pH=10.02 仍为两位有效数字,小数部分靠前面的零仍算有效数字。

⑤ 单位变换不影响有效数字位数。如 10.00 $\mathrm{cm^{-3}}$ 若以 $\mathrm{dm^{-3}}$ 为单位,其值应该仍为四位有效数字,即 0.01000 $\mathrm{dm^{-3}}$。

此外，数据进行乘除运算时，若第一位数字大于或等于8，其有效数字位数可多算一位。如9.46可看作是四位有效数字；表示分析结果的精密度和准确度时，误差和偏差等可根据实际测量情况只取一位或两位有效数字；当计算中需要用到相对原子质量、相对分子质量及有关常数（如π、e等）等数据时，应根据有效数字计算规则的要求，选取与有效数字相对应的位数，以保证计算结果的准确性。

特别引起注意的是，如果用计算器进行连续运算的过程中，可能保留了过多的位数，但最后结果应当按数字修约规则修约成有效数字的位数，以正确表达分析结果的准确度。

## 6.5 滴定分析法概述

### 6.5.1 滴定分析法的过程和方法

滴定分析法（titrimetric analysis）是化学分析中重要的分析方法之一。若被测组分A与试剂T发生定量反应

$$tT + aA \longrightarrow cC + dD$$

它表示T与A是按摩尔比$t:a$的关系反应，这就是该反应的化学计量关系，是滴定分析定量测定的依据。

将已知准确浓度的标准溶液（standard solution）滴加到一定体积的被测物质的溶液中，直到滴定反应按化学反应方程式所示的计量关系完全作用为止，然后根据标准溶液的浓度和滴定时所消耗的体积求算被测物质含量的分析方法即称为滴定分析。已知准确浓度的试剂溶液叫滴定剂（titrant），用滴定管把滴定剂滴加到被测物质溶液中的操作过程称为滴定（titration）。当滴入的标准溶液的物质的量与被测组分的物质的量正好符合化学反应方程式所表示的化学计量关系时，称滴定到达了计量点（stoichiometric point）。

在滴定分析时，计量点的到达，有时没有明显的外部特征，无法察觉。为此常需要加入一种辅助试剂，借助它的颜色变化指示化学计量点的到达，这种辅助试剂称为指示剂（indicator）。指示剂发生颜色变化时，即停止滴定，称为滴定终点（end point）。指示剂不一定恰好在计量点时变色，因此，滴定终点就不会与计量点完全符合，由此造成的误差称为终点误差（end point error）。终点误差的大小取决于指示剂的性质和用量。因此，为了减小终点误差，就需要选择合适的指示剂，使滴定终点尽可能接近计量点。

根据滴定时所发生的化学反应类型不同，滴定分析法可分为酸碱滴定法、配位滴定法、氧化还原滴定法和沉淀滴定法四种。

① 酸碱滴定。它是指以酸碱质子转移反应为基础的滴定分析，包括水溶液中的酸碱滴定和非水溶液中的酸碱滴定，可用于测定酸碱物质的含量，也可测定能与酸碱反应的其他物质的含量。

② 配位滴定。它是指以配位反应为基础的滴定分析，常用于测定金属离子的含量。

③ 氧化还原滴定。它是指以氧化还原反应为基础的滴定分析，可用于测定具有氧化性或还原性及某些不具有氧化性或还原性的物质的含量。

④ 沉淀滴定。它是指以沉淀反应为基础的滴定分析，可用于测定$Ag^+$、$CN^-$、$SCN^-$及卤素离子的含量。

滴定分析法适用于常量(>1%)组分的测定,有时也可用于微量组分测定。这种方法适用于多种化学反应,因此应用广泛;所需仪器设备简单,易于操作,测定快速;测定的准确度较高,一般情况下,测定的相对误差≤0.1%。但与仪器分析法相比,该方法的灵敏度较低。

## 6.5.2 滴定分析法对化学反应的要求

各种类型的化学反应很多,但并不是都能适用于滴定分析。用于滴定分析法的化学反应,必须符合下述条件。

1. 反应能定量完成

被测物质与标准溶液之间的反应要按一定的化学计量关系定量进行,而且反应必须接近完全(通常要求反应完全程度达到99.9%以上),这是定量计算的基础。

2. 反应速率要快

滴定反应要求瞬间完成,对于反应速率较慢的反应,可通过加热或加催化剂等方法加快反应速率。

3. 必须有适当方法指示终点

必须有简便可靠的方法确定滴定终点,如加指示剂或仪器指示等。

4. 要无副反应干扰

滴定时要无副反应发生,若存在干扰反应,可采取适当措施消除副反应。

## 6.5.3 滴定方式

常用的滴定方式有以下四种。

1. 直接滴定法

凡能满足上述滴定要求的反应,都能用标准溶液直接滴定被测物质,这种滴定方式称为直接滴定(direct titration)。例如,用 NaOH 标准溶液滴定 HCl 的含量,用 $KMnO_4$ 标准溶液滴定 $Fe^{2+}$ 的含量等。

2. 返滴定法

当滴定反应速率较慢,或反应物是固体时,可采用返滴定法(back titration)。此法是先加入一定量的过量标准溶液,待反应完成后,再用另一种标准溶液滴定剩余的标准溶液,从而求出被测物质的含量。这种方法又称为剩余滴定。例如,用 HCl 滴定 $CaCO_3$ 的含量时,可先加入一定量的过量 HCl 标准溶液,加热使试样完全溶解,冷却后,再用 NaOH 标准溶液返滴定剩余的 HCl。

$$CaCO_3 + 2HCl(\text{过量}) \longrightarrow CaCl_2 + CO_2 + H_2O$$

$$HCl(\text{剩余}) + NaOH \longrightarrow NaCl + H_2O$$

有时,采用返滴定法是由于某些反应没有合适的指示剂。如在酸性溶液中,用 $AgNO_3$ 标准溶液滴定 $Cl^-$ 时,缺乏合适的指示剂,此时先加入准确并过量的 $AgNO_3$ 标准溶液,再以铁铵矾为指示剂,用 $NH_4SCN$ 标准溶液,返滴定剩余的 $Ag^+$,出现红色的$[Fe(SCN)]^{2+}$配离子,即为终点。滴定反应如下:

$$Ag^+ + Cl^- \longrightarrow AgCl$$

$$Ag^+ + SCN^- \longrightarrow AgSCN$$

$$Fe^{3+} + SCN^- \longrightarrow [Fe(SCN)]^{2+}$$

3. 置换滴定法

对于不能定量完成的反应或伴有副反应的反应，不能直接滴定。可先加入一种试剂与被测物质反应，置换出一定量的另一种生成物，再用标准溶液滴定此生成物，进而计算出被测物质的含量，这种滴定方式称为置换滴定(displace titration)。例如，$Ag^+$ 与 EDTA 的配合物不稳定，不能用 EDTA 直接滴定 $Ag^+$，若加过量的 $[Ni(CN)_4]^{2-}$ 于含 $Ag^+$ 的样品溶液中，则发生如下置换反应。

$$2Ag^+ + [Ni(CN)_4]^{2-} \longrightarrow 2[Ag(CN)_2]^- + Ni^{2+}$$

置换出的 $Ni^{2+}$ 可用 EDTA 滴定，即可求得 $Ag^+$ 的含量。

4. 间接滴定法

当被测物质不能直接与标准溶液作用，却能和另一种能与标准溶液作用的物质发生反应时，可采用间接滴定法(indirect titration)。例如，$Ca^{2+}$ 在溶液中没有可变价态，不能直接进行氧化还原滴定。如果将 $Ca^{2+}$ 沉淀为 $CaC_2O_4$，过滤，洗涤，再用稀 $H_2SO_4$ 溶解沉淀，得到 $H_2C_2O_4$ 溶液，然后用 $KMnO_4$ 标准溶液滴定 $H_2C_2O_4$ 溶液，即可间接测定 $Ca^{2+}$ 的含量。其反应式如下：

$$Ca^{2+} + C_2O_4^{2-} \longrightarrow CaC_2O_4$$

$$CaC_2O_4 + H_2SO_4 \longrightarrow CaSO_4 + H_2C_2O_4$$

$$5H_2C_2O_4 + 2KMnO_4 + 3H_2SO_4 \longrightarrow 2MnSO_4 + 10CO_2 + K_2SO_4 + 8H_2O$$

### 6.5.4 基准物质和标准溶液

1. 试剂及规格

试剂是指化学实验中使用的药品。根据国家标准，化学试剂按其纯度和杂质含量的高低分为四种等级(见表 6-3)。

**表 6-3　一般试剂等级及标志**

| 等级 | 中文名称 | 英文符号 | 标签颜色 | 主要用途 |
| --- | --- | --- | --- | --- |
| 一级品 | 优级纯(保证试剂) | GR | 绿色 | 精密分析及科学研究 |
| 二级品 | 分析纯 | AR | 红色 | 一般的分析及科学研究 |
| 三级品 | 化学纯 | CP | 蓝色 | 一般的定性及化学实验 |
| 四级品 | 实验试剂 | LR | 黄色 | 一般的化学实验 |

化学试剂纯度越高，价格越贵。应根据分析任务、分析方法、对分析结果准确度的要求等，选用不同等级的试剂。例如，痕量分析应选用优级纯试剂，以降低空白值，避免杂质干扰；仲裁分析可选用优级纯或分析纯；一般分析使用分析纯、化学纯已能满足要求。

化学试剂除上述几个等级外，还有基准试剂、光谱纯试剂及超纯试剂等。光谱纯试剂(SP)主要在光谱分析中作标准物质，其杂质用光谱分析法测不出或杂质低于某一限度，纯度在 99.99%以上。超纯试剂又称高纯试剂(UP),是用一些特殊设备,如石英、铂器皿生产而成。

基准试剂(PT)相当或高于优级纯试剂,专作滴定分析的基准物质,用以直接配制标准溶液或标定未知溶液浓度。我国规定滴定分析第一基准试剂(一级标准物质)的主成分含量一般在 99.98%～100.02%;工作基准试剂(二级标准物质)的主成分含量一般在 99.95%～100.05%。作为基准物质必须符合以下要求:

① 物质组成应与化学式完全符合。若含结晶水,如硼砂 $Na_2B_4O_7 \cdot 10H_2O$,其结晶水的含量也应与化学式符合。

② 纯度高(一般要求纯度在 99.95%～100.05%),杂质含量少到可以忽略。

③ 在空气中稳定。例如加热干燥时不分解,称量时不吸湿,不吸收空气中的 $CO_2$,不被空气氧化等。

④ 具有较大的摩尔质量。摩尔质量越大,称取的量越多,称量的相对误差就可相应地减小。

常用的工作基准试剂列于表 6-4。

**表 6-4 常用工作基准试剂**

| 分子式 | 名称 | 主要用途 | 使用前干燥方法 |
| --- | --- | --- | --- |
| $NaCl$ | 氯化钠 | 标定 $AgNO_3$ 溶液 | 500～600 ℃灼烧至恒重 |
| $Na_2C_2O_4$ | 草酸钠 | 标定 $KMnO_4$ 溶液 | (105±2) ℃干燥至恒重 |
| $Na_2CO_3$ | 无水碳酸钠 | 标定 $HCl$、$H_2SO_4$ 溶液 | 270～300 ℃灼烧至恒重 |
| $As_2O_3$ | 三氧化二砷 | 标定 $I_2$ 溶液 | $H_2SO_4$ 干燥器中干燥至恒重 |
| $KIO_3$ | 碘酸钾 | 标定 $Na_2S_2O_3$ 溶液 | (120±2) ℃干燥至恒重 |
| $ZnO$ | 氧化锌 | 标定 EDTA 溶液 | 800 ℃灼烧至恒重 |
| $Na_2H_2C_{10}H_{12}O_8N_2 \cdot 2H_2O$ | 乙二胺四乙酸二钠 | 标定金属离子溶液 | 硝酸镁饱和溶液恒温器中放置 7 天 |
| $KBrO_3$ | 溴酸钾 | 标定 $Na_2S_2O_3$ 溶液 | (180±2) ℃干燥至恒重 |
| $AgNO_3$ | 硝酸银 | 标定卤化物及硫氰酸盐溶液 | $H_2SO_4$ 干燥器中干燥至恒重 |
| $CaCO_3$ | 碳酸钙 | 标定 EDTA 溶液 | (110±2) ℃干燥至恒重 |
| $KHC_8H_4O_4$ | 邻苯二甲酸氢钾 | 标定 NaOH 溶液 | 105～110 ℃干燥至恒重 |

2. 标准溶液的配制

标准溶液是指浓度准确已知的试剂溶液,在滴定分析中常用作滴定剂。一般有两种配制方法,即直接法和标定法,可根据物质的性质加以选择。

基准物质的标准溶液可采用直接法配制。准确称取一定量的基准试剂,溶解后定量转移到容量瓶中,稀释至一定体积,根据称取的质量和容量瓶的体积,即可算出该标准溶液的准确浓度。例如,欲配制 0.01000 $mol \cdot dm^{-3}$ $K_2Cr_2O_7$ 溶液 1 $dm^3$ 时,首先在分析天平上精确称取基准试剂 $K_2Cr_2O_7$ 2.942 g 于烧杯中,加入适量水使其溶解后,定量转移到 1000 $cm^3$ 容量瓶中,再用水稀释至刻度即得。

**【例题 6-4】** 用容量瓶配制 0.02000 $mol \cdot dm^{-3}$ 重铬酸钾标准溶液 500 $cm^3$,需称取多少固体重铬酸钾?[$M(K_2Cr_2O_7)=294.2\ g \cdot mol^{-1}$。]

很多物质不符合基准物质的条件，如 NaOH 很容易吸收空气中的 $CO_2$ 和水分，因此称得的质量不能代表纯净 NaOH 的质量；HCl(除恒沸溶液外)中 HCl 的准确含量也很难知道。对于这类物质，不能采用直接方法配制，应先按需要配成近似浓度的溶液，再用基准物质或另一种物质的标准溶液来确定它的准确浓度。这种用基准物质或已知准确浓度的溶液来确定标准溶液浓度的操作过程称为“标定(standardization)”。

不论采用基准物质或已知准确浓度溶液标定，一般要求做 3～4 次平行实验，其相对平均偏差≤0.1%。对于配制和标定溶液时所使用的容量仪器，如容量瓶、滴定管和移液管等，必要时应进行校正。

标定好的溶液要妥善保存。对于一些不够稳定的溶液，要采取适当的措施保存，防止其分解变质。如见光易分解的 $AgNO_3$、$KMnO_4$ 等标准溶液应贮于棕色瓶中并置于暗处；能腐蚀玻璃的强碱溶液，最好保存在塑料瓶中；对于不稳定的溶液还要定期标定。

**【例题 6-5】** 要求在滴定时消耗 0.20 mol·$dm^{-3}$ NaOH 溶液 20～25 $cm^3$，问应称取多少基准试剂草酸($H_2C_2O_4\cdot 2H_2O$)？

**【例题 6-6】** 用 0.2036 g 无水 $Na_2CO_3$ 作基准物质，以甲基橙为指示剂，标定 HCl 溶液浓度时，用去 HCl 溶液 36.06 $cm^3$，计算该 HCl 溶液的浓度。

## 6.5.5 滴定分析法的计算

在滴定分析中，要涉及一系列计算问题，如标准溶液的配制与标定的计算、测定结果的计算等。

滴定分析就是用标准溶液(滴定剂 T)去滴定待测物质 A 溶液。若 A 与 T 发生定量反应

$$t\mathrm{T}+a\mathrm{A}\longrightarrow c\mathrm{C}+d\mathrm{D}$$

它表示当滴定到达化学计量点时，T 与 A 是按摩尔比 $t:a$ 的关系反应，即 $t$ mol T 恰好与 $a$ mol A 完全作用。

$$n_\mathrm{T}:n_\mathrm{A}=t:a$$

$$n_\mathrm{A}=\frac{a}{t}n_\mathrm{T}\qquad n_\mathrm{T}=\frac{t}{a}n_\mathrm{A}\tag{6-14}$$

式中，$\frac{a}{t}$或$\frac{t}{a}$为换算因数，即反应方程式中两物质计量数之比，通常称为摩尔比；$n_\mathrm{T}$、$n_\mathrm{A}$ 分别表示 T、A 的物质的量。这就是该反应的化学计量关系，是滴定分析定量计算的依据。

若待测物质的溶液其体积为 $V_\mathrm{A}$，浓度为 $c_\mathrm{A}$，到达化学计量点时用去浓度为 $c_\mathrm{T}$ 的滴定剂体积为 $V_\mathrm{T}$。由式(6-14)可得

$$c_\mathrm{A}V_\mathrm{A}=\frac{a}{t}c_\mathrm{T}V_\mathrm{T}\tag{6-15}$$

**【例题 6-7】** 用 $H_2SO_4$(0.09904 mol·$dm^{-3}$)标准溶液滴定 20.00 $cm^3$ NaOH 溶液时，用去 $H_2SO_4$ 溶液 22.40 $cm^3$，计算该 NaOH 溶液的浓度。

同样，可写出固体物质与溶液间相互作用的计算式，即由式(6-14)得

$$m_\mathrm{A}=\frac{a}{t}c_\mathrm{T}V_\mathrm{T}M_\mathrm{A}\tag{6-16}$$

设 $m_\mathrm{S}$ 为样品质量(g)，$m_\mathrm{A}$ 为样品中待测组分 A 的质量(g)，待测组分的质量分数为$w_\mathrm{A}$。

$$w_\mathrm{A}=\frac{m_\mathrm{A}}{m_\mathrm{S}}$$

$$w_A = \frac{\frac{a}{t}c_T V_T M_A}{m_S} \tag{6-17}$$

在滴定分析中，体积常以 $cm^3$ 为单位，此时

$$m_A = \frac{a}{t}c_T V_T \frac{M_A}{1000} \tag{6-18}$$

**【例题 6-8】** 用 HCl 标准溶液(0.1000 mol · $dm^{-3}$)滴定碳酸钠试样，称取 0.1986 g，滴定时消耗 37.31 $cm^3$ 标准溶液。请问碳酸钠试样的质量分数为多少？

**【例题 6-9】** 称取 $CaCO_3$ 试样 0.2501 g，用 25.00 $cm^3$ HCl 标准溶液(0.2602 mol · $dm^{-3}$)溶解，回滴过量的酸用去 NaOH 标准溶液(0.2450 mol · $dm^{-3}$)6.50 $cm^3$，求 $CaCO_3$ 的质量分数。

## ➤➤➤ 习　题 ◀◀◀

### 6-1　是非题

1. 绝对误差是指测定值与真实值之差。 (　　)

2. 精密度高，则准确度必然高。 (　　)

3. 有效数字能反映仪器的精度和测定的准确度。 (　　)

4. 欲配制 1 $cm^3$ 0.2000 mol · $dm^{-3}$ $K_2Cr_2O_7$($M$=294.19 g · $mol^{-1}$)溶液，所用分析天平的准确度为 ±0.1 mg，若相对误差要求为±0.2%，则称取 $K_2Cr_2O_7$ 时称准至 0.001 g。 (　　)

5. 系统误差影响测定结果的准确度。 (　　)

6. 测量值的标准偏差越小，其准确度越高。 (　　)

7. 偶然误差影响测定结果的精密度。 (　　)

8. pH=10.02 的有效数字是 4 位。 (　　)

9. 将 3.1424、3.2156、5.6235 和 4.6245 处理成四位有效数字时，则分别为 3.142、3.216、5.624 和 4.624。 (　　)

10. 在分析数据中，所有的“0”均为有效数字。 (　　)

### 6-2　选择题

1. 组分含量在 0.01%～1%的分析称为 (　　)

A. 常量分析　　B. 超痕量分析　　C. 微量分析　　D. 痕量分析

2. 误差的正确定义是 (　　)

A. 测量值与其算术平均值之差　　B. 含有误差之值与真实值之差

C. 测量值与其真实值接近的程度　　D. 错误值与其真实值之差

3. 在定量分析中，精密度与准确度之间的关系是 (　　)

A. 精密度高，准确度必然高　　B. 准确度高，精密度也就高

C. 精密度是保证准确度的前提　　D. 准确度是保证精密度的前提

4. 某人以示差法测定某药物中主成分含量时，称取此药物 0.0250 g，最后计算其主成分含量为 98.25%，此结果是否正确；若不正确，正确值应为 (　　)

A. 正确　　B. 不正确，98.3%　　C. 不正确，98%　　D. 不正确，98.2%

5. 在滴定分析法测定中出现下列情况，哪种导致系统误差 (　　)

A. 试样未经充分混匀　　B. 滴定管的读数读错

C. 滴定时有液滴溅出　　D. 砝码未经校正

6. 消除或减少试剂中微量杂质引起的误差常用的方法是 (　　)

A. 空白试验　　B. 对照实验　　C. 平行实验　　D. 校准仪器

7. 测定结果的准确度低，说明 (　　)

A. 误差大　　B. 偏差大　　C. 标准差大　　D. 平均偏差大

8. 以下有关系统误差的论述错误的是　　(　　)

A. 系统误差有单向性　　B. 系统误差有随机性

C. 系统误差是可测误差　　D. 系统误差是由一定原因造成的

9. 为减少分析测定中的偶然误差，可采取的方式是　　(　　)

A. 进行空白试验　　B. 进行对照实验

C. 校正仪器　　D. 增加平行测定次数

10. 下列描述中不正确的是　　(　　)

A. 某同学用分析天平称出一支钢笔的质量为 25.4573g

B. 在酸碱中和滴定中用去操作溶液 25.30cm$^3$

C. 用 10 cm$^3$ 的移液管移取 5.00 cm$^3$ 2.00 mol · dm$^{-3}$ 的 HAc 溶液

D. 用 10 cm$^3$ 的量筒量取浓 $H_2SO_4$ 的体积为 8.19 cm$^3$

11. 下列各数中有效数字位数为四位的是　　(　　)

A. 0.0001　　B. $c(H^+)=0.0235$ mol · dm$^{-3}$

C. pH=4.462　　D. $w(CaO)=0.2530$

12. 由计算器算得(2.236×1.1124)÷(1.036×0.200)的结果为 12.004471，按有效数字运算规则应得结果修约为　　(　　)

A. 12　　B. 12.0　　C. 12.00　　D. 12.004

13. 已知某溶液的 pH 值为 0.070，其氢离子浓度的正确值为　　(　　)

A. 0.85 mol · dm$^{-3}$　　B. 0.8511 mol · dm$^{-3}$

C. 0.851 mol · dm$^{-3}$　　D. 0.8 mol · dm$^{-3}$

14. 用 25 cm$^3$ 移液管移出的溶液体积应记录为　　(　　)

A. 25 cm$^3$　　B. 25.0 cm$^3$　　C. 25.00 cm$^3$　　D. 25.000 cm$^3$

15. 按照有效数字运算规则，算式$\frac{51.38}{8.709\times0.09460}$最后结果的有效数字位数是　　(　　)

A. 三位　　B. 两位　　C. 四位　　D. 五位

## 6-3　填空题

1. 滴定管的读数误差为±0.1 cm$^3$，则在一次滴定中的绝对读数误差为________cm$^3$，要使滴定误差不大于 0.1%，滴定剂的体积至少应该________cm$^3$。

2. 能用于滴定分析的化学反应，应具备的条件有：①________；②________；③________；④________。

3. 根据反应类型的不同，滴定分析可分为________、________、________和________四种滴定分析方法。

4. 滴定分析中有不同的滴定方式，除了________这种基本方式外，还有________、________、________等。

5. 标准溶液是指________，标准溶液的配制方法包括________和________，后者也称________。

6. 基准物质指________，能作为基准物质的试剂必须具备以下条件：①________；②________；③________；④________。

7. 在定量分析运算中，弃去多余的数字时，应采用________为原则决定该数字的进位或舍弃。

## 6-4　简答题

1. 下列情况属于系统误差还是偶然误差？

(1) 天平称量时最后一位读数估计不准；(2) 终点与化学计量点不符合；(3) 砝码腐蚀；(4) 试剂中有干扰离子；(5) 称量试样时吸收了空气中的水分；(6) 重量法测定水泥中 $SiO_2$ 含量时，试样中的硅酸沉淀不完全；(7) 滴定管读数时，最后一位估计不准；(8) 用含量为 99%的硼砂作为基准物质标定 HCl 溶液的浓度；(9)天平的零点有微小变动。

2. 如果分析天平的称量误差为±0.2 mg，拟分别称取试样 0.1 g 和 1 g 左右，称量的相对误差各为多少？这些结果说明了什么问题？

3. 下列数据各包括了几位有效数字？

(1) 0.0330；(2) 10.030；(3) 0.01020；(4) $8.7\times10^{-5}$；(5) $pK_a^{\ominus}=4.74$；(6) pH＝10.00。

## 6－5　计算题

1. 用有效数字运算规则进行下列运算。

(1) 213.64＋4.4＋0.3244

(2) $\dfrac{0.0982\times(20.00-14.39)\times\dfrac{162.206}{3}}{1.4182\times100}\times100$

(3) pH＝12.20 溶液的 $c(H^+)$

(4) 7.9936÷0.9967－5.02

(5) 0.0325×5.0103×60.06÷139.8

(6) $1.276\times4.17+1.7\times10^{-1}-0.0021764\times0.0121$

2. 测定铁矿石中 Fe 的质量分数(以 $w_{Fe_2O_3}$ 表示)，5 次结果分别为：67.48％、67.37％、67.47％、67.43％和 67.40％。计算：(1) 平均偏差；(2) 相对平均偏差；(3) 标准偏差；(4) 相对标准偏差。

3. 用邻苯二甲酸氢钾标定 NaOH 标准溶液的浓度，四次平行测定的结果为($mol\cdot dm^{-3}$)：0.1012、0.1016、0.1025、0.1014，试用 Q 检验法判定 0.1025 这一数据能否弃去。($n=4$ 时，$Q_{0.9}=0.76$。)

4. 称取纯金属锌 0.3250 g，溶于 HCl 后，稀释到 250 $cm^3$ 容量瓶中。计算 $Zn^{2+}$ 溶液的浓度。[$M(Zn)=65.39\ g\cdot mol^{-1}$。]

5. 有 0.0982 $mol\cdot dm^{-3}$ 的 $H_2SO_4$ 溶液 480 $cm^3$，现欲使其浓度增至 0.1000 $mol\cdot dm^{-3}$。问应加入多少体积 0.5000 $mol\cdot dm^{-3}$ 的 $H_2SO_4$ 溶液？

6. 要求在滴定时消耗 0.2 $mol\cdot dm^{-3}$ NaOH 溶液 25～30 $cm^3$。问应称取基准试剂邻苯二甲酸氢钾($KHC_8H_4O_4$)多少？如果采用 $H_2C_2O_4\cdot2H_2O$ 作基准物质，又应称取多少？[$M(KHC_8H_4O_4)=204.1\ g\cdot mol^{-1}$，$M(H_2C_2O_4\cdot2H_2O)=126.1\ g\cdot mol^{-1}$。]

7. 欲配制 $Na_2C_2O_4$ 溶液用于在酸性介质中标定 0.02 $mol\cdot dm^{-3}$ 的 $KMnO_4$ 溶液，若要使标定时两种溶液消耗的体积相近，应配制多大浓度的 $Na_2C_2O_4$ 溶液？配制 100 $cm^3$ 这种溶液应称取多少 $Na_2C_2O_4$？[$M(Na_2C_2O_4)=134.0\ g\cdot mol^{-1}$。]

8. 0.2500g 不纯 $CaCO_3$ 试样中不含干扰测定的组分。加入 25.00 $cm^3$ 0.2600 $mol\cdot dm^{-3}$ HCl 溶液，煮沸除去 $CO_2$，用 0.2450 $mol\cdot dm^{-3}$ NaOH 溶液返滴定过量酸，消耗 6.30 $cm^3$。计算试样中 $CaCO_3$ 的质量分数。[$M(CaCO_3)=100.09\ g\cdot mol^{-1}$。]

9. 已知在酸性溶液中，$Fe^{2+}$ 与 $KMnO_4$ 反应时，1.00 $cm^3$ $KMnO_4$ 溶液相当于 0.1117 g Fe，1.00 $cm^3$ $KHC_2O_4\cdot H_2C_2O_4$ 溶液在酸性介质中恰好与 0.20 $cm^3$ 上述 $KMnO_4$ 溶液完全反应。问需要多少体积 0.2000 $mol\cdot dm^{-3}$ NaOH 溶液才能与上述 1.00 $cm^3$ $KHC_2O_4\cdot H_2C_2O_4$ 溶液完全中和？[$M(Fe)=55.85\ g\cdot mol^{-1}$。]

10. 称取大理石试样 0.2303 g，溶于酸中，调节酸度后加入过量 $(NH_4)_2C_2O_4$ 溶液，使 $Ca^{2+}$ 沉淀为 $CaC_2O_4$。过滤，洗净，将沉淀溶于稀 $H_2SO_4$ 中。溶解后的溶液用 0.04020 $mol\cdot dm^{-3}$ $KMnO_4$ 标准溶液滴定，消耗 22.30 $cm^3$。请计算大理石中 $CaCO_3$ 的质量分数。[$M(CaCO_3)=100.09\ g\cdot mol^{-1}$。]

6－9　课后习题解答

# 第 7 章

# 酸碱平衡与酸碱滴定

# (Acid-Base Equilibrium and Acid-Base Titration)

7-1 学习要求

无论是日常生活,还是工农业生产,都离不开酸和碱,化学更离不开酸和碱,许多制备反应和化学分析反应都可归入酸碱反应。有些化学反应尽管不是酸碱反应,甚至表面上看起来与酸、碱无关,但在反应过程中,酸或碱都起了不可替代的作用。酸碱反应是一类重要的化学反应,建立在酸碱反应基础上的酸碱滴定法是一种最常用的定量分析手段,其应用极为广泛。本章主要在酸碱质子理论的基础上,讨论各种水溶液体系中的酸碱平衡问题,同时基于酸碱平衡原理讨论酸碱滴定分析方法及其应用。

## 7.1 酸碱质子理论

7-2 微课:酸碱质子理论

随着化学学科的发展,人们对酸碱的认识经历了一个从现象到本质,从个别到一般,逐步深化完善的过程。在历史上曾有多种酸碱理论,直至 1887 年阿伦尼乌斯( Arrhenius)提出了电离理论后,人们才开始对酸碱的本质有了较为深刻的认识。

根据阿伦尼乌斯的电离理论,电解质在水溶液中能导电的主要原因是电解质在水溶液中发生解离,形成水合离子。如 KCl 在水溶液中完全解离成 $K^+$、$Cl^-$。HAc 在水溶液中只有部分解离成 $H^+$、$Ac^-$,存在着解离平衡。

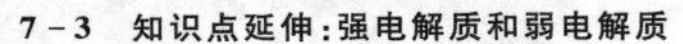

7-3 知识点延伸:强电解质和弱电解质

7-4 知识点延伸:强电解质溶液理论

根据现代结构理论,KCl 这类强电解质在水溶液中是完全解离的。但实验测得的溶液中的离子浓度往往比实际浓度小,这是因为在强电解质中存在着离子间相互制约作用。通常将离子实际发挥作用的有效浓度称为活度。在有关化学平衡的计算和讨论时,严格地说,应当用活度代替浓度。但是在本章的计算中,溶液浓度一般很低,离子之间的相互作用力小至可以忽略不计,为方便起见,可用浓度代替活度。

阿伦尼乌斯电离理论认为,在水溶液中解离产生的阳离子全部为 $H^+$ 的物质为酸,解离产生的阴离子全部为 $OH^-$ 的物质为碱,酸碱反应的实质是 $H^+$ 与 $OH^-$ 结合生成 $H_2O$ 的反应。该理论从物质的化学组成上揭示了酸碱的本质,即 $H^+$ 是酸的特征,$OH^-$ 是碱的特征。该理论的提出是酸碱理论发展的重要里程碑,在化学发展中起了巨大作用,至今仍在化学各领域中广泛应用。但这一理论也有较大的局限性,对某些问题难以给出满意的解释。主要包括:① 其理论只适合于水溶液,无法说明物质在非水溶液(如液氨、乙醇、苯、丙酮)中的酸碱问题,如 HCl 与 $NH_3$ 在苯中反应生成 $NH_4Cl$;② 把碱仅局限于氢氧化物,无法说明 $NH_3 \cdot H_2O$显碱性及盐的酸碱性问题(如 $NH_4Cl$ 水溶液显酸性,NaAc、$Na_2CO_3$ 水溶液显碱性);③ 无法解释无溶剂体系及气相反应的酸碱问题,如气态 $NH_3$ 和 HCl 发生中和反应,生成固态 $NH_4Cl$,但并无 $H_2O$ 生成。

为了克服阿伦尼乌斯酸碱电离理论的缺点,1923 年丹麦科学家布朗斯特(Brϕnsted)和英国科学家劳莱(Lowry)分别提出了酸碱质子理论。

### 7.1.1 酸碱的定义

酸碱质子理论认为,凡能给出质子($H^+$)的物质都是酸,例如 HCl、HAc、$HS^-$、$H_2PO_4^-$、$HCO_3^-$、$NH_4^+$、$H_2O$、$Al(H_2O)_6^{3+}$ 等;凡是能接受质子的物质都是碱,例如 $OH^-$、$NH_3$、$HSO_3^-$、$Ac^-$、$HS^-$、$HCO_3^-$、$CO_3^{2-}$、$S^{2-}$、$H_2O$、$[Al(H_2O)_5(OH)]^{2+}$ 等。

根据酸碱的定义,酸和碱可以是分子,也可以是阳离子或阴离子。有些物质(如 $H_2O$、$HCO_3^-$ 等)在不同的场合下可以表现出酸性或碱性,称为两性物质。质子理论中没有盐的概念,电离理论中的盐在质子理论中都是离子酸或离子碱,如$(NH_4)_2SO_4$ 中的 $NH_4^+$ 是离子酸,$SO_4^{2-}$ 是离子碱。应该指出,酸碱质子理论扩大了酸、碱及酸碱反应的范围,但由于它只限于质子的给出和接受,故对无质子转移的反应仍无法用酸碱理论加以解释。

### 7.1.2 酸碱的共轭关系

按照酸碱质子理论,物质的酸性或碱性彼此并不是孤立的,而是通过给出质子或接受质子来体现。酸给出质子成为相应的碱;碱得到质子成为相应的酸。酸和碱之间的这种相互依存和转变的关系称为酸碱共轭关系,相应的转变反应就是酸碱半反应,可用通式表示为

$$酸 \rightleftharpoons 碱 + H^+$$

通常把具有共轭关系的一对酸碱称为共轭酸碱对(conjugate acid-base pairs),其中酸是碱的共轭酸(conjugate acid),碱是酸的共轭碱(conjugate base),如表 7-1 所示。

表 7-1　常见共轭酸碱及其酸碱半反应

| 酸 | 酸碱半反应 | 共轭碱 |
| --- | --- | --- |
| HCl | $HCl \rightleftharpoons H^+ + Cl^-$ | $Cl^-$ |
| HAc | $HAc \rightleftharpoons H^+ + Ac^-$ | $Ac^-$ |
| $H_2S$ | $H_2S \rightleftharpoons H^+ + HS^-$ | $HS^-$ |
| $HCO_3^-$ | $HCO_3^- \rightleftharpoons H^+ + CO_3^{2-}$ | $CO_3^{2-}$ |
| $H_2O$ | $H_2O \rightleftharpoons H^+ + OH^-$ | $OH^-$ |
| $NH_4^+$ | $NH_4^+ \rightleftharpoons H^+ + NH_3$ | $NH_3$ |
| $NH_3$ | $NH_3 \rightleftharpoons H^+ + NH_2^-$ | $NH_2^-$ |
| $Al(H_2O)_6^{3+}$ | $Al(H_2O)_6^{3+} \rightleftharpoons H^+ + [Al(H_2O)_5(OH)]^{2+}$ | $[Al(H_2O)_5(OH)]^{2+}$ |

## 7.1.3　酸碱反应

与阿伦尼乌斯酸碱反应不同，质子理论的酸碱反应是两个共轭酸碱对之间的质子传递反应。因此，酸碱反应的实质是质子的转移，可用下列通式表示。

$$酸_1 + 碱_2 \rightleftharpoons 碱_1 + 酸_2$$

例如，下列的一些反应均为酸碱反应。

$$HAc + H_2O \rightleftharpoons Ac^- + H_3O^+$$

$$NH_3 + H_2O \rightleftharpoons NH_4^+ + OH^-$$

$$NH_4^+ + H_2O \rightleftharpoons NH_3 + H_3O^+$$

$$Ac^- + H_2O \rightleftharpoons HAc + OH^-$$

$$HAc + NH_3 \rightleftharpoons Ac^- + NH_4^+$$

$$H_2O + HCO_3^- \rightleftharpoons OH^- + H_2CO_3$$

$$HCO_3^- + OH^- \rightleftharpoons CO_3^{2-} + H_2O$$

$$Al(H_2O)_6^{3+} + H_2O \rightleftharpoons [Al(H_2O)_5(OH)]^{2+} + H_3O^+$$

$$H_2O + Al(OH)_3 \rightleftharpoons OH^- + [Al(OH)_2(H_2O)]^+$$

$$H_2O + H_2O \rightleftharpoons OH^- + H_3O^+$$

$$HCl + NH_3 \rightleftharpoons Cl^- + NH_4^+$$

从上面一些例子可以看出，阿伦尼乌斯酸碱反应包括酸和碱的解离反应、酸碱的中和反应、盐类的水解及气态 $NH_3$ 和 HCl 反应，它们在质子理论中都属酸碱反应。但须注意的是，单独一对共轭酸碱不能发生酸碱反应。

## 7.1.4　酸碱的强度

酸和碱的强度是指酸给出质子的能力和碱接受质子的能力的强弱。物质给出质子的能力越强，酸性就越强，其共轭碱的碱性越弱；同样，物质接受质子的能力越强，碱性就越强，其共轭酸的酸性越弱。例如，以 HAc 和 $NH_4^+$ 进行比较，在水溶液中 HAc 给出质子的能力比 $NH_4^+$ 强，因此，HAc 的酸性比 $NH_4^+$ 的酸性强，而 $Ac^-$ 的碱性则比 $NH_3$ 的碱性弱。酸碱反应的方向是较强的碱接受较强的酸所给出的质子，转化为各自的共轭弱酸和弱碱。在水溶液中,酸给出质子或碱接受质子能力的大小可以用酸或碱的解离常数(dissociation constant)$K_a^\ominus$ 或 $K_b^\ominus$ 来衡量。

1. 解离常数

根据酸碱质子理论,在水溶液中,酸、碱的解离实际上就是它们与溶剂水分子间的酸碱反应。酸的解离即酸(HA)把质子传递给水而转变为其共轭碱($A^-$);碱的解离即碱(B)接受水中的质子转变为其共轭酸($HB^+$);而水($H_2O$)本身能接受质子或给出质子转变为其共轭酸($H_3O^+$)和共轭碱($OH^-$)。例如,弱酸(HA)在水溶液中存在着如下质子转移平衡:

$$HA + H_2O \rightleftharpoons H_3O^+ + A^-$$

也可简写为

$$HA \rightleftharpoons H^+ + A^-$$

其质子转移平衡表达式为

$$K_a^\ominus(HA) = \frac{[c(H_3O^+)/c^\ominus][c(A^-)/c^\ominus]}{c(HA)/c^\ominus} \quad (7-1)$$

式中,$c(H_3O^+)$、$c(A^-)$、$c(HA)$分别表示平衡时 $H_3O^+$、$A^-$ 和 HA 的浓度;$K_a^\ominus(HA)$称为 HA 的解离常数,即酸常数。

同理,弱碱(B)在水溶液中的质子转移平衡和解离常数(碱常数)表达式为

$$B + H_2O \rightleftharpoons OH^- + HB^+$$

$$K_b^\ominus = \frac{[c(HB^+)/c^\ominus][c(OH^-)/c^\ominus]}{c(B)/c^\ominus} \quad (7-2)$$

附录 2

为方便起见,实际使用时质子转移平衡表达式中的 $c^\ominus$ 可省略,$H_3O^+$ 简写为 $H^+$。一些常见的弱酸的解离常数见表 7-2 及附录 2。

表 7-2 常见弱酸的解离常数(298.15 K)

| 名称 | HA | $A^-$ | $K_a^\ominus$ | $pK_a^\ominus$ * |
|---|---|---|---|---|
| 亚硫酸 | $H_2SO_3$ | $HSO_3^-$ | $1.3\times10^{-2}$ | 1.90 |
| | $HSO_3^-$ | $SO_3^{2-}$ | $6.3\times10^{-8}$ | 7.20 |
| 硫酸氢根 | $HSO_4^-$ | $SO_4^{2-}$ | $1.0\times10^{-2}$ | 1.99 |
| 草酸 | $H_2C_2O_4$ | $HC_2O_4^-$ | $5.9\times10^{-2}$ | 1.22 |
| | $HC_2O_4^-$ | $C_2O_4^{2-}$ | $6.4\times10^{-5}$ | 4.19 |
| 甲酸 | HCOOH | $HCOO^-$ | $1.77\times10^{-4}$ | 3.75 |
| 氢氟酸 | HF | $F^-$ | $6.6\times10^{-4}$ | 3.18 |
| 醋酸 | HAc | $Ac^-$ | $1.8\times10^{-5}$ | 4.75 |
| 碳酸 | $H_2CO_3$ | $HCO_3^-$ | $4.2\times10^{-7}$ | 6.38 |
| | $HCO_3^-$ | $CO_3^{2-}$ | $5.6\times10^{-11}$ | 10.25 |
| 氢硫酸 | $H_2S$ | $HS^-$ | $8.9\times10^{-8}$ | 7.05 |
| | $HS^-$ | $S^{2-}$ | $1.3\times10^{-14}$ | 13.90 |
| 硼酸 | $H_3BO_3$ | $B(OH)_4^-$ | $5.8\times10^{-10}$ | 9.24 |
| 铵离子 | $NH_4^+$ | $NH_3$ | $5.5\times10^{-10}$ | 9.26 |
| 氢氰酸 | HCN | $CN^-$ | $6.2\times10^{-10}$ | 9.21 |

续 表

| 名称 | HA | $A^-$ | $K_a^\ominus$ | $pK_a^\ominus$ * |
|---|---|---|---|---|
| 磷酸 | $H_3PO_4$ | $H_2PO_4^-$ | $7.6\times10^{-3}$ | 2.12 |
| | $H_2PO_4^-$ | $HPO_4^{2-}$ | $6.3\times10^{-8}$ | 7.20 |
| | $HPO_4^{2-}$ | $PO_4^{3-}$ | $4.4\times10^{-13}$ | 12.36 |
| 水 | $H_2O$ | $OH^-$ | $1.0\times10^{-14}$ | 14.00 |

* $pK_a^\ominus$ 定义为 $K_a^\ominus$ 的负对数,即 $pK_a^\ominus=-\lg K_a^\ominus$。

$K_a^\ominus$(或 $K_b^\ominus$)是表征物质酸碱性强弱的特征常数,具有一般平衡常数的特征。对于给定弱电解质来说,它与浓度无关,而与温度有关。在水溶液中,温度、浓度相同的条件下,同类型的弱酸(或弱碱)的 $K_a^\ominus$(或 $K_b^\ominus$)越大,则其质子转移程度就越大,该酸(或碱)的酸性(或碱性)相对就越强。例如,$HA_C$($K_a^\ominus=1.8\times10^{-5}$)比硼酸($K_a^\ominus=5.8\times10^{-10}$)的酸性强;草酸($K_{a_1}^\ominus=5.9\times10^{-2}$)比 $H_2CO_3$($K_{a_1}^\ominus=4.2\times10^{-7}$)的酸性强。一般地,$K_a^\ominus$ 值大于1的酸是强酸;$K_a^\ominus$ 值在 $10^{-2}$ 左右为中强酸;$K_a^\ominus$ 值在 $10^{-5}$ 左右为弱酸;$K_a^\ominus$ 值在 $10^{-10}$ 左右为很弱的酸。

2. 水的解离和溶液的pH值

水是一种重要的溶剂,按照酸碱质子理论,$H_2O$ 既能接受质子又能提供质子,因而 $H_2O$ 分子之间可以通过传递质子而发生酸碱反应。

$$H_2O+H_2O \rightleftharpoons H_3O^+ + OH^-$$

也可简写为

$$H_2O \rightleftharpoons H^+ + OH^-$$

这种溶剂分子之间发生的质子传递作用称为溶剂的质子自递作用,水的解离常数以 $K_w^\ominus$ 表示。

$$K_w^\ominus=\frac{c(H_3O^+)}{c^\ominus}\cdot\frac{c(OH^-)}{c^\ominus} \tag{7-3}$$

可以简单表示为

$$K_w^\ominus=c(H^+)c(OH^-) \tag{7-4}$$

水的解离常数称为水的离子积(ionic product),与其他平衡常数一样,在一定温度下,$K_w^\ominus$ 是个常数。由于水的解离为吸热过程,故升温有利于解离,$K_w^\ominus$ 随温度的升高而增大。表7-3为不同温度下水的离子积,在298.15 K时,纯水的 $K_w^\ominus=1.0\times10^{-14}$。

**表7-3 不同温度下水的离子积**

| $t$/℃ | 10 | 20 | 25 | 30 | 50 | 60 | 80 | 100 |
|---|---|---|---|---|---|---|---|---|
| $K_w^\ominus/10^{-14}$ | 0.292 | 0.681 | 1.007 | 1.47 | 5.47 | 9.61 | 25.1 | 55.1 |

式(7-4)不仅适用于纯水,还适用于一切水溶液体系,即在水溶液中,$c(H^+)$和$c(OH^-)$的乘积都等于 $K_w^\ominus$。

水溶液中 $c(H^+)$或 $c(OH^-)$的大小反映了溶液的酸碱性的强弱。当水溶液中 $c(H^+)$或 $c(OH^-)$小于 $1\ mol\cdot dm^{-3}$ 时,用浓度直接表示溶液的酸碱性不方便,通常采用pH表示,并规定:

$$pH=-\lg[c(H_3O^+)/c^\ominus]$$

也可简单表示为

$$pH=-\lg c(H^+) \tag{7-5}$$

与pH相对应,定义

$$pOH=-\lg c(OH^-) \quad pK_w^\ominus=-\lg K_w^\ominus \tag{7-6}$$

由式(7-5)知,在常温下,水溶液的酸碱性有如下关系:

$$-\lg[c(H^+)c(OH^-)]=-\lg K_w^\ominus=14.00$$

$$pH+pOH=pK_w^\ominus=14.00 \tag{7-7}$$

pH 值越小，$c(H^+)$越大，溶液的酸性越强；pH 值越大，$c(H^+)$越小，溶液的碱性越强。在 298.15 K 时，溶液的酸碱性与 pH 值的关系为

酸性溶液　$c(H^+)>c(OH^-)$ 或 $c(H^+)>1.0\times10^{-7}\ mol\cdot dm^{-3}$，$pH<7$

中性溶液　$c(H^+)=c(OH^-)=1.0\times10^{-7}\ mol\cdot dm^{-3}$，$pH=7$

碱性溶液　$c(H^+)<c(OH^-)$或 $c(H^+)<1.0\times10^{-7}\ mol\cdot dm^{-3}$，$pH>7$

3. 共轭酸碱的 $K_a^\ominus$ 与 $K_b^\ominus$ 的关系

酸的 $K_a^\ominus$ 与其共轭碱的 $K_b^\ominus$(碱的 $K_b^\ominus$ 与其共轭酸的 $K_a^\ominus$)之间存在着一定的关系。对于共轭酸碱对 HA 与 $A^-$，有如下关系：

$$HA+H_2O \rightleftharpoons H_3O^+ + A^- \qquad K_a^\ominus=\frac{[c(H_3O^+)/c^\ominus][c(A^-)/c^\ominus]}{c(HA)/c^\ominus}$$

$$A^- + H_2O \rightleftharpoons HA+OH^- \qquad K_b^\ominus=\frac{[c(OH^-)/c^\ominus][c(HA)/c^\ominus]}{c(A^-)/c^\ominus}$$

$$K_a^\ominus K_b^\ominus=\frac{[c(H_3O^+)/c^\ominus][c(A^-)/c^\ominus]}{c(HA)/c^\ominus}\cdot\frac{[c(OH^-)/c^\ominus][c(HA)/c^\ominus]}{c(A^-)/c^\ominus}$$

$$=\frac{c(H_3O^+)}{c^\ominus}\cdot\frac{c(OH^-)}{c^\ominus}=K_w^\ominus \tag{7-8}$$

$$pK_a^\ominus+pK_b^\ominus=pK_w^\ominus \tag{7-9}$$

由式(7-8)或式(7-9)可知，共轭酸碱对的 $K_a^\ominus$ 与 $K_b^\ominus$ 的乘积等于水的离子积 $K_w^\ominus$，知道 $K_a^\ominus$ 或 $pK_a^\ominus$ 就可以计算出其共轭碱的 $K_b^\ominus$ 或 $pK_b^\ominus$，同样也可由 $K_b^\ominus$ 或 $pK_b^\ominus$ 求算出其共轭酸的 $K_a^\ominus$ 或 $pK_a^\ominus$。

由上可知，在共轭酸碱对中，酸的酸性越强(即酸的 $K_a^\ominus$ 越大)，其共轭碱的碱性越弱(即共轭碱的 $K_b^\ominus$ 越小)；反之，若碱的碱性越强，其共轭酸的酸性越弱。

4. 影响酸、碱质子转移的因素

(1) 同离子效应和盐效应

根据化学平衡原理，当维持平衡的外界条件改变时，会引起质子转移平衡的移动，在新的条件下，达到新的平衡状态。例如，在 HAc 溶液中，存在如下质子转移平衡：

$$HAc+H_2O \rightleftharpoons Ac^- + H_3O^+$$

若加入与 HAc 含有相同离子的易溶强电解质 NaAc，由于溶液中 $c(Ac^-)$的增大，会导致 HAc 质子转移平衡逆向移动，达到新平衡时，溶液中 $c(HAc)$增大，即 HAc 的解离度降低。这种由于在弱电解质溶液中加入一种含有相同离子(阴离子或阳离子)的强电解质，使弱电解质解离度降低的现象称为同离子效应(common ion effects)。例如，在0.10 $mol\cdot dm^{-3}$ HAc 溶液中，加入 0.10 $mol\cdot dm^{-3}$ NaAc，HAc 的解离度由 $1.33\times10^{-2}$降为 $1.76\times10^{-4}$。又如 0.1 $mol\cdot dm^{-3}$ HCl 和 0.1 $mol\cdot dm^{-3}$ HAc 混合，HAc 的解离度降为 $1.8\times10^{-4}$。可见，同离子效应的影响是非常显著的。

若在弱电解质溶液中加入不含相同离子的强电解质(如在 HAc 溶液中加入 NaCl)，该弱电解质的解离度将略有增大，这种效应称为盐效应(salt effect)。这是由于强电解质的加入使离子浓度增大了，“离子氛”使异电荷离子间的相互牵制作用增强，使弱电解质组分中的阳、阴离子结合成分子的机会减少，分子化的速度相应减小，其结果是弱电解质解离度增大。例如，在 0.10 $mol\cdot dm^{-3}$ HAc 溶液中，加入 0.010 $mol\cdot dm^{-3}$、0.10 $mol\cdot dm^{-3}$ NaCl 时，

HAc的解离度由 $1.33\times10^{-2}$ 升高到 $1.50\times10^{-2}$、$1.82\times10^{-2}$。

(2) 稀释定律

若将弱酸、弱碱稀释时,质子转移平衡的移动会使HA的解离度发生改变。以一元弱酸HA为例,设一元弱酸HA的浓度为 $c$ mol·dm$^{-3}$,解离度为 $\alpha$,则

$$HA+H_2O \rightleftharpoons A^-+H_3O^+$$

平衡浓度/(mol·dm$^{-3}$) $\quad c(1-\alpha) \quad c\alpha \quad c\alpha$

$$K_a^{\ominus}=\frac{c\alpha^2}{(1-\alpha)}$$

若电解质很弱,$\alpha<5\%$ 时,可认为 $1-\alpha\approx1$,于是有

$$\alpha\approx\sqrt{\frac{K_a^{\ominus}}{c}} \tag{7-10}$$

可见,在一定温度下,弱电解质的解离度 $\alpha$ 与溶液浓度 $c$ 的平方根成反比,即浓度越稀,解离度越大,这个关系称为稀释定律(dilution law)。表7-4为不同浓度的HAc水溶液的解离度。

**表7-4 不同浓度的HAc水溶液的解离度**

| $c$(HAc)/(mol·dm$^{-3}$) | 0.2 | 0.1 | 0.02 | 0.001 |
|---|---|---|---|---|
| $\alpha$/% | 0.934 | 1.33 | 2.96 | 12.4 |

7-5 知识拓展:酸碱电子理论

## 7.2 酸碱溶液pH值的计算

7-6 微课:酸碱溶液pH值的计算

一般情况下,强酸、强碱因在水中全部解离,其pH值的计算相对比较简单。如0.1 mol·dm$^{-3}$ HCl溶液,其 $c(H^+)=0.1$ mol·dm$^{-3}$,pH=1.00。但如果强酸、强碱的浓度小于 $10^{-6}$ mol·dm$^{-3}$,就必须要考虑溶剂水的质子自递作用。以下将根据质子理论重点讨论弱酸、弱碱溶液的pH值计算。

### 7.2.1 一元弱酸、弱碱pH值的计算

1. 精确式

设一元弱酸HA的起始浓度为 $c_0$(HA),则溶液中存在如下质子转移平衡:

$$HA+H_2O \rightleftharpoons A^-+H_3O^+$$

$$H_2O+H_2O \rightleftharpoons H_3O^++OH^-$$

设平衡时酸、水合氢离子浓度和共轭碱浓度分别为 $c$(HA)、$c(H^+)$、$c(A^-)$。$c(H^+)$来自一元弱酸HA和水的质子转移,达到平衡时存在如下质子转移平衡表达式:

$$c(H^+)=c(A^-)+c(OH^-)$$

$$K_a^\ominus=\frac{c(H^+)c(A^-)}{c(HA)}$$

$$K_w^\ominus=c(H^+)c(OH^-)$$

计算得 $c(H^+)$ 的精确式

$$c(H^+)=\sqrt{K_a^\ominus c(HA)+K_w^\ominus} \tag{7-11}$$

式(7-11)看上去并不复杂,但式中 $c(HA)$ 为平衡浓度,不是已知值,计算相当麻烦。因此,在实际计算时,则可根据允许的误差范围选用更为实用的近似式或最简式。

2. 近似式

当酸不是太弱($K_a^\ominus$ 不是太小),酸的起始浓度不是很低,即 $c_0(HA)$ 不是太小时,水的质子自递反应产生的 $H_3O^+$ 对溶液中 $c(H^+)$ 的影响可以忽略不计。

一般地,当 $K_a^\ominus$、$c_0(HA)$ 不是太小,且 $c_0(HA)K_a^\ominus \geqslant 20K_w^\ominus$ 时,这时可忽略水的解离,相对误差≤5%。根据式(7-11)得计算 $c(H^+)$ 的近似式

$$c(H^+)=\sqrt{K_a^\ominus c(HA)} \tag{7-12}$$

式中,$c(HA)$ 为平衡浓度,不是已知值,需要通过计算获得,因此仍不实用。

由于一元弱酸中存在 HA 和 $A^-$ 两种状态,各自的平衡浓度与 HA 起始浓度 $c_0(HA)$ 之间的关系是

$$c_0(HA)=c(HA)+c(A^-)$$

$$c(HA)=c_0(HA)-c(A^-)=c_0(HA)-c(H^+)$$

代入式(7-12),经整理得更为实用的近似式

$$c(H^+)=\frac{-K_a^\ominus+\sqrt{K_a^{\ominus 2}+4c_0(HA)K_a^\ominus}}{2} \tag{7-13}$$

3. 最简式

若酸不是太强($K_a^\ominus$ 不是太大)、酸的起始浓度不是很低时,平衡溶液中的 $c(H^+)$ 远小于酸的起始浓度 $c_0(HA)$,即 $c(HA)=c_0(HA)-c(H^+)\approx c_0(HA)$。

将其代入式(7-13)可得 $c(H^+)$ 的最简式得

$$c(H^+)=\sqrt{c_0(HA)K_a^\ominus} \tag{7-14}$$

一般地,当 $c_0(HA)$ 不是太小、$K_a^\ominus$ 不是太大又不是太小,且 $c_0(HA)/K_a^\ominus \geqslant 500$ 时,采用式(7-14)的相对误差 ≤2.2 %。

对一元弱碱 B 溶液作类似处理,可得

精确式: $$c(OH^-)=\sqrt{K_b^\ominus c(B)+K_w^\ominus} \tag{7-15}$$

近似式: $$c(OH^-)=\sqrt{K_b^\ominus c(B)} \tag{7-16}$$

$$c(OH^-)=\frac{-K_b^\ominus+\sqrt{K_b^{\ominus 2}+4c_0(B)K_b^\ominus}}{2} \quad [c_0(B)K_b^\ominus \geqslant 20K_w^\ominus \text{ 时}] \tag{7-17}$$

最简式: $$c(OH^-)=\sqrt{c_0(B)K_b^\ominus} \quad [c_0(B)K_b^\ominus \geqslant 20K_w^\ominus, c_0(B)/K_b^\ominus \geqslant 500 \text{ 时}] \tag{7-18}$$

**【例题 7-1】** 计算 0.0250 $mol \cdot dm^{-3}$ 甲酸水溶液的 pH 值。(甲酸的 $K_a^\ominus=1.76\times10^{-4}$。)

**【例题 7-2】** 计算 0.10 $mol \cdot dm^{-3}$ $NH_3$ 溶液的 pH 值。($NH_3$ 的 $K_b^\ominus=1.79\times10^{-5}$。)

**【例题 7-3】** 计算 0.15 $mol \cdot dm^{-3}$ $NH_4Cl$ 溶液的 pH。($NH_3 \cdot H_2O$ 的 $pK_b^\ominus=4.74$。)

**【例题 7-4】** 计算浓度为 0.1 $mol \cdot dm^{-3}$ NaCN 溶液的 pH 值。(HCN 的 $K_a^\ominus=4.9\times10^{-10}$。)

7-7 例题解答

### 7.2.2　多元弱酸、弱碱的 pH 值的计算

多元弱酸、弱碱的质子转移是分步进行的，各步质子转移平衡对应的平衡常数依次用 $K_{a_1}^{\ominus}$，$K_{a_2}^{\ominus}$，…和 $K_{b_1}^{\ominus}$，$K_{b_2}^{\ominus}$，…表示，称分步解离常数。以 $H_2S$ 为例，在水溶液中存在如下质子转移平衡：

$$H_2S + H_2O \rightleftharpoons H_3O^+ + HS^-$$

$$K_{a_1}^{\ominus} = \frac{[c(HS^-)/c^{\ominus}][c(H^+)/c^{\ominus}]}{c(H_2S)/c^{\ominus}} = 9.5 \times 10^{-8}$$

$$HS^- + H_2O \rightleftharpoons H_3O^+ + S^{2-}$$

$$K_{a_2}^{\ominus}(H_2S) = \frac{[c(S^{2-})/c^{\ominus}][c(H^+)/c^{\ominus}]}{c(HS^-)/c^{\ominus}} = 1.3 \times 10^{-14}$$

式中，$K_{a_1}^{\ominus}$、$K_{a_2}^{\ominus}$ 分别表示 $H_2S$ 的一级和二级解离常数。

一般情况下，各级解离常数之间的关系为：$K_{a_1}^{\ominus} > K_{a_2}^{\ominus} > K_{a_3}^{\ominus} > \cdots$。对于多元弱酸，如果 $K_{a_1}^{\ominus} \gg K_{a_2}^{\ominus}$，溶液中的 $H^+$ 主要来自第一步质子转移反应，近似计算 $c(H^+)$ 时，可按一元弱酸质子转移平衡来处理，因此，式(7-11)～式(7-14)也适合多元弱酸中的 $c(H^+)$ 的计算，只需要将公式中的 $K_a^{\ominus}$ 改为 $K_{a_1}^{\ominus}$ 即可。多元弱碱亦可类似处理。

**【例题 7-5】** 计算常温、常压下饱和 $H_2S$ 水溶液(0.10 mol·dm$^{-3}$)中 $c(H^+)$、$c(S^{2-})$，并通过计算说明 $S^{2-}$ 浓度与溶液酸度的关系。(25℃时，$K_{a_1}^{\ominus} = 8.90 \times 10^{-8}$，$K_{a_2}^{\ominus} = 1.26 \times 10^{-14}$。)

以上计算表明，二元弱酸的酸根的浓度在数值上近似地等于 $K_{a_2}^{\ominus}$，而与弱酸起始浓度关系不大。

根据多重平衡规则，将 $H_2S$ 二步质子转移平衡相加得

$$H_2S \rightleftharpoons 2H^+ + S^{2-}$$

则有

$$K_a^{\ominus} = K_{a_1}^{\ominus} K_{a_2}^{\ominus} = \frac{c(H^+)^2 c(S^{2-})}{c(H_2S)}$$

或

$$c(S^{2-}) = \frac{K_{a_1}^{\ominus} K_{a_2}^{\ominus} c(H_2S)}{c(H^+)^2} \qquad (7-19)$$

上式表明了二元弱酸($H_2S$)溶液中 $c(H^+)$、$c(S^{2-})$ 和未解离的 $c(H_2S)$ 之间的关系。对于 $H_2S$ 饱和溶液，由于 $H_2S$ 的解离程度不大，$c(H_2S) \approx c_0(H_2S)$，因此

$$c(S^{2-}) = \frac{8.9 \times 10^{-8} \times 1.26 \times 10^{-14} \times 0.10}{c(H^+)^2}$$

可见，$H_2S$ 饱和溶液中，$c(S^{2-})$ 随着 $c(H^+)$ 的改变而改变。如果在 $H_2S$ 溶液中加入强酸以增大 $c(H^+)$，则可显著地降低 $c(S^{2-})$，因此，通过调节溶液的 pH 值能有效控制溶液中 $c(S^{2-})$，从而使一些金属硫化物沉淀或溶解，达到分离的目的。

7-8　知识点延伸：两性物质溶液的酸碱性判断

## 7.3　缓冲溶液

7-9　微课：缓冲溶液

在科学实验和实际生产中，许多化学反应与溶液的 pH 值有关，有些化学反应甚至要求反应过程中溶液的 pH 值保持在一定范围之内。能够抵抗少量酸、碱或适量的稀释而保持体系的 pH 值基本不变的溶液称为缓冲溶液

(buffer solution)。在反应体系中加入这种溶液,就能将 pH 值控制在一定范围内,这种使溶液 pH 保持相对稳定的作用称为缓冲作用。

### 7.3.1 缓冲溶液的组成及作用原理

如果将 1 滴浓 HCl(约 12.4 mol·dm$^{-3}$)加入 1 dm$^3$ 纯水中,可使 $c(H^+)$增加 5000 倍左右(由 $1.0\times10^{-7}$增至 $5\times10^{-4}$ mol·dm$^{-3}$),显然,纯水不具有缓冲作用。那么,怎样的溶液才能维持 pH 值保持相对稳定呢?实践发现,缓冲溶液通常由足够浓度的共轭酸碱对组成。常见的缓冲对主要包括三种类型:①弱酸及其共轭碱,如 $HAc-Ac^-$、$H_2CO_3-HCO_3^-$;②弱碱及其共轭酸,如 $NH_3\cdot H_2O-NH_4^+$;③多元酸的两性物质组成的共轭酸碱对,如 $H_2PO_4^- - HPO_4^{2-}$、$HCO_3^- - CO_3^{2-}$。

实验过程中,也可通过酸碱反应,使其产物与过量的反应物组成缓冲体系,例如,过量的 HAc 与 NaOH 反应可以形成 HAc-NaAc 缓冲对。

缓冲溶液为什么具有缓冲作用?这是因为在缓冲溶液中同时存在足够浓度的共轭酸碱对,并且共轭酸碱对之间存在着质子转移平衡,因此,共轭酸碱对分别起着抵抗少量碱、酸的作用。其中,共轭酸(如 HAc)起着抗碱作用,称为抗碱成分;共轭碱(如 $Ac^-$)起着抗酸作用,称为抗酸成分。下面以 HAc-NaAc 缓冲体系为例来说明其缓冲原理。

在 HAc-NaAc 缓冲溶液中,同时含有相当大量的 HAc 和 $Ac^-$,并存在着如下的质子转移平衡:

$$HAc+H_2O \rightleftharpoons Ac^- + H_3O^+$$

当加入少量强酸(如 HCl)时,抗酸成分 $Ac^-$ 与加入的 $H^+$ 结合成 HAc,使上述平衡向左移动,直至建立新的平衡。因为加入的 $c(H^+)$较小,溶液中 $c(Ac^-)$较大,使加入的 $H^+$ 绝大部分转变成弱酸 HAc,因此,溶液的 pH 值几乎不变。其抗酸反应可表示为

$$Ac^- + H^+ \longrightarrow HAc$$

当加入少量强碱(如 NaOH)时,则溶液中的 $H_3O^+$ 与加入的 $OH^-$ 结合成 $H_2O$,破坏了上述平衡,促使平衡向右移动,即向生成 $H_3O^+$ 和 $Ac^-$ 的方向移动,直至建立新的平衡。由于加入的 $c(OH^-)$较小,溶液中 $c(HAc)$较大,因此,溶液的 pH 值几乎不变。其抗碱反应可表示为

$$HAc+OH^- \longrightarrow Ac^- + H_2O$$

若适当稀释此溶液,由于 $c(HAc)$、$c(Ac^-)$以同等倍数下降,$c(HAc)/c(Ac^-)$不变,因此,溶液的 pH 值几乎不变[见式(7-20)]。由上可知,缓冲溶液具有抗酸、抗碱和抗稀释的作用。

### 7.3.2 缓冲溶液的 pH 值的计算

以 HAc-NaAc 缓冲体系为例,质子转移平衡为

$$HAc+H_2O \rightleftharpoons Ac^- + H_3O^+$$

由平衡可得

$$K_a^{\ominus}(HAc)=\frac{c(H^+)c(Ac^-)}{c(HAc)}$$

$$pH=pK_a^{\ominus}(HAc)-\lg\frac{c(HAc)}{c(Ac^-)}$$

式中，$c(HAc)$和$c(Ac^-)$均为平衡浓度。我们可以从质子条件导出计算缓冲溶液 pH 值的精确式、近似式和最简式。如果对计算结果要求不十分精确，计算时，通常使用初始浓度$c_0(Ac^-)$、$c_0(HAc)$来代替平衡浓度$c(Ac^-)$、$c(HAc)$。由此得出弱酸及其共轭碱、弱碱及其共轭酸组成的缓冲溶液 pH 值计算通式

$$pH = pK_a^{\ominus} - \lg \frac{c_0(\text{酸})}{c_0(\text{共轭碱})} \tag{7-20}$$

$$pOH = pK_b^{\ominus} - \lg \frac{c_0(\text{碱})}{c_0(\text{共轭酸})} \tag{7-21}$$

式中，$c_0$(酸)/$c_0$(共轭碱)称为缓冲比；$c_0$(酸)+$c_0$(共轭碱)称为缓冲溶液的总浓度。

**【例题 7-6】** 计算 100 $cm^3$ 1.0 $mol \cdot dm^{-3}$ HAc 和 1.0 $mol \cdot dm^{-3}$ NaAc 组成的缓冲溶液的 pH 值。如果加入 1 $cm^3$ 6 $mol \cdot dm^{-3}$ 的 HCl 溶液，其 pH 值变为多少？

**【例题 7-7】** 配制 1 $dm^3$ pH=10.0 的缓冲溶液，用浓 $NH_3 \cdot H_2O$(16.0 $mol \cdot dm^{-3}$)420 $cm^3$，需加多少 $NH_4Cl$？($NH_3$ 的 $pK_b^{\ominus}=4.74$。)

任何缓冲溶液的缓冲能力都是有限的，缓冲溶液必须在一定 pH 范围内才能发挥其缓冲作用，若向体系中加入过多的酸或碱，或是大量稀释，都有可能使缓冲溶液失去缓冲作用。

化学上用缓冲容量(buffer capacity)表达缓冲溶液的缓冲能力。它是指维持溶液 pH 值大体恒定的条件下，缓冲溶液能够中和外来酸或外来碱的量。显然，缓冲容量的大小与缓冲溶液的总浓度及其缓冲比有关，当缓冲溶液的总浓度一定时，缓冲比[$c_0$(酸)/$c_0$(共轭碱)或$c_0$(碱)/$c_0$(共轭酸))]越接近 1，则缓冲容量越大。一般地，当缓冲比小于 0.1 或大于 10 时，认为缓冲溶液已基本失去缓冲能力，因此，当缓冲比处于 0.1～10 时，缓冲溶液才有效，故一般认为 $pH = pK_a^{\ominus} \pm 1$($pOH = pK_b^{\ominus} \pm 1$)为缓冲作用的有效区间，称为缓冲溶液的缓冲范围(buffering range)。

### 7.3.3　缓冲溶液的选择和配制原则

在实践中，根据所需保持的 pH 范围，选择和配制缓冲溶液时应从以下几方面加以分析。

① 所选择的缓冲溶液，除了参与和 $H^+$ 或 $OH^-$ 有关的反应以外，不能与反应体系中的其他物质发生副反应。

② 缓冲溶液的 $K_a^{\ominus}$(或 $K_b^{\ominus}$)应尽可能接近所需保持的 pH(或 pOH)值。例如，为保持溶液 pH =5，最好选择 $pK_a^{\ominus} \approx 5$ 的共轭酸碱对；若要保持溶液 pH=10，最好选择 $pK_a^{\ominus} \approx 10$ 或 $pK_b^{\ominus} \approx 4$ 的共轭酸碱对。常见的酸碱缓冲溶液及其缓冲范围见表 7-5。

**表 7-5　常用酸碱缓冲溶液**

| 缓冲体系 | $pK_a^{\ominus}$(或 $pK_b^{\ominus}$) | 缓冲范围(pH) |
|---|---|---|
| HAc-NaAc | 4.75 | 3.6～5.6 |
| $NH_3-NH_4Cl$ | 4.75 | 8.3～10.3 |
| $NaHCO_3-Na_2CO_3$ | 10.25 | 9.2～11.0 |
| $KH_2PO_4-K_2HPO_4$ | 7.21 | 5.9～8.0 |
| $H_3BO_3-Na_2B_4O_7$ | 9.2 | 7.2～9.2 |

③ 尽管缓冲溶液总浓度越大,缓冲作用越强,但配制缓冲溶液时,共轭酸碱对浓度以0.1～1.0 $mol \cdot dm^{-3}$为宜。这是因为这个浓度范围已足够抵御少量酸或碱;若浓度过大,离子强度太大,会影响溶液 pH 值,而且可能产生其他副作用。

④ 若 $pK_a^{\ominus}$ 或 $pK_b^{\ominus}$ 与所需 pH 或 pOH 不相等,依所需 pH 调整 $c_0$(酸)/$c_0$(共轭碱)或 $c_0$(碱)/$c_0$(共轭酸),但缓冲比以 0.1～10 为宜,超过这个范围,缓冲作用将明显减弱。

⑤ 酸碱缓冲溶液根据不同的用途可以分为两大类,即标准缓冲溶液和普通缓冲溶液。普通缓冲溶液主要用于化学反应或生产过程中溶液酸度的控制,在实际工作中应用非常广泛。标准缓冲溶液性质稳定,常用于校正 pH 计。常用的标准缓冲溶液见表 7－6。

**表 7－6　常用标准缓冲溶液**

| pH 标准缓冲溶液 | pH(25 ℃) |
|---|---|
| 0.034 $mol \cdot dm^{-3}$ 饱和酒石酸氢钾($KHC_4H_4O_6$) | 3.56 |
| 0.05 $mol \cdot dm^{-3}$ 邻苯二甲酸氢钾($KHC_8H_4O_4$) | 4.01 |
| 0.025 $mol \cdot dm^{-3}$ 磷酸二氢钾($KH_2PO_4$)－0.025 $mol \cdot dm^{-3}$ 磷酸氢二钠($Na_2HPO_4$) | 6.86 |
| 0.01 $mol \cdot dm^{-3}$ 硼砂($Na_2B_4O_7 \cdot 10H_2O$) | 9.18 |

7－10　化学与社会:人体血液 pH 的调节

# 7.4　酸碱滴定原理

酸碱滴定法是以酸碱反应为基础的滴定分析方法。利用该方法可以测定一些具有酸碱性的物质。有许多不具有酸碱性的物质,也可通过化学反应产生酸碱,并采用酸碱滴定法测定它们的含量。因此,酸碱滴定法在科研和生产实践中的应用极为广泛。

## 7.4.1　酸碱指示剂

7－11　微课:酸碱指示剂

### 1. 作用原理

用作酸碱指示剂(acid-base indicator)的化合物一般是有机弱酸或弱碱,它们的酸式结构和碱式结构具有不同的结构和颜色,当溶液 pH 改变时,指示剂获得质子转化为酸式,或失去质子转化为碱式,从而引起溶液颜色的变化。例如,甲基橙(MO)是一种有机弱碱,在溶液中的质子转移平衡表示如下。当溶液酸度增大时,甲基橙多以酸式结构(醌式)存在,显示红色;当溶液酸度减小时,有利于转变为碱式结构(偶氮式),使溶液显黄色。

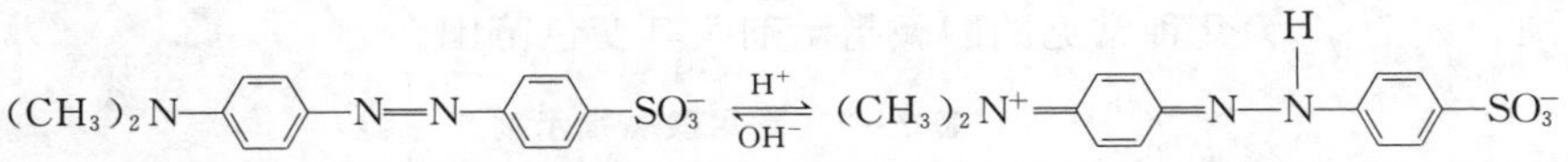

$$(CH_3)_2N-C_6H_4-N=N-C_6H_4-SO_3^- \underset{OH^-}{\overset{H^+}{\rightleftharpoons}} (CH_3)_2N^+=C_6H_4=N-NH-C_6H_4-SO_3^-$$

黄色(偶氮式)　　　　　　　　红色(醌式)

又如,酚酞(PP)是一种有机弱酸,在溶液中的质子转移平衡如下所示。在酸性溶液中,酚酞以无色羟式结构存在;在碱性溶液中转化为红色醌式结构。

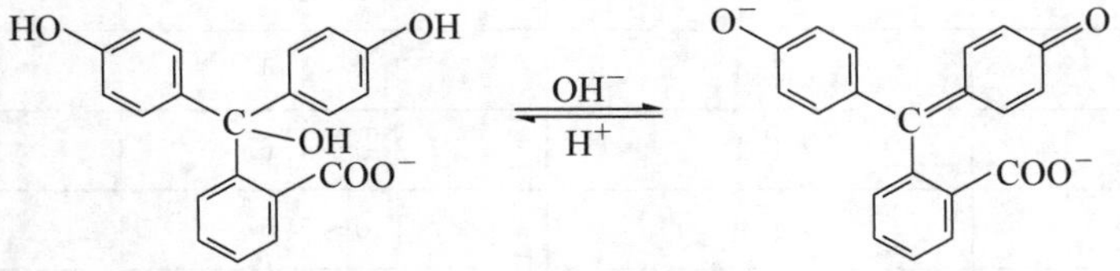

$$\text{无色(羟式)} \underset{H^+}{\overset{OH^-}{\rightleftharpoons}} \text{红色(醌式)}$$

无色(羟式)　　　　　　　　红色(醌式)

2. 指示剂的变色范围

若以HIn代表有机酸类指示剂,$In^-$代表其共轭碱,则存在如下质子转移平衡:

$$\underset{(\text{酸色})}{HIn} + H_2O \rightleftharpoons \underset{(\text{碱色})}{In^-} + H_3O^+$$

当达到平衡时

$$K^{\ominus}_{HIn} = \frac{c(H^+)c(In^-)}{c(HIn)}$$

$$\frac{c(In^-)}{c(HIn)} = \frac{K^{\ominus}_{HIn}}{c(H^+)}$$

式中,$K^{\ominus}_{HIn}$为指示剂常数。由上可见,溶液颜色取决于指示剂碱式和酸式的浓度比值$\frac{c(In^-)}{c(HIn)}$,而该比值取决于$K^{\ominus}_{HIn}$和溶液的$c(H^+)$。当$c(In^-)=c(HIn)$时,溶液$c(H^+)=K^{\ominus}_{HIn}$,即$pH=pK^{\ominus}_{HIn}$,通常称为指示剂的理论变色点。受人眼辨色能力的限制,不是任何微小的比值改变都能被观察到,一般说来,当比值$\frac{c(HIn)}{c(In^-)}>10$时,人眼就能辨认出酸式颜色来,即溶液显酸色;当$\frac{c(HIn)}{c(In^-)}<\frac{1}{10}$时,人眼就能辨认出碱式颜色,即溶液显碱色。因此,有如下关系:

$$\frac{c(HIn)}{c(In^-)}>10\text{ 时,呈酸色, } pH \leqslant pK^{\ominus}_{HIn}-1$$

$$\frac{c(HIn)}{c(In^-)}<\frac{1}{10}\text{时,呈碱色, } pH \geqslant pK^{\ominus}_{HIn}+1$$

$$\frac{1}{10}<\frac{c(HIn)}{c(In^-)}<10\text{ 时,混合色,} pK^{\ominus}_{HIn}-1 \leqslant pH \leqslant pK^{\ominus}_{HIn}+1$$

理论上,当溶液的pH由$pK^{\ominus}_{HIn}-1$向$pK^{\ominus}_{HIn}+1$逐渐改变时,人眼就可以看到指示剂由酸色逐渐过渡到碱色。$pH=pK^{\ominus}_{HIn}\pm1$称为指示剂的理论变色范围。不同指示剂具有不同的$pK^{\ominus}_{HIn}$值,因此,各有其不同的理论变色范围。

在实际滴定中,指示剂的变色范围由人目视确定。由于人眼对不同颜色的敏感程度不同,加上指示剂的两种颜色相互影响,实际变色范围与理论变色范围往往有所差别。指示剂实际变色范围的pH幅度一般在1～2个pH单位。例如,甲基红的理论变色范围为4.1～6.1,而实际变色范围为4.4～6.2;甲基橙的理论变色范围为2.4～4.4,而实际变色范围为

3.1～4.4。表 7-7 为几种常见的酸碱指示剂及其变色范围。

**表 7-7 常用酸碱指示剂**

| 指示剂 | $pK_{HIn}^{\ominus}$ | 变色范围(pH) | 颜色变化 |
|---|---|---|---|
| 百里酚蓝* | 1.7 | 1.2～2.8 | 红—黄 |
| 甲基黄 | 3.3 | 2.9～4.0 | 红—黄 |
| 甲基橙 | 3.4 | 3.1～4.4 | 红—黄 |
| 溴酚蓝 | 4.1 | 3.0～4.6 | 黄—紫 |
| 溴甲酚绿 | 4.9 | 4.0～5.6 | 黄—蓝 |
| 甲基红 | 5.0 | 4.4～6.2 | 红—黄 |
| 溴百里酚蓝 | 7.3 | 6.2～7.6 | 黄—蓝 |
| 中性红 | 7.4 | 6.8～8.0 | 红—黄橙 |
| 苯酚红 | 8.0 | 6.8～8.4 | 黄—红 |
| 酚酞 | 9.1 | 8.0～10.0 | 无色—红 |
| 百里酚蓝# | 8.9 | 8.0～9.6 | 黄—蓝 |
| 百里酚酞 | 10.0 | 9.4～10.6 | 无色—蓝 |

* 百里酚蓝第一步解离；# 百里酚蓝第二步解离。

3. 混合指示剂

一般地，指示剂的变色范围越窄，测定的准确度越高。当使用单一指示剂确定终点无法达到所需要的准确度时，为缩小指示剂的变色范围，可采用混合指示剂。混合指示剂(mixed indicator)利用了颜色之间的互补作用，较单一指示剂具有变色范围窄、变色更敏锐等优点。

混合指示剂由人工配制而成。常见的配制方法有两种：一是由一种指示剂与一种惰性染料[其颜色不随 $c(H_3O^+)$变化而变化]混合而成；二是由两种(或多种)不同的指示剂混合而成。混合指示剂变色更敏锐的原理可用下面例子来说明。

例如，甲基橙和靛蓝组成的混合指示剂，靛蓝在滴定过程中不改变颜色，仅作为甲基橙颜色的背景色。表 7-8 为该指示剂随 pH 值改变的颜色变化情况。由表可知，单一的甲基橙由黄色变到红色，中间有一过渡的橙色，难以辨色，而混合指示剂的中间色是几乎无色的浅灰色，而且绿色与紫色明显不同，因此，变色范围较窄而变化较敏锐，从而使终点更易辨认。

**表 7-8 甲基橙和靛蓝组成的混合指示剂的颜色变化**

| 溶液的酸度 | 甲基橙的颜色 | 混合指示剂的颜色 |
|---|---|---|
| $pH \geqslant 4.4$ | 黄 | 绿 |
| $pH = 4.1$ | 橙 | 浅灰 |
| $pH \leqslant 3.1$ | 红 | 紫 |

又如溴甲酚绿与甲基红组成的混合指示剂。随着 pH 值的改变，指示剂的颜色变化见

表7-9。在溶液由酸性转变至碱性的过程中，溶液颜色由酒红经灰色到绿色，变色十分敏锐。以 $Na_2CO_3$ 为基准物质标定 HCl 标准溶液浓度时通常采用此混合指示剂。

表7-9　溴甲酚绿与甲基红组成的混合指示剂的颜色变化

| 溶液的酸度 | 溴甲酚绿 | 甲基红 | 混合指示剂 |
|---|---|---|---|
| $pH < 4.0$ | 黄 | 红 | 酒红 |
| $pH=5.1$ | 绿 | 橙红 | 灰 |
| $pH > 6.2$ | 蓝 | 黄 | 绿 |

## 7.4.2　酸碱滴定曲线

7-12　微课：酸碱滴定曲线

在酸碱滴定过程中，溶液 pH 值随滴定剂的加入而变化。滴定曲线(titration curve)是描述滴定过程中溶液 pH 值与滴定剂加入量(滴定分数)之间的关系曲线。滴定曲线用来判断被测物质能否被准确滴定，确定哪些指示剂可用来准确指示滴定终点等。滴定过程中溶液的 pH 值可通过 pH 计测定，也可以根据酸碱平衡进行计算。下面通过计算介绍几种类型的滴定曲线，说明被测定物质的解离常数、浓度等因素对滴定突跃的影响，并介绍如何正确选择指示剂等。

1. 强碱滴定强酸

以 $0.1000\ mol \cdot dm^{-3}$ 的 NaOH 标准溶液滴定 $20.00\ cm^3$ $0.1000\ mol \cdot dm^{-3}$ 的 HCl 溶液为例来讨论强碱滴定强酸的过程。整个滴定过程可分为以下4个阶段。

① 滴定前：溶液的 pH 值由 HCl 的初始浓度决定，$c(H^+)=0.1000\ mol \cdot dm^{-3}$，故 $pH=1.00$。

② 滴定开始至化学计量点前：随着滴定剂 NaOH 的不断加入，溶液中剩余的 HCl 量越来越少，HCl 的剩余量和溶液的体积决定了溶液的 pH 值。当加入 $19.98\ cm^3$ NaOH，即 99.9%的 HCl 被中和时，溶液的 pH 值取决于剩余 HCl 浓度。

$$c(H^+)=\frac{20.00-19.98}{20.00+19.98}\times 0.1000=5.00\times 10^{-5}\ mol \cdot dm^{-3}$$

$pH=4.30$。

③ 化学计量点时：加入 $20.00\ cm^3$ NaOH 溶液时 HCl 全部被中和，得到中性的 NaCl 溶液，溶液呈中性，$pH=7.00$。

④ 计量点后：NaOH 过量，溶液的 pH 值取决于反应完成后过剩的 NaOH 的浓度，当加入 $20.02\ cm^3$ NaOH 溶液即过量 0.1%时，

$$c(OH^-)=\frac{20.02-20.00}{20.00+20.02}\times 0.1000=5.00\times 10^{-5}\ mol \cdot dm^{-3}$$

$pOH=4.30$，$pH=14.00-4.30=9.70$。

其他各点可按上述方法做类似计算。根据计算结果，以被滴定溶液的 pH 值为纵坐标，以滴定剂 NaOH 的加入量为横坐标作滴定曲线(见图7-1)。

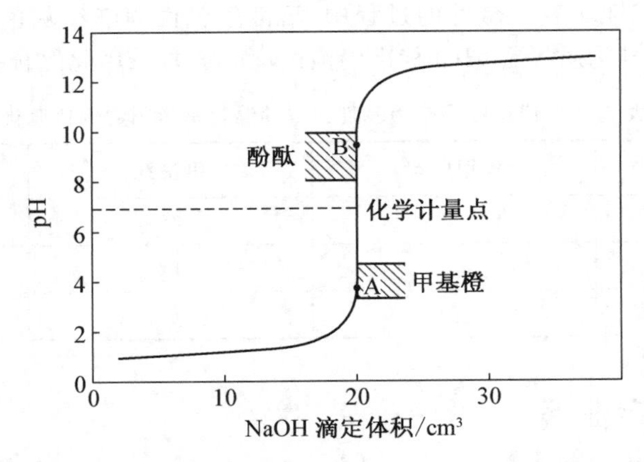


图 7-1　0.1000 mol·$dm^{-3}$ NaOH 溶液滴定 20.00 $cm^3$ 同浓度的 HCl 的滴定曲线

图 7-1 表明,pH 值在滴定开始时平缓上升,邻近化学计量点前后较陡(化学计量点前后±0.1%,溶液由酸性突变为碱性,pH 值由 4.30 升至 9.70),之后又趋于平缓。我们把化学计量点前后很小范围内,溶液的 pH 值发生了很大变化的现象,称之为滴定突跃(titration jump)。通常将化学计量点之前(99.9%被滴定)和之后(100.1%被滴定)的区间内 pH 值的变化叫滴定突跃范围。

滴定突跃范围的大小与溶液浓度有关。若溶液浓度改变,则上述滴定过程化学计量点时的 pH 值依然不变(pH=7.00),但滴定突跃却发生了变化。图 7-2 是不同浓度 NaOH 标准溶液滴定 HCl 溶液的滴定曲线。由图可见,滴定剂和被测溶液的浓度越大,酸碱滴定突跃范围也越大。

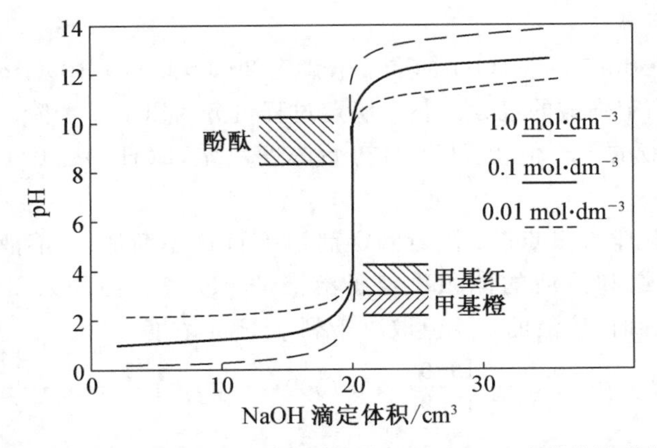


图 7-2　不同浓度 NaOH 溶液滴定不同浓度 HCl 溶液的滴定曲线

滴定突跃范围是选择指示剂的主要依据。原则上凡是变色范围全部或部分落在滴定突跃范围内的指示剂都可以用来指示终点。滴定突跃范围越大,可供选用的指示剂越多。酚酞(8.0 ~ 10.0)、甲基红(4.4 ~ 6.2)、甲基橙(3.1 ~ 4.4)等指示剂的变色范围都落在上述滴定的突跃范围内(见图 7-1、图 7-2),因此,都可用作强碱滴定强酸的指示剂。

对于强酸滴定强碱,可以参照以上计算方法,得到相应的滴定曲线。

2. 强碱滴定弱酸

以 0.1000 mol·$dm^{-3}$ NaOH 滴定 20.00 $cm^3$ 0.1000 mol·$dm^{-3}$ HAc 为例,讨论强碱滴定弱酸。NaOH 滴定 HAc 的滴定反应为

$$NaOH + HAc \rightleftharpoons NaAc + H_2O$$

① 滴定前：溶液中的 $c(H^+)$ 主要来自弱酸 HAc 的解离。按照一元弱酸 $c(H^+)$ 计算的最简式(7-14)计算得到。

$$c(H^+) = \sqrt{c_0(HAc)K_a^{\ominus}} = 1.33 \times 10^{-3}\ mol \cdot dm^{-3} \qquad pH = 2.88$$

② 滴定开始至化学计量点前：当加入 19.98 $cm^{-3}$ (99.9%) NaOH 时，由于形成 HAc-NaAc缓冲体系，溶液 pH 值可根据式(7-20)计算得到。

$$c(HAc) = \frac{(20.00 - 19.98) \times 0.1000}{20.00 + 19.98} = 5.00 \times 10^{-5}\ mol \cdot dm^{-3}$$

$$c(Ac^-) = \frac{19.98 \times 0.1000}{20.00 + 19.98} = 5.00 \times 10^{-2}\ mol \cdot dm^{-3}$$

$$pH = pK_a^{\ominus} - \lg \frac{5.00 \times 10^{-5}}{5.00 \times 10^{-2}} = 7.74$$

③ 计量点时：溶液的 pH 值由产物 $Ac^-$ 的浓度决定，溶液 pH 值可根据式(7-18)计算得到。

$$c(OH^-) = \sqrt{c_0(Ac^-)K_b^{\ominus}} = \sqrt{\frac{K_w^{\ominus}}{K_a^{\ominus}}c_0(Ac^-)} = \sqrt{\frac{1.00 \times 10^{-14}}{1.76 \times 10^{-5}} \times 0.0500} = 5.33 \times 10^{-6}\ mol \cdot dm^{-3}$$

$$pH = 8.73$$

④ 计量点后：当加入 20.02 $cm^3$(即过量 0.1%)NaOH 时，溶液的 pH 值由过量 NaOH 的浓度决定。

$$c(OH^-) = \frac{20.02 - 20.00}{20.00 + 20.02} \times 0.1000 = 5.00 \times 10^{-5}\ mol \cdot dm^{-3} \qquad pH = 9.70$$

其他各点可参照上述方法做类似计算，由计算结果得到相应的滴定曲线(见图 7-3)。

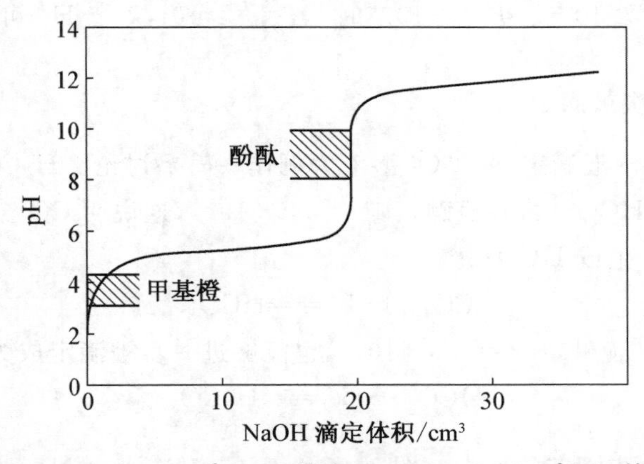


**图 7-3　0.1000 mol · $dm^{-3}$ NaOH 滴定 0.1000 mol · $dm^{-3}$ HAc 的滴定曲线**

显然，NaOH-HAc 滴定曲线的突跃范围(7.74 ～ 9.70)比 NaOH-HCl 的突跃范围(4.30 ～ 9.70)小得多，化学计量点时溶液不是中性而是弱碱性。甲基红(4.4 ～ 6.2)、甲基橙(3.1 ～ 4.4) 等指示剂的变色范围不在上述滴定的突跃范围内，因此，不再适合用作 NaOH 滴定 HAc 的指示剂。酚酞(8.0 ～ 10.0)、百里酚蓝(8.0 ～ 9.6)等指示剂的变色范围落在上述滴定的突跃范围内，因此，可用作 NaOH 滴定 HAc 的指示剂。

强碱滴定弱酸突跃范围的大小与被滴定的弱酸的强弱程度有关。图 7-4 为 NaOH 溶液滴定各种强度的酸的滴定曲线。从图 7-4 可见，浓度一定时，酸越弱，突跃范围越小。如果要求测量误差不大于 0.2%，通常把 $cK_a^{\ominus}$(或 $cK_b^{\ominus}$) $\geqslant 10^{-8}$ 作为弱酸(或弱碱)能被强碱

(或强酸)准确滴定的判据。就是说当 $cK_a^{\ominus}$(或 $cK_b^{\ominus}$)$<10^{-8}$时,用目测法不可能得到准确的测量结果。

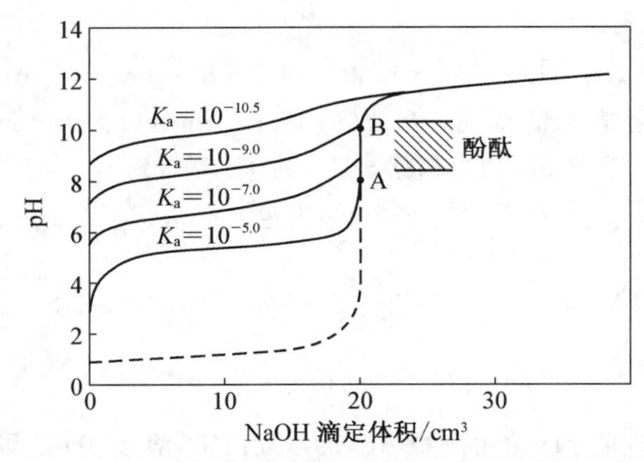


**图 7-4　0.1000 mol·dm$^{-3}$的 NaOH 溶液滴定各种强度的酸的滴定曲线**

3. 多元酸(碱)的滴定

与一元酸碱的滴定有所不同,多元酸碱的滴定情况比较复杂,滴定曲线一般通过实验测得,滴定突跃范围较小,涉及能否分步滴定或分别滴定。以二元酸为例:

① 如果 $cK_{a_1}^{\ominus}<10^{-8}$,则该级解离的 $H^+$ 不能被强碱准确地直接滴定。

② 如果 $cK_{a_1}^{\ominus}\geqslant10^{-8}$、$cK_{a_2}^{\ominus}<10^{-8}$、$\dfrac{K_{a_1}^{\ominus}}{K_{a_2}^{\ominus}}\geqslant10^4$,则第一级解离出的 $H^+$ 可以被准确地直接滴定,但第二级解离出来的 $H^+$ 不能被直接滴定。

③ 同时符合 $cK_{a_1}^{\ominus}\geqslant10^{-8}$、$cK_{a_2}^{\ominus}\geqslant10^{-8}$时,若$\dfrac{K_{a_1}^{\ominus}}{K_{a_2}^{\ominus}}\geqslant10^4$,2 个 $H^+$ 可分别被准确滴定;若$\dfrac{K_{a_1}^{\ominus}}{K_{a_2}^{\ominus}}\leqslant10^4$,2 个 $H^+$ 一次被滴定。

下面以 HCl 标准溶液滴定 $Na_2CO_3$ 溶液为例作一简要讨论。$H_2CO_3$ 是很弱的二元酸,在水溶液中 $CO_3^{2-}$ 是 $HCO_3^-$ 的共轭碱,$K_{b_1}^{\ominus}=1.8\times10^{-4}$,这说明 $CO_3^{2-}$ 为中等强度的弱碱,可以用强酸直接滴定,生成 $HCO_3^-$。

$$CO_3^{2-}+H^+\rightleftharpoons HCO_3^-$$

$HCO_3^-$ 是 $H_2CO_3$ 的共轭碱,$K_{b_2}^{\ominus}=2.3\times10^{-8}$,也能够进一步被滴定成为 $H_2CO_3$。

$$HCO_3^-+H^+\rightleftharpoons H_2CO_3$$

$\dfrac{K_{b_1}^{\ominus}}{K_{b_2}^{\ominus}}\approx10^4$,基本满足分步滴定的要求。图 7-5 为 HCl 溶液滴定 $Na_2CO_3$ 溶液的滴定曲线,可以看出在 pH=8.3 附近的第一个滴定突跃不太理想,这是由于两步中和反应交叉进行,即第一步 $CO_3^{2-}$ 还没有被完全中和时,已有部分 $HCO_3^-$ 被进一步中和为 $H_2CO_3$;在 pH=3.9 附近有一稍大些的滴定突跃,此处为第二化学计量点。

实际应用中,常用 HCl 标准溶液来测定纯碱或混碱的含量,用酚酞指示第一个终点时,变色不够明显,如果改用甲基红和百里酚蓝混合指示剂(变色时 pH=8.3),则终点变色较为明显;而第二化学计量点时,$pK_{b_2}^{\ominus}=7.62$,碱性较弱,如用甲基橙指示终点,变色也不甚明显。若使用混合指示剂溴甲酚绿和二甲基黄,并配合加热煮沸等措施,可以提高测定的准确度。

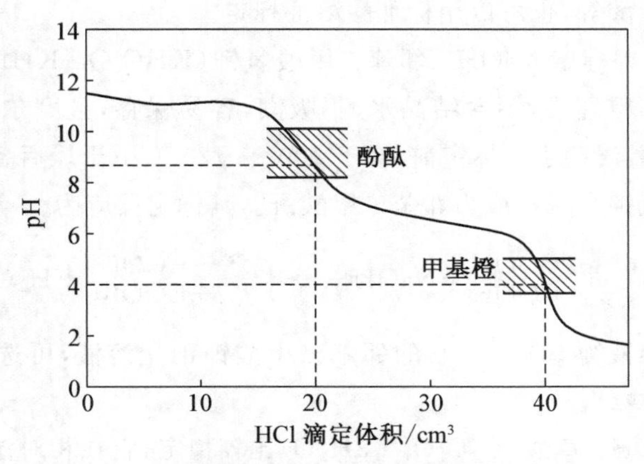


图 7-5　HCl 溶液滴定 $Na_2CO_3$ 溶液的滴定曲线

### 7.4.3　酸碱标准溶液的配制和标定

标准溶液指已知准确浓度的溶液。酸碱滴定中最常用的标准溶液是 HCl 和 NaOH，也可用 $H_2SO_4$、$HNO_3$、KOH 等其他强酸或强碱。其配制方法通常可采用直接法和间接法。由于浓 HCl 易挥发，NaOH 固体易吸收空气中的 $CO_2$ 和水蒸气，因此，HCl 和 NaOH 标准溶液一般不是直接配制，而是先配成近似浓度，然后用基准物质标定。

1. HCl 标准溶液的配制和标定

HCl 标准溶液一般由浓 HCl 采用间接法配制，即先配制成接近所需浓度的溶液，再用基准物质标定其准确浓度。常用的基准物质是无水碳酸钠或硼砂，还可以通过与已知准确浓度的 NaOH 标准溶液进行标定。

① 无水碳酸钠标定 HCl。无水碳酸钠（$Na_2CO_3$）易制得纯品，价格便宜，但吸湿性强，使用前应在 270～300 ℃下干燥至恒重，置干燥器中保存备用。其标定反应为

$$Na_2CO_3 + 2HCl \longrightarrow 2NaCl + H_2O + CO_2$$

在计量点时，溶液为 pH＝3.9 的 $H_2CO_3$ 饱和溶液，pH 突跃范围是 5.0～3.5，可用甲基橙或溴甲酚绿—甲基红混合指示剂指示终点，临近终点时应将溶液剧烈摇动或加热，以减小 $CO_2$ 的影响。

② 硼砂标定 HCl。硼砂（$Na_2B_4O_7 \cdot 10H_2O$）有较大的相对分子质量，称量误差小，无吸湿性，也易制得纯品。其缺点是在空气中易风化失去结晶水，因此，应保存在相对湿度为 60%～70%的密闭容器中备用。其标定反应为

$$Na_2B_4O_7 + 2HCl + 5H_2O \longrightarrow 4H_3BO_3 + 2NaCl$$

在计量点时，溶液为 pH＝5.1 的 $H_3BO_3$ 水溶液，滴定时可选用甲基红作指示剂，终点时溶液颜色由黄变红，变色较为明显。

2. NaOH 标准溶液的配制和标定

NaOH 溶液吸收空气中的 $CO_2$ 生成 $CO_3^{2-}$。而 $CO_3^{2-}$ 的存在，在滴定弱酸时会带入较大的误差，因此，必须配制和使用不含 $CO_3^{2-}$ 的 NaOH 标准溶液。为了配制不含 $CO_3^{2-}$ 的碱标准溶液，可采用浓碱法，即先用 NaOH 配成饱和溶液，在此溶液中 $Na_2CO_3$ 溶解度很小，待 $Na_2CO_3$ 沉淀后，取上层澄清液稀释至所需浓度，再加以标定。标定 NaOH 常用的基准物质

有邻苯二甲酸氢钾、草酸等,也可以用标准酸溶液标定。

① 邻苯二甲酸氢钾标定 NaOH。邻苯二甲酸氢钾($KHC_8O_4$,KHP)是一种较好的基准物质,易用重结晶法制得纯品,不含结晶水,不吸潮,容易保存,且摩尔质量大[$M(KHP)=204.2\ g\cdot mol^{-1}$],称量误差小。标定前,应于 100 ~ 125 ℃下干燥后备用,干燥温度不宜过高,否则邻苯二甲酸氢钾会脱水成为邻苯二甲酸酐。其标定反应为

$$C_6H_4(COOH)(COOK) + NaOH \longrightarrow C_6H_4(COONa)(COOK) + H_2O$$

化学计量点时,溶液为 pH=9.20 的邻苯二甲酸钾钠盐溶液,可选用酚酞作指示剂,终点时溶液由无色变至浅红。

② 草酸标定 NaOH。草酸($H_2C_2O_4\cdot 2H_2O$)比较稳定,它在相对湿度为 5% ~ 95%时不会风化失水,故将其保存在磨口玻璃瓶中即可。草酸是二元弱酸,$pK_{a_1}^{\ominus}=1.25$,$pK_{a_2}^{\ominus}=4.29$,由于$\dfrac{K_{a_1}^{\ominus}}{K_{a_2}^{\ominus}}<10^4$,故与强碱作用时只能按二元酸被一次滴定到 $C_2O_4^{2-}$,其标定反应为

$$2NaOH + H_2C_2O_4 \longrightarrow Na_2C_2O_4 + 2H_2O$$

化学计量点时,溶液为 pH=8.4 的 $Na_2C_2O_4$ 溶液,可选用酚酞作指示剂,终点时溶液变色敏锐。

## 7.5 酸碱滴定的方式及其应用

一些具有酸碱性的物质,可用酸碱滴定法直接或间接测定。有些不具有酸碱性的物质,也可通过化学反应产生酸碱,并用酸碱滴定法间接测定它们的含量。

### 7.5.1 直接滴定法

强酸和某些弱酸($K_a^{\ominus}$ 不是很小,浓度不是很低)可用标准碱溶液直接滴定;强碱和某些弱碱($K_b^{\ominus}$ 不是很小,浓度不是很低)也可用标准酸溶液直接滴定。下面结合混合碱的测定,对酸碱直接滴定法做一简要介绍。

工业纯碱、烧碱大多都是混合碱,其组成可能是纯的 $Na_2CO_3$,或是 $Na_2CO_3$ 和 NaOH 的混合物,或是 $Na_2CO_3$ 和 $NaHCO_3$ 的混合物。它们的测定方法有多种:若是单一组分,用 HCl 标准溶液直接滴定即可;若是两种组分的混合物,则可用双指示剂法测定。所谓双指示剂法就是取一定量的混合碱试样,溶解后先以酚酞为指示剂,用 HCl 标准溶液滴定至粉红色消失,消耗 HCl 标准溶液的体积为 $V_1$,然后加入甲基橙,继续用 HCl 标准溶液滴定至溶液由黄色变为橙红色,此时又用去的 HCl 标准溶液的体积为 $V_2$,根据两个终点所消耗的 HCl 标准溶液的体积来判断并计算混合碱的组成及各组分含量。其滴定反应为

$$NaOH + HCl \longrightarrow NaCl + H_2O$$

$$Na_2CO_3 + HCl \longrightarrow NaHCO_3 + NaCl \qquad (酚酞变色)$$

$$NaHCO_3 + HCl \longrightarrow CO_2 + H_2O + NaCl \qquad (甲基橙变色)$$

| $V_1$ 和 $V_2$ 的关系 | 试样的组成 |
|---|---|
| $V_1 \neq 0, V_2 = 0$ | NaOH |
| $V_1 = 0, V_2 \neq 0$ | $NaHCO_3$ |
| $V_1 = V_2 \neq 0$ | $Na_2CO_3$ |
| $V_1 > V_2 > 0$ | $NaOH + Na_2CO_3$ |
| $V_2 > V_1 > 0$ | $Na_2CO_3 + NaHCO_3$ |

① 若 $V_1 > V_2$，表明混合碱由 NaOH 与 $Na_2CO_3$ 组成，第一终点（酚酞变色）时发生的反应为

$$NaOH + HCl \longrightarrow NaCl + H_2O$$

$$Na_2CO_3 + HCl \longrightarrow NaHCO_3 + NaCl$$

第二终点（甲基橙变色）时发生的反应为

$$NaHCO_3 + HCl \longrightarrow CO_2 + H_2O + NaCl$$

因此

$$w(Na_2CO_3) = \frac{c(HCl)V_2M(Na_2CO_3)}{1000m_s}$$

$$w(NaOH) = \frac{c(HCl)(V_1 - V_2)M(NaOH)}{1000m_s}$$

式中，$m_s$ 为试样的质量。

② 若 $V_1 < V_2$，表明混合碱由 $Na_2CO_3$ 与 $NaHCO_3$ 组成，第一终点（酚酞变色）时发生的反应为

$$Na_2CO_3 + HCl \longrightarrow NaHCO_3 + NaCl$$

7－13　应用案例：工业硫酸的测定

第二终点（甲基橙变色）时发生的反应为：

$$NaHCO_3 + HCl \longrightarrow CO_2 + H_2O + NaCl$$

因此

$$w(Na_2CO_3) = \frac{c(HCl)V_1M(Na_2CO_3)}{1000m_s}$$

$$w(NaHCO_3) = \frac{c(HCl)(V_2 - V_1)M(NaHCO_3)}{1000m_s}$$

**【例题 7－8】**　取密度为 1.200 g · $cm^{-3}$ 的混合碱液 1.00 $cm^3$，加适量水后再加酚酞指示剂，用 0.3000 mol · $dm^{-3}$ HCl 标准溶液滴定至酚酞变色时，消耗 HCl 溶液 28.40 $cm^3$。再加入甲基橙指示剂，继续用同浓度的 HCl 滴定至甲基橙变色，又消耗 HCl 溶液 3.60 $cm^3$。请确定此碱液是何混合物，并计算各组分的质量分数。[$M$(NaOH) = 40.01 g · $mol^{-1}$，$M(Na_2CO_3)$ = 106.0 g · $mol^{-1}$，$M(NaHCO_3)$ = 84.01 g · $mol^{-1}$。]

## 7.5.2　间接滴定法

许多不能被直接滴定的酸、碱，以及本身不是酸或碱的一些物质可以考虑采用间接滴定法来测定其含量。间接滴定法大大扩充了酸碱滴定法的应用范围。下面结合铵盐中氮含量的测定，对酸碱间接滴定法做一简要介绍。

由于 $NH_4^+$ 的 $K_a^{\ominus}$ 值太小（$5.6 \times 10^{-10}$），铵盐溶液不能用 NaOH 标准溶液直接滴定，但可以通过"酸性增强技术"将弱酸强化为可用酸碱滴定法直接滴定的强酸。

肥料、土壤以及一些含氮有机物质（如含蛋白质的食品、饲料以及生物碱等）常常需要测定其中的氮含量，通常是将样品先经过适当的处理，使其中的含氮化合物全部转化为 $NH_4^+$，再采用蒸馏法或甲醛法间接测定。

1. 蒸馏法

测定时先将试样与浓 $H_2SO_4$ 共煮消解成为 $NH_4^+$。

$$C_mH_nN \xrightarrow[CuSO_4]{H_2SO_4, K_2SO_4} CO_2 + H_2O + NH_4^+$$

然后加入过量浓 NaOH,加热将 $NH_3$ 蒸馏出来。

$$NH_4^+ + OH^- \xrightarrow{\triangle} NH_3 + H_2O$$

蒸馏出来的 $NH_3$ 用过量的 HCl 标准溶液来吸收。

$$NH_3 + HCl(过量) \longrightarrow NH_4^+ + Cl^-$$

剩余标准 HCl 溶液以甲基红为指示剂,用标准 NaOH 溶液滴定。

$$NaOH + HCl(剩余) \longrightarrow NaCl + H_2O$$

则试样中氮的质量分数为

$$w(N) = \frac{[c(HCl)V(HCl) - c(NaOH)V(NaOH)]M(N)}{1000m_s}$$

$NH_3$ 也可用 $H_3BO_3$ 溶液吸收,然后用 HCl 标准溶液滴定 $H_3BO_3$ 吸收液,选甲基红为指示剂。

吸收反应: $NH_3 + H_3BO_3 + H_2O \longrightarrow NH_4^+ + B(OH)_4^-$

滴定反应: $H^+ + B(OH)_4^- \longrightarrow H_3BO_3 + H_2O$

**【例题 7-9】** 称取 0.5000 g 牛奶样品,用浓 $H_2SO_4$ 消化,将氮转化为 $NH_4HSO_4$,加浓碱蒸出 $NH_3$,$NH_3$ 用过量硼酸吸收,然后用浓度为 0.1860 mol·dm$^{-3}$ 的 HCl 标准溶液滴定,用去 10.50 cm$^3$。请计算此牛奶中氮的质量分数。

2. 甲醛法

甲醛与铵盐反应,生成等物质的量的酸(质子化的六亚甲基四胺和 $H^+$),反应如下:

$$4NH_4^+ + 6HCHO \longrightarrow (CH_2)_6N_4H^+ + 3H^+ + 6H_2O$$

产生的 $H^+$ 和 $(CH_2)_6N_4H^+$ ($pK_a^\ominus = 5.15$),可选择酚酞作指示剂,用 NaOH 标准溶液滴定,因此,4 mol 的 $NH_4^+$ 将消耗 4 mol 的 NaOH,即它们的反应比为 1∶1。滴定反应式为

$$(CH_2)_6N_4H^+ + 4OH^- \longrightarrow (CH_2)_6N_4 + 4H_2O$$

7-14 应用案例:酸碱滴定法测定硼酸

如果试样中含有游离酸,则需事先以甲基红作为指示剂,用 NaOH 进行中和,然后测定。

实际上,酸碱滴定法除广泛应用于大量化工产品主成分含量的测定外,还广泛应用于钢铁及某些原材料中 C、S、P、Si 与 N 等元素的测定,以及有机合成工业与医药工业中的原料、中间产品和成品等的分析测定。

7-15 应用案例:酸碱滴定法测定硅酸盐中的 $SiO_2$

**【例题 7-10】** 1.0000 g 的钢样溶解后,将其中的磷沉淀为磷钼酸铵,用 0.1000 mol·dm$^{-3}$ NaOH 溶液 20.00 cm$^3$ 溶解沉淀,过量的 NaOH 用 0.2000 mol·dm$^{-3}$ $HNO_3$ 7.50 cm$^3$ 滴定至酚酞刚好褪色。请计算钢中 P 和 $P_2O_5$ 的质量分数。

## 习 题

### 7-1 是非题

1. 由于乙酸的解离平衡常数 $K_a^\ominus = \frac{c(H^+)c(Ac^-)}{c(HAc)}$,因此只要改变乙酸的起始浓度 $c_0(HAc)$,$K_a^\ominus$ 必随之改变。 ( )

2. 在浓度均为 0.01 mol·dm$^{-3}$ 的 HCl、$H_2SO_4$、NaOH 和 $NH_4Ac$ 四种水溶液中,$H^+$ 和 $OH^-$ 离子浓度的乘积均相等。 ( )

3. 稀释可以使醋酸的解离度增大,因而可使其酸性增强。（　）

4. 溶液的酸度越高,其 pH 值就越大。（　）

5. 在共轭酸碱体系中,酸、碱的浓度越大,则其缓冲效果越好。（　）

6. 酸碱指示剂在酸性溶液中呈现酸色,在碱性溶液中呈现碱色。（　）

7. 无论何种酸或碱,只要其浓度足够大,都可被强碱或强酸溶液定量滴定。（　）

8. 在滴定分析中,计量点必须与滴定终点完全重合,否则会引起较大的滴定误差。（　）

9. 各种类型的酸碱滴定,其化学计量点的位置均在突跃范围的中点。（　）

10. NaOH 标准溶液宜用直接法配制,而 $K_2Cr_2O_7$ 则用间接法。（　）

## 7-2　选择题

1. 有下列水溶液：① 0.01 $mol\cdot dm^{-3}$ $CH_3COOH$；② 0.01 $mol\cdot dm^{-3}$ $CH_3COOH$ 溶液和等体积 0.01 $mol\cdot dm^{-3}$ HCl 溶液混合；③ 0.01 $mol\cdot dm^{-3}$ $CH_3COOH$ 溶液和等体积 0.01 $mol\cdot dm^{-3}$ NaOH 溶液混合；④ 0.01 $mol\cdot dm^{-3}$ $CH_3COOH$ 溶液和等体积 0.01 $mol\cdot dm^{-3}$ NaAc 溶液混合。则它们的 pH 值由大到小的正确次序是（　）

A. ①>②>③>④　　B. ①>③>②>④

C. ④>③>②>①　　D. ③>④>①>②

2. 按质子理论,下列哪种物质不具有两性（　）

A. $HCO_3^-$　　B. $CO_3^{2-}$　　C. $HPO_4^{2-}$　　D. $HS^-$

3. 下列各组混合液中,最适合作为缓冲溶液使用的是（　）

A. 0.1mol·$dm^{-3}$ HCl 与 0.1 $mol\cdot dm^{-3}$ NaOH 等体积混合

B. 0.1 $mol\cdot dm^{-3}$ HAc 与 0.1 $mol\cdot dm^{-3}$ NaAc 等体积混合

C. 0.1 $mol\cdot dm^{-3}$ $NaHCO_3$ 与 0.1 $mol\cdot dm^{-3}$ NaOH 等体积混合

D. 0.1 $mol\cdot dm^{-3}$ $NH_3\cdot H_2O$ 1 $cm^3$ 与 0.1 $mol\cdot dm^{-3}$ $NH_4Cl$ 1 $cm^3$ 及水 1 $dm^3$ 相混合

4. HCN 的解离常数表达式为 $K_a^{\ominus}=\dfrac{c(H^+)c(CN^-)}{c(HCN)}$,下列哪种说法是正确的（　）

A. 加 HCl,$K_a^{\ominus}$ 变大　　B. 加 NaCN,$K_a^{\ominus}$ 变大

C. 加 HCN,$K_a^{\ominus}$ 变小　　D. 加 $H_2O$,$K_a^{\ominus}$不变

5. 将 pH=1.0 与 pH=3.0 的两种溶液以等体积混合后,溶液的 pH 值为（　）

A. 0.3　　B. 1.3　　C. 1.5　　D. 2.0

6. 对于相同浓度的 $F^-$、$CN^-$、$HCOO^-$ 三种碱性物质的水溶液,在下列叙述其碱性强弱顺序的关系中,哪一种说法是正确的(HF 的 $pK_a^{\ominus}=3.18$,HCN 的 $pK_a^{\ominus}=9.21$,HCOOH 的 $pK_a^{\ominus}=3.74$)（　）

A. $F^->CN^->HCOO^-$　　B. $CN^->HCOO^->F^-$

C. $CN^->F^->HCOO^-$　　D. $HCOO^->F^->CN^-$

7. 人的血液中,$c(H_2CO_3)=1.25\times10^{-3}$ $mol\cdot dm^{-3}$(含 $CO_2$),$c(HCO_3^-)=2.5\times10^{-2}$ $mol\cdot dm^{-3}$。假设平衡条件在体温(37℃时 $H_2CO_3$ 的 $pK_{a_1}^{\ominus}=6.1$),则血液的 pH 值是（　）

A. 7.4　　B. 7.67　　C. 7.0　　D. 7.2

8. 对于关系式$\dfrac{c(H^+)^2c(S^{2-})}{c(H_2S)}=K_{a_1}^{\ominus}K_{a_2}^{\ominus}=1.23\times10^{-20}$来说,下列叙述中不正确的是（　）

A. 此式表示氢硫酸在溶液中按 $H_2S \rightleftharpoons 2H^+ + S^{2-}$ 解离

B. 此式说明了平衡时,$H^+$、$S^{2-}$ 和 $H_2S$ 三者浓度之间的关系

C. 由于 $H_2S$ 二级解离产生的 $c(H^+)$很小体系中 $c(H^+)\approx c(HS^-)$,因此 $c(S^{2-})=K_{a_2}^{\ominus}$

D. 此式表明,通过调节 $c(H^+)$可以调节 $S^{2-}$ 浓度

9. 相同浓度的 $CO_3^{2-}$、$S^{2-}$、$C_2O_4^{2-}$ 三种碱性物质的水溶液,在下列叙述其碱性强弱顺序的关系中,哪一种说法是正确的($H_2CO_3$ 的 $pK_{a_1}^{\ominus}=6.38$,$pK_{a_2}^{\ominus}=10.25$;$H_2S$ 的 $pK_{a_1}^{\ominus}=6.88$,$pK_{a_2}^{\ominus}=14.15$;$H_2C_2O_4$ 的 $pK_{a_1}^{\ominus}=1.22$,$pK_{a_2}^{\ominus}=4.19$)（　）

A. $CO_3^{2-}>S^{2-}>C_2O_4^{2-}$　　B. $S^{2-}>C_2O_4^{2-}>CO_3^{2-}$

C. $S^{2-} > CO_3^{2-} > C_2O_4^{2-}$　　D. $CO_3^{2-} > C_2O_4^{2-} > S^{2-}$

10. 乙醇胺($HOCH_2CH_2NH_2$)和乙醇胺盐配制缓冲溶液的缓冲范围是(乙醇胺的 $pK_b^{\ominus}=5$)　(　)

A. 6～8　B. 3.5～5.5　C. 10～12　D. 8～10

11. 酸碱滴定中选择指示剂的原则是　(　)

A. 指示剂的变色范围与化学计量点完全相符

B. 指示剂应在 pH=7.00 时变色

C. 指示剂变色范围应全部落在滴定突跃范围之内

D. 指示剂的变色范围应全部或部分落在滴定突跃范围之内

12. 可以用直接法配制标准溶液的物质是　(　)

A. HCl　B. 硼砂

C. 氢氧化钠　D. EDTA

13. 用 0.1000 mol·$dm^{-3}$ NaOH 滴定 0.1000 mol·$dm^{-3}$ $H_2C_2O_4$,应选的指示剂为　(　)

A. 甲基橙　B. 甲基红

C. 酚酞　D. 溴甲酚绿

14. 下列酸碱滴定中,哪种方法由于滴定突跃不明显而不能用直接滴定法进行容量分析[$K_a^{\ominus}(HAc)=1.8\times10^{-5}$;$K_a^{\ominus}(HCN)=4.9\times10^{-10}$;$K_{a1}^{\ominus}(H_3PO_4)=7.5\times10^{-3}$;$K_{a2}^{\ominus}(H_3PO_4)=6.2\times10^{-8}$;$K_{a3}^{\ominus}(H_3PO_4)=2.2\times10^{-13}$;$K_{a1}^{\ominus}(H_2CO_3)=4.2\times10^{-7}$;$K_{a2}^{\ominus}(H_2CO_3)=5.6\times10^{-11}$)]　(　)

A. HCl 滴定 NaAc　B. HCl 滴定 $Na_2CO_3$

C. NaOH 滴定 $H_3PO_4$　D. HCl 滴定 NaCN

15. 下列酸碱滴定反应中,其计量点 pH 值等于 7.00 的是　(　)

A. NaOH 滴定 HAc　B. HCl 滴定 $NH_3\cdot H_2O$

C. HCl 滴定 $Na_2CO_3$　D. NaOH 滴定 HCl

16. 标定 HCl 和 NaOH 溶液常用的基准物质分别是　(　)

A. 硼砂和 EDTA　B. 草酸和 $K_2Cr_2O_7$

C. $CaCO_3$ 和草酸　D. 硼砂和邻苯二甲酸氢钾

17. $Na_2CO_3$ 和 $NaHCO_3$ 混合物可用 HCl 标准溶液来测定,测定过程中两种指示剂的滴加顺序为(　)

A. 酚酞、甲基橙　B. 甲基橙、酚酞

C. 酚酞、百里酚蓝　D. 百里酚蓝、酚酞

18. 蒸馏法测定 $NH_4^+$($K_a^{\ominus}=5.6\times10^{-10}$),蒸出的 $NH_3$ 用 $H_3BO_3$($K_a^{\ominus}=5.8\times10^{-10}$)溶液吸收,然后用标准 HCl 滴定,则加入的 $H_3BO_3$ 溶液　(　)

A. 已知准确浓度　B. 已知准确体积

C. 不需准确量取　D. 浓度、体积均需准确

19. 某混合碱的样品溶液用 HCl 标准溶液滴定,当用酚酞作指示剂时,需 12.84 $cm^3$ 到达终点;若用甲基橙作指示剂,同样体积的样品溶液需同样的 HCl 标准溶液 28.24 $cm^3$。则混合溶液中的组分应是(　)

A. $NaHCO_3+NaOH$　B. $NaHCO_3$

C. $Na_2CO_3+NaHCO_3$　D. $Na_2CO_3$

20. 滴定分析中,一般利用指示剂颜色的突变来判断计量点的到达。在指示剂变色时停止滴定的这一点称为　(　)

A. 等电点　B. 滴定误差　C. 滴定　D. 滴定终点

## 7-3　填空题

1. $HS^-$、$CO_3^{2-}$、$H_2PO_4^-$、$NH_3$、$H_2S$、$NO_2^-$、HCl、$Ac^-$、$H_2O$ 中,根据酸碱质子理论,属于酸的有________,属于碱的有________,既是酸又是碱的有________。

2. 在 0.10 mol·$dm^{-3}$ $NH_3\cdot H_2O$ 中,浓度最大的物质是________,浓度最小的物质是________。加入少量 $NH_4Cl(s)$后,$NH_3\cdot H_2O$ 的解离度将________,溶液的 pH 值将________,$H^+$ 的浓度将________。

3. 已知吡啶的 $K_b^{\ominus}=1.7\times10^{-9}$,其共轭酸的 $K_a^{\ominus}=$________。

4. 将2.500g纯一元弱酸HA溶于水并稀释至500.0 $cm^3$。已知该溶液的pH值为3.15,则弱酸HA的解离常数$K_a^{\ominus}$=________。[$M(HA)$=50.0g·$mol^{-1}$。]

5. 同浓度的NaCl、$NaHCO_3$、$Na_2CO_3$、$NH_4Cl$水溶液中,pH值最高的是________。

6. 某混合碱滴定至酚酞变色时消耗HCl溶液11.43 $cm^3$,滴定至甲基橙变色时又用去HCl溶液14.02 $cm^3$,则该混合碱的主要成分是________和________。

7. 硼酸是________元弱酸。因其酸性太弱,在定量分析中将其与________反应,可使硼酸的酸性大为增强,此时溶液可用强碱以酚酞为指示剂进行滴定。

8. 二元弱酸被准确滴定的判断依据是__________,能够分步滴定的判据是__________。

9. 最理想的指示剂应是恰好在________时变色的指示剂。

10. 间接法配制标准溶液是采用适当的方法先配制成接近所需浓度,再用一种基准物质或另一种标准溶液精确测定它的准确浓度。这种操作过程称为________。

## 7-4 计算题

1. 计算下列各溶液的pH值。(HAc的$pK_a^{\ominus}$=4.74。)

(1) 0.10 mol·$dm^{-3}$ HAc;(2) 0.15 mol·$dm^{-3}$ NaAc。

2. 计算0.20 mol·$dm^{-3}$ HCl溶液与0.20 mol·$dm^{-3}$ $NH_3·H_2O$混合后的pH值。($NH_3$的$K_b^{\ominus}$=$1.8\times10^{-5}$。)

(1) 两种溶液等体积混合;(2) 两种溶液按1∶2的体积比混合。

3. 欲配制pH=5.50的缓冲溶液,需向0.500 $dm^3$ 0.25 mol·$dm^{-3}$的HAc溶液中加入多少NaAc?[HAc的$K_a^{\ominus}$=$1.8\times10^{-5}$,$M(NaAc)$=82.0 g·$mol^{-1}$。]

4. 称取基准物质$Na_2C_2O_4$ 0.4020 g,在一定温度下灼烧成$Na_2CO_3$后,用水溶解并稀释至100.00 $cm^3$。准确移取25.00 $cm^3$溶液,用甲基橙为指示剂,用HCl溶液滴定至终点,消耗30.00 $cm^3$。请计算HCl溶液的浓度。[$M(Na_2C_2O_4)$=134.0 g·$mol^{-1}$。]

5. 测定肥料中的铵态氮时,称取试样0.2471g,加浓NaOH溶液蒸馏,产生的$NH_3$用0.1015 mol·$dm^{-3}$ HCl 50.00 $cm^3$吸收,然后用0.1022 mol·$dm^{-3}$ NaOH返滴定过量的HCl,用去11.69 $cm^3$。请计算样品中的含氮量。[M(N)=14.01 g·$mol^{-1}$]

6. 称取混合碱试样0.9476 g,溶解后加酚酞指示剂,用0.2785 mol·$dm^{-3}$ HCl溶液滴定至终点,耗去酸溶液34.12 $cm^3$,再加甲基橙指示剂,滴定至终点,又耗去酸23.66 $cm^3$。请确定试样的组成并求出各组分的质量分数。[$M(Na_2CO_3)$=105.99 g·$mol^{-1}$,$M(NaHCO_3)$=84.01 g·$mol^{-1}$,$M(NaOH)$=40.01 g·$mol^{-1}$。]

7. 将0.5500 g $CaCO_3$试样溶于0.5020 mol·$dm^{-3}$ HCl溶液25.00 $cm^3$中,煮沸除去$CO_2$,过量的HCl用NaOH溶液返滴定,耗去NaOH溶液4.20 $cm^3$,若用NaOH溶液直接滴定20.00 $cm^3$该HCl溶液,消耗NaOH溶液20.67 $cm^3$。试计算试样中$CaCO_3$的含量。[$M(CaCO_3)$=100.1 g·$mol^{-1}$。]

7-16 课后习题解答

# 第8章

# 沉淀溶解平衡与沉淀滴定

# (Precipitation-Dissolution Equilibrium and Precipitation Titration)

8-1 学习要求

沉淀溶解平衡是指在难溶电解质饱和溶液中,存在着电解质与由它解离产生的离子之间的平衡。沉淀溶解平衡在化学、医学以及材料学等领域有广泛的应用。在相应的科学实验和生产实际中,常常利用沉淀的生成和溶解来进行产品的制备,物质的分离和提纯,以及分析检验等。本章以化学平衡理论为依据,讨论难溶强电解质的沉淀和溶解之间的平衡问题,同时讨论以沉淀反应为基础的重量分析法和沉淀滴定法。

## 8.1 沉淀溶解平衡

8-2 微课:溶解度与溶度积

溶解性是物质的重要性质之一。绝对不溶解的物质是不存在的,只是溶解的程度不同而已。物质的溶解性常用溶解度来表示。溶解度是衡量物质在某一溶剂里溶解性大小的物理量,是物质溶解性的定量表示方法。在中学时介绍过物质的溶解度,其定义为"在一定温度下,某物质在100 g溶剂里达到饱和状态时所溶解的质量,叫作该物质在这种溶剂里的溶解度。"习惯上,把在100 g水中能溶解1 g以上的物质称为"易溶物";溶解度在0.01 g以下的物质称为"难溶物";介于前两者之间的称为"微溶物"。

### 8.1.1 溶度积常数

在一定温度下,物质溶于水,会发生溶解(dissolution)和沉淀(precipitation)两个过程。

以 $BaSO_4$ 为例，将过量的 $BaSO_4$ 晶体放入水中，$BaSO_4$ 晶体表面的 $Ba^{2+}$ 和 $SO_4^{2-}$ 在水分子的作用下离开晶体表面进入水中，成为自由运动的水合离子（称为溶解过程）。同时，一些水合的 $Ba^{2+}$ 和 $SO_4^{2-}$ 在水中相互碰撞，重新结合成 $BaSO_4$ 晶体（称为沉淀过程）。当沉淀过程和溶解过程的速率相等时，就达到了沉淀溶解平衡。这是一种动态的多相平衡，可表示如下：

$$BaSO_4(s) \underset{沉淀}{\overset{溶解}{\rightleftharpoons}} Ba^{2+}(aq) + SO_4^{2-}(aq)$$

其平衡常数表达式为

$$K_{sp}^{\ominus} = c(Ba^{2+})c(SO_4^{2-})$$

对于一般难溶强电解质（$A_nB_m$），其沉淀溶解平衡通式可表示为

$$A_nB_m(s) \rightleftharpoons nA^{m+}(aq) + mB^{n-}(aq)$$

其平衡常数表达式为

$$K_{sp}^{\ominus}(A_nB_m) = c(A^{m+})^n c(B^{n-})^m \quad (8-1)$$

式中，$c(A^{m+})$ 和 $c(B^{n-})$ 分别是沉淀溶解反应达到平衡时 $A^{m+}$ 和 $B^{n-}$ 的浓度（$mol \cdot dm^{-3}$）；$K_{sp}^{\ominus}$ 称为溶度积常数，简称溶度积（solubility product）。

$K_{sp}^{\ominus}$ 是表征难溶电解质溶解能力的特性常数，数值上等于沉淀溶解平衡时离子浓度幂的乘积，各离子浓度的幂与化学计算式中的计量数相等。与其他平衡常数一样，$K_{sp}^{\ominus}$ 随温度的变化而变化，与溶液中该物质的浓度无关。常见难溶电解质的 $K_{sp}^{\ominus}$ 参见附录 3。

附录 3

## 8.1.2　溶度积与溶解度的相互换算

溶度积 $K_{sp}^{\ominus}$ 与溶解度 $s$ 都可以用来表示难溶电解质的溶解性。它们之间的区别在于：① 溶解度可用来表示各类物质（包括电解质和非电解质、易溶电解质和难溶电解质）的溶解性能；而溶度积常数只用来表示难溶电解质的溶解性能。② 溶度积在一定温度下为一定值；而溶解度不同，受外加离子的浓度、体系组成和 pH 值改变等的影响。③ 通常溶解度的单位是 g/100 g $H_2O$，有时也使用 $mol \cdot dm^{-3}$ 或 $g \cdot dm^{-3}$ 作单位；在有关溶度积的计算中，离子浓度必须是物质的量浓度，其单位为 $mol \cdot dm^{-3}$。④ 对于难溶电解质来说，由于其溶解度很小，其饱和溶液通常都是极稀的溶液，可认为其饱和溶液的密度近似等于纯水的密度（$1000\ g \cdot dm^{-3}$）。

根据溶度积常数表达式，在一定温度下，难溶强电解质溶度积 $K_{sp}^{\ominus}$ 与溶解度 $s$ 之间可以相互换算，既可从溶解度求得溶度积，也可从溶度积求得溶解度。对于一般难溶强电解质（$A_nB_m$），存在如下沉淀溶解平衡，设其溶解度为 $s\ mol \cdot dm^{-3}$ 时，有

$$A_nB_m(s) \rightleftharpoons nA^{m+}(aq) + mB^{n-}(aq)$$

平衡浓度/（$mol \cdot dm^{-3}$）　　　　$ns$　　　　$ms$

$$K_{sp}^{\ominus}(A_nB_m) = (ns)^n(ms)^m = n^n m^m s^{n+m}$$

$$s = \sqrt[(n+m)]{\frac{K_{sp}^{\ominus}(A_nB_m)}{n^n m^m}} \quad (8-2)$$

8-3　例题解答

**【例题 8-1】**　在 298.15 K 时，AgCl 的溶解度为 $1.92\times10^{-3}\ g \cdot dm^{-3}$。试求该温度下 AgCl 的溶度积。

**【例题 8-2】**　已知 298.15 K 时，$Ag_2CrO_4$ 的溶度积为 $1.1\times10^{-12}$，AgCl 的溶度积为

$1.8\times10^{-10}$,试通过计算比较 $Ag_2CrO_4$ 和 AgCl 在水中的溶解度大小。

AgCl、AgBr、$BaSO_4$、$CaCO_3$ 等是 AB 型的难溶电解质,阳、阴离子数之比为 1∶1。$Ag_2CrO_4$、$Ag_2S$、$Mg(OH)_2$、$CaF_2$ 等是 $A_2B$ 或 $AB_2$ 型的难溶电解质,阳、阴离子数之比为 2∶1 或 1∶2。$Ag_3PO_4$、$Fe(OH)_3$ 等是 $A_3B$ 或 $AB_3$ 型的难溶电解质,阳、阴离子数之比为 3∶1 或 1∶3。不同类型难溶强电解质的溶度积 $K_{sp}^{\ominus}$ 与其溶解度 $s$(单位为 $mol\cdot dm^{-3}$)之间的相互换算如表 8-1 所示。

**表 8-1　不同类型难溶电解质的溶度积与溶解度间的相互换算**

| 类型 | 化学式 | 溶度积 $K_{sp}^{\ominus}$ | 溶解度 $s/(mol\cdot dm^{-3})$ | 换算公式 |
|---|---|---|---|---|
| AB | AgCl | $1.8\times10^{-10}$ | $1.3\times10^{-5}$ | $K_{sp}^{\ominus}=s^2$ |
| AB | $BaSO_4$ | $1.1\times10^{-10}$ | $1.1\times10^{-5}$ | $K_{sp}^{\ominus}=s^2$ |
| $AB_2$ | $Mg(OH)_2$ | $5.1\times10^{-12}$ | $1.1\times10^{-4}$ | $K_{sp}^{\ominus}=4s^3$ |
| $A_2B$ | $Ag_2CrO_4$ | $1.1\times10^{-12}$ | $6.5\times10^{-5}$ | $K_{sp}^{\ominus}=4s^3$ |
| $A_3B$ | $Ag_3PO_4$ | $8.7\times10^{-17}$ | $4.2\times10^{-5}$ | $K_{sp}^{\ominus}=27s^4$ |

从表 8-1 可以看出,对于同一类型的难溶强电解质,可以用 $K_{sp}^{\ominus}$ 的大小比较它们的溶解度的大小;但对于不同类型的难溶强电解质,由于溶度积 $K_{sp}^{\ominus}$ 与溶解度 $s$ 之间的换算公式不同,不能直接根据它们溶度积大小来比较其溶解度的相对大小。例如上例中 $Ag_2CrO_4$ 的溶度积比 AgCl 小,但 $Ag_2CrO_4$ 在水中的溶解度却大于 AgCl。

要特别指出的是,$K_{sp}^{\ominus}$ 作为平衡常数,可以通过热力学方法计算,因此,通常可利用溶度积求得难溶电解质的溶解度。

# 8.2　溶度积规则及其应用

8-4　微课:溶度积规则及其应用

在实际工作中,可以应用沉淀溶解平衡来判断某难溶电解质在一定条件下能否生成沉淀,已有的沉淀能否发生溶解。

## 8.2.1　溶度积规则

根据化学平衡反应商的定义,与难溶电解质沉淀溶解平衡相对应的离子浓度幂的乘积就是化学平衡中的反应商,在此又称为离子积 $Q_i$。对于一般难溶强电解质($A_nB_m$),则有

$$A_nB_m(s) \rightleftharpoons nA^{m+}(aq) + mB^{n-}(aq)$$

其离子积 $Q_i$ 通式为

$$Q_i(A_nB_m)=c_0(A^{m+})^n c_0(B^{n-})^m \qquad (8-3)$$

式中,$c_0(A^{m+})$ 和 $c_0(B^{n-})$ 是反应体系中 $A^{m+}$ 和 $B^{n-}$ 的任意浓度。

根据化学平衡反应商判据，可以得到判断沉淀的生成与溶解能否发生的溶度积规则：

① 当 $Q_i = K_{sp}^{\ominus}$ 时，溶液中的离子与沉淀处于平衡状态，溶液为饱和溶液。

② 当 $Q_i < K_{sp}^{\ominus}$ 时，平衡向右移动，原来体系中的 $A_nB_m$ 沉淀会溶解，溶液为不饱和溶液。

③ 当 $Q_i > K_{sp}^{\ominus}$ 时，平衡向左移动，$A_nB_m$ 沉淀从溶液中析出，溶液为过饱和溶液。

例如，在一定条件下，将适当过量的 $CaCO_3$ 固体放入纯水中，存在如下沉淀溶解平衡：

$$CaCO_3(s) \rightleftharpoons Ca^{2+}(aq) + CO_3^{2-}(aq)$$

① 当 $CaCO_3$ 固体溶解达到平衡形成饱和溶液时，$Q_i = c_0(Ca^{2+})c_0(CO_3^{2-}) = c(Ca^{2+})c(CO_3^{2-}) = K_{sp}^{\ominus}$。

② 当向饱和溶液中加入 $Ca^{2+}$ 时，使得 $c_0(Ca^{2+})$ 大于其平衡浓度，则有 $Q_i = c_0(Ca^{2+})c_0(CO_3^{2-}) > K_{sp}^{\ominus}$。根据化学平衡原理，此时平衡将向左移动，有 $CaCO_3$ 析出，直至达成新的平衡。

③ 当向饱和溶液中加入 $H^+$ 时，$H^+$ 将与 $CO_3^{2-}$ 反应产生 $CO_2$，使得 $c_0(CO_3^{2-})$ 小于其平衡浓度，$Q_i = c_0(Ca^{2+})c_0(CO_3^{2-}) < K_{sp}^{\ominus}$。根据化学平衡原理，此时平衡将向右移动，$CaCO_3$ 溶解，直至达成新的平衡。

## 8.2.2 沉淀的生成与转化

1. 沉淀的生成

根据溶度积规则，当向含被沉淀离子的溶液中加入相应的沉淀剂时，只要离子积 $Q_i > K_{sp}^{\ominus}$，沉淀就从溶液中析出，即有沉淀生成。众所周知，向 $AgNO_3$ 溶液中滴加适量稀 HCl 将有 AgCl 沉淀产生；向 $BaCl_2$ 溶液中滴加适量稀 $H_2SO_4$ 将有 $BaSO_4$ 沉淀产生；向 $Ca(NO_3)_2$ 溶液中滴加适量 $Na_2CO_3$ 溶液将有 $CaCO_3$ 沉淀产生；向 $Mg(NO_3)_2$ 溶液中滴加适量 NaOH 溶液将有 $Mg(OH)_2$ 沉淀产生等。

要特别说明的是，由于在一定温度下，$K_{sp}^{\ominus}$ 是常数，溶液中沉淀溶解平衡总是存在，因此要使溶液中的某种被沉淀离子浓度等于零是做不到的，也就是说，沉淀没有绝对"完全"，沉淀完全只是相对的。一般情况下，溶液中某种被沉淀离子浓度小于 $1.0 \times 10^{-5}$ mol · dm$^{-3}$ 时，即可认为这种离子被沉淀完全。

**【例题 8-3】** 298.15 K 时，在 1.00 dm$^3$ 0.030 mol · dm$^{-3}$ $AgNO_3$ 溶液中，加入 0.50 dm$^3$ 0.060 mol · dm$^{-3}$ $CaCl_2$ 溶液，能否生成 AgCl 沉淀？如果有沉淀生成，生成 AgCl 的质量是多少？最后溶液中 $c(Ag^+)$ 是多少？[$K_{sp}^{\ominus}(AgCl) = 1.8 \times 10^{-10}$。]

2. 分步沉淀

前面讨论的是沉淀反应中只有一种离子的情况。而在实际中，经常会遇到溶液体系含多种离子，当加入某种沉淀剂，会使几种离子同时生成沉淀的情况。它们是同步生成，还是有先后次序呢？下面运用溶度积规则进行讨论。

例如，在 1.0 dm$^3$ 分别含有 0.01 mol · dm$^{-3}$ 的 $Cl^-$ 和 $I^-$ 的混合溶液中缓慢加入 $AgNO_3$ 溶液，将会有 AgCl 白色沉淀和 AgI 黄色沉淀生成，两种沉淀是同时析出还是一种先沉淀析出？[$K_{sp}^{\ominus}(AgCl) = 1.8 \times 10^{-10}$，$K_{sp}^{\ominus}(AgI) = 8.5 \times 10^{-17}$。]

开始生成 AgCl 和 AgI 沉淀时分别所需的最低 $c(Ag^+)$ 为

$$c(Ag^+)_{AgCl} = \frac{K_{sp}^{\ominus}(AgCl)}{c(Cl^-)} = \frac{1.8 \times 10^{-10}}{0.01} = 1.8 \times 10^{-8}\ \text{mol} \cdot \text{dm}^{-3}$$

$$c(Ag^+)_{AgI} = \frac{K_{sp}^{\ominus}(AgI)}{c(I^-)} = \frac{8.5 \times 10^{-17}}{0.01} = 8.5 \times 10^{-15}\ \text{mol} \cdot \text{dm}^{-3}$$

可见,沉淀 $I^-$ 所需 $c(Ag^+)$ 比沉淀 $Cl^-$ 所需 $c(Ag^+)$ 小得多,因此缓慢加入 $AgNO_3$ 溶液时,AgI 沉淀先析出。随着 $AgNO_3$ 的逐渐滴入,AgI 不断析出,溶液中的 $c(I^-)$ 不断降低。当 $c(Ag^+)$ 增加到 $1.8\times10^{-8}$ mol·dm$^{-3}$ 时,AgCl 才开始沉淀析出。此时,溶液中 $c(I^-)$ 为

$$c(I^-)=\frac{K_{sp}^{\ominus}(AgI)}{c(Ag^+)_{AgCl}}=\frac{8.5\times10^{-17}}{1.8\times10^{-8}}=4.7\times10^{-9}\ mol\cdot dm^{-3}$$

$4.7\times10^{-9}$ mol·dm$^{-3}$ 远小于 $1.0\times10^{-5}$ mol·dm$^{-3}$,也就是说,当 AgCl 开始析出沉淀时,可以认为 $I^-$ 早已经被沉淀完全了。这种加入同一种沉淀剂使溶液中不同离子先后沉淀的过程叫分步沉淀(fractional precipitation),利用此方法可以达到离子分离的目的。

**【例题 8-4】** 在某混合溶液中 $Fe^{3+}$ 和 $Mg^{2+}$ 的浓度均为 0.010 mol·dm$^{-3}$。加碱调节 pH 值,使 $Fe^{3+}$ 完全沉淀出来,而 $Mg^{2+}$ 保留在溶液中。通过计算确定分离 $Fe^{3+}$ 和 $Mg^{2+}$ 的 pH 范围。($K_{sp}^{\ominus}[Mg(OH)_2]=5.1\times10^{-12}$,$K_{sp}^{\ominus}[(Fe(OH)_3]=2.8\times10^{-39}$。)

3. 沉淀的转化

向盛有白色 $BaCO_3[K_{sp}^{\ominus}(BaCO_3)=2.6\times10^{-9}]$ 粉末的试管中,加入适量的淡黄色的 $K_2CrO_4$ 溶液并搅拌,沉降后观察到溶液变为无色,沉淀变成淡黄色,即白色的 $BaCO_3$ 沉淀转化成淡黄色的 $BaCrO_4[K_{sp}^{\ominus}(BaCrO_4)=1.2\times10^{-10}]$ 沉淀。这种由一种沉淀转化为另一种沉淀的现象称为沉淀的转化(inversion of precipitate)。

**【例题 8-5】** 欲将 $SrSO_4$ 沉淀转化为 $SrCO_3$,可用 $Na_2CO_3$ 溶液与 $SrSO_4$ 反应。如果在 1.0 dm$^3$ $Na_2CO_3$ 溶液中溶解 0.10 mol $SrSO_4$,$Na_2CO_3$ 的初始浓度最低应为多少?[$K_{sp}^{\ominus}(SrSO_4)=3.4\times10^{-7}$,$K_{sp}^{\ominus}(SrCO_3)=5.6\times10^{-10}$。]

8-5　化学与社会:含氟牙膏可以保护牙齿的原理

此例说明,对于同一类型的沉淀来说,溶度积较大的沉淀易转化为溶度积较小的沉淀。实际上,对于同一类型沉淀间的转化,溶度积相差越大越易转化。

## 8.2.3　影响沉淀生成的因素

在实际工作中,人们总是希望被测组分沉淀越完全越好。因此,在进行沉淀时,应采取适当措施,以降低其溶解度。影响沉淀溶解度的因素有同离子效应、盐效应、酸效应和配位效应。此外,温度、介质、晶体颗粒的大小等对溶解度也有影响。

1. 同离子效应

在难溶电解质溶液中加入含有相同离子的强电解质而使难溶电解质溶解度降低的效应称为同离子效应。

例如,在 $CaCO_3$ 饱和溶液中加入与 $CaCO_3$ 含有相同离子 $Ca^{2+}$ 或 $CO_3^{2-}$,$CaCO_3$ 的溶解度都有降低,这是同离子效应的结果。在实际应用中,可利用同离子效应,加入适当过量的沉淀剂,使某种离子沉淀更趋完全。例如,在沉淀 $Ca^{2+}$ 时加入适当过量的 $Na_2CO_3$ 溶液;在沉淀 $Ba^{2+}$ 时加入适当过量的 $Na_2SO_4$ 溶液等等。

**【例题 8-6】** 已知在 298.15 K 时,$CaCO_3$ 的溶度积 $K_{sp}^{\ominus}=4.9\times10^{-9}$。试计算 $CaCO_3$ 固体在以下 3 个体系中的溶解度(mol·dm$^{-3}$),并比较 3 种情况下溶解度的相对大小。

(1) 纯水中;(2) 0.010 mol·dm$^{-3}$ $Ca(NO_3)_2$ 溶液中;(3) 0.020 mol·dm$^{-3}$ $Na_2CO_3$ 溶液中。

同离子效应具有广泛的应用。在沉淀洗涤操作时,为了减少洗涤过程中沉淀的损失,常用与沉淀含有相同离子的溶液来洗涤,而不用纯水洗涤。例如,在洗涤 $BaSO_4$ 沉淀时,常用稀 $H_2SO_4$ 来洗涤。

2. 盐效应

若在难溶电解质的饱和溶液中，加入不含相同离子的其他强电解质，会使难溶电解质的溶解度略有增大的现象称为盐效应。表8-2为AgCl在$KNO_3$溶液中的溶解度，从表可知，在$KNO_3$存在的情况下，AgCl的溶解度比在纯水中大，而且溶解度随强电解质的浓度增大而增大。

**表8-2　AgCl在$KNO_3$溶液中的溶解度(298.15 K)**

| $c(KNO_3)/(mol\cdot dm^{-3})$ | 0.00 | 0.0010 | 0.0050 | 0.010 |
| --- | --- | --- | --- | --- |
| $s(AgCl)/(mol\cdot dm^{-3})$ | 1.278 | 1.325 | 1.385 | 1.427 |

发生盐效应的原因很多，一般认为其主要原因是溶液中的离子强度增大，离子间相互牵制作用加强，阻碍了离子的自由运动，而导致离子有效浓度(活度)减小，使离子与沉淀表面相互碰撞的次数减小，沉淀速率减慢，破坏了原来的沉淀溶解平衡，使平衡向溶解方向移动，其结果是沉淀的溶解度略有增大。

在利用同离子效应降低沉淀溶解度时，应考虑盐效应的影响。例如，沉淀$Pb^{2+}$时应加入适当过量的$Na_2SO_4$溶液，但不能过量太多，否则盐效应为主反而导致溶解度增大。表8-3为$PbSO_4$在$Na_2SO_4$溶液中的溶解度。从表可知，在$Na_2SO_4$浓度小于0.040 $mol\cdot dm^{-3}$以前，同离子效应占优势，当$Na_2SO_4$浓度大于0.040 $mol\cdot dm^{-3}$时，则盐效应加强，超过了同离子效应的影响，$PbSO_4$的溶解度反而增大。因此，在实际应用中，加入适当过量的沉淀剂确保沉淀完全时，加入的沉淀剂不宜太多，一般以过量50%～100%即可。应该指出，如果沉淀本身的溶解度很小，一般来说，盐效应的影响很小，可以不予考虑。只有当沉淀的溶解度比较大，而且溶液的离子强度很高时，才考虑盐效应的影响。

**表8-3　$PbSO_4$在$Na_2SO_4$溶液中的溶解度(298.15 K)**

| $c(Na_2SO_4)/(mol\cdot dm^{-3})$ | 0.00 | 0.0010 | 0.010 | 0.020 | 0.040 | 0.100 | 0.200 |
| --- | --- | --- | --- | --- | --- | --- | --- |
| $s(PbSO_4)/(mmol\cdot dm^{-3})$ | 0.15 | 0.024 | 0.016 | 0.014 | 0.013 | 0.016 | 0.023 |

3. 酸效应

许多难溶的弱酸盐(如碳酸盐、草酸盐、硫化物等)和金属氢氧化物沉淀，可溶于强酸。这主要是由于$H^+$与弱酸根结合生成难解离的弱酸或者$H^+$与$OH^-$结合生成$H_2O$，从而降低溶液中弱酸根或者$OH^-$浓度，促使沉淀溶解。例如在$Ca_2C_2O_4$中，存在如下沉淀溶解平衡：

$$Ca_2C_2O_4(s) \rightleftharpoons Ca^{2+}(aq) + C_2O_4^{2-}(aq)$$

$C_2O_4^{2-}$是弱碱，在溶液中加入酸时，下述质子转移平衡向右移动：

$$H_3O^+(aq) + C_2O_4^{2-}(aq) \rightleftharpoons HC_2O_4^-(aq) + H_2O(l)$$

$$H_3O^+(aq) + HC_2O_4^-(aq) \rightleftharpoons H_2C_2O_4(aq) + H_2O(l)$$

结果是$Ca_2C_2O_4$溶解度增大。表8-4为$Ca_2C_2O_4$在不同pH溶液中的溶解度。从表可知，$Ca_2C_2O_4$溶解度随溶液酸度的增大而显著增大。化学分析时，为了保证$Ca_2C_2O_4$沉淀完全，通常控制沉淀在pH=5以上的溶液中进行。

表 8-4　$Ca_2C_2O_4$ 在不同 pH 溶液中的溶解度(298.15 K)

| pH | 2.0 | 3.0 | 4.0 | 5.0 | 6.0 |
|---|---|---|---|---|---|
| $s(Ca_2C_2O_4)/(mmol \cdot dm^{-3})$ | 0.15 | 0.024 | 0.016 | 0.014 | 0.013 |

从以上分析可知,溶液的酸度对沉淀溶解度有较大的影响,我们把此类副反应称为酸效应。所有难溶电解质的溶解度都会受到溶液酸度的影响,差别仅在于受影响的程度。显然,难溶电解质中阴离子的碱性越强,溶解度受酸度的影响越大。阴离子碱性极弱(它们是强酸的共轭碱)的难溶电解质的溶解度几乎不受 pH 变化的影响。$Ca_2C_2O_4$、$CaCO_3$、$Ag_2S$、$CaF_2$ 和 $Mg(OH)_2$ 等沉淀的酸效应显著。

对于难溶金属氢氧化物沉淀、硫化物沉淀的生成,通常通过控制溶液体系的 pH 值来实现。例如 $Mg(OH)_2$,存在如下沉淀溶解平衡:

$$Mg(OH)_2(s) \rightleftharpoons Mg^{2+}(aq) + 2OH^-(aq) \qquad K_{sp}^{\ominus} = 1.8 \times 10^{-11}$$

在 $Mg(OH)_2$ 饱和溶液中:$c(OH^-) = 3.4 \times 10^{-4}\ mol \cdot dm^{-3}$　　$pH = 10.52$

$$c(Mg^{2+}) = 1.7 \times 10^{-4}\ mol \cdot dm^{-3}$$

假设固体 $Mg(OH)_2$ 在 pH 值为 9.0 的缓冲溶液达到平衡。则溶液中

$$c(OH^-) = 1.0 \times 10^{-5}\ mol \cdot dm^{-3}$$

将该值代入溶度积常数表达式得

$$K_{sp}^{\ominus}[Mg(OH)_2] = c(Mg^{2+})c(OH^-)^2 = 1.8 \times 10^{-11}$$

$$c(Mg^{2+}) = 0.18\ mol \cdot dm^{-3}$$

这意味着,在 pH 为 9.0 的缓冲溶液中,一部分 $Mg(OH)_2$ 将溶解,使 $c(Mg^{2+})$ 由原来的 $1.7 \times 10^{-4}\ mol \cdot dm^{-3}$ 上升至 $1.8 \times 10^{-1}\ mol \cdot dm^{-3}$。由此可以推出,pH 值降低到一定程度时,$Mg(OH)_2$ 会全部溶解;pH 值升高,$Mg(OH)_2$ 沉淀更完全。

由于难溶金属氢氧化物和硫化物的溶度积不同,故从溶液中开始沉淀和沉淀完全的 $c(H^+)$ 或 pH 也不同。表 8-5 为部分金属氢氧化物开始沉淀和完全沉淀的 pH。表 8-6 为部分金属硫化物开始沉淀和完全沉淀的 pH。从表可以看出,调节溶液的 pH 值,可使溶液中某些金属离子沉淀为氢氧化物和硫化物,另一些金属离子仍留在溶液中,从而达到分离、提纯的目的。

表 8-5　常见金属氢氧化物沉淀的 pH 值

| 金属氢氧化物 | $K_{sp}^{\ominus}$ | 开始沉淀的 pH [$c(M^{m+}) = 0.1\ mol \cdot dm^{-3}$] | 完全沉淀的 pH [$c(M^{m+}) = 1.0 \times 10^{-5}\ mol \cdot dm^{-3}$] |
|---|---|---|---|
| $Fe(OH)_3$ | $4.0 \times 10^{-38}$ | 1.9 | 3.2 |
| $Al(OH)_3$ | $1.3 \times 10^{-33}$ | 3.4 | 4.7 |
| $Cr(OH)_3$ | $6.0 \times 10^{-31}$ | 4.3 | 5.6 |
| $Pb(OH)_2$ | $7.9 \times 10^{-17}$ | 4.6 | 6.6 |
| $Cu(OH)_2$ | $2.2 \times 10^{-20}$ | 4.7 | 6.7 |
| $Zn(OH)_2$ | $3.0 \times 10^{-17}$ | 6.2 | 8.2 |
| $Fe(OH)_2$ | $8.0 \times 10^{-16}$ | 7.0 | 9.0 |
| $Ni(OH)_2$ | $2.0 \times 10^{-15}$ | 7.2 | 9.2 |
| $Mn(OH)_2$ | $1.9 \times 10^{-13}$ | 8.1 | 10.1 |
| $Mg(OH)_2$ | $1.8 \times 10^{-11}$ | 9.1 | 11.1 |

表 8-6　常见金属硫化物沉淀的 pH 值

| 金属硫化物 | $K_{sp}^{\ominus}$ | 开始沉淀的 pH [$c(M^{m+})=0.1\ mol \cdot dm^{-3}$] | | 完全沉淀的 pH [$c(M^{m+})=1.0\times10^{-5}\ mol \cdot dm^{-3}$] | |
|---|---|---|---|---|---|
| | | $c(H^+)/(mol \cdot dm^{-3})$ | pH | $c(H^+)/(mol \cdot dm^{-3})$ | pH |
| MnS | $2.5\times10^{-10}$ | $1.9\times10^{-7}$ | 6.72 | $1.9\times10^{-9}$ | 8.72 |
| FeS | $6.3\times10^{-18}$ | $1.2\times10^{-3}$ | 2.92 | $1.2\times10^{-5}$ | 4.92 |
| NiS | $3.2\times10^{-19}$ | $5.4\times10^{-3}$ | 2.27 | $5.4\times10^{-5}$ | 4.27 |
| ZnS | $2.8\times10^{-22}$ | 0.19 | 0.72 | $1.9\times10^{-3}$ | 2.72 |
| CdS | $8.0\times10^{-27}$ | 34 | / | 0.34 | 0.47 |
| PbS | $8.0\times10^{-28}$ | 108 | / | 1.08 | / |
| CuS | $6.3\times10^{-36}$ | $1.2\times10^{6}$ | / | $1.2\times10^{4}$ | / |

4. 配位效应

AgCl 不溶于水，但可溶于 $NH_3 \cdot H_2O$。$NH_3 \cdot H_2O$ 的作用是生成了配离子 $[Ag(NH_3)_2]^+$，从而降低了溶液中 $Ag^+$ 的浓度，使 AgCl 的溶解度大大增加。

$$AgCl(s)+2NH_3 \longrightarrow [Ag(NH_3)_2]^+(aq)+Cl^-(aq)$$

显然由于配合物的生成，必定增大沉淀的溶解度，影响沉淀完全的程度，甚至不产生沉淀，此种现象称为配位效应。

如果沉淀剂本身又是配位剂，使用过量时，由于同离子效应导致沉淀溶解度减小，但又可因配合物的形成导致沉淀溶解度增大，最终的结果往往取决于过量的程度。例如，欲分析测定 $Ag^+$，可以加入 NaCl 作为沉淀剂使之得到 AgCl 沉淀。

$$Ag^+(aq)+Cl^-(aq) \longrightarrow AgCl(s)$$

为了使沉淀更趋完全，根据同离子效应应使用过量 NaCl，但并非 NaCl 的浓度越大，AgCl 溶解度越小，因为过浓的 $Cl^-$ 会与 $Ag^+$ 发生如下配位反应：

$$AgCl(s)+Cl^-(aq) \rightleftharpoons [AgCl_2]^-(aq)$$

这一反应的存在将与同离子效应相反，反而增大 AgCl 的溶解度。表 8-7 列出了 AgCl 沉淀在不同浓度的 NaCl 溶液中溶解的情况。在高浓度 NaCl 溶液中，AgCl 溶解度大的主要原因是过量的 $Cl^-$ 与 AgCl 形成可溶性配离子 $[AgCl_2]^-$。

表 8-7　AgCl(s) 在不同浓度 NaCl 水溶液中的溶解度

| $c(NaCl)/(mol \cdot dm^{-3})$ | 0 | $3.9\times10^{-3}$ | $3.6\times10^{-2}$ | $3.5\times10^{-1}$ |
|---|---|---|---|---|
| $s(AgCl)/(mmol \cdot dm^{-3})$ | $1.3\times10^{-5}$ | $7.2\times10^{-7}$ | $1.9\times10^{-6}$ | $1.7\times10^{-5}$ |

# 8.3　重量分析法

8-6　微课：重量分析法

## 8.3.1　重量分析法概述

沉淀溶解平衡在定量分析中有着广泛的应用，重量分析法（gravimetric analysis）和沉淀滴定法(precipitation titration)是其中最常见和应用最为广泛的两种分析方法。

重量分析法是根据生成物的质量来确定被测组分含量的一种定量分析方法。在重量分析法中，一般先采用适当的方法使被测组分以单质或化合物的形式从试样中分离出来，转化为一定的称量形式，再经过称量，从而计算其质量分数。重量分析包括分离和称量两个主要过程。根据分离的方法不同，重量分析法通常可分为沉淀法和挥发法。

沉淀法的基本原理是利用沉淀反应使被测组分生成溶解度很小的沉淀，然后将沉淀过滤、洗涤，并经烘干或灼烧后使之转化为组成一定的称量形式，然后称其质量，并计算被测组分的含量。

挥发法的基本原理是利用加热或其他方法使被测组分从试样中挥发逸出，然后根据挥发逸出前后试样质量之差来计算被测组分的含量，例如试样中结晶水含量的测定。有时，也可以在该组分逸出后，用某种吸收剂将其全部吸收，然后根据吸收剂质量的增加来计算被测组分的含量。

由于重量分析法可以直接通过称量和有关计算而得到预定结果，不需要与标准试样或基准物质进行比较，因此准确度较高，相对误差较小(一般为0.1%～0.2%)。缺点是分析程序多，费时，且难以测定微量组分，目前重量分析法已逐渐被其他的分析方法所代替。不过，对于某些常量元素(如Si、W、S)以及水分、挥发物等含量的精确测定仍采用重量分析法；在校对其他方法的准确度时，也常采用重量法的测定结果作为标准。因此，重量分析法仍然是定量分析的基本方法之一。

重量分析法中以沉淀法应用最广，下面主要讨论沉淀法。

### 8.3.2　沉淀法操作过程及对沉淀的要求

沉淀法的一般操作测定过程可表示为：

试样溶解→沉淀→过滤和洗涤→烘干→灼烧至恒重→结果计算

首先在一定条件下，往样品溶液中加入适当的沉淀剂，使被测组分沉淀出来，所得的沉淀称为沉淀形式；然后，沉淀经过过滤、洗涤、烘干或灼烧之后转化为适当的称量形式；经称量后，即可由称量形式的化学组成和质量求得被测组分的含量。为了保证测定具有足够的准确度且便于操作，沉淀法对沉淀形式和称量形式都有一定的要求。

1. 对沉淀形式的要求

① 沉淀要完全，沉淀的溶解度要小。例如测定$Ca^{2+}$时，不能用$H_2SO_4$作为沉淀剂，因为$CaSO_4$的溶解度比较大，沉淀作用不完全。实际上常采用$(NH_4)_2C_2O_4$作为沉淀剂，使$Ca^{2+}$生成溶解度很小的$CaC_2O_4$沉淀。

② 沉淀必须纯净，不应带入沉淀剂和其他杂质，并应易于过滤和洗涤。例如测定$Al^{3+}$时，通常不用$NH_3 \cdot H_2O$作沉淀剂，而采用8-羟基喹啉有机沉淀剂，主要是因为用$NH_3 \cdot H_2O$作沉淀剂时，生成的$Al(OH)_3$虽然溶解度很小，但$Al(OH)_3$非晶型沉淀的体积庞大疏松，表面积很大，吸附杂质多，洗涤和过滤都较困难。

③ 沉淀应易转变为称量形式。

2. 对称量形式的要求

① 应具有确定的化学组成，组成必须与化学式完全符合。例如，磷钼酸铵虽然是一种溶解度很小的晶型沉淀，但由于它的组成不定，不能利用它作为测定$PO_4^{3-}$的称量形式，通

常采用磷钼酸喹啉作为测定 $PO_4^{3-}$ 的称量形式。

② 要有足够的稳定性，不易受空气中水分和 $CO_2$ 的影响，在干燥和灼烧时不易分解等。例如，由 $CaCO_3$ 沉淀灼烧后得到的 CaO 就不宜作为称量形式，因为 CaO 易吸潮。

③ 应具有足够大的摩尔质量。称量形式的摩尔质量越大，则少量的待测组分可以得到较大量的称量物质，减小称量误差，提高分析的灵敏度。例如测定 $Al^{3+}$ 时，称量形式可以是 $Al_2O_3$ 或 8 - 羟基喹啉铝，由于后者摩尔质量(459.44 g · mol$^{-1}$)较前者(101.96 g · mol$^{-1}$)大得多，如果在操作过程中损失相同质量的沉淀，后者引起的误差小得多，结果的准确度也高。

此外，为了更好地满足上述沉淀形式和称量形式的要求，要求沉淀剂具有较好的选择性，即沉淀剂只能和待测组分生成沉淀，而与样品溶液中的其他组分不起作用；同时还应尽可能选用易挥发或易灼烧除去的沉淀剂，这样的话即使沉淀中含有的沉淀剂未被洗净，也可借助烘干或灼烧而除去，以保证沉淀的纯度。

## 8.3.3　沉淀的形成及纯度

1. 沉淀的形成

沉淀有各种各样的类型，包括粗晶形沉淀(如 $MgNH_4PO_4$)、细晶形沉淀(如 $BaSO_4$)、凝乳状沉淀(如 AgCl)、无定形沉淀(如 $Fe_2O_3 \cdot nH_2O$ 等)。在重量分析中希望得到的是粗晶形沉淀。

生成什么类型沉淀，除取决于沉淀物质本性外，与沉淀进行的条件有密切关系。因此，需要了解沉淀形成的过程和沉淀进行的条件对沉淀类型的影响，使之得到符合重量分析要求的沉淀。

为了获得纯净且易于分离和洗涤的沉淀，必须了解沉淀形成的过程。沉淀的形成一般要经过晶核形成和晶核长大两个过程。将沉淀剂加入样品溶液中，当离子积 $Q_i$ 大于溶度积 $K_{sp}^{\ominus}$ 时，离子通过相互碰撞聚集成微小的晶核，溶液中的构晶离子向晶核表面扩散，并沉积在晶核上，晶核就逐渐长大成沉淀微粒。这种由离子形成晶核，再进一步聚集成沉淀微粒的速率称为聚集速率。在聚集的同时，构晶离子在一定晶格中定向排列的速率称为定向速率。如果聚集速率大，而定向速率小，即离子很快地聚集起来生成沉淀微粒，来不及进行晶格排列，得到非晶形沉淀；反之，如果定向速率大，而聚集速率小，即离子较缓慢地聚集成沉淀，有足够时间进行晶格排列，得到晶形沉淀。

聚集速率主要由沉淀的条件所决定。实践证明，聚集速率与溶液的相对过饱和度成正比。

$$v = K\frac{c-s}{s} \tag{8-4}$$

式中，$v$ 为聚集速率；$c$ 为沉淀剂加入时溶液中混合反应物瞬时产生的物质总浓度；$s$ 为沉淀的溶解度；$c-s$ 称为沉淀开始时的过饱和度。

从式(8-4)可以看出，相对过饱和度小，聚集速率小，有利于生成晶型沉淀；沉淀的溶解度越大，聚集速率越小，越有利于获得晶型沉淀；沉淀剂加入时溶液中混合反应物瞬时产生的物质总浓度 $c$ 越小，聚集速率越小，越有利于生成晶型沉淀，例如 $BaSO_4$ 在浓溶液中进行沉淀时形成无定形沉淀，在低浓度条件下进行时形成晶形沉淀。

定向速率主要取决于物质的本性。一般极性强的盐类，具有较大的定向速率，易生成晶型沉淀，如 $BaSO_4$、$CaC_2O_4$ 等。而氢氧化物具有较小的定向速率，因此其沉淀一般为非晶型沉淀。

2. 沉淀的纯度

重量分析中要求得到的沉淀必须是纯净的，但当沉淀从溶液中析出时，或多或少地夹带溶液中的其他组分而影响纯度。为此需要了解沉淀形成过程中杂质混入的原因,从而找出减少杂质混入的方法。杂质混入沉淀的主要原因有共沉淀和后沉淀。

(1) 共沉淀现象

当沉淀析出时,溶液中某些可溶的杂质同时沉淀下来的现象称为共沉淀现象。产生共沉淀现象主要是由于表面吸附、吸留和生成混晶等。

表面吸附是在沉淀的表面上吸附了杂质,主要是因为在沉淀晶格中,构晶离子是按照同电荷相斥、异电荷相吸的原则排列的,因此,沉淀表面上的离子就有吸附溶液中带相反电荷离子的能力。而且表面吸附杂质离子具有选择性,优先吸附构晶离子,然后吸附与构晶离子形成溶解度最小的化合物离子等。例如,将过量的 $Na_2SO_4$ 加入 $BaCl_2$ 溶液中形成 $BaSO_4$ 沉淀,$BaSO_4$ 沉淀表面首先吸附剩余的构晶离子 $SO_4^{2-}$ 形成 $BaSO_4 \cdot SO_4^{2-} \cdot 2Na^+$。表面吸附可通过多次洗涤和高温灼烧而除去。如上述形成的 $BaSO_4 \cdot SO_4^{2-} \cdot 2Na^+$,当用稀 $H_2SO_4$ 反复洗涤时,被吸附的 $Na^+$ 便可以被 $H^+$ 所置换,形成$BaSO_4 \cdot SO_4^{2-} \cdot 2H^+$,在高温灼烧过程中被吸附的杂质 $H_2SO_4$ 可分解除去。

吸留主要是指在沉淀的过程中,若沉淀的生长速率太快,沉淀表面吸附的杂质来不及离开沉淀的表面,就被随后生成的沉淀覆盖,使杂质包藏在沉淀晶格内部。这种现象造成的沉淀不纯,难以通过洗涤除去,但可通过陈化或重结晶的方法以减少杂质。

混晶主要是指当杂质离子与一种构晶离子的电荷相同、半径相近,特别是杂质离子与另一种构晶离子可以形成与沉淀具有同种晶型的晶体时,在沉淀的过程中杂质离子可取代构晶离子,形成混晶,如 $BaSO_4$ 和 $PbSO_4$、AgCl 和 AgBr。混晶一旦形成,很难用洗涤、陈化,甚至重结晶等方法除去,因此,对可能形成混晶的杂质应该在沉淀反应前除去。

(2) 后沉淀现象

沉淀析出后,将沉淀与母液一起放置的过程中(陈化作用),溶液中某些杂质离子会逐渐析出在沉淀的表面,这种现象称为后沉淀。后沉淀的杂质通常会随着陈化时间的延长而增多,因此,避免和减少后沉淀的主要方法是减少陈化的时间。

8-7 知识点延伸:化学上怎样减少或消除共沉淀和后沉淀作用

### 8.3.4 沉淀条件的选择

由于不同类型沉淀的形成过程不同,因此,对晶型沉淀和非晶型沉淀应采用不同的沉淀条件。

1. 晶型沉淀

对晶型沉淀主要考虑的是如何获得较大的沉淀颗粒,以便使沉淀纯净和易于过滤、洗涤。因此,在形成晶型沉淀时宜选择下列沉淀条件。

① 在适当的稀溶液中进行沉淀,以降低相对过饱和度。

② 在不断搅拌下缓慢加入沉淀剂,以避免局部浓度过大而产生大量的细小晶核。

③ 在热溶液中进行沉淀,使沉淀的溶解度较大,相对过饱和度降低,形成少而大的沉淀颗粒。同时,热溶液可减少吸附作用,以提高沉淀纯度。

④ 沉淀需经陈化。陈化就是在沉淀定量完全后,将沉淀和母液一起放置一段时间。当液体中大小晶体同时存在时,由于微小晶体比大晶体溶解度大,溶液对大晶体已达到饱和,而对微小晶体尚未达到饱和,因而微小晶体逐渐溶解。溶解到一定程度后,溶液对小晶体为饱和时,对大晶体则为过饱和,于是溶液中的构晶离子就在大晶体上沉积。当溶液浓度降低到对大晶体是饱和溶液时,对小晶体已不饱和,小晶体又要继续溶解。这样继续下去,小晶

体逐渐消失，大晶体不断长大，最后获得粗大的晶体。陈化作用还能使沉淀变得更纯净。这是因为大晶体比表面积较小，吸附杂质量少；同时，由于小晶体溶解，原来吸附、吸留和包藏的杂质，将重新溶入溶液中。加热和搅拌可以增加沉淀的溶解速率和离子在溶液中的扩散速率，因此，可以缩短陈化时间。

由上可知，要获得晶型沉淀，其沉淀条件的选择可归纳为：稀、热、慢、搅、陈（化）。例如，重量法测定钡盐中Ba的含量时，常利用稀 $H_2SO_4$ 作沉淀剂来沉淀 $Ba^{2+}$，在实验过程中，先将钡盐配成稀溶液并加热至近沸，然后将稀 $H_2SO_4$ 加热至沸腾，在搅拌的条件下，缓慢滴入稀的钡盐溶液中，待沉淀完全后，在沸腾的水浴上陈化0.5 h时，放置冷却后过滤。

2. 非晶型沉淀

对非晶型沉淀主要考虑的是加速沉淀微粒凝聚，获得紧密沉淀，减少杂质吸附和防止形成胶体沉淀。因此，在形成非晶型沉淀时宜选择下列沉淀条件。

① 沉淀应在较浓的溶液中进行，加沉淀剂的速度要比较快，使生成的沉淀比较紧密。由于此时吸附的杂质多，因此，在沉淀完毕后，立即加入大量的热水稀释并搅拌，使一部分被吸附的杂质转入溶液中。

② 沉淀作用在热溶液中进行，并加入适量电解质（常选用 $NH_4Cl$、$NH_4NO_3$ 等在灼烧时易挥发的铵盐），以防止形成胶体溶液。

③ 沉淀完毕后不需陈化，应立即过滤和洗涤。因为陈化不仅不能改善沉淀的形状，反而会失去水分使沉淀聚集得更加紧密，杂质反而难以洗净。

由上可知，要获得非晶型沉淀，其沉淀条件的选择可归纳为：浓、热、快、搅、加电解质、不陈化。

8-8　知识拓展：均相沉淀法

### 8.3.5　重量分析的结果计算

重量分析的结果是根据灼烧后的沉淀的质量计算而得出，通常用待测组分的质量分数 $w$ 表示。

8-9　应用案例：重量分析法测定盐酸黄连素

$$w_{待测组分} = \frac{m_{待测组分}}{m_{试样质量}} = \frac{m_{称量形式}}{m_{试样质量}} \times F \qquad (8-5)$$

式中，$F$ 称为换算因数（或化学因数），其数值可由被测物含量表示形式和沉淀称量表示形式的相互关系中得到。

**【例题8-7】** 测定某铁矿中含铁量时，称取试样0.1666 g，溶解后使 $Fe^{3+}$ 沉淀为 $Fe(OH)_3$，然后灼烧称量得到 $Fe_2O_3$ 0.1370 g，请计算试样中Fe的质量分数 $w(Fe)$。若以 $Fe_3O_4$ 表示结果，计算试样中 $Fe_3O_4$ 的质量分数 $w(Fe_3O_4)$。

## 8.4　沉淀滴定法

8-10　微课：沉淀滴定法

沉淀滴定法是基于沉淀反应来进行滴定分析的方法。虽然能形成沉淀的反应很多，但能用于沉淀滴定的反应不多,因为适用沉淀滴定法的反应必须同时满足下列要求:①沉淀的溶解度要小;②沉淀反应速率要快,不易形成过饱和状态;③沉淀吸附的杂质少;④有适当的指示剂指示滴定终点等。

在分析上应用最为广泛的沉淀滴定法是银量法,它是利用生成难溶性银盐的反应进行滴定分析的方法。银量法主要用于测定$Cl^-$、$Br^-$、$I^-$、$SCN^-$、$Ag^+$等以及一些含卤素的有机化合物。银量法根据指示终点方法的不同,可分为直接法和间接法两类,包括莫尔法、佛尔哈德法和法扬斯法。下面重点讨论这三种确定终点的方法。

## 8.4.1 莫尔法

莫尔法由德国化学家莫尔(Mohr)于1856年创立。莫尔法是以$K_2CrO_4$作指示剂,用$AgNO_3$标准溶液滴定卤化物的一种银量法。

1. 原理

以测定氯化物中Cl的含量为例,对莫尔法的测定原理进行讨论。在含$Cl^-$的溶液中加入$K_2CrO_4$作指示剂,用$AgNO_3$标准溶液滴定,其沉淀反应为

$$Ag^+(aq)+Cl^-(aq) \rightleftharpoons AgCl(s,白色) \qquad K_{sp}^{\ominus}(AgCl)=1.8\times10^{-10}$$

$$2Ag^+(aq)+CrO_4^{2-}(aq) \rightleftharpoons Ag_2CrO_4(s,砖红色) \qquad K_{sp}^{\ominus}(Ag_2CrO_4)=1.1\times10^{-12}$$

由于AgCl的溶解度($1.3\times10^{-5}$ mol·dm$^{-3}$)比$Ag_2CrO_4$的溶解度($6.5\times10^{-5}$ mol·dm$^{-3}$)小,根据分步沉淀原理,在滴定过程中,AgCl沉淀首先析出,随着滴定的进行,溶液中$Cl^-$浓度逐渐减小,生成AgCl沉淀所需要的$Ag^+$浓度逐渐增大,当接近化学计量点时,$Ag^+$浓度增大到能与$CrO_4^{2-}$生成砖红色$Ag_2CrO_4$沉淀,从而指示滴定终点。

2. 滴定条件

(1) 指示剂的用量

在莫尔法中,指示剂的用量是一项重要条件。指示剂过量,终点提前;指示剂过少,终点拖后。现通过计算来确定应加入的指示剂的量。

化学计量点时,$c(Cl^-)=c(Ag^+)$。

溶液中的$Ag^+$浓度为

$$c(Ag^+)=\sqrt{K_{sp}^{\ominus}(AgCl)}=\sqrt{1.8\times10^{-10}}=1.34\times10^{-5}\ mol\cdot dm^{-3}$$

若此时$Ag_2CrO_4$沉淀刚好析出时,溶液中$CrO_4^{2-}$浓度为

$$c(CrO_4^{2-})=\frac{K_{sp}^{\ominus}(Ag_2CrO_4)}{c(Ag^+)^2}=\frac{1.1\times10^{-12}}{(1.34\times10^{-5})^2}=6.1\times10^{-3}mol\cdot dm^{-3}$$

计算结果说明,化学计量点时,恰好析出$Ag_2CrO_4$沉淀所需$K_2CrO_4$指示剂的浓度应为$6.1\times10^{-3}$ mol·dm$^{-3}$。由于$K_2CrO_4$溶液本身呈黄色,浓度太大会妨碍终点颜色的观察,故实际操作时$K_2CrO_4$浓度为$5.0\times10^{-3}$ mol·dm$^{-3}$左右为宜,这样会使终点略有推迟,引起误差,但基本在允许误差范围之内。

(2) 溶液的酸度

莫尔法要求在中性或弱碱性溶液中进行滴定,溶液的酸度即pH应控制在6.5～10.5。碱性太强的溶液滴定前要用$HNO_3$中和;酸性太强的溶液滴定前要用$NaHCO_3$或$CaCO_3$中和。

当pH < 6.5时,$CrO_4^{2-}$会发生下列反应:

$$2H^+(aq)+CrO_4^{2-}(aq)\longrightarrow 2HCrO_4^-(aq)\longrightarrow Cr_2O_7^{2-}(aq)+2H_2O$$

降低了 $CrO_4^{2-}$ 的浓度，从而不能正确指示终点。

当 pH>10.5 时，$Ag^+$ 易生成 AgOH 沉淀进而迅速分解为 $Ag_2O$。

$$2Ag^+(aq)+2OH^-(aq)\longrightarrow Ag_2O(s)+H_2O$$

如果体系中有 $NH_4^+$ 存在，pH 上限还应降低，应控制在 6.5～7.2。这是因为 pH > 7.2 时，$NH_4^+$ 易转化成 $NH_3$，然后与 $Ag^+$ 生成 $[Ag(NH_3)_2]^+$，从而消耗一定量的 $Ag^+$。

3. 适用范围和应注意的问题

① 莫尔法适用于以 $AgNO_3$ 标准溶液作滴定剂直接滴定 $Cl^-$ 或 $Br^-$，共存时测得的是两者的总量。由于 AgI 和 AgSCN 具有强烈的吸附作用，会使终点提前，且终点变色不明显，误差较大，故莫尔法不适合用于测定 $I^-$ 和 $SCN^-$。

② 莫尔法的选择性比较差，凡是能与 $Ag^+$ 生成沉淀的 $PO_4^{3-}$、$S^{2-}$、$CO_3^{2-}$、$C_2O_4^{2-}$ 等，以及能与 $CrO_4^{2-}$ 生成沉淀的 $Pb^{2+}$、$Ba^{2+}$、$Hg^{2+}$ 等干扰测定的离子，均应设法消除。

③ 莫尔法不宜用 NaCl 作滴定剂滴定 $Ag^+$。因为先生成 $Ag_2CrO_4$ 沉淀，终点 $Ag_2CrO_4$ 沉淀转化为 AgCl 速率慢，滴定误差较大。

④ 滴定时必须剧烈摇动。因为先产生的 AgCl 和 AgBr 容易吸附溶液中的 $Cl^-$ 或 $Br^-$，使溶液中的浓度 $Cl^-$ 或 $Br^-$ 降低，以致终点提前，引入误差。可通过滴定过程中充分摇动来消除。

8－11　应用案例：莫尔法测定酱油和食醋中的氯化钠含量

## 8.4.2　佛尔哈德法

佛尔哈德法由德国化学家佛尔哈德(Volhard)于 1898 年创立。它是以 $Fe^{3+}$(如铁铵矾)为指示剂、用 $NH_4SCN$ 或 KSCN 作标准溶液滴定含 $Ag^+$ 的酸性溶液的一种银量法。

1. 原理

用 $SCN^-$ 作标准溶液滴定含 $Ag^+$ 溶液时，首先析出白色 AgSCN 沉淀。

$$Ag^+(aq)+SCN^-(aq)\rightleftharpoons AgSCN(s,\text{白色})\qquad K_{sp}^{\ominus}(AgSCN)=1.1\times10^{-12}$$

AgSCN 沉淀至化学计量点附近时，$SCN^-$ 与 $Fe^{3+}$ 生成红色配合物，从而指示滴定终点。

$$Fe^{3+}(aq)+SCN^-(aq)\rightleftharpoons[Fe(SCN)]^{2+}(aq,\text{红色})\qquad K_f^{\ominus}\{[(Fe(SCN)]^{2+}\}=138$$

2. 滴定条件

(1) 指示剂的用量

化学计量点时，$c(Ag^+)=c(SCN^-)$，溶液中的 $SCN^-$ 浓度为

$$c(SCN^-)=\sqrt{K_{sp}^{\ominus}(AgSCN)}=\sqrt{1.1\times10^{-12}}=1.05\times10^{-6}\ \text{mol}\cdot\text{dm}^{-3}$$

欲观察到明显的微红色，要求 $[Fe(SCN)]^{2+}$ 的浓度达到 $6.0\times10^{-6}\ \text{mol}\cdot\text{dm}^{-3}$，此时，溶液中 $Fe^{3+}$ 浓度为

$$c(Fe^{3+})=\frac{c\{[Fe(SCN)]^{2+}\}}{c(SCN^-)K_f^{\ominus}\{[Fe(SCN)]^{2+}\}}=\frac{6.0\times10^{-6}}{(1.05\times10^{-6})\times138}=0.04\ \text{mol}\cdot\text{dm}^{-3}$$

实际实验过程中，$0.04\ \text{mol}\cdot\text{dm}^{-3}$ $Fe^{3+}$ 溶液有较深的黄色，妨碍终点的观察。实验证明，终点时 $Fe^{3+}$ 浓度一般控制在 $0.015\ \text{mol}\cdot\text{dm}^{-3}$ 为宜。

(2) 溶液的酸度

滴定一般在 $0.1\sim1.0\ \text{mol}\cdot\text{dm}^{-3}$ 的稀 $HNO_3$ 介质中进行。溶液的酸度不宜过高，否则会降低 $SCN^-$ 的浓度；在中性或弱碱性溶液中，$Fe^{3+}$ 易水解生成 $Fe(OH)_3$，$Ag^+$ 易生成褐色

$Ag_2O$ 沉淀,影响终点的确定。佛尔哈德法的优点就是可在酸性介质中滴定。此时,许多弱酸根,如 $PO_4^{3-}$、$CO_3^{2-}$ 和 $C_2O_4^{2-}$ 等均不干扰测定。

3. 适用范围和应注意的问题

用莫尔法不能测定的含卤化物试样可用此法测定,并且对 $Br^-$、$I^-$ 和 $SCN^-$ 均能获得准确的结果。因此,佛尔哈德法的应用更加广泛。

① 佛尔哈德法可用直接滴定法测定 $Ag^+$。在滴定过程中,不断有 AgSCN 沉淀形成,由于沉淀具有强烈的吸附作用,因此,有部分 $Ag^+$ 被吸附在沉淀表面,使终点出现过早,测定结果偏低。滴定时,必须充分摇动溶液,使被吸附的 $Ag^+$ 及时释放出来。

② 佛尔哈德法可用返滴定法测定 $Cl^-$、$Br^-$、$I^-$ 和 $SCN^-$ 等。先加入一定量且过量的 $AgNO_3$ 标准溶液,使卤离子或 $SCN^-$ 生成银盐沉淀,然后以铁铵矾作指示剂,用 $SCN^-$ 标准溶液滴定过量的 $Ag^+$。

采用返滴定法时,滴定操作(包括滴定和摇动)中出现的红色会多次消失,导致终点难以确定并严重拖后。这是由于存在着下述有利于 AgSCN 沉淀生成的沉淀转化平衡:

$$AgCl(s) + SCN^-(aq) \rightleftharpoons AgSCN(s) + Cl^-(aq)$$

该平衡减小了溶液中 $SCN^-$ 的浓度,从而使 $Fe^{3+}$ 与 $SCN^-$ 生成 $[Fe(SCN)]^{2+}$ 的配位平衡左移,并导致 $[Fe(SCN)]^{2+}$ 的红色消失。为了减小这种误差,在接近化学终点时,必须防止用力摇动,目前通常在返滴定前先加入 1~2 $cm^3$ 二氯乙烷(或其他有机溶剂)并用力摇动,加入的有机溶剂覆盖在 AgCl 沉淀表面,可以阻止上述的沉淀转化过程。

8-12 应用案例:佛尔哈德法测定氯化物中的氯含量

③ 强氧化剂、氮的低价氧化物以及铜盐、汞盐能与 $SCN^-$ 起作用而干扰测定,滴定前应将这些物质或离子除去。

### 8.4.3 法扬斯法

法扬斯法由波兰化学家法扬斯(Fajans)于 1923 年创立。法扬斯法是利用吸附指示剂确定滴定终点的银量法。

1. 原理

吸附指示剂是一类有机染料,本身在溶液中显示一定的颜色。当它被吸附在沉淀表面以后,由于分子结构发生改变,颜色产生变化,从而指示终点。例如,用 $AgNO_3$ 标准溶液滴定 $Cl^-$ 时,常用荧光黄作吸附指示剂。荧光黄(用 HFIn 表示)是一种有机弱酸,其阴离子 $FIn^-$ 显黄绿色。在溶液中存在如下解离平衡:

$$HFIn \rightleftharpoons FIn^-(aq) + H^+(aq)$$

在化学计量点前,由于溶液中 $Cl^-$ 过量,AgCl 沉淀表面只能吸附 $Cl^-$ 而带负电荷,即 $AgCl \cdot Cl^-$。此时不能吸附 $FIn^-$,整个体系显示 $FIn^-$ 的黄绿色。当滴定到化学计量点后,稍过量的 $Ag^+$ 被 AgCl 吸附而使沉淀表面带正电荷,形成 $AgCl \cdot Ag^+$ 胶粒。这时,带正电的胶粒能强烈地吸附 $FIn^-$,可使 AgCl 沉淀表面形成了荧光黄银化合物,导致其结构发生变化而呈现粉红色。可用下列简式表示滴定终点时颜色的变化:

$$AgCl \cdot Ag^+ + \underset{\text{黄绿色}}{FIn^-} \rightleftharpoons \underset{\text{粉红色}}{AgCl \cdot Ag \cdot FIn}$$

如果用 NaCl 滴定 $Ag^+$,则终点颜色的变化恰好相反。

2. 滴定条件

(1) 指示剂的选择

指示剂的吸附性能要适当，不能过大或过小。例如，曙红是滴定 $Br^-$、$I^-$、$SCN^-$ 的良好吸附指示剂，但不适于滴定 $Cl^-$，这是因为 AgCl 沉淀对曙红阴离子吸附能力很强，在化学计量点前，曙红阴离子就已开始被 AgCl 沉淀吸附，发生颜色变化，以致无法指示滴定终点。

(2) 溶液的酸度

滴定一般在中性、弱碱性或很弱的酸性溶液中进行。因不同吸附指示剂的解离常数不同，适宜的 pH 范围随选择的指示剂不同而不同。常见的几种吸附指示剂使用条件如表 8-8 所示。

**表 8-8　几种吸附指示剂的使用条件**

| 指示剂 | 被测离子 | pH 范围 | 滴定剂 | 颜色变化 |
|---|---|---|---|---|
| 荧光黄 | $Cl^-$、$Br^-$、$I^-$ | 7～10 | $AgNO_3$ | 黄绿→粉红 |
| 二氯荧光黄 | $Cl^-$、$Br^-$、$I^-$ | 4～10 | $AgNO_3$ | 黄绿→浅红 |
| 曙红 | $Br^-$、$I^-$、$SCN^-$ | 2～10 | $AgNO_3$ | 橙红→红紫 |
| 甲基紫 | $Ag^+$ | 酸性溶液 | NaCl | 红→紫 |

3. 适用范围和应注意的问题

为了使终点颜色变化明显，应用吸附指示剂时应注意以下几个方面：

① 由于吸附指示剂是吸附在沉淀表面上而变色，因此，为了使终点明显，应尽量使沉淀有较大的表面，即沉淀颗粒要小。这就要求滴定过程中应防止发生凝聚。在化学计量点时，溶液中 $Ag^+$ 和 $X^-$（卤素离子）都不过量，沉淀不带电，极易凝聚，因此，常加入糊精或淀粉等胶体保护剂。

8-13　应用案例：法扬司法测定有机氯化物中总氯的含量

② 卤化物沉淀对光敏感，很容易转变为灰黑色，影响终点的观察，因此，应避免在强光下进行滴定。

## 8.4.4　银量法的标准溶液

银量法中的常用标准溶液是 $AgNO_3$ 溶液和 $NH_4SCN$ 溶液。

1. $AgNO_3$ 溶液的配制与标定

(1) $AgNO_3$ 溶液的配制

$AgNO_3$ 可以得到符合分析要求的基准试剂，因此，可以用直接法配制。配制前应将分析纯的 $AgNO_3$ 于 110℃左右烘干，称取一定量的 $AgNO_3$ 溶解后转移至容量瓶中，加不含 $Cl^-$ 的蒸馏水稀释至刻度并摇匀，即得一定浓度的溶液。由于 $AgNO_3$ 见光易分解，故应将 $AgNO_3$ 标准溶液存贮于棕色瓶中，并置于暗处。

(2) $AgNO_3$ 溶液的标定

由于化学试剂 $AgNO_3$ 中常含有金属 Ag、有机物、$NO_2^-$ 等杂质，因此配制成溶液后一般还需进行标定。标定 $AgNO_3$ 溶液使用的基准物质通常采用基准 NaCl，用莫尔法进行标定。NaCl 固体易吸潮，使用前应置于洁净的瓷坩埚中，于 500～600℃下灼烧至不再有爆破声为止，再在干燥环境中冷却后置于密封容器中备用。

2. $NH_4SCN$ 溶液的配制与标定

(1) $NH_4SCN$ 溶液的配制

$NH_4SCN$ 试剂常含有杂质，易吸潮，不能直接配制标准溶液。将分析纯的 $NH_4SCN$ 于 110 ℃左右烘干后，称取一定量的 $NH_4SCN$ 溶解后转移至容量瓶中，加蒸馏水稀释至刻度并摇匀，即得一定浓度的溶液。

(2) $NH_4SCN$ 溶液的标定

标定 $NH_4SCN$ 溶液最简单的方法是佛尔哈德法。即量取一定体积的 $AgNO_3$ 标准溶液，以铁铵矾溶液作指示剂，用 $NH_4SCN$ 溶液直接滴定。

## ➤➤➤ 习 题 ◀◀◀

### 8-1 是非题

1. 难溶电解质的溶度积越小，其溶解度一定越小。 (  )

2. KCl 是易溶于水的强电解质，但将浓 HCl 加入它的饱和溶液中时，也可能有固体析出，这是由于 $Cl^-$ 的同离子效应作用的结果。 (  )

3. 溶度积规则的实质是沉淀反应的反应商判据。 (  )

4. 同离子效应使难溶电解质的溶解度变大。 (  )

5. $MgF_2$ 在 $Mg(NO_3)_2$ 中的溶解度比在水中的溶解度小。 (  )

6. 对沉淀反应，沉淀剂加入越多，其离子沉淀越完全。 (  )

7. 摩尔法测定 $Cl^-$ 含量时，在酸性或碱性溶液中进行滴定均可。 (  )

8. $BaSO_4$ 沉淀为强碱强酸盐的难溶化合物，因此酸度对溶解度影响不大。 (  )

9. 沉淀 $BaSO_4$ 时，在 HCl 存在下的热溶液中进行，目的是增大沉淀的溶解度，相应地降低了溶液的过饱和度，有利于生成大颗粒沉淀。 (  )

10. 为了获得纯净的沉淀，洗涤沉淀时，洗涤的次数越多，每次用的洗涤液越多，则杂质含量越少，结果的准确度越高。 (  )

### 8-2 选择题

1. 298.15 K 时，NaCl 在水中的溶解度为 36.2 g/100 g $H_2O$，在 1 $cm^3$ 水中加入 36.2 g NaCl，则此溶解过程属于下列哪种情况 (  )

A. $\Delta G > 0, \Delta S > 0$　B. $\Delta G < 0, \Delta S < 0$　C. $\Delta G < 0, \Delta S > 0$　D. $\Delta G = 0, \Delta S > 0$

2. 已知溶度积 $K_{sp}^{\ominus}(Ag_3PO_4) = 1.4 \times 10^{-16}$，则其溶解度为 (  )

A. $1.1 \times 10^{-4}$ mol · $dm^{-3}$　B. $4.8 \times 10^{-5}$ mol · $dm^{-3}$

C. $1.2 \times 10^{-8}$ mol · $dm^{-3}$　D. $8.3 \times 10^{-6}$ mol · $dm^{-3}$

3. 已知溶度积 $K_{sp}^{\ominus}(Ag_2CrO_4) = 1.1 \times 10^{-12}$，则其溶解度为 (  )

A. $1.0 \times 10^{-6}$ mol · $dm^{-3}$　B. $6.5 \times 10^{-5}$ mol · $dm^{-3}$

C. $1.0 \times 10^{-4}$ mol · $dm^{-3}$　D. $7.4 \times 10^{-6}$ mol · $dm^{-3}$

4. 在难溶电解质 $A_2B$ 的饱和溶液中，$c(A^+) = a$ mol · $dm^{-3}$，$c(B^{2-}) = b$ mol · $dm^{-3}$，则 $K_{sp}^{\ominus}(A_2B)$ 等于 (  )

A. $a^2b$　B. $ab$　C. $(2a)^2b$　D. $a^2\left(\frac{1}{2}b\right)$

5. 已知 $K_{sp}^{\ominus}(AgCl) = 1.8 \times 10^{-10}$，$K_{sp}^{\ominus}(Ag_2C_2O_4) = 3.4 \times 10^{-11}$，$K_{sp}^{\ominus}(Ag_2CrO_4) = 1.1 \times 10^{-12}$，$K_{sp}^{\ominus}(AgBr) = 5.0 \times 10^{-13}$。在下列难溶银盐饱和溶液中，$c(Ag^+)$ 最大的是 (  )

A. AgCl　B. $Ag_2CrO_4$　C. AgBr　D. $Ag_2C_2O_4$

6. 在 AgI 饱和溶液中加入 $AgNO_3$ 溶液，达到平衡时，溶液中 (  )

A. $K_{sp}^{\ominus}(AgI)$降低　　B. $Ag^+$浓度降低

C. AgI 的离子浓度乘积增加　　D. $I^-$浓度降低

7. 若 $BaCl_2$ 中含有 NaCl、KCl、$CaCl_2$ 等杂质，用 $H_2SO_4$ 沉淀 $Ba^{2+}$ 时，生成的 $BaSO_4$ 最易吸附的离子是　(　　)

A. $Na^+$　　B. $K^+$　　C. $Ca^{2+}$　　D. $H^+$

8. 在重量分析中，待测物质中含的杂质与待测物的离子半径相近，在沉淀过程中往往易形成　(　　)

A. 混晶　　B. 吸留　　C. 包藏　　D. 后沉淀

9. 在重量分析中，为了获得晶型沉淀，通常要求　(　　)

A. 聚集速率大，定向速率大　　B. 聚集速率小，定向速率大

C. 聚集速率大，定向速率小　　D. 聚集速率小，定向速率小

10. 以铬酸钾为指示剂的莫尔法，适合于用来测定　(　　)

A. $Cl^-$　　B. $I^-$　　C. $SCN^-$　　D. $Ag^+$

## 8-3　填空题

1. 当相关离子浓度改变时，难溶电解质的标准溶度积常数____________。多数难溶电解质的标准溶度积常数随温度的____________而增大。

2. 在 $CaCO_3(K_{sp}^{\ominus}=4.9\times10^{-9})$、$CaF_2(K_{sp}^{\ominus}=1.5\times10^{-10})$、$Ca_3(PO_4)_2(K_{sp}^{\ominus}=2.1\times10^{-33})$这些物质的饱和溶液中，$Ca^{2+}$浓度由小到大的顺序为____________。

3. 同离子效应会使难溶电解质的溶解度____________；盐效应会使难溶电解质的溶解度____________。在难溶电解质溶液中，加入具有相同离子的强电解质，则会产生同离子效应，同时也能产生盐效应，但通常前者的影响比后者的影响____________。

4. 重量分析法的主要操作过程通常包括________、________、________、________和____________。

5. 在沉淀反应中，沉淀的颗粒越____________，沉淀吸附杂质越____________。

## 8-4　简答题

1. 溶度积和溶解度有何区别和联系？

2. 为什么 $Mg(NH_4)PO_4$ 在 $NH_3\cdot H_2O$ 中的溶解度比在 $H_2O$ 中小，而它在 HAc 溶液中的溶解度却比在 $H_2O$ 中大？[在水溶液中存在 $Mg(NH_4)PO_4(s)\rightleftharpoons Mg^{2+}(aq)+NH_4^+(aq)+PO_4^{3-}(aq)$。]

3. 重量分析法对沉淀形式和称量形式各有何要求？

4. 要获得纯净而易于过滤和洗涤的沉淀，需要采取哪些措施？

5. 摩尔法测定 $Cl^-$ 含量时，为什么只能在中性或弱碱性溶液中进行滴定？

## 8-5　计算题

1. 已知 $Mg(OH)_2$ 在水中的溶解度为 $6.38\times10^{-3}\,g\cdot dm^{-3}$，试计算：

(1) $Mg(OH)_2$ 的溶度积；(2) $Mg(OH)_2$ 在 $0.010\,mol\cdot dm^{-3}$ $MgCl_2$ 中的溶解度。

2. 已知 $K_{sp}^{\ominus}(PbI_2)=7.1\times10^{-9}$，请计算：

(1) $PbI_2$ 在水中的溶解度；(2) $PbI_2$ 在 $0.10\,mol\cdot dm^{-3}$ NaI 溶液中的溶解度。

3. 已知 $K_{sp}^{\ominus}(PbCl_2)=1.6\times10^{-5}$，将 $0.10\,mol\cdot dm^{-3}$ KCl 溶液逐滴加 $1\,dm^3$ 到 $0.010\,mol\cdot dm^{-3}$ $Pb^{2+}$ 溶液中(忽略由于加入 KCl 引起的体积的变化)，请问：

(1) 当 $c(Cl^-)=3.0\times10^{-4}\,mol\cdot dm^{-3}$时，有无 $PbCl_2$ 沉淀生成？

(2) 当 $c(Cl^-)$分别为多大时，开始生成 $PbCl_2$ 沉淀和 $Pb^{2+}$ 已沉淀完全？

4. 已知 $K_{sp}^{\ominus}(AgCl)=1.8\times10^{-10}$，将 $80\,cm^3$ $0.10\,mol\cdot dm^{-3}$ $AgNO_3$ 溶液与 $20\,cm^3$ $0.10\,mol\cdot dm^{-3}$ NaCl 溶液混合，试计算平衡时 $c(Cl^-)$及生成的 AgCl(s)质量。

5. 在 $50\,cm^3$ $0.0020\,mol\cdot dm^{-3}$ $Na_2SO_4$ 溶液中加入 $50\,cm^3$ $0.020\,mol\cdot dm^{-3}$ $BaCl_2$。通过计算说明是否能生成 $BaSO_4$ 沉淀？若能生成沉淀，$SO_4^{2-}$ 是否能沉淀完全？[$K_{sp}^{\ominus}(BaSO_4)=1.1\times10^{-10}$。]

6. 已知 $K_{sp}^{\ominus}(MgF_2)=6.5\times10^{-9}$，请问将 $10.0\,cm^3$ $0.25\,mol\cdot dm^{-3}$ $Mg(NO_3)_2$ 溶液与 $25.0\,cm^3$ $0.20\,mol\cdot dm^{-3}$ NaF 溶液混合，是否有 $MgF_2$ 沉淀生成？并计算混合后溶液中 $c(Mg^{2+})$及 $c(F^-)$。

7. 两位同学在某重量分析法实验中分别制备了 $BaSO_4$ 沉淀 2.000 g。一位用 500 $cm^3$ 蒸馏水洗涤 $BaSO_4$ 沉淀；另一位用 500 $cm^3$ 0.010 $mol \cdot dm^{-3}$ $H_2SO_4$ 溶液洗涤沉淀。试计算两位同学因为洗涤而损失 $BaSO_4$ 的物质的量。[$K_{sp}^{\ominus}(BaSO_4)=1.1\times10^{-10}$。]

8. 在 100 $cm^3$ 0.100 $mol \cdot dm^{-3}$ KOH 溶液中，加入 1.259 g $MnCl_2$ 固体。如果要阻止 $Mn(OH)_2$ 沉淀析出，最少需加入多少 $(NH_4)_2SO_4$？($K_{sp}^{\ominus}[(Mn(OH)_2]=1.9\times10^{-13}$，$K_b^{\ominus}(NH_3 \cdot H_2O)=1.8\times10^{-5}$。)

9. 已知 $K_{sp}^{\ominus}(PbI_2)=7.1\times10^{-9}$，$K_{sp}^{\ominus}(PbSO_4)=1.6\times10^{-8}$。在含有 0.10 $mol \cdot dm^{-3}$ NaI 和 0.10 $mol \cdot dm^{-3}$ $Na_2SO_4$ 的混合溶液中，逐滴加入 $Pb(NO_3)_2$ 溶液(忽略体积变化)。通过计算，回答如下问题。(1) 判断哪一种物质先沉淀。(2) 当第二种物质开始沉淀时，先沉淀离子的浓度为多大？

10. 某溶液中含有 0.10 $mol \cdot dm^{-3}$ 的 $Li^+$ 和 0.10 $mol \cdot dm^{-3}$ 的 $Mg^{2+}$，滴加 NaF 溶液(忽略溶液体积的变化)。哪一种离子最先被沉淀出来？当第二种沉淀析出时，第一种被沉淀的离子是否沉淀完全？两种离子有无可能分离开？[$K_{sp}^{\ominus}(LiF)=1.8\times10^{-3}$；$K_{sp}^{\ominus}(MgF_2)=7.4\times10^{-11}$。]

11. 在某混合溶液中 $Fe^{3+}$ 和 $Zn^{2+}$ 浓度均为 0.010 $mol \cdot dm^{-3}$。现在通过加碱调节溶液的 pH 值，使 $Fe(OH)_3$ 沉淀出来，而 $Zn^{2+}$ 保留在溶液中。通过计算确定分离 $Fe^{3+}$ 和 $Zn^{2+}$ 的 pH 范围。($K_{sp}^{\ominus}[(Fe(OH)_3]=4.0\times10^{-38}$，$K_{sp}^{\ominus}[Zn(OH)_2]=6.8\times10^{-17}$。)

12. 称取一定量的约含 52% NaCl 和 44% KCl 的试样。将试样溶于水后，加入 0.1128 $mol \cdot dm^{-3}$ $AgNO_3$ 溶液 30.00 $cm^3$。过量的 $AgNO_3$ 需用 10.00 $cm^3$ 标准 $NH_4SCN$ 溶液滴定。已知 1.00 $cm^3$ 标准 $NH_4SCN$ 溶液相当于 1.15 $cm^3$ $AgNO_3$ 溶液。请问应称取多少试样？

13. 称取含有 NaCl 和 NaBr 的试样 0.5776 g，用重量法测定，得到两者的银盐沉淀为 0.4403 g；另取同样质量的试样，用沉淀滴定法测定，消耗 0.1074 $mol \cdot dm^{-3}$ $AgNO_3$ 溶液 25.25 $cm^3$。求 NaCl 和 NaBr 的质量分数。

14. 某化学家测量一个大水桶的容积，但手边没有可用于测量大体积液体的适当量具，他把 420 g NaCl 放入水桶中，用水充满水桶，混匀溶液后，取 100.0 $cm^3$ 所得溶液，以 0.0932 $mol \cdot dm^{-3}$ $AgNO_3$ 溶液滴定，达到终点时用去 28.56 $cm^3$。该水桶的容积是多少？

15. 0.2018 g $MCl_2$ 试样溶于水，以 28.78 $cm^3$ 0.1473 $mol \cdot dm^{-3}$ $AgNO_3$ 溶液滴定至终点，试推断 M 为何种元素。

8－14　课后习题解答

# 第 9 章

# 氧化还原平衡与氧化还原滴定

# (Redox Equilibrium and Redox Titration)

9-1 学习要求

化学反应可按是否有电子转移划分为氧化还原反应和非氧化还原反应两大类。反应物之间有电子转移(或者偏移)的化学反应称为氧化还原反应(oxidation-reduction reaction)。本章除介绍氧化还原反应相关的基础知识外,主要应用电极电势等概念讨论氧化还原反应方向和限度,同时基于氧化还原平衡原理讨论氧化还原滴定方法及其应用。

## 9.1 氧化还原反应

9-2 微课:氧化还原反应与原电池

### 9.1.1 氧化数

我们在高中已经学过,氧化还原反应的基本特征是反应前后元素"化合价"发生变化。化合价的原意是某种元素的原子与其他元素的原子相化合时两种元素的原子数目之间一定的比例关系,因此,化合价不能很好地描述原子带电状态及在化学反应中的变化。为反映元素在化合物中所处的化合状态,无机化学中引进了氧化数的概念。表述元素氧化态的代数值称为元素的氧化数(oxidation number),又称氧化值(或氧化态,oxidation state)。如 Cl 在下列不同化合态中的氧化数为:

| 氯的化合态 | $Cl^-$ | $Cl_2$ | $ClO^-$ | $ClO_2^-$ | $ClO_3^-$ | $ClO_4^-$ |
|---|---|---|---|---|---|---|
| 氯的氧化数 | −1 | 0 | +1 | +3 | +5 | +7 |

1970 年国际纯粹和应用化学联合会(IUPAC)在《无机化学命名法》中进一步严格定义了氧化数。氧化数是指某元素的一个原子的表观电荷数,该表观电荷数可由假定把每一化学键中的电子指定给电负性更大的原子而求得。

**【例题 9-1】** 求 $Cr_2O_7^{2-}$、$K_2S_2O_8$、$Fe_3O_4$ 中 Cr、S、Fe 元素的氧化数。

9-3　知识点延伸:确定氧化数的规则

9-4　例题解答

## 9.1.2　氧化还原半反应式

任何一个氧化还原反应都同时发生以下两种情况,即氧化剂得到电子发生还原过程和还原剂失去电子发生氧化过程。因此,任何氧化还原反应都可看作由两个"半反应"组成,即氧化还原反应的化学反应方程式可分解成两个"半反应式",一个半反应代表氧化,另一个半反应则代表还原。

例如,金属 Zn 在 $CuCl_2$ 溶液中的氧化还原反应可表示为

$$Zn(s)+Cu^{2+} \longrightarrow Zn^{2+}+Cu\ (s)$$

在该反应中,$Cu^{2+}$ 得电子,发生还原反应,氧化数由 +2 降低到 0,生成还原产物 Cu;Zn 失电子,发生氧化反应,氧化数由 0 升高到 +2,生成氧化产物 $Zn^{2+}$。上述两个过程分别可以用两个半反应表示。

$$Zn \longrightarrow Zn^{2+}+2e^- \qquad (氧化半反应)$$

$$Cu^{2+}+2e^- \longrightarrow Cu \qquad (还原半反应)$$

又如,Na 与 $Cl_2$ 化合生成 NaCl 的反应及其两个半反应是

$$2Na+Cl_2 \longrightarrow 2NaCl$$

$$2Na \longrightarrow 2Na^+ +2e^- \qquad (氧化半反应)$$

$$Cl_2+2e^- \longrightarrow 2Cl^- \qquad (还原半反应)$$

由以上讨论可知,在一个半反应式中,物质的氧化性或还原性彼此并不是孤立的,而是通过电子转移来实现。氧化剂得到电子变为相应的还原剂,还原剂失去电子变为相应的氧化剂,氧化剂和还原剂之间的这种相互依存和转变的关系称为氧化还原共轭关系,相应的转变反应就是氧化还原半反应,可用通式表示为

$$氧化剂+ne^- \rightleftharpoons 还原剂$$

通常把两个不同氧化数的物质构成的整体称为氧化还原电对,写作"氧化型/还原型",如上述反应式的电对分别是"$Zn^{2+}/Zn$、$Cu^{2+}/Cu$"和"$Na^+/Na$、$Cl_2/Cl^-$"。在氧化还原电对的符号中只标出"发生电子转移的"元素,并把它写成主要存在形态,而且高价态的氧化型写在斜线左边,低价态的氧化型写在斜线右边。例如:

$$MnO_4^- +8H^+ +5e^- \longrightarrow Mn^{2+}+4H_2O$$

用"$MnO_4^-/Mn^{2+}$"表示上述半反应,表示 Mn 的氧化态发生的变化。

像任何其他化学反应方程式一样,半反应式必须反映化学变化过程的实际。氧化数发生变化的元素只能以实际存在的物质出现在方程式中。对于水溶液体系,易溶强电解质主要以离子形式存在,要写成离子(依据离子方程式的书写规则)。例如 $NO_3^-$ 在酸性溶液中被

$H_2S$还原的化学反应方程式为

$$NO_3^- + H_2S \longrightarrow NO + S$$

该反应的半反应式是

$$H_2S \longrightarrow S + 2H^+ + 2e^- \qquad （氧化半反应）$$

$$NO_3^- + 4H^+ + 3e^- \longrightarrow NO + 2H_2O \qquad （还原半反应）$$

而不能写成

$$N^{5+} + 3e^- \longrightarrow N^{2+}$$

$$S^{2-} \longrightarrow S + 2e^-$$

像所有化学反应方程式一样，半反应式必须要配平，而且两端应保持原子和电荷平衡。对于水溶液体系，在配平原子数时，如果反应物和生成物所含原子数不等，用$H_2O$分子和它的两个组成离子($H^+$和$OH^-$)之一使反应式两边所含的原子数相等。在酸性介质中的反应用$H^+$、$H_2O$调节，碱性介质中的反应用$OH^-$、$H_2O$调节，任何情况下(包括酸性、碱性和中性介质)不允许反应式中同时出现$H^+$和$OH^-$。其经验规则如表9-1所示。

**表9-1　不同介质条件下配平原子数的经验规则**

| 介质条件 | 反应式左边氧原子数 | 左边对应加入物质 | 右边对应生成物 |
|---|---|---|---|
| 酸性 | 多了 $n$ 个O<br>少了 $n$ 个O | $+2n$ 个 $H^+$<br>$+n$ 个 $H_2O$ | $H_2O$<br>$H^+$ |
| 碱性 | 多了 $n$ 个O<br>少了 $n$ 个O | $+n$ 个 $H_2O$<br>$+2n$ 个 $OH^-$ | $OH^-$<br>$H_2O$ |
| 中性 | 多了 $n$ 个O<br>少了 $n$ 个O | $+n$ 个 $H_2O$<br>$+n$ 个 $H_2O$ | $OH^-$<br>$H^+$ |

如果反应式两边的电荷总数不相等，可在反应式左边或右边加若干个电子配平。

### 9.1.3　氧化还原反应方程式的配平

配平氧化还原反应方程式的方法很多，应用最广的是氧化数法(oxidation number method)和半反应式法(half-reaction method)。氧化数法是根据氧化还原反应中各元素的氧化数的变化情况，按照氧化数升高总值与氧化数降低总值相等的原则来配平。此方法比较简便，便于掌握，中学课程中已作过详细介绍。下面主要介绍半反应式法配平。

9-5　知识点延伸：氧化数法配平氧化还原反应方程式

半反应式法配平是先分别写出氧化剂和还原剂的半反应，再乘以适当的系数使电子转移数相等后，将两式相加即得配平的化学反应方程式。现以$H_2O_2$和KI在酸性介质中反应生成$H_2O$和$I_2$为例，说明半反应式法配平步骤。

① 根据实验事实或者规律用离子式写出主要反应物和产物(气体、纯液体、固体和弱电解质则写分子式)。如：

$$H_2O_2 + I^- \longrightarrow H_2O + I_2$$

② 分别写出氧化剂被还原和还原剂被氧化的半反应。

$$H_2O_2 + 2H^+ + 2e^- \longrightarrow 2H_2O$$

$$2I^- \longrightarrow I_2 + 2e^-$$

③ 确定两半反应式中得、失电子数目的最小公倍数(本例为2)。将两个半反应式中各

项分别乘以相应的系数(本例为 1),使得、失电子数目相同。然后,将两者合并,就得到了配平的氧化还原反应的离子方程式。

$$H_2O_2 + 2H^+ + 2e^- \longrightarrow 2H_2O$$
$$+ \qquad 2I^- \longrightarrow I_2 + 2e^-$$
$$\overline{H_2O_2 + 2H^+ + 2I^- \longrightarrow I_2 + 2H_2O}$$

若已知反应在稀 $H_2SO_4$ 介质中进行,还可写出相应的化学反应方程式。

$$H_2O_2 + 2H_2SO_4 + 2KI \longrightarrow I_2 + 2H_2O + 2K_2SO_4$$

由此可见,半反应式法能更清楚地反映水溶液中氧化还原反应的实质,这种方法尤其对于复杂的氧化还原反应方程式的配平非常适用,但对于气相或固相反应式的配平无能为力。

**【例题 9-2】** 配平 $As_2S_3 + HNO_3$(浓)$\longrightarrow H_3AsO_4 + NO + H_2SO_4$。

# 9.2 电极电势

9-6 微课:电极电势及其应用

早在 1800 年,意大利物理学家伏打( Volta)制得能维持一定电流的"电堆"(即电池),即将 Cu 片与 Zn 片(实验中也采用其他金属)放入盛有相应盐水的容器中,并将 Cu 片与 Zn 片用导线连接起来,称为"伏打电池"。伏打电池是原电池的原型,提供了相对恒稳的电流,为电学的进一步发展和电化学的创建开辟了道路。直到 21 世纪的今天,人们使用的各类电池仍然是以伏打电池的原理为基础。

## 9.2.1 原电池

将一块 Zn 放入 $CuSO_4$ 溶液中,可以发现白色的 Zn 逐渐溶解,而其表面覆盖一层红色的物质 Cu,溶液的颜色逐步变浅。该反应的离子方程式为

$$Zn + Cu^{2+} \longrightarrow Zn^{2+} + Cu$$

上述反应是一个可自发进行的氧化还原反应。对应的两个半反应,分别是

$$Zn \longrightarrow Zn^{2+} + 2e^-$$
$$Cu^{2+} + 2e^- \longrightarrow Cu$$

采用如图 9-1 所示的装置分别进行上述化学反应,即 Zn 块放入 $ZnSO_4$ 溶液中,Cu 块放入 $CuSO_4$ 溶液中,用导线连接两块金属,并串联一安培计,用 U 型管(含饱和 KCl 溶液和琼脂)连接两溶液。该 U 型管可以保证离子在其中迁移,称为盐桥。

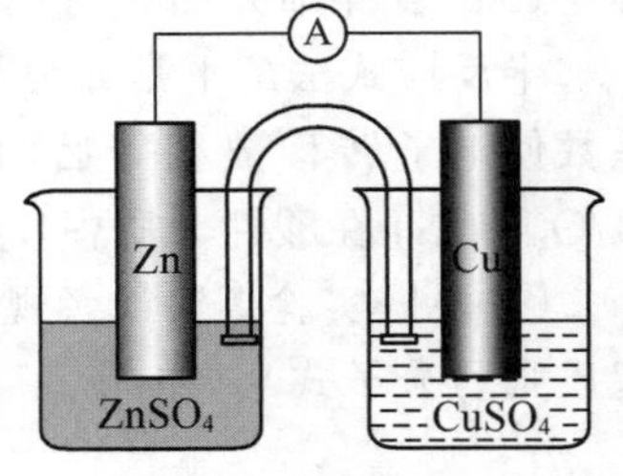


图 9-1 锌铜原电池

按照图 9-1 所示装置进行实验,可以观察到:

① 安培计指针偏移,说明导线上存在电流。这是因为两极间存在电势的高低差,进而导致电子的定向移动。

② 指针偏转方向说明电子是从锌极（$Zn^{2+}/Zn$）移向铜极（$Cu^{2+}/Cu$），锌极是负极，铜极是正极。同时可以观察到 Zn 块变小，溶解到溶液中；$CuSO_4$ 溶液变淡，Cu 块增重，有金属 Cu 沉积。这是因为发生了电极反应。

$$Zn \longrightarrow Zn^{2+} + 2e^- \text{（负极）}$$

$$Cu^{2+} + 2e^- \longrightarrow Cu \text{（正极）}$$

③ 取出盐桥，安培计指针归零；放入后，安培计指针又发生偏移。这是因为装置左半部因 $Zn^{2+}$ 进入溶液而产生多余正电荷，装置右半部因 $Cu^{2+}$ 的沉积而积存在溶液中的多余负电荷，盐桥的作用是使盐桥中 $Cl^-$ 和 $K^+$ 反向移动去补偿装置左、右半部所带的负、正电荷，让溶液始终保持电中性，从而使外电路中的电流得以维持。

这种借助于自发的氧化还原反应产生电流的装置，称为原电池（galvanic cell, or voltaic cell）。显然，半反应是将氧化还原反应与化学电池相联系的一个出发点。将 Zn 片插入 $ZnSO_4$ 的水溶液，构成一个称为半电池（half-cell）的装置，这种装置又叫电极（electrodle）。两个不同的半电池连通，都可以形成可向外电路释放电流的原电池，即原电池是由分别为正、负极的两个半电池组成。通常用如下符号来表示上述原电池，称为原电池符号。

$$(-)\ Zn \mid ZnSO_4(c_1) \parallel CuSO_4(c_2) \mid Cu\ (+)$$

习惯上，负极半电池写在左边用“－”表示；正极半电池写在右边用“＋”表示；用“‖”表示盐桥，以隔开两个半电池；半电池中两相界面用“｜”分开，同相不同物质用“，”分开；必要时溶液、气体要注明 $c_B$、$p_B$。

氧化还原电对不一定是由金属和金属离子组成，其种类繁多，同一金属不同氧化态的离子（如 $Fe^{3+}/Fe^{2+}$、$MnO_4^-/Mn^{2+}$），非金属与相应的离子（如 $H^+/H_2$、$O_2/OH^-$、$Cl_2/Cl^-$ 等）都能组成电对。但这类电对构造成相应的半电池时，没有固体用于连接导线，则需要外加惰性电极。惰性电极是指一种能够导电而不参与电极反应的物质，如金属 Pt、石墨等。此时，书写电极符号时，纯液体、固体和气体写在惰性电极一边用“，”分开。如以氢电极为例，其电极符号可表示为

$$H^+(c) \mid H_2(p_B), Pt$$

$Fe^{3+}/Fe^{2+}$、$MnO_4^-/Mn^{2+}$ 电极符号可表示为

$$Fe^{3+}(c_1), Fe^{2+}(c_2) \mid Pt$$

$$MnO_4^-(c_1), Mn^{2+}(c_2), H^+(c_3) \mid C$$

**【例题 9-3】** 将下列反应设计成原电池，并以原电池符号表示。

$$2Fe^{2+}(0.5\ mol \cdot dm^{-3}) + Cl_2(100\ kPa) \longrightarrow 2Fe^{3+}(1.0\ mol \cdot dm^{-3}) + 2Cl^-(2.0\ mol \cdot dm^{-3})$$

## 9.2.2　标准电极电势

连接原电池两极的导线有电流通过，说明两电极之间存在电势的高低差，从电流计指针偏转方向看出锌电极电势比铜电极低。如果将图 9-1 所示的安培计换成伏特计，结果伏特计测得原电池电动势 $E$ 为 1.10 V，说明铜电极电势比锌电极高 1.10 V。

$$(-)\ Zn \mid Zn^{2+}(1\ mol \cdot dm^{-3}) \parallel Cu^{2+}(1\ mol \cdot dm^{-3}) \mid Cu\ (+)$$

$$E = E(Cu^{2+}/Cu) - E(Zn^{2+}/Zn) = 1.10\ V$$

类似地进行实验，可以测出各原电池电动势。

$$(-)\ Cu \mid Cu^{2+}(1\ mol \cdot dm^{-3}) \parallel Ag^+(1\ mol \cdot dm^{-3}) \mid Ag\ (+)$$

$$E = E(Ag^+/Ag) - E(Cu^{2+}/Cu) = 0.46\ V$$

$$(-)\ Zn\ |\ Zn^{2+}(1\ mol\cdot dm^{-3})\ \|\ Ag^{+}(1\ mol\cdot dm^{-3})\ |\ Ag\ (+)$$

$$E=E(Ag^{+}/Ag)-E(Zn^{2+}/Zn)=1.56\ V$$

由此可见,对于原电池来说,其正极的电极电势 $E_{(+)}$ 与负极的电极电势 $E_{(-)}$ 之差等于电池的电动势 $E$。

$$E=E_{(+)}-E_{(-)} \tag{9-1}$$

迄今为止,人们尚无法直接测量单个电极的电势数值。然而可用比较的方法确定它的相对值。通常以标准氢电极作为标准,并将其电极电势规定为零。

标准氢电极如图 9-2 所示。将镀有一层铂黑的 Pt 片浸入 $H^{+}$ 浓度为 1 $mol\cdot dm^{-3}$ 的溶液中,在 298.15 K 时通入压强为 100 kPa 的纯 $H_2$ 让铂黑吸附并维持饱和状态,此时铂黑表面的 $H_2$ 和溶液中的 $H^{+}$ 建立如下平衡:

$$2H^{+}+2e^{-}\longrightarrow H_2$$

这就是氢电极的半反应,该电极的电极符号表示为

$$H^{+}(c^{\ominus})\ |\ H_2(p_B^{\ominus}),Pt$$

其电极电势规定为 0.000,即

$$E^{\ominus}(H^{+}/H_2)=0.000$$

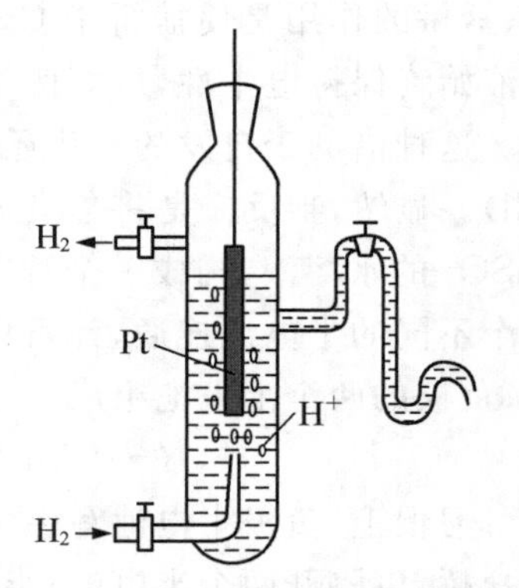

图 9-2 标准氢电极装置示意图

同时,规定在温度 298.15 K 下,参与电极反应的物质处在标准状态,这时的电极称为标准电极,对应的电极电势称为标准电极电势,以符号 $E^{\ominus}$ 表示。所谓的标准状态是指溶液中离子浓度为 1 $mol\cdot dm^{-3}$,气体的分压为 100 kPa 时,液体和固体为 100 kPa 条件下最稳定或最常见的形态。$E^{\ominus}$ 通过标准电极与标准氢电极组成原电池测得。

例如,欲测定锌电极的标准电极电势,应组成下列原电池:

$$(-)\ Zn\ |\ Zn^{2+}(1\ mol\cdot dm^{-3})\ \|\ H^{+}(1\ mol\cdot dm^{-3})\ |\ H_2(100\ kPa),Pt\ (+)$$

在 298.15 K 时,测得该电池的电动势为 0.761 V,则

$$E^{\ominus}=E^{\ominus}(H^{+}/H_2)-E^{\ominus}(Zn^{2+}/Zn)=0.761\ V$$

因为 $$E^{\ominus}(H^{+}/H_2)=0.000\ V$$

因此 $$E^{\ominus}(Zn^{2+}/Zn)=-0.761\ V$$

如果要测定铜电极的标准电极电势,同样可以组成下列原电池:

$$(-)\ Pt,H_2(100\ kPa)\ |\ H^{+}(1\ mol\cdot dm^{-3})\ \|\ Cu^{2+}(1\ mol\cdot dm^{-3})\ |\ Cu\ (+)$$

在 298.15 K 时,测得该电池的电动势为 0.337 V,则

$$E^{\ominus}=E^{\ominus}(Cu^{2+}/Cu)-E^{\ominus}(H^{+}/H_2)=0.337\ V$$

因为 $$E^{\ominus}(H^{+}/H_2)=0.000\ V$$

因此 $$E^{\ominus}(Cu^{2+}/Cu)=0.337\ V$$

用类似方法,可以通过实验测出各种电对的标准电极电势。表 9-2 列出部分电对标准电极电势。标准电极电势是重要的化学参数,有多种理论价值和应用价值,附录 4 给出了大量氧化还原半反应(电对)的标准电极电势。表 9-2 中,电对按 $E^{\ominus}$(氧化型/还原型)代数值由大到小的顺序排列。$E^{\ominus}$ 值越大,正向半反应进行的倾向越大,即氧化型的氧化性越强,其还原型的还原性越弱;$E^{\ominus}$ 值越小,还原型的还原性越强,相应氧化型的氧化性越弱。表 9-2 中的最强的氧化剂和还原剂分别为 $F_2$ 和 K。

附录 4

9-7 知识点延伸：使用标准电极电势表时的注意点

9-8 知识拓展：甘汞电极

**表 9-2 某些电对在酸性介质中的标准电极电势(298.15 K)**

| 半反应 | $E^{\ominus}$(氧化型/还原型)/V | 半反应 | $E^{\ominus}$(氧化型/还原型)/V |
|---|---|---|---|
| $F_2+2e^-\longrightarrow 2F^-$ | +2.87 | $Cu^{2+}+2e^-\longrightarrow Cu$ | +0.34 |
| $H_2O_2+2H^++2e^-\longrightarrow 2H_2O$ | +1.77 | $2H^++2e^-\longrightarrow H_2$ | 0 |
| $MnO_4^-+8H^++5e^-\longrightarrow Mn^{2+}+4H_2O$ | +1.51 | $Pb^{2+}+2e^-\longrightarrow Pb$ | −0.126 |
| $Cl_2+2e^-\longrightarrow 2Cl^-$ | +1.358 | $Sn^{2+}+2e^-\longrightarrow Sn$ | −0.14 |
| $Cr_2O_7^{2-}+14H^++6e^-\longrightarrow 2Cr^{3+}+7H_2O$ | +1.33 | $Ni^{2+}+2e^-\longrightarrow Ni$ | −0.25 |
| $O_2+2H^++4e^-\longrightarrow 2H_2O$ | +1.23 | $Fe^{2+}+2e^-\longrightarrow Fe$ | −0.44 |
| $2IO_3^-+12H^++10e^-\longrightarrow I_2+6H_2O$ | +1.19 | $Zn^{2+}+2e^-\longrightarrow Zn$ | −0.7628 |
| $Br_2+2e^-\longrightarrow 2Br^-$ | +1.08 | $Mn^{2+}+2e^-\longrightarrow Mn$ | −1.17 |
| $Ag^++e^-\longrightarrow Ag$ | +0.7994 | $Al^{3+}+3e^-\longrightarrow Al$ | −1.66 |
| $Fe^{3+}+e^-\longrightarrow Fe^{2+}$ | +0.771 | $Mg^{2+}+2e^-\longrightarrow Mg$ | −2.37 |
| $O_2+2H^++2e^-\longrightarrow H_2O_2$ | +0.69 | $Na^++e^-\longrightarrow Na$ | −2.713 |
| $I_2+2e^-\longrightarrow 2I^-$ | +0.535 | $K^++e^-\longrightarrow K$ | −2.925 |

## 9.2.3 浓度对电极电势的影响——能斯特方程

电极电势的大小不仅取决于电极的性质，还与温度和溶液中离子的浓度、气体的分压有关。标准电极电势是在各物质处于标准状态及温度为 298.15 K 下测得的，如果浓度温度改变了，电极电势也随着改变。1888 年，德国化学家和物理学家能斯特(Nernst)从理论上推导出电极电势与浓度、温度的定量关系，提出了著名的能斯特方程。

对于任意给定的电极，其电极半反应的通式为

$$\text{氧化型}+ne^-\longrightarrow\text{还原型}$$

能斯特方程为

$$E(T)=E^{\ominus}(T)+\frac{RT}{nF}\ln\frac{c(\text{氧化型})}{c(\text{还原型})} \tag{9-2}$$

式中，$E(T)$为某温度 $T$ 时的电极电势；$E^{\ominus}(T)$为温度 $T$ 时的标准电极电势；$R$ 为摩尔气体常数；$T$ 为热力学温度；$n$ 为电极反应中转移的电子数；$F$ 为法拉第常数；$c$(氧化型)、$c$(还原型)分别为电极反应中在氧化型、还原型一侧各物质相对浓度(或相对压强)幂的乘积(表示形式与标准平衡常数相同)。

如果将自然对数改为常用对数，$R$ 值为 $8.314\ \mathrm{J\cdot K^{-1}\cdot mol^{-1}}$，$F$ 取 $96485\ \mathrm{J\cdot V^{-1}\cdot mol^{-1}}$，则在 298.15 K 时

$$E=E^{\ominus}+\frac{0.0592}{n}\lg\frac{c(\text{氧化型})}{c(\text{还原型})} \tag{9-3}$$

**【例题 9-4】** 计算在 298.15 K 下，$Fe^{3+}$ 浓度为 $1.0\ \mathrm{mol\cdot dm^{-3}}$，$Fe^{2+}$ 浓度为 $0.010\ \mathrm{mol\cdot dm^{-3}}$ 时的电极电势。[$E^{\ominus}(Fe^{3+}/Fe^{2+})=0.771$ V。]

此例结果表明，$c(Fe^{2+})$从 1.0 mol·dm$^{-3}$下降到0.010 mol·dm$^{-3}$时，$E(Fe^{3+}/Fe^{2+})$数值从 0.771 V 增大到 0.889 V。由此可以推出以下结论：氧化型物质浓度增大或还原型物质浓度减小，电极电势增大；反之，还原型物质浓度增大或氧化型物质浓度减小，电极电势减小。

9-9 知识点延伸：书写能斯特方程的注意点

改变氧化型或还原型物质的浓度的方法很多，沉淀和弱电解质的生成都对电极电势有较大的影响，如加入与还原型物质反应的沉淀剂，同样可以使得电极电势增大；加入与氧化型物质反应的沉淀剂，同样可以使得电极电势减小。

**【例题 9-5】** 已知 $E^{\ominus}(Fe^{3+}/Fe^{2+})=0.771$ V，$K_{sp}^{\ominus}[Fe(OH)_3]=1\times10^{-36}$，$K_{sp}^{\ominus}[Fe(OH)_2]=1.0\times10^{-26}$，求 $E^{\ominus}[Fe(OH)_3/Fe(OH)_2]$值。

能斯特方程也表明电极电势不仅受氧化剂、还原剂自身浓度的影响，而且还会受参加反应的非氧化还原组分的浓度影响。若电极反应中有 $H^+$ 或 $OH^-$ 参加反应，则酸度对电极电势就有影响。

**【例题 9-6】** 从氢电极的半反应出发，导出电极电势与溶液 pH 值关系的通式，并计算 pH＝1.00、7.00、14.00 时氢电极的电极电势。

**【例题 9-7】** 设溶液中 $Cr_2O_7^{2-}$ 和 $Cr^{3+}$ 浓度均为 1.0 mol·dm$^{-3}$，试推导电极电势与溶液 pH 值的关系，并计算 pH＝3.00、6.00 时的电极电势。

上二例都说明 pH 值对有 $H^+$ 或 $OH^-$ 参加的半反应的电极电势影响较大，因此，控制溶液的 pH 值能有效改变物质氧化性或还原性的强弱。

9-10 知识拓展：水的 $E$-pH 图及应用

### 9.2.4 副反应系数和条件电极电势

1. 副反应对半反应电势的影响

溶液中的实际情况非常复杂，以 $Fe^{3+}/Fe^{2+}$ 电对的半反应为例：

$$Fe^{3+}+e^- \longrightarrow Fe^{2+}$$

在 HCl 溶液中，$Fe^{3+}$ 可能发生水解反应及与 $Cl^-$ 的配位反应。水解反应产生各种型体的含羟基物质，配位反应产生各种型体的氯配位物质。

$$Fe^{3+}+H_2O \rightleftharpoons FeOH^{2+}+H^+$$

$$FeOH^{2+}+H_2O \rightleftharpoons Fe(OH)_2^{+}+H^+$$

$$Fe^{3+}+Cl^- \rightleftharpoons FeCl^{2+}$$

$$FeCl^{2+}+Cl^- \rightleftharpoons FeCl_2^{+}$$

可以看出，除 $Fe^{3+}$ 外，溶液中还存在 Fe(Ⅲ)的其他多种型体，如 $FeOH^{2+}$、$Fe(OH)_2^{+}$、$FeCl^{2+}$、$FeCl_2^{+}$ 等等。采用 $c_0(Fe^{3+})$代表溶液中三价 Fe 元素总浓度，即

$$c_0(Fe^{3+})=c(Fe^{3+})+c(FeOH^{2+})+c(FeCl^{2+})+c(FeCl_2^{+})+\cdots$$

同样，$Fe^{2+}$ 也存在类似副反应情况，溶液中除 $Fe^{2+}$ 外，溶液中还存在 Fe(Ⅱ)的其他多种型体，如 $FeOH^+$、$FeCl^+$、$FeCl_2$ 等。

为了定量地表示副反应进行的程度，引入副反应系数 α。化学上将物种各型体总浓度与半反应中某型体平衡浓度之比定义为主物种的副反应系数。

$$\alpha(M)=\frac{c_0(M)}{c(M)} \tag{9-4}$$

式中，$c_0(M)$为某物种各型体总浓度；$c(M)$为半反应中某型体平衡浓度。显然，副反应系数

越大，对半反应电势的影响越大。

$Fe^{3+}$ 和 $Fe^{2+}$ 的副反应系数分别表示为 $\alpha(Fe^{3+})$ 和 $\alpha(Fe^{2+})$，则

$$\alpha(Fe^{3+})=\frac{c_0(Fe^{3+})}{c(Fe^{3+})} \qquad \alpha(Fe^{2+})=\frac{c_0(Fe^{2+})}{c(Fe^{2+})}$$

式中，$c(Fe^{3+})$ 和 $c(Fe^{2+})$ 是平衡浓度，是考虑副反应的情况下的真实浓度（有效浓度）。

2. 条件电极电势

根据式(9-2)能斯特方程，$Fe^{3+}/Fe^{2+}$ 电对的非标准状态的电极电势可表示为

$$E(Fe^{3+}/Fe^{2+})=E^{\ominus}(Fe^{3+}/Fe^{2+})+\frac{RT}{nF}\ln\frac{c(Fe^{3+})}{c(Fe^{2+})}$$

在这一表达式中如果忽略了氧化型和还原型物种在溶液中可能存在的其他型体，必将影响着半反应的电势。因此，要考虑副反应的影响，应该将有效浓度代入，则有

$$\begin{aligned}E(Fe^{3+}/Fe^{2+})&=E^{\ominus}(Fe^{3+}/Fe^{2+})+\frac{RT}{nF}\ln\frac{\alpha(Fe^{2+})c_0(Fe^{3+})}{c_0(Fe^{2+})\alpha(Fe^{3+})}\\&=E^{\ominus}(Fe^{3+}/Fe^{2+})+\frac{RT}{nF}\ln\frac{\alpha(Fe^{2+})}{\alpha(Fe^{3+})}+\frac{RT}{nF}\ln\frac{c_0(Fe^{3+})}{c_0(Fe^{2+})}\end{aligned}$$

考虑到上式中的 $\alpha$ 在特定条件下是一固定的数值，因而可将等式右端前两项合并为一个新常数 $E^{\ominus f}$。

$$E^{\ominus f}(Fe^{3+}/Fe^{2+})=E^{\ominus}(Fe^{3+}/Fe^{2+})+\frac{RT}{nF}\ln\frac{\alpha(Fe^{2+})}{\alpha(Fe^{3+})}$$

式中，$E^{\ominus f}$ 叫条件电极电势(conditional electrode potential)。它是在给定实验条件下，氧化型物质（如 $Fe^{3+}$）和还原型物质（如 $Fe^{2+}$）浓度均为 1 mol · dm$^{-3}$ 时的实际电势。

引入条件电极电势后，$Fe^{3+}/Fe^{2+}$ 电对的非标准状态电极电势可表示为

$$E(Fe^{3+}/Fe^{2+})=E^{\ominus f}(Fe^{3+}/Fe^{2+})+\frac{RT}{nF}\ln\frac{c_0(Fe^{3+})}{c_0(Fe^{2+})}$$

通过上述讨论可知，引入条件电极电势后，式(9-2)的能斯特方程为

$$E(T)=E^{\ominus f}(T)+\frac{RT}{nF}\ln\frac{c_0(\text{氧化型})}{c_0(\text{还原型})} \tag{9-5}$$

式中，$c_0$(氧化型)、$c_0$(还原型)分别为氧化型和还原型的总浓度。条件电极电势的引入不但给处理分析化学的实际问题带来方便，而且结果也更加接近真实值。但是，影响条件电极电势的因素很多，目前条件电极电势的数据还较少，在缺乏相关数据的前提下，我们一般采用标准电极电势，并通过能斯特方程来考虑温度等影响因素。表 9-3 给出某些氧化还原电对的条件电极电势。

**表 9-3　某些氧化还原电对的条件电极电势 $E^{\ominus f}$**

| 半反应 | $E^{\ominus}$/V | 反应介质 | $E^{\ominus f}$/V |
|---|---|---|---|
| $MnO_4^-+8H^++5e^-\longrightarrow Mn^{2+}+4H_2O$ | +1.51 | 1 mol · dm$^{-3}$ $HClO_4$ | +1.45 |
| $Cr_2O_7^{2-}+14H^++6e^-\longrightarrow 2Cr^{3+}+7H_2O$ | +1.33 | 4 mol · dm$^{-3}$ $H_2SO_4$ | +1.15 |
| $Fe^{3+}+e^-\longrightarrow Fe^{2+}$ | +0.771 | 0.1 mol · dm$^{-3}$ HCl | +0.56 |
| $Pb^{2+}+2e^-\longrightarrow Pb$ | −0.126 | 1 mol · dm$^{-3}$ NaAc | −0.32 |
| $I_3^-+2e^-\longrightarrow 3I^-$ | +0.535 | 0.5 mol · dm$^{-3}$ $H_2SO_4$ | +0.5446 |

## 9.2.5　电极电势的应用

### 1. 判断原电池正、负极,计算原电池的电动势

当两个电对组成原电池时,其中电极电势代数值较大的电对是原电池的正极,代数值小的电对是负极。按式(9－1)可以计算得到原电池的电动势。

**【例题 9－8】**　将 Ag 与 1.0 mol·dm$^{-3}$ $Ag^+$ 组成的电对和 Cu 与 0.01 mol·dm$^{-3}$ $Cu^{2+}$ 组成的电对构成原电池。请判断原电池的正、负极,写出原电池符号,并计算该电池的电动势。

### 2. 判断氧化还原反应的方向

在第二章我们已经知道,化学反应自发的条件是 $\Delta_r G_m < 0$。根据热力学推导,对电池反应,$\Delta_r G_m$ 与原电池电动势 $E$ 有如下关系:

$$\Delta_r G_m = -nFE \tag{9-6}$$

式中,$n$ 为电池反应中转移的电子数;$F$ 为法拉第常数。

当 $\Delta_r G_m < 0$ 时,反应能自发进行,此时的 $E > 0$。可见原电池电动势 $E$ 可以作为氧化还原反应自发性的判据。

由式(9－1)可知,可以根据组成氧化还原反应的两个电对的电极电势大小来判断氧化还原反应的方向。判断依据如下:

根据原电池负极氧化、正极还原的规定,以反应物中氧化剂所在电对作正极,还原剂所在电对作负极,求得电池电动势 $E$。

| | | |
|---|---|---|
| $E_{(+)} > E_{(-)}$ | $E > 0$ | 反应正向进行 |
| $E_{(+)} = E_{(-)}$ | $E = 0$ | 反应处于平衡 |
| $E_{(+)} < E_{(-)}$ | $E < 0$ | 反应逆向进行 |

此判据符合氧化还原反应的基本规律,即:

$$\text{强氧化剂} + \text{强还原剂} \longrightarrow \text{弱氧化剂} + \text{弱还原剂}$$

注意,通常情况下电极电势不同于标准电极电势,通过改变浓度等可以改变其大小,因此,当电对中各物种的状态为非标准状态时,应该用能斯特方程计算出电极电势。

**【例题 9－9】**　已知 $E^{\ominus}(Fe^{3+}/Fe^{2+}) = 0.771$ V,$E^{\ominus}(I_2/I^-) = 0.535$ V,请判断反应 $2Fe^{3+}(aq) + 2I^-(aq) = 2Fe^{2+}(aq) + I_2(s)$:(1) 在标准状态下能否正向进行?(2) 在 $c(Fe^{3+}) = 10^{-5}$ mol·dm$^{-3}$,$c(Fe^{2+}) = 1.0$ mol·dm$^{-3}$,$c(I^-) = 0.1$ mol·dm$^{-3}$时反应进行的方向。

**【例题 9－10】**　有一含有 $Cl^-$、$Br^-$、$I^-$ 的混合溶液,欲使 $I^-$ 氧化为 $I_2$,而 $Br^-$ 和 $Cl^-$ 不发生变化,在常用的氧化剂 $H_2O_2$、$Fe_2(SO_4)_3$ 和 $KMnO_4$ 中选择哪一种合适?

### 3. 确定氧化还原反应的限度

化学反应的限度可以用平衡常数来衡量,已知反应的 Gibbs 函数与平衡常数之间存在着式(2－33)所示关系。

$$\Delta_r G_m^{\ominus} = -RT\ln K^{\ominus} \tag{2-33}$$

由式(9－6)得

$$\Delta_r G_m^{\ominus} = -nFE^{\ominus}$$

因此,在 298.15 K 下,原电池的电动势与平衡常数有如下关系:

$$\ln K^{\ominus} = \frac{nFE^{\ominus}}{RT} \tag{9-7}$$

在 298.15 K 下,将 $F$、$R$ 值代入上式可得

$$\lg K^{\ominus} = \frac{nE^{\ominus}}{0.0592} \tag{9-8}$$

$$\lg K^{\ominus}=\frac{n[E^{\ominus}_{(+)}-E^{\ominus}_{(-)}]}{0.0592} \tag{9-9}$$

由上式可知电极电势差值越大，得到 $K^{\ominus}$ 值也大，反应也就越完全。因此，我们可以根据电极电势大致判断氧化还原反应的限度。

**【例题 9-11】** 计算在 298.15 K 时，例题 9-9 反应的标准平衡常数。

**【例题 9-12】** 已知原电池(−) Ag,AgCl | $Cl^-$(0.010 mol · $dm^{-3}$) ‖ $Ag^+$(0.010 mol · $dm^{-3}$) | Ag (+)，测得其电池电动势为 0.34 V，计算 AgCl 的 $K^{\ominus}_{sp}$。

**【例题 9-13】** 已知电池反应 $2Cr^{3+}+3Br_2+7H_2O = Cr_2O_7^{2-}+6Br^-+14H^+$，其原电池电动势 0.5685 V，求溶液 pH 值(设其他物质均处于标准状态)。

## 9.2.6　元素电势图及其应用

对于多种价态的元素而言，可以组成多种氧化还原电对。如 Cl 存在 6 种价态，在酸性介质中，有下列一些电对及相应的电极电势：

$$ClO_4^- + 2H^+ + 2e^- \longrightarrow ClO_3^- + H_2O \quad E^{\ominus}=1.19\ V$$

$$ClO_3^- + 3H^+ + 2e^- \longrightarrow HClO_2 + H_2O \quad E^{\ominus}=1.21\ V$$

$$HClO_2 + 2H^+ + 2e^- \longrightarrow HClO + H_2O \quad E^{\ominus}=1.64\ V$$

$$HClO + H^+ + e^- \longrightarrow \frac{1}{2}Cl_2 + H_2O \quad E^{\ominus}=1.63\ V$$

$$Cl_2 + 2e^- \longrightarrow 2Cl^- \quad E^{\ominus}=1.36\ V$$

$$ClO_3^- + 6H^+ + 6e^- \longrightarrow Cl^- + 3H_2O \quad E^{\ominus}=1.45\ V$$

$$ClO_3^- + 6H^+ + 5e^- \longrightarrow \frac{1}{2}Cl_2 + 3H_2O \quad E^{\ominus}=1.47\ V$$

为了突出表示同一元素的不同氧化态物质的氧化或者还原能力以及它们之间的关系，美国化学家拉蒂麦尔(Latimer)建议把同一元素的不同氧化态的物质，按其氧化值由高到低的顺序排列，在两种物质间用直线连接成一电对，并在直线上标注此电对的标准电极电势值，这样就构成了表示标准电极电势数据的拉蒂麦尔图，通常称为元素电势图。

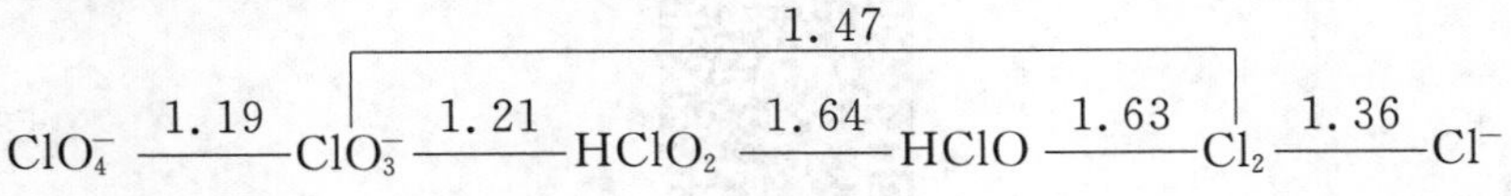

$$ClO_4^- \xrightarrow{1.19} ClO_3^- \xrightarrow{1.21} HClO_2 \xrightarrow{1.64} HClO \xrightarrow{1.63} Cl_2 \xrightarrow{1.36} Cl^- \qquad (ClO_3^- \text{—} Cl_2:\ 1.47)$$

元素电势图能清楚地表明了同种元素的不同氧化态物质氧化、还原能力的相对大小。同时，可以解决氧化还原反应的一些具体问题。

1. 根据几个相邻电对的已知标准电极电势，求算其他电对的标准电极电势

例如有下列元素电势图：

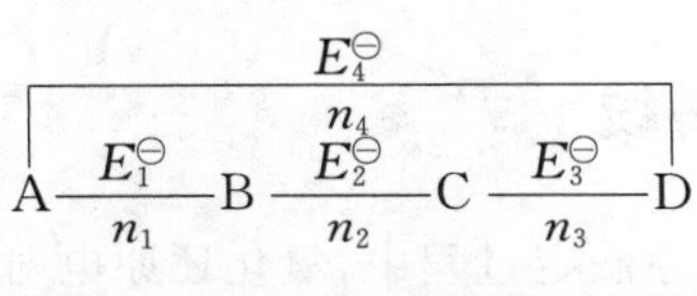

$$A \xrightarrow[n_1]{E_1^{\ominus}} B \xrightarrow[n_2]{E_2^{\ominus}} C \xrightarrow[n_3]{E_3^{\ominus}} D \qquad (A \text{—} D:\ E_4^{\ominus},\ n_4)$$

根据式(9-6) $\Delta_r G_m = -nFE$ 及 $\Delta_r G_m$ 具有加和性，很容易推导出下列计算公式：

$$n_4E_4^{\ominus}=n_1E_1^{\ominus}+n_2E_2^{\ominus}+n_3E_3^{\ominus}$$

$$E_4^{\ominus}=\frac{n_1E_1^{\ominus}+n_2E_2^{\ominus}+n_3E_3^{\ominus}}{n_1+n_2+n_3}=\frac{n_1E_1^{\ominus}+n_2E_2^{\ominus}+n_3E_3^{\ominus}}{n_4} \tag{9-10}$$

根据上述方法,可以很简便地计算出相应电对的标准电极电势。

**【例题 9-14】** 根据上述氯元素电势图,求 $E^{\ominus}(ClO_3^-/Cl^-)$值。

2. 判断歧化反应发生的可能性

歧化反应是一种同一元素自身发生的氧化还原反应。例如 $Cu^+$ 在溶液中发生的歧化反应:

$$2Cu^+ \longrightarrow Cu^{2+} + Cu$$

在此反应中,一部分 $Cu^+$ 氧化为 $Cu^{2+}$,另一部分 $Cu^+$ 还原为金属 Cu,此类反应即为歧化反应。Cu 元素的电势图为

$$Cu^{2+} \xrightarrow{+0.159} Cu^+ \xrightarrow{+0.520} Cu \qquad (Cu^{2+} \xrightarrow{+0.34} Cu)$$

与之相关的两个半反应分别为

$Cu^{2+} + e^- \longrightarrow Cu^+$

$E^{\ominus}(Cu^{2+}/Cu^+) = +0.159\ V$

$Cu^+ + e^- \longrightarrow Cu$

$E^{\ominus}(Cu^+/Cu) = +0.520\ V$

因为 $E^{\ominus}(Cu^+/Cu) > E^{\ominus}(Cu^{2+}/Cu^+)$,即 $E^{\ominus} = E^{\ominus}(Cu^+/Cu) - E^{\ominus}(Cu^{2+}/Cu^+) = 0.520 - 0.159 = +0.361 > 0$,因此 $Cu^+$ 容易歧化为 $Cu^{2+}$ 和 Cu。

由此可知,拉蒂麦尔图可用来判断歧化过程发生的可能性。一般规律为,如果图中物种右边的标准电极电势大于左边的标准电极电势(即 $E^{\ominus}_{右} > E^{\ominus}_{左}$),该物种则可歧化为与其相邻的物种。

# 9.3 氧化还原滴定法

9-11 微课:氧化还原滴定法原理

氧化还原滴定法是以氧化还原反应为基础的滴定分析方法。它不仅可以分析具有氧化性或还原性物质的含量,而且也可以测定能与氧化剂或还原剂发生定量反应的物质的含量。因此,氧化还原滴定法的应用范围很广泛。

## 9.3.1 氧化还原滴定曲线

同酸碱滴定类似,在氧化还原滴定过程中,氧化还原电对的电极电势值随滴定剂的加入而发生变化。氧化还原滴定曲线是描述滴定过程中氧化还原电对的电极电势值与滴定剂加入量(滴定分数)之间的关系曲线。下面以在 0.500 $mol \cdot dm^{-3}$ $H_2SO_4$ 介质中,用 0.100 $mol \cdot dm^{-3}$ $Ce(SO_4)_2$ 溶液滴定20 $cm^3$ 0.100 $mol \cdot dm^{-3}$ $FeSO_4$ 溶液为例来讨论氧化还原滴定曲线。

$Ce(SO_4)_2$ 溶液滴定 $FeSO_4$ 的滴定反应为

$$Ce^{4+} + Fe^{2+} \longrightarrow Ce^{3+} + Fe^{3+}$$

$$E^{\ominus f}(Fe^{3+}/Fe^{2+}) = 0.68\ V \qquad E^{\ominus f}(Ce^{4+}/Ce^{3+}) = 1.44\ V$$

整个滴定过程可分为以下三个阶段：

① 滴定开始至化学计量点前：因为加入的 $Ce^{4+}$ 几乎全部被 $Fe^{2+}$ 还原为 $Ce^{3+}$，到达平衡时 $c(Ce^{4+})$ 很小。如果知道了滴定的百分数，就可求得 $\frac{c(Fe^{3+})}{c(Fe^{2+})}$，进而计算得到电极电势值。按能斯特方程

$$E(Fe^{3+}/Fe^{2+}) = E^{\ominus f}(Fe^{3+}/Fe^{2+}) + 0.0592\lg\frac{c(Fe^{3+})}{c(Fe^{2+})}$$

假设滴定中有 $x\%$ 的 $Fe^{2+}$ 转化为 $Fe^{3+}$，溶液中残留 $Fe^{2+}$ 为 $(100-x)\%$，则

$$E(Fe^{3+}/Fe^{2+}) = E^{\ominus f}(Fe^{3+}/Fe^{2+}) + 0.0592\lg\frac{x}{100-x}$$

当加入的 $Ce^{4+}$ 溶液体积为 19.98 $cm^3$ 时，即 99.9% 的 $Fe^{2+}$ 被氧化时

$$E(Fe^{3+}/Fe^{2+}) = 0.68 + 0.0592\lg\frac{99.9}{0.1} = 0.86\ V$$

② 化学计量点时：$Ce^{4+}$ 和 $Fe^{2+}$ 分别定量地转变为 $Ce^{3+}$ 和 $Fe^{3+}$，未反应的 $c(Ce^{4+})$ 和 $c(Fe^{2+})$ 很小，不能直接求得。因为反应刚好达到平衡，溶液中两电对的电极电势相等，故化学计量点的电势 $E_{eq}$ 为

$$E_{eq} = E(Fe^{3+}/Fe^{2+}) = E^{\ominus f}(Fe^{3+}/Fe^{2+}) + 0.0592\lg\frac{c(Fe^{3+})}{c(Fe^{2+})}$$

$$E_{eq} = E(Ce^{4+}/Ce^{3+}) = E^{\ominus f}(Ce^{4+}/Ce^{3+}) + 0.0592\lg\frac{c(Ce^{4+})}{c(Ce^{3+})}$$

两式相加得

$$2E_{eq} = E^{\ominus f}(Fe^{3+}/Fe^{2+}) + 0.0592\lg\frac{c(Fe^{3+})}{c(Fe^{2+})} + E^{\ominus f}(Ce^{4+}/Ce^{3+}) + 0.0592\lg\frac{c(Ce^{4+})}{c(Ce^{3+})}$$

$$= E^{\ominus f}(Fe^{3+}/Fe^{2+}) + E^{\ominus f}(Ce^{4+}/Ce^{3+}) + 0.0592\lg\frac{c(Fe^{3+})c(Ce^{4+})}{c(Fe^{2+})c(Ce^{3+})}$$

此时，$c(Ce^{4+}) = c(Fe^{2+})$，$c(Ce^{3+}) = c(Fe^{3+})$，则

$$E_{eq} = \frac{E^{\ominus f}(Fe^{3+}/Fe^{2+}) + E^{\ominus f}(Ce^{4+}/Ce^{3+})}{2} = \frac{0.68 + 1.44}{2} = 1.06\ V$$

对于一般氧化还原反应，当达到化学计量点时，可以通过下列通式计算电势：

$$(n_1 + n_2)\,E_{eq} = n_1 E_1^{\ominus f} + n_2 E_2^{\ominus f} \tag{9-11}$$

③ 化学计量点后：$Fe^{2+}$ 几乎全部被 $Ce^{4+}$ 氧化为 $Fe^{3+}$，$c(Fe^{2+})$ 很小，不易直接求得，但只要知道加入过量的 $Ce^{4+}$ 的百分数，就可以用 $\frac{c(Ce^{4+})}{c(Ce^{3+})}$ 计算电势值。

$$E(Ce^{4+}/Ce^{3+}) = E^{\ominus f}(Ce^{4+}/Ce^{3+}) + 0.0592\lg\frac{c(Ce^{4+})}{c(Ce^{3+})}$$

设加入了 $Ce^{4+}$ 为 $y\%$，则过量的 $Ce^{4+}$ 为 $(y-100)\%$，溶液中 $Ce^{3+}$ 为 100%，则：

$$E(Ce^{4+}/Ce^{3+}) = E^{\ominus f}(Ce^{4+}/Ce^{3+}) + 0.0592\lg\frac{y-100}{100}$$

当加入 $Ce^{4+}$ 溶液为 20.02 $cm^3$ 时，此时，$Ce^{4+}$ 过量 0.02 $cm^3$，即过量 0.1% 时：

$$E(Ce^{4+}/Ce^{3+}) = 1.44 + 0.0592\lg\frac{0.1}{100} = 1.26\ V$$

将按上述方法所得的计算结果列入表 9-4 中,根据表 9-4 数据绘制相应的滴定曲线(见图 9-3)。

**表 9-4 $Ce(SO_4)_2$ 溶液滴定 $FeSO_4$ 溶液的电势变化**

| 加入 $Ce^{4+}$ 溶液体积 $V$/ $cm^3$ | $Fe^{2+}$ 被滴定的百分率/ % | 电势 $E$/ V |
|---|---|---|
| 1.00 | 5.0 | 0.60 |
| 2.00 | 10.0 | 0.62 |
| 4.00 | 20.0 | 0.64 |
| 8.00 | 40.0 | 0.67 |
| 10.00 | 50.0 | 0.68 |
| 12.00 | 60.0 | 0.69 |
| 18.00 | 90.0 | 0.74 |
| 19.80 | 99.0 | 0.80 |
| 19.98 | 99.9 | 0.86 ⎫ |
| 20.00 | 100.0 | 1.06 ⎬ 突跃范围 |
| 20.02 | 100.1 | 1.26 ⎭ |
| 22.00 | 110.0 | 1.38 |
| 30.00 | 150.0 | 1.42 |
| 40.00 | 200.0 | 1.44 |

注:在 0.500 $mol \cdot dm^{-3}$ $H_2SO_4$ 中,用 0.1000 $mol \cdot dm^{-3}$ $Ce(SO_4)_2$ 溶液滴定 20 $cm^3$ 0.1000 $mol \cdot dm^{-3}$ $FeSO_4$ 溶液。

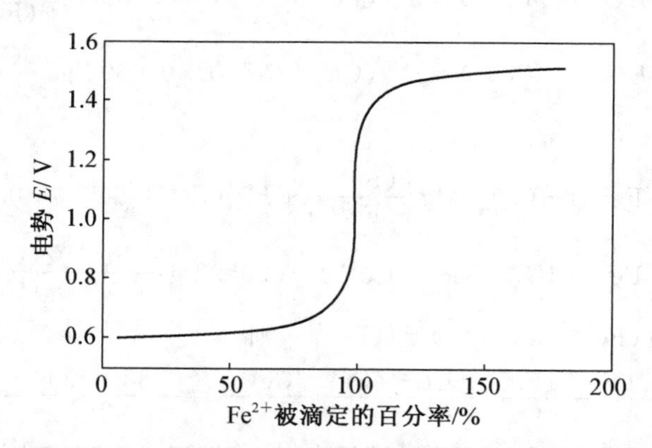


**图 9-3 $Ce(SO_4)_2$ 溶液滴定 $FeSO_4$ 溶液的滴定曲线**

注:在 0.500 $mol \cdot dm^{-3}$ $H_2SO_4$ 中,用 0.1000 $mol \cdot dm^{-3}$ $Ce(SO_4)_2$ 溶液滴定 20 $cm^3$ 0.1000 $mol \cdot dm^{-3}$ $FeSO_4$ 溶液。

## 9.3.2 氧化还原滴定对电对电势的要求

图 9-3 的滴定曲线表明,滴定百分数由 99.9%(在化学计量点之前)到 100.1%(在化学计量点之后)之间,电势值增加了 0.40 V。通常,我们把化学计量点前后很小范围内电极电势值的变化叫作滴定突跃范围。氧化还原滴定突跃的大小与氧化型和还原型两个电对的条件电极电势(或标准电极电势)的差值大小有关。差值越大,突跃范围也越大。一般来说,突跃范围大于 0.15 V 时,即可用氧化还原指示剂指示滴定终点,反应就能定量进行,且符合滴定分析误差要求。这相当于两电对的条件电极电势差大于 0.40 V,是判断一个氧化还原反应能否用于滴定分析的判据。

化学计量点附近电极电势突跃的大小还取决于两个电对的电子转移数。电对的电子转移数越小,滴定突跃越大。

上述计算采用的是条件电极电势数据,但目前数据有限,在分析化学计算时,要尽量采用实验条件下的条件电极电势;当缺少与实验条件一致的条件电极电势数据时,可以采用相近条件下的条件电极电势;对尚无条件电极电势数据的氧化还原电对而言,则采用标准电极电势做粗略计算。

## 9.3.3 氧化还原滴定指示剂

与酸碱滴定一样,氧化还原滴定时也要有指示终点的适宜方法。氧化还原滴定中终点指示方法除了用电位法确定外,还可用指示剂指示终点。指示剂有以下三类:

1. 自身指示剂

以滴定剂本身颜色变化来指示滴定终点的指示剂,称为自身指示剂。例如,$MnO_4^-$ 显紫红色,而其还原产物 $Mn^{2+}$ 几乎无色。用 $KMnO_4$ 滴定无色或浅色的还原剂时,一般不必另加指示剂,在到达化学计量点后,稍过量的 $MnO_4^-$(它的颜色可被觉察的最低浓度约为 $10^{-5}\ mol \cdot dm^{-3}$)可使溶液呈粉红色而指示终点到达。

2. 专属指示剂

有些试剂本身不具有氧化性或还原性,但能与滴定剂或被滴定物质发生显色反应,就可以利用该试剂作指示剂。例如,在碘量法中,使用淀粉溶液作指示剂。可溶性淀粉与 $I_3^-$ 生成深蓝色的吸附化合物,当 $I_3^-$ 被全部还原为 $I^-$ 时,深蓝色即消失(它的颜色可被觉察的最低浓度约为 $2\times10^{-5}\ mol \cdot dm^{-3}$),指示终点到达。又如,以 $Fe^{3+}$ 标准溶液滴定 $Sn^{2+}$ 时用 KSCN 作指示剂,当到达化学计量点后,稍过量的 $Fe^{3+}$ 与 $SCN^-$ 形成红色配合物,即到达滴定终点。

3. 氧化还原指示剂

这类指示剂是一类结构复杂的有机化合物,本身具有氧化性或还原性,它的氧化态和还原态具有不同的颜色。

若以 $In_{Ox}$ 代表指示剂的氧化态,$In_{Red}$ 代表指示剂的还原态,则其半反应为

$$In_{Ox} + ne^- \rightleftharpoons In_{Red}$$

$$E(In_{Ox}/In_{Red}) = E^{\ominus f}(In_{Ox}/In_{Red}) + \frac{0.0592}{n}\lg\frac{c(In_{Ox})}{c(In_{Red})}$$

与酸碱指示剂类似,一般说来,当 $\frac{c(In_{Ox})}{c(In_{Red})} > 10$ 时,人们能辨认出氧化态颜色;当 $\frac{c(In_{Ox})}{c(In_{Red})} < \frac{1}{10}$ 时,人们能辨认出还原态颜色。因此,指示剂的理论变色范围为 $E^{\ominus f}(In_{Ox}/In_{Red}) \pm \frac{0.0592}{n}$ V。

滴定到达化学计量点之后,稍过量的滴定剂加入使指示剂被氧化或还原,导致溶液颜色发生改变,以指示滴定终点。例如用 $Ce^{4+}$ 标准溶液滴定 $Fe^{2+}$ 溶液,选用二苯胺磺酸钠作指示剂,终点时由溶液无色变为紫色;若选用邻二氮菲亚铁作指示剂,其终点时溶液由红色变为浅蓝色。对一个具体的滴定反应而言,合适的指示剂除要求终点颜色变化明显外,还要特别注意指示剂的理论变色范围应处在滴定突跃范围之内,这是选择合适氧化还原指示剂的

依据。表 9-5 是常用的氧化还原指示剂。

表 9-5　常用的氧化还原指示剂

| 指示剂 | 标准电极电势 $E^{\ominus}$/V | 颜色变化 | | 配制方法 |
|---|---|---|---|---|
| | | 还原态 | 氧化态 | |
| 亚甲基蓝 | +0.53 | 无 | 蓝 | 0.05 g · $dm^{-3}$ 水溶液 |
| 二苯胺磺酸钠 | +0.85 | 无 | 紫红 | 0.8 g 指示剂,2 g $Na_2CO_3$,加水稀释至 100 $cm^3$ |
| 邻苯氨基苯甲酸 | +0.89 | 无 | 紫红 | 0.1 g 指示剂溶于 30 $cm^3$ 质量分数为 0.6% $Na_2CO_3$ 溶液中,加水稀释至 100 $cm^3$ |
| 邻二氮菲亚铁 | +1.06 | 红 | 浅蓝 | 1.485 g 邻二氮菲,0.695 g $FeSO_4 \cdot 7H_2O$,加水稀释至 100 $cm^3$ |

9-12　知识点延伸:氧化还原滴定前的预处理

## 9.4　氧化还原滴定的方式及其应用

根据标准溶液所采用的氧化剂或还原剂不同,常见的氧化还原滴定法有高锰酸钾法、重铬酸钾法和碘量法,此外还有铈量法、溴酸盐法、钒酸盐法等。

### 9.4.1　高锰酸钾法

1. 方法简介

$KMnO_4$ 是一种强氧化剂,在强酸性溶液中与还原剂作用,被还原为 $Mn^{2+}$,其半反应为

$$MnO_4^- + 8H^+ + 5e^- \longrightarrow Mn^{2+} + 4H_2O \qquad E^{\ominus} = +1.51\ V$$

在弱酸性、中性或碱性溶液中,$KMnO_4$ 被还原为棕色的 $MnO_2$ 沉淀,妨碍终点观察,因此,$KMnO_4$ 滴定法一般多在 0.5～1 mol · $dm^{-3}$ $H_2SO_4$ 介质下使用,但不能使用 HCl 和 $HNO_3$,这是因为 $Cl^-$ 本身具有还原性,而 $HNO_3$ 具有氧化性。

在强碱性(浓度大于 2 mol · $dm^{-3}$ 的 NaOH)条件下用 $KMnO_4$ 氧化有机物的反应速率比在酸性条件下更快,因此,常利用 $KMnO_4$ 在强碱性溶液中与有机物的反应来测定有机物。

$KMnO_4$ 法的优点有:①氧化能力强,应用广泛,可直接或间接地测定多种无机物和有机物;②本身呈紫红色,当样品溶液为无色或颜色很浅时,滴定不需要外加指示剂。缺点有:①标准溶液不够稳定,试剂常含有杂质;②氧化能力强,反应历程比较复杂,易发生副反应,因此干扰严重。

2. $KMnO_4$ 标准溶液的配制与标定

纯 $KMnO_4$ 溶液是相当稳定的。市售 $KMnO_4$ 分析试剂含少量 $MnO_2$ 及其他杂质。同时,蒸馏水中常含有少量有机物,会使 $KMnO_4$ 缓慢还原成 $MnO(OH)_2$,后者又会进一步促进 $KMnO_4$ 分解。因此一般不用 $KMnO_4$ 试剂直接配制成标准溶液,而是先配制成一近似浓度的溶液,然后进行标定。

配制 $KMnO_4$ 溶液时,应注意以下几点:①称量时,应稍多于理论计算量;②配好的溶液

必须加热近沸并保持微沸 1 h，然后放置 2 ～ 3 d 使溶液中可能存在的还原性物质完全被氧化；③标定前用微孔玻璃漏斗（不能用滤纸）过滤，滤去 $MnO(OH)_2$ 沉淀；④配制好的溶液应贮存在棕色瓶里并置于暗处，以避免光对 $KMnO_4$ 的催化分解。

标定 $KMnO_4$ 溶液的基准物质可以采用 $H_2C_2O_4 \cdot 2H_2O$、$(NH_4)_2Fe(SO_4)_2 \cdot 6H_2O$、$As_2O_3$、$Na_2C_2O_4$ 和纯铁丝等，其中以 $Na_2C_2O_4$ 最为常用。$Na_2C_2O_4$ 是较易纯化的还原剂，在 378 ～ 383 K 烘干约 2 h，放冷后即可使用。标定反应如下：

$$2MnO_4^- + 5C_2O_4^{2-} + 16H^+ \longrightarrow 2Mn^{2+} + 10CO_2 + 8H_2O$$

标定时应注意以下几点：①滴定控制在较高温度下进行（343 ～ 353 K），室温下反应速率太慢，超过 363 K 时 $H_2C_2O_4$ 部分分解；②酸度要适宜，酸度过低时会产生 $KMnO_4$ 的其他还原产物（如 $MnO_2$），酸度过高时则会促使 $H_2C_2O_4$ 分解；③控制滴定速度先慢后快至终点附近再慢。

3. 应用实例

用 $KMnO_4$ 溶液作滴定剂时，根据被测物质的性质，可采用不同的滴定方式。下面分别做介绍。

①许多还原性物质（如 $FeSO_4$、$H_2C_2O_2$、$Sn^{2+}$、As(Ⅲ)、$NO_2^-$ 等），可用 $KMnO_4$ 溶液直接滴定。例如，可用 $KMnO_4$ 标准溶液在酸性条件下直接滴定 $H_2O_2$ 溶液：

$$2MnO_4^- + 5H_2O_2 + 6H^+ \longrightarrow 2Mn^{2+} + 5O_2 + 8H_2O$$

随着 $Mn^{2+}$ 的生成，反应速率逐渐加快，也可预先加入少量 $Mn^{2+}$ 作为催化剂。

②有些氧化性物质，不能用 $KMnO_4$ 溶液直接滴定，可采用返滴定法进行滴定。例如测定软锰矿中 $MnO_2$ 含量时，利用 $MnO_2$ 的氧化性，在试样中加入准确且过量的 $Na_2C_2O_4$，在 $H_2SO_4$ 介质中加热分解至所余残渣为白色，即表明 $Mn^{2+}$ 已全部被还原。

$$MnO_2 + C_2O_4^{2-} + 2H^+ \longrightarrow Mn^{2+} + 2CO_2 + 2H_2O$$

再用 $KMnO_4$ 标准溶液趁热滴定剩余的 $Na_2C_2O_4$，即可求出软锰矿中 $MnO_2$ 的含量。此法也可用于测定某些氧化物（如 $PbO_2$ 等）的含量。

③有些非氧化性或非还原性物质，不能用 $KMnO_4$ 溶液进行直接滴定或返滴定，可以采用间接滴定法测定。例如测定补钙制剂中 $Ca^{2+}$ 含量时，利用 $Ca^{2+}$ 在一定条件下能定量生成草酸盐沉淀的性质，可用 $KMnO_4$ 间接滴定法测定，即先将 $Ca^{2+}$ 全部沉淀为 $CaC_2O_4$，沉淀经过滤、洗涤后溶于稀 $H_2SO_4$。

9 - 13　知识点延伸：高锰酸钾溶液浓度的标定及过氧化氢含量的测定

$$Ca^{2+} + C_2O_4^{2-} \longrightarrow CaC_2O_4 \downarrow$$

$$CaC_2O_4 + 2H^+ \longrightarrow Ca^{2+} + H_2C_2O_4$$

再用 $KMnO_4$ 标准溶液滴定生成的 $H_2C_2O_4$，从而间接求得 $Ca^{2+}$ 的含量。

**【例题 9 - 15】**　用一定体积的 $KMnO_4$ 溶液恰能氧化一定质量的 $KHC_2O_4 \cdot H_2C_2O_4 \cdot 2H_2O$，如用 0.2000 $mol \cdot dm^{-3}$ NaOH 溶液中和同样质量的 $KHC_2O_4 \cdot H_2C_2O_4 \cdot 2H_2O$，所需 NaOH 溶液的体积恰为 $KMnO_4$ 溶液的一半。试计算 $KMnO_4$ 溶液的浓度。

## 9.4.2　重铬酸钾法

1. 方法简介

$K_2Cr_2O_7$ 是常用的氧化剂之一。它具有较强的氧化性，在酸性介质中 $Cr_2O_7^{2-}$ 被还原为 $Cr^{3+}$，其半反应为：

$$Cr_2O_7^{2-} + 14H^+ + 6e^- \longrightarrow 2Cr^{3+} + 7H_2O \quad E^{\ominus}(Cr_2O_7^{2-}/Cr^{3+}) = 1.33\ V$$

$K_2Cr_2O_7$ 的氧化能力不如 $KMnO_4$ 强，但 $K_2Cr_2O_7$ 法与 $KMnO_4$ 法相比，有自己的优点：①$K_2Cr_2O_7$ 标准溶液相当稳定；②反应较慢，不会发生干扰。$K_2Cr_2O_7$ 溶液为橘黄色，常采用二苯胺磺酸钠或邻苯氨基苯甲酸作指示剂。

2. $K_2Cr_2O_7$ 标准溶液的配制

$K_2Cr_2O_7$ 容易提纯，将 $K_2Cr_2O_7$ 从水中重结晶，在 413～423 K 下干燥后即得 $K_2Cr_2O_7$ 基准试剂，称取 $K_2Cr_2O_7$ 基准试剂可直接配制标准溶液。

3. 应用实例

用 $K_2Cr_2O_7$ 溶液作滴定剂时，通常可以采用直接滴定法和返滴定法。

例如，可以采用直接滴定法测定铁矿石中全铁的含量。试样用浓 HCl 加热溶解，再趁热用 $SnCl_2$ 溶液将 Fe(Ⅲ)全部还原为 Fe(Ⅱ)。过量的 $SnCl_2$ 可用 $HgCl_2$ 除去。

$$SnCl_2 + 2HgCl_2 \longrightarrow SnCl_4 + Hg_2Cl_2$$

然后在 $H_2SO_4-H_3PO_4$ 混合酸介质中，以二苯胺磺酸钠为指示剂，用 $K_2Cr_2O_7$ 标准溶液滴定 Fe(Ⅱ)。

又如，可采用返滴定法测定试样中的有机物的含量。以测工业甲醇中的甲醇含量为例，在 $H_2SO_4$ 介质中，以准确且过量的 $K_2Cr_2O_7$ 与甲醇反应：

$$Cr_2O_7^{2-} + CH_3OH + 8H^+ \longrightarrow CO_2 + 2Cr^{3+} + 6H_2O$$

待反应完成后，以邻苯氨基苯甲酸为指示剂，用 $(NH_4)_2Fe(SO_4)_2$ 标准溶液返滴定剩余的 $K_2Cr_2O_7$，并由此求得甲醇的含量。

**【例题 9-16】** 化学需氧量(COD)是指用适当氧化剂处理水样时，水样中需氧污染物所消耗的氧化剂的量，通常以相应的氧气量(单位为 $mg \cdot dm^{-3}$ 或 $g \cdot dm^{-3}$)来表示。今取废水样 100 $cm^3$，用 $H_2SO_4$ 酸化后，加 25.00 $cm^3$ $c(K_2Cr_2O_7)=0.01667\ mol \cdot dm^{-3}$ 的 $K_2Cr_2O_7$ 标准溶液，以 $Ag_2SO_4$ 为催化剂煮沸，待水样中还原性物质完全被氧化后，以邻二氮菲亚铁为指示剂，用 $0.1000\ mol \cdot dm^{-3}$ $FeSO_4$ 标准溶液滴定剩余的 $Cr_2O_7^{2-}$，用去 15.00 $cm^3$。计算水样中化学需氧量(以 $g \cdot dm^{-3}$ 表示)。

9-14 应用案例：重铬酸盐法测定化学需氧量(COD)

## 9.4.3 碘量法

1. 方法简介

碘量法是利用 $I_2$ 的氧化性和 $I^-$ 的还原性来进行滴定的方法。固体 $I_2$ 在水中溶解度很小(298.15 K 时为 $1.18\times10^{-3}\ mol \cdot dm^{-3}$)，且易于挥发。通常将 $I_2$ 溶解于 KI 溶液中，此时，它以 $I_3^-$ 配离子形式存在(通常仍以 $I_2$ 表示)，其半反应为

$$I_2 + 2e^- \longrightarrow 2I^- \qquad E^\ominus(I_2/I^-)=0.545\ V$$

从 $E^\ominus(I_2/I^-)$可以看出，$I_2$ 是较弱的氧化剂，能与较强的还原剂作用；$I^-$ 是中等强度的还原剂，能与许多氧化性物质作用。上述半反应的可逆性好，副反应少，又有很灵敏的淀粉指示剂指示终点，因此碘量法的应用范围很广。

碘量法通常用淀粉作指示剂，淀粉与 $I_2$ 形成深蓝色化合物，灵敏度很高，而且在弱酸性溶液中最为灵敏。但升高温度其显色强度减弱，因此，不能在热溶液中进行滴定；部分有机溶剂、大量电解质的存在等都能降低指示剂的灵敏度。

2. $I_2$ 和 $Na_2S_2O_3$ 标准溶液的配制与标定

碘量法中使用的标准溶液是 $I_2$ 和 $Na_2S_2O_3$ 标准溶液。

$I_2$ 溶液可以用纯碘直接配制，但由于 $I_2$ 的挥发性强，难以准确称量，一般是配成溶液后再标定。配制 $I_2$ 溶液时先将一定量的 $I_2$ 溶于 KI 的浓溶液中，然后稀释至一定体积。溶液应贮于棕色瓶中，并避免受热和与橡胶等有机物接触。$I_2$ 溶液常用基准物 $As_2O_3$ 标定。用 NaOH 溶液溶解 $As_2O_3$，使之生成 $HAsO_2$，在 pH＝8 ～ 9 的介质中，$I_2$ 可快速而定量地将其氧化为 As(Ⅴ)物种。

$$HAsO_2 + I_2 + 2H_2O \longrightarrow HAsO_4^{2-} + 2I^- + 4H^+$$

固体 $Na_2S_2O_3 \cdot 5H_2O$ 易风化并含有少量杂质，因而，不能用直接称量法配制。配制 $Na_2S_2O_3$ 溶液时应当用新煮沸(除去水中溶解的 $CO_2$ 和 $O_2$ 并杀菌)并冷却了的蒸馏水，加入少量的 $Na_2CO_3$ 使溶液呈弱碱性。$Na_2S_2O_3$ 溶液在使用前必须进行标定，$K_2Cr_2O_7$、$KBrO_3$、$KIO_3$、纯铜等基准物质都可用来标定 $Na_2S_2O_3$ 溶液的浓度。标定采用间接碘量法，以 $K_2Cr_2O_7$ 标定 $Na_2S_2O_3$ 为例，在酸性溶液中，准确加入 $K_2Cr_2O_7$ 标准溶液使之与过量 KI 的反应：

$$Cr_2O_7^{2-} + 6I^- + 14H^+ \longrightarrow 2Cr^{3+} + 3I_2 + 7H_2O$$

析出的 $I_2$ 以淀粉作指示剂，用 $Na_2S_2O_3$ 溶液滴定。

$$I_2 + 2S_2O_3^{2-} \longrightarrow 2I^- + S_4O_6^{2-}$$

9 - 15　应用案例：硫代硫酸钠标准溶液的标定

3. 应用实例

碘量法根据使用 $I_2$ 溶液作滴定剂和利用 $I^-$ 的还原性使用 $Na_2S_2O_3$ 溶液作滴定剂，分为直接碘量法和间接碘量法。

以 $I_2$ 为氧化剂进行滴定分析的方法叫直接碘量法。直接碘量法适用于测定电势比 $E^{\ominus}(I_2/I^-)$ 低的较强的还原性物质，如 $S^{2-}$、$SO_3^{2-}$、$S_2O_3^{2-}$、$Sn^{2+}$、$AsO_3^{3-}$ 等等。例如测定钢铁中含 S 量时，将钢样与金属 Sn(助熔剂)置于瓷舟中，在 1573K 管式炉中通空气使 S 氧化成 $SO_2$，用水吸收 $SO_2$ 使之生成 $H_2SO_3$，以淀粉为指示剂，用 $I_2$ 标准溶液进行滴定。滴定反应为

$$H_2SO_3 + I_2 + H_2O \longrightarrow SO_4^{2-} + 4H^+ + 2I^-$$

利用直接碘量法也可以测定维生素 C 等一些具有还原性的有机物。

以 $I^-$ 为还原剂进行滴定分析的方法叫间接碘量法。例如，$K_2Cr_2O_7$ 在酸性溶液中与过量的 KI 作用，析出 $I_2$，用 $Na_2S_2O_3$ 标准溶液进行滴定。

$$Cr_2O_7^{2-} + 6I^- + 14H^+ \longrightarrow 2Cr^{3+} + 3I_2 + 7H_2O$$

$$I_2 + 2S_2O_3^{2-} \longrightarrow 2I^- + S_4O_6^{2-}$$

9 - 16　应用案例：直接碘量法测定维生素C片剂中的抗坏血酸含量

利用这种方法可以测定很多氧化性物质，如 $ClO_3^-$、$IO_3^-$、$MnO_4^-$、$MnO_2$、$NO_3^-$、$H_2O_2$、$Cu^{2+}$ 等等。例如铜合金中 Cu 的测定。首先需要将铜合金样品溶于用 HCl 调节为弱酸性的 $H_2O_2$ 溶液中，加热分解除去 $H_2O_2$。然后加入过量 KI 作用，定量释出 $I_2$。释出的 $I_2$ 再用 $Na_2S_2O_3$ 标准溶液进行滴定，以淀粉为指示剂，蓝色恰好褪去为终点。反应如下：

$$Cu + 2HCl + H_2O_2 \longrightarrow CuCl_2 + 2H_2O$$

$$2Cu^{2+} + 4I^- \longrightarrow 2CuI + I_2$$

$$I_2 + 2S_2O_3^{2-} \longrightarrow 2I^- + S_4O_6^{2-}$$

由于沉淀 CuI 对 $I_2$ 具有强烈的表面吸附作用，使分析结果偏低。为了减小 CuI 吸附 $I_2$ 造成的误差，在滴定近终点时，应加入适量 KSCN 或 $NH_4SCN$，使 CuI($K_{sp}^{\ominus} = 1.1 \times 10^{-12}$)转化为溶解度更小的 CuSCN($K_{sp}^{\ominus} = 4.8 \times 10^{-15}$)。

上述方法也能测定与 $CrO_4^{2-}$ 生成沉淀的阳离子，如 $Pb^{2+}$、$Ba^{2+}$ 等等。例如，利用 $Ba^{2+}$ 在一定条件下与 $CrO_4^{2-}$ 生成 $BaCrO_4$ 沉淀的性质，可间接测定 Ba。在 HAc－NaAc 缓冲溶

液中,用过量 $K_2CrO_4$ 将 $Ba^{2+}$ 沉淀,将沉淀过滤、洗涤,用稀 HCl 溶解。

$$2BaCrO_4+2H^+ \longrightarrow 2Ba^{2+}+Cr_2O_7^{2-}+H_2O$$

接下来加入过量 KI,$Cr_2O_7^{2-}$ 与 KI 作用,析出 $I_2$,用 $Na_2S_2O_3$ 标准溶液进行滴定。

9－17　应用案例:间接碘量法测定葡萄糖注射液中的葡萄糖含量

利用间接碘量法也可以测定葡萄糖等一些具有氧化性的有机物。

**【例题 9－17】**　称取 NaClO 样品 2.9300 g 于 250 $cm^3$ 容量瓶中,稀释定容后,移取 25.00 $cm^3$ 于碘量瓶中,加水稀释后加入适量 HAc 溶液和 KI,盖紧,静置片刻。用淀粉作指示剂,采用 $Na_2S_2O_3$ 标准溶液[$c(Na_2S_2O_3)=0.1052\ mol \cdot dm^{-3}$]滴定至终点,用去 20.64 $cm^3$,计算试样中 Cl 的质量分数。[$M(Cl)=35.45\ g \cdot mol^{-1}$。]

## ➤➤➤ 习　题 ➤➤➤

### 9－1　是非题

1. 在 $S_2O_8^{2-}$ 中 S 的氧化数是＋6。　(　　)

2. $E^{\ominus}$ 代数值与电对的电极反应中的计量系数有关。　(　　)

3. 电极电势大的氧化态物质氧化能力强,其还原态物质还原能力弱。　(　　)

4. 电极反应 $Cl_2+2e = 2Cl^-$ 的 $E^{\ominus}(Cl_2/Cl^-)=1.36$ V,则电极反应为 $\frac{1}{2}Cl_2+e = Cl^-$ 时,$E^{\ominus}(Cl_2/Cl^-)$ 应为 0.68 V。　(　　)

5. 氧化还原滴定突跃的大小与氧化型和还原型两个电对的条件电势(或标准电势)的差值大小有关,差值越大,突跃范围也越大。　(　　)

6. 拉蒂麦尔图(元素电势图)中,若物种右边的标准电极电势大于左边的标准电极电势(即 $E^{\ominus}_{右}>E^{\ominus}_{左}$),该物种在标准状态下一定能歧化。　(　　)

7. 用基准试剂 $Na_2C_2O_4$ 标定 $KMnO_4$ 溶液时,需将溶液加热至 75～85 ℃进行滴定,若超过此温度,会使测定结果偏低。　(　　)

8. 用间接碘量法测定试样时,最好在碘量瓶中进行,并应避免阳光照射;为减少与空气接触,滴定时不宜过度摇动。　(　　)

9. 碘量法根据使用 $I_2$ 溶液作滴定剂和 $Na_2S_2O_3$ 溶液作滴定剂,分为直接碘量法和间接碘量法。　(　　)

10. 直接碘量法和间接碘量法终点颜色变化相同。　(　　)

### 9－2　选择题

1. 在 $H_3AsO_4$ 中,As 的氧化数是　(　　)

A. －3　　B. ＋1　　C. ＋3　　D. ＋5

2. 在氧化还原反应中,氧化剂是电极电势值________的电对的________物质,还原剂是电极电势值________的电对中的________物质,其填入内容正确的是　(　　)

A. 大,还原型;小,氧化型　　B. 小,还原型;大,氧化型

C. 大,氧化型;小,还原型　　D. 小,氧化型;大,还原型

3. ① 用 0.03 $mol \cdot dm^{-3}$ $KMnO_4$ 溶液滴定 0.1 $mol \cdot dm^{-3}$ $Fe^{2+}$ 溶液;② 用 0.003 $mol \cdot dm^{-3}$ $KMnO_4$ 溶液滴定 0.01 $mol \cdot dm^{-3}$ $Fe^{2+}$ 溶液。①与②两种情况下的滴定突跃范围将是　(　　)

A. 一样大　　B. ①>②　　C. ②>①　　D. 缺电势值,无法判断

4. 在用 $K_2Cr_2O_7$ 标定 $Na_2S_2O_3$ 时,KI 与 $K_2Cr_2O_7$ 反应较慢,为了使反应能进行完全,下列措施不正确的是　(　　)

A. 增加 KI 质量　　B. 溶液在暗处放置 5 min

C. 使反应在较浓溶液中进行　　D. 加热

5. 对于下列溶液,在读取滴定管读数时,通常读液面周边最高点的是　(　　)

A. $K_2Cr_2O_7$标准溶液　　B. $Na_2S_2O_3$标准溶液

C. $KMnO_4$标准溶液　　D. $KBrO_3$标准溶液

6. 采用碘量法标定 $Na_2S_2O_3$溶液浓度时，必须控制好溶液的酸度。$Na_2S_2O_3$与 $I_2$发生反应的条件必须是　（　）

A. 在强碱性溶液中　　B. 在强酸性溶液中

C. 在中性或微碱性溶液中　　D. 在中性或微酸性溶液中

7. $K_2Cr_2O_7$ 测 $Fe^{2+}$，采用 $SnCl_2$－$TiCl_3$还原 $Fe^{3+}$为 $Fe^{2+}$，指示稍过量的 $TiCl_3$ 用　（　）

A. $Ti^{3+}$的紫色　　B. $Fe^{3+}$的黄色

C. $Na_2WO_4$还原为钨蓝　　D. 四价钛的沉淀

8. 如果在一含有 $Fe^{3+}$和 $Fe^{2+}$的溶液中加入配位剂，此配位剂只配位 $Fe^{2+}$，则铁电对的电极电势将升高，如果只配位 $Fe^{3+}$，电极电势将　（　）

A. 升高　　B. 降低　　C. 时高时低　　D. 不变

9. 以 0.01000 $mol \cdot dm^{-3}$ $K_2Cr_2O_7$溶液滴定 25.00 $cm^3$ $Fe^{2+}$溶液，消耗 $K_2Cr_2O_7$ 溶液 20.00 $cm^3$。$Fe^{2+}$溶液中含铁量为[$M(Fe)$ ＝5.85g · $mol^{-1}$]　（　）

A. 0.3351 $mg \cdot cm^{-3}$　　B. 5585 $mg \cdot cm^{-3}$　　C. 1.676 $mg \cdot cm^{-3}$　　D. 2.681 $mg \cdot cm^{-3}$

10. 在用碘量法测定铜盐中的 $Cu^{2+}$时，反应进行的必需条件是　（　）

A. 强酸性　　B. 弱酸性　　C. 中性　　D. 碱性

### 9－3　填空题

1. 化学反应可按是否有电子转移划分为氧化还原反应和________反应两大类。

2. 规定在温度 298.15 K 下，溶液中离子浓度为 1 $mol \cdot dm^{-3}$，气体的分压为 100 kPa 时，纯液体或固体为 100 kPa 条件下最稳定或最常见的形态，通过与标准氢电极组成原电池，所测得的电势，称之为该电对的________电势。

3. 某一电对 $E^{\ominus}$代数值越大，正向半反应进行的倾向越大，即氧化型物质的氧化性越________，其还原型物质的还原性越________。

4. 加入与还原型物质反应的沉淀剂，同样可以使得电极电势________；加入与氧化型物质反应的沉淀剂，同样可以使得电极电势________。

5. 氧化还原滴定突跃的大小与氧化型和还原型两个电对的条件电极电势（或标准电极电势）的________大小有关。

6. 根据标准电极电势表，将 $KMnO_4$、$K_2Cr_2O_7$、$CuCl_2$、$FeCl_2$、$FeCl_3$、$Br_2$、$Cl_2$、$F_2$ 按照氧化能力的从强到弱排列成顺序为________________________________________。

### 9－4　完成下列方程式

1. 用氧化数法和半反应式法配平并完成下列氧化还原反应方程式。

(1) $KMnO_4 + H_2C_2O_4 + H_2SO_4 \longrightarrow MnSO_4 + CO_2 + K_2SO_4$

(2) $P_4 + NaOH + H_2O \longrightarrow NaH_2PO_2 + PH_3$

(3) $KMnO_4 + Na_2SO_3 + H_2SO_4 \longrightarrow MnSO_4 + Na_2SO_4 + K_2SO_4$

(4) $H_2O_2 + MnO_4^- + H^+ \longrightarrow Mn^{2+} + O_2 + H_2O$

(5) $As_2S_3$ + $HNO_3$(浓)$\longrightarrow H_3AsO_4 + NO + H_2SO_4$

2. 用化学反应方程式解释下列现象。

(1) $H_2S$ 水溶液不能长期保存。

(2) 配制 $SnCl_2$ 溶液时需加些 Sn 粒。

(3) 可用 $FeCl_3$ 溶液腐蚀印刷电路铜板。

(4) 金属 Ag 不能从稀 HCl 中置换出 $H_2$，却能从 HI 溶液中置换出 $H_2$。

(5) 间接碘量法能测定铜合金中的铜。

### 9－5　简答题

1. 把 Mg 片和 Fe 片分别浸在它们的浓度为 1 $mol \cdot dm^{-3}$ 的 HCl 盐溶液中组成一个化学电池，写出正、负极发生的变化(现象)和原电池符号,并说明哪一种金属溶解到溶液中去。

2. 在含有相同浓度的 $Fe^{2+}$、$I^-$ 混合溶液中,加入氧化剂 $K_2Cr_2O_7$ 溶液。问哪一种离子先被氧化?

## 9-6 计算题

1. 根据如下两个电极的标准电极电势:

$MnO_4^- + 8H^+ + 5e^- \longrightarrow Mn^{2+} + 4H_2O \qquad E^{\ominus} = 1.491\ V$

$Cl_2 + 2e^- \longrightarrow 2Cl^- \qquad E^{\ominus} = 1.358\ V$

(1) 把两个电极组成一化学电池时,判断反应自发进行方向(设离子浓度均为 $1\ mol \cdot dm^{-3}$,气体分压为 100 kPa)。

(2) 完成并配平上述电池反应的化学反应方程式。

(3) 用电池符号表示该电池的构成,标明电池的正、负极。

(4) 当 $c(H^+) = 10\ mol \cdot dm^{-3}$,其他各离子浓度均为 $1\ mol \cdot dm^{-3}$,$Cl_2$ 气体分压为 100 kPa 时,计算该电池的电动势。

(5) 计算该反应的平衡常数 $K^{\ominus}$。

2. 应用元素电势图(单位均为 V),判断下列物质能否发生歧化反应?写出有关的化学反应方程式,并计算反应的平衡常数。

(1) $Cu^{2+} \xrightarrow{0.566} CuCl \xrightarrow{0.124} Cu$

(2) $Hg^{2+} \xrightarrow{0.905} Hg_2^{2+} \xrightarrow{0.796} Hg$

(3) $HgS \xrightarrow{-0.75} Hg_2S \xrightarrow{-0.60} Hg$

(4) $IO^- \xrightarrow{0.45} I_2 \xrightarrow{0.54} I^-$

3. 欲配制 500 $cm^3$ 0.5000 $mol \cdot dm^{-3}$ $K_2Cr_2O_7$ 溶液,问应称取多少 $K_2Cr_2O_7$?

4. 制备 1 $dm^3$ 0.2 $mol \cdot dm^{-3}$ $Na_2S_2O_3$ 溶液,需称取多少 $Na_2S_2O_3 \cdot 5H_2O$?

5. 将 1.500 g 的铁矿样经处理后成为 $Fe^{2+}$,然后用 0.0500 $mol \cdot dm^{-3}$ $KMnO_4$ 标准溶液滴定,消耗 30.06 $cm^3$,计算铁矿石中分别以 Fe、FeO、$Fe_2O_3$表示的质量分数。

6. 在 250 $cm^3$ 容量瓶中将 1.928 g $H_2O_2$ 溶液配制成样品溶液。准确移取此样品溶液 20.00 $cm^3$,用 0.1000 $mol \cdot dm^{-3}$ $KMnO_4$溶液滴定,消耗 17.38 $cm^3$。请问试样中 $H_2O_2$ 质量分数为多少?

7. 将炼铜中所得渣粉 0.5000 g,用 $HNO_3$ 溶解试样,经分离铜后,将 $Sb^{5+}$ 还原为 $Sb^{3+}$,然后在 HCl 溶液中,用 0.1000 $mol \cdot dm^{-3}$ 的 $KBrO_3$ 标准溶液滴定,消耗 $KBrO_3$ 11.10 $cm^3$,计算样品中 Sb 的质量分数。

8. 将辉锑矿 0.2000 g,用 $c(I_2) = 0.0500\ mol \cdot dm^{-3}$ 标准溶液滴定,消耗 20.00 $cm^3$,求此辉锑矿中 $Sb_2S_3$ 的质量分数。(反应式:$SbO_3^{3-} + I_2 + 2HCO_3^- \longrightarrow SbO_4^{3-} + 2I^- + 2CO_2 + H_2O$。)

9. 将甲醇试样 0.1000 g,在 $H_2SO_4$ 环境下,与 25.00 $cm^3$ 0.1000 $mol \cdot dm^{-3}$ 的 $K_2Cr_2O_7$ 溶液作用。反应后的溶液用 0.1000 $mol \cdot dm^{-3}$ 的 $Fe^{2+}$ 标准溶液返滴定,用去 $Fe^{2+}$ 溶液 10.00 $cm^3$,计算试样中甲醇的质量分数。(反应式:$CH_3OH + Cr_2O_7^{2-} + 8H^+ \longrightarrow 2Cr^{3+} + CO_2 + 6H_2O$。)

10. 按国家标准规定化学试剂 $FeCl_3 \cdot 6H_2O$:二级质量分数 $w$ 不少于 0.990;三级质量分数 $w$ 不少于 0.980。现对某产品进行质量鉴定,工作如下:称取 0.5000 g 样品,加水溶解后,再加 HCl 和 KI,反应后,析出的 $I_2$ 用 0.1000 $mol \cdot dm^{-3}$ $Na_2S_2O_3$ 标准滴定,消耗标准溶液 18.20 $cm^3$,问本批产品符合哪一级标准?(主要反应:$2Fe^{3+} + 2I^- \longrightarrow I_2 + 2Fe^{2+}$,$I_2 + 2S_2O_3^{2-} \longrightarrow 2I^- + S_4O_6^{2-}$。)

9-18 课后习题解答

# 第 10 章

# 配位平衡与配位滴定
# (Coordination Equilibrium and Coordination Titration)

10－1　学习要求

配位化合物(coordination compound)简称配合物，在许多化学文献和教材中也称为络合物(complex compound)。它是一类组成复杂、用途极为广泛的化合物。自然界中很多无机化合物以配合物的形式存在。

配合物的发现可以追溯到 1693 年发现的铜氨配合物[$Cu(NH_3)_4SO_4$]、1704 年发现的普鲁士蓝 $KFe[Fe(CN)_6]$以及 1760 年发现的氯铂酸钾 $K_2[PtCl_4]$等。1793 年法国化学家塔索尔特(Tassaert)第一次制备出组成为 $CoCl_3 \cdot 6NH_3$ 的化合物。它是由两个简单化合物($CoCl_3$ 和 $NH_3$)形成的一种新型化合物。由于当时人们不了解成键作用的本质，故将其称为"complex compound(复杂化合物)"。从此，人类开始了对配合物的研究。1893 年，瑞士化学家维尔纳(Werner)创立了维尔纳配位学说，揭示了配合物的成键本质，奠定了现代配位化学的基础，使配位化学得到了迅速的发展，维尔纳也因此成就获得 1913 年诺贝尔化学奖。当今，配位化学已成为化学科学中一个十分活跃的研究领域，不仅成为无机化学的主干和核心，而且也是联系化学各分支学科的桥梁和纽带。

配合物的形成及其结构具有其自身的规律性，不能简单地用经典的价键理论解释。为此，本章先介绍配合物的组成、结构和稳定性，然后在此基础上讨论配位滴定及其应用。

## 10.1　配位化合物的基本概念、螯合物

### 10.1.1　配位化合物的定义

通过中学学习我们已经知道，在盛有 $CuSO_4$ 溶液的试管中滴加 $NH_3 \cdot H_2O$，边加边振荡，开始时有大量天蓝色的 $Cu(OH)_2$ 沉淀生成，继续滴加 $NH_3 \cdot H_2O$ 至过量，则沉淀逐渐消失，得到深蓝色透明溶液，往该深蓝色溶液中加入乙醇，立即有深蓝色的晶体析出。实验

证明,此溶液中主要含有$[Cu(NH_3)_4]^{2+}$和$SO_4^{2-}$,几乎没有$Cu^{2+}$和$NH_3$,其晶体组成为$[Cu(NH_3)_4]SO_4$。相对$Cu^{2+}$、$SO_4^{2-}$等简单离子而言,我们把组成复杂的离子$[Cu(NH_3)_4]^{2+}$称为配离子,$[Cu(NH_3)_4]SO_4$即为配合物。

配离子$[Cu(NH_3)_4]^{2+}$作为一个相当稳定的整体,它的形成是由于$Cu^{2+}$有空轨道,而$NH_3$有孤电子对,它们之间可通过配位键结合。通常我们把由具有空轨道的中心原子或离子(统称为中心离子)与可以给出孤对电子或多个不定域电子的一定数目的离子或分子(称为配体)以配位键形成的具有一定的组成和空间结构的复杂离子(或分子)称为配离子。

带正电荷的配离子称为配阳离子,如$[Cu(NH_3)_4]^{2+}$、$[Ag(NH_3)_2]^+$等;带负电荷的配离子称为配阴离子,如$[HgI_4]^{2-}$、$[Fe(NCS)_4]^-$等;另外,还有一些电中性的复杂化合物称为配位分子,如$[CoCl_3(NH_3)_3]$、$[Ni(CO)_4]$等。含有配离子的化合物和配位分子统称配合物,如$[Cu(NH_3)_4]SO_4$、$K_4[Fe(CN)_6]$、$H[Cu(CN)_2]$、$[PtCl_2(NH_3)_2]$、$[Fe(CO)_5]$等都是配合物。

## 10.1.2　配位化合物的组成

由配离子形成的配合物,如$[Cu(NH_3)_4]SO_4$和$K_4[Fe(CN)_6]$,由内界(inner sphere)和外界(outer sphere)两部分组成。内界为配合物的特征部分,由中心离子和配体结合而成(用方括号标出),不在内界的其他离子构成外界。

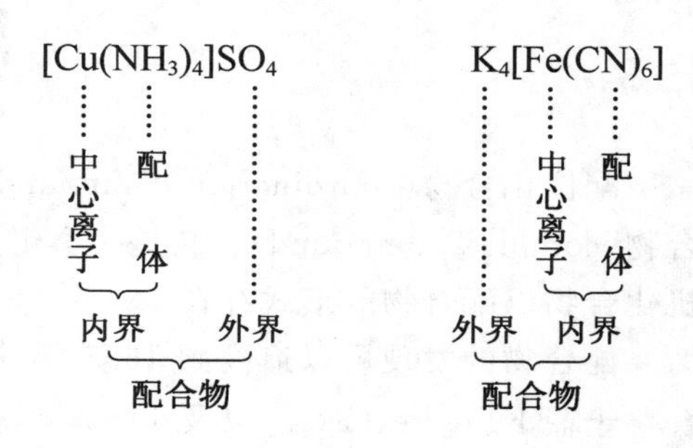


有些电中性的配合物没有外界,如$[CoCl_3(NH_3)_3]$、$[Ni(CO)_4]$等。

1. 中心离子

中心离子(包括中心原子,用M表示)又称配合物的形成体,是指在配合物中提供空轨道接受孤电子对的离子或原子。中心离子绝大多数是金属阳离子,以过渡金属离子居多,如$[Cu(NH_3)_4]^{2+}$、$[Ag(NH_3)_2]^+$、$[HgI_4]^{2-}$、$[Fe(NCS)_4]^-$中的$Cu^{2+}$、$Ag^+$、$Hg^{2+}$、$Fe^{3+}$等;也可以是金属原子,如$[Ni(CO)_4]$、$[Fe_2(CO)_9]$中的Ni、Fe原子;有些非金属元素也可作为中心离子,如$[BF_4]^-$、$[SiF_6]^{2-}$中的B(Ⅲ)、Si(Ⅳ)等。

2. 配位体及配位原子

与中心离子以配位键结合的分子或阴离子叫作配位体(用L表示),简称配体,如$NH_3$、$H_2O$、CO、$OH^-$、$CN^-$、$X^-$(卤素阴离子)等。提供配体的物质叫作配位剂,如NaOH、KCN等,有时配位剂本身就是配体,如$NH_3$、$H_2O$、CO等。

配体中提供孤对电子与中心离子直接键合的原子叫作配位原子。如配体$NH_3$中的N原子,配体$CN^-$和CO中C原子。常见的配位原子主要是电负性较大的非金属原子,如O、S、N、P、C及卤素等原子。

根据1个配体中所含配位原子数目的不同,可将配体分为单齿配体和多齿配体。单齿配体中只含有1个配位原子,如$NH_3$、$OH^-$、$X^-$、$CN^-$、$SCN^-$等;多齿配体中含有2个或2个以上的配位原子,如$C_2O_4^{2-}$、乙二胺($NH_2CH_2CH_2NH_2$,常缩写为en)、$NH_2CH_2COOH$等。图10-1(a)中给出的1,10-菲咯啉分子是双齿配体,配位原子是2个N原子;图10-1(b)给出的化合物叫卟啉,其中8个R基团都为H的化合物叫卟吩,它们都是四齿配体,配位原子是

4 个 N 原子；图 10-1(c)给出的化合物乙二胺四乙酸(EDTA)离子是六齿配体，配位原子是 2 个 N 原子和 4 个 O 原子。

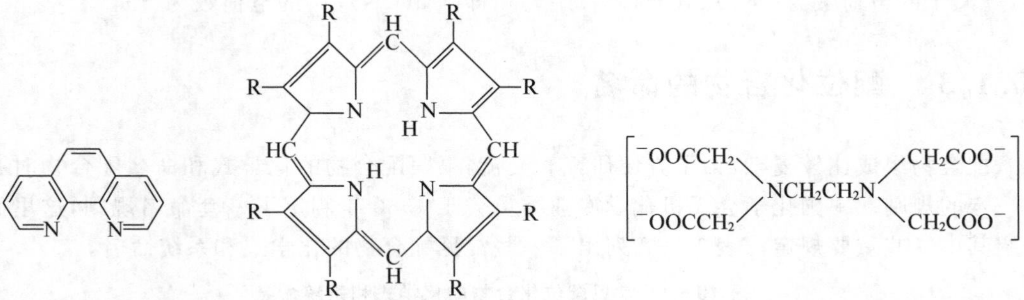

(a) 1, 10-菲咯啉　　(b) 卟啉　　(c) EDTA离子

图 10-1　一些多齿配体

3. 配位数

与中心离子直接以配位键相结合的配位原子的总数叫作该中心离子的配位数。对单齿配体来说，配位数等于配体数目。例如，在$[Ag(NH_3)_2]^+$中，中心离子$Ag^+$的配位数为 2；在$[Cu(NH_3)_4]^{2+}$中，中心离子$Cu^{2+}$的配位数为 4；在$[Fe(CO)_5]$中，中心原子 Fe 的配位数为 5；在$[Fe(CN)_6]^{4-}$和$[CoCl_3(NH_3)_3]$中，中心离子$Fe^{2+}$和$Co^{3+}$的配位数皆为 6。

对于多齿配体来说，配位数并不等于配体数目。例如，$[Pt(en)_2]^{2+}$中的 en 是双齿配体，因此，$Pt^{2+}$的配体数是 2，而配位数是 4。

中心离子配位数的大小与中心离子、配体的性质(它们的电荷、半径及中心离子的电子层构型等)以及形成配合物时的外界条件(如浓度、温度等)有关。一般地，中心离子正电荷越多，配位数越大。例如，在多数情况下，$Ag^+$、$Cu^+$、$Au^+$的配位数为 2，$Cu^{2+}$、$Zn^{2+}$的配位数为 4，$Fe^{3+}$、$Al^{3+}$、$Cr^{3+}$的配位数为 6。表 10-1 列出一些常见金属离子的配位数，目前，中心离子的配位数可以从 1 到 12，其中最常见的为 2、4 和 6。

表 10-1　常见金属离子($M^{n+}$)的配位数

| $M^+$ | *n* | $M^{2+}$ | *n* | $M^{3+}$ | *n* |
|---|---|---|---|---|---|
| $Cu^+$ | 2,4 | $Ca^{2+}$ | 6 | $Al^{3+}$ | 4,6 |
| $Ag^+$ | 2 | $Mg^{2+}$ | 6 | $Cr^{3+}$ | 6 |
| $Au^+$ | 2,4 | $Fe^{2+}$ | 6 | $Fe^{3+}$ | 6 |
| | | $Co^{2+}$ | 4,6 | $Co^{3+}$ | 6 |
| | | $Cu^{2+}$ | 4,6 | $Au^{3+}$ | 6 |
| | | $Zn^{2+}$ | 4,6 | | |
| | | $Cd^{2+}$ | 4,6 | | |
| | | $Ni^{2+}$ | 4,6 | | |
| | | $Pt^{2+}$ | 4 | | |
| | | $Hg^{2+}$ | 2,4 | | |

4. 配离子的电荷

配离子的电荷数等于中心离子和配体两者电荷数的代数和。如 $H[Cu(CN)_2]$配合物中,配离子的电荷数为(+1)+(−1)×2=−1,即$[Cu(CN)_2]^-$的电荷数为−1。

## 10.1.3 配位化合物的命名

配合物组成比较复杂,为了方便研究和交流,书写配合物的化学式和命名配合物时必须有一定的规则。中国化学会无机化学专业委员会于 1980 年制定了一套命名规则,这里简要介绍其中一些重要规定。表 10-2 列出了一些常见配合物的化学式和系统命名。

**表 10-2 常见配位化合物的化学式和系统命名**

| 类别 | 化学式 | 系统命名 |
| --- | --- | --- |
| 配位酸 | $H_2[PtCl_6]$ | 六氯合铂(Ⅳ)酸 |
| | $H[AuCl_4]$ | 四氯合金(Ⅲ)酸 |
| 配位碱 | $[Ag(NH_3)_2]OH$ | 氢氧化二氨合银(Ⅰ) |
| | $[Ni(NH_3)_4](OH)_2$ | 氢氧化四氨合镍(Ⅱ) |
| 配位盐 | $[Fe(en)_3]Cl_3$ | 三氯化三(乙二胺)合铁(Ⅲ) |
| | $K_3[Fe(CN)_6]$ | 六氰合铁(Ⅲ)酸钾 |
| | $[Co(NH_3)_5(H_2O)]_2(SO_4)_3$ | 硫酸五氨·一水合钴(Ⅲ) |
| | $NH_4[Co(NO_2)_4(NH_3)_2]$ | 四硝基·二氨合钴(Ⅲ)酸铵 |
| 中性分子 | $[Fe(CO)_5]$ | 五羰基合铁 |
| | $[Cr(OH)_3(H_2O)(en)]$ | 三羟基·一水·一(乙二胺)合铬(Ⅲ) |

1. 配合物化学式的书写规则

① 配合物化学式的书写次序与一般无机化合物相同,即阳离子要放在阴离子之前。

② 对于配合物的内界,先写中心原子的元素符号,再依次列出阴离子配体、中性分子配体的化学符号,并将整个内界用方括号括起来。例如$[CrCl_2(NH_3)_4]Cl$,不能将其写成$[Cr(NH_3)_4Cl_2]Cl$。如果有多个配体,先列出无机配体,再列出有机配体,且有机配体通常用括号括起来;如果有两种或多种同类配体,则按配位原子元素符号英文字母的先后排序。例如 $NH_3$ 和 $H_2O$ 的配位原子分别为 N 原子和 O 原子,$NH_3$ 写在 $H_2O$ 之前。

2. 配合物的命名

① 配合物的命名原则类同于一般无机化合物的命名原则,阴离子名称在前,阳离子名称在后,阳、阴离子之间用“化”字或“酸”字相连。含配阴离子化合物通常称“某酸某”,含配阳离子化合物通常称“某化(或酸)某”(当阴离子为单原子离子时用“化”字,当阴离子为多原子基团时用“酸”字),外界是氢离子时称“某酸”,外界是氢氧根时称“氢氧化某”。

② 配合物内界按下列顺序命名:配体数、配体名称、“合”、中心离子名称(氧化数)。配体数用中文数字“二”“三”“四”等表示,中心离子的氧化数用罗马数字表示(中心离子只有一种氧化态时,可以省略)。例如,$[Fe(CN)_6]^{4-}$ 命名为六氰合铁(Ⅱ)离子,$[Ag(NH_3)_2]^+$ 命

名为二氨合银(Ⅰ)离子。

③ 配合物内界有多个配体时，按书写顺序命名，不同配体之间以圆点“·”分开，复杂的配体名称写在圆括号中。例如$[Cr(OH)(C_2O_4)(H_2O)(en)]$命名为一羟基·一草酸根·一水·一(乙二胺)合铬(Ⅲ)。

此外，要注意一些特殊配体，其配体名称与游离态的名称不同或因配位原子不同，命名也不同。例如：

| 配体 | $OH^-$ | $F^-$ | CO | $PH_3$ | $N_2$ | $H^-$ | $ONO^-$ | $NO_2^-$ | $SCN^-$ | $NCS^-$ |
|---|---|---|---|---|---|---|---|---|---|---|
| 命名 | 羟基 | 氟 | 羰基 | 膦 | 双氮 | 氢 | 亚硝酸根 | 硝基 | 硫氰酸根 | 异硫氰酸根 |

除了系统命名外，有些配合物至今还沿用习惯名称。例如，$[Cu(NH_3)_4]^{2+}$叫铜氨配离子；$K_3[Fe(CN)_6]$叫赤血盐或铁氰化钾；$K_4[Fe(CN)_6]$叫黄血盐或亚铁氰化钾。

### 10.1.4 螯合物

10-2 微课：EDTA及其螯合物

配合物的种类繁多，根据它们的组成和结构的特点，可分为简单配合物、螯合物、多核配合物等类型。由一个中心离子与若干个单齿配体形成的配合物，称简单配合物，如$[Cu(NH_3)_4]^{2+}$、$K_3[Fe(CN)_6]$、$[Cr(H_2O)_6]Cl_3$、$Na_3[AlF_6]$等。本节主要介绍螯合物。

1. 螯合物的定义和组成

螯合物是一类由多齿配体通过2个或2个以上的配位原子和中心离子结合形成的具有环状结构的配合物，又称内配合物。大多数螯合物具有五原子环或六原子环。

能和中心离子形成螯合物的多齿配体称为螯合剂。作为螯合剂一般必须具备下列两个条件：① 配体必须含有2个或2个以上的能给出孤对电子的配位原子，主要是含有O、N、S、P等配位原子的有机化合物；② 这些配位原子的位置必须适当，通常配位原子之间一般间隔2个或3个其他原子，以形成稳定的五原子环或六原子环。例如联氨$H_2N—NH_2$，虽有2个配位原子N，但中间没有间隔其他原子，若与金属配合后必形成1个三原子环这种不稳定的结构，故不能形成螯合物。例如，乙二胺中有2个N原子可以作为配位原子，能同时与配位数为4的$Cu^{2+}$配位，形成具有环状结构的螯合物$[Cu(en)_2]^{2+}$，其结构如图10-2(a)所示。又如，双齿配体1,10-菲咯啉与$Fe^{2+}$形成的螯合物存在3个五元环，其结构如图10-2(b)所示。图10-2(c)所示为叶绿素a(存在最多的一种叶绿素)的结构，分子中涉及包括Mg原子在内的4个六元螯环，由$Mg^{2+}$与配体中的卟啉环通过4个环氮原子配位实现。

2. 螯合物的特性

① 螯合物具有特殊稳定性。与简单配合物相比，在中心离子、配位原子相同的情况下，螯合物因形成环状结构而具有更强的稳定性，在水溶液中的解离能力也更小。与对应的单齿配体相比，螯合配体形成的螯合物更稳定的现象叫螯合效应(chelate effect)。这是因为，

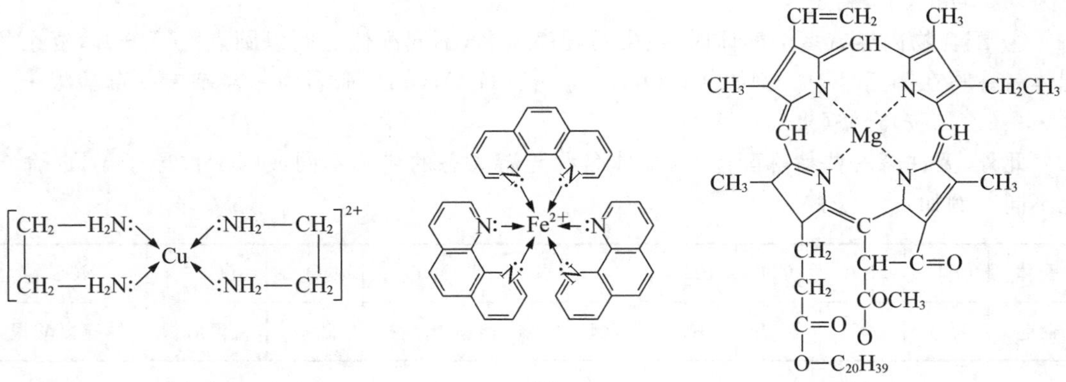

图 10-2 螯合物结构

(a) (b) (c)

要使螯合物完全解离为金属离子和配体,对于二齿配体所形成的螯合物,需要同时破坏两个键;对于三齿配体所形成的螯合物,则需要同时破坏三个键。螯合效应也可由反应过程的熵效应解释,因为螯合反应中体系的混乱度增加得更大,因而熵效应更有利。

显然,螯合物的稳定性不仅与螯合环的大小有关(一般具有五元环或六元环的螯合物稳定性高),也与环的数目多少有关。一般地,螯合物中所含的环的数目越多,其稳定性也越高。

② 螯合物大都具有特殊的颜色。分析化学上通常利用螯合物的颜色检验金属离子。例如,利用丁二酮肟检验 $Ni^{2+}$,就是因为丁二酮肟与 $Ni^{2+}$ 形成鲜红色的二丁二酮肟合镍螯合物(见图 10-3)。

10-3 知识拓展:多核配合物、羰基配合物、π-配合物

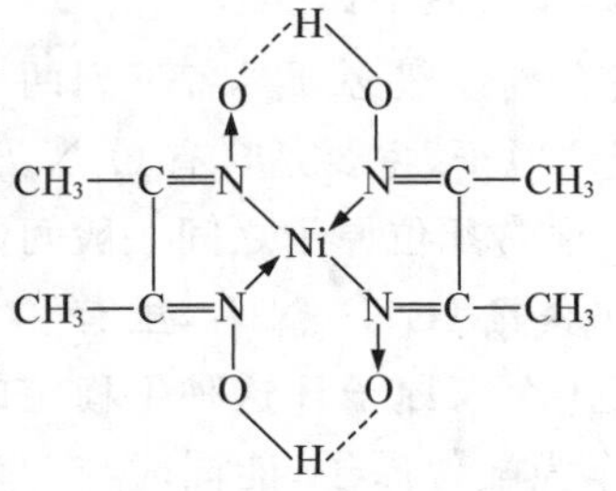

例如,铬黑 T(EBT)是一种偶氮类染料,其结构及与金属离子配位方式如图 10-4 所示,分子中有 2 个偶氮原子和羟基氧原子可以与金属离子配位,形成 2 个五元环螯合物。EBT 由于在 pH=8~11 时本身显蓝色,而与 $Ca^{2+}$、$Mg^{2+}$ 等离子形成的配合物呈酒红色,因此被用作金属配位滴定的指示剂。

图 10-3 二丁二酮肟合镍结构

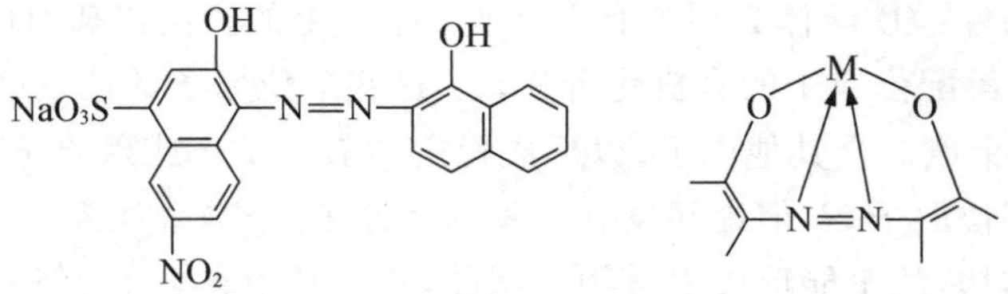

图 10-4 铬黑 T 及其与金属离子的配位方式

## 10.1.5 EDTA 的性质及其配合物

氨羧配位剂是最常见的螯合剂,它是以氨基二乙酸[$HN(CH_2COOH)_2$]为基体的有机化合物。除氨基二乙酸外,还有环己烷二胺四乙酸(DCTA)、乙二胺四乙酸(EDTA)、三乙基四胺六乙酸(TTHA)、二醇二乙醚二胺四乙酸(EGTA)、乙二胺四丙酸(EDTP)等。其中 EDTA 是目前应用最广的一种。

1. EDTA 及其二钠盐

EDTA 是乙二胺四乙酸(ethylenediamine tetraacetic acid)的英文缩写。为简明起见，通常用 $H_4Y$ 代表其化学式。在水溶液中乙二胺四乙酸两个羧基上的 $H^+$ 常转移到 N 原子上，形成双偶极离子。

$$\begin{array}{ccc} HOOCH_2C & & CH_2COO^- \\ & \diagdown N^+H—CH_2—CH_2—HN^+ \diagup & \\ ^-OOCH_2C & & CH_2COOH \end{array}$$

由于乙二胺四乙酸在水中的溶解度很小(室温下，每 100 $cm^3$ 水中只能溶解 0.02 g)，故常用它的二钠盐($Na_2H_2Y \cdot 2H_2O$，一般也称 EDTA)作螯合剂。它的二钠盐的溶解度较大(室温下，每 100 $cm^3$ 水中能溶解 11.2 g)。

在酸度很高的水溶液中，EDTA 的两个羧基阴离子可再接受两个 $H^+$，形成 $H_6Y^{2+}$。此时，EDTA 就相当于一个六元弱酸，存在六级解离平衡。

$$H_6Y^{2+} \rightleftharpoons H^+ + H_5Y^+ \quad K_{a_1}^{\ominus} = \frac{c(H^+)c(H_5Y^+)}{c(H_6Y^{2+})} = 10^{-0.9}$$

$$H_5Y^+ \rightleftharpoons H^+ + H_4Y \quad K_{a_2}^{\ominus} = \frac{c(H^+)c(H_4Y)}{c(H_5Y^+)} = 10^{-1.6}$$

$$H_4Y \rightleftharpoons H^+ + H_3Y^- \quad K_{a_3}^{\ominus} = \frac{c(H^+)c(H_3Y^-)}{c(H_4Y)} = 10^{-2.0}$$

$$H_3Y^- \rightleftharpoons H^+ + H_2Y^{2-} \quad K_{a_4}^{\ominus} = \frac{c(H^+)c(H_2Y^{2-})}{c(H_3Y^-)} = 10^{-2.67}$$

$$H_2Y^{2-} \rightleftharpoons H^+ + HY^{3-} \quad K_{a_5}^{\ominus} = \frac{c(H^+)c(HY^{3-})}{c(H_2Y^{2-})} = 10^{-6.16}$$

$$HY^{3-} \rightleftharpoons H^+ + Y^{4-} \quad K_{a_6}^{\ominus} = \frac{c(H^+)c(Y^{4-})}{c(HY^{3-})} = 10^{-10.26}$$

在水溶液中，EDTA 以 $H_6Y^{2+}$、$H_5Y^+$、$H_4Y$、$H_3Y^-$、$H_2Y^{2-}$、$HY^{3-}$、$Y^{4-}$ 7 种型体存在。各种存在型体的分布系数与溶液 pH 的关系如图 10-5 所示。

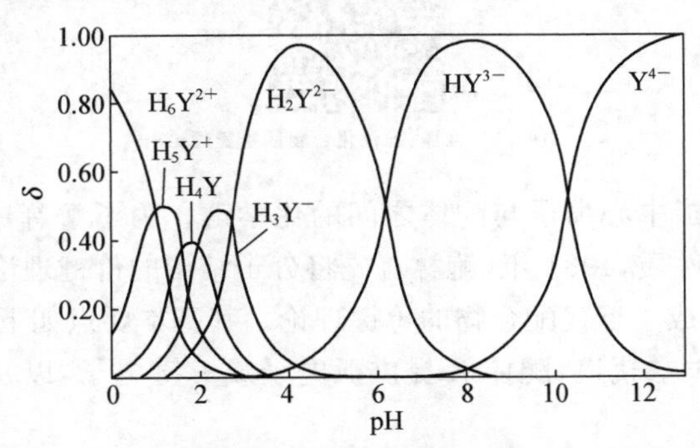


**图 10-5　EDTA 各种型体的分布系数与溶液 pH 值的关系**

由图 10-5 可知，在不同 pH 值时，EDTA 的主要存在型体如表 10-3 所示。

**表 10-3　各种 pH 值条件下 EDTA 的主要存在型体**

| pH | <0.9 | 0.9～1.6 | 1.6～2.0 | 2.0～2.7 | 2.7～6.2 | 6.3～10.3 | >10.3 |
|---|---|---|---|---|---|---|---|
| 主要存在型体 | $H_6Y^{2+}$ | $H_5Y^+$ | $H_4Y$ | $H_3Y^-$ | $H_2Y^{2-}$ | $HY^{3-}$ | $Y^{4-}$ |

在这 7 种型体中，只有 $Y^{4-}$ 能与金属直接配位，溶液中酸度越低，$Y^{4-}$ 的分布就越大。因此，在碱性溶液中，EDTA 的配位能力较强。

2. EDTA 与金属离子形成的配合物

EDTA 的配位能力很强,它能提供 2 个 N 原子和 4 个羧基中的 O 原子与金属离子配合形成 5 个五原子环,因此,它可与绝大多数金属离子形成配位比 1∶1 的稳定螯合物,其中心离子的配位数为 6。金属离子与 EDTA 的作用,可用下式表示:

$$M^{2+}+H_2Y^{2-}\rightleftharpoons MY^{2-}+2H^+$$

$$M^{3+}+H_2Y^{2-}\rightleftharpoons MY^{-}+2H^+$$

$$M^{4+}+H_2Y^{2-}\rightleftharpoons MY+2H^+$$

EDTA 与 $Ca^{2+}$、$Fe^{3+}$ 形成金属螯合物的结构如图 10-6 所示。

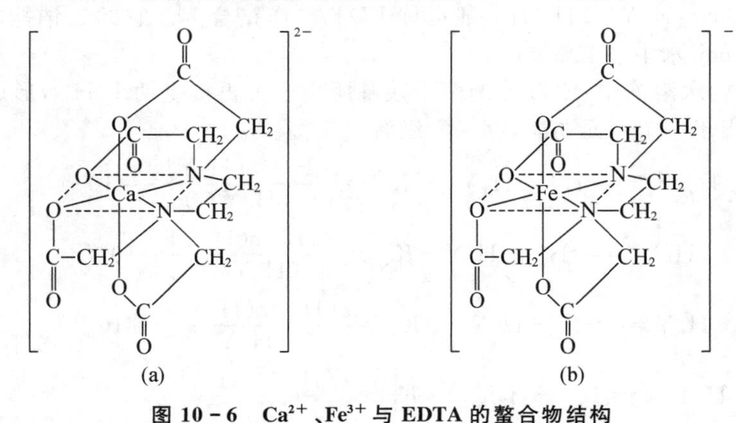


图 10-6 $Ca^{2+}$、$Fe^{3+}$ 与 EDTA 的螯合物结构

10-4 知识点延伸:EDTA 金属螯合物特点

## 10.2 配位化合物的价键理论

10-5 微课:配位化合物的价键理论

配合物的化学键是指中心离子与配体之间的化学键。为了解释中心离子与配体之间结合力的本性及配合物的性质,1931 年,鲍林首先将分子结构的价键理论应用于配合物,后经他人修正补充,逐步完善形成了近代配合物的价键理论。其基本要点如下:

① 中心离子 M 提供空轨道,配体 L 提供孤电子或 $\pi$ 键电子,以 $\sigma$ 配位键(一般用 M←L 表示)的方式相结合。

② 为了增加成键能力,中心离子 M 中能级最低且相近的空轨道必须进行杂化,M 的价层电子结构与配体的种类、数目共同决定杂化轨道类型。

③ 杂化类型决定配合物的空间构型、磁矩及相对稳定性。

### 10.2.1 配位化合物的空间构型

同一原子内的轨道杂化和不同原子间的轨道重叠构成了共价键理论的核心论点之一,这里把第 3 章的 s-p 杂化轨道扩大到 d 轨道上,形成 s-p-d 杂化轨道。在形成配离子时,所用的杂化轨道类型决定了中心离子的配位数、空间构型及相对稳定性。常见轨道杂化类型

与配合物空间构型的关系列于表 10－4。

**表 10－4　常见轨道杂化类型与配位化合物的空间构型**

| 杂化类型 | 配位数 | 空间构型 | 实例 |
|---|---|---|---|
| sp | 2 | 直线形 | $[Cu(NH_3)_2]^+$、$[Ag(NH_3)_2]^+$、$[CuCl_2]^-$、$[Ag(CN)_2]^-$ |
| $sp^2$ | 3 | 平面三角形 | $[CuCl_3]^{2-}$、$[HgI_3]^-$、$[Cu(CN)_3]^{2-}$ |
| $sp^3$ | 4 | 正四面体形 | $[Ni(NH_3)_4]^{2+}$、$[Ni(CO)_4]$、$[Zn(NH_3)_4]^{2+}$、$[HgI_4]^{2-}$、$[BF_4]^-$ |
| $dsp^2$ | 4 | 正方形 | $[Ni(CN)_4]^{2-}$、$[Cu(NH_3)_4]^{2+}$ $[PtCl_4]^{2-}$、$[Cu(H_2O)_4]^{2+}$ |
| $dsp^3$ | 5 | 三角双锥形 | $[Fe(CO)_5]$、$[Ni(CN)_5]^{3-}$ |
| $sp^3d^2$ | 6 | 正八面体形 | $[FeF_6]^{3-}$、$[Fe(H_2O)_6]^{3+}$、$[Co(NH_3)_6]^{2+}$ |
| $d^2sp^3$ | 6 | 正八面体形 | $[Fe(CN)_6]^{3-}$、$[Fe(CN)_6]^{4-}$、$[Co(NH_3)_6]^{3+}$、$[PtCl_6]^{2-}$ |

杂化轨道的类型既与中心离子 M 的价层电子结构有关，也与配体的性质有关。例如，$_{28}Ni^{2+}$ 的价电子层结构为：

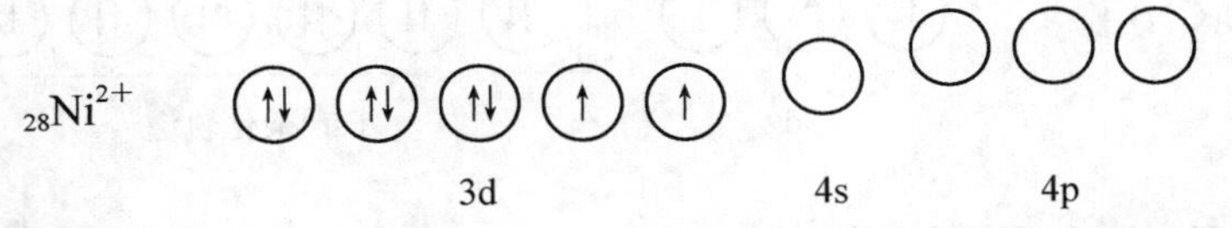


当 $Ni^{2+}$ 与 4 个 $NH_3$ 结合为$[Ni(NH_3)_4]^{2+}$时，$Ni^{2+}$ 的价电子层能级相近的 1 个 4s 和 3 个 4p 空轨道杂化，组成 4 个等价的 $sp^3$ 杂化轨道，它们分别接受 4 个 $NH_3$ 中的 N 原子提供的 4 对孤对电子（虚线内杂化轨道中的共用电子对是由 N 原子提供的），从而形成了 4 个 $\sigma$ 配位键。因此，$[Ni(NH_3)_4]^{2+}$ 的空间构型为正四面体形。$Ni^{2+}$ 位于正四面体形的中心，4 个配位原子 N 在正四面体形的 4 个顶角上。

$[Ni(NH_3)_4]^{2+}$　3d　$sp^3$杂化轨道

当 $Ni^{2+}$ 与 4 个 $CN^-$ 结合为 $[Ni(CN)_4]^{2-}$ 时，$Ni^{2+}$ 在配体 $CN^-$ 的影响下，3d 电子重新排布，原有自旋平行的未成对电子被强行配对，空出 1 个 3d 轨道。3d 轨道与 1 个 4s、2 个 4p 空轨道进行杂化，形成 4 个等价的 $dsp^2$ 杂化轨道，它们分别与 4 个 $CN^-$ 中的 C 原子所提供的 4 对孤对电子形成了 4 个 σ 配位键。4 个 $dsp^2$ 杂化轨道位于同一平面上，相互间的夹角为 90°，各杂化轨道的方向是从平面正方形的中心指向 4 个顶角，所以，$[Ni(CN)_4]^{2-}$ 的空间构型为平面正方形。$Ni^{2+}$ 位于正方形的中心，4 个配位原子 C 在正方形的四个顶角上。

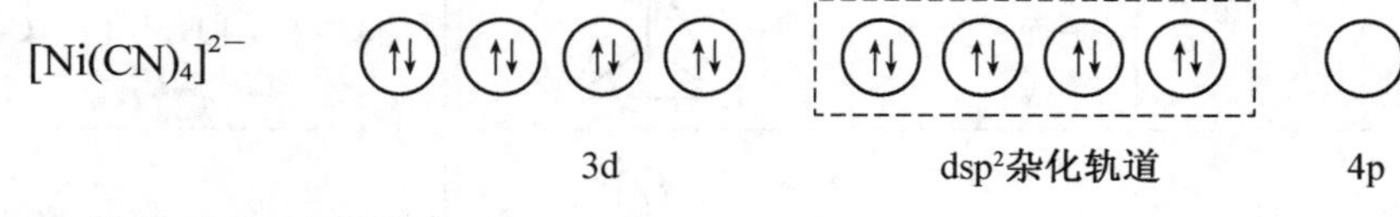


又如，$_{26}Fe^{3+}$ 的价电子层结构为：

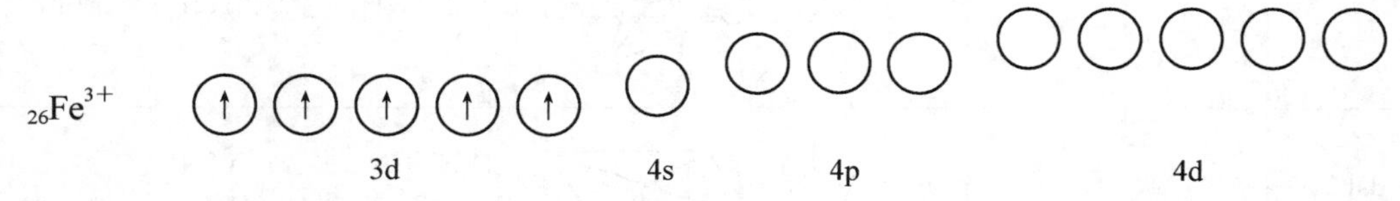


当 $Fe^{3+}$ 与 6 个 $F^-$ 形成 $[FeF_6]^{3-}$ 时，$Fe^{3+}$ 的 1 个 4s、3 个 4p 和 2 个 4d 空轨道杂化，形成 6 个等价的 $sp^3d^2$ 杂化轨道，分别接受由 6 个 $F^-$ 提供的 6 对孤对电子，形成 6 个 σ 配位键。6 个 $sp^3d^2$ 杂化轨道在空间是对称分布的，指向正八面体形的 6 个顶角，轨道间的夹角为 90°。因此，$[FeF_6]^{3-}$ 的空间构型为正八面体形。$Fe^{3+}$ 位于正八面体形的中心，6 个配离子在正八面体形的 6 个顶角上。

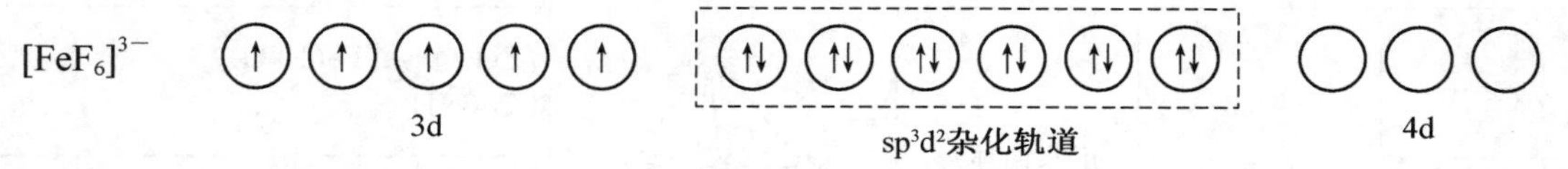


当 $Fe^{3+}$ 与 $CN^-$ 结合为 $[Fe(CN)_6]^{3-}$ 时，$Fe^{3+}$ 在配体 $CN^-$ 的影响下，3d 电子重新分布，原有自旋平行的未成对电子数减少，空出 2 个 3d 轨道。2 个 3d 轨道与 1 个 4s、3 个 4p 空轨道杂化，形成 6 个 $d^2sp^3$ 杂化轨道(正八面体形)，分别接受由 6 个 $CN^-$ 中的 C 原子所提供的 6 对孤对电子，形成 6 个 σ 配位键。因此，$[Fe(CN)_6]^{3-}$ 的空间构型为正八面体形构型。

$[Fe(CN)_6]^{3-}$

3d　　$d^2sp^3$杂化轨道

## 10.2.2　配位化合物的类型

由前所述，当 d 轨道参与杂化并成键时，可能存在两种情况。一种是中心离子只动用外层 $nd$ 轨道，而不改变次外层 $(n-1)d$ 轨道的电子排布，如上例中的 $[Ni(NH_3)_4]^{2+}$、$[FeF_6]^{3-}$ 等，这种中心离子以外层轨道($ns$、$np$、$nd$)杂化而形成的配合物称外轨型配合物。另一种情况是中心离子动用了次外层 $(n-1)d$ 轨道，可能改变了原来简单离子的次外层 $(n-1)d$ 轨道的电子排布，如上例中的 $[Ni(CN)_4]^{2-}$、$[Fe(CN)_6]^{3-}$ 等，这种中心离子使用了次外层轨道 $[(n-1)d$、$ns$、$np]$ 杂化而形成的配合物称内轨型配合物。由于 $nd$ 轨道能量高于 $(n-1)d$ 轨道，显然，对于相同中心离子的配合物，内轨型配合物的稳定性大于外轨型配合物。

配合物是形成内轨型还是外轨型，主要取决于中心离子的价电子构型、中心离子的电荷和配位原子的电负性大小。

① 中心离子的价电子构型的影响。通常，价电子构型为$(n-1)d^{10}$的离子，只能形成外轨型配合物，如$Zn^{2+}$、$Cd^{2+}$、$Hg^{2+}$和$Cu^{+}$、$Ag^{+}$、$Au^{+}$的配合物；价电子构型为$(n-1)d^{1\sim3}$的离子，因$(n-1)$d 电子数少于轨道数，通常形成内轨型配合物，如$[Cr(H_2O)_6]^{3+}$、$[CrF_6]^{3-}$、$[CrCl_6]^{3-}$等均为内轨型配离子；价电子构型为$(n-1)d^{4\sim7}$的离子，既可形成内轨型也可形成外轨型配合物，取决于配位原子的电负性大小和中心离子的电荷数。

② 中心离子的电荷的影响。中心离子的正电荷数越多，对配位原子孤电子对的引力越强，越易形成内轨型配合物，如$NH_3$配体与$Co^{3+}$形成内轨型的$[Co(NH_3)_6]^{3+}$配离子，而与$Co^{2+}$形成外轨型的$[Co(NH_3)_6]^{2+}$配离子。

③ 配位原子的电负性的影响。电负性较大的配位原子，如 X(卤素)、O 等，通常不易给出孤电子对，配位能力较弱，中心离子的$(n-1)$d 轨道上电子排布不发生变化，仅用其外层的空轨道 $n$s、$n$p、$n$d 进行杂化并与配体结合，易形成外轨型配合物，如$[FeF_6]^{3-}$、$[Fe(H_2O)_6]^{3+}$、$[HgI_4]^{2-}$、$[CdI_4]^{2-}$、$[Co(H_2O)_6]^{3-}$等。电负性较小的配位原子，如 C$(CN^-$、CO)、N$(NO_2^-)$等，较易给出孤电子对，配体的配位能力较强，中心离子的$(n-1)$d 轨道上成单电子被强制配对，空出的$(n-1)$d 轨道与 $n$s、$n$p 轨道进行杂化，再接受配体的孤电子对，易形成内轨型配合物，如$[Ni(CN)_4]^{2-}$、$[Fe(CN)_6]^{3-}$、$[Fe(CN)_6]^{4-}$、$[Co(CN)_6]^{4-}$等。

## 10.2.3　配位化合物的磁矩

判断一种配合物是内轨型还是外轨型，一般可通过测定其磁矩来判断。

物质的磁性质可表现为顺磁性、反磁性和铁磁性三种情况，其磁性强弱(用磁矩 $\mu$ 表示)与物质内部未成对电子数的多少有关。根据电磁学理论，磁矩 $\mu$ 的大小与中心离子的未成对电子数 $n$ 有如下近似关系：

$$\mu=\sqrt{n(n+2)} \tag{10-1}$$

式中，$\mu$ 的单位为玻尔磁子，用 B. M. 表示；$n$ 为未成对电子数。

$\mu=0$ 的物质，其中电子皆已成对，物质表现为反磁性；$\mu>0$ 的物质，其中有未成对电子，物质表现为顺磁性。

由式(10-1)可计算出未成对电子数为 1～5 时对应的磁矩理论值，见表 10-5。

**表 10-5　未成对电子数 $n$ 与磁矩 $\mu$ 的关系**

| $n$ | 1 | 2 | 3 | 4 | 5 |
|---|---|---|---|---|---|
| $\mu_{理}$/B. M. | 1.73 | 2.83 | 3.88 | 4.90 | 5.92 |

依据表 10-5 中 $n$ 与 $\mu_{理}$ 之间的关系以及配合物磁矩的实际测定值，可确定该配合物是内轨型还是外轨型。

外轨型配合物采用外层空轨道成键，内层 d 电子几乎不受成键的影响，故未成对电子数较多。内轨型配合物为了“腾出”内层 d 轨道参与杂化，要将 d 电子“挤入”少数轨道，故未成对电子数较少。例如，$Fe^{3+}$中有 5 个未成对 d 电子，$\mu_{理}=5.92$ B. M.，实验测得$[FeF_6]^{3-}$的磁矩 $\mu_{测}=5.90$ B. M.，故可以推知，$[FeF_6]^{3-}$中仍有 5 个未成对电子，$Fe^{3+}$以 $sp^3d^2$ 杂化轨

道与 $F^-$ 结合,形成外轨型配合物。而实验测得$[Fe(CN)_6]^{3-}$的磁矩 $\mu_{测}=2.0$ B.M.,此数值与表 10-5 中具有一个未成对电子时对应的磁矩理论值 1.73 B.M. 很接近,表明在成键过程中,中心离子的 d 电子发生了重新分布,未成对的 d 电子数减少了,$Fe^{3+}$ 以 $d^2sp^3$ 杂化轨道与 $CN^-$ 结合,形成内轨型配合物。

价键理论成功地说明了中心离子的配位数、配离子的空间结构,解释了配合物的稳定性和磁性。但这一理论至今仍是一个定性理论,其应用范围有一定的局限性,也不能解释另外一些事实,如不能解释配合物的可见和紫外吸收光谱以及过渡金属配合物普遍具有特征颜色等现象。因此,从 20 世纪 50 年代后期以来,价键理论逐渐为配合物晶体场理论和配位场理论所取代。

10-6 知识拓展:晶体场理论

# 10.3 配离子在溶液中的配位平衡

10-7 微课:EDTA 配合物的配位平衡及其影响因素

在水溶液中,含有配离子的可溶性配合物的解离有两种情况:一是发生在内界与外界之间的解离,为完全解离;另一是配离子的解离,即中心离子与配体之间的解离,为部分解离(类似弱电解质)。本节主要讨论配离子在水溶液中的解离情况。

## 10.3.1 配位平衡及平衡常数

与其他化学平衡一样,配离子在水溶液中存在着配离子的解离和形成的平衡,这种平衡称为配位平衡。

1. 稳定常数 $K_f^\ominus$

对于 $Ag^+$ 与 $NH_3$ 形成$[Ag(NH_3)_2]^+$的配位平衡

$$Ag^+ + 2NH_3 \rightleftharpoons [Ag(NH_3)_2]^+$$

其化学平衡常数称为$[Ag(NH_3)_2]^+$的稳定常数,用 $K_f^\ominus$ 表示。

$$K_f^\ominus=\frac{c\{[Ag(NH_3)_2]^+\}/c^\ominus}{[c(Ag^+)/c^\ominus][c(NH_3)/c^\ominus]^2} \tag{10-2}$$

为了书写方便,将式(10-2)写成

$$K_f^\ominus=\frac{c\{[Ag(NH_3)_2]^+\}}{c(Ag^+)c(NH_3)^2} \tag{10-3}$$

$K_f^\ominus$ 是配离子的一种特征常数。$K_f^\ominus$ 值越大,表示该配离子在水中越稳定,从 $K_f^\ominus$ 的大小可以判断配位反应完成的程度。对相同类型的配离子,可用 $K_f^\ominus$ 的大小来比较它们的稳定性。

例如,$[Ag(NH_3)_2]^+$ 的 $K_f^\ominus=1.6\times10^7$,$[Ag(CN)_2]^-$ 的 $K_f^\ominus=1.0\times10^{21}$,可见$[Ag(CN)_2]^-$要比$[Ag(NH_3)_2]^+$更稳定。

若配离子类型不同,则不能用 $K_f^\ominus$ 的大小来比较它们的稳定性。一些常见配离子的稳定常数见表 10-6。

表 10-6　常见配离子的稳定常数

| 配离子 | $K_f^\ominus$ | 配离子 | $K_f^\ominus$ | 配离子 | $K_f^\ominus$ |
|---|---|---|---|---|---|
| $[Ag(CN)_2]^-$ | $1.0\times10^{21}$ | $[Co(NH_3)_6]^{2+}$ | $1.3\times10^{5}$ | $[HgI_4]^{2-}$ | $6.8\times10^{29}$ |
| $[Ag(en)_2]^+$ | $5.0\times10^{7}$ | $[Co(NH_3)_6]^{3+}$ | $4.5\times10^{33}$ | $[Ni(CN)_4]^{2-}$ | $2.0\times10^{31}$ |
| $[Ag(NH_3)_2]^+$ | $1.6\times10^{7}$ | $[Cu(en)_2]^{2+}$ | $1.0\times10^{20}$ | $[Ni(NH_3)_6]^{2+}$ | $5.5\times10^{8}$ |
| $[Ag(SCN)_4]^{3-}$ | $1.2\times10^{10}$ | $[Cu(NH_3)_4]^{2+}$ | $2.1\times10^{13}$ | $[Zn(CN)_4]^{2-}$ | $1.0\times10^{18}$ |
| $[Al(OH)_4]^-$ | $1.1\times10^{33}$ | $[Fe(CN)_6]^{3-}$ | $1.0\times10^{42}$ | $[Zn(en)_3]^{2+}$ | $1.3\times10^{14}$ |
| $[Cd(NH_3)_4]^{2+}$ | $1.3\times10^{7}$ | $[Fe(CN)_6]^{4-}$ | $1.0\times10^{37}$ | $[Zn(NH_3)_4]^{2+}$ | $4.1\times10^{8}$ |
| $[Co(en)_3]^{2+}$ | $8.7\times10^{13}$ | $[HgCl_4]^{2-}$ | $1.2\times10^{15}$ | $[Zn(OH)_4]^{2-}$ | $4.6\times10^{17}$ |
| $[Co(en)_3]^{3+}$ | $4.9\times10^{48}$ | $[Hg(CN)_4]^{2-}$ | $3.0\times10^{41}$ | | |

EDTA 与金属离子形成 1∶1 的螯合物，存在如下配位平衡：

$$M+Y \rightleftharpoons MY$$

为了讨论的方便，常可略去离子的电荷。其稳定常数可表示为

$$K_{MY}^\ominus=\frac{c(MY)}{c(M)c(Y)} \tag{10-4}$$

一些常见金属离子与 EDTA 形成的螯合物的 $\lg K_{MY}^\ominus$ 值列于表 10-7 中。

表 10-7　EDTA 与各种常见金属离子的螯合物的稳定常数（$I=0.1, T=20$℃）

| 阳离子 | $\lg K_{MY}^\ominus$ | 阳离子 | $\lg K_{MY}^\ominus$ | 阳离子 | $\lg K_{MY}^\ominus$ |
|---|---|---|---|---|---|
| $Na^+$ | 1.66 | $Fe^{2+}$ | 14.33 | $Hg^{2+}$ | 21.80 |
| $Li^+$ | 2.79 | $Ce^{3+}$ | 15.98 | $Y^{3+}$ | 23.00 |
| $Ag^+$ | 7.32 | $Co^{2+}$ | 16.30 | $Th^{4+}$ | 23.20 |
| $Ba^{2+}$ | 7.76 | $Al^{3+}$ | 16.10 | $Cr^{3+}$ | 23.40 |
| $Sr^{2+}$ | 8.63 | $Zn^{2+}$ | 16.50 | $Fe^{3+}$ | 25.10 |
| $Mg^{2+}$ | 8.69 | $Pb^{2+}$ | 18.04 | $V^{3+}$ | 25.90 |
| $Ca^{2+}$ | 10.69 | $Ni^{2+}$ | 18.67 | $Bi^{3+}$ | 27.94 |
| $Mn^{2+}$ | 14.04 | $Cu^{2+}$ | 18.80 | $Co^{3+}$ | 36.00 |

2. 不稳定常数 $K_d^\ominus$

配离子在水溶液中会发生解离，解离反应是配离子形成反应的逆反应，解离的程度也可用来表示配离子的稳定性。例如，$[Ag(NH_3)_2]^+$ 在水溶液中的解离平衡为

$$[Ag(NH_3)_2]^+ \rightleftharpoons Ag^+ + 2NH_3$$

其化学平衡常数称为$[Ag(NH_3)_2]^+$的不稳定常数，用 $K_d^\ominus$ 表示。

$$K_d^\ominus=\frac{c(Ag^+)c(NH_3)^2}{c\{[Ag(NH_3)_2]^+\}} \tag{10-5}$$

$K_d^\ominus$ 值越大，表示配离子在水中越不稳定。显然，$K_f^\ominus$ 与 $K_d^\ominus$ 有如下关系：

$$K_d^\ominus=\frac{1}{K_f^\ominus} \tag{10-6}$$

3. 逐级稳定常数 $K_i^\ominus$

在溶液中配离子的形成是分步进行的，每一步都有相对应的稳定常数，称为逐级稳定常

数。例如，$[Cu(NH_3)_4]^{2+}$配离子的形成过程可表示为

$$Cu^{2+}+NH_3 \rightleftharpoons [Cu(NH_3)]^{2+} \qquad K_1^{\ominus}=\frac{c\{[Cu(NH_3)]^{2+}\}}{c(Cu^{2+})c(NH_3)}=10^{4.31}$$

$$[Cu(NH_3)]^{2+}+NH_3 \rightleftharpoons [Cu(NH_3)_2]^{2+} \qquad K_2^{\ominus}=\frac{c\{[Cu(NH_3)_2]^{2+}\}}{c\{[Cu(NH_3)]^{2+}\}c(NH_3)}=10^{3.67}$$

$$[Cu(NH_3)_2]^{2+}+NH_3 \rightleftharpoons Cu[(NH_3)_3]^{2+} \qquad K_3^{\ominus}=\frac{c\{[Cu(NH_3)_3]^{2+}\}}{c\{[Cu(NH_3)_2]^{2+}\}c(NH_3)}=10^{3.04}$$

$$Cu[(NH_3)_3]^{2+}+NH_3 \rightleftharpoons [Cu(NH_3)_4]^{2+} \qquad K_4^{\ominus}=\frac{c\{[Cu(NH_3)_4]^{2+}\}}{c\{[Cu(NH_3)_3]^{2+}\}c(NH_3)}=10^{2.30}$$

逐级稳定常数随着配位数的增加而减小。因为配位数增加时，配体之间的斥力增大，同时中心离子对每个配体的吸引力减小，故配离子的稳定性减弱。

在实际工作中，一般总是加入过量的配位剂，这时金属离子将绝大部分处在最高配位数的状态，其他较低配位数的配离子可忽略不计。此时若只求游离金属离子的浓度，可直接按$K_f^{\ominus}$(或$K_d^{\ominus}$)进行近似计算。

4. 累积稳定常数$\beta_i^{\ominus}$

若将逐级稳定常数依次相乘，就得到各级累积稳定常数$\beta_i^{\ominus}$，根据多重平衡规则，$[Cu(NH_3)_4]^{2+}$的各级累积稳定常数可表示为：

$$\beta_1^{\ominus}=K_1^{\ominus}=\frac{c\{[Cu(NH_3)]^{2+}\}}{c(Cu^{2+})c(NH_3)}$$

$$\beta_2^{\ominus}=K_1^{\ominus}K_2^{\ominus}=\frac{c\{[Cu(NH_3)_2]^{2+}\}}{c(Cu^{2+})c(NH_3)^2}$$

$$\beta_3^{\ominus}=K_1^{\ominus}K_2^{\ominus}K_3^{\ominus}=\frac{c\{[Cu(NH_3)_3]^{2+}\}}{c(Cu^{2+})c(NH_3)^3}$$

$$\beta_4^{\ominus}=K_1^{\ominus}K_2^{\ominus}K_3^{\ominus}K_4^{\ominus}=K_f^{\ominus}=\frac{c\{[Cu(NH_3)_4]^{2+}\}}{c(Cu^{2+})c(NH_3)^4}$$

附录 5

一些常见配离子的各级累积稳定常数见附录 5。利用配合物的稳定常数，可计算配位平衡体系中有关物质的浓度，以及讨论配位平衡与其他平衡之间的关系。

**【例题 10-1】** 将 10 $cm^3$ 0.20 $mol\cdot dm^{-3}$ $AgNO_3$溶液与 10 $cm^3$ 2.00 $mol\cdot dm^{-3}$ $NH_3\cdot H_2O$混合，计算在平衡后溶液中$c(Ag^+)$。($K_f^{\ominus}=1.6\times10^7$。)

10-8 例题解答

特别注意，上述计算$c(Ag^+)$时，通常以$Ag^+$全都转化为$[Ag(NH_3)_2]^+$进行简单计算。但溶液中并非绝对不存在$Ag^+$而是当溶液中有过量的$NH_3\cdot H_2O$存在，而且$K_f^{\ominus}$很大时，认为$Ag^+$全部转化为$[Ag(NH_3)_2]^+$是合理的。

## 10.3.2 配位平衡的移动

与其他化学平衡一样，配位平衡也是一个动态平衡。对于平衡

$$M^{n+}+x\,L^- \rightleftharpoons ML_x^{(n-x)}$$

若向该平衡体系中加入某种试剂(包括酸、碱、沉淀剂、氧化还原剂或其他配位剂)，由于这些试剂与$M^{n+}$或$L^-$可能发生各种化学反应，必将导致上述配位平衡发生移动，其结果是原溶液中各组分的浓度发生变动。这过程涉及的就是配位平衡与其他化学平衡之间相互联系的多重平衡。

1. 配位平衡与酸碱平衡

在配合物中，很多配体是弱酸阴离子或弱碱，改变溶液的酸度有可能使配位平衡发生移动。例如，在配离子$[Fe(CN)_6]^{3-}$中，增加$H^+$的浓度，$CN^-$生成HCN，而使配离子$[Fe(CN)_6]^{3-}$的解离程度增大，当酸度增加到一定程度，配离子将被彻底解离。

$$\begin{array}{c} Fe^{3+} + 6CN^- \rightleftharpoons [Fe(CN)_6]^{3-} \\ + \\ 6H^+ \rightleftharpoons 6HCN \end{array}$$

$$总反应：[Fe(CN)_6]^{3-} + 6H^+ \rightleftharpoons Fe^{3+} + 6HCN$$

相反，降低溶液的酸度，$Fe^{3+}$有可能发生水解，当$OH^-$浓度增加到一定程度时，会生成$Fe(OH)_3$沉淀，使配离子发生解离，导致平衡移动。因此，为使$[Fe(CN)_6]^{3-}$在溶液中稳定存在，必须将溶液的酸度控制在一定范围内。

2. 配位平衡与沉淀溶解平衡

配位剂、沉淀剂都可以和$M^{n+}$结合，生成配合物、沉淀物，故两种平衡关系的实质是配位剂与沉淀剂争夺$M^{n+}$的问题，这和$K_{sp}^{\ominus}$、$K_f^{\ominus}$的值有关。

例如，在含有$[Cu(NH_3)_4]^{2+}$的溶液中加入$Na_2S$溶液，配位剂$NH_3$和沉淀剂$S^{2-}$均能与$Cu^{2+}$结合。由于$S^{2-}$结合$Cu^{2+}$的能力更强，因而有CuS沉淀生成，$[Cu(NH_3)_4]^{2+}$解离。用反应式表示为

$$\begin{array}{c} [Cu(NH_3)_4]^{2+} \rightleftharpoons Cu^{2+} + 4NH_3 \\ + \\ S^{2-} \rightleftharpoons CuS \end{array}$$

$$总反应：[Cu(NH_3)_4]^{2+} + S^{2-} \rightleftharpoons CuS + 4NH_3$$

$$K^{\ominus} = \frac{c(NH_3)^4}{c(S^{2-})c\{[Cu(NH_3)_4]^{2+}\}} = \frac{c(NH_3)^4}{c(S^{2-})c\{[Cu(NH_3)_4]^{2+}\}} \cdot \frac{c(Cu^{2+})}{c(Cu^{2+})}$$

$$= \frac{1}{K^{\ominus}\{[Cu(NH_3)_4]^{2+}\}K_{sp}^{\ominus}(CuS)} = \frac{1}{2.1\times10^{13}\times6.3\times10^{-36}} = 7.6\times10^{21}$$

可见该反应进行的程度很大。

由$K^{\ominus} = \frac{1}{K_f^{\ominus}K_{sp}^{\ominus}}$可知，难溶物的$K_{sp}^{\ominus}$和配离子的$K_f^{\ominus}$越小，总反应平衡常数$K^{\ominus}$越大，表示生成沉淀的趋势越大，反之，则生成沉淀的趋势越小。

**【例题10-2】** 已知AgCl的$K_{sp}^{\ominus}$为$1.8\times10^{-10}$，$[Ag(NH_3)_2]^+$的$K_f^{\ominus}=1.6\times10^7$，试计算完全溶解0.010 mol AgCl所需要的$NH_3$的浓度(以$mol\cdot dm^{-3}$表示)。

**【例题10-3】** 有一种含有0.10 $mol\cdot dm^{-3}$游离$NH_3$、0.01 $mol\cdot dm^{-3}$ $NH_4Cl$和0.15 $mol\cdot dm^{-3}$ $[Cu(NH_3)_4]^{2+}$的溶液，问溶液中是否有$Cu(OH)_2$沉淀生成？

3. 配位平衡与氧化还原平衡

配合物的形成会使金属离子的浓度发生变化，进而使氧化还原电对的电极电势发生变化，导致其氧化还原能力的相对强弱发生变化，从而改变氧化还原反应的方向。

**【例题10-4】** 已知$E^{\ominus}(Au^+/Au)=1.692$ V，$[Au(CN)_2]^-$的$K_f^{\ominus}=2.00\times10^{38}$，试计算$E^{\ominus}\{[Au(CN)_2]^-/Au\}$的值。

4. 配位平衡之间的转化

若在一种配合物的溶液中加入另一种能与中心离子生成更稳定的配合物的配位剂，则

配合物之间发生转化。例如,在$[Ag(NH_3)_2]^+$溶液中,加入 KCN,会发生以下反应:

$$Ag^+ + 2NH_3 \rightleftharpoons [Ag(NH_3)_2]^+ \quad (K_f^\ominus = 1.6\times10^7)$$
$$+$$
$$2CN^- \rightleftharpoons [Ag(CN)_2]^- \quad (K_f^\ominus = 1.3\times10^{21})$$

总反应:$[Ag(NH_3)_2]^+ + 2CN^- \rightleftharpoons [Ag(CN)_2]^- + 2NH_3$

$$K^\ominus = \frac{c\{[Ag(CN)_2]^-\}c(NH_3)^2}{c\{[Ag(NH_3)_2]^+\}c(CN^-)^2} = \frac{c\{[Ag(CN)_2]^-\}c(NH_3)^2}{c\{[Ag(NH_3)_2]^+\}c(CN^-)^2}\cdot\frac{c(Ag^+)}{c(Ag^+)}$$
$$= \frac{K_f^\ominus\{[Ag(CN)_2]^-\}}{K_f^\ominus\{[Ag(NH_3)_2]^+\}} = \frac{1.3\times10^{21}}{1.6\times10^7} = 8.1\times10^{13}$$

总反应平衡常数$K^\ominus$很大,说明反应向着生成$[Ag(CN)_2]^-$的方向进行的趋势很大。因此,在含有$[Ag(NH_3)_2]^+$的溶液中,加入足量的 $CN^-$ 时,$[Ag(NH_3)_2]^+$被破坏而生成$[Ag(CN)_2]^-$。可见,较不稳定的配合物容易转化成较稳定的配合物。

因此,在一般情况下,我们只需比较反应式两侧配离子的$K_f^\ominus$值就可以判断反应进行的方向,但是如果溶液中两个配位剂浓度相差倍数较大时,也会影响配位反应的方向。

## 10.3.3 配位化合物的条件稳定常数

与其他化学平衡一样,配位平衡也是一个动态平衡。对于平衡

$$M^{n+} + xL^- \rightleftharpoons ML_x^{(n-x)}$$

在一定条件下,配位平衡不仅受到温度和离子强度的影响,而且与某些离子和分子的存在有关。这些离子和分子的存在,往往会干扰主反应的进行。通常把除主反应外的反应称为副反应。引起副反应的主要物质有 $H^+$、$OH^-$、其他金属离子等。下面着重讨论 EDTA 作为螯合剂滴定金属离子时副反应的影响。

在 EDTA 滴定金属离子时,被测金属离子 M 与 Y 配位,生成配合物 MY,这是主反应。与此同时,反应物 M、Y 及反应产物 MY 也可能与溶液中的其他组分发生各种副反应。这些副反应可用下式表示:

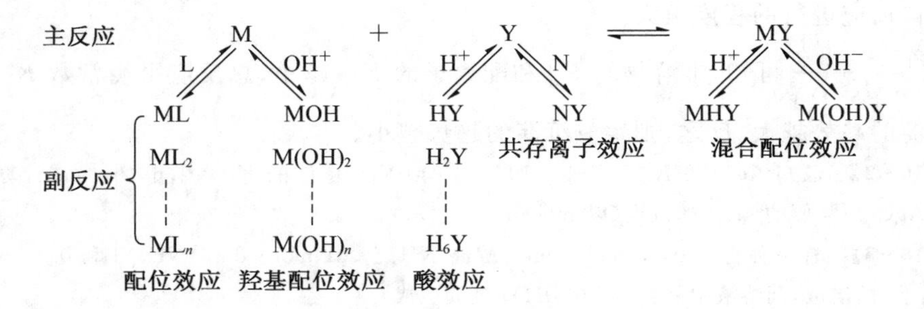


反应产物 MY 的副反应则有利于主反应,但所生成的混合配合物大多不太稳定,可忽略不计。反应物 M、Y 的副反应将不利于主反应的进行,其中主要的副反应是由 $H^+$ 对 EDTA 的影响而引起的酸效应及其他配位剂 L 的影响而引起的配位效应,现分别讨论如下。

1. 酸效应

由前面的讨论可知,EDTA 在水溶液中以 $H_6Y^{2+}$、$H_5Y^+$、$H_4Y$、$H_3Y^-$、$H_2Y^{2-}$、$HY^{3-}$、$Y^{4-}$ 7 种型体存在。在这 7 种型体中,只有 $Y^{4-}$ 能与金属离子直接配位,溶液中酸度升高,使 $c(Y^{4-})$降低,促使配合物 MY 解离,从而降低了 MY 的稳定性。这种由于 $H^+$

的存在，使配体 Y 参加主反应能力降低的现象称为酸效应。为了定量地表示副反应进行的程度，引入副反应系数 $\alpha$。酸效应的大小用酸效应系数 $\alpha_{Y(H)}$ 来衡量。

$$\alpha_{Y(H)}=\frac{c(Y')}{c(Y)} \tag{10-7}$$

式中，$c(Y')$是只考虑 $H^+$ 对 Y 影响的情况下，未与 M 配位（即未生成 MY）的 EDTA 各型体的总浓度；$c(Y)$是 $Y^{4-}$ 的平衡浓度。可见，酸效应系数 $\alpha_{Y(H)}$ 只与溶液的酸度有关，表10－8给出不同 pH 值的溶液中的 EDTA 酸效应系数 $\lg\alpha_{Y(H)}$。

**表 10－8　不同 pH 值时的 $\lg\alpha_{Y(H)}$**

| pH | $\lg\alpha_{Y(H)}$ | pH | $\lg\alpha_{Y(H)}$ | pH | $\lg\alpha_{Y(H)}$ | pH | $\lg\alpha_{Y(H)}$ |
|---|---|---|---|---|---|---|---|
| 0.0 | 23.64 | 3.4 | 9.70 | 6.8 | 3.55 | 10.0 | 0.45 |
| 0.4 | 21.32 | 3.8 | 8.85 | 7.0 | 3.32 | 10.4 | 0.24 |
| 0.8 | 19.08 | 4.0 | 8.44 | 7.4 | 2.88 | 10.8 | 0.11 |
| 1.0 | 18.01 | 4.4 | 7.64 | 7.8 | 2.47 | 11.0 | 0.07 |
| 1.4 | 16.02 | 4.8 | 6.84 | 8.0 | 2.26 | 11.5 | 0.02 |
| 1.8 | 14.27 | 5.0 | 6.45 | 8.4 | 1.87 | 11.7 | 0.02 |
| 2.0 | 13.51 | 5.4 | 5.69 | 8.8 | 1.48 | 11.8 | 0.01 |
| 2.4 | 12.19 | 5.8 | 4.98 | 9.0 | 1.29 | 12.0 | 0.01 |
| 2.8 | 11.09 | 6.0 | 4.65 | 9.4 | 0.92 | 12.1 | 0.01 |
| 3.0 | 10.60 | 6.4 | 4.06 | 9.8 | 0.59 | 12.2 | 0.00 |

由表 10－8 可知，pH＞12.2 时，$\lg\alpha_{Y(H)}=0$，$\alpha_{Y(H)}=1$，即

$$c(Y)=c(Y')$$

这说明 EDTA 已基本完全解离为 $Y^{4-}$，此时，EDTA 配位能力最强，生成的配合物也最稳定。$\alpha_{Y(H)}$ 随酸度的升高而增大，即酸度越大，则由酸效应所引起的副反应也越大，由 EDTA 与金属离子形成的配合物的实际稳定性降低。

2. 配位效应

如果在滴定体系中存在其他配位剂（L），这些配位剂可能来自指示剂、掩蔽剂或缓冲剂，它们可能也与金属离子 M 发生配位反应。配位剂 L 与被滴定的金属离子发生副反应，使金属离子参加主反应的能力下降，这种现象称配位效应。配位效应的大小用配位效应系数 $\alpha_{M(L)}$ 衡量：

10－9　知识点延伸：影响配位平衡的其他副反应

$$\alpha_{M(L)}=\frac{c(M')}{c(M)}=1+\beta_1^{\ominus}c(L)+\beta_2^{\ominus}c(L)^2+\cdots+\beta_n^{\ominus}c(L)^n \tag{10-8}$$

式中，$c(M')$是指未与 Y 配位的金属离子 M 各种存在形式的总浓度；$c(M)$是金属离子的平衡浓度；$\beta_i^{\ominus}$ 是 M 与 L 形成配合物的各级累积稳定常数；$c(L)$是 L 离子的平衡浓度。$\alpha_{M(L)}$ 越大，表示副反应越严重。

3. 配位化合物的条件稳定常数

由于副反应的存在，配合物的稳定常数不能真实反映主反应进行的程度。实际上，在滴定体系中主反应和副反应均达到平衡，即未与 M 配位的 Y 各存在型体、未与 Y 配位的金属

离子 M 各存在型体、MY 的各存在型体三者均达到平衡。因此,配合物的稳定性应表示为

$$K_{MY}^{\ominus'}=\frac{c(MY')}{c(M')c(Y')}=\frac{\alpha_{MY}c(MY)}{\alpha_M c(M)\alpha_Y c(Y)}=K_{MY}^{\ominus}\frac{\alpha_{MY}}{\alpha_M\alpha_Y} \tag{10-9}$$

式中,$K_{MY}^{\ominus'}$称为条件稳定常数;$K_{MY}^{\ominus}$为配合物的稳定常数;$\alpha_M$ 为金属离子 M 的副反应系数;$\alpha_Y$ 为滴定剂(配体)Y 的副反应系数;$\alpha_{MY}$为 MY 配合物的副反应系数。当一定条件下,$\alpha_M$、$\alpha_Y$、$\alpha_{MY}$均为定值,故 $K_{MY}^{\ominus'}$在一定条件下为常数。若将式(10-9)用对数形式表示,即

$$\lg K_{MY}^{\ominus'}=\lg K_{MY}^{\ominus}+\lg\alpha_{MY}-\lg\alpha_M-\lg\alpha_Y \tag{10-10}$$

多数情况下(溶液的酸碱性不是太强时),不形成酸式或碱式配合物,故 $\lg\alpha_{MY}$忽略不计,式(10-10)可简化为

$$\lg K_{MY}^{\ominus'}=\lg K_{MY}^{\ominus}-\lg\alpha_M-\lg\alpha_Y \tag{10-11}$$

显然,副反应系数越大,则 $K_{MY}^{\ominus'}$越小,即副反应越大,配合物的实际稳定性越小。

在一般情况下,配位滴定时主要是 EDTA 的酸效应和 M 的配位效应。如果溶液中没有其他配位剂存在,$\lg\alpha_M=0$,此时,式(10-11)又简化为

$$\lg K_{MY}^{\ominus'}=\lg K_{MY}^{\ominus}-\lg\alpha_{Y(H)} \tag{10-12}$$

例如,对于 $Zn^{2+}$ 与 Y 的反应,尽管 $\lg K_{ZnY}^{\ominus}=16.5$,但在 pH=2.00 时,$\lg\alpha_{Y(H)}=13.51$,则 $\lg K_{ZnY}^{\ominus'}$仅为 2.99,此时 EDTA 的酸效应较大,ZnY 极不稳定。而在 pH=5.00 时,$\lg\alpha_{Y(H)}=6.45$,$\lg K_{ZnY}^{\ominus'}$为 10.05,这是由于 EDTA 的酸效应减小,使 ZnY 较稳定,配位反应可以进行得很完全。

## 10.4 配位滴定法

配位滴定法是以配位反应为基础的滴定分析方法。它是用配位剂作为标准溶液直接或间接滴定被测物质。但并非所有的配位反应都能用于配位滴定,能够用于配位滴定的配位反应,必须具备下列条件:

① 形成的配合物要相当稳定,即条件稳定常数 $K_{MY}^{\ominus'}$要大;

② 在一定条件下,配位数必须固定,即有一定的化学计量关系;

③ 配位反应速率要快;

④ 有指示终点的适宜方法,通常可选用适当的指示剂来指示滴定终点。

配位剂分无机物和有机物两类。由于许多无机配位剂与金属离子形成的配合物稳定性不高,反应过程比较复杂或难以找到适当的指示剂,所以一般不能用于配位滴定。20 世纪 40 年代以来,很多有机配位剂,特别是氨羧配位剂用于配位滴定后,配位滴定得到了迅速发展,已成为应用最广的滴定分析方法之一。在这些氨羧配位剂中,以乙二胺四乙酸(EDTA)最常用。

### 10.4.1 EDTA 配位滴定的原理

10-10　微课:EDTA 配位滴定的基本原理

EDTA 滴定金属离子的反应为

$$M+Y \longrightarrow MY$$

由表 10－7 中给出的 $\lg K^{\ominus}_{MY}$ 数据可以看出，除 $NaY^{3-}$、$LiY^{3-}$ 和 $BaY^{2-}$ 等外，其余配离子 $\lg K^{\ominus}_{MY}$ 的数值都很大，因此，EDTA 能与绝大多数金属离子形成配位比 1∶1 的稳定螯合物，可以用于滴定反应。欲使配位反应定量、完全，必须了解配位滴定对 $K^{\ominus'}_{MY}$ 的要求以及如何确定配位滴定的合适实验条件。

1. 配位滴定曲线

在配位滴定中，随着滴定剂 EDTA 的加入，金属离子 M 不断与 EDTA 反应生成配合物，$c(M)$ 不断减少，在化学计量点附近，$c(M)$ 发生急剧变化。若将滴定过程各点 pM[浓度的负对数形式，即 $-\lg c(M)$]与对应的配位剂的加入量绘成曲线，即可得到配位滴定曲线。

现以 pH＝12 时，0.01000 $mol \cdot dm^{-3}$ EDTA 溶液滴定相同浓度的 20.00 $cm^3$ $Ca^{2+}$ 溶液为例，讨论滴定过程中 pM 的变化情况。

在 pH＝12 时，CaY 的条件稳定常数为

$$\lg K^{\ominus'}_{CaY}=\lg K^{\ominus}_{CaY}-\lg\alpha_{Y(H)}=10.69-0=10.69$$

① 滴定前：

$$c(Ca^{2+})=0.01000\ mol \cdot dm^{-3}$$

$$pCa=-\lg c(Ca^{2+})=2.0$$

② 滴定开始至化学计量点前：溶液中有剩余的金属离子 $Ca^{2+}$ 和滴定产物 CaY。由于 $\lg K^{\ominus'}_{CaY}$ 值较大，且剩余的 $Ca^{2+}$ 对 CaY 的解离又有抑制作用，故可忽略 CaY 的解离，则按剩余的 $Ca^{2+}$ 浓度计算 pCa 值。当加入 EDTA 溶液体积为 19.98 $cm^3$，即 99.9% 的 $Ca^{2+}$ 被配位时

$$c(Ca^{2+})=\frac{0.01\times 0.02}{20.00+19.98}=5.0\times 10^{-6}\ mol \cdot dm^{-3}$$

$$pCa=5.3$$

③ 化学计量点时：$Ca^{2+}$ 与 EDTA 几乎全部形成 CaY，故

$$c(CaY)=0.01\times\frac{20.00}{20.00+20.00}=5.0\times 10^{-3}\ mol \cdot dm^{-3}$$

若滴定体系中没有副反应，故 $c(CaY')=c(CaY)$，$c(Ca^{2+\prime})=c(Ca^{2+})$，$c(Y')=c(Y)$，且 $c(Ca^{2+})=c(Y)$，所以

$$K^{\ominus'}_{CaY}=\frac{c(CaY')}{c(Ca^{2+\prime})c(Y')}=\frac{c(CaY)}{c(Ca^{2+})c(Y)}=\frac{c(CaY)}{c(Ca^{2+})^2}$$

$$c(Ca^{2+})=\sqrt{\frac{c(CaY)}{K^{\ominus'}_{CaY}}}=\sqrt{\frac{5.0\times 10^{-3}}{10^{10.69}}}=3.2\times 10^{-7}\ mol \cdot dm^{-3}$$

$$pCa=6.5$$

④ 化学计量点后：当加入 EDTA 溶液为 20.02 $cm^3$ 时，此时，EDTA 过量 0.02 $cm^3$，即过量 0.1% 时

$$c(Y)=\frac{0.01000\times 0.02}{20.00+20.02}=5.0\times 10^{-6}\ mol \cdot dm^{-3}$$

$$c(Ca^{2+})=\frac{c(CaY)}{K^{\ominus'}_{CaY}c(Y)}=\frac{5.0\times 10^{-3}}{10^{10.69}\times 5.0\times 10^{-6}}=2.0\times 10^{-8}\ mol \cdot dm^{-3}\quad pCa=7.7$$

如此逐一计算，以 pCa 值为纵坐标，加入 EDTA 溶液的百分数(或体积)为横坐标作图，即得到 EDTA 滴定 $Ca^{2+}$ 的滴定曲线。同理可得不同 pH 条件下的滴定曲线(见图 10－7)。

从图 10－7 可以看出，滴定曲线突跃范围的大小随溶液 pH 而变化，这是由于 CaY 的条件稳定常数 $K^{\ominus'}_{CaY}$ 随 pH 而发生改变的缘故。pH 越大，滴定突跃范围就越大；pH 越小，滴定突跃范围就越小。当 pH＝7 时，$\lg K^{\ominus'}_{CaY}=7.3$，图中滴定曲线的突跃范围就很小了。

2. 配位滴定对条件稳定常数的要求

滴定突跃范围的大小是决定配位滴定准确度的重要依据。影响滴定突跃范围的主要因素是 MY 的条件稳定常数 $K_{MY}^{\ominus\prime}$ 和被滴定金属离子的浓度 $c_0(M)$。

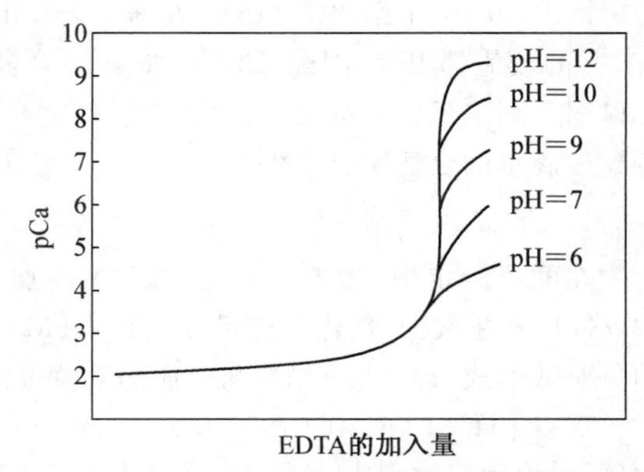


图 10－7　EDTA 滴定 $Ca^{2+}$ 的滴定曲线

图 10－8 为形成不同 $\lg K_{MY}^{\ominus\prime}$ 值的配合物时的滴定曲线。由图可以看出，在金属离子浓度 $c_0(M)$ 一定时，$K_{MY}^{\ominus\prime}$ 越大，滴定突跃范围就越大。

图 10－9 表示某金属离子与 EDTA 配位时，不同浓度情况下的滴定曲线。由图可以看出，在 $K_{MY}^{\ominus\prime}$ 一定时，金属离子浓度 $c_0(M)$ 越大，滴定曲线起点越低，滴定突跃范围越大。

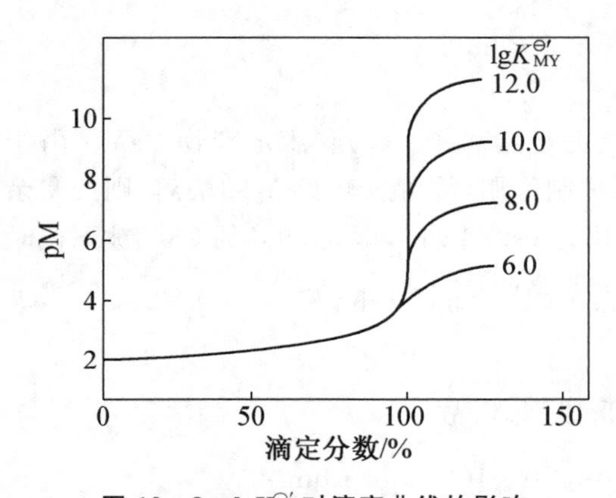


图 10－8　$\lg K_{MY}^{\ominus\prime}$ 对滴定曲线的影响

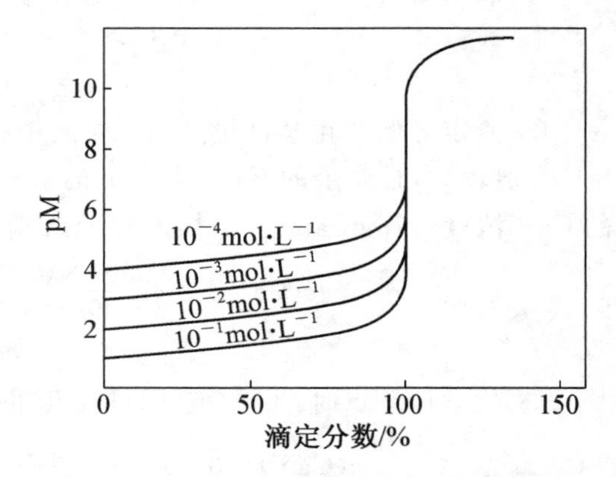


图 10－9　金属离子浓度对滴定曲线的影响

配位滴定所需要的条件取决于所要求的允许误差和检测终点的准确度。根据滴定分析一般要求，滴定的允许相对误差为±0.1%，而配位滴定目测终点的 ΔpM 一般有±0.2%的误差。结合 $K_{MY}^{\ominus\prime}$ 和被滴定金属离子的浓度 $c_0(M)$ 对滴定曲线的影响，则有 EDTA 滴定某一金属离子的一般要求：

$$\lg[c_0(M)K_{MY}^{\ominus\prime}] \geqslant 6.0 \tag{10-13}$$

式(10－13)为判断某一金属离子能否用配位滴定法准确测定的条件。当金属离子浓度 $c_0(M)=0.01\ mol\cdot dm^{-3}$ 时，则要求：

$$\lg K_{MY}^{\ominus\prime} \geqslant 8.0 \tag{10-14}$$

3. 配位滴定对酸度的要求

从图 10－7 可以看出，pH 值对滴定突跃范围的影响较大。pH 值对滴定突跃范围的影响是由于酸效应引起的 $K_{MY}^{\ominus\prime}$ 变化。pH 越大，$K_{MY}^{\ominus\prime}$ 越大，滴定突跃范围就越大，因此，较低的酸度条件对滴定有利。但一些金属离子在酸度较低的条件下能形成羟基配合物，甚至生成氢氧化物。因此，配位滴定必须控制在适宜的酸度范围内。

配位滴定所允许的最低 pH 值由酸效应确定。若滴定反应中只有 EDTA 酸效应，没有其他副反应，则 $K_{MY}^{\ominus\prime}$ 仅取决于 $\alpha_{Y(H)}$，即 MY 的实际稳定性只与溶液酸度有关。当 $c(M)=0.01\ mol\cdot dm^{-3}$ 时，为满足式(10－14)对滴定的要求，则有

$$\lg K_{MY}^{\ominus\prime}=\lg K_{MY}^{\ominus}-\lg\alpha_{Y(H)}\geqslant 8.0$$

$$\lg\alpha_{Y(H)}\leqslant\lg K_{MY}^{\ominus}-8.0 \qquad (10-15)$$

将各种金属离子的 $\lg K_{MY}^{\ominus}$ 代入式(10-15),即可求出相应的最大 $\lg\alpha_{Y(H)}$ 值,查表 10-8 即得出其对应的 pH 值,这个 pH 即为滴定某一金属离子所允许的最低 pH。例如,滴定 0.01 mol·dm$^{-3}$的 $Zn^{2+}$ 溶液时,$\lg K_{ZnY}^{\ominus}=16.5$,则有

$$\lg\alpha_{Y(H)}\leqslant\lg K_{MY}^{\ominus}-8.0=8.5$$

从表 10-8 可得 pH ⩾ 4.0,即滴定 $Zn^{2+}$ 允许的最低 pH 值为 4.0。

若以不同金属离子的 $\lg K_{MY}^{\ominus}$ 值对相应的最低 pH 值作图,即得酸效应曲线(或称 Ringboim 曲线),如图 10-10 所示。

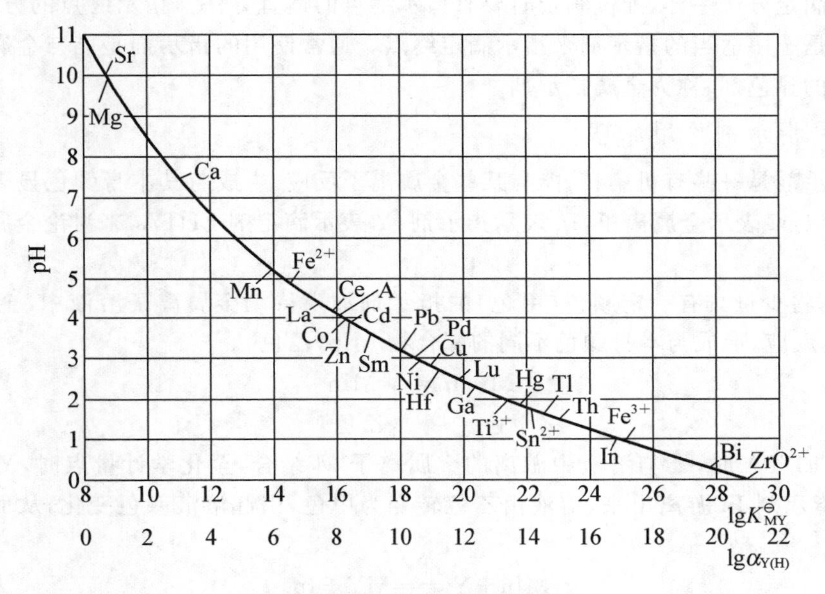


**图 10-10 EDTA 的酸效应曲线**

由图 10-10 酸效应曲线可以迅速查出各离子被滴定时的最低 pH 值,如果小于该值,滴定就不能定量进行。例如,滴定 $Ca^{2+}$ 时 pH 须大于 7.6;滴定 $Mn^{2+}$ 时 pH 必须大于 5.2。

从图 10-10 曲线可以看出,在某 pH 范围内,滴定某种离子时,哪些离子有干扰。例如,在 pH 值为 8 左右滴定 $Ca^{2+}$ 时,位于 $Ca^{2+}$ 上面的离子(如 $Mg^{2+}$)不会有干扰,而位于 $Ca^{2+}$ 下面的离子(如 $Mn^{2+}$ 等)都会有干扰。

由图 10-10 曲线可以看出,利用控制酸度的方法,有可能在同一溶液中连续滴定(测定)几种离子。例如,当一溶液中同时含有 $Bi^{3+}$、$Zn^{2+}$ 及 $Mg^{2+}$,可用 EDTA 在 pH=1.0 时先滴定 $Bi^{3+}$,然后在 pH=5.0~6.0 时连续滴定 $Zn^{2+}$,最后在 pH=10.0~11.0 时滴定 $Mg^{2+}$。

为了能准确滴定被测金属离子,滴定时酸度一般都稍大于所允许的最低 pH 值。但溶液的酸度不能过低,否则金属离子将会发生水解,形成羟基配合物,甚至 $M(OH)_n$ 沉淀,因此,需要考虑滴定时金属离子不水解的最低酸度,可由 $M(OH)_n$ 的溶度积求得。例如,滴定 0.01 mol·dm$^{-3}$ $Zn^{2+}$ 溶液时,为防止滴定开始时形成 $Zn(OH)_2$ 沉淀,必须满足下式:

$$c(OH^-)=\sqrt{\frac{K_{sp}^{\ominus}[Zn(OH)_2]}{c(Zn^{2+})}}=\sqrt{\frac{10^{-15.3}}{1\times10^{-2}}}=10^{-6.7}$$

$$pH=7.3$$

因此,EDTA 滴定浓度为 0.01 mol·$dm^{-3}$ $Zn^{2+}$ 溶液 pH 应控制在 4.0～7.3。

在 EDTA 与金属离子发生配位反应时,会不断释放出 $H^{+}$,使溶液的 pH 值降低,从而降低 $K_{MY}^{\ominus\prime}$。因此,配位滴定中常加入缓冲溶液来控制溶液的酸度。如在 pH＝5～6 时滴定,可选用 HAc-NaAc 缓冲体系;在 pH＝8～10 时滴定,可选用 $NH_3$-$NH_4Cl$ 缓冲体系。一般在 pH＜2 或 pH＞12 的溶液中滴定时,可以直接用强酸或强碱。

### 10.4.2　EDTA 配位滴定的金属指示剂

与其他滴定方法一样,配位滴定时要有指示终点的适宜方法。指示终点的方法有多种,最常用的还是选用适当的指示剂来指示滴定终点。通常使用的指示剂是能与金属离子生成有色配合物的显色剂,称为金属指示剂。

1. 金属指示剂作用原理

金属指示剂是一些有机染料,能与某些金属离子反应,生成与其本身颜色显著不同的配合物。下面以 M 表示金属离子,In 表示指示剂,Y 表示滴定剂 EDTA,来讨论金属指示剂的作用原理。

滴定前,将少量具有一定颜色(甲色)的指示剂加入待测金属离子溶液中,金属离子 M 和指示剂 In 反应,形成与本身颜色不同的配合物 MIn(乙色)。

$$\underset{(\text{甲色})}{M+In} \rightleftharpoons \underset{(\text{乙色})}{MIn}$$

当滴入 EDTA 时,Y 与溶液中游离的金属离子 M 结合,至化学计量点时,Y 夺取 MIn 中的 M,使指示剂 In 游离出来,溶液由乙色转变为甲色,引起溶液颜色变化,从而指示滴定终点。

$$\underset{(\text{乙色})}{MIn+Y} \rightleftharpoons \underset{(\text{甲色})}{MY+In}$$

2. 金属指示剂应具备的条件

从上面有关金属指示剂的作用原理的讨论可以看出,金属指示剂应具备以下条件:

① 金属离子与指示剂形成的配合物 MIn 的颜色应与指示剂本身的颜色有明显的区别。这样的话,滴定终点颜色变化才明显。

② 金属离子与指示剂形成的配合物 MIn 应有足够的稳定性。这样,在金属离子浓度很小时,仍能呈现明显的颜色变化。如果稳定性太差,则在滴定到达化学计量点前,就会显示出指示剂本身的颜色,使终点提前出现,颜色变化也不明显。

③ MIn 的稳定性应略低于 MY 的稳定性。如果 MIn 的稳定性太强,在滴定到达化学计量点附近,Y 不能夺取 MIn 中的 M,在终点时看不到溶液颜色变化,这种现象称为指示剂的封闭现象。例如,滴定 $Mg^{2+}$ 时有少量 $Al^{3+}$、$Fe^{3+}$ 杂质存在,$Al^{3+}$、$Fe^{3+}$ 对铬黑 T 的封闭可加三乙醇胺予以消除。一般要求两者的稳定常数相差在 $10^2$ 以上,即 $\lg K_{MY}^{\ominus\prime}-\lg K_{MIn}^{\ominus\prime}>2$。

④ MIn 应易溶于水,指示剂与金属离子的反应要迅速、灵敏且变色可逆。若 MIn 在水中的溶解度太小,使得 Y 与 MIn 交换反应缓慢,终点拖长,这种现象称为指示剂的僵化。解决的办法是加入有机溶剂或加热,以增大其溶解度。例如用 PAN 作指示剂时,经常加入酒精或在加热下滴定。

⑤ 指示剂应具有一定的选择性和广泛性。在一定条件下，指示剂只对某一种（或几种）离子发生显色反应。同时改变滴定条件，指示剂又能作为其他离子滴定的指示剂。这样就能在连续滴定时避免加入多种指示剂而发生颜色干扰。

⑥ 金属指示剂应性质稳定，便于使用和保存。金属指示剂大多为含双键的有色化合物，易被日光、氧化剂、空气所分解，在水溶液中大多不稳定，日久会变质，这是指示剂的氧化变质现象。若配成固体混合物则较稳定，保存时间较长。例如铬黑 T 和钙指示剂，常用固体 NaCl 或 KCl 作稀释剂来配制。

10－11　知识点延伸：金属指示剂铬黑 T（EBT）介绍

3. 常用金属指示剂

常用的金属指示剂有铬黑 T、二甲酚橙、1－(2－吡啶基偶氮)－2－萘酚(PAN)、酸性铬蓝 K、钙指示剂、磺基水杨酸等，它们的性质和应用条件列于表 10－9 中。

**表 10－9　常用金属指示剂**

| 指示剂 | 使用 pH 范围 | 颜色变化 | | 直接滴定离子 | 指示剂配制方法 | 注意事项 |
|---|---|---|---|---|---|---|
| | | In | MIn | | | |
| 铬黑 T | 7～10 | 蓝 | 酒红 | pH＝10：$Mg^{2+}$、$Zn^{2+}$、$Cd^{2+}$、$Pb^{2+}$、$Mn^{2+}$、稀土 | 1∶100 NaCl（固体） | $Fe^{3+}$、$Al^{3+}$ 等有封闭现象 |
| 二甲酚橙 | <6 | 黄 | 红 | pH<1：$ZrO^{2+}$<br>pH＝1～3：$Bi^{3+}$、$Th^{4+}$<br>pH＝5～6：$Zn^{2+}$、$Pb^{2+}$、$Cd^{2+}$、$Hg^{2+}$、稀土 | 0.5％水溶液 | $Fe^{3+}$、$Al^{3+}$ 等有封闭现象 |
| PAN | 2～12 | 黄 | 红 | pH＝2～3：$Bi^{3+}$、$Th^{4+}$<br>pH＝4～5：$Cu^{2+}$、$Ni^{2+}$ | 0.1％乙醇溶液 | / |
| 酸性铬蓝 K | 8～13 | 蓝 | 红 | pH＝10：$Mg^{2+}$、$Zn^{2+}$<br>pH＝13：$Ca^{2+}$ | 1∶100 NaCl（固体） | / |
| 磺基水杨酸 | / | 无色 | 紫红 | pH＝1.5～3：$Fe^{3+}$（加热） | 2％水溶液 | ssal 本身无色，终点红→黄($FeY^-$) |

## 10.4.3　提高配位选择性的方法

由于 EDTA 具有相当强的配位能力，所以它能与多种金属离子形成配合物，这是它能广泛应用的主要原因。但实际分析对象经常有多种元素同时存在，在滴定时可能产生干扰，故提高配位滴定选择性，是配位滴定中要解决的重要问题。

当溶液中有 M、N 两种金属离子共存时，如不考虑金属离子的羟基配位效应和配位效应等因素，且 $K_{MY}^{\ominus'} > K_{NY}^{\ominus'}$，则要准确选择滴定 M，而又要求共存的 N 不干扰，一般必须满足：

$$\frac{c_0(\mathrm{M})K_{\mathrm{MY}}^{\ominus'}}{c_0(\mathrm{N})K_{\mathrm{NY}}^{\ominus'}} \geqslant 10^5$$

$$\lg K_{\mathrm{MY}}^{\ominus'} - \lg K_{\mathrm{NY}}^{\ominus'} \geqslant \lg c_0(\mathrm{N}) - \lg c_0(\mathrm{M}) + 5 \qquad (10-16)$$

若 $c_0(\mathrm{N}) = c_0(\mathrm{M})$，则有

$$\Delta \lg K^{\ominus'} = \lg K_{MY}^{\ominus'} - \lg K_{NY}^{\ominus'} \geqslant 5 \quad (10-17)$$

通常提高配位滴定选择性的方法有以下几种。

1. 控制溶液酸度进行分步滴定

当溶液中有 M、N 两种金属离子共存时,若 $K_{MY}^{\ominus'} > K_{NY}^{\ominus'}$ 时,加入 EDTA 时,M 将先于 N 被滴定。如果符合式(10-16),在 M 的滴定定量完成之后,EDTA 才与 N 反应,即 M 和 N 可以分别进行滴定。$\Delta \lg K^{\ominus'}$ 越大,进行分别滴定的可能性就越大。例如,当溶液中 $Bi^{3+}$、$Pb^{2+}$ 浓度皆为 0.01 mol·dm$^{-3}$ 时,查表可知,$\lg K_{BiY}^{\ominus} = 27.8$,$\lg K_{PbY}^{\ominus} = 18.3$,则 $\Delta \lg K^{\ominus'} = 27.8 - 18.3 = 9.5 (>5)$,故可以实现 $Bi^{3+}$、$Pb^{2+}$ 的分步滴定。具体方法是:以二甲酚橙为指示剂,在 pH≈1 时,用 EDTA 滴定溶液中的 $Bi^{3+}$;滴定完 $Bi^{3+}$ 后,再加入六次甲基四胺缓冲溶液,调节溶液 pH 至 5～6,继续用 EDTA 滴定溶液中的 $Pb^{2+}$,实现在同一个溶液中既分步又连续地滴定 $Bi^{3+}$ 和 $Pb^{2+}$。

2. 使用掩蔽的方法进行分别滴定

若被测离子 M 与干扰离子 N 的 $\Delta \lg K^{\ominus'}$ 值太小,选择酸度进行分别滴定的方法不再适用。可通过加入一种试剂,使之与干扰离子 N 反应,降低 N 的浓度,从而减小或消除 N 对 M 的干扰,此法叫作掩蔽法。常用的掩蔽方法有配位掩蔽法、氧化还原掩蔽法和沉淀掩蔽法等,以配位掩蔽法用得最多。

10-12 知识点延伸:配位滴定常用的掩蔽方法

3. 选用其他滴定剂

除 EDTA 外,还有其他许多氨羧配位剂,如 DCTA(环己烷二胺四乙酸)、EDTP(乙二胺四丙酸)等。它们与金属离子形成的配合物各有特点,可以根据需要选择不同的配位剂进行滴定,以提高滴定的选择性。例如,DCTA 与 $Al^{3+}$ 的配位速度相当快,用 DCTA 滴定 $Al^{3+}$,可省去加热等步骤(EDTA 滴定 $Al^{3+}$ 要加热),目前已有不少实验室采用 DCTA 测定 $Al^{3+}$。又如 EDTP 与 EDTA 结构相似,金属离子与 EDTP 形成六元环的螯合物,稳定性普遍较 EDTA 形成的螯合物差,但 Cu-EDTP 螯合物仍有相当高的稳定性,因此,控制一定 pH 值,用 EDTP 滴定 $Cu^{2+}$ 时,$Zn^{2+}$、$Cd^{2+}$、$Mn^{2+}$、$Mg^{2+}$ 均不干扰测定,提高了测定选择性。

4. 干扰离子进行预先化学分离

当用前述方法均不能满意地消除干扰时,只能对干扰离子进行预先分离,这是分析化学中排除干扰的重要方法。例如,磷矿石中通常含大量 F 组分,$F^-$ 的存在严重干扰某些离子(如 $Al^{3+}$、$Ca^{2+}$,前者与 $F^-$ 形成稳定的配合物,后者则生成 $CaF_2$ 沉淀)的测定。因此,在配位滴定时,为消除 $F^-$ 造成的干扰,必须首先加酸、加热,使 $F^-$ 转变成 HF 挥发除去。

## 10.5 配位滴定的方式及其应用

### 10.5.1 EDTA 标准溶液的配制与标定

常用的 EDTA 标准溶液的浓度为 0.01～0.05 mol·dm$^{-3}$。由于水和其他试剂中常含有少量金属离子,故 EDTA 标准溶液常用间接法配制。具体方法是先配成接近所需浓度,然后进行标定。长时间贮存 EDTA 溶液,应置于聚乙烯塑料瓶或硬质玻璃瓶中。

用于标定EDTA溶液的基准试剂很多，常用的有纯金属Cu、Zn、Bi以及纯ZnO、CaO、$CaCO_3$、$MgSO_4 \cdot 7H_2O$等试剂。例如，用Zn作基准试剂时可以用铬黑T作指示剂，在$NH_3-NH_4Cl$缓冲溶液(pH≈10)中进行标定；也可用二甲酚橙为指示剂，在六亚甲基四胺缓冲溶液(pH=5～6)中进行标定。

为提高测定的准确度，标定的条件与测定的条件应尽可能相同。在可能的情况下，最好选用被测元素的纯金属或化合物为基准物质，这样可以使误差抵消。

## 10.5.2 滴定方式

1. 直接滴定法

用标准EDTA溶液直接滴定金属离子，要求待测组分与EDTA的配位速率快，并且满足$\lg[c_0(M)K_{MY}^{\ominus'}]\geqslant 6$，在选用的滴定条件下有变色敏锐的指示剂，且待测金属离子不发生其他反应，无封闭现象。直接滴定法迅速方便，一般情况下引入误差较小。大多数金属离子都可以采用EDTA直接滴定。

例如，采用EDTA测定水中$Ca^{2+}$、$Mg^{2+}$含量时，通常在2份等分溶液中分别测定$Ca^{2+}$的量以及$Ca^{2+}$和$Mg^{2+}$的总量，$Mg^{2+}$的量则从两者所用EDTA量的差求得。测定$Ca^{2+}$、$Mg^{2+}$总量时，在$NH_3$-$NH_4Cl$缓冲溶液(pH≈10)中，以铬黑T作指示剂，用EDTA标准溶液直接滴定至溶液由酒红色变为纯蓝色；测定$Ca^{2+}$时，先用NaOH调节溶液到pH=12～13，此时，溶液中的$Mg^{2+}$生成难溶的$Mg(OH)_2$沉淀，再加入少量钙指示剂，用EDTA标准溶液直接滴定至溶液由红色变为纯蓝色。

**【例题10-5】** 取100.0 $cm^3$水样，以铬黑T为指示剂，在pH=10时用0.01060 $mol \cdot dm^{-3}$ EDTA溶液滴定，消耗31.30 $cm^3$。另取100.0 $cm^3$水样，加NaOH使之呈碱性，$Mg^{2+}$成$Mg(OH)_2$沉淀，用EDTA溶液19.20 $cm^3$滴定至钙指示剂变色为终点。计算水的总硬度、钙硬度和镁硬度(以CaOmg · $dm^{-3}$表示)。

**10-13 应用案例：EDTA溶液浓度的标定及天然水总硬度的测定**

2. 返滴定法

当某些被测金属离子与EDTA反应速率慢，或被测离子在滴定的pH条件下发生水解，或直接滴定时无合适的指示剂，或待测离子对指示剂有封闭作用等时，宜采用返滴定法。具体操作是先加入一定量的过量EDTA标准溶液，使待测离子完全配位，过量的EDTA再用其他金属离子的标准溶液进行返滴定。

**10-14 应用案例：返滴定法测定胃舒平片剂中$Al_2O_3$**

例如，硫糖铝(蔗糖硫酸酯的碱式铝盐，是一类抗酸药)中Al含量的测定不能用铬黑T作指示剂。由于$Al^{3+}$与EDTA配位的速率较慢，同时$Al^{3+}$对二甲酚橙等指示剂有封闭作用，故采用返滴定法。即先加入过量的EDTA标准溶液，加热促使配位反应完全，冷却后，以二甲酚橙为指示剂，六亚甲基四胺或$HAc$-$NH_4Ac$为缓冲溶液(pH=5～6)，再用$Cu^{2+}$或$Zn^{2+}$标准溶液返滴定剩余的EDTA。

又如，EDTA测定$Ba^{2+}$时没有变色敏锐的合适指示剂，可加入一定量的过量EDTA标准溶液，与$Ba^{2+}$配位后，用铬黑T作指示剂，再用$Mg^{2+}$标准溶液返滴定剩余的EDTA。

**【例题10-6】** 称取1.032 g氧化铝试样，溶解后移入250 $cm^3$容量瓶中稀释至刻度。吸取25.00 $cm^3$，加入滴定度$T(Al_2O_3/EDTA)=1.505\ mg \cdot cm^{-3}$ EDTA溶液10.00 $cm^3$，以二甲酚橙为指示剂，用$Zn(Ac)_2$标准溶液12.20 $cm^3$滴定至终点。已知20.00 $cm^3$ $Zn(Ac)_2$溶液相当于13.62 $cm^3$ EDTA溶液。计算试

样中 $Al_2O_3$ 的含量。($T$ 为滴定度,是指每毫升标准溶液相当于被测物质 A 的含量,用 $T_{B/A}$ 表示。)

3. 置换滴定法

当溶液中存在干扰离子,或待测金属离子与 EDTA 形成的配合物不够稳定时,可采用置换滴定法。利用置换反应,置换出等物质的量的另一种金属离子或 EDTA,然后用标准溶液进行滴定。

例如,用 EDTA 滴定 $Ca^{2+}$ 时,铬黑 T 在滴定终点显色不灵敏。如果在溶液中加入少量 MgY,则发生下述置换反应:

$$MgY + Ca^{2+} \longrightarrow CaY + Mg^{2+}$$

置换出来的 $Mg^{2+}$ 与铬黑 T 形成酒红色配合物 Mg(EBT)。滴定过程中加入的 EDTA 先与 $Ca^{2+}$ 起反应,达到滴定终点时夺取 Mg(EBT)中的 $Mg^{2+}$,显示出游离铬黑 T 的蓝色。由于滴定前加入的 MgY 和最后生成的 MgY 等量,因而 MgY 的加入不影响滴定结果。

又如,锡青铜(含 $Sn^{4+}$、$Cu^{2+}$、$Pb^{2+}$、$Zn^{2+}$)中 Sn 的测定就是利用置换滴定法。具体做法是,先加入过量 EDTA 使 $Sn^{4+}$ 和干扰离子 $Cu^{2+}$、$Pb^{2+}$、$Zn^{2+}$ 等一起生成 EDTA 配合物,然后用 $Zn^{2+}$ 的标准溶液滴定以除去过量的 EDTA,再加入适量 $NH_4F$,此时溶液中只有 SnY 配合物中的 $Sn^{4+}$ 与 $F^-$ 作用,生成更稳定的 $SnF_6^{2-}$ 配合物,同时释放出 EDTA,最后用 $Zn^{2+}$ 标准溶液滴定释放出来的 EDTA,即可求得锡青铜中 Sn 的含量。

**10-15 应用案例:置换滴定法测定铝合金中铝含量**

4. 间接滴定法

有些金属离子(如 $Li^+$、$Na^+$、$K^+$ 等)与 EDTA 形成的配合物不稳定,有些非金属离子(如 $SO_4^{2-}$、$PO_4^{3-}$)不与 EDTA 配位,则可采用间接滴定法测定其含量。例如,$K^+$ 可通过生成 $K_2NaCo(NO_2)_6 \cdot 6H_2O$ 沉淀,将沉淀过滤溶解后,用 EDTA 滴定 $Co^{2+}$ 来间接求出 $K^+$ 的含量;在测定 $PO_4^{3-}$ 时,可加入一定量的过量 $Bi(NO_3)_3$,使 $PO_4^{3-}$ 生成 $BiPO_4$ 沉淀,再用 EDTA 滴定剩余的 $Bi^{3+}$,间接求出 $PO_4^{3-}$ 含量;也可将 $PO_4^{3-}$ 沉淀为 $MgNH_4PO_4$,将沉淀过滤、溶解后,用 EDTA 滴定沉淀溶解后的 $Mg^{2+}$,间接计算出 $PO_4^{3-}$ 含量。

又如,可用 EDTA 间接滴定法测定硫糖铝中 S 含量。样品加 $HNO_3$ 煮沸,S 则转化为 $SO_4^{2-}$,加入过量的 $NH_3 \cdot H_2O$ 使 $Al^{3+}$ 沉淀,过滤,滤液中准确加入一定量的 $BaCl_2$-$MgCl_2$ 溶液,$SO_4^{2-}$ 成为 $BaSO_4$ 沉淀,对于过量 $BaCl_2$-$MgCl_2$ 溶液,在 $NH_3$-$NH_4Cl$ 缓冲溶液(pH≈10)中以铬黑 T 作指示剂,三乙醇胺为掩蔽剂,用 EDTA 标准溶液回滴至溶液由酒红色变为纯蓝色。

**10-16 应用案例:EDTA 间接配位滴定法测定食用盐中 $SO_4^{2-}$ 含量**

**【例题 10-7】** 为测定硫酸盐中 $SO_4^{2-}$ 含量,称取试样 3.0000 g,溶解后用 250 $cm^3$ 容量瓶稀释至刻度。吸取 25.00 $cm^3$,加入 0.05000 $mol \cdot dm^{-3}$ $BaCl_2$ 溶液 25.00 $cm^3$,过滤后用 0.05000 $mol \cdot dm^{-3}$ EDTA 溶液 17.15 $cm^3$ 滴定剩余的 $Ba^{2+}$。请计算试样中 $SO_4^{2-}$ 的质量分数。

## ►►► 习 题 ◄◄◄

**10-1 是非题**

1. 只有金属离子才能作为配合物的形成体。 ( )
2. 所有配合物由内界和外界两部分组成。 ( )
3. 配体的数目就是中心离子的配位数。 ( )
4. 配离子的几何构型取决于中心离子所采用的杂化轨道类型。 ( )

5. 在多数配合物中，内界的中心离子与配体之间的结合力总是比内界与外界之间的结合力强。因此，配合物溶于水时较容易解离为内界和外界，而较难解离为中心离子和配体。（　　）

6. 配位剂浓度越大，生成配合物的配位数越多。（　　）

7. 酸效应系数越大，配合滴定的 pM 突跃越大。（　　）

8. 配位滴定的直接法，其滴定终点所呈现的颜色是游离金属指示剂和配合物 MY 的颜色。（　　）

9. EDTA 滴定中，溶液的酸度对滴定没有影响。（　　）

10. 金属指示剂和金属形成的配合物不稳定，叫指示剂的僵化。（　　）

11. EDTA 是一个多齿配体，所以能和金属离子生成稳定的环状配合物。（　　）

12. 由于 $Al^{3+}$ 能和 EDTA 生成稳定的配合物，所以 EDTA 可以直接滴定 $Al^{3+}$。（　　）

13. $\alpha_{Y(H)}$ 值随溶液中 pH 值变化而变化，pH 低，则 $\alpha_{Y(H)}$ 值高，对配位滴定有利。（　　）

14. 铬黑 T 指示剂通常在 pH＝10 的缓冲溶液中使用。（　　）

15. EDTA 标准溶液可用纯金属 Zn 作基准物进行标定。（　　）

## 10-2　选择题

1. 下列叙述中错误的是（　　）

A. 配合物是指含有配离子的化合物

B. 配位键通常由配体提供孤对电子，形成体接受孤对电子而成

C. 配合物的内界通常比外界更不易解离

D. 配位键与共价键没有本质区别

2. 某配离子 $[M(CN)_4]^{2-}$ 的中心离子 $M^{2+}$ 以 $(n-1)dnsnp$ 轨道杂化与 $CN^-$ 形成配位键，则有关该配离子的类别、构型正确的是（　　）

A. 内轨型，正四面体形　　B. 外轨型，正四面体形

C. 内轨型，平面正方形　　D. 外轨型，平面正方形

3. AgCl 在 1 mol · $dm^{-3}$ $NH_3 \cdot H_2O$ 中的溶解度比在纯水中大，其原因是（　　）

A. 盐效应　　B. 配位效应　　C. 酸效应　　D. 同离子效应

4. AgI 在下列相同浓度的溶液中，溶解度最大的是（　　）

A. KCN　　B. $Na_2S_2O_3$　　C. KSCN　　D. $NH_3 \cdot H_2O$

5. 25℃时，在 $Ag^+$ 的 $NH_3 \cdot H_2O$ 中，平衡时 $c(NH_3)=2.98\times10^{-4}$ mol · $dm^{-3}$，并认为溶液中 $c(Ag^+)=c\{[Ag(NH_3)_2]^+\}$，忽略 $[Ag(NH_3)]^+$ 的存在。则 $[Ag(NH_3)_2]^+$ 的不稳定常数约为（　　）

A. $2.98\times10^{-4}$　　B. $4.44\times10^{-8}$

C. $8.88\times10^{-8}$　　D. 数据不足，无法计算

6. 在 pH＝5.7 时，EDTA 存在的主要型体为（　　）

A. $H_6Y^{2+}$　　B. $H_3Y^-$　　C. $H_2Y^{2-}$　　D. $Y^{4-}$

7. 在 pH＝1，0.1 mol · $dm^{-3}$ EDTA 介质中，$Fe^{3+}/Fe^{2+}$ 的条件电极电势 $E^{\ominus f}(Fe^{3+}/Fe^{2+})$ 和其标准电极电势 $E^{\ominus}(Fe^{3+}/Fe^{2+})$ 相比（　　）

A. $E^{\ominus f}(Fe^{3+}/Fe^{2+})<E^{\ominus}(Fe^{3+}/Fe^{2+})$　　B. $E^{\ominus f}(Fe^{3+}/Fe^{2+})>E^{\ominus}(Fe^{3+}/Fe^{2+})$

C. $E^{\ominus f}(Fe^{3+}/Fe^{2+})=E^{\ominus}(Fe^{3+}/Fe^{2+})$　　D. 无法比较

8. 下面说法正确的是（　　）

A. pH 值越低，则 $\alpha_{Y(H)}$ 值越高，配合物越稳定　　B. pH 值越高，则 $\alpha_{Y(H)}$ 值越高，配合物越稳定

C. pH 值越高，则 $\alpha_{Y(H)}$ 值越低，配合物越稳定　　D. pH 值越低，则 $\alpha_{Y(H)}$ 值越低，配合物越稳定

9. EDTA 作为滴定剂的有效浓度 $c(Y)$（　　）

A. 随溶液 pH 值的增大而增大　　B. 随溶液的酸度增大而增大

C. 与溶液酸度无关　　D. 等于 EDTA 初始浓度

10. 已知 $K^{\ominus}_{AgY}=2.1\times10^7$，则用 EDTA 能否直接滴定 0.01 mol · $dm^{-3}$ 的 $Ag^+$（　　）

A. 能滴定　　B. 不能滴定　　C. 加热条件下能滴定　　D. 不能确定

11. 金属指示剂的封闭，是因为（　　）

A. 指示剂不稳定　　B. MIn 溶解度小　　C. $K'_{MIn}<K'_{MY}$　　D. $K'_{MIn}>K'_{MY}$

12. 用 EDTA 滴定 $Bi^{3+}$ 时，为了消除 $Fe^{3+}$ 的干扰，常采用的掩蔽剂是（　　）

A. 抗坏血酸　　B. KCN　　C. 草酸　　D. 三乙醇胺

13. 用EDTA测定$Zn^{2+}$、$Al^{3+}$混合溶液中的$Zn^{2+}$，为了消除$Al^{3+}$的干扰可采用的方法是（　）

A. 加入$NH_4F$，配位掩蔽$Al^{3+}$　　B. 加入NaOH，将$Al^{3+}$沉淀除去

C. 加入三乙醇胺，配位掩蔽$Al^{3+}$　　D. 控制溶液的酸度

14. 为了测定水中$Ca^{2+}$、$Mg^{2+}$的含量，可用以消除少量$Fe^{3+}$、$Al^{3+}$干扰的方法是（　）

A. 于pH=10的氨性溶液中直接加入三乙醇胺

B. 于酸性溶液中加入KCN，然后调至pH=10

C. 于酸性溶液中加入三乙醇胺，然后调至pH=10的氨性溶液

D. 加入三乙醇胺时，不需要考虑溶液的酸碱性

15. 欲用EDTA测定样品溶液中的$SO_4^{2-}$，则宜采用（　）

A. 直接滴定法　　B. 返滴定法　　C. 置换滴定法　　D. 间接滴定法

## 10-3　填空题

1. 命名下列配合物，并指出中心离子、配体、配位原子和配位数。

| 配合物 | 名称 | 中心离子 | 配体 | 配位原子 | 配位数 |
|---|---|---|---|---|---|
| $Cu[SiF_6]$ | | | | | |
| $K_3[Cr(CN)_6]$ | | | | | |
| $[Zn(OH)(H_2O)_3]NO_3$ | | | | | |
| $[CoCl_2(NH_3)_3(H_2O)]Cl$ | | | | | |
| $[Cu(NH_3)_4][PtCl_4]$ | | | | | |

2. KCN为剧毒物质，而$K_4[Fe(CN)_6]$分子中的$CN^-$则无毒，这是因为________。

3. EDTA是一种氨羧配位剂，名称________，用符号________表示。配制标准溶液时一般采用EDTA二钠盐，分子式为________。一般情况下水溶液中的EDTA总是以________等型体存在，其中以________与金属离子形成的配合物最稳定。除个别金属离子外，EDTA与金属离子形成配合物时，配位比都是________。

4. 配位滴定曲线中，滴定突跃的大小主要取决于________和________。

5. $K_{MY}^{\ominus\prime}$值是判断配位滴定误差大小的重要依据。在pM′一定时，$K_{MY}^{\ominus\prime}$越大，配位滴定的准确度________。影响$K_{MY}^{\ominus\prime}$的因素有________，其中酸度越高，$\alpha_{Y(H)}$________，$\lg K_{MY}^{\ominus\prime}$________。

6. 配位滴定中，直接滴定法定量滴定的必要条件是________。

7. 配位滴定中使用的金属指示剂与金属离子形成配合物$MI_n$的稳定性应适当。如果$MI_n$的稳定性太差，则滴定终点会________；如果$MI_n$的稳定性太强，会出现指示剂的________，EDTA与$MI_n$反应要迅速，若反应缓慢会出现________现象。

8. 配位滴定法通常可以通过控制溶液的________和利用________来消除干扰。

9. 水的总硬度的测定，是在pH=________的缓冲溶液中，以________为指示剂进行滴定。

10. 欲用EDTA滴定法分析试样中Zn含量，现有基准Cu、ZnO、$CaCO_3$等，宜选用________作为标定EDTA溶液的基准物质，原因是________。

## 10-4　简答题

1. 写出下列配合物的化学式。

(1) 三氯·一氨合铂(Ⅱ)酸钾　　(2) 四氰合镍(Ⅱ)配离子

(3) 五氰·一羰基合铁(Ⅲ)酸钠　　(4) 四异硫氰酸根·二氨合铬(Ⅲ)酸铵

2. 已知$[MnBr_4]^{2-}$和$[Mn(CN)_6]^{3-}$的磁矩分别为5.9和2.8 B. M.，试根据价键理论推测这两种配离子中d电子的分布情况、中心离子的杂化类型以及它们的空间构型。

3. 向含有$[Ag(NH_3)_2]^+$的溶液中分别加入下列物质，则平衡$[Ag(NH_3)_2]^+ \rightleftharpoons Ag^+ + 2NH_3$的移动方向如何？

(1) 稀 $HNO_3$　(2) $NH_3 \cdot H_2O$　(3) $Na_2S$ 溶液

4. 为什么配位滴定一定要控制酸度，如何选择和控制滴定体系的 pH 值？

5. $Ca^{2+}$ 与 PAN 不显色，但在 pH＝10～12 时，加入适量的 CuY，却可以用 PAN 作为滴定 $Ca^{2+}$ 的指示剂，为什么？

## 10－5　计算题

1. 在 $c_0(Al^{3+})=0.010\ mol \cdot dm^{-3}$ 的溶液中，加入 NaF 固体，使游离的 $F^-$ 浓度为 $0.10\ mol \cdot dm^{-3}$。计算溶液中 $c(Al^{3+})$ 和 $c([AlF_6]^{3-})$。($[AlF_6]^{3-}$ 的 $\lg\beta_1 \sim \lg\beta_6$ 为 6.1、11.15、15.0、17.7、19.4、19.7。)

2. 0.1g 固体 AgBr 能否完全溶解于 100 $cm^3$ 1 $mol \cdot dm^{-3}$ $NH_3 \cdot H_2O$ 水中？($[K_f^{\ominus}(Ag(NH_3)_2]^+ = 1.1\times10^7$，$K_{sp}^{\ominus}(AgBr)=5.3\times10^{-13}$。)

3. 将 40 $cm^3$ 0.10 $mol \cdot dm^{-3}$ $AgNO_3$ 溶液和 20 $cm^3$ 6.0 $mol \cdot dm^{-3}$ $NH_3 \cdot H_2O$ 混合并稀释至 100 $cm^3$。试计算：

(1) 平衡时溶液中 $Ag^+$、$[Ag(NH_3)_2]^+$ 和 $NH_3$ 的浓度。

(2) 在混合稀释后的溶液中加入 0.010mol KCl 固体，是否有 AgCl 沉淀产生？

(3) 若要阻止 AgCl 沉淀生成，则应取多少 12.0 $mol \cdot dm^{-3}$ $NH_3 \cdot H_2O$？

($K_f^{\ominus}[Ag(NH_3)_2]^+ = 1.67\times10^7$，$K_{sp}^{\ominus}(AgCl)=1.77\times10^{-10}$。)

4. 一个铜电极浸在含 1 $mol \cdot dm^{-3}$ $[Cu(NH_3)_4]^{2+}$ 的 1 $mol \cdot dm^{-3}$ $NH_3 \cdot H_2O$ 中，一个银电极浸在 1 $mol \cdot dm^{-3}$ $AgNO_3$ 溶液中，求组成电池的电动势。($K_f^{\ominus}([Cu(NH_3)_4]^{2+}) = 2.08\times10^{13}$；$E^{\ominus}(Cu^{2+}/Cu) = 0.337\ V$；$E^{\ominus}(Ag^+/Ag) = 0.799\ V$。)

5. pH＝3.0 时，能否用 EDTA 标准溶液准确滴定 0.010 $mol \cdot dm^{-3}$ 的 $Cu^{2+}$？pH＝5.0 时又怎样？计算滴定 $Cu^{2+}$ 的最低和最高 pH 值。($K_{sp}^{\ominus}[Cu(OH)_2]=2.20\times10^{-20}$。)

6. 用 0.01060 $mol \cdot dm^{-3}$ EDTA 标准溶液滴定水中的 Ca 和 Mg 含量。准确移取 100.0 $cm^3$ 水样，以铬黑 T 为指示剂，在 pH＝10 时滴定，消耗 EDTA 溶液 31.30 $cm^3$；另取一份 100.0 $cm^3$ 水样，加 NaOH 溶液使呈强碱性，用钙指示剂指示终点，消耗 EDTA 溶液 19.20 $cm^3$，计算水中 Ca 和 Mg 的含量(以 mg $CaO \cdot dm^{-3}$ 和 mg $MgCO_3 \cdot dm^{-3}$ 表示)。

7. 称取 0.5000 g 黏土试样，用碱熔后分离除去 $SiO_2$，用容量瓶配成 250 $cm^3$ 溶液。吸取 100.00 $cm^3$，在 pH＝2～2.5 的热溶液中用磺基水杨酸作指示剂，用 0.02000 $mol \cdot dm^{-3}$ EDTA 溶液滴定 $Fe^{3+}$，用去 7.20 $cm^3$。滴完 $Fe^{3+}$ 后的溶液，在 pH＝3 时加入过量 EDTA 溶液，煮沸后再调 pH＝4～6，用 PAN 作指示剂，用 $CuSO_4$ 标准溶液(1 $cm^3$ 含 $CuSO_4 \cdot 5H_2O$ 为 0.005000 g)滴定至溶液呈紫红色。再加入 $NH_4F$，煮沸后用 $CuSO_4$ 标准溶液滴定，用去 25.20 $cm^3$。试计算黏土中含 $Fe_2O_3$ 和 $Al_2O_3$ 的质量分数。

8. 分析含 Cu、Zn、Mg 合金时，称取 0.5000 g 试样，溶解后用容量瓶配成 100.00 $cm^3$ 试样。吸取 25.00 $cm^3$，调至 pH＝6，以 PAN 作指示剂，用 0.05000 $mol \cdot dm^{-3}$ EDTA 标准溶液滴定 $Cu^{2+}$ 和 $Zn^{2+}$，用去 37.30 $cm^3$。另外又吸取 25.00 $cm^3$ 样品溶液，调至 pH＝10，加 KCN，以掩蔽 $Cu^{2+}$ 和 $Zn^{2+}$，消耗同浓度 EDTA 4.10 $cm^3$。然后滴加甲醛以解蔽 $Zn^{2+}$，又消耗 EDTA 溶液 13.40 $cm^3$。计算试样中 Cu、Zn、Mg 的质量分数。

10－17　课后习题解答

# 第 11 章

# 光度分析

# (The Photometric Analysis)

11-1 学习要求

## 11.1 分光光度法的基本原理

### 11.1.1 分光光度法概述

11-2 微课:分光光度法原理

1.分光光度法及其特点

根据被分析物质对光具有选择性吸收的特性而建立起来的分析方法称吸光光度法。它包括比色法(colorimetry)和分光光度法(spectrophotometry)。利用溶液颜色的深浅来测定溶液中有色物质含量的方法称为比色分析法。用分光光度计进行比色分析的方法称为分光光度法。分光光度法主要用于微量分析,与滴定分析法、重量分析法相比,有以下特点:

① 方法灵敏度高。分光光度法最低分析浓度一般可达 $10^{-6}\sim10^{-5}\,mol\cdot dm^{-3}$,相当于含量 $10^{-4}\%\sim10^{-3}\%$。如果对被测组分事先加以富集,灵敏度还可以提高 1~2 个数量级,因此,此法适用于微量组分的测定。

② 准确度较高。其相对误差为 2%~5%,可满足对微量组分测定的要求。

③ 操作简便,测定速度快。在仪器分析中,该方法所使用的仪器比较简单,对实验室要求不高;在分析时一般只经历显色和测定 2 个步骤,操作简便;近年来由于新显色剂和掩蔽剂的不断出现,提高了选择性和灵敏度,一般不需要分离干扰物质就能进行测定。

④ 应用广泛。很多无机离子和有机化合物都可直接或间接地用分光光度法进行测定。

根据光的波长不同，分光光度法又可分为可见分光光度法、紫外分光光度法和红外光谱法等。本章讨论紫外和可见光区的分光光度法。

2. 光的基本性质

光是电磁波，具有波粒二象性，其波长、频率与速率之间的关系为

$$E = h\nu = h\frac{c}{\lambda} \tag{11-1}$$

式中，$E$ 为光子的能量；$h$ 为普朗克常数，其值为 $6.63\times10^{-34}\,\mathrm{J\cdot s}$；$\nu$ 为频率(Hz)；$c$ 为电磁波在真空中的传播速率，为 $2.9979\times10^{10}\,\mathrm{cm\cdot s^{-1}}$；$\lambda$ 为波长(nm)。

将光按波长或频率排列，可得到电磁波谱表(见表 11－1)。其中，波长范围在 200～400 nm的光称为紫外光；波长范围在 400～760 nm 的光称为可见光；波长范围在 0.76～1000 μm 的光称为红外光。根据光的波长不同，能量不同，可建立不同的光分析方法。

表 11－1　电磁波谱表

| 波谱区 | 波长范围 | 波谱区 | 波长范围 |
| --- | --- | --- | --- |
| X 射线 | $10^{-2}$～10 nm | 中红外光 | 2500～50000 nm |
| 远紫外光 | 10～200 nm | 远红外光 | 50～1000 μm |
| 近紫外光 | 200～400 nm | 微波 | 0.1～100 cm |
| 可见光 | 400～760 nm | 无线电 | 1～1000 m |
| 近红外光 | 760～2500 nm | | |

3. 物质的颜色与光的关系

如果将具有不同颜色的各种物体放置在黑暗处，则什么颜色也看不到。一种物质呈现何种颜色，与光的组成和物质本身的结构有关。

可见光是人眼能感觉到的有颜色的光，只具有一种波长的光称为单色光，有两种以上波长组成的光称为复合光。白光就是一种复合光，它是由红、橙、黄、绿、蓝、靛、紫等各种颜色光按一定比例混合而成。如果将两种适当颜色的光按一定比例混合后能得到白光，这两种光称为互补色光，如绿色光与紫色光互补。因此，日光等白光实际上是由一对对互补色光按适当强度比例混合而成。图 11－1 为互补色光示意图，图中处于直线关系的两种光互为补色，例如，黄光和蓝光互补等。

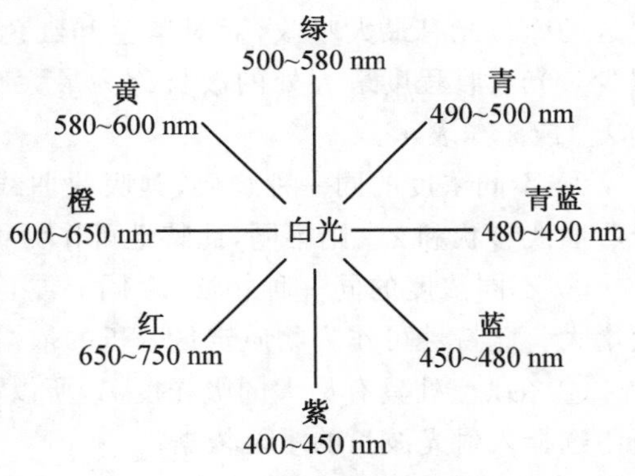


图 11－1　互补色光示意图

对于固体物质而言，当白光照射到物质上时，由于对不同波长的光线吸收、透射、反射、折射的程度不同，而使物质呈现出不同的颜色。如果完全吸收呈黑色，完全反射呈白色，吸收程度差不多则呈灰色。

对溶液来说，溶液呈现不同的颜色，是由于溶液中的质点(分子或离子)选择性地吸收某种颜色的光所引起。当一束白光通过某透明溶液时，如果该溶液对可见光区各波长的光都不吸收，即入射光全部通过溶液，则此溶液为透明无色；当溶液对各种波长的光全部吸收时，

则溶液呈黑色;若某溶液选择性地吸收了某种波长的光,则溶液呈现出被吸收光的互补色光的颜色。例如,当一束白光通过 $KMnO_4$ 溶液时,该溶液选择性地吸收了 500～600 nm 的绿色光,而呈现出其互补色(紫红色),所以高锰酸钾溶液呈紫红色。表 11－2 列出了物质颜色和吸收光颜色之间的关系。

**表 11－2 物质的颜色和吸收光颜色的关系**

| 物质颜色 | 吸收光颜色 | 吸收光波长/nm | 物质颜色 | 吸收光颜色 | 吸收光波长/nm |
|---|---|---|---|---|---|
| 黄绿 | 紫 | 400～450 | 紫 | 黄绿 | 560～580 |
| 黄 | 蓝 | 450～480 | 蓝 | 黄 | 580～600 |
| 橙 | 绿蓝 | 480～490 | 绿蓝 | 橙 | 600～650 |
| 红 | 蓝绿 | 490～500 | 蓝绿 | 红 | 650～760 |
| 紫红 | 绿 | 500～560 | | | |

4. 吸收曲线

任何一种溶液,对不同波长光的吸收程度是不相等的。如果将各种波长的单色光依次通过一定浓度的某一溶液,测量该溶液对各种波长单色光的吸收程度,以波长为横坐标,以吸光度为纵坐标作图可以得到一条曲线,叫作吸收光谱(absorption spectrum)或吸收曲线。它清楚地描述了溶液对不同波长的光的吸收情况。图 11－2 是四种不同浓度 $KMnO_4$ 溶液的吸收曲线,从图可以看出:

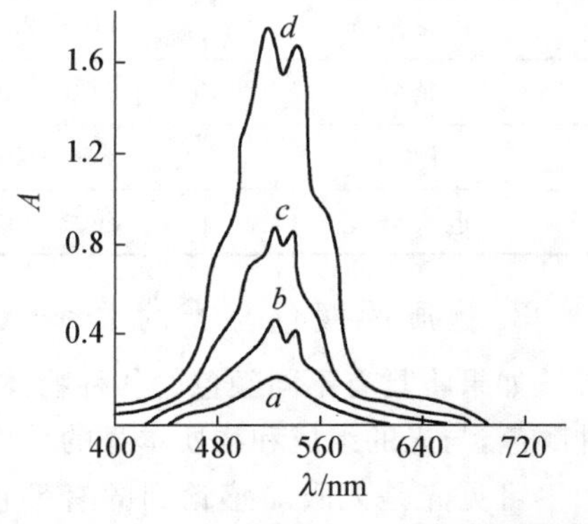


图 11－2 不同浓度 $KMnO_4$ 溶液的吸收曲线(浓度 $d>c>b>a$)

① 在可见光范围内,$KMnO_4$ 溶液对波长 525 nm 附近的绿色光有最大吸收,而对紫色和红色光则吸收很少。光吸收程度最大处的波长称为最大吸收波长,用 $\lambda_{max}$ 或 $\lambda_{最大}$ 表示。

② 不同浓度的同一种物质,其吸收曲线形状相似,$\lambda_{max}$ 不变。但对于不同物质,它们的吸收曲线形状和 $\lambda_{max}$ 则不同,此特性可作为物质定性分析的依据之一。

③ 不同浓度的同一种物质,在同一波长下测得的吸光度 $A$ 不同,$A$ 随溶液浓度的增大而增大。此特性可作为物质定量分析的依据。

④ 在 $\lambda_{max}$ 处具有最大的吸光度 $A$,所以测定最灵敏。因此,吸收曲线中的 $\lambda_{max}$ 是定量分析中选择入射光波长的重要依据。

## 11.1.2 光吸收的基本定律

1. 透射比与吸光度

当一束平行单色光照射到溶液时,光的一部分被吸收,一部分透过溶液,一部分被器皿的表面反射,光的强度就要减弱。一般认为反射光的强度基本上是不变的(约为入射光强度的 4%),其影响可以互相抵消,不予考虑。

如图 11－3 所示,设入射光强度为 $I_0$,透射光强度为 $I_t$,$I_t$ 与 $I_0$ 的比值称为透射比

(transmittance),也称为透光率,用 $T$ 表示。

$$T=\frac{I_t}{I_0} \qquad (11-2)$$

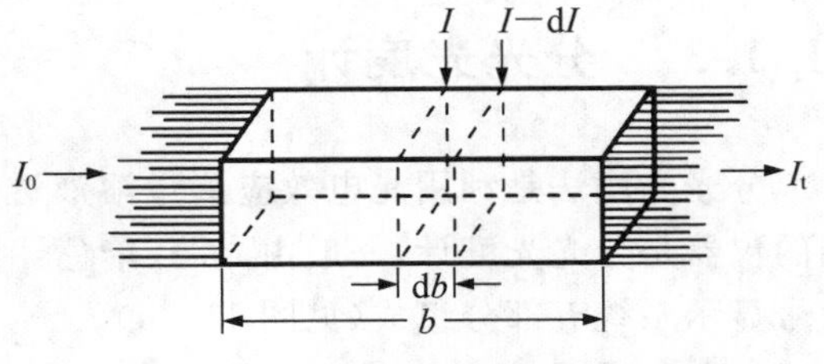


图 11-3　单色光通过溶液的示意图

溶液的透光率越大,透射光越多,说明溶液对光的吸收越小;反之,透光率越小,透射光越少,说明溶液对光的吸收越大。溶液对光的吸收程度还可以用吸光度 $A$ 表示。

$$A=\lg\frac{1}{T}=-\lg T \qquad (11-3)$$

若光全部透过溶液,$I_t=I_0$,$T=100\%$,$A=0$;若光几乎全被吸收,$I_t\approx 0$,$T=0$,$A=\infty$。

2. 朗伯-比尔定律

实践证明,溶液对光的吸收程度与该溶液的浓度 c、液层的厚度 b 以及入射光的强度等因素有关。如果保持入射光的强度不变,则光吸收程度与溶液的浓度和液层的厚度有关。朗伯(Lambert)和比尔(Beer)分别于 1760 年和 1852 年研究了光的吸收与溶液液层的厚度及溶液浓度的定量关系,两者合称为朗伯-比尔定律,它的数学表达式可用下式表示。

$$A=Kbc \qquad (11-4)$$

式中,$A$ 为吸光度;$b$ 为液层厚度;$c$ 为吸光物质的浓度;$K$ 为吸光系数。

朗伯-比尔定律是吸光光度法进行定量分析的理论依据。其物理意义为,当一束平行单色光垂直照射并通过均匀的、非散射的吸光物质的溶液时,溶液的吸光度与吸光物质浓度 $c$ 和液层厚度 $b$ 的乘积成正比。朗伯-比尔定律不仅适用于可见光,也适用于紫外光和红外光;不仅适用于有色溶液,也适用于无色溶液;不仅适用于溶液,也适用于均匀的气体和固体状态的吸光物质。

在含有多种组分的体系中,当一束平行单色光通过此溶液时,溶液的总吸光度等于各组分的吸光度之和,即

$$A=A_1+A_2+A_3+\cdots+A_n=(K_1c_1+K_2c_2+K_3c_3+\cdots+K_nc_n)b \qquad (11-5)$$

这一规律称吸光度的加和性规律。根据这一规律,可以进行多组分的测定。

3. 吸光系数

式(11-4)中的吸光系数 $K$ 反映了物质吸收光的能力。它与入射光的波长、物质的性质、溶液的温度等因素有关,而与溶液的浓度无关。$K$ 的数值随 $c$ 和 $b$ 所用单位不同而不同。当溶液浓度 $c$ 的单位为 $g\cdot dm^{-3}$,液层厚度 $b$ 的单位 cm 时,$K$ 用 $a$ 表示,称为质量吸光系数(mass absorptivity)。其数值等于溶液的浓度为 $1g\cdot dm^{-3}$,液层厚度为 1cm 时溶液的吸光度,其单位为 $dm^3\cdot g^{-1}\cdot cm^{-1}$。此时,朗伯-比尔定律变为

$$A=abc \qquad (11-6)$$

当溶液浓度 $c$ 的单位为 $mol\cdot dm^{-3}$,液层厚度 $b$ 的单位为 cm 时,吸光系数则用 ε 表示,称为摩尔吸光系数(molar absorptivity)。其数值等于溶液的浓度为 $1\ mol\cdot dm^{-3}$,液层厚度为 1cm 时溶液的吸光度,其单位为 $dm^3\cdot mol^{-1}\cdot cm^{-1}$。此时,朗伯-比尔定律为

$$A=\varepsilon bc \qquad (11-7)$$

**【例题 11-1】** 用邻菲罗啉法测定铁,已知显色的样品溶液中 $Fe^{2+}$ 浓度为500 $\mu g\cdot dm^{-3}$,在波长510 nm处用 2 cm 吸收池测得 $A=0.198$。计算摩尔吸光系数。

**【例题 11-2】** 某样品溶液显色后用 2.0 cm 吸收池测定时 $T=50.0\ \%$。若用 1.0 cm 或 5.0 cm 吸收池测定,$T$ 及 $A$ 各为多少?

11-3　例题解答

### 11.1.3　分光光度计

分光光度法是利用光电效应测量溶液透射光的强度，再求出被测物质含量的方法。所用的仪器是分光光度计，一般由光源、单色器(分光系统)、吸收池、检测系统和信号显示系统五部分组成(见图 11-4)。

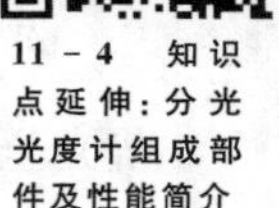

11-4　知识点延伸：分光光度计组成部件及性能简介

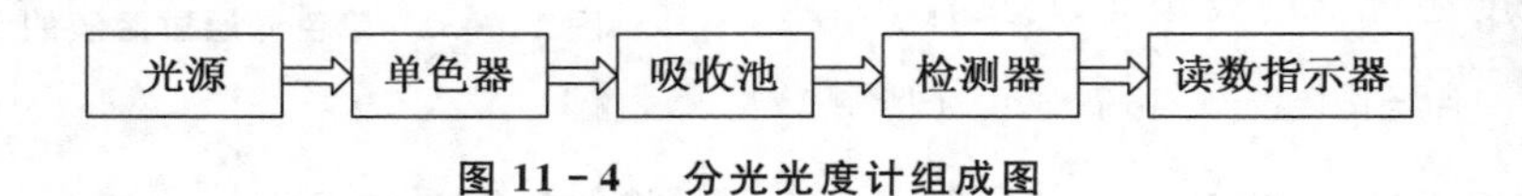


图 11-4　分光光度计组成图

由光源发出的复合光(白光)，经过棱镜或光栅(作为分光器，称为单色器)得到一定波长宽度的近似单色光，单色光通过样品池中的溶液，透射光投射到光电池(光电管)上，把光信号转变为电信号，产生光电流，所产生的光电流与透射光的强度成正比。光电流的大小用灵敏检流计测量，在检流计的读数标尺上可读出相应的透光率或吸光度。

11-5　知识点延伸：常用的分光光度计介绍

分光光度计类型很多，按波长范围可分为可见分光光度计和紫外-可见分光光度计；按光路设计可归纳为单光束、双光束和双波长三种基本类型。

## 11.2　显色反应及其影响因素

11-6　微课：显色反应及其影响因素

对紫外、可见光有吸收的物质可用紫外-可见分光光度计来测定，但可见分光光度计只能用来测定有色物质。在定量分析中最常用的是紫外-可见分光光度法。许多无机离子无色，即使有些金属水合离子有色，但它们的吸光系数很小，在实际工作中用得不多，为提高测定的灵敏度和选择性，一般要进行显色反应。

### 11.2.1　显色反应和显色剂

1. 显色反应

使试样中的被测组分与化学试剂作用生成有色化合物的反应叫显色反应(color reaction)。所用的试剂称显色剂(color reagent)。

$$\text{M(被测组分)} + \text{R(显色剂)} \rightleftharpoons \text{MR(有色化合物)}$$

常见的显色反应主要有配位反应和氧化还原反应两大类，此外，还有离子缔合、重氮化、偶合反应等。配位反应是最常见的显色反应。在分光光度法中，配位显色反应一般应满足如下要求：

① 选择性要好。一种显色剂最好只与一种被测组分起显色反应，这样干扰就少。或者

干扰离子容易被消除；或者显色剂与被测组分和干扰离子生成的有色化合物的吸收峰相隔较远。

② 灵敏度要高。分光光度法一般用于微量组分的测定，故要求该反应的灵敏度要高。摩尔吸光系数 $\varepsilon$ 大的反应，灵敏度高，一般要求 $\varepsilon$ 应有 $10^4 \sim 10^5\ dm^3 \cdot mol^{-1} \cdot cm^{-1}$。但应注意，灵敏度高的显色反应，并不一定选择性就好，对于高含量的组分不一定要选用灵敏度高的显色反应。

③ 对比度要大。在分光光度法中，要求有色配合物与显色剂之间的颜色差别要大，这样显色时的颜色变化鲜明，而且在这种情况下，试剂空白一般较小。通常把两种有色物质的最大吸收波长差值称为对比度 $\Delta\lambda_{max}$。一般要求 $\Delta\lambda_{max}$ 在 60 nm 以上。

④ 生成的有色化合物组成要恒定，化学性质要稳定。有色化合物若易受空气的氧化、日光的照射而分解，会引入测量误差。

⑤ 显色反应的条件要易于控制。如果反应的条件难以控制，则测定结果的再现性差。

例如，新显色剂 2－(5－羧基－1,3,4－三氮唑偶氮)－5－二乙基氨酚(CTZAPN)的结构为

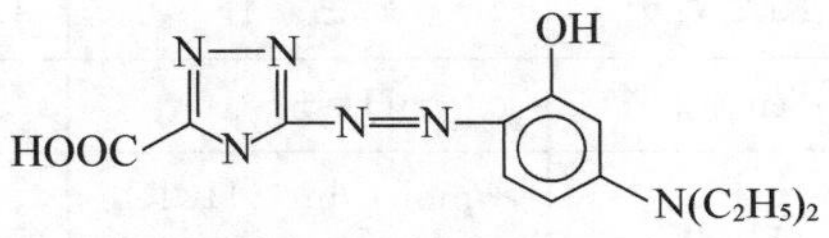

在一定条件下，它能与 Bi(Ⅲ)形成配位比为 2∶1、$K^{\ominus}_{稳} = 1.78 \times 10^{10}$ 的稳定配合物，具有较好的选择性，在 540 nm 处的摩尔吸光系数 $\varepsilon$ 为 $5.13 \times 10^4\ dm^3 \cdot mol^{-1} \cdot cm^{-1}$。该显色剂的最大吸收波长 $\lambda_{max}$ 为 420 nm，而形成的配合物的最大吸收波长 $\lambda_{max}$ 为 540 nm，对比度 $\Delta\lambda_{max} = 120$ nm，Bi(Ⅲ)在 $0 \sim 1.8\ mg \cdot cm^{-3}$ 范围内符合朗伯-比尔定律，因此，可用来测定合金样品中的微量 Bi。

## 2. 显色剂

显色剂是使被测组分显色的试剂，可分为无机显色剂和有机显色剂。许多无机试剂能与金属离子起显色反应。如 $Fe^{3+}$ 与 $SCN^-$ 形成红色的配合物。但是多数无机显色剂的灵敏度和选择性都不高，其中性能较好、有实用价值的有硫氰酸盐、钼酸铵、$NH_3 \cdot H_2O$ 和 $H_2O_2$ 等。常用的无机显色剂见表 11－3。

**表 11－3　常用的无机显色剂**

| 显色剂 | 测定元素 | 显色条件 | 有色化合物组成 | $\lambda_{max}$/nm |
|---|---|---|---|---|
| 硫氢酸盐 | Fe(Ⅲ) | $0.1 \sim 0.8\ mol \cdot dm^{-3}\ HNO_3$ | $[Fe(SCN)_5]^{2-}$ | 480 |
| | Mo(Ⅵ) | $1.5 \sim 2\ mol \cdot dm^{-3}\ H_2SO_4$ | $MoO(SCN)^{5-}$ | 460 |
| | W(Ⅴ) | $1.5 \sim 2\ mol \cdot dm^{-3}\ H_2SO_4$ | $WO(SCN)^{4-}$ | 405 |
| | Nb(Ⅴ) | $3 \sim 4\ mol \cdot dm^{-3}\ HCl$ | $NbO(SCN)^{4-}$ | 420 |
| 钼酸铵 | Si | $0.15 \sim 0.3\ mol \cdot dm^{-3}\ H_2SO_4$ | $H_4SiO_4 \cdot 10MoO_3 \cdot Mo_2O_3$ | 670～820 |
| | P | $0.5\ mol \cdot dm^{-3}\ H_2SO_4$ | $H_3PO_4 \cdot 10MoO_3 \cdot Mo_2O_3$ | 670～830 |
| | V(Ⅴ) | $1\ mol \cdot dm^{-3}\ HNO_3$ | $P_2O_5 \cdot V_2O_5 \cdot 22MoO_3 \cdot nH_2O$ | 420 |
| | W | $4 \sim 6\ mol \cdot dm^{-3}\ HCl$ | $H_3PO_4 \cdot 10WO_3 \cdot W_2O_5$ | 660 |

续 表

| 显色剂 | 测定元素 | 显色条件 | 有色化合物组成 | $\lambda_{max}$/nm |
|---|---|---|---|---|
| $NH_3 \cdot H_2O$ | Cu(Ⅱ) | 浓 $NH_3 \cdot H_2O$ | $Cu(NH_3)_4^{2+}$ | 620 |
| | Co(Ⅲ) | 浓 $NH_3 \cdot H_2O$ | $Co(NH_3)_5^{3+}$ | 500 |
| | Ni | 浓 $NH_3 \cdot H_2O$ | $Ni(NH_3)_6^{2+}$ | 580 |
| $H_2O_2$ | Ti(Ⅳ) | 1～2 $mol \cdot dm^{-3}$ $H_2SO_4$ | $TiO(H_2O_2)^{2+}$ | 420 |
| | V(Ⅴ) | 0.5～3 $mol \cdot dm^{-3}$ $H_2SO_4$ | $VO(H_2O_2)^{3+}$ | 400～450 |
| | Nb | 18 $mol \cdot dm^{-3}$ $H_2SO_4$ | $Nb_2O_3(SO_4)_2 \cdot (H_2O_2)_2$ | 365 |

许多有机试剂在一定条件下能与金属离子生成有色的金属螯合物,因此,有机显色剂的种类和数量大大超过无机显色剂,并且某些性能(特别是反应灵敏度和选择性)优于无机显色剂,是光度分析中应用最多最广的显色剂。常用的有机显色剂见表 11-4。

**表 11-4　常用的有机显色剂**

| 显色剂 | | 测定离子 | 显色条件 | $\lambda_{max}$/nm | $\varepsilon/(dm^3 \cdot mol^{-1} \cdot cm^{-1})$ |
|---|---|---|---|---|---|
| 偶氮类 | PAN | Zn(Ⅱ) | pH=5～10 | 550 | $5.6\times10^4$ |
| | 偶氮胂(Ⅲ) | Th(Ⅳ) | 8 $mol \cdot dm^{-3}$ $HClO_4$ | 660 | $5.1\times10^4$ |
| | | | 8 $mol \cdot dm^{-3}$ HCl | 665 | $1.3\times10^4$ |
| 三苯甲烷类 | 铬天青 S | Al(Ⅲ) | pH=5.0～8.0 | 530 | $5.9\times10^4$ |
| 其他类型 | 磺基水杨酸 | Ti(Ⅳ) | pH=4 | 375 | $1.5\times10^4$ |
| | 丁二酮肟 | Ni(Ⅱ) | pH=8～10 | 470 | $1.3\times10^4$ |
| | 邻二氮菲 | Fe(Ⅱ) | pH=5～6 | 508 | $1.1\times10^4$ |
| | 二苯硫腙 | Pb(Ⅱ) | pH=8～10 | 520 | $6.6\times10^4$ |

合成新的高选择性、高灵敏度的有机显色剂,是光度分析发展和研究的重要内容。近年来,人们合成了许多金属二元配合物的摩尔吸光系数达到甚至超过 $10^5$ 数量级的有机显色剂。这类高灵敏度的有机试剂主要有不对称变色酸双偶氮试剂,如喹啉偶氮、噻唑偶氮、吡啶偶氮、三氮烯偶氮衍生物试剂,卟啉类试剂等。

## 11.2.2　显色反应条件的确定

物质能否灵敏、准确地进行吸光度测定,首先取决于物质本性及显色剂的结构和性质。显色剂确定之后,显色反应的条件则起着决定性的作用。这些条件主要有:显色剂浓度及加入量、溶液酸度、显色温度、显色反应时间、溶剂及共存干扰离子的掩蔽等等。

1. 显色剂的用量

显色反应在一定程度上是可逆的。为使显色反应尽可能完全,一般应加入适当过量的显色剂,当显色剂过量较多时,有时会生成不同配位数的配合物。在这种情况下,就要严格控制显色剂加入量,使标准溶液和样品溶液生成的有色配合物的组成相同。

在拟定新的测定方法时,显色剂和其他试剂的合适浓度和加入量,都必须通过实验确定。其方法是,在固定浓度的样品溶液中,加入不同量的显色剂,在相同条件下,分别测定其吸光度，然后作出吸光度与显色剂浓度的关系曲线，如果随着显色剂用量改变，在某范围内所测得的吸光度不变或变化不大，即可在此范围内确定显色剂的加入量。

显色剂用量对显色反应的影响一般有三种可能出现的情况(见图11－5)。

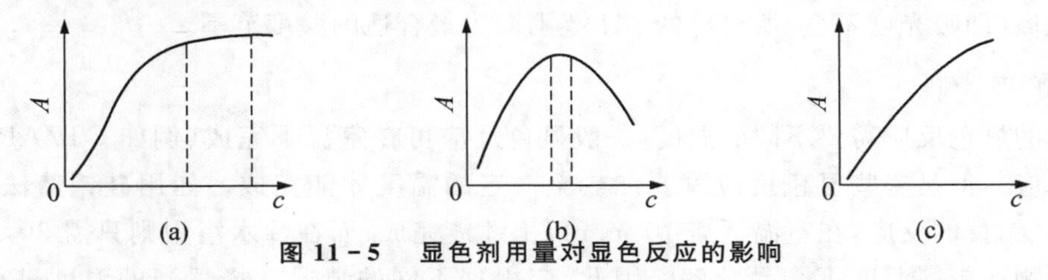


**图11－5　显色剂用量对显色反应的影响**

其中图11－5(a)曲线是比较常见的，开始时随着显色剂浓度的增加，吸光度不断增加，当显色剂浓度达到某一数值时，吸光度不再增加，出现平坦部分，这意味着显色剂浓度已足够。图11－5(b)与图11－5(a)不同的地方是曲线的平坦区域较窄，当显色剂浓度继续增大时，吸光度反而下降。遇此情况，应严格控制显色剂的用量，否则得不到正确的结果。图11－5(c)与前两种情况完全不同，当显色剂的浓度不断增加时，吸光度不断增大。对于这种情况，只有十分严格地控制显色剂的用量，测定才有可能进行。但一般最好不要采用这种显色体系。

2. 溶液的酸度

由于溶液的酸度直接影响着金属离子和显色剂的存在形式以及有色配合物的组成和稳定性。因此，控制溶液酸度，是保证光度分析获得良好结果的重要条件之一。

大部分高价金属离子都容易水解，当溶液的酸度降低时，会产生一系列羟基配离子或多核羟基配离子。高价金属离子的水解像多元弱酸的电离一样，是分级进行的。随着水解的进行，同时还发生各种类型的聚合反应。聚合度随着时间增大，最终将导致沉淀的生成。显然，金属离子的水解对于显色反应的进行是不利的，故溶液的酸度不能太低。

光度分析中所用的显色剂大部分都是有机弱酸，如显色剂CTZAPN(用$H_3R$表示)是一种三元弱酸，存在着各级解离常数。

$$H_3R \xrightarrow[pK_{a_1}^{\ominus}=3.1]{-H} H_2R^- \xrightarrow[pK_{a_2}^{\ominus}=7.5]{-H} HR^{2-} \xrightarrow[pK_{a_3}^{\ominus}=9.6]{-H} R^{3-}$$

因此，溶液的酸度影响着显色剂的解离，并影响着显色反应的完全程度。当然，溶液酸度对显色剂解离程度影响的大小也与显色剂的解离常数有关：$K_a^{\ominus}$大时，允许的酸度较大；$K_a^{\ominus}$小时，允许的酸度就要小些。同时，当溶液酸度改变时，显色剂本身就有颜色变化。例如，CTZAPN在溶液pH＜8.0时呈黄色($\lambda_{max}=420$ nm)，在pH＞8.0时呈紫红色($\lambda_{max}=530$ nm)；而CTZAPN与Bi(Ⅲ)的配合物在pH＞8.0时也呈现紫红色($\lambda_{max}=540$ nm)。因此，CTZAPN只有在pH＜8.0时可作为金属Bi的显色剂。

对于某些逐级形成配合物的显色反应，既要防止被测离子生成沉淀，又需防止有色配合物解离。例如，Fe(Ⅲ)与水杨酸的配合物随介质pH值的不同而变化(见表11－5)。

**表11－5　Fe(Ⅲ)与水杨酸的配合物随介质pH值的变化情况**

| pH范围 | 配合物组成 | 颜色 |
|---|---|---|
| 2～3 | $Fe(C_7H_4O_3)^+$ | 紫红色 |
| 4～7 | $Fe(C_7H_4O_3)_2^-$ | 棕橙色 |
| 8～10 | $Fe(C_7H_4O_3)_3^{3-}$ | 黄色 |
| ＞12 | $Fe(OH)_3$ | 沉淀 |

可见,酸度对显色反应的影响是很大的,因此,某一显色反应的最适宜酸度必须通过实验确定。可以取若干份浓度相同的被测离子溶液,在不同 pH 值的缓冲溶液中进行显色,分别测定其吸光度,以吸光度 $A$ 为纵坐标、pH 值为横坐标作图,$A$-pH 曲线中,$A$ 较大且恒定的平坦区域(即吸光度不变)所对应的 pH 范围即为最合适的酸度范围。

3. 显色温度

不同的显色反应需要不同的温度,一般显色反应可在室温下完成(例如 CTZAPN 与 Bi 的显色反应),但是有些显色反应需要加热至一定的温度才能完成。如用硅钼蓝法测定 Si 时,生成硅钼黄的反应,在室温下需 10 min 以上才能完成;而在沸水浴中则只需 30 s。有些有色配合物在较高温度下容易分解。因此,应根据不同的情况选择适当的温度进行显色。温度对光的吸收及颜色的深浅也有一定的影响,故标样和试样的显色温度应保持一样。合适的显色温度也必须先通过实验确定,作 $A$-$t$ 曲线即可求出。

4. 显色时间及配合物的稳定性

显色反应的速率有快有慢。部分显色反应很快,几乎瞬间即可完成,颜色很快达到稳定状态,并且能保持较长时间。但大多数显色反应速率较慢,需要一定时间,溶液的颜色才能达到稳定程度。有些有色化合物放置一段时间后,由于空气的氧化、试剂的分解或挥发、光的照射等原因,颜色减退。适宜的显色时间和有色溶液稳定程度,也必须通过实验来确定。具体方法是配制一份显色溶液,从加入显色剂开始计算时间,每隔一定时间测定一次吸光度,绘制 $A$-$t$ 曲线,根据曲线来确定适宜的时间。

5. 显色溶剂

有些显色反应产物在水中解离度较大,而在有机溶剂中解离度较小。对于这样一类显色反应,加入与 $H_2O$ 互溶的有机溶剂,会降低有色化合物的解离度,从而提高测定的灵敏度。例如,$[Fe(SCN)]^{2+}$ 的 $K^{\ominus}_{稳}$ 在水中为 200,而在 90% 乙醇中为 $5\times10^4$,可见加入乙醇使 $[Fe(SCN)]^{2+}$ 的稳定性大大提高,颜色也明显加深。

还有一些疏水性的显色反应产物,不易溶于水,但易溶于非极性的有机溶剂中。对于这类显色反应产物,可以选用适当的有机溶剂,将显色反应产物萃取出来,再测定萃取液的吸光度。通过萃取既分离了杂质,提高了方法的选择性,又增加方法的灵敏度。

因此,利用有色化合物在有机溶剂中稳定性好、溶解度大的特点,可以选择合适的有机溶剂,提高显色反应的灵敏度和选择性。

6. 共存干扰离子的影响及消除

共存物干扰显色一般有以下几种情况:① 共存离子本身有颜色,会干扰测定;② 共存物与显色剂生成有色化合物或沉淀;③ 共存物与被测离子或显色剂作用生成稳定的无色配合物,或发生氧化还原反应,使被测离子或显色剂浓度降低而影响测定。

在实际工作中,消除共存离子的方法有以下几种:

① 控制溶液的酸度,使干扰离子不显色。如在用磺基水杨酸作显色剂测定 $Fe^{3+}$ 时,$Cu^{2+}$ 会有干扰,控制溶液的 pH=2.5,就可以消除其干扰。

② 添加掩蔽剂,掩蔽干扰离子。如用 $SCN^-$ 测定 $Co^{2+}$ 时,$Fe^{3+}$ 有干扰,可加入 $NH_4F$,使之生成无色的 $[FeF_6]^{3-}$ 配离子,$Fe^{3+}$ 被掩蔽。

③ 利用氧化还原反应,改变干扰离子的价态。如测 $Ni^{2+}$ 时,$Fe^{2+}$ 有干扰,加入氧化剂,使 $Fe^{2+}$ 氧化为 $Fe^{3+}$,消除其干扰。

④ 利用参比溶液，消除显色剂和干扰离子的干扰。例如，以铬天青S为显色剂测定$Al^{3+}$时，$Ni^{2+}$和$Cr^{3+}$等离子也会显色，如果取一份样品溶液加适量$F^-$将$Al^{3+}$掩蔽，然后按操作方法加入显色剂及其他试剂，以此溶液作参比来测量样品溶液的吸光度时，所测到的就仅仅是$Al^{3+}$配合物的吸收。

⑤ 选择合适的测定波长消除干扰。干扰离子和有色化合物的最大吸收波长不同，就可通过选择合适的入射波长消除干扰。

11-7 应用案例：新显色剂2,5-羧基-1,3,4-三氮唑偶氮-5-二乙氨基酚的合成及其与铋的显色反应

此外，还可采用萃取、沉淀、电解、离子交换等方法分离干扰离子。

要建立一个光度分析方案，必须对以上的各种条件通过实验确定，控制好显色反应的条件，就可消除干扰，提高测定的准确度，而且试样的显色反应条件必须和标样的显色反应条件完全一致，这样才能保证测定的重现性和准确度。

# 11.3 分光光度法的测量方法及其应用

## 11.3.1 分光光度法的灵敏度及表示方法

分光光度法用于微量组分的测定，因此，显色反应的灵敏度是选择、评价方法的重要依据。描述显色反应灵敏度通常可用摩尔吸光系数$\varepsilon$，$\varepsilon$大的显色反应灵敏度高。一般认为，$\varepsilon<10^4\ dm^3\cdot mol^{-1}\cdot cm^{-1}$，则反应的灵敏度不高；$\varepsilon$在$10^4\sim10^5\ dm^3\cdot mol^{-1}\cdot cm^{-1}$时，灵敏度较高；若$\varepsilon>10^5\ dm^3\cdot mol^{-1}\cdot cm^{-1}$，灵敏度高。

桑德尔(Sandell)把显色反应的灵敏度定义为在$\lambda_{max}$下，仪器的检测极限为$A=0.001$时，单位截面光程内所能检测出来的吸光物质的最低含量，称为桑德尔灵敏度，用符号$S$表示，其单位为$\mu g\cdot cm^{-2}$。微量组分测定的结果通常用物质的质量($\mu g$)而不是物质的量(mol)表示，因此，使用$S$更方便。$S$大多在$0.01\sim0.001\ \mu g\cdot cm^{-2}$，$S$越小，方法越灵敏。

$S$与$\varepsilon$的关系可推导如下：

$$A=\varepsilon bc=0.001$$

$$bc=\frac{0.001}{\varepsilon}$$

式中，$c$的单位为$mol\cdot dm^{-3}$；$b$的单位为cm；$\varepsilon$的单位为$dm^3\cdot mol^{-1}\cdot cm^{-1}$，则

$$S=\frac{bc}{1000}M\times10^6=bcM\times10^3=\frac{0.001\times M\times10^3}{\varepsilon}=\frac{M}{\varepsilon} \tag{11-8}$$

**【例题11-3】** CTZAPN测定铋的$\varepsilon$为$5.13\times10^4\ dm^3\cdot mol^{-1}\cdot cm^{-1}$，计算$S$。

## 11.3.2 分光光度法测量误差及测量条件的选择

分光光度法的误差来源主要有两方面：一方面是各种化学因素所引入的误差；另一方面是因仪器精度不够，测量不准所引入的误差。为了使光度分析法具有较高的灵敏度和准确度，除了要注意选择和控制适当的显色反应条件外，还必须注意选择适当的光度测量条件。

1. 溶液偏离朗伯-比尔定律所引起的误差及入射光波长的选择

在定量分析时，当液层厚度相同时，根据朗伯—比尔定律，溶液浓度与吸光度成线性关系，绘制的工作曲线(称标准曲线)应该是通过直角坐标原点的直线。但在实际工作中，特别

是浓度较高时,直线常常发生弯曲(见图 11-6),此现象称为偏离朗伯-比尔定律。如果在弯曲部分进行测量,将会引起较大的误差,因此,在定量分析时,必须在朗伯-比尔定律的适用范围之内。

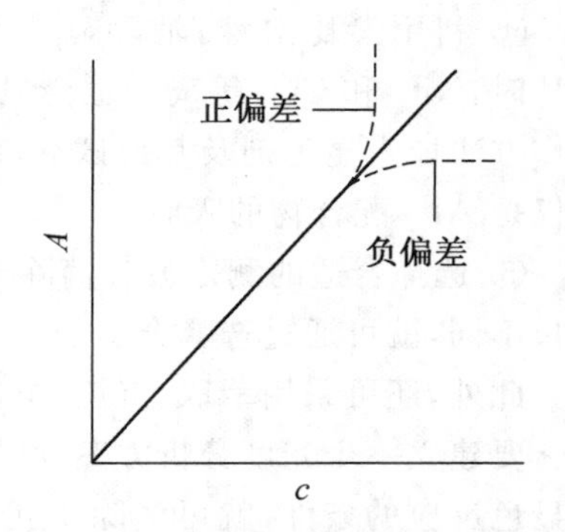


图 11-6 吸光度偏离朗伯-比尔定律

偏离朗伯-比尔定律的因素很多,非单色光是引起偏离的主要影响因素之一。朗伯-比尔定律只对一定波长的单色光才能成立,但实际工作中无法获得纯的单色光,使用的是一定波长范围的非单色光,由于物质对不同波长的光有不同的吸光系数,因此,会引起对朗伯-比尔定律的偏离,这种偏离通常是负偏差。

入射光波长的选择对朗伯-比尔定律偏离也有影响。在定量分析中应选择具有最大吸收时的波长 $\lambda_{max}$ 为宜,称为"最大吸收原则"。因为在最大吸收波长处,不但摩尔吸光系数 $\varepsilon$ 值最大、灵敏度最高,而且吸收光谱在此处有一个较小的平坦区,吸光系数变动很小,因此,偏离程度也较小。

有时在被测组分最大吸收波长处,干扰物质也存在吸收时,就不能选择最大吸收波长为入射光。此时应根据"吸收较大,干扰较小"的原则选择入射光波长。例如,用丁二酮肟光度法测定铜中的 $Ni^{2+}$ 时,丁二酮肟镍的配合物最大吸收波长在 470 nm 左右。试样中 $Fe^{3+}$ 用酒石酸钾钠掩蔽后,在 470 nm 处亦有吸收,影响了测定。但当波长大于 500 nm 后,酒石酸铁的干扰就比较小了。因此,一般可在波长 520 nm 处进行测定。虽然丁二酮肟镍的吸光度有所降低,但干扰很小。否则要先分离 $Fe^{3+}$ 后才能进行测定,操作很麻烦。

此外,介质不均匀性(呈胶体、乳浊、悬浮状态存在)、溶液中的化学反应(解离、缔合、形成新的化合物或在光照射下发生互变异构等)、溶液浓度过高都会引起对朗伯-比尔定律偏离而引入测定误差。因此,在定量分析时,溶液要完全溶解均匀;要控制溶液条件,使被测组分以一种形式存在,克服化学反应对朗伯-比尔定律的偏离;并且,朗伯-比尔定律在低浓度时是有效的,浓度应控制在朗伯-比尔定律适用范围内,一般控制在 0.1 mol·dm$^{-3}$ 或更低。

2. 读数误差及吸光度读数范围的选择

分光光度计的仪器测量误差主要来自读数误差。光度计的读数标尺上透光率 $T$ 的刻度是均匀的,对于给定的分光光度计,其透光率读数误差 $\Delta T$ 是一定的[一般为±(0.2%~2%)]。由于透光率与浓度的非线性关系,在不同的透光率读数范围内,同样大小的读数误差 $\Delta T$ 所产生的浓度误差 $\Delta c$ 是不同的。根据朗伯-比尔定律

$$A=\lg\frac{I_0}{I_t}=-\lg T=\varepsilon bc$$

将上式微分

$$-\mathrm{d}\lg T=-\frac{0.434}{T}\mathrm{d}T=\varepsilon b\mathrm{d}c$$

上述两式相除得

$$\frac{\mathrm{d}c}{c}=\frac{0.434}{T\lg T}\mathrm{d}T$$

以有限值表示可得

$$\frac{\Delta c}{c}=\frac{0.434}{T\lg T}\Delta T \tag{11-9}$$

式中,$\frac{\Delta c}{c}$ 表示浓度测量值的相对误差 $E_r$。式(11-9)表明,浓度的相对误差不仅与仪器的透光率读数误差 $\Delta T$ 有关,而且与其透光率 $T$ 有关。假设仪器的 $\Delta T=\pm$ 0.5%,则可绘出溶

液浓度相对误差 $E_r$(只考虑正值时)与其透光率 $T$ 的关系曲线,如图 11－7 所示。

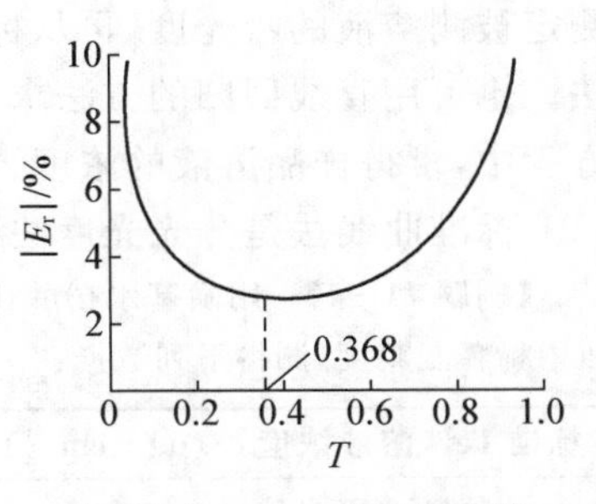


图 11－7　$E_r-T$ 关系曲线

由图 11－7 可知浓度的相对误差与透光率读数的关系。假设仪器的 $\Delta T=\pm\ 0.5\%$时,透光率 $T=0.368$(相应的吸光度 $A=0.434$)时,浓度测量的相对误差最小。当 $T$ 落在 15%～70%(吸光度 $A=0.15\sim0.80$)范围内,浓度测量的相对误差较小。因此,普通分光光度法不适用于高含量或极低含量组分的测定。

由上可知,在定量分析时,要创造条件使测定值在适宜的吸光度范围内进行。吸光度读数过高或过低,浓度测量的相对误差都将增大。实际工作中应参照仪器说明书,具体问题具体分析,通常采取的措施是控制待测溶液的浓度(如浓溶液稀释)和选择合适厚度的吸收池。

3. 参比溶液的选择

在实际工作中是以通过参比溶液的光强度作为入射光强度。这样所测得的吸光度能够比较真实地反映被测组分的浓度。参比溶液的作用是非常重要的,其选择是光度测定的重要操作条件之一。选择参比溶液的总原则是使样品溶液的吸光度能真正反映待测物的浓度,参比溶液的选择一般可按以下原则进行:

① 溶剂空白。当试样、试剂、显色剂均无色时,可用纯溶剂(或蒸馏水)作参比溶液。例如,用过 $(NH_4)_2S_2O_8$ 氧化 $Mn^{2+}$ 为 $MnO_4^-$ 来测定铝合金中的 $Mn^{2+}$ 时,因样品溶液和显色剂都是无色的,所以可用 $H_2O$ 作参比溶液。

② 试样空白。试剂和显色剂均无色,而样品溶液中其他离子有色时,应采用不加显色剂的样品溶液作参比溶液。例如,用硫氰酸盐法测定合金钢中的 Mo 时,常在操作步骤中不加硫氰酸盐而其他操作都相同所得的溶液作参比溶液,这样可以消除 $Cr^{3+}$ 、$Ni^{2+}$ 、$Cu^{2+}$ 等有色离子的影响。

③ 试剂空白。试样无色,试剂和显色剂有颜色时,采用不加试样的空白溶液作参比溶液。

④ 褪色空白。当试样、试剂、显色剂均有色时,可在一份试样中加入适当掩蔽剂,将被测组分掩蔽起来,使之不再与显色剂作用,然后把显色剂、掩蔽剂、试剂均按操作步骤加入,以此作参比溶液,这样可以消除一些共存组分的干扰。例如,用变色酸光度法测定钢中的 Ti,往往在显色后,倒出一部分显色的有色溶液作为被测溶液,在另一部分已显色的有色溶液中滴加 $NH_4F$ 溶液,使钛-变色酸配合物的颜色褪去,以此作为参比溶液。

## 11.3.3　分光光度法的测定方法

在选定波长下,对吸收待测组分的试样,一般可采用分光光度法进行定量分析。常用的方法有标准曲线法、标准对照法、吸收系数法。

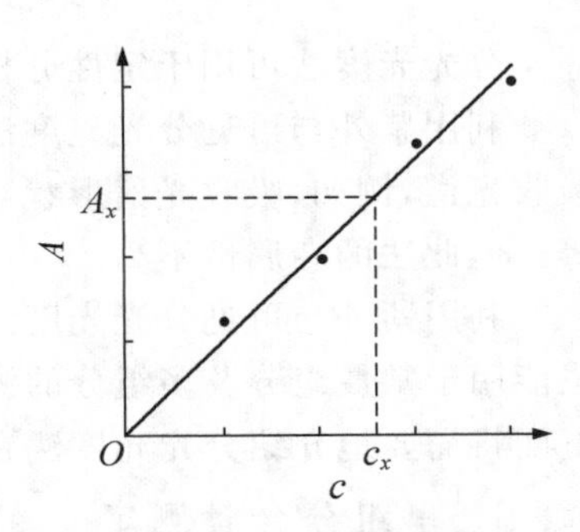


图 11－8　标准曲线法

1. 标准曲线法

该方法是先配制一系列浓度不同的标准溶液,用选定的显色剂进行显色,在一定波长下分别测定它们的吸光度 $A$。以 $A$ 为纵坐标、浓度 $c$ 为横坐标绘制曲线,称为标准曲线(或称工作曲线),如图 11－8 所示。然后用相同的方法和步骤测定被测溶液的吸光度，再从标准曲线上找出对应的被测溶液浓度或含量，这就是标准曲线法。也可用直线回归的方法求出回归的直线方程，再将样品溶液所测得的吸光度代入回归方程中，求得样品溶液的浓度。

标准曲线法是分光光度法中最经典的定量方法，此法尤其适用于单色光不纯的仪器。

**【例题 11-4】** 用磺基水杨酸比色法测定铁的含量，加入标准 $Fe^{3+}$ 溶液及有关试剂后，在 50 $cm^3$ 容量瓶中稀释至刻度，测得下列数据：

| 标准 $Fe^{3+}$ 溶液浓度 $c/(\mu g \cdot cm^{-3})$ | 2.0 | 4.0 | 6.0 | 8.0 | 10.0 | 12.0 |
|---|---|---|---|---|---|---|
| 吸光度 $A$ | 0.097 | 0.200 | 0.304 | 0.408 | 0.510 | 0.613 |

在相同条件下测得试样的吸光度为 0.413，求样品溶液中铁的含量。

2. 标准对照法

该方法是将样品溶液和某个浓度标准溶液在相同条件进行显色、定容，分别测定它们的吸光度，再按下式计算被测溶液的浓度。

$$c_{样} = \frac{A_{样} c_{标}}{A_{标}} \tag{11-10}$$

标准对照法只需一份标准溶液即可计算出样品溶液的浓度，简单方便。

**【例题 11-5】** 用分光光度法测定试样土壤中磷的含量。已知一种土壤含 $P_2O_5$ 0.40 %，其溶液显色后的吸光度为 0.320。现测得未知样品溶液吸光度为 0.200，求该土壤样品中 $P_2O_5$ 的质量分数。

3. 吸收系数法

该方法是将样品溶液进行显色、定容后测定它的吸光度，再按下式计算被测溶液的浓度。

$$c_{样} = \frac{A_{样}}{\varepsilon b} \tag{11-11}$$

式中，$\varepsilon$ 是被测物质的吸光系数，可通过文献查到。此法在有机化合物的紫外分光光度法中应用较广，尤其适用于无标准品可供比较的情况。

**【例题 11-6】** 已知维生素 $B_{12}$ 的水溶液在 361 nm 处的质量吸光系数为 20.7 $dm^3 \cdot g^{-1} \cdot cm^{-1}$。取维生素 $B_{12}$ 样品 25.0 mg，用水溶解并定容至 1000 $cm^3$ 后，用 1 cm 的比色皿在 361 nm 波长处测得吸收度 $A$ 为 0.507，问该维生素 $B_{12}$ 样品的含量是多少？

当被测组分含量高时，常常偏离朗伯一比尔定律。即使不偏离，由于吸光度太大，也超出了准确读数的范围，分析误差较大。因此，当被测组分含量高时，通常采用示差法。

11-8 知识拓展：示差法

### 11.3.4 分光光度法的应用实例

分光光度法可用于定性分析及定量分析。

利用紫外与可见分光光度法对化合物进行定性鉴别的主要依据是多数化合物具有特征吸收光谱，例如，吸收光谱形状，吸收峰数目，各吸收峰的波长位置、强度和相应的吸光系数等。但此法的专属性不高。

利用紫外与可见分光光度法对化合物进行定量分析，除了广泛地用于测定微量成分外，也能用于常量组分及多组分的测定，同时，还可以用于研究化学平衡、配合物组成的测定等。下面将简要地介绍分光光度法在定量分析方面的应用。

1. 单组分含量测定

对于在选定波长下只有吸收待测单一组分的试样，可通过测定吸光度 $A$，采用上述三种方法测量含量。由于同一组分可用多种显色剂使其显色，因此，可以采用多种方法进行测定。如 $Fe^{3+}$ 的测定有邻菲罗啉法、磺基水杨酸法和硫代氰酸盐法等。不同方法测定的条件、灵敏度、选择性不同，应根据实际情况选择一种合适的方法。

11－9　应用案例：盐酸氯丙嗪片的检验和含量测定

2. 多组分含量测定

多组分是指被测溶液中含有两个或两个以上的吸光组分。进行多组分混合物定量分析的依据是吸光度具有加和性的特点。如试样中含 X、Y 两组分，可根据各组分的吸收光谱之间的关系进行多组分测定。

(1)吸收光谱互不重叠

如试样中含 X、Y 两组分，在一定条件下将它们转化为有色配合物，在某一波长 $\lambda_1$ 时 X 组分有吸收而 Y 组分不吸收，在另一波长 $\lambda_2$ 时 Y 组分有吸收而 X 组分不吸收，如图 11－9 所示。两组分互不干扰，可不经分离分别在 $\lambda_1$ 和 $\lambda_2$ 处测量溶液的吸光度，并计算得 X、Y 两组分的含量。

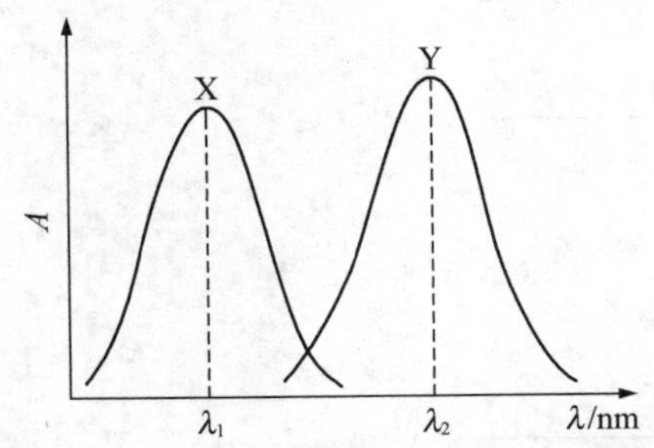


**图 11－9　X、Y 两组分吸收光谱互不重叠**

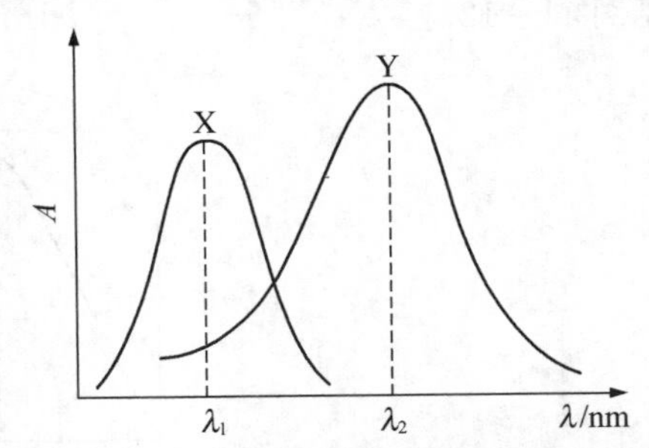


**图 11－10　X、Y 两组分吸收光谱单向重叠**

(2)吸收光谱单向重叠

图 11－10 所示为吸收光谱的单向重叠，即在 $\lambda_1$ 时 Y 组分明显地与 X 组分同时有吸收，而在 $\lambda_2$ 时 X 组分不吸收，它不干扰 Y 组分的测定。因此，Y 组分可在 $\lambda_2$ 处测得吸光度，从而求出 Y 组分的浓度。但是，在 $\lambda_1$ 处测得的吸光度则是 X 和 Y 的总吸光度 $A_{\lambda_1}^{X+Y}$。因此，必须先测得 Y 组分的纯样在 $\lambda_1$ 处的摩尔吸光系数，并根据已测得的混合物中 Y 组分的浓度计算出 Y 组分在 $\lambda_1$ 的吸光度 $A_{\lambda_1}^{Y}$，则组分 X 的浓度就可从下式中求得。

$$A_{\lambda_1}^{X+Y}-A_{\lambda_1}^{Y}=\varepsilon_{\lambda_1}^{X}bc_X \qquad (11-12)$$

(3)吸收光谱双向重叠

如果吸收光谱为双向重叠，即在 $\lambda_1$ 和 $\lambda_2$ 处 X 组分和 Y 组分都有吸收(见图 11－11)。图中 X 和 Y 为各组分单独存在时的吸收光谱，而 X＋Y 为两个组分混合时的吸收光谱。根据吸光度的加和性，混合物的吸光度为各组分吸光度之和的原则，可在 $\lambda_1$ 和 $\lambda_2$ 处分别测得混合物的 $A_{\lambda_1}^{X+Y}$ 及 $A_{\lambda_2}^{X+Y}$。从下列关系可求出 X 组分和 Y 组分的浓度。

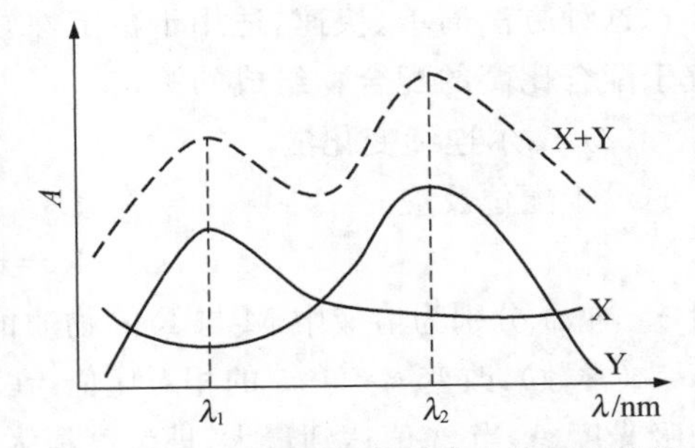


**图 11－11　X、Y 两组分吸收光谱双向重叠**

$$A_{\lambda_1}^{X+Y}=A_{\lambda_1}^{X}+A_{\lambda_1}^{Y}=\varepsilon_{\lambda_1}^{X}bc_X+\varepsilon_{\lambda_1}^{Y}bc_Y \qquad (11-13)$$

$$A_{\lambda_2}^{X+Y}=A_{\lambda_2}^{X}+A_{\lambda_2}^{Y}=\varepsilon_{\lambda_2}^{X}bc_X+\varepsilon_{\lambda_2}^{Y}bc_Y \qquad (11-14)$$

式中不同的 ε 可由 X、Y 组分的纯物质分别在 $\lambda_1$ 和 $\lambda_2$ 处测定求得。

**【例题 11－7】**　设有 X 和 Y 两种组分的混合物，X 组分在波长 $\lambda_1$ 和 $\lambda_2$ 处的摩尔吸光系数分别为 $1.98\times10^3$ $dm^3\cdot mo^{-1}\cdot cm^{-1}$ 和 $2.80\times10^4$ $dm^3\cdot mol^{-1}\cdot cm^{-1}$，Y 组分在波长 $\lambda_1$ 和 $\lambda_2$ 处的摩尔吸光系数分

别为 $2.04\times10^4\ dm^3\cdot mol^{-1}\cdot cm^{-1}$ 和 $3.13\times10^2\ dm^3\cdot mol^{-1}\cdot cm^{-1}$。液层厚度相同($b=2$ cm),混合物在波长 $\lambda_1$ 处测得总吸光度为 0.301,在波长 $\lambda_2$ 处为 0.398。求算 X 和 Y 两种组分的浓度是多少?

11－10 应用案例:分光光度法测定混合溶液中 $Co^{2+}$ 和 $Cr^{3+}$ 的含量

3. 配合物组成的测定

分光光度法可用于研究配合物的组成。测定配合物组成最常用的方法有两种。

(1)摩尔比法(饱和法)

摩尔比法是根据在配位反应中金属离子 M 被显色剂 R(或相反)所饱和的原则来测定配合物的组成。设配位反应为:

$$M+nR \rightleftharpoons MR_n$$

通过固定其中一种组分的浓度,逐渐改变另一种组分的浓度,在选定条件和波长下,测定溶液的吸光度。一般是固定金属离子 M 的浓度,改变配位剂 R 的浓度,将所得吸光度对 $c_R/c_M$ 作图(见图 11－12)。

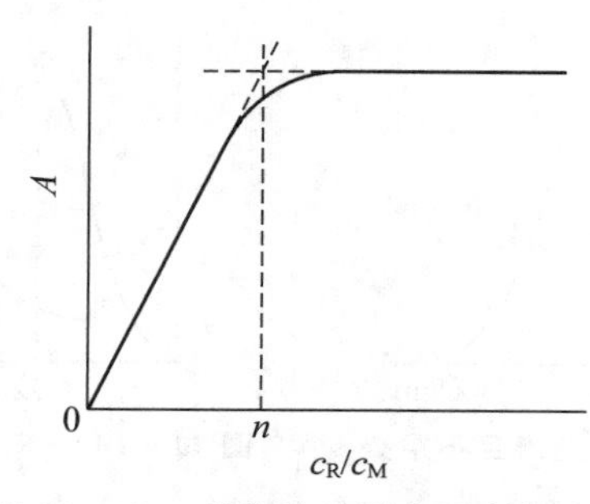


**图 11－12 摩尔比法测定配合物组成**

当配位剂的量较小时,金属离子没有完全配合。随着配合剂量的逐渐增加,生成的配合物便不断增多。当金属离子被配合后,配合剂的量再增多,吸光度也不会增大。图 11－12 中曲线转折点不敏锐,是由于配合物解离所造成的,配合物稳定常数越小,这种偏离会越大。因而图11－12中运用外推法得一交点,从交点向横坐标作垂线,对应的 $c_R/c_M$ 比值就是配合物的配合比 $n$。

这种方法简单、快速,适用于稳定性好、解离度小的配合物的测定,尤其适宜于配合比高的配合物组成的测定。

11－11 应用案例:邻二氮菲光度法测定铁及其配合物的组成

(2) 摩尔连续变化法

对于配位反应

$$M+nR \rightleftharpoons MR_n$$

设 $c_M$ 与 $c_R$ 分别为溶液中 M 与 R 的物质的量浓度,配制一系列溶液,保持 $c_M+c_R=c$(常数),改变 $c_M$ 与 $c_R$ 的相对比值,在 $MR_n$ 的最大吸收波长下,测定各溶液的吸光度 $A$,当 $A$ 值达到最大,即浓度最大时,该溶液中$c_M/c_R$比值即为配合物的组成比。若以吸光度 $A$ 为纵坐标、$c_M/c$ 比值为横坐标作图,即绘出连续变化法曲线(见图 11－13),由两曲线外推的交点所对应的 $c_M/c$ 值,即可求出配合物的组成 M 与 R 之比。

图中最大吸光度所对应的 $c_M/c=0.33$,即 $c_M/c_R=0.33/0.67$,表明配合物组成比为$n_M:n_R=1:2$。

本法适用于溶液中只形成一种解离度小、配合比低的配合物组成的测定。

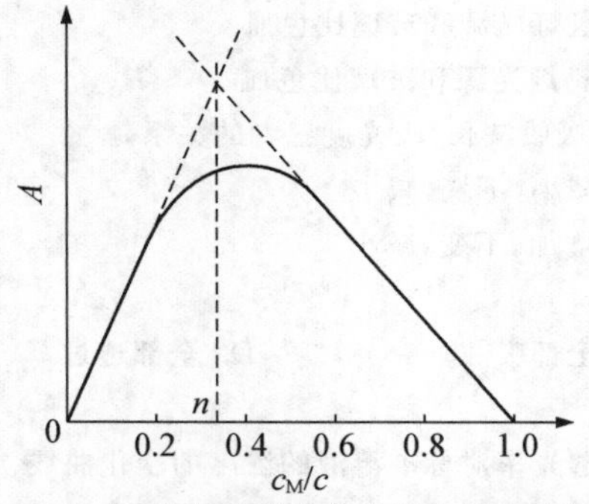


**图 11-13　摩尔连续变化法测定配合物组成**

**11-12　应用案例:瓜环包结配合物的包结比测定**

## 习　题

### 11-1　是非题

1. 物质的颜色是由于选择性地吸收了白光中的某些波长的光所致,维生素 $B_{12}$ 溶液呈现黄色是由于它吸收了白光中的红色光。（　　）

2. 符合朗伯-比尔定律的某有色溶液的浓度越低,其透光率越小。（　　）

3. 在分光光度法中,摩尔吸光系数的值随入射光波长的增加而减小。（　　）

4. 进行分光光度法测定时,必须选择最大吸收波长的光作入射光。（　　）

5. 分光光度法中所用的参比溶液总是不含被测物质和显色剂的空白溶液。（　　）

6. 吸光度由 0.434 增大到 0.514 时,则透光率 $T$ 也相应增大。（　　）

7. 不同浓度的 $KMnO_4$ 溶液,它们的最大吸收波长也不同。（　　）

8. 朗伯-比尔定在低浓度时是有效的,浓度应控制在一定范围内。（　　）

9. 透光率、吸光度都具有加和性。（　　）

10. 如果试样中含 X,Y 两组分,且吸收光谱为双向重叠,不能用分光光度法加以测定。（　　）

### 11-2　选择题

1. 朗伯-比尔定律表明,当一束单色光通过均匀有色溶液中,有色溶液的吸光度正比于（　　）

A. 溶液温度　　B. 溶液酸度

C. 液层厚度　　D. 溶液浓度和液层厚度的乘积

2. 符合朗伯-比尔定律的有色溶液稀释时,其最大吸收峰的波长位置（　　）

A. 向长波方向移动　　B. 向短波方向移动

C. 不移动,但高峰值降低　　D. 不移动,但高峰值增大

3. 用新亚铜灵光度法测定试样中 Cu 含量时,50.00 $cm^3$ 溶液中含 25.5 $\mu g$ $Cu^{2+}$。在一定波长下用 2.00 cm比色皿测得透光率为 50.5 %。已知 $M(Cu)=63.55\ g\cdot mol^{-1}$。那么,铜配合物的摩尔吸光系数(单位为 $m^3\cdot mol^{-1}\cdot cm^{-1}$)为（　　）

A. $2.9\times10^4$　　B. $3.8\times10^4$　　C. $9.5\times10^4$　　D. $1.85\times10^4$

4. 当某有色溶液用 1 cm 吸收池测得其透光率为 $T$,若改用 2 cm 吸收池,则透光率应为（　　）

A. $2T$　　B. $2\lg T$　　C. $T^{1/2}$　　D. $T^2$

5. 已知溴百里酚蓝水溶液在一定波长下的摩尔吸光系数为 $\varepsilon=1.0\times10^4\ dm^3\cdot mol^{-1}\cdot cm^{-1}$,若测量溴百里酚蓝水溶液的吸光度时,使用 2 cm 比色皿、要求吸光度为 0.2～0.8,那么,应使溴百里酚蓝的浓度范围为（　　）

A. $1.0\times10^{-5}\sim4.0\times10^{-5}\ mol\cdot dm^{-3}$　　B. $3.0\times10^{-6}\sim6.0\times10^{-6}\ mol\cdot dm^{-3}$

C. $2.0\times10^{-5}\sim4.0\times10^{-5}\ mol\cdot dm^{-3}$　　D. $1.0\times10^{-6}\sim3.0\times10^{-6}\ mol\cdot dm^{-3}$

6. 分析有机物时,常用紫外分光光度计,应选用哪种光源和比色皿（　　）

A. 钨灯光源和石英比色皿　　B. 氢灯光源和玻璃比色皿

C. 氢灯光源和石英比色皿　　D. 钨灯光源和玻璃比色皿

7. 在符合朗伯-比尔定律的范围内,有色物的浓度、最大吸收波长、吸光度三者的关系是　(　　)

A. 增加,增加,增加　　B. 减小,不变,减小

C. 减小,增加,增加　　D. 增加,不变,减小

8. 纯水呈无色透明状态,是因为它对白光　(　　)

A. 全部反射　　B. 全部折射　　C. 全部吸收　　D. 全部透过

9. 分光光度分析中所作的标准曲线是指　(　　)

A. 吸光度对入射波长的变化曲线　　B. 透光率对标准溶液的浓度的变化曲线

C. 标准溶液浓度对入射波长的变化曲线　　D. 吸光度对标准溶液的浓度的变化曲线

10. 摩尔吸光系数是指　(　　)

A. 浓度为 1 $g \cdot dm^{-3}$ 溶液的吸光度　　B. 溶液浓度为 1 $mol \cdot dm^{-3}$ 时的吸光度

C. 浓度为 1 $mol \cdot dm^{-3}$ 时单位厚度溶液的吸光度　　D. 吸光度为 1 时的吸光系数

11. 有两种不同有色溶液均符合朗伯-比尔定律,测定时若比色皿厚度,入射光强度,溶液浓度都相等,以下哪种说法正确　(　　)

A. 透射光强度相等　　B. 吸光度相等　　C. 吸光系数相等　　D. 以上说法都不对

12. 比色分析中,当样品溶液有色而显色剂无色时,应选用下列何种试剂作参比溶液　(　　)

A. 溶剂空白　　B. 试剂空白　　C. 试样空白　　D. 掩蔽褪色参比

13. 可见光的波长范围是　(　　)

A. 760～1000 nm　　B. 400～760 nm　　C. 200～400 nm　　D. 200～760 nm

14. 某物质的吸光系数与下列哪个因素无关　(　　)

A. 溶液浓度　　B. 测定波长　　C. 溶液种类　　D. 物质结构

15. 在吸光光谱曲线上,如果其他条件不变,只增加溶液浓度,列入 max 的位置和峰的高度将　(　　)

A. 峰位向长波方向移动峰高增加　　B. 峰位向短波方向移动峰高增加

C. 峰位不移动,峰高降低　　D. 峰位不移动,峰高增加

### 11-3　填空题

1. 按照朗伯-比尔定律,浓度 $c$ 与吸光度 $A$ 之间的关系应是一条通过原点的直线,事实上容易发生线性偏离,导致偏离的原因有________和________两大因素。

2. 已知 $KMnO_4$ 的摩尔质量为 158.03 $g \cdot mol^{-1}$,其水溶液在 520 nm 波长时的吸光系数为 2235 $dm^3 \cdot mol^{-1} \cdot cm^{-1}$,假如要使待测 $KMnO_4$ 溶液在该波长下、在 2 cm 比色皿中的透光率介于 20%～65%,那么 $KMnO_4$ 溶液的浓度应介于________$\mu g \cdot cm^{-3}$。如果超过允许的最大浓度,为使透光率仍介于 20%～65%,可采取的措施有:①____________;②____________;③____________。

3. 分光光度法测量时,通常选择________作测定波长,此时,样品溶液浓度的较小变化将使吸光度产生________改变。

4. 分光光度法对显色反应的要求有:①________________;②________________;③________________;④________________;⑤________________。

5. 分光光度计的种类型号繁多,但都是由________、________和________、________、________基本部件组成。

6. 使不同波长的光透过某一固定浓度的有色溶液,测其相应波长的吸光度,以波长为横坐标,以吸光度为纵坐标,得一曲线,此曲线称________。光吸收程度最大处对应的波长叫________,浓度变化时,________不变,________相似。

7. 在分光光度法中,为使读数误差最小,应控制浓度,使吸光度 $A$ 值在________范围内。

8. 分光光度法测定铁含量,以邻二氮菲为显色剂,2 cm 比色皿,在 510 nm 处测得吸光度 0.480,则 $Fe^{2+}$ 浓度是________ $mol \cdot dm^{-3}$。($\varepsilon_{510} = 1.1 \times 10^4$ $dm^3 \cdot mol^{-1} \cdot cm^{-1}$。)

9. 苯酚在水溶液中摩尔吸光系数 $\varepsilon$ 为 $6.17 \times 10^3$ $dm^3 \cdot mol^{-1} \cdot cm^{-1}$,若要求使用 1 cm 吸收池时的透

光率为 0.15～0.65，则苯酚浓度控制在________。

10. 朗伯—比尔定律表明，当入射光的波长一定，______固定，其溶液的吸光度与________成正比。

## 11-4　计算题

1. 试样中微量 Mn 含量的测定常用 $KMnO_4$ 比色法，称取 Mn 合金 0.5000 g，经溶解后用 $KIO_4$ 将 Mn 氧化为 $MnO_4^-$，稀释至 500.00 $cm^3$，在 525 nm 下测得吸光度为 0.400。另取相近含量的 Mn 浓度为 $1.0\times10^{-4}$ $mol\cdot dm^{-3}$ 的 $KMnO_4$ 标准溶液，在相同条件下测得吸光度为 0.585。已知它们的测量符合朗伯-比尔定律，计算合金中 Mn 的百分含量是多少？[$M(Mn)=55.00mg\cdot mol^{-1}$。]

2. 用邻二氮菲光度法测定 $Fe^{2+}$ 含量时，测得其 $c$ 浓度时的透光率为 $T$。当 $Fe^{2+}$ 浓度由 $c$ 变为 $1.5c$ 时，在相同测量条件下的透光率为多少？

3. 维生素 $D_2$ 在 264 nm 处有最大吸收，$\varepsilon_{264}=1.82\times10^4$，$M=397$ $g\cdot mol^{-1}$。称取维生素 $D_2$ 粗品 0.0081 g，配成 1 $dm^3$ 溶液，在 264 nm 紫外光下用 1.50 cm 比色皿测得该溶液透光率为 0.35，计算粗品中维生素 $D_2$ 的含量。

4. 有一标准 $Fe^{2+}$ 溶液，浓度为 6 $\mu g\cdot cm^{-3}$，测得吸光度为 0.306，有一 $Fe^{2+}$ 的待测液体试样，在同一条件下测得吸光度为 0.510，求试样中铁的含量(单位为 $mg\cdot dm^{-3}$)。

5. 某一溶液，每 1$dm^3$ 含 47.0 mg $Fe^{2+}$，吸取此溶液 5.0 $cm^3$ 于 100 $cm^3$ 容量瓶中，以邻二氮菲光度法测定 $Fe^{2+}$，用 1.0 cm 吸收池于 508 nm 处测得吸光度为 0.467。计算质量吸光系数 $a$ 及摩尔吸光系数 $\varepsilon$。[$M(Fe)=55.85g\cdot mol^{-1}$。]

11-13　课后习题解答

# 第 12 章

# 分离与富集基础
# (The Basics of Separation and Enrichment)

12-1　学习要求

## 12.1　概述

在实际分析工作中,我们遇到的样品中绝大多数组成比较复杂,其他共存组分的干扰影响测定的准确度,甚至无法测定。尽管前面有关章节已经介绍,可以采取适当的方法(如选择使用合适的掩蔽剂,改变待测物价态或控制适宜的分析条件等)消除干扰,以获得准确测定结果。但在很多情况下,对复杂样品而言,这些方法往往难以奏效。因此,对被测组分进行不同程度的分离或者将干扰组分分离去除是十分必要的。

有时被测组分浓度极低,由于方法的灵敏度所限,难以用一般测定方法进行准确测定,需要先将微量甚至痕量待测组分浓缩(preconcentration)和富集(enrichment)后再进行测定。分离过程通常也是富集过程,通过分离与富集操作可以大大提高测定方法的选择性和检测限。

定量分析中对分离与富集的一般要求有:一、组分之间尽可能分离完全,在互相的测定中彼此不再干扰;二、被测组分在分离过程中的损失应尽可能小,小至可忽略不计的程度。被测组分在分离过程中的损失,可用回收率 $R$ 来衡量。设 A 为欲测定的痕量物质,B 为主要成分(一般称为基体,matrix),经分离后 A 的回收率为 $R_A$ 可表示为

$$R_A=\frac{\text{通过分离后 A 的测定含量}}{\text{溶液中 A 的实际含量}}\times 100\% \tag{12-1}$$

理论上,$R_A$ 越接近 100%越好。但是待测组分含量越低,定量分离越困难。一般情况下,对质量分数为 1%以上的待测组分,$R$ 应大于 99.9%;对质量分数为 0.01%～1%的待测组分,要求 $R$ 大于 99%;而质量分数小于 0.01%的微量甚至痕量组分,$R$ 在 90%～95%是允许的,对于有些难以分离的组分,如农药残留物、生物活性组分等,$R$ 可以更低。

在分离时,除考虑待测组分 A 的回收率外,还应该考虑干扰组分 B 的遗留情况。A 与 B 分离越完全分离效果越好。干扰组分 B 与待测组分 A 的分离程度可用分离率 $S_{B/A}$ 来表示。它等于干扰组分 B 的回收率与待测组分 A 的回收率之比,即

$$S_{B/A}=\frac{R_B}{R_A}\times 100\% \tag{12-2}$$

式中，$R_B$、$R_A$ 分别表示干扰组分 B 的回收率与待测组分 A 的回收率。由于待测组分 A 的回收率一般接近 100%，故也可以近似地认为

$$S_{B/A}=R_B \tag{12-3}$$

干扰组分 B 的回收率越低，A 与 B 之间分离得就越完全，干扰消除得就越彻底。通常，对于常量待测组分 A 和常量干扰组分 B 来说，$S_{B/A}$ 应在 $10^{-3}$ 以下；而对于微量待测组分 A 和常量干扰组分 B 来说，$S_{B/A}$ 至少要在 $10^{-6}\sim10^{-7}$。

浓缩和富集过程中的富集效果可用富集倍数(enrichment factor)来表示。

分离方法可分为物理分离法和化学分离法两大类。物理分离法是根据被分离物质之间物理性质的差别，采用适当的物理手段进行分离的方法，如过滤法、离心沉降法、蒸馏挥发法、气体扩散法、热扩散法、电泳法等。化学分离法是依据物质在化学性质上的差异，应用适当的化学过程使他们得到分离，如沉淀法、溶剂萃取法、色谱法、离子交换分离法、膜分离法以及电化学分离法等。根据分离中生成的相不同，上述分离方法可分为固-液分离、液-液分离、气-液分离三类。随着生产的发展，分离方法还在不断发展。

本章主要介绍分析化学中常用的四种化学分离方法(即沉淀法、溶剂萃取法、色谱法、离子交换分离法)的基本原理和应用。

## 12.2　沉淀分离法

沉淀分离(precipitation separation)法主要是依据溶度积原理，在样品溶液中加入适当的沉淀剂，利用沉淀反应使被测组分进行定量沉淀并分离富集或将干扰组分沉淀除去的方法。它是定量分析中最常用的分离与富集手段。有关溶度积原理及沉淀的形成和转化在第 8 章做了较详尽的讨论，本节主要讨论沉淀分离的方法。

根据沉淀剂的不同，我们将沉淀分离法分为无机沉淀剂沉淀分离法、有机沉淀剂沉淀分离法和共沉淀分离法。

### 12.2.1　无机沉淀剂沉淀分离法

常用的无机沉淀剂有氢氧化物沉淀剂、硫化物沉淀剂。无机沉淀剂沉淀分离法适用于定量分析中常量组分的沉淀分离。

1. 氢氧化物沉淀剂

不同金属离子生成氢氧化物的溶解度差异很大，沉淀的形成与溶液中的 pH 值有直接关系。常见金属氢氧化物开始沉淀和完全沉淀的 pH 值见表 8-5。因此，我们可以通过向试样中加入碱调节和控制溶液的酸度，使某些组分形成氢氧化物沉淀，从而实现选择性分离的目的。应该指出，表 8-5 只是理论上的近似计算值，不能简单地根据此表结果来控制和选择溶液 pH 值，实际工作中要通过实验最终确定 pH 值。

常用的氢氧化物沉淀剂有 NaOH 和 $NH_3\cdot H_2O$。

以 NaOH 作沉淀剂，主要用于两性金属离子($Al^{3+}$、$Cr^{3+}$、$Zn^{2+}$、$Pb^{2+}$、$Ge^{2+}$、$Sn^{2+}$、$Sn^{4+}$、$Sb^{3+}$、$Ga^{+}$、$Si^{4+}$、$W^{6+}$ 等)和非两性金属离子(包括稀土离子)的分离，前者形成含氧酸根留在溶液中，后者则形成氢氧化物沉淀。例如铜合金中的 Al 测定就是将试样用酸分解后

用 NaOH 将 $Cu^{2+}$ 沉淀为 $Cu(OH)_2$，而 Al 则生成 $NaAl(OH)_4$ 留在溶液中，然后选择一种可靠的方法对溶液中 $Al^{3+}$ 进行测定。由于 NaOH 易于吸收 $CO_2$，可能使 $Ca^{2+}$、$Sr^{2+}$、$Ba^{2+}$ 等部分形成碳酸盐沉淀。另外，因为大多数氢氧化物沉淀为无定形絮状，它们总表面积大，结构疏松，吸附共沉淀现象严重，分离效果较差。

在铵盐存在条件下，以 $NH_3 \cdot H_2O$ 作沉淀剂(pH=8～9)，可使 $Hg^{2+}$、$Cr^{3+}$、$Fe^{3+}$、$Al^{3+}$ 和 Ti(Ⅳ)等离子被定量沉淀。此时，$Ag^+$、$Cd^{2+}$、$Cu^{2+}$、$Co^{2+}$、$Zn^{2+}$ 和 $Ni^{2+}$ 等与 $NH_3$ 形成配合物而留在溶液中，$Ca^{2+}$、$Mg^{2+}$ 等不产生沉淀也留在溶液中，达到与上述其他离子分离的目的。溶液中大量 $NH_4^+$ 的存在，有利于胶状氢氧化物沉淀凝聚，减少氢氧化物对其他杂质离子的吸附。

此外，ZnO 和 MgO 等碱性氧化物悬浮液，$CaCO_3$、$BaCO_3$、$PbCO_3$ 等碳酸盐，六次甲基四胺、吡啶和苯胺等有机碱都可以用来调节和控制 pH 值，达到沉淀分离的目的。例如将六次甲基四胺加到酸性样品溶液中，生成六次甲基四胺盐，从而构成缓冲体系，可控制溶液的 pH 值在 5～6，常用于 $Zn^{2+}$、$Cd^{2+}$、$Cu^{2+}$、$Co^{2+}$、$Ni^{2+}$、$Mn^{2+}$ 与 $Fe^{3+}$、$Al^{3+}$、$Th^{4+}$、Ti(Ⅳ)等定量沉淀分离。

由于在某一 pH 范围内进行沉淀时，往往有多种金属离子同时析出沉淀，因此，利用氢氧化物沉淀来分离金属离子时，选择性不高。

2. 硫化物沉淀剂

与氢氧化物沉淀剂相似，有 40 多种金属离子可生成难溶硫化物沉淀。由于各种金属硫化物沉淀的溶度积相差较大，可以通过控制硫离子浓度使金属离子彼此分离。$H_2S$ 是常用的沉淀剂，由于 $c(S^{2-})$ 和 $c(H^+)^2$ 成反比，所以，可通过控制溶液酸度的方法来调节 $S^{2-}$ 浓度，可使溶液中某些金属离子沉淀为硫化物，某些金属离子仍留在溶液中，从而达到分离、提纯的目的。表 8-6 为金属硫化物开始沉淀和完全沉淀的 pH 值。

硫化物沉淀分离主要适用于沉淀分离除去重金属离子，但是沉淀分离的选择性不够高；由于硫化物沉淀大多是胶体，共沉淀现象严重，分离效果也不够理想；而且 $H_2S$ 为有毒并具有恶臭的气体。因此，硫化物沉淀剂的应用受到一定的限制。

为了避免使用 $H_2S$ 作沉淀剂带来的污染，一般采用硫代乙酰胺作沉淀剂，利用它在酸性或碱性溶液中加热煮沸发生水解而产生 $H_2S$ 或 $S^{2-}$ 进行均匀沉淀，可改善沉淀性能，易于过滤、洗涤，分离效果好。

$$CH_3CSNH_2 + 2H_2O + H^+ \longrightarrow CH_3COOH + H_2S + NH_4^+$$

$$CH_3CSNH_2 + 2OH^- \longrightarrow CH_3COO^- + S^{2-} + NH_3^+ + 2H_2O$$

此外，根据被分离离子的不同，可选用其他无机沉淀剂。如 $SO_4^{2-}$ 用于碱土金属离子的分离；HF 或 $NH_4F$ 用于 $Ca^{2+}$、$Sr^{2+}$、$Ba^{2+}$、$Mg^{2+}$、Th(Ⅳ)和稀土金属离子的分离；$H_3PO_4$ 或 $PO_4^{3-}$ 用于 Zr(Ⅳ)、Hf(Ⅳ)、Th(Ⅳ)、$Bi^{3+}$ 等金属离子的沉淀分离等等。

### 12.2.2 有机沉淀剂沉淀分离法

有机沉淀剂沉淀分离法是利用有机沉淀剂与金属离子形成螯合物、缔合物，或者通过有机物的胶凝作用等方法进行沉淀分离。与无机沉淀剂相比，它具有吸附无机杂质少、选择性好、灵敏度高和灼烧时沉淀剂容易除去等优点。

利用螯合试剂与金属离子形成螯合物是有机沉淀剂沉淀分离法的一种主要方法。螯合试剂一般含有两种基团：一种是酸性基团，如—OH、—COOH、$—SO_3H$、—SH 等，基团中

$H^+$ 可被金属离子置换；另一种是碱性基团，如—$NH_2$、═NH、═CO、═CS 等，这些基团与离子以配位键结合，从而生成环状结构的螯合物，整个分子不带电；此外，这些试剂一般具有大的疏水性基团，因此，水溶性较差。例如，草酸用于沉淀 Th(Ⅳ)、稀土和碱土金属离子；8－羟基喹啉用于沉淀 $Al^{3+}$；铜铁试剂（*N*－亚硝基苯胲铵）在接近 3 mol · $dm^{-3}$ 的 $H_2SO_4$ 介质中使 $Cu^{2+}$、$Fe^{3+}$、Th(Ⅳ)和 V(Ⅴ)等形成沉淀，从而与 $Al^{3+}$、$Cr^{3+}$、$Co^{2+}$ 和 $Ni^{2+}$ 等分离；铜试剂[二乙基胺二硫代甲酸钠（DDTC）]在 pH 值为 5～6 的条件下沉淀 $Pb^{2+}$、Sb(Ⅲ)、$Bi^{3+}$、$Ag^+$、$Cu^{2+}$、$Zn^{2+}$、$Cd^{2+}$、$Ni^{2+}$、$Fe^{3+}$ 与 Tl(Ⅲ)等多种离子，如果添加 EDTA 为掩蔽剂，可以提高 DDTC 对金属离子沉淀的选择性等。

有些大体积有机试剂在溶液中解离形成带电的阴离子或阳离子，与带相反电荷的离子以静电引力的作用结合成不带电的化合物。这种化合物通常称为缔合物。这些缔合物大多具有疏水性，易于沉淀分离。例如，四苯硼酸钠用于沉淀 $K^+$、$Rb^+$、$Cs^+$ 等。

可利用带不同电荷的胶体的凝聚作用，使被测元素的化合物胶体与共沉淀剂的胶体结合而沉淀下来。如用辛可宁和丹宁等作为胶凝剂，可共沉淀的组分有 W、Nb、Ta 和 Si 等元素的含氧酸。

### 12.2.3　共沉淀分离法

在重量分析中，由于共沉淀现象的发生，使所得沉淀混有杂质，通常需要设法消除。但在微量组分测定中，却往往利用共沉淀现象来分离与富集痕量组分。例如，饮用水的水质标准 CJ94－1999 中规定饮用水中 $Cu^{2+}$ 的含量不能超过 0.1 mg · $dm^{-3}$，$Pb^{2+}$ 的含量不能超过 0.01 mg · $dm^{-3}$，Cr(Ⅵ)的含量不能超过 0.05 mg · $dm^{-3}$ 等，这样低的含量直接用一般沉淀方法是难以将其完全分离与富集的，但采用共沉淀法可以实现目标。

所谓共沉淀（coprecipitation）分离是指在试样中加入某种其他离子与沉淀剂形成沉淀作为载体，利用沉淀的吸附作用或者生成混晶等作用，将痕量组分定量地沉淀下来，以达到分离和富集的目的。下面分别举例说明各种共沉淀现象。

利用无机微溶物沉淀的吸附作用，可将痕量组分的沉淀富集起来。例如，铜中微量 $Al^{3+}$ 测定时，$NH_3 \cdot H_2O$ 不能使 $Al^{3+}$ 生成沉淀，加入适量 $Fe^{3+}$，利用生成的 $Fe(OH)_3$ 为载体，可使微量 $Al(OH)_3$ 共沉淀分离；又如，在铝合金中痕量 Pb 的分析中，可以在强碱性介质中，利用 $MnO(OH)_2$ 沉淀的吸附作用对铝合金中痕量 Pb 吸附共沉淀分离富集。

利用生成混晶是对痕量组分进行共沉淀的一种分离富集方法。例如测定水中的痕量铅时，可以先向水中加入适量的 $Ca^{2+}$，再加入沉淀剂 $Na_2CO_3$，生成 $CaCO_3$ 沉淀，而使痕量的 $Pb^{2+}$ 形成碳酸盐混晶（$PbCO_3$－$CaCO_3$）被沉淀下来。这里所产生的 $CaCO_3$ 称为载体或共沉淀剂。

目前分析上常用的是有机沉淀剂，它们具有选择性高、表面吸附杂质少、分离效果好、共沉淀剂易于经灼烧挥发出去等优点，因此，不影响痕量组分的测定。例如，在一定条件下，痕量 $Pb^{2+}$ 可先与过量的 $I^-$ 生成配合物 $PbI_4^{2-}$，再在酸性条件下与甲基紫形成 $(MVH)_2(PbI_4)$ 沉淀，而达到与 $Cu^{2+}$、$Zn^{2+}$、$Mn^{2+}$、$Ni^{2+}$、$Cd^{2+}$、$Co^{2+}$、$Fe^{2+}$ 和 $Al^{3+}$ 等常见离子之间的定量分离。常见有机共沉淀剂有甲基紫（MV）、甲基橙（MO）、酚酞、1－(2－吡啶基偶氮)－2－萘酚（PAN）、孔雀绿、品红、结晶紫（CV）和亚甲基蓝等。

常用的共沉淀剂见表 12－1。

表 12-1 常用的共沉淀剂

| 沉淀剂类型 | 被共沉淀离子 | 载体 | 沉淀条件 |
|---|---|---|---|
| 无机共沉淀剂 | $Fe^{3+}$、$TiO^{2+}$ | $Al(OH)_3$ | 氨性缓冲体系 |
| | $Sn^{4+}$、$Al^{3+}$、$Bi^{3+}$、$In^{3+}$ | $Fe(OH)_3$ | 氨性缓冲体系 |
| | $Sb^{3+}$ | $MnO(OH)_2$ | $(1+10)HNO_3$、$MnO_4^-+Mn^{2+}$ |
| | $Pb^{2+}$ | HgS | 弱酸性溶液、$H_2S$ |
| | 稀土 | $CaC_2O_4$ | 微酸性溶液 |
| | $Pb^{2+}$、$Ra^{2+}$ | $BaSO_4$ | 酸性溶液 |
| | Se(Ⅳ)、Te(Ⅳ) | As | 4～8 $mol \cdot dm^{-3}$ 的 HCl 介质，次亚磷酸钠作还原剂 |
| 有机共沉淀剂 | $Zn^{2+}$、$Cu^{2+}$、$Cd^{2+}$、$Hg^{2+}$、$Pb^{2+}$、$In^{3+}$、Sb(Ⅴ)和 $Bi^{3+}$ 等 | MV | 酸性，大量 $SCN^-$ 或 $I^-$ 配体 |
| | $Co^{2+}$、$Ln^{3+}$、U(Ⅵ) | 1-亚硝基-2-萘酚、α-萘酚或酚酞 | 微酸性 |
| | $TlCl_4^-$ | MO，对二甲氨基偶氮苯 | 微酸性 |
| | $H_2WO_4$、$NbO(SCN)^-$ | 丹宁、MV | 酸性，大量 $SCN^-$ |
| | $Mn^{2+}$ | PAN | pH=10 氨性缓冲体系 |
| | $Cu^{2+}$、$Pb^{2+}$、$Co^{2+}$、$Ln^{3+}$ | Mg(Ⅱ)-8-羟基喹啉 | 氨性缓冲体系 |
| | Co(Ⅱ)-$SCN^-$-CTMAB、Zn(Ⅱ)-$SCN^-$-CV、Cd(Ⅱ)-$I^-$-CV | 微晶萘、微晶酚酞 | NaAc-HAc 缓冲体系 |

表 12-1 中以微晶萘为共沉淀剂的富集技术，其方法是将萘溶于丙酮中，取少量的萘丙酮溶液于被萃取金属配合物的溶液中，由于溶液中丙酮浓度迅速降低，萘以微小的晶体析出，同时萃取了溶液中金属离子的配合物，使微量金属离子得到有效分离富集，自 1978 年首次报道以来，得到了广泛应用。但由于萘有毒，易升华，会对人体造成直接危害。类似微晶萘共沉淀富集技术，人们尝试使用无毒试剂(如微晶酚酞等)作为载体对某些痕量金属离子的富集，也取得了满意的效果。

## 12.3 溶剂萃取分离法

### 12.3.1 萃取分离的基本原理

萃取(extraction)分离法包括液相-液相、固相-液相、气相-液相萃取分离几种情况。但应用最广的是液相一液相萃取分离法，又称溶剂萃取分离法。它是根据物质在两种互不混溶的溶剂中分配特性不同而建立的分离方法。它主要适用于低含量组分的分离和富集。此方法操作快速，仪器简单，分离效果好。

1. 萃取过程的本质

萃取分离基于物质在溶解性质上的差异。例如，用与 $H_2O$ 不混溶的有机溶剂，从水溶液中把无机离子萃取到有机相中，以实现分离的目的。物质亲疏水能力的高低取决于其含有亲水基团和疏水基团的相对量的多少。常见的亲水基团有羟基、羧基、氨基、磺酸基等；疏水基团有芳香基、烷基、卤代烷基等。在水溶液中，离子大都以水合离子形式存在，例如 $[Fe(H_2O)_6]^{2+}$、$[Mg(H_2O)_6]^{2+}$、$[Cu(H_2O)_4]^{2+}$、$[Al(H_2O)_6]^{3+}$、$[La(H_2O)_9]^{3+}$ 等，它们都具有亲水性，易溶于水而难以溶于有机溶剂。如果要将水溶液中某些离子萃取到有机溶剂中，必须设法将其亲水性转化为疏水性。因此，萃取过程的实质就是将物质由强亲水性转化为强疏水性。下面以 $Ni^{2+}$ 的萃取为例说明在萃取过程中疏水性转化为亲水性的过程。

$Ni^{2+}$ 在水溶液中以 $[Ni(H_2O)_6]^{2+}$ 形式存在，它是亲水的。在 pH≈9 的氨性溶液中，加入具有两个羟基配位基团的丁二酮肟，$Ni^{2+}$ 便与丁二酮肟形成螯合物，水合离子中的水分子则被置换出来。同时引入了具有疏水性的有机基团，形成的螯合物不带电。此时，可以采用有机溶剂(如 $CHCl_3$)将螯合物萃取进入有机溶剂。在这里，丁二酮肟被称为萃取剂。常用的指示剂像 DDTC、PP、PAN 等既具有配位基团，又有具有疏水性基团，因此，都可以用作螯合剂来改变金属离子的亲水性，常被用作萃取剂。

在实际应用中，有时需要采取相反的步骤，即把有机相中离子再转入水相中，这一过程称为反萃取。若向上述体系中加入 HCl 浓度达到 0.5～1.0 mol·$dm^{-3}$ 时，Ni-丁二酮肟螯合物则被破坏，形成亲水性的水合离子，重新返回到水中。萃取与反萃取的结合使用可以提高分离的萃取选择性。

2. 分配系数和分配比

萃取过程并不是被萃取物质 A 全部都能进入有机相，实际上是被萃取物质 A 在有机相和水相中的分配过程。当达到分配平衡后，A 在有机相和水相都有一定浓度，平衡时 A 在有机相和水相中的浓度(严格说应该为活度)之比称为分配系数(distribution coefficient)，用 $K_D$ 表示。

$$K_D = \frac{c(A)_o}{c(A)_w} \tag{12-4}$$

式中，$c(A)_o$、$c(A)_w$ 分别为有机相和水相中 A 的平衡浓度。$K_D$ 与被萃取物质和溶剂的性质有关，在一定温度条件下为一常数(忽略离子强度的影响)。疏水性物质在有机相中浓度较大，亲水性物质则相反。

实际上，萃取是个复杂过程，可能存在着解离、缔合等副反应，若被萃取物质 $A$ 在水相和有机相中以多种形式存在，此时，分配定律则不适用。常用分配比 $D$ 表示，即把 $A$ 在有机相中各种形式存在的总浓度 $c_o$ 和水相中各种形式存在的总浓度 $c_w$ 之比称为分配比(distribution ratio)。

$$D = \frac{c_o}{c_w} \tag{12-5}$$

分配比不是常数，它随萃取条件(溶液酸碱度、配体及其浓度、温度等)的变化而变化。只有在简单体系中，溶质在两相中的存在形式相同时，分配比 $D$ 才等于分配系数 $K_D$。

3. 萃取百分率和分离系数

衡量萃取的总效果可用萃取百分率(extraction rate)，常用 $E$ 表示。

$$E=\frac{A\text{ 在有机相中的总量}}{A\text{ 在两相中的总量}}\times 100\%=\frac{c_oV_o}{c_oV_o+c_wV_w}\times 100\% \tag{12-6}$$

式中，$c_o$ 是溶质 $A$ 在有机相中的浓度；$V_o$ 是有机相的体积；$c_w$ 是溶质 $A$ 在水相中的浓度；$V_w$ 是水相的体积。式(12-6)的分子分母同除以 $c_wV_o$，则得

$$E=\frac{c_o/c_w}{c_o/c_w+V_w/V_o}\times 100\%=\frac{D}{D+V_w/V_o}\times 100\% \tag{12-7}$$

在 $V_w=V_o$ 情况下，

当 $D=1000$ 时，$E=99.9\%$，可认为一次萃取即可完全；

当 $D=100$ 时，$E=99.5\%$，一次萃取不能定量完全，一般要求连续萃取 2 次；

当 $D=10$ 时，$E=90\%$，需要连续萃取数次才能完全；

当 $D=1$ 时，$E=50\%$，萃取完全比较困难。

假设在 $V_w$ cm$^3$ 水相中被萃取物 $A$ 的总质量为 $m_0$ g，用 $V_o$ cm$^3$ 有机溶剂萃取一次后，水相中 $A$ 残留质量为 $m_1$ 为

$$m_1=m_0\frac{V_w/V_o}{D+V_w/V_o} \tag{12-8}$$

$n$ 次萃取后，水相中 $A$ 残留质量为

$$m_n=m_0\left(\frac{V_w/V_o}{D+V_w/V_o}\right)^n \tag{12-9}$$

因此，$n$ 次萃取后的总萃取效率可用下式进行计算。

$$E=\left[1-\left(\frac{V_w/V_o}{D+V_w/V_o}\right)^n\right]\times 100\% \tag{12-10}$$

**【例题 12-1】** 用 8-羟基喹啉氯仿溶液于 pH=7.0 时，从水溶液中萃取 $La^{3+}$。已知 $La^{3+}$-8-羟基喹啉在两相中的分配比 $D=43$，今将 20.0 cm$^3$ 含 1.0 mg·cm$^{-3}$ 的 $La^{3+}$ 的萃取分离，计算用萃取液10.0 cm$^3$一次萃取和用同量萃取液分两次萃取的萃取百分率。

12-2　例题解答

上例计算结果说明，用同样数量的萃取液，分多次萃取比一次萃取的效率高。对于分配比较小的物质，为了萃取完全，应采用连续萃取数次的办法。

在实际萃取工作中，通常需要同时萃取两种以上组分，通常用萃取分离系数 $\beta$(separation factor)表示。

$$\beta_{A/B}=\frac{D_A}{D_B} \tag{12-11}$$

式中，A 为易萃元素；B 为难萃元素；$D$ 为分配比。$\beta$ 值的大小表示 A、B 两元素分离效果的好坏，$\beta$ 越大，分离越好，即萃取剂选择性越高。例如 0.5 mol 噻吩甲酰三氟丙酮(TTA)的二甲苯溶液从 1.0 mol·dm$^{-3}$ $HNO_3$ 介质中萃取分离四价钚和六价铀，$\beta$ 可达 $1.36\times 10^3$。

## 12.3.2　重要萃取体系

1. 简单无机物的萃取体系

某些非极性或者极性很小的无机物，如 $I_2$、$Cl_2$、$Br_2$、$GeCl_4$ 和 $OsO_4$ 等，可以直接用 $CCl_4$、苯等惰性溶剂萃取。

2. 金属螯合物萃取体系

金属离子与螯合剂结合形成疏水性螯合物，这类螯合物难溶于水，而易溶于有机溶剂，能被有机溶剂所萃取。$Cu^{2+}$ 与二乙基二硫代氨基甲酸钠(DDTC)形成 $Cu^{2+}$-DDTC 螯合

物，可被 $CHCl_3$ 萃取。

常用的螯合剂还有8-羟基喹啉、铜铁试剂、双硫腙（二苯硫腙、二苯基硫卡巴腙）、乙酰丙酮和 TTA 等。

3. 离子缔合物萃取体系

前面所讲到的多数缔合物具有疏水性，水溶性较差，但是，却因为能溶于有机物而被萃取。如在 pH=1.85 的 HCl 介质中，Se(Ⅳ)与 $SCN^-$ 和 MV 生成不溶解于水的三元离子缔合物 $[Se(SCN)_6]^{2-}\cdot 2MVH^+$，该缔合物因能溶于苯、甲苯等有机溶剂而被萃取；$Tl^{3+}$ 在 HCl 体系中也可与 MV 形成不溶于水的三元离子缔合物 $[TlCl_4]^-\cdot MVH^+$，被苯或甲苯萃取；砷盐（$R_4As^+$）、磷盐（$R_4P^+$）及高分子胺等与配阴离子形成缔合物，像 $(C_6H_5)_4As^+$ 与 $ReO_4^-$ 形成缔合物 $[(C_6H_5)_4As^+ReO_4^-]$，而被氯仿萃取。通常离子的体积越大，电荷越低，越容易形成疏水性的缔合物。此外，某些金属配阳离子还可以和含氧的活性溶剂（如乙醚、乙酸乙酯、甲基异丁酮等）形成疏水性的离子缔合物。例如，在 HCl 溶液中，溶剂乙醚与 $H^+$ 键合成离子 $[(CH_3CH_2)_2OH]^+$，该离子与铁的配阴离子 $[FeCl_4]^-$ 缔合成盐，这种盐可被有机溶剂萃取。

### 12.3.3　萃取的操作方法

萃取分离方法主要有间歇萃取法、连续萃取法以及错流萃取法等。在分析化学中应用较广泛的萃取方法为间歇法（又称单效萃取法）。这种方法是取一定体积的被萃取溶液，加入适当的萃取剂，调节至适当的酸度。然后移入分液漏斗中，加入一定体积的溶剂，充分振荡至达到平衡为止。静置待两相分层后，轻轻转动分液漏斗的活塞，使水溶液层或有机溶剂层流入另一容器中，使两相彼此分离。如果被萃取物质的分配比足够大，则一次萃取即可达到定量分离的要求。如果被萃取物质的分配比不够大，经一次分离后，再加入新鲜溶剂，重复操作，进行二次或三次萃取。但萃取次数太多不仅操作费时，而且容易带入杂质或损失萃取的组分，因此，操作过程中应根据分配比和分析对回收率的要求选择操作次数。

## 12.4　离子交换分离法

利用离子交换剂与溶液中的离子发生交换反应而进行分离的方法，称为离子交换分离法(ion exchange process)。这种方法的分离效果很好，广泛用于离子间的分离、微（痕）量组分的富集和高纯物质的制备等。其主要缺点是分离时间较长，消耗洗脱液的量较多。因此，它通常只在实验室中用来解决比较困难的分离问题。

离子交换剂的种类很多，主要分为无机离子交换剂和有机离子交换剂。分析中应用较多的是有机离子交换剂，即我们常说的离子交换树脂。

### 12.4.1　离子交换树脂的分类和性质

1. 离子交换树脂的分类

离子交换树脂是由链状高聚物分子通过交联剂交联并对其进行功能化而形成的一种带有活性基团和网状结构的高分子聚合物。例如，聚苯乙烯磺酸基交换树脂，是用苯乙烯和二

乙烯苯聚合,并经磺化后制得的。其反应式可用下式表示:

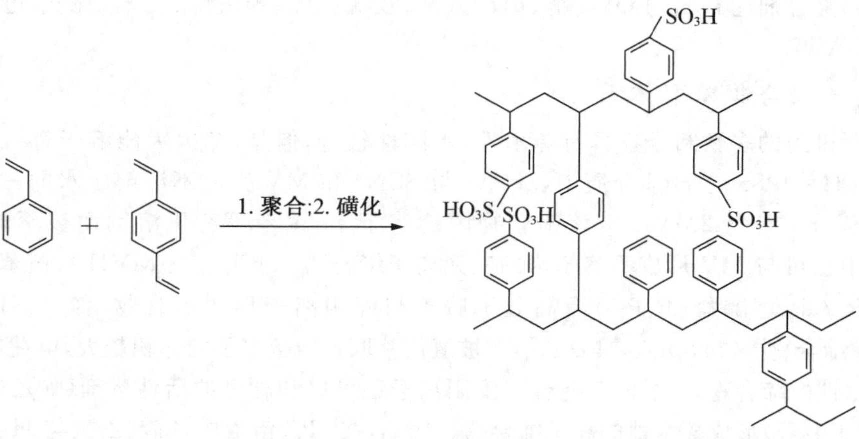

其中,苯乙基之间聚合形成链状高分子。二乙烯苯为交联剂,它的作用是将链状分子联结形成网状结构。磺酸基团称为活性基团,是离子交换的活性部位。

具有网状结构的离子交换树脂在水、酸或碱中难溶,对有机溶剂、氧化剂、还原剂和其他化学试剂以及热等具有一定的稳定性。根据树脂的活性基团的不同,可分为阳离子交换树脂和阴离子交换树脂两大类。

阳离子交换树脂的活性基团(如—$SO_3H$、—$PO_3H_2$、—COOH、—OH 等)为酸性,解离出的 $H^+$ 可与溶液中的阳离子发生交换。根据活性基团的酸性不同,阳离子交换树脂又可分为强酸性阳离子交换树脂和弱酸性阳离子交换树脂。强酸性阳离子交换树脂含有磺酸基(—$SO_3H$),用R—$SO_3H$表示。如国产#732 树脂在酸性、中性和碱性溶液中都能应用,其交换速度快,与无机或有机阳离子都可以交换,应用广泛。弱酸性阳离子交换树脂含有羧基(—COOH)或酚羟基(—OH),用 R—COOH、R—OH 表示。如国产#724 树脂,R—COOH 在 $pH>4$,R—OH 在 $pH>9.5$ 时才具有离子交换能力,但选择性好,可用于分离不同强度的有机碱。

阴离子交换树脂的活性基团为碱性,可与溶液中的阴离子发生交换。根据活性基团的碱性不同,阴离子交换树脂又可分为强碱性阴离子交换树脂和弱碱性阴离子交换树脂。强碱性阴离子交换树脂活性基团为季胺基[—$N(CH_3)_3Cl$],用 R—$N(CH_3)_3Cl$ 表示。如国产#717 树脂,在酸性、中性和碱性溶液中都能使用,对强酸根和弱酸根也能交换。弱碱性阴离子交换树脂活性基团为伯、仲、叔胺基。如国产#701 树脂,它的交换能力受酸度影响较大,在碱性溶液中失去交换能力,一般在中性和酸性环境中使用。

此外,还有一些具有特殊功能的树脂。螯合树脂含有特殊的活性基团,该基团可与某些金属离子形成螯合物,在交换过程中能选择性地交换某种金属离子。如氨羧基螯合树脂是指含有[—$N(CH_2COOH)_2$]的螯合基团。这类树脂的特点是选择性高。

大孔树脂比一般树脂有更多、更大的孔道,表面积大,离子容易迁移扩散,富集速度快。

氧化还原树脂含有可逆的氧化还原基团,可与溶液中离子发生电子转移。如磺化铜肼配合物型氧化还原树脂,是由高聚物磺酸阳离子交换树脂制得的一种铜肼配合物型的树脂,有很强的氧化还原能力,与水中的溶解氧反应,主要用于锅炉给水除氧,可去除水、软水和脱盐水中的溶解氧。

萃淋树脂(levextrel)是把有机萃取剂与苯乙烯—二乙烯苯单体混合共聚而成的,兼有离子交换和溶剂萃取两种分离方法的优点。如用 CL－7402 萃淋树脂可分离富集 $Pb^{2+}$、$Au^{3+}$、$Pd^{2+}$、$Ag^{+}$、U(Ⅳ)和 $Zr^{3+}$ 等离子。

天然纤维素为链状结构，纤维素链上的羟基进行酯化、磷酸化、羧基化后，也可制成阳离子交换剂；经胺化后可制成阴离子交换剂。这些纤维树脂可用于提纯分离蛋白质、酶、激素等物质，也可用于无机离子的分离。

2. 离子交换树脂的性质

通常用交联度和交换容量来评价或衡量树脂的性能。

交联度是指树脂聚合反应中交联剂所占的质量百分数，是表征离子交换树脂骨架结构的重要性质参数，也是衡量离子交换树脂孔隙度的一个指标。交联度小的树脂，其网眼大，对水膨胀性好，交换速度快，但其机械性能较差，对被交换的离子选择性差。交联度大的树脂，网眼小，对水膨胀性差，交换速度慢，但其机械性能较高，在交换过程中体积较大的离子因无法进入树脂不被交换，因而对体积较小的离子选择性较大。树脂的交联度一般以4%～14%为宜。

交换容量(exchange capacity)是指每克干树脂所能交换的相当于一价离子的物质的量(mmol)，是表征离子交换树脂交换能力的重要性质参数。交换容量的大小取决于一定量树脂中所含活性基团的数目，可以通过酸碱滴定法加以测定。通常树脂的交换容量为 $3\sim6\ mmol\cdot g^{-1}$。

## 12.4.2　离子交换的亲和力

离子交换树脂对离子的亲和力，反映了离子在离子交换树脂上的交换能力。这种亲和力的大小一般与水合离子半径、电荷及离子极化程度有关。水合离子的半径越小，电荷越高，极化程度越大，其亲和力也越大。

1. 强酸性阳离子交换树脂

① 不同价态的离子，电荷越高，亲和力越大。例如以下离子的亲和力大小顺序是：$Na^{+}<Ca^{2+}<Al^{3+}<Th^{4+}$。

② 当离子价态相同时，亲和力随水合离子半径减小而增大。例如以下离子的亲和力大小顺序是：$Li^{+}<H^{+}<Na^{+}<NH_4^{+}<K^{+}<Rb^{+}<Cs^{+}<Tl^{+}<Ag^{+}$；$UO_2^{2+}<Mg^{2+}<Zn^{2+}<Co^{2+}<Cu^{2+}<Cd^{2+}<Ni^{2+}<Ca^{2+}<Sr^{2+}<Pb^{2+}<Ba^{2+}$。

③ 稀土元素的亲和力随原子序数增大而减小，这主要是镧系收缩现象所致。其亲和力大小顺序为：$La^{3+}>Ce^{3+}>Pr^{3+}>Nd^{3+}>Sm^{3+}>Eu^{3+}>Gd^{3+}>Tb^{3+}>Dy^{3+}>Y^{3+}>Ho^{3+}>Er^{3+}>Tm^{3+}>Yb^{3+}>Lu^{3+}>Sc^{3+}$。

2. 弱酸性阳离子交换树脂

对于强酸性树脂，$H^{+}$ 的亲和力介于 $Na^{+}$ 和 $Li^{+}$ 之间；对于弱酸性树脂，$H^{+}$ 的亲和力则与活性基团的酸性强弱有关；对酸性很弱的树脂，$H^{+}$ 甚至很接近于 $Tl^{+}$，比其他阳离子大。但其他阳离子的亲和力大小顺序与强酸性阳离子交换树脂相同。

3. 强碱性阴离子交换树脂

常见阴离子的亲和力顺序为：$F^{-}<OH^{-}<CH_3COO^{-}<HCOO^{-}<Cl^{-}<NO_2^{-}<CN^{-}<Br^{-}<C_2O_4^{2-}<NO_3^{-}<HSO_4^{-}<I^{-}<CrC_4^{2-}<SO_4^{2-}<$酒石酸根<柠檬酸根。

4. 弱碱性阴离子交换树脂

常见阴离子的亲和力顺序为：$F^-$＜$Cl^-$＜$Br^-$＜$I^-$＜$CH_3COO^-$＜$MoO_4^{2-}$＜$PO_4^{3-}$＜$AgO_3^{3-}$＜$NO_3^-$＜酒石酸根＜$C_2O_4^{2-}$＜$SO_4^{2-}$＜$CrO_4^{2-}$＜$OH^-$。

由于树脂对各种离子的亲和力的不同，在进行交换时，亲和力大的离子先被交换到树脂上，亲和力小的离子后被交换，这样便可使各种离子彼此分离。例如根据各种氨基酸对树脂活性基团的亲和力的差异，选用适当的洗脱剂(如柠檬酸盐缓冲液)可将交换在树脂上的氨基酸依次洗脱下来，达到分离的目的。

### 12.4.3　离子交换分离的操作

离子交换分离一般采用柱交换分离，即将树脂颗粒装填在交换柱上，让样品溶液和洗脱液分别流过交换柱进行分离。其基本操作如下。

1. 树脂的选择和预处理

在进行离子交换分离时，首先要根据待分离试样的性质及对分离的要求，选择合适型号和粒度的离子交换树脂。一般商品树脂都含有一定量杂质，所以在使用前必须浸泡净化。先用水浸泡，让干树脂充分溶胀，除去树脂内部杂质。如强酸性阳离子交换树脂，可先用乙醇洗去有机杂质，再用 2～4 $mol \cdot dm^{-3}$ HCl 溶液浸泡 1～2 天，然后用水和去离子水洗涤至中性，浸于去离子水中备用。

必要时可根据分离需要将树脂进行转型。如强酸性阳离子交换树脂，可用 $NH_4Cl$ 溶液浸泡，让 $NH_4^+$ 与 $H^+$ 交换，强酸性阳离子交换树脂转化为铵型阳离子交换树脂；强酸性阳离子交换树脂如果用 4 倍交换容量的 NaOH 搅拌浸泡 2 h 以上，即转化为 $Na^+$ 型阳离子交换树脂；强碱性阴离子交换树脂可用 NaCl 溶液浸泡而转化为氯离子型阴离子交换树脂。

2. 装柱

离子交换操作在交换柱中进行，离子交换柱一般由玻璃制成(见图 12－1)。交换柱的直径与长度主要由所需交换的物质的量和分离的难易程度所决定，较难分离的物质一般需要较长的柱子，有时也可以用滴定管代替离子交换柱。

装柱时要注意在柱底部装填少量玻璃纤维，加入去离子水，再倒入一定量带水的树脂，让其自然沉降到一定高度。应防止树脂层中存留气泡，以免交换时样品溶液与树脂不能充分接触。为防止加样品溶液时树脂被冲起，在柱上层亦应铺一层玻璃纤维，并要保证水面略高于树脂层。图 12－1 为填充较好的两种交换柱。

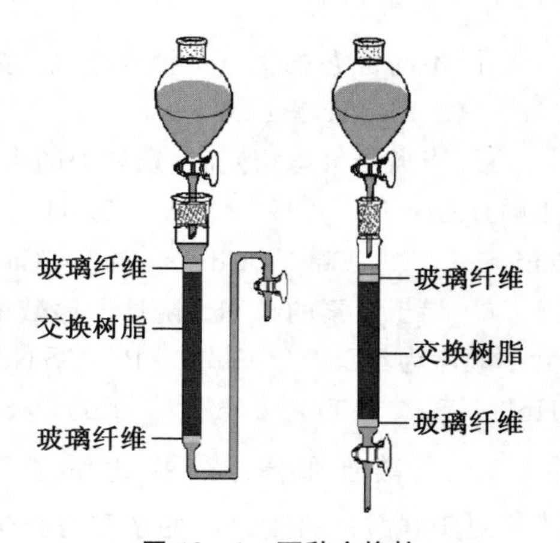


**图 12－1　两种交换柱**

3. 交换

将待分离的样品溶液按适当的流速(用活塞控制)，流经交换柱，样品溶液中能与树脂发生交换的相同电荷的离子将保留在柱上，而那些带异性电荷的离子或中性分子不发生交换作用，随着液相继续向下流动。交换完毕后，用蒸馏水或不含试样的空白液冲洗残留样品溶液。

4. 洗脱(淋洗)

洗脱过程是交换过程的逆过程。用适当的淋洗剂(如阳离子的分离一般采用 HCl 溶液为淋洗剂),以适当的流速,将交换上去的离子洗脱并分离。当淋洗剂不断注入交换柱时,已交换在柱上的阳离子会被 $H^+$ 置换下来。这一过程称为“洗脱”。被洗脱下来的离子在下行过程中又与新鲜的离子交换树脂上的可交换离子发生交换,重新被交换柱保留[图 12-2(a)]。在淋洗过程中,待分离的离子在下行过程中反复地进行着“洗脱—交换—洗脱”的过程。根据离子交换树脂对不同离子的亲和力差异,洗脱时,亲和力大的离子更容易被交换柱保留而较难被置换,向下移动的速度慢,相反,亲和力小的离子向下移动的速度快。因此可以将它们逐个洗脱下来,当溶液中离子浓度相差不大时,亲和力小的优先被洗脱。洗脱过程也就是分离过程。洗脱过程中,如果不断地测定洗出液中离子的浓度(如每收取 5 $cm^{-3}$ 测 1 次),以洗出液体积为横坐标,离子浓度为纵坐标,就可以得到如图 12-2(b)所示的洗脱曲线。

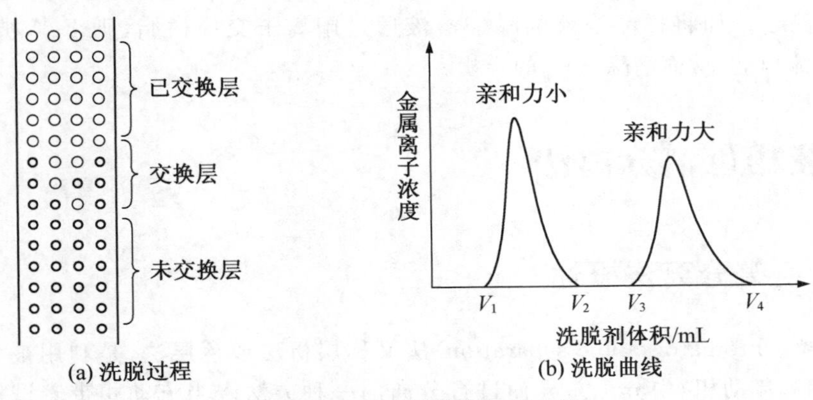


图 12-2　洗脱过程和洗脱曲线

5. 再生

把交换柱内树脂恢复到交换前的形式,称为树脂再生。一般用稀 HCl 淋洗阳离子交换柱,使交换离子转换为 $H^+$ 型;用稀 NaOH 溶液淋洗阴离子交换柱,使交换离子转换为 $OH^-$ 型。但大多情况下洗脱过程也就是树脂再生过程,用蒸馏水洗涤干净即可再次使用。

## 12.4.4　离子交换分离法应用实例

1. 去离子水的制备

将含有阴、阳离子的水样依次流经强酸性阳离子交换柱和强碱性阴离子交换柱。水样中的阳离子与强酸性阳离子交换树脂发生交换作用,交换出 $H^+$;水样中的阴离子与强碱性阴离子交换树脂发生交换作用,交换出 $OH^-$。$H^+$ 与 $OH^-$ 中和生成 $H_2O$,从而制得去离子水。交换树脂还可以用强酸或强碱浸泡再生,反复使用。如以 $CaCl_2$ 代表水中的杂质,其交换反应可表示为

$$2R—SO_3H + Ca^{2+} \longrightarrow 2(R—SO_3)_2Ca + 2H^+$$

$$R—N(CH_3)_3OH + Cl^- \longrightarrow R—N(CH_3)_3Cl + OH^-$$

去离子水的制备可采用“复柱法”,即将阳离子交换树脂和阴离子交换树脂分别装入交换柱,然后串联起来使用。串联的柱多些,制备出来的水纯度要高些。复柱法的缺点是,柱上交换下来的 $H^+$ 或 $OH^-$ 离子浓度较高,会发生一定程度的可逆反应,制得的水纯度不够高。还有一种方法就是所谓“混合柱法”,即将阴阳离子交换树脂混合装柱。此时,阳离子交

换出来的 $H^+$ 可立即与阴离子交换出来的 $OH^-$ 反应生成 $H_2O$,从而消除了逆反应。但是混合柱法中的树脂再生较困难。

2. 微量组分的富集

利用离子交换分离法能使微量组分得到有效的富集。例如,采用阴离子树脂能分离富集矿石中痕量 Pt、Pd 与 Au 等贵金属(含量一般为 $10^{-7}\%\sim10^{-5}\%$)。在含大量 $Cl^-$ 的介质中,这些贵金属离子主要以配阳离子形式存在,将这些配阳离子通过强酸性交换柱,即可将贵金属富集在交换柱上,然后用王水浸出,再用适当仪器检测。

3. 干扰组分的分离

利用离子交换法分离干扰离子比较简单。例如,采用 SA - 110 型阳离子交换法分离性质相近的 $Ga^{3+}$ 和 $In^{3+}$,选择 $0.45\sim1.0\ mol\cdot dm^{-3}$ 的 HCl 溶液作淋洗液,可将 $In^{3+}$ 洗脱,而 $Ga^{3+}$ 保留在树脂上。又如,用重量法测定 $SO_4^{2-}$,当有大量 $Fe^{3+}$ 存在时,由于严重的共沉淀现象而影响测定。如将样品溶液的稀酸溶液通过阳离子交换树脂,则 $Fe^{3+}$ 被树脂吸附,$HSO_4^-$ 进入流出液,从而消除 $Fe^{3+}$ 的干扰。

## 12.5 液相色谱分离法

### 12.5.1 色谱分离法概述

色谱分离(chromatographic separation)法又称层析法或色层法,是利用被分离组分在两相(固定相和流动相)中分配差异而进行分离的一种方法。当流动相带着试样经过固定相,被分离的物质在流动相和固定相之间进行反复的分配,由于被分离物质与固定相的相互作用力不同,移动速度也不一样,从而达到互相分离的目的。

色谱分离法的最大的特点是分离效率高,能把许多结构、挥发度、溶解度十分相近的化合物彼此分离。此外,色谱分离法操作简便,设备简单,样品用量可大可小,既能用于实验室的分离分析,也适用于产品的制备和提纯。

根据流动相的状态,色谱分离法可分为液相色谱法和气相色谱法。液相色谱法的流动相为液体。按固定相形态及其操作的形式不同,液相色谱又可分为柱色谱、纸色谱法和薄层色谱法等。

### 12.5.2 柱色谱法

柱色谱分离法又称柱层析(column chromatography)法。根据色谱柱的尺寸、结构和制作方法的不同,柱色谱又可分为填充柱色谱和毛细管柱色谱。填充柱色谱通常是在玻璃管中填入表面积很大经过活化的多孔或粉状固体吸附剂(如纤维素、淀粉、硅胶或 $Al_2O_3$ 等)制成色谱柱,色谱柱垂直放置。将待分离的混合物加入色谱柱时,各种成分同时被吸附在柱的上端。再用适当的洗脱剂(流动相)进行冲洗。当流动相自上流下时,由于不同化合物吸附能力不同,各物质随流动相下移的速度也不同,于是形成了不同层次,即溶质在柱中自上而下按对吸附剂的亲和力大小分别形成若干色带,再用溶剂洗脱时,已经分开的溶质可以从柱上分别洗出收集或将柱中流动相吸干,挤出固定相后按色带分开,再用溶剂将色带中的溶质萃取出来。

柱色谱要求固定相中吸附剂具有较小的粒度、较大的比表面积和可逆吸附性能。固定相对有机物的吸附作用力有多种形式。例如以 $Al_2O_3$ 作为固定相时，非极性或弱极性有机物只有范德华力与固定相作用，吸附较弱，极性有机物同固定相之间可能有偶极力或氢键作用，有时还有成盐作用。吸附剂的选择要充分考虑到其吸附能力和待分离物质的极性。有机物的极性越强，在 $Al_2O_3$ 上的吸附越强。

柱色谱要求流动相应该对样品组分的溶解度大、黏度小（易流动）和对样品及吸附剂无化学作用。一般来说，采用吸附性较弱的吸附剂分离极性较大的物质时，应选择极性较大的洗脱剂；反之，采用吸附性较强的吸附剂分离极性较小的物质时，应选用极性较小的洗脱剂。当一种溶剂不能实现很好的分离时，需选择使用不同极性的溶剂分级洗脱。如一种溶剂作为展开剂只洗脱了混合物中的一种化合物，对其他组分不能展开洗脱，则需换一种极性更大的溶剂进行第二次洗脱。这样分次用不同的展开剂可以将各组分分离。

柱色谱法的优点是分离效果好。本法主要用于分离很多性质相似的物质，有时也起到浓缩富集的作用。在环境分析测试中，本法广泛用于样品的前处理。如在水和气溶胶的有机污染分析中，将萃取液转移到层析柱内，而后用环己烷洗脱烷烃部分，用苯洗脱多环芳烃类污染物，用乙醇洗脱极性组分；在土壤分析中，用 $Al_2O_3$ 柱捕集分离稀土元素 Th、Tl 等。

## 12.5.3　纸色谱法

纸色谱（paper chromatography）分离法是以吸附 20%～25% 水分的层析滤纸为固定相，以有机溶剂为流动相（又称展开剂）的一种液相色谱法。其操作步骤为：取大小适宜的滤纸条，在下端点上标准样品和待分离样品（此操作称为点样），待晾干后将其放在一个封闭的盛有流动相的容器（层析筒）内，使滤纸被有机溶剂蒸气饱和，然后将点样一端浸入有机溶剂中，由于滤纸的毛细作用，流动相将沿着滤纸不断上升并经过样品点，待分离样品的各组分也随之上移，在固定相和流动相之间不断地进行分配，并很快达到分配平衡。分配平衡后，样品在有机溶剂中浓度和固定相吸附水中浓度比值为一定值（称为分配比），分配比较大的组分较易进入有机相，而较难进入水相中，故上行较快；分配比较小的组分上行则较慢。经过一定时间，展开剂前沿到达滤纸的顶端后，各组分即可得到分离。分离情况见图 12-3。取出后，标记前沿，晾干，着色，然后进行比移值 $R_f$ 计算。

$$R_f=\frac{\text{原点至斑点中心的距离}}{\text{原点至溶剂前沿的距离}} \tag{12-12}$$

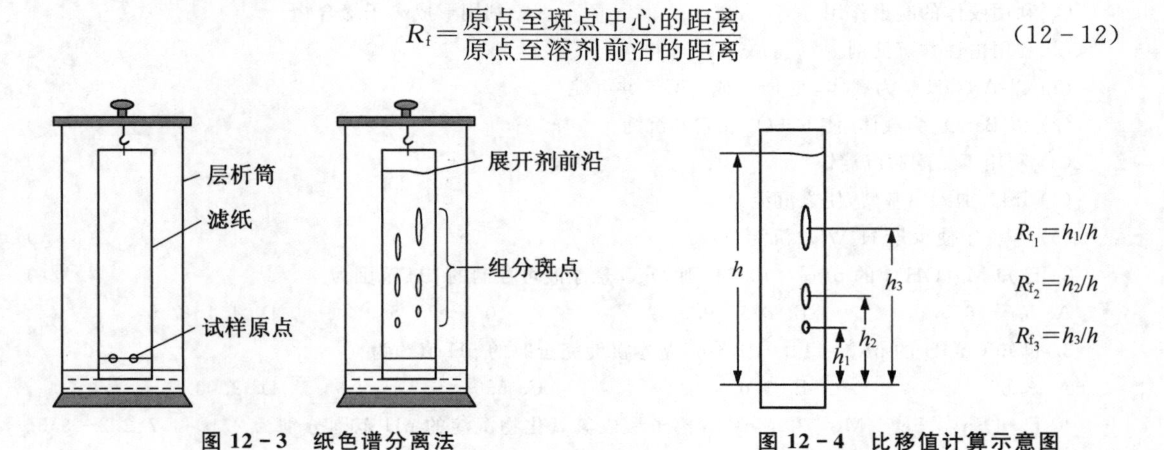


图 12-3　纸色谱分离法　　　图 12-4　比移值计算示意图

图 12-4 为 $R_f$ 计算示意图。$R_f$ 相差越大的组分，分离效果越好。$R_f$ 值与固定相、被分

离物质以及溶剂本质有关,故可以通过与标准样品的 $R_f$ 值对照对样品进行定性分析。若要进行定量测定,可将色斑剪下,并将组分溶出,或灰化后将组分溶解,然后采用相应仪器进行定量检测。

纸色谱法具有简单、分离效能较高、所需仪器设备价廉、应用范围广泛等特点,因而得到了广泛应用。如无机物分离领域中,用丁酮、甲基异丁酮、$HNO_3$ 和水作展开剂,可分离 U、Tb、Sc 及 Re 等。用甲基异丁基酮、乙醇、氢溴酸 3 种试剂混合作展开剂,分离矿石中微量 Tl。以淋洗树脂为固定相,无机酸和盐溶液为流动相,采用反相纸色谱法分离 Ti、Zr、Th 及 V、Mo、W 等金属离子均获得良好的分离效果。

## 12.5.4 薄层色谱法

薄层色谱(thin layer chromatography)是把吸附剂或交换剂涂抹在玻璃板或其他支撑体上,形成薄层作为固定相,以一定组成的溶剂作为流动相,进行色谱分离的方法。它是一种快速、微量、操作简便的新型分离技术。它与柱色谱、纸色谱的基本原理及其操作方法比较相近,经过样品在吸附剂和展开剂之间的反复吸附-溶解作用,实现混合物的分离。

在柱色谱中提到的吸附剂都可用作薄层色谱的固定相。需利用各种不同极性的溶剂来配制适当的展开剂。展开的方式可采用上行下行的单向层析法;对于难分离的组分,还可采用"双向层析法"。

跟纸色谱法一样,我们可以利用一定条件下组分的 $R_f$ 值与标准物质的 $R_f$ 值进行对照的方法,进行定性分析。也可利用显色后斑点的显色深浅程度,参照标准做半定量分析。若将该组分色斑连同吸附剂一块刮下、洗脱,利用仪器分析检测,可进行定量分析。也可用薄层扫描仪,直接扫描斑点,得出峰高或积分值,自动记录进行定量分析。

## ➤➤➤ 习 题 ◀◀◀

**12-1 选择题**

1. 试指出下列各例分别属于何种性质的共沉淀

A. 生成混晶的共沉淀　　B. 利用表面吸附的共沉淀

C. 利用胶体的凝聚作用　　D. 利用形成离子缔合物

E. 利用惰性共沉淀剂

(1) 以 $Al(OH)_3$ 为载体,使 $Fe^{3+}$ 或 $TiO^{2+}$ 共沉淀 (　　)

(2) 以 $BaSO_4$ 为载体,使 $RaSO_4$ 和它共沉淀 (　　)

(3) 利用丁二酮肟沉淀镍 (　　)

(4) $InI_4^-$ 加入甲基紫,使之沉淀 (　　)

(5) 辛可宁使少量 $H_2WO_4$ 沉淀 (　　)

2. 已知 $Mg(OH)_2$ 的 $pK_{sp}^{\ominus}=10.74$,则 MgO 悬浮液可控制的 pH 范围为 (　　)

A. 5.5～6.5　　B. 8.5～9.5　　C. 10.5～11.5　　D. 4.4～7.5

3. 已知 CuOH 的 $pK_{sp}^{\ominus}=14.0$,则 $Cu^+$ 基本沉淀完全时的 pH 值约为 (　　)

A. 3.6　　B. 5.0　　C. 6.0　　D. 8.00

4. 已知 $Sn^{2+}$、$Fe^{3+}$、$Mg^{2+}$ 和 $Mn^{2+}$ 等离子形成氢氧化物沉淀的 pH 范围分别为 2.1～4.7、2.2～3.5、9.6～11.6 和 8.6～10.6。请问下列各共存离子用氢氧化物沉淀法分离的结论,哪些是错误的

A. $Sn^{2+}$、$Fe^{3+}$ 共存时可分离　　B. $Mg^{2+}$、$Fe^{3+}$ 共存时可分离

C. $Mg^{2+}$、$Mn^{2+}$共存时可分离　D. $Fe^{3+}$、$Mn^{2+}$共存时可分离

5. 用等体积萃取要求进行两次萃取后，其萃取百分率大于95%，则其分配比必须大于　（　）

A. 10　B. 7　C. 3.5　D. 2

6. 移取25.00 $cm^3$ 含0.125 g $I_2$ 的KI溶液，用25.00 $cm^3$ $CCl_4$ 萃取。平衡后测得水相中含0.00500 g $I_2$，则萃取两次的萃取百分率是　（　）

A. 99.8%　B. 99.0%　C. 98.6%　D. 98.0%

7. 根据离子的水合规律，判断含 $Mg^{2+}$、$Ca^{2+}$、$Ba^{2+}$和 $Sr^{2+}$ 的混合液流过阳离子交换树脂时，最先流出的离子是　（　）

A. $Ba^{2+}$　B. $Mg^{2+}$　C. $Sr^{2+}$　D. $Ca^{2+}$

8. 下列通式中可以表示属阳离子交换树脂是　（　）

A. $RNH_3OH$　B. $RNH_2CH_3OH$　C. ROH　D. $RN(CH_3)_3OH$

## 12-2　填空题

1. 氢氧化物沉淀一般有一个开始沉淀的和沉淀完全的pH区间。分离中要求待分离各离子的pH区间________。

2. 某矿样溶液含 $Fe^{3+}$、$Al^{3+}$、$Ca^{2+}$、$Mg^{2+}$、$Mn^{2+}$、$Cr^{3+}$、$Cu^{2+}$和 $Zn^{2+}$ 等离子，加入 $NH_4Cl$ 和 $NH_3 \cdot H_2O$ 后，产生沉淀的离子为________，________等离子还存在于溶液中。

3. 利用沉淀的表面吸附作用进行共沉淀分离，常用的载体有________、________、________等类型。

4. 若用离子交换法分离 $Fe^{3+}$、$Al^{3+}$，一般的做法是先用HCl处理溶液，使 $Fe^{3+}$、$Al^{3+}$ 分别以________形式存在，然后通过________交换柱，此时________留在柱上，而________流出，从而达到分离的目的。

## 12-3　计算题

1. 计算0.010 mol·$dm^{-3}$ $MnCl_2$ 溶液开始形成沉淀($pK_{sp}^{\ominus}=12.35$)时的pH值。

2. 已知 $Mg(OH)_2$ 的 $pK_{sp}^{\ominus}=10.74$，则 $Mg(OH)_2$ 沉淀基本完全时的pH值为多少？

3. 若 $Al^{3+}$ 和 $Mg^{2+}$ 的起始浓度均为0.010 mol·$dm^{-3}$，请问当 $NH_3 \cdot H_2O$ 和 $NH_4Cl$ 浓度分别为0.20和1.0 mol·$dm^{-3}$时，能否使 $Al^{3+}$ 和 $Mg^{2+}$ 分离完全？($K_b^{\ominus}(NH_3)=1.8\times10^{-5}$，$K_{sp}^{\ominus}[Al(OH)_3]=1.3\times10^{-33}$，$K_{sp}^{\ominus}[Mg(OH)_2]=5.1\times10^{-12}$。)

4. 取0.100 mol·$dm^{-3}$的 $I_2$ 液25.0 $cm^3$，加 $CCl_4$ 50.0 $cm^3$，振荡使之达到平衡后，静置分层，取出 $CCl_4$ 溶液10.0 $cm^3$，用0.0500 mol·$dm^{-3}$ $Na_2S_2O_3$ 溶液滴定，$Na_2S_2O_3$ 用去了11.67 $cm^3$。请计算碘在水和 $CCl_4$ 中的分配系数。

5. 某水溶液含 $Fe^{3+}$ 10 mg，采用某种萃取剂将它萃取进入有机溶剂中。若分配比 $D=95$，用等体积有机溶剂分别萃取1次和2次，问在水溶液中各剩余多少 $Fe^{3+}$？萃取百分率各为多少？

6. 用双硫腙-$CCl_4$ 萃取 $Cd^{2+}$ 时，已知分配比 $D=198$。将含 $Cd^{2+}$ 样品处理成50.0 $cm^3$ 水溶液，用5.00 $cm^3$ 双硫腙-$CCl_4$ 萃取，求这次操作的萃取百分率。

7. 某弱酸HA在水中的 $K_a^{\ominus}=4.00\times10^{-5}$，在水相与某有机相中的分配系数 $K_D=45$。若将HA从50.0 $cm^3$ 水溶液中萃取到10.0 $cm^3$ 有机溶液中，试分别计算pH=1.0和pH=5.0时的分配比和萃取百分率(假设HA在有机相中仅以HA一种形式存在)。

8. 用乙酸乙酯萃取鸡蛋面条中的胆固醇，试样是10 g，面条中含胆固醇2.0%，如果分配比是3，水相20 $cm^3$，用50 $cm^3$ 乙酸乙酯萃取，需要萃取多少次可以除去鸡蛋面条中95%的胆固醇？

9. 称取1.0000 g酸性阳离子交换树脂，以50.00 $cm^3$ 0.1185 mol·$dm^{-3}$ NaOH浸泡24 h，使树脂上的 $H^+$ 全部被交换到溶液中。再用0.09604 mol·$dm^{-3}$ HCl标准溶液滴定过量的NaOH，结果用去20.50 $cm^3$。试计算该树脂的交换容量。

10. 离子交换分离法测定天然水中阳离子总量时，取50.0 $cm^3$ 天然水样品，以蒸馏水稀释至100 $cm^3$，用2.0 g强酸性阳离子交换树脂进行静态交换，搅拌，过滤后用3份15.0 $cm^3$ 蒸馏水洗涤，合并滤液和洗涤液，将合并的溶液以甲基橙为指示剂，用0.0208 mol·$dm^{-3}$ NaOH标准溶液滴定，滴定至终点时消耗了NaOH标准溶液23.30 $cm^3$，试计算天然水阳中离子总量(单位为CaO mol·$dm^{-3}$)。[$M(CaO)=56.08$ g·$mol^{-1}$。]

11. 某纯的二元有机酸 $H_2A$，将其制备为纯的钡盐，称取 0.3460 g 盐样，溶于 100.0 $cm^3$ 水中，将溶液通过强酸性阳离子交换树脂，并水洗，流出液以 0.09960 $mol \cdot dm^{-3}$ NaOH 溶液 20.20 $cm^3$ 滴定至终点，求有机酸的摩尔质量。

12. 用纸色谱法分离混合物中的两种氨基酸，已知两者的比移值分别为 0.45 和 0.60。欲使分离后两斑点中心相距 2 cm，问滤纸条长度至少应为多少？

12－3　课后习题解答

# 参考文献


[1] 中国科学院化学学部,国家自然科学基金委化学科学部.展望21世纪的化学.北京:化学工业出版社,2000

[2] 大连理工大学无机化学教研室.无机化学.5版.北京:高等教育出版社,2006

[3] 北京师范大学等.无机化学.4版.北京:高等教育出版社,2003

[4] 天津大学无机化学教研室.无机化学.3版.北京:高等教育出版社,2002

[5] 叶芬霞.无机及分析化学.北京:高等教育出版社,2008

[6] 倪静安,商少明,翟滨.无机及分析化学教程.北京:高等教育出版社,2006

[7] 南京大学《无机及分析化学》编写组.无机及分析化学.4版.北京:高等教育出版社,2006

[8] 史启祯.无机化学与化学分析.2版.北京:高等教育出版社,2005

[9] 浙江大学.无机及分析化学.3版.北京:高等教育出版社,2008

[10] 华东理工大学化学系等.分析化学.5版.北京:高等教育出版社,2005

[11] 华中师范大学等.分析化学.3版.北京:高等教育出版社,2001

[12] 钟国清,朱云云.无机及分析化学学习指导.北京:科学出版社,2007

[13] 迟玉兰,于永鲜,牟文生,等.无机化学释疑与习题解析.2版.北京:高等教育出版社,2006

[14] 赵中一,王志花,郑洪涛.分析化学习题详解.武汉:华中科技大学出版社,2006

| 族 / 周期 | ⅠA 1 | ⅡA 2 | ⅢB 3 |
| --- | --- | --- | --- |
| 1 | 1 H 氢 $1s^1$ 1.008 | | |
| 2 | 3 Li 锂 $2s^1$ 6.941 | 4 Be 铍 $2s^2$ 9.012 | |
| 3 | 11 Na 钠 $3s^1$ 22.99 | 12 Mg 镁 $3s^2$ 24.31 | |
| 4 | 19 K 钾 $4s^1$ 39.10 | 20 Ca 钙 $4s^2$ 40.08 | 21 Sc 钪 $3d^14s^2$ 44.96 |
| 5 | 37 Rb 铷 $5s^1$ 85.47 | 38 Sr 锶 $5s^2$ 87.62 | 39 Y 钇 $4d^15s^2$ 88.91 |
| 6 | 55 Cs 铯 $6s^1$ 132.9 | 56 Ba 钡 $6s^2$ 137.3 | 57~71 La~Lu 镧系 |
| 7 | 87 Fr 钫 $7s^1$ [223] | 88 Ra 镭 $7s^2$ [226] | 89~103 Ac~Lr 锕系 |

原

元
注
人

| | | | |
| --- | --- | --- | --- |
| 镧系 | 57 La 镧 $5d^16s^2$ 138.9 | 58 Ce 铈 $4f^15d^16s^2$ 140.1 | 59 140 |
| 锕系 | 89 Ac 锕 $6d^17s^2$ [227] | 90 Th 钍 $6d^27s^2$ 232.0 | 91 23 |